WALSH-Funktionen für Ingenieure und Naturwissenschaftler

Von Dr. rer. nat. Eugen Gauß
Universität Karlsruhe

Mit zahlreichen Abbildungen, Aufgaben und Lösungen

Springer Fachmedien Wiesbaden GmbH 1994

Dr. rer. nat Eugen Gauß

Geboren 1922 in Lörrach. Studium der Mathematik und Physik in Leipzig und Heidelberg. Diplom in Mathematik 1957. Nach Assistentenzeit und Promotion Lehrtätigkeit in Karlsruhe – seit 1972 als Akademischer Direktor.

Die Deutsche Bibliothek – CIP-Einheitsaufnahme

Gauss, Eugen:
WALSH-Funktionen für Ingenieure und Naturwissenschaftler / von Eugen Gauss.
(Teubner-Studienbücher : Mathematik)
ISBN 978-3-519-02099-8 ISBN 978-3-663-11808-4 (eBook)
DOI 10.1007/978-3-663-11808-4

Ursprünglich erschienen bei B. G. Teubner Stuttgart 1994
Gesamtherstellung: Druckhaus Beltz, Hemsbach/Bergstraße

Für Gudrun, meine liebe Frau

Vorwort

WALSH-Funktionen werden seit geraumer Zeit in vielen Bereichen der Naturwissenschaften und der Technik genutzt. Es gibt einige Bücher aus dem Ingenieurbereich (z.B. [1] und [2]), in denen ihre Verwendung dargestellt wird. Eine einfache Einführung, welche diese Funktionen in die gewohnten Mechanismen der Analysis einfügt, kenne ich aber nicht. Für den Neuankömmling in diesem Bereich ist es deshalb etwas mühsam, sich einen Überblick über diese Funktionen und ihren Formelapparat zu verschaffen. Auch ist es wünschenswert, die Bezeichnungsweise noch mehr dem altvertrauten Gesicht der Analysis anzupassen. Das soll im folgenden versucht werden.

Der vorliegende Stoff war Gegenstand von Vorlesungen, die ich in den Jahren 1987 bis 1992 für Ingenieure und Physiker gehalten habe. Er ist auch für Studenten der Anfangssemester (etwa vom 3. Semester an) gut zugänglich, und gleichzeitig streift er viele interessante Teile der Mathematik. Es wurde nicht vermieden, manche Dinge mehrfach und von verschiedenen Standpunkten aus zu betrachten, denn für ein gewisses Maß an Redundanz wird mancher Leser dankbar sein.

Bei Rechnungen mit WALSH-Funktionen sind einige einfache aber etwas ungewohnte Beziehungen nützlich. Um das zu zeigen, sind viele Beispiele und Aufgaben ausführlich vorgerechnet (z.B. die Zeilenumwandlungen der CASORATI-Determinante in Aufgabe 3.2 oder die Beispiele zur Transformation von DIRAC-Impulsen in Kapitel 10).

Folgende Themen sollen dargestellt werden:

1. **Die Struktur der WALSH-Funktionen**
   Hervorgehoben werden zwei verschiedene Gesichtspunkte, von denen aus man diese Struktur betrachten kann.

2. **Diskrete und schnelle WALSH-Transformationen**
   Diskrete und schnelle WALSH-Transformationen sind ein Analogon zu den diskreten und schnellen FOURIER-Transformationen und dienen zur ökonomischen Berechnung von WALSH-Spektren. Darüber hinaus aber besteht ein enges Verwandtschaftsverhältnis zwischen diesen beiden Transformationen. Für die wichtigsten der schnellen FOURIER-Transformationen bilden die WALSH-Transformationen das „tragende Fundament".

   Das gilt insbesondere auch für die HARTLEY-Transformation, die reelle Form der FOURIER-Transformation.

---

[1] Harmuth, *Sequency Theory*

[2] Beauchamp, *Walsh Functions and their Applications*

3. **Verallgemeinerte Ableitungen**
   Verallgemeinerte Ableitungen sind naturgemäß eng mit den WALSH-Funktionen verbunden, denn diese Funktionen haben ja stets Sprungstellen. Man braucht beim Umgang mit WALSH-Funktionen allenthalben DIRAC-Distributionen, und umgekehrt lassen sich DIRAC-Distributionen in einfacher Weise durch WALSH-Funktionen approximieren.

4. **Integraltransformationen**
   Verallgemeinerte WALSH-Funktionen erlauben die Einführung von WALSH-(Integral-)Transformationen für nichtperiodische Funktionen.
   Sie sind ein Analogon zu den
   FOURIER-(Integral-)Transformationen für nichtperiodische Funktionen.

5. **Umfeld der WALSH-Funktionen**
   Neben den WALSH-Funktionen bildet das System der HAAR-Funktionen eine Basis für Treppenfunktionen. Wir skizzieren Aufbau und Anwendung dieses Systems.
   Auf WALSH-Transformationen bauen auch einige nichtlineare Transformationen auf, die z.B. in der Bildverarbeitung Anwendung finden.
   Die LAPLACE-Transformation von WALSH-Funktionen und die damit verbundenen Lösungen von Differenzengleichungen können nur skizzenhaft dargestellt werden.

Auf einige interessante Themen zum vorliegenden Stoff muß hier leider verzichtet werden. Dazu gehört z.B. die Behandlung der *GIBBSschen* oder *logischen Ableitung* und die Rolle der WALSH-Funktionen in der Stochastik.

Besonderen Dank schulde ich Herrn Prof. Dr. H. Heuser. Sein guter Rat und seine stets fördernde Kritik haben viele Unebenheiten der Darstellung geglättet. Mein Freund, der Graphiker Horst Kallenberger, hat seine Vorstellung von einigen Sachverhalten mit dem Zeichenstift ausgedrückt.

Ich denke auch dankbar an viele Kollegen von der „Numerischen Mathematik“ und vom Rechenzentrum der Universität Karlsruhe, die mir stets freundlich und bereitwillig geholfen haben, wenn die TEXnik streikte.

Schließlich danke ich auch dem Teubner-Verlag für die freundliche Hilfe und Beratung bei der Abrundung des Manuskripts.

Karlsruhe, Frühjahr 1994 E. Gauß

Inhaltsverzeichnis

Symbole und Bezeichnungen

Bezeichnung	Bedeutung	Ort der Definition
$\mathbf{R}$	Menge der reellen Zahlen	
$\mathbf{Z}$	Menge der ganzen Zahlen	
$\mathbf{N}$	Menge der natürlichen Zahlen	
$\mathbf{N}_0$	Menge der nicht negativen ganzen Zahlen	
$\mathbf{f}$, $\mathbf{g}$	Spaltenvektoren	
$\mathbf{f}^T$, $\mathbf{g}^T$	Zeilenvektoren	
M M	Matrizen	
M^T M^T	transponierte Matrizen	
W_n W_n	WALSH-KACZMARZ-Matrix im S_n	(5.8) auf Seite 88
P_n P_n	WALSH-PALEY-Matrix im S_n	(5.7) auf Seite 88
0, I	Binärziffern (Null und Binäreins)	Abschnitt 1.1
$\mathbf{Z}_2$	Restklassenkörper mod 2	(1.2) auf Seite 3
$\oplus$	Binäre Addition	(1.2) auf Seite 3
$\bigoplus_{j=1}^{\infty}$	Binärreihe	(1.1.2) auf Seite 5
δ_{jk}	KRONECKER-Symbol	(1.6) auf Seite 6
$\otimes$	KRONECKER-Produkt	(1.21) auf Seite 13
$*$	Faltung	Abschnitt 1.7
$*$	Zyklische Faltung	(5.36) auf Seite 104
$\odot$	Ringprodukt	(5.42) auf Seite 106
$\circledast$	Dyadische Faltung	(5.40) auf Seite 106
int x oder $[x]$	Größtes Ganzes von x	(2.1) auf Seite 20
frac	Gebrochener Teil von x	(2.2) auf Seite 20
sign	Signumfunktion	
$\tilde{L}^2$	Menge der quadratisch integrierbaren 1-periodischen Funktionen	Abschnitt 2.1
Ω_n	Intervallteilung	(2.3) auf Seite 21
S_n	WALSH-Raum der Ordnung n	Abschnitt 2.1
S_∞	WALSH-Raum der Ordnung ∞	Abschnitt 2.1

Bezeichnung	Bedeutung	Ort der Definition
$\tilde{\mathbf{I}}\ \tilde{\mathbf{I}}\ \tilde{\mathbf{I}}$	Matrix der Bitumkehrung	(1.15) auf Seite 9
$^{\circ}\mathbf{F}$	Zirkulante	(1.13) auf Seite 9
$^{*}\mathbf{F}$	Dyadische Zirkulante	(5.37) auf Seite 104
$\mathbf{C}_m$		(1.11) auf Seite 8
sir	RADEMACHER-Sinus	(3.1) auf Seite 46
cor	RADEMACHER-Cosinus	(3.1) auf Seite 46
$\tilde{\delta}(\circ)$	1-periodische DIRAC-Distribution	(6.17) auf Seite 119
$\delta(\circ)$	DIRAC-Distribution	Abschnitt 7.1
dir	endlicher DIRAC-Impuls	(6.57) auf Seite 133
$\widetilde{\mathrm{dir}}$		(6.36) auf Seite 125
Z	Zackenfunktion	(3.9) auf Seite 47
ser	Sägezahnfunktion	(3.10) auf Seite 47
blo	Blockfunktion	(6.56) auf Seite 131
walsh	beliebige WALSH-Funktion	(2.20) auf Seite 29
$\mathrm{wak}(n,k;x)$	WALSH-KRONECKER-Funktion	(2.33) auf Seite 37
$\mathrm{wal}(k;x)$	WALSH-KACZMARZ-Funktion	(2.34) auf Seite 37
$\mathrm{pal}(k;x)$	WALSH-PALEY-Funktion	(2.34) auf Seite 37
$\mathrm{cal}(k;x)$	WALSH-Cosinus	(3.29) auf Seite 56
$\mathrm{sal}(k;x)$	WALSH-Sinus	(3.29) auf Seite 56
$\mathrm{har}(k;x)$	HAAR-Funktion	(12.1) auf Seite 238
sil, col		(3.36) auf Seite 58
$\mathrm{Pal}(t,x)$	verallgemeinerte WALSH-PALEY-Funktion	(9.4) auf Seite 181
$\mathrm{Wal}(t,x)$	verallgemeinerte WALSH-KACZMARZ-Funktion	(9.4) auf Seite 181
$\mathrm{Cal}(t,x)$	verallgemeinerter WALSH-Cosinus	(9.11) auf Seite 183
$\mathrm{Sal}(t,x)$	verallgemeinerter WALSH-Sinus	(9.11) auf Seite 183
$\mathcal{D}$	WALSH-DIRICHLET-Kern	(6.49) auf Seite 129
$\mathcal{W}$	WALSH-Transformation	(5.15) auf Seite 91
u	HEAVISIDE-Funktion	(6.2) auf Seite 112
C_0^∞	Menge der Testfunktionen	(6.5) auf Seite 115
D	verallgemeinerte Ableitung	Abschnitt 7.1
G	Operator der GRAY-Transformation	Abschnitt 1.5

Manchmal ist es gut, wenn man sich nicht auf eine konkrete Bezeichnung einer Funktionsvariablen festlegen muß. Wir markieren dann die Stelle dieser Variablen mit $\circ$ und schreiben z.B. $f(\circ)$ oder $F(\circ, y)$.

Literaturangaben, die sich auf das Verzeichnis am Ende des Buches beziehen, werden mit dem Anfangsbuchstaben des (bzw. eines) Autors und einer laufenden Nummer markiert, z.B. [H 3].

Schließlich bedarf es noch einer Bemerkung zu den Schaubildern (Graphen) von Sprungfunktionen. Puristen unter den Mathematikern mögen Anstoß daran nehmen, daß Sprungstellen durch eine senkrechte Strecke dargestellt werden; das verstößt gegen die eindeutige Darstellung der Funktionswerte. Vermutlich wird aber der Betrachter der folgenden beiden Darstellungen einer Funktion

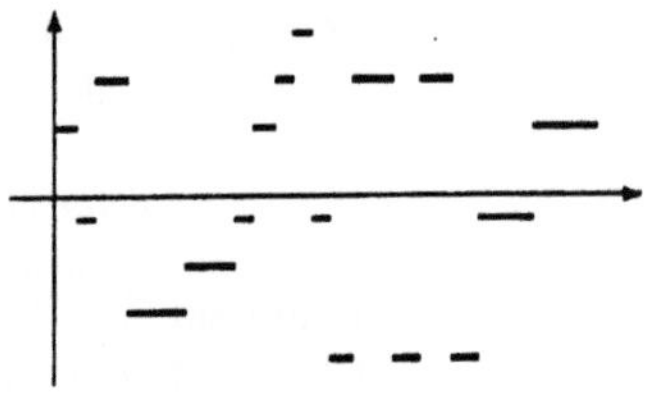

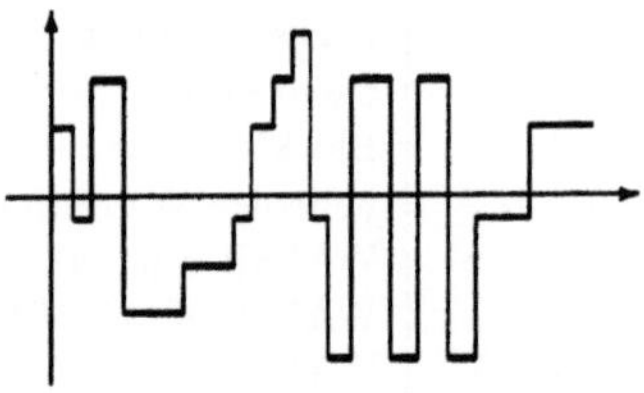

die rechte vorziehen. Wir schließen uns also der Gepflogenheit der Praktiker in Elektrotechnik und Physik an und markieren eine Sprungstelle durch eine senkrechte Strecke, wobei der Funktionswert gegebenenfalls an einer solchen Stelle noch besonders markiert werden kann, wenn das erforderlich sein sollte.

Einleitung

Warum wächst das Interesse an WALSH-Funktionen?

In der „klassischen“ Analysis nimmt die Approximation von Funktionen durch „einfachere“ Funktionen einen breiten Raum ein. Zentrale Beispiele dafür sind

die **Potenzreihendarstellung** analytischer Funktionen und

die Darstellung periodischer Funktionen durch

trigonometrische FOURIER-Reihen

$$a_0 + a_1 \cos t + b_1 \sin t + a_2 cos2t + b_2 \sin 2t + \cdots \;.$$

Wir knüpfen an das zweite Beispiel an.

Man kann eine FOURIER-Reihe als Darstellung einer Funktion in einem „rechtwinkligen Koordinatensystem“ ansehen. Die Koeffizienten einer FOURIER-Reihe sind die Koordinatenwerte der zugehörigen Funktion in diesem System. Man nennt solche Koordinatenwerte auch das *Spektrum* der Funktion. Dabei ist meistens die Frage zu beantworten, welche dieser Spektralwerte (*welche Frequenzen*) für die betrachtete Funktion die wesentlichen sind.

Die Funktionen Sinus und Cosinus spielen bei solchen Darstellungen eine hervorragende Rolle. Das liegt daran, daß man sich zunächst für harmonische Schwingungen interessierte und daß sie auch in den Lösungen vieler linearer Differentialgleichungen auftreten.

Ein Prinzip der Angewandten Mathematik ist, Funktionen und Methoden stets dem vorliegenden Problem anzupassen. Deshalb sind zu den Sinus- und Cosinus-Funktionen sehr bald andere orthogonale Funktionensysteme getreten, mit denen man Funktionen durch allgemeinere Orthogonalreihen darstellen kann. Dazu gehören z.B. orthogonale Polynome (*LEGENDRE-, TSCHEBYSCHEFF-, LAGUERRE-Polynome u.a.*) und Systeme von Eigenfunktionen gewisser Randwertprobleme (*STURM-LIOUVILLE*).

Bei all diesen Orthogonalsystemen handelt es sich um Funktionen, die in einem geeigneten Intervall glatt, d.h. beliebig oft differenzierbar sind. Es gibt aber Probleme, für deren Behandlung gerade glatte Funktionen nicht sonderlich gut geeignet sind. Um das zu illustrieren, wollen wir uns ein Beispiel ansehen. Die technischen Aspekte des in diesem Beispiel betrachteten Sachverhaltes werden ausführlich bei Harmuth [H 2] behandelt. Hier interessiert uns nur die Art der Funktionen, die dabei eine Rolle spielen.

Beispiel 0.1 Die von einem Radar-Gerät ausgestrahlten Wellen mögen an zwei Gegenständen A und B reflektiert werden, die in fast derselben Richtung, aber in unterschiedlicher Entfernung stehen. Die rücklaufenden Wellen werden dann etwas zeitversetzt eintreffen. Der Radarschirm empfängt die *Summe* beider Wellen.

Benutzt man sinusförmige Wellen, so ist der Summenfunktion sehr schwer eine Information über die Summanden zu entnehmen, d.h., es ist sehr schwer zu erkennen, daß in der betrachteten Richtung zwei Gegenstände in unterschiedlicher Entfernung stehen. Anders dagegen ist die Situation, wenn man Wellen benutzt, die aus kurzen Rechteckimpulsen bestehen. Die Summe zweier solcher leicht gegeneinander verschobener Wellen zeigt sehr deutlich die Summanden.

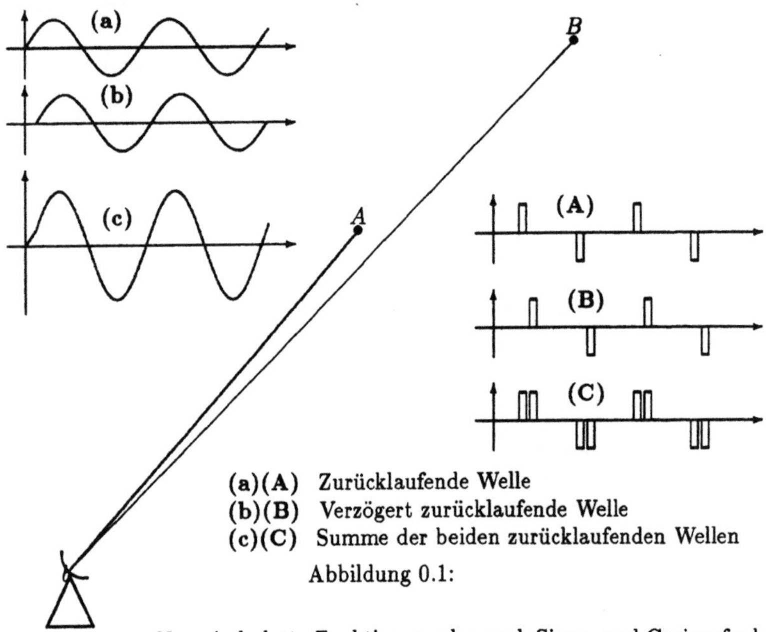

(a)(A) Zurücklaufende Welle
(b)(B) Verzögert zurücklaufende Welle
(c)(C) Summe der beiden zurücklaufenden Wellen

Abbildung 0.1:

Nun sind glatte Funktionen, also auch Sinus- und Cosinusfunktionen, nicht sonderlich gut zur Darstellung von Funktionen mit Sprüngen und Ecken geeignet. Andererseits sind gerade Sprungfunktionen seit dem Aufkommen der Halbleiter- und Digitaltechnik immer mehr in den Vordergrund getreten. Man fragt sich also, ob es orthogonale Funktionensysteme gibt, die für den Umgang mit derartigen Funktionen besser geeignet sind.

Sehr einfache Sprungfunktionen sind solche, die stückweise konstant sind, sog. *Treppenfunktionen (step functions)*:

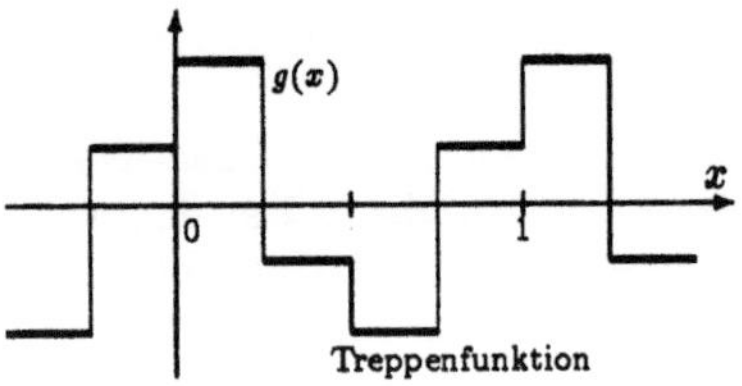

Man wird also geeignete Orthogonalsysteme aus Treppenfunktionen suchen. Wenn man dabei möglichst viele Eigenschaften der beliebten Sinus- und Cosinusfunktionen retten möchte, so wird man fast zwangsläufig zu den WALSH-Funktionen geführt.

WALSH-Funktionen sind sehr einfache Treppenfunktionen. Sie nehmen nämlich nur die zwei Funktionswerte $+1$ und -1 an. Diese zwei Funktionswerte ensprechen zwei „Zuständen", so wie sie bei elektrischen Schaltern oder bei „Bits" eines Rechners vorkommen. Es ist somit plausibel, daß WALSH-Funktionen in besonders einfacher Weise in Rechnern oder auch durch feste Schaltungen realisiert werden können.

Um uns noch mehr auf unser Thema einzustimmen, betrachten wir noch ein weiteres Beispiel.

Beispiel 0.2 Bei der Übertragung eines Bildes durch einen Nachrichtenkanal wird es zunächst „gerastert", d.h., es wird in eine Matrix aus Bildpunkten (*Pixeln*) zerlegt. Diese Pixel bestehen wiederum aus einer Skala von Grauwerten oder Farbwerten. Zur Vereinfachung nehmen wir hier an, daß sie nur zwei Zustände, nämlich *schwarz* oder *weiß* annehmen können.

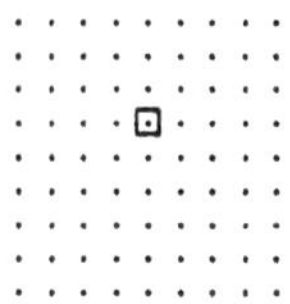

Zur Übertragung werden nun diese Pixel abgetastet und als Impulsfolge übertragen. Die Anzahl dieser Pixel pro Bild ist meistens sehr hoch, und man ist bestrebt, die Anzahl der zu übertragenden Impulse zu reduzieren. Naheliegend ist es, die Pixel eines Bildes zeilenweise abzutasten und zu übertragen. Man könnte aber auch Gruppen bilden, z.B. Quadrate aus 4×4 Pixeln, die man jeweils gesondert abtastet und die man dann ihrerseits über das Bild verschiebt.

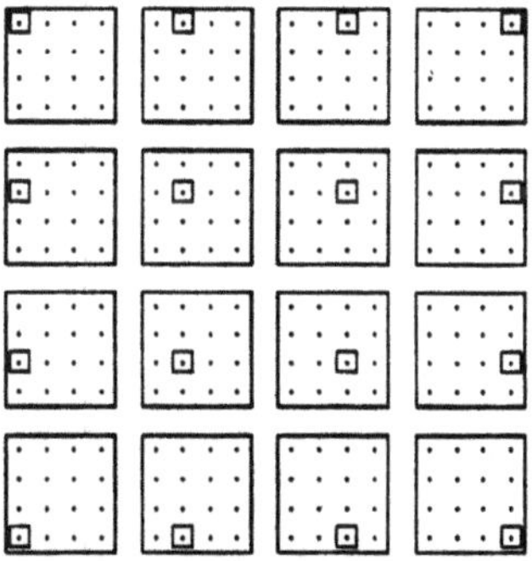

Das könnte etwa so vor sich gehen, wie es in der nebenstehenden Skizze angedeutet ist. Dabei wären also pro Quadrat 16 Pixel abzutasten.

Eine andere Möglichkeit ist, ein solches Quadrat nacheinander mit verschiedenen „Masken" zu überlagern und jeweils den Mittelwert der Helligkeit der so ausgewählten Teile zu übertragen. Dem Abtasten der 16 Pixel ist — wie wir später sehen werden — die Verwendung von 16 geeigneten Masken äquivalent.

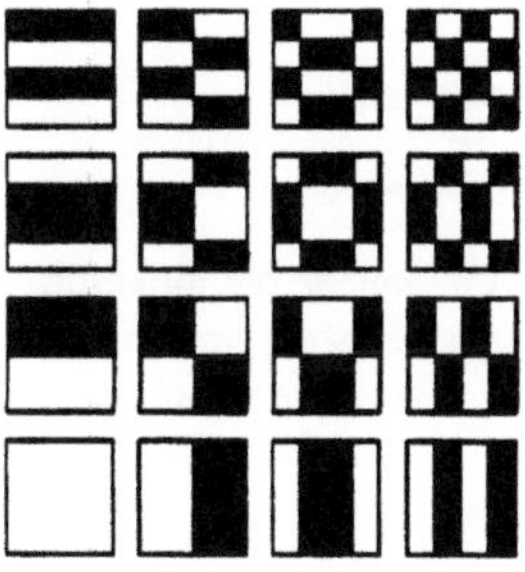

Die linke der nebenstehenden Skizzen zeigt solche Masken, die mit Hilfe von WALSH-Funktionen generiert wurden.

Wir werden diese Muster in (3.42) auf Seite 66 wiederfinden.

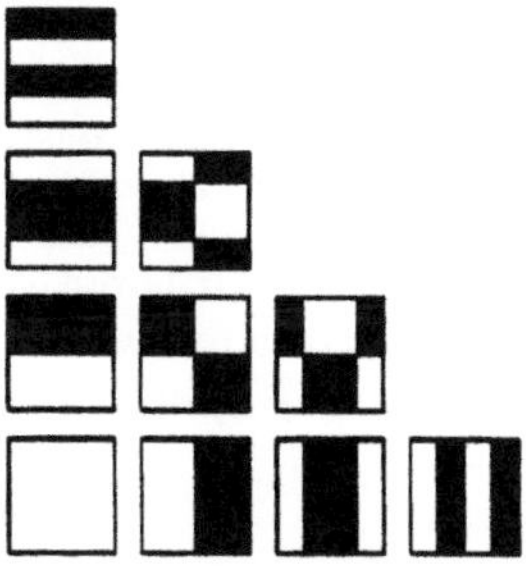

Damit allerdings ist absolut nichts gewonnen. Nun zeigt sich aber, daß man — etwa so, wie in der rechten Skizze — einige dieser Masken weglassen kann, ohne die Bildqualität merklich zu verschlechtern, und darin liegt der Gewinn des Verfahrens. In [H 2] findet man zu verschiedenen Auswahlen solcher Masken zugehörige Testbilder, an denen man die Bildqualität erkennen kann.

Japanische Fernsehtechniker benutzen für den gleichen Zweck Funktionen, die sich als Linearkombinationen von WALSH-Funktionen erweisen. Siehe Aufgabe 5.1 auf Seite 90!

Auch auf anderen Gebieten können derartige Muster von Bedeutung sein, z.B. interessieren sich auch Physiologen und Hirnforscher dafür. Wie berichtet wird,[3] hat man zur Untersuchung der Übertragung optischer Reize durch das Nervensystem Kombinationen der oben gezeigten WALSH-Muster benutzt.

WALSH-Funktionen sollen Systeme orthogonaler Treppenfunktionen sein, die den Sinus- und Cosinusfunktionen möglichst ähneln. Wir werden einen

„WALSH-Sinus" sal und einen „WALSH-Cosinus" cal

konstruieren, von dem wir diese Ähnlichkeit erwarten.

Welche Eigenschaften kann man in die eckige Welt der Treppenfunktionen hinüberretten? Es sind deren vier:

1. WALSH-Funktionen sind gleichmäßig beschränkt.
   (Sinus und Cosinus haben stets einen Betrag ≤ 1, *und WALSH-Funktionen haben stets den Betrag* 1. *)*
2. WALSH-Funktionen sind entweder *gerade* oder *ungerade*.
   (Den Cosinusfunktionen entsprechen die geraden cal-*Funktionen und den Sinusfunktionen entsprechen die ungeraden* sal-*Funktionen.)*
3. WALSH-Funktionen verschwinden in keinem Teilintervall identisch.
4. Die n-te cal- bzw. sal-Funktion hat im Periodenintervall $2n$ Zeichenwechsel.
   (Dem Begriff Frequenz *bei harmonischen Schwingungen entspricht der Begriff* Sequenz *bei periodischen Treppenfunktionen.)*

Frequenz	**Sequenz**
halbe Anzahl der *Nulldurchgänge* bei Sinus-Schwingungen.	halbe Anzahl der *Zeichenwechsel* bei WALSH-Schwingungen.

Es gibt auch Orthogonalsysteme aus Treppenfunktionen, welche die aufgeführten Eigenschaften *nicht* besitzen. Z.B. hat das bekannte System von HAAR, das wir in **Kapitel 12** kurz behandeln werden, **keine einzige** der obigen Eigenschaften.

---

[3] „Spektrum der Wissenschaft", Sept. 1988

Wie kommen wir zu WALSH-Funktionen?

Wir folgen dem Vorbild der trigonometrischen Funktionen und betrachten *periodische* Treppenfunktionen. Als sachgemäß erweist es sich, das Periodenintervall $I_0 = [0,1)$ zu verwenden. Außerdem werden wir gleichlange Teilintervalle wählen. Wir teilen das Intervall I_0 in 2^n gleichlange Teilintervalle, und S_n sei die Menge der 1-periodischen Treppenfunktionen über einer solchen Intervallteilung.

Die zu S_n gehörenden Treppenfunktionen kann man als Vektoren eines *endlich*dimensionalen Vektorraumes betrachten, denn eine Funktion $g \in S_n$ wird ja durch ihre Werte $g_0, g_1, g_2, \ldots, g_j, \ldots, g_{2^n-1}$ in den Teilintervallen bestimmt, und diese Werte kann man als Koordinaten eines Vektors

$$\mathbf{g}^T = (g_0, g_1, g_2, \ldots, g_j, \ldots, g_{2^n-1})$$

auffassen. Die zu S_n gehörenden WALSH-Funktionen bilden mit einem geeigneten Innenprodukt eine Orthonormalbasis in diesem Vektorraum. Sie können auf sehr viele Arten numeriert werden. Man erhält also sehr viele „WALSH-Systeme“, die alle dieselben Funktionen enthalten, nur in jeweils unterschiedlicher Anordnung.

Es zeigt sich aber, daß drei dieser Systeme aus guten Gründen zu bevorzugen sind. Sie haben die Namen:

WALSH-KRONECKER-Funktionen

WALSH-KACZMARZ-Funktionen | **WALSH-PALEY-Funktionen**

In diesem Schema haben wir eine gewisse Rangordnung für die genannten drei Systeme angedeutet. Es wird sich erweisen, daß man das WALSH-KRONECKER-System als allereinfachstes unter den WALSH-Systemen ansehen kann.

Wie erhalten wir nun solche Basissysteme? Es bieten sich zwei Wege an:

1. Algebraische Methode

WALSH-Funktionen hängen eng mit der Darstellung reeller Zahlen im Zweiersystem zusammen. Mit Hilfe geeigneter Matrizen kann man aus den Binärstellen der Variablen die Funktionswerte gewinnen.

Die damit zusammenhängenden Gesichtspunkte werden wir in **Kapitel 2** entwickeln.

2. Konstruktive Methode

WALSH-Funktionen lassen sich aus sehr einfachen Treppenfunktionen, den RADEMACHER-Funktionen, aufbauen. Man kann dann einen Formelapparat schaffen, der den Rechengewohnheiten und Bezeichnungen aus der Analysis angepaßt ist.

Die damit zusammenhängenden Gesichtspunkte werden wir in **Kapitel 3** entwickeln.

Probleme und Sachgebiete, die zum Gefolge der WALSH-Funktionen gehören

Die Benutzung von Treppenfunktionen bringt natürlich nicht nur eitle Freude. WALSH-Funktionen haben einen sehr bescheidenen Wertevorrat, nämlich nur die Funktionswerte 1 und -1. Das kann, wie wir oben festgestellt haben, vorteilhaft sein, aber es bringt naturgemäß auch Nachteile. Einen solchen Nachteil demonstriert das folgende

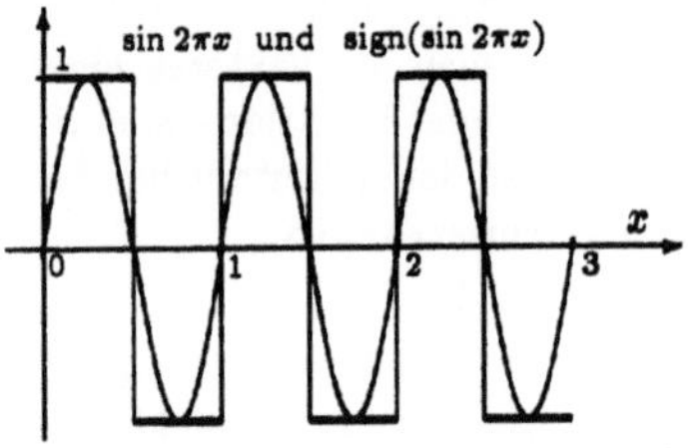

Beispiel: Gehen wir von $\sin 2\pi x$ zu $\operatorname{sign}(\sin 2\pi x)$ über, so entsteht ein Informationsverlust, denn die unendlich vielen Funktionswerte des Sinus werden durch nur zwei Werte ersetzt.

Mit diesem Informationsverlust hängt zusammen, daß den so wichtigen und folgeträchtigen Additionstheoremen der trigonometrischen Funktionen nichts Ebenbürtiges bei den WALSH-Funktionen gegenübersteht. Das ist ein schmerzlicher Verlust, der u.a. eine befriedigende WALSH-Theorie im Komplexen verhindert. Damit soll nicht geleugnet werden, daß viele interessante und nützliche Beziehungen zwischen WALSH-Funktionen bestehen.

Vor allem aber weinen wir der vorhin so verachteten Differenzierbarkeit nach. An den Sprungstellen einer Treppenfunktion müssen wir den Ableitungsbegriff erweitern, denn im klassischen Sinne ist eine Treppenfunktion dort nicht differenzierbar. Eine geeignete Erweiterung des Ableitungsbegriffes liefert uns die sog. *DIRAC-Distribution*, und es zeigt sich, daß die endlichen Näherungen dieses Gebildes in recht einfacher Weise wiederum durch WALSH-Funktionen dargestellt werden können.

Im **Kapitel 6** beschäftigen wir uns mit DIRAC-Distributionen und ihren endlichen Näherungen. Die dort eingeführten Begriffe werden sodann in **Kapitel 7** bei der Bildung verallgemeinerter Ableitungen und von Differenzenquotienten angewandt.

In den **Kapiteln 9** bis **11** werden

verallgemeinerte WALSH-Funktionen und
WALSH-(Integral-)Transformationen

behandelt. Solche Transformationen sind ein Analogon zu den
FOURIER-(Integral-)Transformationen.

Es treten dabei erwartungsgemäß Parallelitäten auf:

Durch eine **FOURIER-Transformation** wird auch einer *nichtperiodischen Funktion* eine *Frequenzfunktion* zugeordnet.	Durch eine **WALSH-Transformation** wird auch einer *nichtperiodischen Funktion* eine *Sequenzfunktion* zugeordnet.

FOURIER-Reihen sind die *FOURIER-Transformierten* für den *periodischen* Spezialfall.

WALSH-Reihen sind die *WALSH-Transformierten* für den *periodischen* Spezialfall.

Unendliche Schwingungen werden in den Transformationsräumen durch DIRAC-Impulse, also Symbole für „scharfe Spektrallinien", dargestellt.

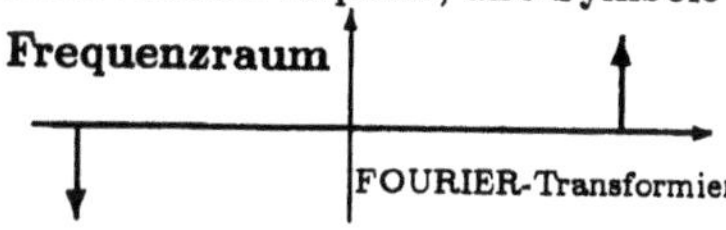

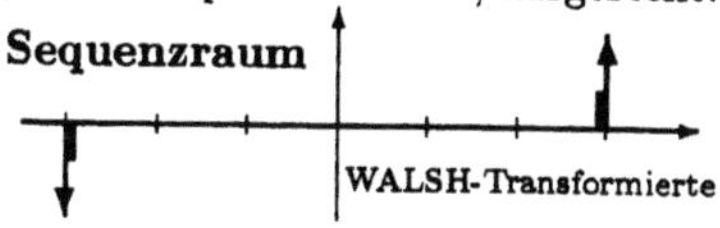

Endlichen Wellenpaketen entsprechen stets „verbreiterte Spektrallinien" im

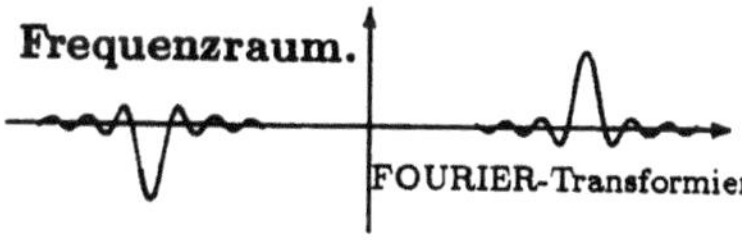

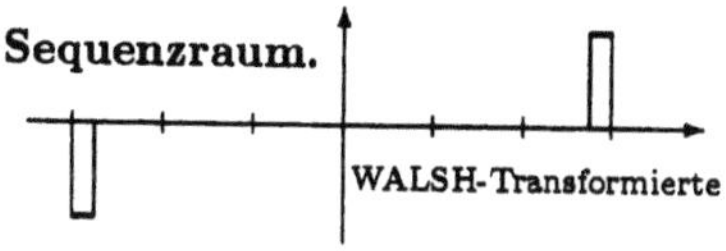

Diese **Unschärferelation** gilt also in beiden Fällen. Bei der WALSH-Transformierten aber haben die verbreiterten Spektrallinien eine sehr viel einfachere Form als bei der FOURIER-Transformierten.

Eine weitere Gemeinsamkeit ist, daß durch beide Transformationen

eine Folge von DIRAC-Impulsen im Abstand T

in eine Folge von DIRAC-Impulsen im Abstand $\frac{1}{T}$

Zeitbereich

Transformationsbereich

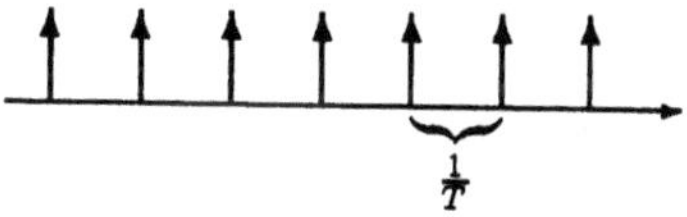

überführt wird. Dieser Sachverhalt spielt im sog. *Abtasttheorem* eine Rolle. Das Abtasttheorem besagt:

Nur mit genügend vielen geeigneten Funktionswerten eines Wellenpaketes im **Zeitbereich** erhält man ein „gutes" Frequenz-/Sequenz- Spektrum dieses Wellenpaketes im **Transformationsbereich**.

Weitere Analogien treten bei dem Begriff der *Faltung* auf:

Bei einer **FOURIER-Transformation** spielt die Verknüpfung zweier Funktionen durch **Faltung** eine Rolle. Sie tritt in den **Faltungssätzen** auf.

Bei einer **WALSH-Transformation** spielt die Verknüpfung zweier Funktionen durch **dyadische Faltung** eine Rolle. Sie tritt in den **dyadischen Faltungssätzen** auf.

Diese Faltungssätze sind Aussagen über die Verknüpfung von Funktionen im Urbildraum und ihrer Bilder im Transformationsraum.

Die Faltung und die Faltungssätze spielen in der Theorie der *translationsinvarianten (zeitunabhängigen) linearen Systeme* eine Rolle.

Die dyadische Faltung und die dyadischen Faltungssätze spielen in der Theorie der *linearen dyadisch invarianten Systeme* eine Rolle.

Gerade beim Begriff der Faltung zeigt sich aber, daß neben vielen Gemeinsamkeiten auch Besonderheiten auftreten.
Es kann Ihnen folgendes passieren:

Sie falten (dyadisch) eine Funktion f, die in einem endlichen Intervall definiert ist, mit geeigneten periodischen DIRAC-Impulsen und erhalten — wie vom klassischen Fall gewohnt — die periodische Fortsetzung von f.

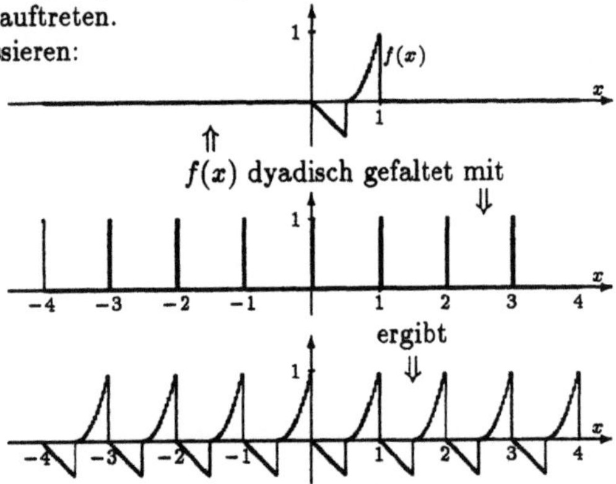

Nun überfällt Sie oder Ihren Rechner ein kleines „Zittern“, welches die DIRAC-Impulse um ein winziges Stück nach links verschiebt. Dann liefert Ihnen der Drucker die nebenstehenden Bilder.

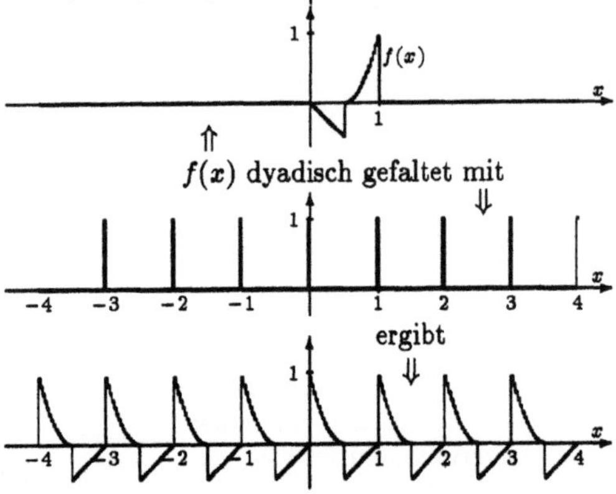

Wenn Sie sich von Ihrer Verblüffung erholt haben, fragen Sie natürlich nach dem Wesen dieses „dyadischen Kobolds“, der Ihre Funktion auch noch an der Ordinate gespiegelt hat. Eine Erklärung finden Sie im **Kapitel 11**.

WALSH-Funktionen und „schnelle Transformationen“

Eine ganz besondere Rolle spielen WALSH-Funktionen im Zusammenhang mit sog. *schnellen FOURIER-Transformationen.*

Daß zwischen der schnellen FOURIER-Transformation und einer entsprechenden WALSH-Transformation engere Verbindungen bestehen könnten, vermutet man, wenn man die wesentlichen Schritte dieser Rechnungen nebeneinanderstellt:

Die numerische Berechnung des (trigonometrischen) FOURIER-Spektrums einer Funktion besteht darin, einen Vektor aus Funktionswerten, den *Wertevektor* $\mathbf{f}$, mit einer Matrix F zu multiplizieren, um den *Spektralvektor* $\hat{\mathbf{f}}$ zu erhalten, der die Stärke der *Frequenzen* angibt:

$$\hat{\mathbf{f}} = \mathsf{F}\mathbf{f}.$$

Weil die Matrizen meistens sehr groß sind und komplexe Zahlen enthalten, sind sehr viele Multiplikationen und Additionen komplexer Zahlen durchzuführen, so viele, daß auch leistungsfähige Rechner stöhnen.

Die numerische Berechnung des WALSH-Spektrums einer Funktion besteht darin, einen Vektor aus Funktionswerten, den *Wertevektor* $\mathbf{f}$, mit einer Matrix H zu multiplizieren, um den *Spektralvektor* $\hat{\mathbf{f}}$ zu erhalten, der die Stärke der *Sequenzen* angibt:

$$\hat{\mathbf{f}} = \mathsf{H}\mathbf{f}.$$

Die Rechenarbeit ist hier nicht ganz so schrecklich wie im Falle der trigonometrischen FOURIER-Transformation, weil keine Multiplikationen mit komplexen Zahlen, sondern nur solche mit 1 oder -1 vorkommen.

Die Rechenarbeit und damit die Rechenzeit kann in beiden Fällen erheblich reduziert werden, wenn man die Transformationsmatrizen in geeignete Faktoren zerlegt. Man kann das in der folgenden Form tun:

$$\mathsf{F} = \mathsf{QY}_1\mathsf{S}_1\cdots\mathsf{Y}_j\mathsf{S}_j\cdots\mathsf{Y}_n\mathsf{S}_n. \quad \text{bzw.} \quad \mathsf{H} = \mathsf{QS}_1\mathsf{S}_2\cdots\mathsf{S}_j\cdots\mathsf{S}_n,$$

Dabei sind die Y_j Diagonalmatrizen, in deren Diagonalen komplexe Zahlen stehen, und die S_j sind sog. *spärlich besetzte Matrizen*, die in jeder Zeile und in jeder Spalte an jeweils nur *zwei* Stellen entweder ein Element 1 oder ein Element -1 und sonst nur Elemente 0 enthalten.

Durch eine solche Zerlegung wird viel Rechenarbeit gespart. Man nennt sie deshalb eine

schnelle FOURIER-Transformation. bzw. **schnelle WALSH-Transformation.**

Die Transformationsmatrizen F bzw. H lassen sich so zerlegen, daß die Faktormatrizen S_j in beiden Fällen die gleichen sind. Man kann also mit gutem Recht sagen:

Die schnelle

⟵ *WALSH-Transformation*

$$\mathsf{H} = \mathsf{Q} \quad \mathsf{S}_1\cdots \quad \mathsf{S}_j\cdots \quad \mathsf{S}_n$$

ist das tragende Skelett

der schnellen

FOURIER-Transformation ⟶

$$\mathsf{F} = \mathsf{QY}_1\mathsf{S}_1\cdots\mathsf{Y}_j\mathsf{S}_j\cdots\mathsf{Y}_n\mathsf{S}_n.$$

Wir werden die schnelle WALSH-Transformation in **Kapitel 5** herleiten.
Die zugehörige schnelle FOURRIER-Transformation (und HARTLEY-Transformation)

können wir hier nicht ausführlich behandeln.
Das „Gerüst", das von der schnellen WALSH-Transformation geliefert wird, kann durch feste Schaltungen realisiert werden.
Solche Schaltungen lassen sich auch für andere Transformationen mit Vorteil verwenden, u.a. auch auf dem Gebiet der **Mustererkennung**.
Anstatt in die schnelle

WALSH-Transformation .... $\mathbf{H} = \mathbf{Q} \quad \mathbf{S}_1 \cdots \quad \mathbf{S}_j \cdots \quad \mathbf{S}_n$

die komplexen Faktoren der schnellen FOURIER-Transformation einzufügen, kann man das auch mit geeigneten nichtlinearen Operatoren $\mathbf{R}_j$ tun. Es entstehen dann

Transformationen .... $\mathbf{R} = \mathbf{Q}\mathbf{R}_1\mathbf{S}_1 \cdots \mathbf{R}_j\mathbf{S}_j \cdots \mathbf{R}_n\mathbf{S}_n$,

die es ermöglichen, mit vertretbarem Aufwand ein Bild mit vorgegebenen Mustern zu vergleichen.

Wir werden auf dieses Thema in **Kapitel 12** kurz eingehen.
Schließlich wollen wir in diesem letzten Kapitel nochmals auf die Rolle hinweisen, welche WALSH-Funktionen in der Differenzenrechnung spielen können. Bekanntlich findet man für viele Sätze und Regeln über Differentialgleichungen analoge Sätze und Regeln über Differenzengleichungen. Ganz besonders gilt das für die Theorie der *linearen* Differential- und Differenzengleichungen.
Wenn z.B. die lineare Differentialgleichung $y^{(4)} + y = 0$ das Fundamentalsystem $e^x \sin x, e^x \cos x, \cdots$ der Lösungen hat, so vermutet man und wünscht sich, daß die lineare Differenzengleichung

$$\left(\mathsf{E}^4 + 1\right) y = y(x+4) + y(x) = 0$$

ein ähnliches Fundamentalsystem hat, in welchem anstatt sin- und cos-Funktionen sal- und cal-Funktionen auftreten.

Schließlich wünscht man sich Methoden zur Lösung von Anfangswertproblemen für Differenzengleichungen, die der Lösungsmethode mit Hilfe der LAPLACE-Transformation bei Differentialgleichungen entsprechen. Wir werden skizzieren, wie man das erreicht. Man erhält z.B. mit solchen Methoden für das Anfangswertproblem

$y(x+2)+y(x) = (-1)^{[x]} =$ 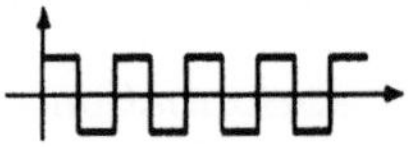 , $0 \leq x$, $y(0) = 1, y(1) = 1$,

die Lösung

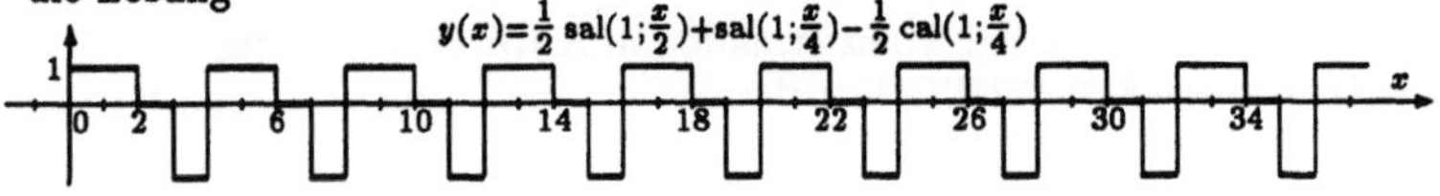

Kapitel 1

Mathematische Hilfsmittel

1.1 Binärzahlen und Addition mod 2

1.1.1 Systemzahlen

Die Dezimaldarstellung reeller Zahlen ist uns geläufig. Wir rekapitulieren, was dabei wesentlich ist:

Für die ganzen Zahlen Null, Eins, ..., Neun, führt man Zeichen $0, 1, \ldots, 9$, ein und nennt diese Zeichen *Ziffern*. Ist nun $n \in \mathbf{N}_0$, also eine nichtnegative ganze Zahl, so bildet man mit Ziffern $z_j \in \{0, 1, \ldots, 9\}$ eine geometrische Reihe

$$a = z_{1-n} \cdot 10^{n-1} + z_{2-n} \cdot 10^{n-2} + \cdots + z_{-1} \cdot 10 + z_0 + \frac{z_1}{10} + \frac{z_2}{10^2} + \cdots + \frac{z_j}{10^j} + \cdots$$

und zeigt, daß jede nicht negative reelle Zahl auf diese Weise dargestellt werden kann. Siehe z.B. [H 3] oder [M 2] ! Hernach führt man eine Kurzschreibweise

$$a = z_{1-n}\, z_{2-n} \,\ldots\, z_{-1}\, z_0,\, z_1\, z_2 \,\ldots\, z_j \,\ldots$$

ein und nennt sie *Dezimalbruchdarstellung einer reellen Zahl* oder kurz einen *Dezimalbruch. Die Erweiterung auf negative Zahlen liegt auf der Hand.*

Unter den Dezimalbrüchen spielen diejenigen eine besondere Rolle, bei denen sich von einer Stelle an eine endliche Ziffernfolge — eine *Periode* — stets wiederholt, z.B. $3,6\underbrace{857142}_{Periode}857142857142\ldots$.

Man nennt solche Dezimalbrüche *periodisch* und zeigt, daß durch diese periodischen Dezimalbrüche die rationalen Zahlen dargestellt werden. Das sind diejenigen Zahlen, die man auch als „gemeinen Bruch“, d.h., in der Form $\frac{a}{b}$ mit ganzem a und b schreiben kann. Z.B.

$$3,6\underbrace{857142}_{Periode}857142857142\ldots = \tfrac{129}{35}.$$

Will man nun die Eindeutigkeit einer Dezimalbruchdarstellung garantieren, so muß man noch eine Vereinbarung für den folgenden Fall treffen:

Manche rationale Zahlen lassen sich sowohl

durch einen Dezimalbruch mit der Periode 9 als auch
durch einen Dezimalbruch mit der Periode 0

darstellen, z.B. $\frac{1}{2500} = 0,0003999\ldots = 0,0004000\ldots$.
Meistens entscheidet man sich für die Darstellung mit der Periode 0 und läßt sodann die periodischen Nullen weg, also z.B. $\frac{1}{2500} = 0,0004$.
Man spricht dann von einem *endlichen* Dezimalbruch. Endliche Dezimalbrüche sind die einzigen, mit denen man numerisch rechnen kann.

Die Dezimalbruchdarstellung einer reellen Zahl ist, wie wir gesehen haben, eine geometrische Reihe

$$a = z_{1-n} \cdot g^{n-1} + z_{2-n} \cdot g^{n-2} + \cdots + z_{-1} \cdot g + z_0 + \frac{z_1}{g} + \frac{z_2}{g^2} + \cdots + \frac{z_j}{g^j} + \cdots$$

mit $g = 10$. Man kann aber dieselbe Konstruktion auch mit jeder anderen „Grundzahl“ $g \geq 2$, $g \in \mathbf{N}$, durchführen. Man spricht dann von einem *g-adischen Bruch* oder von einer *g-adischen Zahl.*

Beispiel: Mit $g = 16$ und den Ziffern $0, 1, 2, \ldots, 9, A, B, C, D, E, F,$ erhält man das *Hexadezimalsystem*. In ihm hat z.B.
die Dezimalzahl 53674,710693359375 die Darstellung

$$D1AA,B5F = 13 \cdot 16^3 + 1 \cdot 16^2 + 10 \cdot 16 + 10 + 11 \cdot \tfrac{1}{16} + 5 \cdot \tfrac{1}{16^2} + 15 \cdot \tfrac{1}{16^3}.$$

Auch im beliebigen g-adischen System werden die rationalen Zahlen durch periodische Brüche dargestellt. Insbesondere aber gilt auch hier:
Manche rationale Zahlen lassen sich sowohl

durch einen g-adischen Bruch mit der Periode $g-1$ als auch
durch einen g-adischen Bruch mit der Periode 0

darstellen. Z.B. ist im Hexadezimalsystem

$$\frac{BD7}{100} = B,D6FFF\ldots = B,D7000\ldots = B,D7.$$

(Im Dezimalsystem ist das $\frac{3031}{256} = 11,83984375$.)
Insbesondere im Zusammenhang mit modernen Rechenanlagen haben einige nichtdezimale Systeme auch praktisches Interesse gefunden. Das weitaus wichtigste ist dabei das mit der Grundzahl $g = 2$. Man bezeichnet es als *Dual-* oder *Binärsystem* oder *dyadisches System.* Für eine solches binäres System brauchen wir zwei Ziffern, die Null 0 und die *Binäreins*, die wir mit **I** bezeichnen wollen. Eine binäre (duale) Ziffer heißt *Bit.*
Manche rationale Zahlen lassen sich sowohl

durch einen Binärbruch mit der Periode **I** als auch
durch einen Binärbruch mit der Periode 0

darstellen, z.B. $\frac{5}{8} = 0.\mathrm{I00IIIII}\ldots = 0.\mathrm{I0I00000}\ldots = 0.\mathrm{I0I}$.
Solche Brüche sind von der Form $\frac{\text{ganze Zahl}}{2^n}$, und man nennt sie *dyadisch rational.*

Wir halten fest: Ist p eine ganze Zahl, so nennt man eine Zahl der Form $\frac{p}{2^n}$ **dyadisch rational.** (1.1)

1.1.2 Addition mod 2

WALSH-Funktionen hängen eng mit dem oben beschriebenen Binärsystem zusammen. Außerdem erweist sich in diesem Zusammenhange die sog. „Addition mod 2" als sachgemäße Verknüpfung. Wir betrachten sie etwas genauer:

$\mathbf{Z}_2$ sei der Restklassenkörper mod 2, d.h., die Menge $\mathbf{Z}_2 = \{0, 1\}$, versehen mit der Addition mod 2, die mit $\oplus$ bezeichnet wird, und mit der gewöhnlichen Multiplikation. Es gelten also die Verknüpfungen

Addition mod 2

$\oplus$	0	1
0	0	1
1	1	0

Multiplikation

$\cdot$	0	1
0	0	0
1	0	1

(1.2)

Auf beliebige reelle Zahlen wird diese Verknüpfung $\oplus$ in folgender Weise übertragen: m sei eine ganze Zahl und

$$x = \sum_{j=m}^{\infty} \xi_j \, 2^{-j}, \qquad y = \sum_{j=m}^{\infty} \eta_j \, 2^{-j}, \qquad \xi_j, \eta_j \in \{0, 1\},$$

sei die Binärdarstellung zweier reeller Zahlen x und y. (m ist dabei so klein gewählt, daß für $j < m$ keine von 0 verschiedenen Stellen der Zahlen x und y auftreten.) Dann sei

$$x \oplus y \; := \; \sum_{j=m}^{\infty} (\xi_j \oplus \eta_j) \, 2^{-j}. \tag{1.3}$$

<u>**Beispiel**</u> **1.1**

$$\begin{aligned}
x &= 3{,}625 = 1 \cdot 2^1 + 1 \cdot 2^0 + 1 \cdot 2^{-1} + 0 \cdot 2^{-2} + 1 \cdot 2^{-3} = 11.101, \\
y &= 6{,}375 = 1 \cdot 2^2 + 1 \cdot 2^1 + 0 \cdot 2^0 + 0 \cdot 2^{-1} + 1 \cdot 2^{-2} + 1 \cdot 2^{-3} = 110.011, \\
x \oplus y &= (0 \oplus 1) \cdot 2^2 + (1 \oplus 1) \cdot 2^1 + (1 \oplus 0) \cdot 2^0 + \\
&\qquad + (1 \oplus 0) \cdot 2^{-1} + (0 \oplus 1) \cdot 2^{-2} + (1 \oplus 1) \cdot 2^{-3} = 101.110 \\
&= 5{,}75
\end{aligned}$$

oder kurz

$$\begin{array}{rcll}
x & = & 11.101 & (= 3{,}625) \\
y & = & 110.011 & (= 6{,}375) \\
\hline
x \oplus y & = & 101.110 & (= 5{,}750)
\end{array}$$

<u>Bemerkung:</u> Die Addition mod 2 läßt sich auf Taschenrechnern, welche über die logischen Funktionen $\wedge$ „and", $\neg$ „not" und $\vee$ „or" verfügen, durch

$$c = (a \wedge \neg b) \vee (\neg a \wedge b), \qquad c = a \oplus b,$$

darstellen. Ist die logische Funktion „xor" (das ausschließende „oder") vorhanden, so ist dies einfach $c = a \text{ xor } b.$

Die nachstehende Tabelle zeigt diese Verknüpfung für einige ganze Zahlen. *(Mit der Addition mod 2 bilden die reellen Zahlen eine abelsche Gruppe, die sog.* Dyadische Gruppe. *Die Tabelle zeigt die Verknüpfung für eine ihrer Untergruppen.)*

$\oplus$		0	1	2	3	4	5	6	7	8	9	10	11	12	13	14	15
0	0	0	1	2	3	4	5	6	7	8	9	10	11	12	13	14	15
I	1	1	0	3	2	5	4	7	6	9	8	11	10	13	12	15	14
I0	2	2	3	0	1	6	7	4	5	10	11	8	9	14	15	12	13
II	3	3	2	1	0	7	6	5	4	11	10	9	8	15	14	13	12
I00	4	4	5	6	7	0	1	2	3	12	13	14	15	8	9	10	11
I0I	5	5	4	7	6	1	0	3	2	13	12	15	14	9	8	11	10
II0	6	6	7	4	5	2	3	0	1	14	15	12	13	10	11	8	9
III	7	7	6	5	4	3	2	1	0	15	14	13	12	11	10	9	8
I000	8	8	9	10	11	12	13	14	15	0	1	2	3	4	5	6	7
I00I	9	9	8	11	10	13	12	15	14	1	0	3	2	5	4	7	6
I0I0	10	10	11	8	9	14	15	12	13	2	3	0	1	6	7	4	5
I0II	11	11	10	9	8	15	14	13	12	3	2	1	0	7	6	5	4
II00	12	12	13	14	15	8	9	10	11	4	5	6	7	0	1	2	3
II0I	13	13	12	15	14	9	8	11	10	5	4	7	6	1	0	3	2
III0	14	14	15	12	13	10	11	8	9	6	7	4	5	2	3	0	1
IIII	15	15	14	13	12	11	10	9	8	7	6	5	4	3	2	1	0

(1.4)

Wir heben noch zwei Spezialfälle hervor, die sich auch in der obigen Tabelle spiegeln:
Im Binärsystem wird $2^n - 1$ durch eine Zahl mit n Ziffern I dargestellt. Z.B. ist

$$2^5 - 1 = \mathrm{IIIII} \quad .$$

Subtrahiert man von $2^n - 1$ eine beliebige Zahl $j - 1$ mit $j \leq 2^n$, so findet bei dieser Subtraktion kein Übertrag statt. Diese Subtraktion führt also zum gleichen Ergebnis wie die Addition mod 2. Deshalb gilt mit $2^n = 2N$:

$$(2N-1) \oplus (j-1) \;=\; (2N-1)-(j-1) \;=\; 2N-j.$$

Man beachte, daß auf der linken Seite die Klammern nicht verändert werden dürfen, weil $\oplus$ nicht assoziativ bezüglich der gewöhnlichen Addition bzw. Subtraktion ist.

Beispiel: $$(2^5 - 1) \oplus (13 - 1) = 19$$

$2N$	=	32	=	I00000		31	=	IIIII
$-j$	=	−13	=	− II0I		⊕12	=	II00
$2N-j$	=	19	=	I00II		19	=	I00II

Ferner hat die Zahl $2j$, $j \in \mathbf{N}_0$ als letzte Binärstelle eine 0, und $2j+1$ als letzte Binärstelle eine I, während sonst alle Stellen übereinstimmen. Deshalb ist $2j \oplus (2j+1) = 1$.
Wir stellen zusammen

$$\boxed{\begin{aligned}(2N-1)\oplus(j-1) &= 2N-j, \qquad j\le 2N=2^n,\\ 2j\oplus(2j+1) &= 1.\end{aligned}} \tag{1.5}$$

Als Zeichen für *Binärsummen* bzw. *Binärreihen*, d.h. für Summen oder Reihen mit der Summation (1.2), benutzen wir an Stelle des Zeichens $\sum$ das Zeichen $\bigoplus$. Wir schreiben z.B.

$$\bigoplus_{j=1}^{\infty}\eta_j\epsilon_j = \eta_1\epsilon_1\oplus\eta_2\epsilon_2\oplus\cdots\oplus\eta_j\epsilon_j\oplus\cdots, \qquad \eta_j\in\{0,\mathsf{I}\}.$$

Ferner treffen noch folgende Vereinbarung: Die injektive Abbildung

$$|\ |:\quad \mathbf{Z}_2\mapsto\mathbf{R}\qquad\text{mit}\quad |\mathsf{I}|=1,\quad |0|=0$$

ordnet den Restklassen $0,\mathsf{I}$ die reellen Zahlen $0,1$ zu (Betrag oder Bewertung).

Verwechseln Sie hier bitte nicht die „Betragstriche" $|\ |$ mit der „Binäreins" I !

Wir werden aber diese Betragsfunktion nicht benutzen, sondern im Bedarfsfalle z.B. 0 und 0 sowie I und 1 stillschweigend identifizieren, wenn dadurch keine Schwierigkeiten entstehen können. Wir schreiben z.B.

$$(-1)^{\mathsf{I}} = (-1)^1.$$

1.1.3 Darstellung dyadisch rationaler Zahlen

In Abschnitt 1.1.1 haben wir die Vereinbarung getroffen, für dyadisch rationale Zahlen stets die endliche Darstellung zu verwenden. Bei Anwendung der üblichen Arithmetik ist diese Festlegung vernünftig, und man hat lediglich Rundungsfehler zu erwarten. Die Verhältnisse werden aber komplizierter, wenn man auch noch die $\oplus$-Verknüpfung verwendet. Weil es dann keinen Stellenübertrag gibt, kann es sein, daß unterschiedliche Darstellungen dyadisch rationaler Zahlen zu unterschiedlichen Ergebnissen führen.

<u>**Beispiel**</u> **1.2** Wir betrachten die Funktion $f(x)=x-(x\oplus\frac{1}{2}),\ 0\le x<1.$

$$\begin{aligned}\text{Mit}\qquad x &= 0.\xi_1\xi_2\xi_3\ldots = 0.\xi_1 + \overbrace{0.0\xi_2,\xi_3\ldots}^{y}\\ & = 0.\xi_1 \oplus \underbrace{0.0\xi_2,\xi_3\ldots}_{y}\\ &= 0.\xi_1+y \quad = 0.\xi_1\oplus y\\ \text{und}\qquad \bar h_1 &= 0.0\mathsf{III}\ldots = \tfrac{1}{2}\\ \bar e_0 &= 0.\mathsf{I}000\ldots = \tfrac{1}{2}\qquad \text{erhalten wir:}\end{aligned}$$

1. mit $\frac{1}{2} = \bar{h}_1$:

$$x \oplus \tfrac{1}{2} = x \oplus \bar{h}_1 = 0.\xi_1 + \overbrace{0.0\,\xi_2\xi_3\ldots}^{y}$$
$$\oplus\ 0.0\ \mathsf{I}\ \mathsf{I}\ \ldots$$
$$= 0.\xi_1 + (\tfrac{1}{2} - y),$$

Das ergibt

$$f_1(x) = 0.\xi_1 + y - 0.\xi_1 - (\tfrac{1}{2} - y) = 2y - \tfrac{1}{2}$$
$$= \begin{cases} 2x - \frac{1}{2} & \text{in } 0 \le x < \frac{1}{2}, \\ 2x - \frac{3}{2} & \text{in } \frac{1}{2} \le x < 1. \end{cases}$$

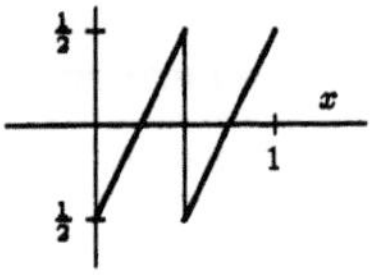

2. mit $\frac{1}{2} = \bar{e}_0$:

$$x \oplus \tfrac{1}{2} = x \oplus \bar{e}_0 = 0.\xi_1 + \overbrace{0.0\,\xi_2\xi_3\ldots}^{y}$$
$$\oplus\ 0.\mathsf{I}$$
$$= 0.(\xi_1 \oplus \mathsf{I}) + y$$

Das ergibt

$$f_2(x) = 0.\xi_1 + y - 0.(\xi_1 \oplus \mathsf{I}) - y$$
$$= 0.\xi_1 - 0.(\xi_1 \oplus \mathsf{I}) = -\tfrac{1}{2}(-1)^{\xi_1}$$

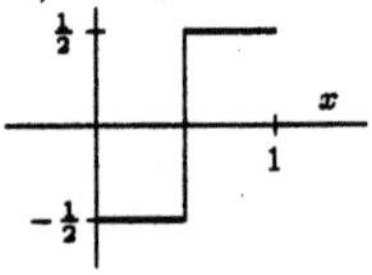

Wir müssen diesen Sachverhalt bei der dyadischen Faltung berücksichtigen, die wir im Kapitel 11 behandeln. Bei der Entwicklung einer speziellen Differentialrechnung für WALSH-Funktionen muß man ebenfalls darauf achten. Näheres darüber finden Sie z.B. in [G 2] bis [G 9] und in [W 2].

1.2 Einige spezielle Matrizen

Wir betrachten jetzt einige (n,n)-Matrizen mit Elementen aus einem Körper **K**. Dieser Körper **K** wird in den späteren Betrachtungen entweder der oben definierte Restklassenkörper $\mathbf{Z}_2$ oder der Körper der reellen Zahlen **R** sein. Dabei verwenden wir das

<u>*KRONECKER-Symbol*</u>

$$\delta_{pq} := \begin{cases} 1 & \text{für } p = q \\ 0 & \text{für } p \neq q \end{cases}, \qquad 0, 1 \in \mathbf{K}. \tag{1.6}$$

Wir wählen nun eine feste ganze Zahl m und bilden mit dem KRONECKER-Symbol die (n,n)-Matrix

$$\mathbf{J}_m := (\delta_{j,k+m}),$$
wobei j mit $1 \le j \le n$ der Zeilenindex (1.7)
und k mit $1 \le k \le n$ der Spaltenindex sind.

Ausführlich geschrieben ist das die Matrix

$$\mathbf{J}_m = \begin{pmatrix} 0 & 0 & 0 & \cdots & 0 & 0 & 0 & \cdots & 0 & 0 & 0 \\ 0 & 0 & 0 & \cdots & 0 & 0 & 0 & \cdots & 0 & 0 & 0 \\ 0 & 0 & 0 & \cdots & 0 & 0 & 0 & \cdots & 0 & 0 & 0 \\ \vdots & \vdots & \vdots & \ddots & \vdots & \vdots & \vdots & \ddots & \vdots & \vdots & \vdots \\ 0 & 0 & 0 & \cdots & 0 & 0 & 0 & \cdots & 0 & 0 & 0 \\ \mathbf{1} & 0 & 0 & \cdots & 0 & 0 & 0 & \cdots & 0 & 0 & 0 \\ 0 & \mathbf{1} & 0 & \cdots & 0 & 0 & 0 & \cdots & 0 & 0 & 0 \\ \vdots & \vdots & \vdots & \ddots & \vdots & \vdots & \vdots & \ddots & \vdots & \vdots & \vdots \\ 0 & 0 & 0 & \cdots & 0 & 0 & 0 & \cdots & 0 & 0 & 0 \\ 0 & 0 & 0 & \cdots & \mathbf{1} & 0 & 0 & \cdots & 0 & 0 & 0 \\ 0 & 0 & 0 & \cdots & 0 & \mathbf{1} & 0 & \cdots & 0 & 0 & 0 \end{pmatrix} \longleftarrow (m+1)\text{-te Zeile}$$

$\uparrow$ $(n-m)$-te Spalte

Für zwei solche Matrizen

$$\mathbf{J}_h = (\delta_{j,k+h}) \qquad \text{und} \qquad \mathbf{J}_m = (\delta_{p,q+m})$$

j und p Zeilenindizes, k und q Spaltenindizes,

gilt $$\mathbf{J}_h\,\mathbf{J}_m = (\delta_{j,k+h})(\delta_{p,q+m}) = \left(\sum_{\ell=1}^{n} \delta_{j,\ell+h}\,\delta_{\ell,q+m}\right) = (\delta_{j,q+h+m}) = \mathbf{J}_{h+m},$$

also

$$\mathbf{J}_h\,\mathbf{J}_m = \mathbf{J}_{h+m} \quad \text{und folglich} \quad \mathbf{J}_m^2 = \mathbf{J}_{2m}. \tag{1.8}$$

Offenbar ist $\mathbf{J}_0 = \mathbf{I}$ die Einheitsmatrix, und wenn $\mathbf{J}_q^T$ die Transponierte von $\mathbf{J}_q$ ist, gilt

$$\mathbf{J}_1^p = \mathbf{J}_p \qquad \text{und} \qquad \left(\mathbf{J}_1^T\right)^p = \mathbf{J}_p^T. \tag{1.9}$$

Aus (1.7) und (1.9) folgt, daß

$$\mathbf{J}_1^n = \mathbf{0} \qquad \text{und} \qquad \left(\mathbf{J}_1^T\right)^n = \mathbf{0} \tag{1.10}$$

ist, d.h., daß $\mathbf{J}_1$ nilpotent von der Ordnung n ist.

<u>Aufgabe</u> 1.1 $\Longrightarrow$ Lösung auf Seite 259

Die Elemente der folgenden Matrizen seien aus $\mathbf{Z}_2$. Man berechne die zu ihnen inversen Matrizen, sofern dies möglich ist!

$$\mathbf{A} = \begin{pmatrix} 0 & 0 & 0 & 1 \\ 0 & 0 & 1 & 0 \\ 0 & 1 & 0 & 0 \\ 1 & 0 & 0 & 0 \end{pmatrix}, \quad \mathbf{B} = \begin{pmatrix} 1 & 0 & 0 & 0 \\ 1 & 1 & 0 & 0 \\ 1 & 1 & 1 & 0 \\ 1 & 1 & 1 & 1 \end{pmatrix}, \quad \mathbf{C} = \begin{pmatrix} 0 & 0 & 0 & 1 \\ 0 & 0 & 1 & 1 \\ 0 & 1 & 1 & 1 \\ 1 & 1 & 1 & 1 \end{pmatrix},$$

$$\mathbf{D} = \begin{pmatrix} 1 & 1 & 0 & 0 \\ 0 & 1 & 1 & 0 \\ 0 & 0 & 1 & 1 \\ 0 & 0 & 0 & 1 \end{pmatrix}, \quad \mathbf{E} = \begin{pmatrix} 1 & 0 & 1 & 0 \\ 0 & 1 & 0 & 1 \\ 1 & 0 & 0 & 1 \\ 1 & 0 & 1 & 1 \end{pmatrix}, \quad \mathbf{F} = \begin{pmatrix} 1 & 0 & 1 & 1 \\ 0 & 1 & 0 & 1 \\ 1 & 0 & 0 & 1 \\ 1 & 1 & 0 & 0 \end{pmatrix}.$$

1.3 Permutationsmatrizen

Es sei $\mathbf{N}_p = \{1, 2, \dots, p\}$, und ρ sei eine eineindeutige Abbildung

$$\rho : \mathbf{N}_p \to \mathbf{N}_p .$$

Ist in $\mathbf{N}_p$ eine Anordnung erklärt, so vermittelt also ρ eine Permutation der Elemente von $\mathbf{N}_p$. Ferner sei

$$\mathbf{Q}(\rho) = (q_{j,k}) \quad \text{mit} \quad q_{j,k} = \begin{cases} 1 & \text{für } k = \rho(j) \\ 0 & \text{für } k \neq \rho(j) \end{cases}$$

eine (p, p)-Matrix, deren Elemente nur an *einer* Stelle in jeder ihrer Reihen den Wert 1 und sonst den Wert 0 haben. Multipliziert man einen p-Vektor mit $\mathbf{Q}(\rho)$, so werden seine Koordinaten permutiert. Wir sagen deshalb, $\mathbf{Q}(\rho)$ sei eine *Permutationsmatrix* .

Beispiel: ρ sei durch $\begin{pmatrix} 1 & 2 & 3 & 4 & 5 & 6 & 7 & 8 \\ 5 & 4 & 1 & 3 & 7 & 2 & 8 & 6 \end{pmatrix}$ gegeben.

D.h., den oben stehenden Zahlen wird jeweils der darunter stehende Wert zugeordnet. Dann ist

$$\mathbf{Q} = \mathbf{Q}(\rho) = \begin{pmatrix} 0 & 0 & 0 & 0 & 1 & 0 & 0 & 0 \\ 0 & 0 & 0 & 1 & 0 & 0 & 0 & 0 \\ 1 & 0 & 0 & 0 & 0 & 0 & 0 & 0 \\ 0 & 0 & 1 & 0 & 0 & 0 & 0 & 0 \\ 0 & 0 & 0 & 0 & 0 & 0 & 1 & 0 \\ 0 & 1 & 0 & 0 & 0 & 0 & 0 & 0 \\ 0 & 0 & 0 & 0 & 0 & 0 & 0 & 1 \\ 0 & 0 & 0 & 0 & 0 & 1 & 0 & 0 \end{pmatrix},$$

und dem Vektor $\mathbf{x} = (x_1, x_2, x_3, x_4, x_5, x_6, x_7, x_8)^T$ wird durch $\mathbf{x}' = \mathbf{Q}\,\mathbf{x}$ der Vektor $\mathbf{x}' = (x_5, x_4, x_1, x_3, x_7, x_2, x_8, x_6)^T$ zugeordnet.

Permutationsmatrizen sind orthogonal. Es gilt also mit der *Einheitsmatrix* $\mathbf{I}$

$$\mathbf{Q}\,\mathbf{Q}^T = \mathbf{I} \quad \text{und} \quad |\det \mathbf{Q}| = 1.$$

Wir betrachten jetzt einige spezielle Permutationsmatrizen. Es sei

$$\mathbf{C}_0 = \mathbf{I}, \quad \mathbf{C}_m = \mathbf{J}_m + \mathbf{J}_{n-m}^T \quad \text{für} \quad m = 1, 2, \dots, n-1, \tag{1.11}$$

$$\mathbf{C}_m = \left(\begin{array}{cccccccccccccc} 0 & 0 & 0 & 0 & \dots & 0 & 0 & 1 & 0 & \dots & 0 & 0 & 0 & 0 \\ 0 & 0 & 0 & 0 & \dots & 0 & 0 & 0 & 1 & \dots & 0 & 0 & 0 & 0 \\ 0 & 0 & 0 & 0 & \dots & 0 & 0 & 0 & 0 & \dots & 0 & 0 & 0 & 0 \\ 0 & 0 & 0 & 0 & \dots & 0 & 0 & 0 & 0 & \dots & 0 & 0 & 0 & 0 \\ \vdots & \vdots & \vdots & \vdots & \ddots & \vdots & \vdots & \vdots & \vdots & \ddots & \vdots & \vdots & \vdots & \vdots \\ 0 & 0 & 0 & 0 & \dots & 0 & 0 & 0 & 0 & \dots & 0 & 0 & 1 & 0 \\ 0 & 0 & 0 & 0 & \dots & 0 & 0 & 0 & 0 & \dots & 0 & 0 & 0 & 1 \\ 1 & 0 & 0 & 0 & \dots & 0 & 0 & 0 & 0 & \dots & 0 & 0 & 0 & 0 \\ 0 & 1 & 0 & 0 & \dots & 0 & 0 & 0 & 0 & \dots & 0 & 0 & 0 & 0 \\ \vdots & \vdots & \vdots & \vdots & \ddots & \vdots & \vdots & \vdots & \vdots & \ddots & \vdots & \vdots & \vdots & \vdots \\ 0 & 0 & 0 & 0 & \dots & 0 & 0 & 0 & 0 & \dots & 0 & 0 & 0 & 0 \\ 0 & 0 & 0 & 0 & \dots & 0 & 0 & 0 & 0 & \dots & 0 & 0 & 0 & 0 \\ 0 & 0 & 0 & 0 & \dots & 1 & 0 & 0 & 0 & \dots & 0 & 0 & 0 & 0 \\ 0 & 0 & 0 & 0 & \dots & 0 & 1 & 0 & 0 & \dots & 0 & 0 & 0 & 0 \end{array}\right) \begin{array}{l} \\ \\ \\ \\ \\ \\ \longleftarrow m\text{-te Zeile} \\ \longleftarrow (m+1)\text{-te Zeile} \\ \\ \\ \\ \\ \\ \\ \end{array}$$

$(n-m)$-te Spalte $\quad (n-m+1)$-te Spalte

$$\text{Es gilt} \quad \mathbf{C}_1^p = \mathbf{C}_p \quad \text{und} \quad \mathbf{C}_m^n = \mathbf{I}. \tag{1.12}$$

Die Matrizen $\mathbf{C}_m$ von (1.10) sind Spezialfälle sogenannter *Zirkulanten.* Das sind Matrizen, deren Spaltenvektoren aus einem von ihnen durch zyklische Vertauschung seiner Koordinaten entstehen. Eine (n, n)-Zirkulante hat die folgende Form

Zirkulante (1.13)

$$
{}^{\circ}\mathbf{F} = \begin{pmatrix} f_0 & f_{n-1} & f_{n-2} & \cdots & f_3 & f_2 & f_1 \\ f_1 & f_0 & f_{n-1} & \cdots & f_4 & f_3 & f_2 \\ f_2 & f_1 & f_0 & \cdots & f_5 & f_4 & f_3 \\ \vdots & \vdots & \vdots & \ddots & \vdots & \vdots & \vdots \\ f_{n-3} & f_{n-4} & f_{n-5} & \cdots & f_0 & f_{n-1} & f_{n-2} \\ f_{n-2} & f_{n-3} & f_{n-4} & \cdots & f_1 & f_0 & f_{n-1} \\ f_{n-1} & f_{n-2} & f_{n-3} & \cdots & f_2 & f_1 & f_0 \end{pmatrix}
$$

Weil man diese Matrix aus ihrem ersten Spaltenvektor konstruieren kann, sagt man auch:

${}^{\circ}\mathbf{F}$ ist die zum Vektor $\mathbf{f} = \left(f_0, f_1, f_2, \ldots, f_{n-3}, f_{n-2}, f_{n-1}\right)^T$ (1.14)
gehörende Zirkulante.

Man sieht sofort, daß die Matrizen $\mathbf{C}_m$ von (1.11) die zu

$$
\mathbf{e}_m = \Big(\underbrace{0, 0, \ldots, 0}_{m}, 1, \underbrace{0, \ldots, 0, 0}_{n-m-1}\Big)^T
$$

gehörenden Zirkulanten sind.

Häufig werden wir die folgende Permutationsmatrix verwenden:

$$
\tilde{\mathbf{I}} = \left(\delta_{j,n-k+1}\right) = \begin{pmatrix} 0 & 0 & \ldots & 0 & 1 \\ 0 & 0 & \ldots & 1 & 0 \\ \vdots & \vdots & \ddots & \vdots & \vdots \\ 0 & 1 & \ldots & 0 & 0 \\ 1 & 0 & \ldots & 0 & 0 \end{pmatrix} \tag{1.15}
$$

Es ist $\tilde{\mathbf{I}}^2 = \mathbf{I}$ die Einheitsmatrix. Multipliziert man eine Matrix $\mathbf{A}$ von links mit $\tilde{\mathbf{I}}$, so wird die Reihenfolge der Zeilen umgekehrt. Multipliziert man eine Matrix $\mathbf{A}$ von rechts mit $\tilde{\mathbf{I}}$, so wird die Reihenfolge der Spalten umgekehrt.

$$
\tilde{\mathbf{I}}\,(a_{jk}) = (a_{n-j+1,k}) \qquad (a_{jk})\,\tilde{\mathbf{I}} = (a_{j,n-k+1}) \tag{1.16}
$$

<u>**Beispiel:**</u>

$$
\begin{pmatrix} 0 & 0 & 1 \\ 0 & 1 & 0 \\ 1 & 0 & 0 \end{pmatrix} \begin{pmatrix} 0 & 0 & a \\ 0 & b & c \\ d & e & f \end{pmatrix} = \begin{pmatrix} d & e & f \\ 0 & b & c \\ 0 & 0 & a \end{pmatrix}
$$

$$
\begin{pmatrix} 0 & 0 & a \\ 0 & b & c \\ d & e & f \end{pmatrix} \begin{pmatrix} 0 & 0 & 1 \\ 0 & 1 & 0 \\ 1 & 0 & 0 \end{pmatrix} = \begin{pmatrix} a & 0 & 0 \\ c & b & 0 \\ f & e & d \end{pmatrix}.
$$

Eine Einheitsmatrix ist natürlich ebenfalls eine Permutationsmatrix. Sie vermittelt die identische Permutation. Wenn es nötig ist, die Reihenzahl p einer Einheitsmatrix anzugeben, so schreiben wir $\mathbf{I}_p$.

1.4 Bitumkehrung

Wendet man die Matrix $\tilde{\mathbf{I}}$ auf Vektoren an, so wird die Reihenfolge der Koordinaten umgekehrt.

Beispiel:

$$\begin{pmatrix} 0 & 0 & 0 & 1 \\ 0 & 0 & 1 & 0 \\ 0 & 1 & 0 & 0 \\ 1 & 0 & 0 & 0 \end{pmatrix} \begin{pmatrix} a \\ b \\ c \\ d \end{pmatrix} = \begin{pmatrix} d \\ c \\ b \\ a \end{pmatrix}, \quad (a,b,c,d) \begin{pmatrix} 0 & 0 & 0 & 1 \\ 0 & 0 & 1 & 0 \\ 0 & 1 & 0 & 0 \\ 1 & 0 & 0 & 0 \end{pmatrix} = (d,c,b,a).$$

Bestehen die Koordinaten aus Binärziffern — „Bits" —, so spricht man von *Bitumkehrung*.

Beispiel:

$$(\underbrace{100110}_{=38})\,\tilde{\mathbf{I}} = (\underbrace{011001}_{=25}), \quad \text{bzw.} \quad \tilde{\mathbf{I}} \begin{pmatrix} 1 \\ 0 \\ 0 \\ 1 \\ 1 \\ 0 \end{pmatrix} = \begin{pmatrix} 0 \\ 1 \\ 1 \\ 0 \\ 0 \\ 1 \end{pmatrix}.$$

Wenden wir $\tilde{\mathbf{I}}$ auf die Binärdarstellung natürlicher Zahlen an, so entspricht bei fester Stellenzahl jeder Permutation der Binärstellen auch eine Permutation q der zugehörigen natürlichen Zahlen.

Beispiel: $n = 4$

$$\underbrace{(1,0,1,1)}_{11} \underbrace{\begin{pmatrix} 0 & 0 & 0 & 1 \\ 0 & 0 & 1 & 0 \\ 0 & 1 & 0 & 0 \\ 1 & 0 & 0 & 0 \end{pmatrix}}_{\tilde{\mathbf{I}}} = \underbrace{(1,1,0,1)}_{13}$$

0	0000	0000	**0**
1	0001	1000	**8**
2	0010	0100	**4**
3	0011	1100	**12**
4	0100	0010	**2**
5	0101	1010	**10**
6	0110	0110	**6**
7	0111	1110	**14**
8	1000	0001	**1**
9	1001	1001	**9**
10	1010	0101	**5**
11	1011	1101	**13**
12	1100	0011	**3**
13	1101	1011	**11**
14	1110	0111	**7**
15	1111	1111	**15**

(1.17)

Die Permutation q ordnet also den Zahlen der äußeren linken Spalte die jeweils in der äußeren rechten Spalte stehenden Zahlen zu. Für die Zahl 11 ist dieser Zuordnungsvorgang explizit angegeben.

1.5 Der GRAY-Code

Mit den Elementen $\xi_j \in \mathbf{Z}_2$ bilden wir eine *Zeichenkette* oder ein *Binärwort* oder kurz ein *Wort*

$$\xi = (\xi_1, \xi_2, \xi_3, \ldots, \xi_j, \ldots, \xi_{n-2}, \xi_{n-1}, \xi_n).$$

Ein Wort kann auch *unendlich* sein, kann also die folgende Form haben:

$$\xi = (\xi_1, \xi_2, \xi_3, \ldots, \xi_j, \ldots, \xi_{n-2}, \xi_{n-1}, \xi_n, \ldots)$$

Beispiel: $n = 20,\ \xi = (0\,1\,1\,0\,0\,1\,1\,1\,0\,1\,0\,0\,0\,1\,0\,1\,1\,1\,0\,1)$.
Ein solches Wort kann man auch dadurch charakterisieren, daß man angibt, an welcher Stelle ein Zeichenwechsel stattfindet. Wir markieren eine Stelle eines Zeichenwechsels durch 1, während wir eine Stelle, an der kein Übergang stattfindet, durch 0 markieren. Auf diese Weise erhält man ein neues Wort, und wir sagen, dieses Wort $\hat{\xi}$ sei der zu ξ gehörende GRAY-Code oder das zu ξ gehörende GRAY-Wort. Für diese Transformation schreiben wir auch $\hat{\xi} = \mathsf{G}\,\xi$ und nennen G eine GRAY-Transformation. Für das Wort des obigen Beispiels erhalten wir

$$\begin{aligned} \xi &= (0\,1\,1\,0\,0\,1\,1\,1\,0\,1\,0\,0\,0\,1\,0\,1\,1\,1\,0\,1) \\ \mathsf{G}\,\xi = \hat{\xi} &= (0\,1\,0\,1\,0\,1\,0\,0\,1\,1\,1\,0\,0\,1\,1\,1\,0\,0\,1\,1). \end{aligned}$$

Für ein allgemeines Binärwort gilt

$$\mathsf{G}\,\xi = (\xi_1, \xi_1 \oplus \xi_2, \xi_2 \oplus \xi_3, \ldots, \xi_j \oplus \xi_{j+1}, \ldots, \xi_{n-2} \oplus \xi_{n-1}, \xi_{n-1} \oplus \xi_n, \ldots).$$

Ein Wort der Form

$$\epsilon_j = (\underbrace{0, 0, \ldots, 0}_{(j-1)-\text{mal}}, 1, 0, 0, \ldots) \tag{1.18}$$

nennen wir ein *Einheitswort*, und ein Wort der Form

$$\zeta_j = (\underbrace{0, 0, \ldots, 0}_{(j-1)-\text{mal}}, 1, 1, 1, \ldots) \tag{1.19}$$

nennen wir ein *HEAVISIDE-Wort*.
Es gilt, wie man sofort sieht, $\mathsf{G}\,\zeta_j = \epsilon_j$. Diese Zuordnung ist offenbar eineindeutig. G hat also eine Inverse G^{-1} mit $\mathsf{G}^{-1}\,\epsilon_j = \zeta_j$.
Jedes GRAY-Wort $\hat{\xi} = \mathsf{G}\xi$ kann man als Binärsumme

$$\hat{\xi} = \mathsf{G}\xi = \bigoplus_{j=1}^{\infty} \eta_j \epsilon_j := \eta_1\epsilon_1 \oplus \eta_2\epsilon_2 \oplus \cdots \oplus \eta_j\epsilon_j \oplus \cdots, \qquad \eta_j \in \{0, 1\},$$

schreiben, und es gilt dann

$$\begin{aligned} \mathsf{G}^{-1}\hat{\xi} &= \xi = \mathsf{G}^{-1} \bigoplus_{j=1}^{\infty} \eta_j\epsilon_j = \bigoplus_{j=1}^{\infty} \eta_j\, \mathsf{G}^{-1}\,\epsilon_j \\ &= \bigoplus_{j=1}^{\infty} \eta_j\zeta_j = \eta_1\zeta_1 \oplus \eta_2\zeta_2 \oplus \cdots \oplus \eta_j\zeta_j \oplus \cdots \quad . \end{aligned}$$

In Worten heißt das:
Um aus einem GRAY-Wort $\hat{\xi} = \mathsf{G}\xi$ das Wort ξ zurückzugewinnen, nehme man für jede Binäreins in $\mathsf{G}\xi$ das zugehörige HEAVISIDE-Wort ζ_j und bilde die Binärsumme dieser ζ_j.

Beispiel:

$$
\begin{array}{rcl}
\hat{\xi} & = (& 0\ \mathrm{I}\ 0\ \mathrm{I}\ 0\ \mathrm{I}\ 0\ 0\ \mathrm{I}\ \mathrm{I}\ \mathrm{I}\ 0\ 0\ \mathrm{I}\ \mathrm{I}\ \mathrm{I}\ 0\ 0\ \mathrm{I}\ \mathrm{I}\ ) \\
\mathsf{G}^{-1}\hat{\xi} & = (& 0\ \mathrm{I}\ \mathrm{I}\ \mathrm{I}\ \mathrm{I}\ \mathrm{I}\ \mathrm{I}\ \mathrm{I}\ \mathrm{I}\ \mathrm{I}\ \mathrm{I}\ \mathrm{I}\ \mathrm{I}\ \mathrm{I}\ \mathrm{I}\ \mathrm{I}\ \mathrm{I}\ \mathrm{I}\ \mathrm{I}\ \mathrm{I} \\
 & \oplus & 0\ 0\ 0\ \mathrm{I}\ \mathrm{I}\ \mathrm{I}\ \mathrm{I}\ \mathrm{I}\ \mathrm{I}\ \mathrm{I}\ \mathrm{I}\ \mathrm{I}\ \mathrm{I}\ \mathrm{I}\ \mathrm{I}\ \mathrm{I}\ \mathrm{I}\ \mathrm{I}\ \mathrm{I}\ \mathrm{I} \\
 & \oplus & 0\ 0\ 0\ 0\ 0\ \mathrm{I}\ \mathrm{I}\ \mathrm{I}\ \mathrm{I}\ \mathrm{I}\ \mathrm{I}\ \mathrm{I}\ \mathrm{I}\ \mathrm{I}\ \mathrm{I}\ \mathrm{I}\ \mathrm{I}\ \mathrm{I}\ \mathrm{I}\ \mathrm{I} \\
 & \oplus & 0\ 0\ 0\ 0\ 0\ 0\ 0\ 0\ \mathrm{I}\ \mathrm{I}\ \mathrm{I}\ \mathrm{I}\ \mathrm{I}\ \mathrm{I}\ \mathrm{I}\ \mathrm{I}\ \mathrm{I}\ \mathrm{I}\ \mathrm{I}\ \mathrm{I} \\
 & \oplus & 0\ 0\ 0\ 0\ 0\ 0\ 0\ 0\ 0\ \mathrm{I}\ \mathrm{I}\ \mathrm{I}\ \mathrm{I}\ \mathrm{I}\ \mathrm{I}\ \mathrm{I}\ \mathrm{I}\ \mathrm{I}\ \mathrm{I}\ \mathrm{I} \\
 & \oplus & 0\ 0\ 0\ 0\ 0\ 0\ 0\ 0\ 0\ 0\ \mathrm{I}\ \mathrm{I}\ \mathrm{I}\ \mathrm{I}\ \mathrm{I}\ \mathrm{I}\ \mathrm{I}\ \mathrm{I}\ \mathrm{I}\ \mathrm{I} \\
 & \oplus & 0\ 0\ 0\ 0\ 0\ 0\ 0\ 0\ 0\ 0\ 0\ 0\ 0\ \mathrm{I}\ \mathrm{I}\ \mathrm{I}\ \mathrm{I}\ \mathrm{I}\ \mathrm{I}\ \mathrm{I} \\
 & \oplus & 0\ 0\ 0\ 0\ 0\ 0\ 0\ 0\ 0\ 0\ 0\ 0\ 0\ 0\ \mathrm{I}\ \mathrm{I}\ \mathrm{I}\ \mathrm{I}\ \mathrm{I}\ \mathrm{I} \\
 & \oplus & 0\ 0\ 0\ 0\ 0\ 0\ 0\ 0\ 0\ 0\ 0\ 0\ 0\ 0\ 0\ \mathrm{I}\ \mathrm{I}\ \mathrm{I}\ \mathrm{I}\ \mathrm{I} \\
 & \oplus & 0\ 0\ 0\ 0\ 0\ 0\ 0\ 0\ 0\ 0\ 0\ 0\ 0\ 0\ 0\ 0\ 0\ 0\ \mathrm{I}\ \mathrm{I} \\
 & \oplus & 0\ 0\ 0\ 0\ 0\ 0\ 0\ 0\ 0\ 0\ 0\ 0\ 0\ 0\ 0\ 0\ 0\ 0\ 0\ \mathrm{I}\ ) \\
 & = (& 0\ \mathrm{I}\ \mathrm{I}\ 0\ 0\ \mathrm{I}\ \mathrm{I}\ \mathrm{I}\ 0\ \mathrm{I}\ 0\ 0\ 0\ \mathrm{I}\ 0\ \mathrm{I}\ \mathrm{I}\ \mathrm{I}\ 0\ \mathrm{I}\ )
\end{array}
$$

Wenn wir die Zahlen $\mathbf{N}_0 = \{0, 1, 2, \ldots\}$ binär schreiben und dann auf sie eine GRAY-Transformation ausüben, so bewirkt das eine Permutation $r : \mathbf{N}_0 \longrightarrow \mathbf{N}_0$ dieser Zahlen. Dabei werden jeweils k-stellige Binärzahlen in ebenfalls k-stellige Binärzahlen überführt. Es wird also jeweils die Menge der ersten 2^k Zahlen aus $\mathbf{N}_0$ auf sich abgebildet.

Beispiel: $k = 4$.

In der Binärdarstellung von n und der Binärdarstellung von $n+1$ können an *mehreren* Stellen Ziffern verschieden sein, nämlich dann, wenn bei der Addition von 1 zu n ein Stellenübertrag stattfindet. Hingegen sind $\mathsf{G}n$ und $\mathsf{G}(n+1)$ stets nur an *einer einzigen Stelle* voneinander verschieden. Das kommt daher, daß bei einem Stellenübertrag der Wechsel zwischen 0 und I nur an eine andere Stelle verschoben wird, und bei der GRAY-Transformation werden ja nur solche Wechsel markiert.

0000	**0**		0000	**0**	
000I	**1**		000I	**1**	
00I0	**2**		00II	**3**	
00II	**3**		00I0	**2**	
0I00	**4**		0II0	**6**	
0I0I	**5**		0III	**7**	
0II0	**6**		0I0I	**5**	
0III	**7**	$\xrightarrow{\mathsf{G}}$	0I00	**4**	(1.20)
I000	**8**	$\xrightarrow{r_4}$	II00	**12**	
I00I	**9**		II0I	**13**	
I0I0	**10**		IIII	**15**	
I0II	**11**		III0	**14**	
II00	**12**		I0I0	**10**	
II0I	**13**		I0II	**11**	
III0	**14**		I00I	**9**	
IIII	**15**		I000	**8**	

1.6 Das KRONECKER-Produkt quadratischer Matrizen

Es sei $\mathbf{A} = (a_{jk})$ eine p-reihige quadratische Matrix
und $\mathbf{B} = (b_{hl})$ eine q-reihige quadratische Matrix.

Als

$$\underline{\text{KRONECKER-Produkt} \qquad \mathbf{A} \otimes \mathbf{B}} \tag{1.21}$$

der beiden Matrizen $\mathbf{A}$ und $\mathbf{B}$ bezeichnet man die pq-reihige quadratische Matrix

$$\mathbf{A} \otimes \mathbf{B} := (a_{jk}\mathbf{B})$$

$$= \begin{pmatrix}
a_{11}\mathbf{B} & a_{12}\mathbf{B} & a_{13}\mathbf{B} & \cdots & a_{1,p-2}\mathbf{B} & a_{1,p-1}\mathbf{B} & a_{1,p}\mathbf{B} \\
a_{21}\mathbf{B} & a_{22}\mathbf{B} & a_{23}\mathbf{B} & \cdots & a_{2,p-2}\mathbf{B} & a_{2,p-1}\mathbf{B} & a_{2,p}\mathbf{B} \\
a_{31}\mathbf{B} & a_{32}\mathbf{B} & a_{33}\mathbf{B} & \cdots & a_{3,p-2}\mathbf{B} & a_{3,p-1}\mathbf{B} & a_{3,p}\mathbf{B} \\
\vdots & \vdots & \vdots & \ddots & \vdots & \vdots & \vdots \\
a_{p-2,1}\mathbf{B} & a_{p-2,2}\mathbf{B} & a_{p-2,3}\mathbf{B} & \cdots & a_{p-2,p-2}\mathbf{B} & a_{p-2,p-1}\mathbf{B} & a_{p-2,p}\mathbf{B} \\
a_{p-1,1}\mathbf{B} & a_{p-1,2}\mathbf{B} & a_{p-1,3}\mathbf{B} & \cdots & a_{p-1,p-2}\mathbf{B} & a_{p-1,p-1}\mathbf{B} & a_{p-1,p}\mathbf{B} \\
a_{p1}\mathbf{B} & a_{p2}\mathbf{B} & a_{p3}\mathbf{B} & \cdots & a_{p,p-2}\mathbf{B} & a_{p,p-1}\mathbf{B} & a_{p,p}\mathbf{B}
\end{pmatrix}$$

$$= \begin{pmatrix}
a_{11}b_{11} & a_{11}b_{12} & \cdots & a_{11}b_{1q} & a_{12}b_{11} & a_{12}b_{12} & \cdots & a_{12}b_{1q} & \cdots & \cdots \\
a_{11}b_{21} & a_{11}b_{22} & \cdots & a_{11}b_{2q} & a_{12}b_{21} & a_{12}b_{22} & \cdots & a_{12}b_{2q} & \cdots & \cdots \\
\vdots & \vdots & \ddots & \vdots & \vdots & \vdots & \ddots & \vdots & \vdots & \vdots \\
a_{11}b_{q1} & a_{11}b_{q2} & \cdots & a_{11}b_{qq} & a_{12}b_{q1} & a_{12}b_{q2} & \cdots & a_{12}b_{qq} & \cdots & \cdots \\
a_{21}b_{11} & a_{21}b_{12} & \cdots & a_{21}b_{1q} & a_{22}b_{11} & a_{22}b_{12} & \cdots & a_{22}b_{1q} & \cdots & \cdots \\
a_{21}b_{21} & a_{21}b_{22} & \cdots & a_{21}b_{2q} & a_{22}b_{21} & a_{22}b_{22} & \cdots & a_{22}b_{2q} & \cdots & \cdots \\
\vdots & \vdots & \ddots & \vdots & \vdots & \vdots & \ddots & \vdots & \vdots & \vdots \\
a_{21}b_{q1} & a_{21}b_{q2} & \cdots & a_{21}b_{qq} & a_{22}b_{q1} & a_{22}b_{q2} & \cdots & a_{22}b_{qq} & \cdots & \cdots \\
 & \vdots & \vdots\;\vdots & \vdots & & \vdots & \vdots\;\vdots & \vdots & \ddots & \\
 & \vdots & \vdots\;\vdots & \vdots & & \vdots & \vdots\;\vdots & \vdots & & \ddots \\
a_{p1}b_{11} & a_{p1}b_{12} & \cdots & a_{p1}b_{1q} & a_{p2}b_{11} & a_{p2}b_{12} & \cdots & a_{p2}b_{1q} & \cdots & \cdots \\
a_{p1}b_{21} & a_{p1}b_{22} & \cdots & a_{p1}b_{2q} & a_{p2}b_{21} & a_{p2}b_{22} & \cdots & a_{p2}b_{2q} & \cdots & \cdots \\
\vdots & \vdots & \ddots & \vdots & \vdots & \vdots & \ddots & \vdots & \vdots & \vdots \\
a_{p1}b_{q1} & a_{p1}b_{q2} & \cdots & a_{p1}b_{qq} & a_{p2}b_{q1} & a_{p2}b_{q2} & \cdots & a_{p2}b_{qq} & \cdots & \cdots
\end{pmatrix}$$

Man beachte, daß dieses Produkt nicht kommutativ ist!

<u>Beispiel</u> 1.3

Es sei $\mathbf{A} = \begin{pmatrix} 1 & 0 & 0 & 0 \\ 0 & 1 & 0 & 0 \\ 0 & 0 & 1 & 0 \\ 0 & 0 & 0 & 1 \end{pmatrix} = \mathbf{I}_4, \quad \mathbf{B} = \begin{pmatrix} 1 & 1 \\ 1 & -1 \end{pmatrix}$

Dann ist

$$\mathbf{A} \otimes \mathbf{B} = \begin{pmatrix} 1 & 1 & 0 & 0 & 0 & 0 & 0 & 0 \\ 1 & -1 & 0 & 0 & 0 & 0 & 0 & 0 \\ 0 & 0 & 1 & 1 & 0 & 0 & 0 & 0 \\ 0 & 0 & 1 & -1 & 0 & 0 & 0 & 0 \\ 0 & 0 & 0 & 0 & 1 & 1 & 0 & 0 \\ 0 & 0 & 0 & 0 & 1 & -1 & 0 & 0 \\ 0 & 0 & 0 & 0 & 0 & 0 & 1 & 1 \\ 0 & 0 & 0 & 0 & 0 & 0 & 1 & -1 \end{pmatrix} = \begin{pmatrix} 1 & 1 & & & & & & \\ 1 & -1 & & & & & & \\ & & 1 & 1 & & & & \\ & & 1 & -1 & & & & \\ & & & & 1 & 1 & & \\ & & & & 1 & -1 & & \\ & & & & & & 1 & 1 \\ & & & & & & 1 & -1 \end{pmatrix}$$

$$\mathbf{B} \otimes \mathbf{A} = \begin{pmatrix} 1 & & & & 1 & & & \\ & 1 & & & & 1 & & \\ & & 1 & & & & 1 & \\ & & & 1 & & & & 1 \\ 1 & & & & -1 & & & \\ & 1 & & & & -1 & & \\ & & 1 & & & & -1 & \\ & & & 1 & & & & -1 \end{pmatrix}$$

Zur Verbesserung der Übersicht lassen wir in Matrizen meistens die Elemente 0 weg.

$$\mathbf{B} \otimes \mathbf{B} = \begin{pmatrix} 1 & 1 & 1 & 1 \\ 1 & -1 & 1 & -1 \\ 1 & 1 & -1 & -1 \\ 1 & -1 & -1 & 1 \end{pmatrix}, \qquad \mathbf{A} \otimes \mathbf{A} = \mathbf{I}_{16}.$$

Das KRONECKER-Produkt (1.21) ist assoziativ.

Wir zitieren jetzt einen Satz, den wir später verwenden werden. Seinen Beweis findet man in [K 2], [W 1] und [L 1] Seite 257.

> $\mathbf{A}$ und $\mathbf{C}$ seien p-reihige (quadratische) Matrizen, und
> $\mathbf{B}$ und $\mathbf{D}$ seien q-reihige (quadratische) Matrizen.

Dann ist

$$\boxed{(\mathbf{A} \otimes \mathbf{B})(\mathbf{C} \otimes \mathbf{D}) = (\mathbf{AC}) \otimes (\mathbf{BD}).} \tag{1.22}$$

Ist $\mathbf{I}_r$ die r-reihige Einheitsmatrix, so folgt aus (1.22)

$$\begin{aligned} (\mathbf{A} \otimes \mathbf{I}_q)(\mathbf{I}_p \otimes \mathbf{D}) &= (\mathbf{A}\mathbf{I}_p) \otimes (\mathbf{I}_q\mathbf{D}) &&= \mathbf{A} \otimes \mathbf{D}, \\ (\mathbf{I}_p \otimes \mathbf{B})(\mathbf{C} \otimes \mathbf{I}_q) &= (\mathbf{I}_p\mathbf{C}) \otimes (\mathbf{B}\mathbf{I}_q) &&= \mathbf{C} \otimes \mathbf{B}, \\ (\mathbf{I}_p \otimes \mathbf{B})(\mathbf{I}_p \otimes \mathbf{D}) &= (\mathbf{I}_p\mathbf{I}_p) \otimes (\mathbf{BD}) &&= \mathbf{I}_p \otimes (\mathbf{BD}), \\ (\mathbf{A} \otimes \mathbf{I}_q)(\mathbf{C} \otimes \mathbf{I}_q) &= (\mathbf{AC}) \otimes (\mathbf{I}_q\mathbf{I}_q) &&= (\mathbf{AC}) \otimes \mathbf{I}_q. \end{aligned} \tag{1.23}$$

Beispiel 1.4

Wie in Beispiel 1.3 sei $\mathbf{B} = \begin{pmatrix} 1 & 1 \\ 1 & -1 \end{pmatrix}$.

Dann folgt aus (1.23) $(\mathbf{B} \otimes \mathbf{I}_2)(\mathbf{I}_2 \otimes \mathbf{B}) = \mathbf{B} \otimes \mathbf{B}$.

$\mathbf{B} \otimes \mathbf{B}$ haben wir oben bereits berechnet. Für die Faktoren der linken Seite erhalten wir

$$\mathbf{B} \otimes \mathbf{I}_2 = \begin{pmatrix} 1 & & 1 & \\ & 1 & & 1 \\ 1 & & -1 & \\ & 1 & & -1 \end{pmatrix} \quad \text{und} \quad \mathbf{I}_2 \otimes \mathbf{B} = \begin{pmatrix} 1 & 1 & & \\ 1 & -1 & & \\ & & 1 & 1 \\ & & 1 & -1 \end{pmatrix}.$$

Damit haben wir eine Zerlegung der Matrix $\begin{pmatrix} 1 & 1 & 1 & 1 \\ 1 & -1 & 1 & -1 \\ 1 & 1 & -1 & -1 \\ 1 & -1 & -1 & 1 \end{pmatrix}$ in ein Matrizenprodukt, nämlich

$$\begin{pmatrix} 1 & & 1 & \\ & 1 & & 1 \\ 1 & & -1 & \\ & 1 & & -1 \end{pmatrix} \begin{pmatrix} 1 & 1 & & \\ 1 & -1 & & \\ & & 1 & 1 \\ & & 1 & -1 \end{pmatrix} = \begin{pmatrix} 1 & 1 & 1 & 1 \\ 1 & -1 & 1 & -1 \\ 1 & 1 & -1 & -1 \\ 1 & -1 & -1 & 1 \end{pmatrix}.$$

Wenn wir einen weiteren „KRONECKER-Faktor" mit derselben Matrix $\mathbf{B}$ hinzunehmen, so erhalten wir eine analoge Zerlegung der Matrix $\mathbf{B} \otimes \mathbf{B} \otimes \mathbf{B}$ in ein dreifaches Matrizenprodukt

$$\begin{aligned} \mathbf{B} \otimes \mathbf{B} \otimes \mathbf{B} &= (\mathbf{B} \otimes \mathbf{B}) \otimes \mathbf{B} = \big((\mathbf{B} \otimes \mathbf{B}) \otimes \mathbf{I}_2\big)\big(\mathbf{I}_4 \otimes \mathbf{B}\big) \\ &= \big(\mathbf{B} \otimes (\mathbf{B} \otimes \mathbf{I}_2)\big)\big(\mathbf{I}_4 \otimes \mathbf{B}\big) = \big(\mathbf{B} \otimes \mathbf{I}_4\big)\big(\mathbf{I}_2 \otimes \mathbf{B} \otimes \mathbf{I}_2\big)\big(\mathbf{I}_4 \otimes \mathbf{B}\big). \end{aligned}$$

Damit haben wir die Produktzerlegung

$$\mathbf{B} \otimes \mathbf{B} \otimes \mathbf{B} = \begin{pmatrix} 1 & 1 & 1 & 1 & 1 & 1 & 1 & 1 \\ 1 & -1 & 1 & -1 & 1 & -1 & 1 & -1 \\ 1 & 1 & -1 & -1 & 1 & 1 & -1 & -1 \\ 1 & -1 & -1 & 1 & 1 & -1 & -1 & 1 \\ 1 & 1 & 1 & 1 & -1 & -1 & -1 & -1 \\ 1 & -1 & 1 & -1 & -1 & 1 & -1 & 1 \\ 1 & 1 & -1 & -1 & -1 & -1 & 1 & 1 \\ 1 & -1 & -1 & 1 & -1 & 1 & 1 & -1 \end{pmatrix}$$

$$= \begin{pmatrix} 1 & & & & 1 & & & \\ & 1 & & & & 1 & & \\ & & 1 & & & & 1 & \\ & & & 1 & & & & 1 \\ 1 & & & & -1 & & & \\ & 1 & & & & -1 & & \\ & & 1 & & & & -1 & \\ & & & 1 & & & & -1 \end{pmatrix} \begin{pmatrix} 1 & & 1 & & & & & \\ & 1 & & 1 & & & & \\ 1 & & -1 & & & & & \\ & 1 & & -1 & & & & \\ & & & & 1 & & 1 & \\ & & & & & 1 & & 1 \\ & & & & 1 & & -1 & \\ & & & & & 1 & & -1 \end{pmatrix} \begin{pmatrix} 1 & 1 & & & & & & \\ 1 & -1 & & & & & & \\ & & 1 & 1 & & & & \\ & & 1 & -1 & & & & \\ & & & & 1 & 1 & & \\ & & & & 1 & -1 & & \\ & & & & & & 1 & 1 \\ & & & & & & 1 & -1 \end{pmatrix}.$$

Beispiel 1.5

Mit $\tilde{\mathbf{I}}_2 = \begin{pmatrix} 0 & 1 \\ 1 & 0 \end{pmatrix}$ und einer beliebigen symmetrischen Matrix $\mathbf{W}$ erhält man eine wiederum symmetrische Matrix

$$\tilde{\mathbf{I}} \otimes \mathbf{W} = \begin{pmatrix} \mathbf{0} & \mathbf{W} \\ \mathbf{W} & \mathbf{0} \end{pmatrix}.$$

1.7 Faltung (convolution)

Zwei unendliche Reihen $A := \sum_{j=0}^{\infty} a_j$ und $B := \sum_{k=0}^{\infty} b_k$ multipliziert man gemeinhin nach der CAUCHYschen Produktregel:

$$\left(\sum_{j=0}^{\infty} a_j\right)\left(\sum_{k=0}^{\infty} b_k\right) = \sum_{n=0}^{\infty}\Big(a_0b_n + a_1b_{n-1} + \cdots + a_jb_{n-j} + \cdots + a_nb_0\Big) = \sum_{n=0}^{\infty}\sum_{j=0}^{n} a_jb_{n-j}. \tag{1.24}$$

Uns interessiert hier vor allem die dabei auftretende Verkmüpfungsregel für die Reihenglieder. Diese Reihenglieder bilden je eine Folge

$$a := (a_0, a_1, a_2, \ldots) \quad \text{und} \quad b := (b_0, b_1, b_2, \ldots)\ ,$$

und auf diese Folgen kann man die analoge Verknüpfung anwenden, d.h die

Faltung (convolution) für Folgen

$$a*b := \left(a_0b_0, a_0b_1 + a_1b_0, \ldots, \sum_{j=0}^{n} a_jb_{n-j}, \ldots\right). \tag{1.25}$$

Wie man aus dem folgenden Schema sieht, wird bei dieser Verknüpfung die Reihenfolge einer der beiden Folgen gespiegelt, und sodann werden sie

$$\begin{array}{l}
b_6,\ b_5,\ b_4,\ b_3,\ b_2,\ b_1,\quad a_0b_0 \quad a_1,\ a_2,\ a_3,\ a_4,\ a_5,\ a_6,\\
b_6,\ b_5,\ b_4,\ b_3,\ b_2,\quad a_0b_1 + a_1b_0 \quad a_2,\ a_3,\ a_4,\ a_5,\ a_6,\\
b_6,\ b_5,\ b_4,\ b_3,\quad a_0b_2 + a_1b_1 + a_2b_0 \quad a_3,\ a_4,\ a_5,\ a_6,\\
b_6,\ b_5,\ b_4,\quad a_0b_3 + a_1b_2 + a_2b_1 + a_3b_0 \quad a_4,\ a_5,\ a_6,\\
b_6,\ b_5,\quad a_0b_4 + a_1b_3 + a_2b_2 + a_3b_1 + a_4b_0 \quad a_5,\ a_6,\\
b_6,\quad a_0b_5 + a_1b_4 + a_2b_3 + a_3b_2 + a_4b_1 + a_5b_0 \quad a_6,\\
\quad \vdots \quad \vdots \quad \vdots \quad \vdots \quad \vdots \quad \vdots \quad \vdots \quad \vdots \quad \vdots \quad \vdots \quad \vdots
\end{array} \tag{1.26}$$

zu Produktsummen „übereinandergeschoben". Das motiviert in etwa die Bezeichnung *Faltung*.

Diese Verknüpfung hat ein kontinuierliches Gegenstück: Wir betrachten dazu zunächst ein Beispiel.

Beispiel 1.6 Wir nehmen zwei Funktionen f und g auf **R**, etwa

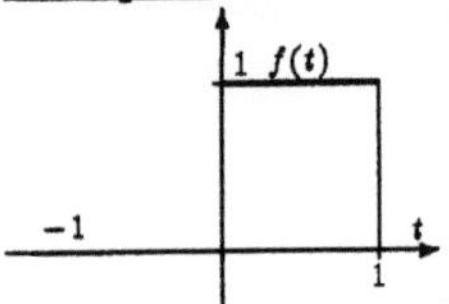

$$g(t) = \begin{cases} t & \text{für} \quad |t| < 1, \\ 0 & \text{sonst.} \end{cases}$$

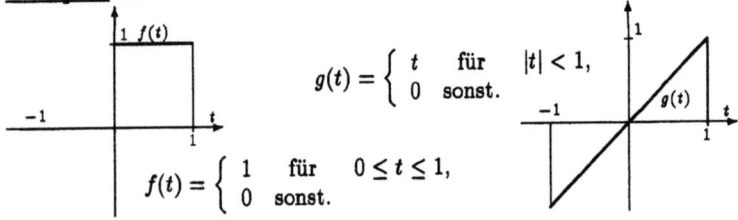

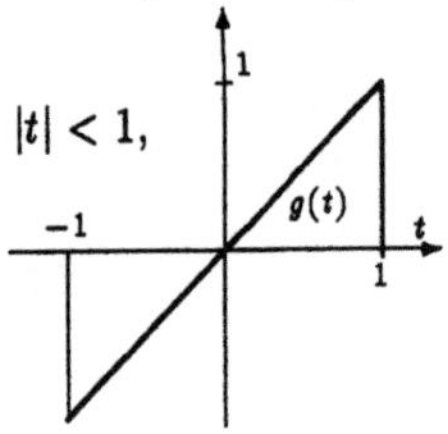

$$f(t) = \begin{cases} 1 & \text{für} \quad 0 \le t \le 1, \\ 0 & \text{sonst.} \end{cases}$$

Eine dieser Funktionen — hier g — spiegeln wir an der Ordinate, d.h., wir bilden $g(-t)$. Mit einem Parameter x können wir nun $g(x-t)$ bilden, und dieser Parameter verschiebt g entlang der Abszisse.

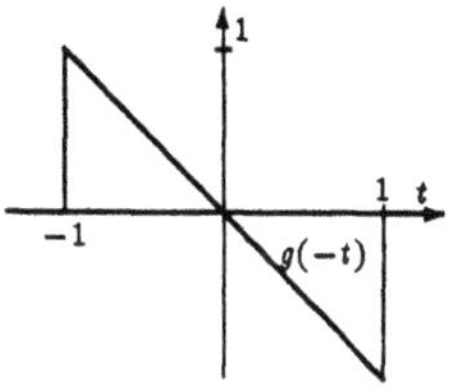

Analog zum Schema (1.26) schieben wir nun $f(t)$ und $g(x-t)$ übereinander, multiplizieren und summieren (integrieren). Wir bilden also

$$C(x) = \int_{-\infty}^{\infty} f(t)g(x-t)\,dt = \begin{cases} 0 & \text{für} \quad x \leq -1 \\ \frac{1}{2}(x^2-1) & \text{für} \quad -1 \leq x \leq 0 \\ x - \frac{1}{2} & \text{für} \quad 0 \leq x \leq 1 \\ x - \frac{x^2}{2} & \text{für} \quad 1 \leq x \leq 2 \\ 0 & \text{für} \quad 2 \leq x \end{cases}$$

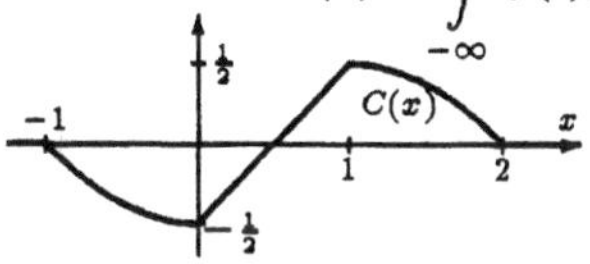

Diese Funktion C nennen wir die *Faltung* von f und g über **R**.

> **Faltung (convolution) von Funktionen auf R**
>
> Sind f, g quadratisch integrierbare Funktionen auf **R**,
>
> so heißt die Funktion $\qquad (f * g)(x) \;=\; \displaystyle\int_{-\infty}^{\infty} f(t)\,g(x-t)\,dt$ $\qquad$ (1.27)
>
> *Faltung (convolution)* der Funktionen f und g (auf **R**).

Man kann eine Faltung auch über anderen Integrationsintervallen definieren, und man kann sie auch in anderer Weise interpretieren.

g sei eine reelle Funktion und h eine feste reelle Zahl. $g(x-jh)$ ist sodann die um jh nach rechts verschobene Funktion g. Bilden wir nun das Mittel $\dfrac{1}{m_1-m_0+1}\displaystyle\sum_{j=m_0}^{m_1} g(x-jh) \;=\; G(x)$, so erhält man eine Funktion G, die etwas „glatter" ist als g.

Beispiel 1.7

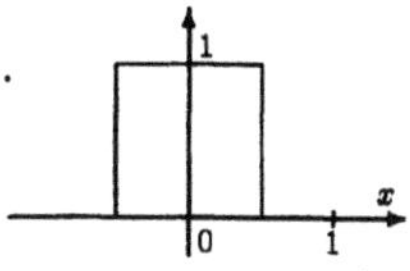

$g(x)$

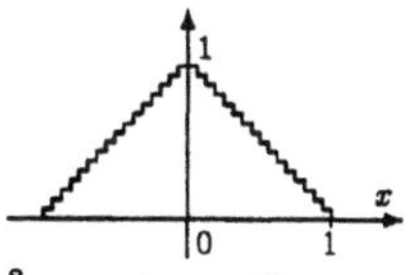

$\frac{1}{17}\sum_{j=-8}^{8} g(x-jh)$, $h = \frac{1}{16}$

Nun kann man diese Mittelbildung durch eine Bewichtung verallgemeinern. Wir bilden mit der 1-periodischen Funktion g sowie $a_j > 0$,
$a_1 + a_2 + \cdots + a_j + \cdots + a_k = 1$, und $0 = t_0 < t_1 < \cdots < t_j < \cdots < t_k = 1$

das bewichtete Mittel $w(x) \;=\; \displaystyle\sum_{j=1}^{k} a_j\, g(x-t_j)$. Mit den Bezeichnungen

$f(t_j) = \dfrac{a_j}{t_j - t_{j-1}}$, $t_j - t_{j-1} = \Delta_j$ erhalten wir $w(x) = \displaystyle\sum_{j=1}^{k} f(t_j)\,g(x-t_j)\,\Delta_j$.

Diese Summe hat bei integrierbaren Funktionen ein kontinuierliches Gegenstück, die *Faltung über einem endlichen Intervall.* Wir haben dieses endliche Intervall als Periodenintervall einer 1-periodischen Funktion betrachtet.
Deshalb formulieren wir:

Faltung (convolution) für periodische Funktionen

f und g seien 1-periodisch und quadratisch integrierbar.

Dann nennt man den Ausdruck $$(f*g)(x) \;:=\; \int_0^1 f(t)\,g(x-t)\,dt \tag{1.28}$$

Faltung (convolution) der Funktionen f und g .

Die mathematischen Größen, für die wir eine Faltung erklärt haben, bilden jeweils einen Vektorraum V. Außerdem gelten für die Faltung die folgenden

Rechenregeln: $f,g,h \in V, \quad f*g \in V,$

$$\begin{aligned} f*g &= g*f, && \text{Kommutativgesetz} \\ a(f*g) &= (af)*g \;=\; f*(ag), && a \in \mathbf{R} \\ (f+g)*h &= f*h+g*h, && \text{Distributivgesetz} \\ (f*g)*h &= f*(g*h), && \text{Assoziativgesetz.} \end{aligned} \tag{1.29}$$

Einen Vektorraum, für den eine „multiplikative" Verknüpfung erklärt ist, die den Regeln (1.29) genügt, nennt man eine *kommutative Algebra*.
Mehr Information hierüber schöpfe man z.B. aus [H 4].

Für uns ist später folgendes wichtig:
Für die in (1.25) erklärte Faltung gibt es ein *Einselement* e mit der Eigenschaft

$$e*a \;=\; a*e \;=\; a,$$

nämlich $e \;:=\; (1,0,0,\ldots)$.

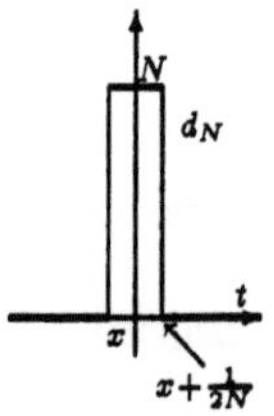

Ein solches Einselement (Einheit, identity) gibt es für die Faltung von Funktionen nach (1.27) bzw. (1.28) nicht. Man kann aber sehr nahe an ein solches Element herankommen. Um dies zu erklären, nehmen wir eine auf $\mathbf{R}$ stetige Funktion f und die nebenan skizzierte Funktion d_N. Damit ist

$$f*d_N \;=\; \int_{-\infty}^{\infty} f(t)\,d_N(x-t)\,dt \;=\; N\int_{x-1/2N}^{x+1/2N} f(t)\,dt$$

$$\overset{\text{Mittelwertsatz}}{=} \; N\cdot\frac{1}{N}f(\zeta) \qquad \text{mit } x-\tfrac{1}{2N} \le \zeta \le x+\tfrac{1}{2N}.$$

Weil f stetig ist, kommt man also bei geeigneter Wahl von N beliebig nahe an f heran. Man nennt deshalb eine Folge der Art $\{d_N\}_{N=0}^{\infty}$ eine *Näherungseinheit (approximate identity).* Wir werden solche Folgen kürzer als *DIRAC-Folgen* bezeichnen und uns im Kapitel 6 mit ihnen beschäftigen.

Kapitel 2

Algebraischer Aufbau der WALSH-Funktionen

WALSH-Funktionen kann man unter zwei Aspekten betrachten. Man kann sie aus einfachen stückweise konstanten Funktionen aufbauen — das werden wir im nächsten Kapitel tun — oder man kann sie als Funktionen auf der Dyadischen Gruppe (als Gruppencharaktere) erklären. Wir wenden diesen Begriff nicht an, aber die mit ihm verbundenen algebraischen Zusammenhänge erweisen sich als sehr nützlich. Wir wollen sie hier mit den gewohnten Begriffen der linearen Algebra formulieren. (Auf den Zusammenhang zwischen dem algebraischen und dem analytischen Aspekt hat Fine [F 2] , [F 3] hingewiesen.)

2.1 Treppenfunktionen

In der mathematischen Analysis spielen Stetigkeit und Differenzierbarkeit von Funktionen eine zentrale Rolle. Darum stehen auch die *glatten*, d.h. die möglichst oft differenzierbaren Funktionen, sehr im Vordergrund. Hervorragende Vertreter solcher Funktionen sind z.B. die Exponentialfunktion, die Sinus- und die Cosinusfunktion.

Sobald wir aber mit Funktionen numerisch rechnen, geht gerade dieser „glatte" Verlauf verloren. Wir können nämlich nur *endlich* viele Funktionswerte mit *endlich* vielen Dezimal- oder Binärstellen berechnen, und ein solcher Funktionswert vertritt dann alle übrigen in einem ganzen Intervall. Wir benutzen also in der Praxis Funktionen, die jeweils in einem Intervall konstant sind, sog. *Treppenfunktionen.*

Treppenfunktionen spielen auch in der Integrationstheorie sowohl bei der Einführung des RIEMANNschen als auch des LEBESGUEschen Integrales eine große Rolle (siehe etwa [H 3]). Wir wollen aber solche Funktionen nicht in ihrer allgemeinsten Art betrachten sondern nur eine Teilmenge. Zunächst werden wir uns darauf beschränken, die Zahlengerade in *gleichlange* Teilintervalle einzuteilen und nur Treppenfunktionen über solchen Intervallteilungen zu betrachten.

Ein einfaches und wichtiges Beispiel einer solchen Treppenfunktion ist die Funktion

$$\operatorname{int} x \; = \; [x] : \quad \mathbf{R} \mapsto \mathbf{Z},$$

das *größte Ganze* von x. (Neben der Bezeichnung $[\circ]$ benutzen wir auch die Bezeichnung $\operatorname{int}(\circ)$, wenn es der Deutlichkeit dient.)

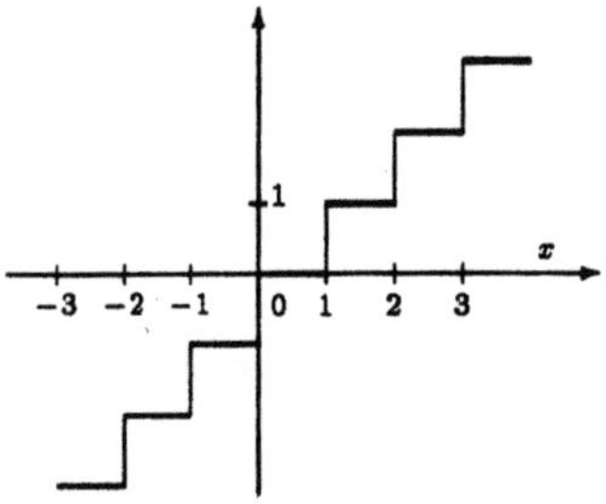

(2.1)

Eng mit dieser *Größte-Ganze-Funktion* ist eine Funktion verbunden, die in gewissem Sinne „komplementär" zu ihr ist, nämlich ihre Differenz zur *Identität*, d.h. zur Funktion $f(x) = x$.

$$\operatorname{frac} x \; := \; x - \operatorname{int} x \; = \; x \bmod 1 : \quad \mathbf{R} \mapsto [0,1),$$

der *gebrochene Teil* von x.

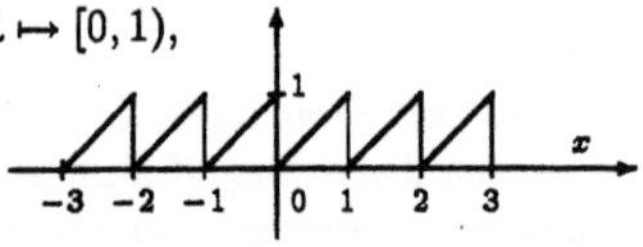

(2.2)

Wenn wir mit Dezimalzahlen rechnen und dabei n Stellen nach dem Komma benutzen, so behandeln wir alle Funktionen als Treppenfunktionen über gleichlangen Intervallen der Länge 10^{-n}. Rechnen wir im Zweiersystem, also mit Binärzahlen, und benutzen wir wiederum n Stellen nach dem Komma, so rechnen wir mit Treppenfunktionen über gleichlangen Teilintervallen der Länge 2^{-n}. Diesem letzten Fall gilt unser Interesse. Außerdem beschäftigen wir uns zunächst mit *periodischen* Funktionen. Für nichtperiodische Funktionen brauchen wir verallgemeinerte WALSH-Funktionen, die im Kapitel 9 eingeführt werden.

Wir wollen das nun genauer formulieren:
$\tilde{L}^2(p)$ sei die Menge der quadratisch integrierbaren[1] p-periodischen Funktionen. Für $\tilde{L}^2(1)$ schreiben wir kurz $\tilde{L}^2$. Die uns interessierenden Funktionen sind eine einfache Teilmenge von $\tilde{L}^2$. Wir zerlegen ein Intervall $[a,b) \in \mathbf{R}$ in endlich oder abzählbar viele Teilintervalle I_j. Eine Funktion $f(x)$, welche in jedem Teilintervall einer solchen Zerlegung einen konstanten Wert hat, nennt man eine *Treppenfunktion*. Der Funktionswert an Sprungstellen muß dabei noch vereinbart werden.

[1]Das soll im LEBESGUEschen Sinne verstanden werden. In den weitaus meisten Fällen, die wir betrachten, genügt aber auch der RIEMANNsche Integralbegriff. — Siehe z.B. [H 3] .

Uns interessieren im folgenden 1-periodische Treppenfunktionen, und zwar vornehmlich über Intervallzerlegungen Ω_n der folgenden Art:

Als **Grundintervall** benutzen wir $I_0 : \; 0 \leq x < 1.$

Ω_n sei eine Zerlegung von I_0 in $2^n = 2N$ gleichlange, rechts offene Teilintervalle der Länge $h = \frac{1}{2N}$: (2.3)

$$I_{nj} : \; \tfrac{j}{2N} \leq x < \tfrac{j+1}{2N}, \qquad 0 \leq j < 2N, \qquad 2N = 2^n.$$

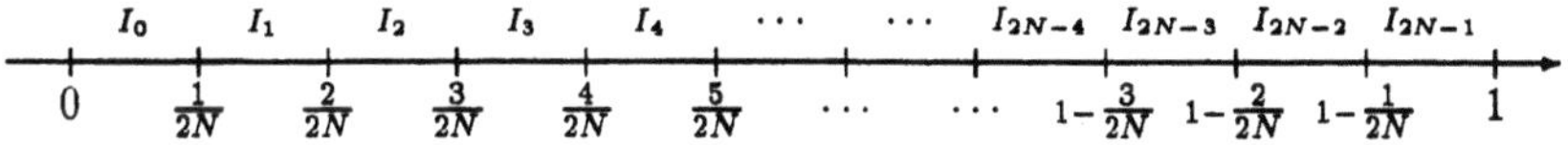

Ferner sei

$S \subset \tilde{L}^2$ die Menge der 1-periodischen Treppenfunktionen und

$S_n \subset S$ diejenige Teilmenge, die zu einer Zerlegung Ω_n des Grundintervalles gehört. Das sind also diejenigen 1-periodischen Treppenfunktionen, für die I_0 in 2^n gleichlange, rechts offene Teilintervalle I_{nj} zerlegt ist, auf denen sie jeweils konstant sind.

Für $m < n$ gilt $S_m \subset S_n$. Jede der Mengen S_n ist ein linearer Vektorraum der Dimension 2^n . Wir wollen

S_n *WALSH-Raum der Ordnung n*

nennen. Die Vereinigung $\bigcup_{n \in \mathbf{N}_0} S_n = S_\infty \subset S$ nennen wir

WALSH-Raum der Ordnung ∞.

Treppenfunktion über Ω_2

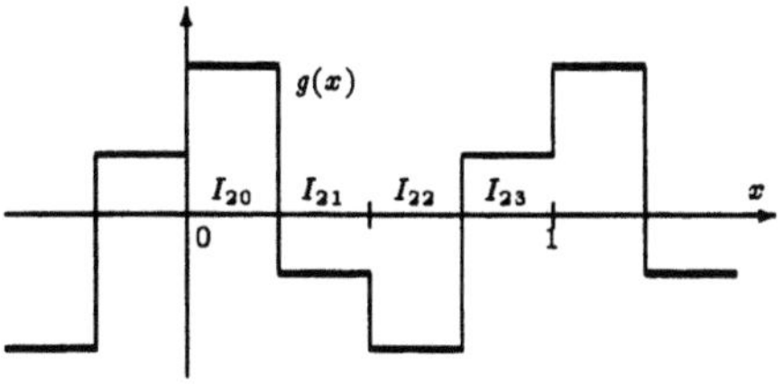

Eine Treppenfunktion $g \in S_n$ ist bekannt, wenn wir ihre Funktionswerte $g_0, g_1, g_2, \ldots, g_{2N-3}, g_{2N-2}, g_{2N-1}$ über den Teilintervallen

$$I_{n0}, \; I_{n1}, \; I_{n2}, \; \ldots, \; I_{n,2N-3}, \; I_{n,2N-2}, \; I_{n,2N-1}$$

der Zerlegung Ω_n angeben. Jeder Treppenfunktion dieser Art entspricht auf diese Weise eineindeutig ein Vektor $\mathbf{g}$ des kartesischen Vektorraumes $\mathbf{R}^{2N}$

$$\mathbf{g}^T = (g_0, g_1, g_2, \cdots, g_{2N-3}, g_{2N-2}, g_{2N-1}) \in \mathbf{R}^{2N}.$$

Wir sagen, $\mathbf{g}$ sei der *Wertevektor* von g. Man kann nun das in $\mathbf{R}^{2N}$ übliche Innenprodukt übernehmen:

Es seien $\mathbf{f} = (f_0, \ldots, f_{2N-1})^T$ und $\mathbf{g} = (g_0, \ldots, g_{2N-1})^T$
Vektoren aus $\mathbf{R}^{2N}$. Dann ist
$$\mathbf{f} \bullet \mathbf{g} = \sum_{j=0}^{2N-1} f_j\, g_j \tag{2.4}$$
das *Innenprodukt* der Vektoren $\mathbf{f}$ und $\mathbf{g}$.

Das Innenprodukt zweier Treppenfunktionen versehen wir noch mit dem Faktor $\frac{1}{2N}$.

Es seien $f, g \in S_n$ und
f habe den Wertevektor $\mathbf{f} = (f_0, \ldots, f_{2N-1})^T$,
g habe den Wertevektor $\mathbf{g} = (g_0, \ldots, g_{2N-1})^T$,
dann ist
$$\langle f, g\rangle = \frac{1}{2N}\mathbf{f} \bullet \mathbf{g} = \frac{1}{2N} \sum_{j=0}^{2N-1} f_j\, g_j \tag{2.5}$$
das *Innenprodukt* der Funkionen f und g.

Wir sagen, zwei Treppenfunktionen f und g bzw.
ihre Wertevektoren $\mathbf{f}$ und $\mathbf{g}$ seien zueinander *orthogonal,* wenn

$$\langle f, g\rangle = 0 \quad \text{bzw.} \quad \mathbf{f} \bullet \mathbf{g} = 0 \tag{2.6}$$

ist. Damit ist auch der Begriff der Orthogonalität für die Treppenfunktionen aus S_n erklärt, und es ist sinnvoll, nach Orthogonalbasen in S_n zu suchen. Das sollen möglichst *einfache* Orthogonalbasen sein, z.B. solche, deren Funktionen nur die Werte 1 und -1 annehmen. Außerdem orientieren wir uns noch an dem uns geläufigen Orthogonalsystem der trigonometrischen Funktionen. Die Funktionen $\sin 2\pi\nu x$ und $\cos 2\pi\nu x$ hängen von einer reellen Variablen x und von einer weiteren Variablen ν, der *Frequenz*, ab. Sie sind 1-periodisch bezüglich der Variablen x, und ν bestimmt die „Schwingungsform“.

Wir suchen also eine bezüglich x 1-periodische Funktion, welche nur die Werte 1 und -1 annimmt, wobei eine weitere Variable t den Rhythmus des Zeichenwechsels, also die „Schwingungsform“ bestimmt. Nun hat der Ausdruck $(-1)^{T(t,x)}$ *dann* die gewünschten Eigenschaften, wenn $T(t, x)$ seinerseits nur die Werte 0 und 1 annimmt. Wir suchen somit Funktionen der Form

$$W(t,x) = (-1)^{T(t,x)}, \qquad T(t,x) = v \in \{0, 1\}.$$

Es wird sich später zeigen, daß es sinnvoll ist, die hier auftretenden Variablen t und x als „gleichberechtigt“ zu betrachten. Das bedeutet, daß wir noch verlangen, die Funktionen $W(t, x)$ sollen bezüglich der Variablen t und x *symmetrisch* sein. Was wir darunter verstehen wollen, erklären wir in den folgenden Abschnitten.

2.2 Binäre Vektorräume

Wenn man beachtet, daß in einem Intervall I_{nj} einer Zerlegung Ω_n die ersten n Binärziffern von x stets konstant sind, so ist es plausibel, daß eine Treppenfunktion über den Intervallen von Ω_n eine Funktion eben dieser ersten n Binärziffern sein muß.

Auf der anderen Seite brauchen wir, weil S_n die Dimension $2N$ hat, $2N$ Basisfunktionen. Das sind gerade soviele, wie man mit n-stelligen Binärzahlen t abzählen kann. Wir können nun

die ersten n Binärziffern von x *nach* dem Komma und
die ersten n Binärziffern von t *vor* dem Komma

zu Vektoren über $\mathbf{Z}_2$ zusammenfassen. Die Exponentenfunktion $T(t,x)$ wird dann eine Funktion eben dieser Vektoren sein.

V_n sei der Vektorraum der n-tupel mit Elementen aus $\mathbf{Z}_2$. Sind also

$$\xi = \begin{pmatrix} \xi_1 \\ \xi_2 \\ \vdots \\ \xi_{n-1} \\ \xi_n \end{pmatrix}, \quad \eta = \begin{pmatrix} \eta_1 \\ \eta_2 \\ \vdots \\ \eta_{n-1} \\ \eta_n \end{pmatrix}, \qquad \xi, \eta \in V_n, \quad \gamma, \xi_j, \eta_j \in \mathbf{Z}_2,$$

zwei Vektoren aus diesem Vektorraum, so gilt

$$\xi \oplus \eta = \begin{pmatrix} \xi_1 \oplus \eta_1 \\ \xi_2 \oplus \eta_2 \\ \vdots \\ \xi_{n-1} \oplus \eta_{n-1} \\ \xi_n \oplus \eta_n \end{pmatrix}, \quad \text{und} \quad \gamma\xi = \begin{pmatrix} \gamma\xi_1 \\ \gamma\xi_2 \\ \vdots \\ \gamma\xi_{n-1} \\ \gamma\xi_n \end{pmatrix}. \tag{2.7}$$

Die Vektoren

$$\mathbf{e}_0 = \begin{pmatrix} 1 \\ 0 \\ \vdots \\ 0 \\ 0 \end{pmatrix}, \mathbf{e}_1 = \begin{pmatrix} 0 \\ 1 \\ \vdots \\ 0 \\ 0 \end{pmatrix}, \ldots, \mathbf{e}_{n-2} = \begin{pmatrix} 0 \\ 0 \\ \vdots \\ 1 \\ 0 \end{pmatrix}, \mathbf{e}_{n-1} = \begin{pmatrix} 0 \\ 0 \\ \vdots \\ 0 \\ 1 \end{pmatrix}, \tag{2.8}$$

bilden eine Standardbasis in V_n.

In Anlehnung an den analogen Begriff im Abschnitt 1.5 über GRAY-Code nennen wir die folgenden Vektoren $\mathbf{h}_j$ *HEAVISIDE-Vektoren* und die von ihnen gebildete Basis eine *HEAVISIDE-Basis*

$$\mathbf{h}_0 = \begin{pmatrix} 1 \\ 1 \\ \vdots \\ 1 \\ 1 \end{pmatrix}, \mathbf{h}_1 = \begin{pmatrix} 0 \\ 1 \\ \vdots \\ 1 \\ 1 \end{pmatrix}, \ldots, \mathbf{h}_{n-2} = \begin{pmatrix} 0 \\ 0 \\ \vdots \\ 1 \\ 1 \end{pmatrix}, \mathbf{h}_{n-1} = \begin{pmatrix} 0 \\ 0 \\ \vdots \\ 0 \\ 1 \end{pmatrix}. \tag{2.9}$$

Nun stellen wir den Zusammenhang zwischen den oben erklärten Vektorräumen und den reellen Zahlen her:

Ist x eine reelle Zahl, so liegt der *gebrochene Anteil* $\operatorname{frac} x$ im Intervall $[0,1)$, und diese Funktion habe die binäre Darstellung

$$\operatorname{frac} x = \frac{\xi_1}{2} + \frac{\xi_2}{2^2} + \frac{\xi_3}{2^3} + \cdots + \frac{\xi_n}{2^n} + \cdots = 0.\xi_1\xi_2\xi_3\ldots\xi_n\ldots, \qquad \xi_n \in \mathbf{Z}_2.$$

Dann ordne die nebenan definierte Abbildung μ den reellen Zahlen die Vektoren von V_n zu.

$$\mu: \mathbf{R} \mapsto V_n \quad \text{mit} \quad \mu(x) := \begin{pmatrix} \xi_1 \\ \xi_2 \\ \vdots \\ \xi_{n-1} \\ \xi_n \end{pmatrix} = \xi \in V_n \tag{2.10}$$

Ein Vektor $\xi \in V_n$ ist dabei Bild aller reeller Zahlen, die in einem rechts offenen Intervall der Länge $\frac{1}{2^n}$ mit dem linken Randpunkt $m + 0.\xi_1\xi_2\xi_3\ldots\xi_n$, m ganz, liegen.

Ist t eine nichtnegative ganze Zahl mit der binären Darstellung

$$t = \cdots + \tau_{1-n}2^{n-1} + \tau_{2-n}2^{n-2} + \cdots + \tau_{-1}2^1 + \tau_0 2^0,$$

dann ordne die nebenan definierte Abbildung ν den Restklassen $\bmod 2^n$ die Vektoren von V_n zu.

$$\nu: \mathbf{N}_0 \mapsto V_n \quad \text{mit} \quad \nu(t) := \begin{pmatrix} \tau_{1-n} \\ \tau_{2-n} \\ \vdots \\ \tau_{-1} \\ \tau_0 \end{pmatrix} = \tau \in V_n \tag{2.11}$$

In Worten:

Bei der Abbildung μ ist jeder Vektor $\xi \in V_n$
Bild aller derjenigen reellen Zahlen x, deren
erste n Binärstellen <u>nach</u> dem Komma $\xi_1, \xi_2, \ldots, \xi_n$ sind.

Bei der Abbildung ν ist jeder Vektor $\tau \in V_n$
Bild aller derjenigen nicht negativen ganzen Zahlen t, deren
erste n Binärstellen <u>vor</u> dem Komma $\tau_{1-n}, \tau_{2-n}, \ldots, \tau_{-1}, \tau_0$ sind.

Beispiel 2.1 Es sei $n = 5$ und $x = 1431{,}71484375$.
Für x erhalten wir die Binärdarstellung

$$x = 1\;0\;1\;1\;0\;0\;1\;0\;1\;1\;1.\underset{\xi_1}{1}\;\underset{\xi_2}{0}\;\underset{\xi_3}{1}\;\underset{\xi_4}{1}\;\underset{\xi_5}{0}\;1\;1\;1$$

Ferner ist $t = [x] = 1431$ mit der Binärdarstellung

$$t = 1\;0\;1\;1\;0\;0\;\underset{\tau_{-4}}{1}\;\underset{\tau_{-3}}{0}\;\underset{\tau_{-2}}{1}\;\underset{\tau_{-1}}{1}\;\underset{\tau_0}{1}$$

Damit erhalten wir $\mu(x) = \begin{pmatrix} 1 \\ 0 \\ 1 \\ 1 \\ 0 \end{pmatrix} \in V_5$ und $\nu(x) = \begin{pmatrix} 1 \\ 0 \\ 1 \\ 1 \\ 1 \end{pmatrix} \in V_5$.

2.3 Binäre symmetrische Bilinearformen

Wir haben oben dem Parameter t und der Variablen x durch

$$\begin{array}{ccc} t & \qquad & x \\ \Downarrow & & \Downarrow \\ \tau = \nu(t) & & \xi = \mu(x) \end{array}$$

Vektoren aus V_n zugeordnet. Mit diesen Vektoren und einer *symmetrischen* Matrix $\mathbf{M}$ mit Elementen aus $\mathbf{Z}_2$ bilden wir eine

binäre symmetrische Bilinearform

$$\theta(\tau,\xi) \;:=\; \tau^T \mathbf{M}\, \xi. \tag{2.12}$$

Wir wollen hier den Begriff der Bilinearform nicht allgemein definieren und behandeln. Darüber können Sie sich z.B. in [H 4] gut informieren. Es soll hier aber gleich noch eine Bezeichnung eingeführt werden, die wir im Abschnitt 2.7 benutzen: Mit dem Vektor

$\lambda = \mathbf{M}\tau = \mathbf{M}\nu$ oder $\lambda^T = \tau^T\mathbf{M} = \nu^T\mathbf{M}$ hat (2.12) die Form

$$\theta(\tau,\xi) \;=\; \lambda^T\xi. \tag{2.13}$$

Beispiel: Für $n = 3$, $t = 2$ und $\mathbf{M}_1 = \begin{pmatrix} 0 & 1 & 0 \\ 1 & 0 & 1 \\ 0 & 1 & 1 \end{pmatrix}$

ist $\nu(2) = \begin{pmatrix} 0 \\ 1 \\ 0 \end{pmatrix}$, $\lambda = \begin{pmatrix} 1 \\ 0 \\ 1 \end{pmatrix}$ und $\lambda^T\xi = (1\ 0\ 1)\begin{pmatrix} \xi_1 \\ \xi_2 \\ \xi_3 \end{pmatrix} = \xi_1 \oplus \xi_3$.

Im folgenden treten nur Bilinearformen der Bauart (2.12) auf. Worauf es dabei ankommt ist, daß $\theta(\tau,\xi)$ den Vektoren τ und ξ jeweils eine Zahl aus $\mathbf{Z}_2$ zuordnet. Weil aber $\mathbf{Z}_2$ nur die Zahlen 0 oder 1 zur Verfügung stellen kann, so liefert auch $\theta(\tau,\xi)$ nur diese Werte 0 oder 1. θ kann uns somit als Exponentenfunktion $T(t,x)$ dienen. Fraglich ist nur, ob uns diese Exponentenfunktion θ genügend viele verschiedene Funktionen liefert, wenn τ alle zulässigen Indexwerte durchläuft, und ob diese Funktionen ein Orthogonalsystem bilden. Wir betrachten zunächst zwei Beispiele.

Beispiel 2.2

Für $n = 3$ hat Ω_3 acht Teilintervalle, und S_3 hat die Dimension acht. Als Matrix der Bilinearform $\theta(\tau, \xi)$ wählen wir

$$\mathbf{M}_1 = \begin{pmatrix} 0 & 1 & 0 \\ 1 & 0 & 1 \\ 0 & 1 & 1 \end{pmatrix}, \quad \text{mit} \quad \det \mathbf{M}_1 = \begin{vmatrix} 0 & 1 & 0 \\ 1 & 0 & 1 \\ 0 & 1 & 1 \end{vmatrix} = \begin{vmatrix} 1 & 1 \\ 0 & 1 \end{vmatrix} = 1.$$

Weil die Determinante von $\mathbf{M}_1$ nicht verschwindet, ist diese Matrix *nicht singulär*, und man kann die Inverse $\mathbf{M}_1^{-1} = \begin{pmatrix} 1 & 1 & 1 \\ 1 & 0 & 0 \\ 1 & 0 & 1 \end{pmatrix}$ ausrechnen.

Wir erhalten erhalten mit $\mathbf{M}_1$ die folgenden Werte von $\theta(\tau, \xi)$:

				$I_{3,0}$	$I_{3,1}$	$I_{3,2}$	$I_{3,3}$	$I_{3,4}$	$I_{3,5}$	$I_{3,6}$	$I_{3,7}$
			$\xi = \xi_1$	0	0	0	0	1	1	1	1
			ξ_2	0	0	1	1	0	0	1	1
			ξ_3	0	1	0	1	0	1	0	1
t	$\nu^T(t)$	$\nu^T \mathbf{M}$	$\nu^T \mathbf{M}\, \xi$								
0	000	000		0	0	0	0	0	0	0	0
1	001	011	$\xi_2 \oplus \xi_3$	0	1	1	0	0	1	1	0
2	010	101	$\xi_1 \oplus \xi_3$	0	1	0	1	1	0	1	0
3	011	110	$\xi_1 \oplus \xi_2$	0	0	1	1	1	1	0	0
4	100	010	ξ_2	0	0	1	1	0	0	1	1
5	101	001	ξ_3	0	1	0	1	0	1	0	1
6	110	111	$\xi_1 \oplus \xi_2 \oplus \xi_3$	0	1	1	0	1	0	0	1
7	111	100	ξ_1	0	0	0	0	1	1	1	1

Mit diesen Werten bilden wir $$W(t,x) = (-1)^{\theta(\tau,\xi)},$$

und wenn wir + für 1 und − für −1 schreiben, erhalten wir:

t	$I_{n,j}$ / $W(t,x)$	$I_{3,0}$	$I_{3,1}$	$I_{3,2}$	$I_{3,3}$	$I_{3,4}$	$I_{3,5}$	$I_{3,6}$	$I_{3,7}$
0	$W(0,x)$	+	+	+	+	+	+	+	+
1	$W(1,x)$	+	−	−	+	+	−	−	+
2	$W(2,x)$	+	−	+	−	−	+	−	+
3	$W(3,x)$	+	+	−	−	−	−	+	+
4	$W(4,x)$	+	+	−	−	+	+	−	−
5	$W(5,x)$	+	−	+	−	+	−	+	−
6	$W(6,x)$	+	−	−	+	−	+	+	−
7	$W(7,x)$	+	+	+	+	−	−	−	−

Beispiel 2.3

Wir betrachten wieder ein Beispiel aus dem S_3. Als Matrix der Bilinearform $\theta(\tau,\xi)$ wählen wir diesmal

$$\mathbf{M}_2 = \begin{pmatrix} 1 & 0 & 1 \\ 0 & 1 & 1 \\ 1 & 1 & 0 \end{pmatrix}, \quad \text{mit} \quad \det \mathbf{M}_2 = \begin{vmatrix} 1 & 0 & 1 \\ 0 & 1 & 1 \\ 1 & 1 & 0 \end{vmatrix} = \begin{vmatrix} 1 & 0 & 1 \\ 0 & 1 & 1 \\ 0 & 1 & 1 \end{vmatrix} = 0.$$

Weil die Determinante von $\mathbf{M}_2$ verschwindet, ist diese Matrix *singulär* und besitzt *keine Inverse.*

Wir erhalten erhalten mit $\mathbf{M}_2$ die folgenden Werte von $\theta(\tau,\xi)$:

				$I_{3,0}$	$I_{3,1}$	$I_{3,2}$	$I_{3,3}$	$I_{3,4}$	$I_{3,5}$	$I_{3,6}$	$I_{3,7}$
			$\xi = \begin{pmatrix} \xi_1 \\ \xi_2 \\ \xi_3 \end{pmatrix}$ ξ_1	0	0	0	0	1	1	1	1
			ξ_2	0	0	1	1	0	0	1	1
			ξ_3	0	1	0	1	0	1	0	1
t	$\nu^T(t)$	$\nu^T\,\mathbf{M}$	$\nu^T\,\mathbf{M}\,\xi$								
0	000	000		0	0	0	0	0	0	0	0
1	001	110	$\xi_1 \oplus \xi_2$	0	0	1	1	1	1	0	0
2	010	011	$\xi_2 \oplus \xi_3$	0	1	1	0	0	1	1	0
3	011	101	$\xi_1 \oplus \xi_3$	0	1	0	1	1	0	1	0
4	100	101	$\xi_1 \oplus \xi_3$	0	1	0	1	1	0	1	0
5	101	011	$\xi_2 \oplus \xi_3$	0	1	1	0	0	1	1	0
6	110	110	$\xi_1 \oplus \xi_2$	0	0	1	1	1	1	0	0
7	111	000		0	0	0	0	0	0	0	0

Mit diesen Werten bilden wir
$$W(t,x) = (-1)^{\theta(\tau,\xi)},$$
und wenn wir $+$ für 1 und $-$ für -1 schreiben, erhalten wir:

t	$I_{n,j}$ / $W(t,x)$	$I_{3,0}$	$I_{3,1}$	$I_{3,2}$	$I_{3,3}$	$I_{3,4}$	$I_{3,5}$	$I_{3,6}$	$I_{3,7}$
0	$W(0,x)$	+	+	+	+	+	+	+	+
1	$W(1,x)$	+	+	−	−	−	−	+	+
2	$W(2,x)$	+	−	−	+	+	−	−	+
3	$W(3,x)$	+	−	+	−	−	+	−	+
4	$W(4,x)$	+	−	+	−	−	+	−	+
5	$W(5,x)$	+	−	−	+	+	−	−	+
6	$W(6,x)$	+	+	−	−	−	−	+	+
7	$W(7,x)$	+	+	+	+	+	+	+	+

An diesen Beispielen können wir folgendes feststellen:

Im Beispiel 2.2 haben wir $2N = 8$ verschiedene Funktionen erhalten, die offenbar paarweise orthogonal sind. Wir können also diese Funktionen als Basis des S_3 verwenden.

Im Beispiel 2.3 hingegen haben wir nur 4 verschiedene Funktionen erhalten, und das reicht für eine Basis von S_3 nicht aus.

Der Grund liegt natürlich in den Eigenschaften der Matrizen $\mathbf{M}$. Dafür, daß uns $\theta(\tau,\xi) = \tau^T \mathbf{M}\, \xi$ die nötigen $2N$ paarweise verschiedenen Exponentenfunktionen liefert, ist es offenbar wesentlich, daß $\mathbf{M}$ eine Inverse hat, d.h., daß $\mathbf{M}$ nicht singulär ist. Man kann zeigen, daß genau die nicht singulären Matrizen $\mathbf{M}$ jeweils ein System von $2N$ linear unabhängigen Funktionen $W(t,x)$ liefern [K 6].

Die Vektoren $\nu^T \mathbf{M} = \lambda^T$ bzw. $\lambda = \mathbf{M}\, \nu$ (2.14)

sind diejenigen, welche die „Art“ der Bilinearform als Funktion von ξ bestimmen. In den obigen Beispielen sind diese Vektoren jeweils in der dritten Spalte der Tabelle angegeben. Diese Vektoren

$$\lambda^T = (\ldots, \underset{j_1}{\mathsf{I}}, \ldots, \underset{j_2}{\mathsf{I}}, \ldots, \underset{j_k}{\mathsf{I}}, \ldots, \underset{j_m}{\mathsf{I}}, \ldots)$$

haben an den Stellen j_k den Koordinatenwert I und sonst den Koordinatenwert 0. Nur für $\tau = 0$ *(Nullvektor)* ist auch $\lambda = 0$ und $\theta(\tau,\xi) = 0$. Somit erhält man, wenn λ^T mit ξ multipliziert wird,

$$\theta(\tau,\xi) = \tau^T \mathbf{M}\, \xi = \lambda^T \xi = \xi_{j_1} \oplus \xi_{j_2} \oplus \cdots \oplus \xi_{j_k} \oplus \cdots \oplus \xi_{j_m}.$$

In den obigen Beispielen stehen diese Summen in der vierten Spalte der Tabellen. Wählt man nun in der Bilinearform $\theta(\tau,\xi)$ ein festes $\tau \neq 0$, so erhält man einen Ausdruck der Form

$$\theta(\tau,\xi) = \xi_{j_1} \oplus \xi_{j_2} \oplus \cdots \oplus \xi_{j_m}, \tag{2.15}$$

d.h., es werden m $(0 < m \leq n)$ Koordinaten von ξ binär addiert. Mit der Wahl eines beliebigen Vektors $\xi \in V_n$ werden die Summanden in (2.15) durch 0 oder I belegt.

Durchläuft nun ξ alle Vektoren aus V_n, so tritt

in 2^{m-1} Fällen eine *ungerade* Anzahl von Ziffern I und
in 2^{m-1} Fällen eine *gerade* Anzahl von Ziffern I auf.
D.h., in 2^{m-1} Fällen ist $\theta(\tau,\xi) = \mathsf{I}$ und
in 2^{m-1} Fällen ist $\theta(\tau,\xi) = 0$. (2.16)

Ferner ist $\theta(0,\xi) = 0$. Daraus folgt:

$$\text{Für ein festes } \tau \in V_n \text{ ist } \sum_{\xi \in V_n} (-1)^{\theta(\tau,\xi)} = \begin{cases} 2N & \text{für } \tau = 0 \\ 0 & \text{für } \tau \neq 0 \end{cases} \tag{2.17}$$

In analoger Weise findet man:

$$\text{Für ein festes } \xi \in V_n \text{ ist } \sum_{\tau \in V_n} (-1)^{\theta(\tau,\xi)} = \begin{cases} 2N & \text{für } \xi = 0 \\ 0 & \text{für } \xi \neq 0 \end{cases} \tag{2.18}$$

Aus (2.17) folgt nun eine wichtige Eigenschaft der Funktionen $W(t,x)$. Wir betrachten zwei dieser Funktionen

$$W(a,x) = (-1)^{\theta(\tau_a,\xi)} \quad \text{und} \quad W(b,x) = (-1)^{\theta(\tau_b,\xi)},$$

und wir bilden das Innenprodukt (2.5) dieser Funktionen:

$$\langle W(a,x), W(b,x)\rangle = \frac{1}{2N}\sum_{\xi\in V_n}(-1)^{\theta(\tau_a,\xi)}(-1)^{\theta(\tau_b,\xi)}$$

$$= \frac{1}{2N}\sum_{\xi\in V_n}(-1)^{\theta(\tau_a,\xi)\oplus\theta(\tau_b,\xi)} = \frac{1}{2N}\sum_{\xi\in V_n}(-1)^{\theta(\tau_a\oplus\tau_b,\xi)} = \begin{cases} 1 & \text{für } \tau_a = \tau_b \\ 0 & \text{für } \tau_a \neq \tau_b \end{cases}.$$

Das heißt aber:

Die Funktionen $W(t,x)$ bilden mit dem Innenprodukt (2.5) in S_n ein Orthonormalsystem.

(2.19)

2.4 Allgemeine WALSH-Systeme

Wir haben oben symmetrische, nicht singuläre Bilinearformen über den Vektoren von V_n gebildet und in Beispiel 2.2 daraus ein Orthonormalsystem in S_3 konstruiert. Es sei nun $\theta(\tau,\xi)$ eine beliebige symmetrische, nicht singuläre Bilinearform. Mit $\tau = \nu(p)$, $\xi = \mu(x)$ ist der Ausdruck

$$(-1)^{\theta(\nu(p),\mu(x))}, \qquad p \in \mathbf{N}_0, \quad x \in \mathbf{R},$$

eine Funktion der Variablen p und x, der nur die Werte 1 und -1 annimmt. Betrachten wir p als Index, so haben wir ein abzählbares System von Funktionen der Variablen x, die alle nur die Werte 1 und -1 annehmen. Damit definieren wir

<u>WALSH-Funktionen</u> (2.20)

Es sei $p \in \mathbf{N}_0$ und $x \in \mathbf{R}$. p werde als Index aufgefaßt, und es sei $0 \leq p < 2^n = 2N$. $\nu(p)$ und $\mu(x)$ sind die in (2.11) und (2.10) erklärten Vektoren aus V_n. $\theta(\nu(p),\mu(x))$ sei eine symmetrische, nicht singuläre, binäre Bilinearform. Dann sind $$\text{walsh}(p;x) = (-1)^{\theta(\nu(p),\mu(x))}$$ Funktionen der Variablen x, welche nur die Werte 1 und -1 annehmen, und wir nennen sie *WALSH-Funktionen*. An Sprungstellen sind diese Funktionen rechtsseitig stetig.

Wir wählen nun eine *feste* Bilinearform θ und betrachten einige Eigenschaften der zugehörigen WALSH-Funktionen. Mit (2.12) folgt aus (2.10) und (2.11)

$$\mu(x \oplus y) = \mu(x) \oplus \mu(y) \qquad \text{bzw.} \qquad \nu(p \oplus q) = \nu(p) \oplus \nu(q)$$

und aus der Bilinearität von θ

$$\begin{aligned} \theta\big(\nu(p), \mu(x \oplus y)\big) &= \theta\big(\nu(p), \mu(x)\big) \oplus \theta\big(\nu(p), \mu(y)\big) \quad \text{bzw.} \\ \theta\big(\nu(p \oplus q), \mu(x)\big) &= \theta\big(\nu(p), \mu(x)\big) \oplus \theta\big(\nu(q), \mu(x)\big). \end{aligned}$$

Damit erhalten wir

$$\boxed{\begin{aligned} \text{walsh}(p; x \oplus y) &= \text{walsh}(p; x)\, \text{walsh}(p; y) \\ \text{walsh}(p \oplus q; x) &= \text{walsh}(p; x)\, \text{walsh}(q; x) \end{aligned}} \tag{2.21}$$

Für die walsh-Funktionen folgt ferner aus (2.16)

walsh$(0; x) \equiv 1, \quad 0 \le x < 1.$ Für $p \neq 0$ nimmt die Funktion walsh$(p; x)$ in 2^{n-1} Intervallen der Länge $\frac{1}{2^n}$ den Wert 1 und in 2^{n-1} Intervallen der Länge $\frac{1}{2^n}$ den Wert -1 an. (2.22)

Daraus wiederum folgt

$$\boxed{\int_0^1 \text{walsh}(0; x)\, dx = 1, \qquad \int_0^1 \text{walsh}(p; x)\, dx = 0, \quad p \neq 0.} \tag{2.23}$$

Das ist natürlich nur eine andere Formulierung von (2.17).
Aus (2.18) folgt

I_{n0} sei das Intervall $0 \le x < \frac{1}{2^n}$. Dann ist mit $2N = 2^n$

$$\sum_{p=0}^{2N-1} \text{walsh}(p; x) = \begin{cases} 2N & \text{für } x \in I_{n0}, \\ 0 & \text{sonst.} \end{cases} \tag{2.24}$$

Aus (2.24) ergibt sich für $2N = 2^n$ und $0 \le x < \frac{1}{2N}$

$$\text{walsh}(p; x) = 1 \quad \text{für} \quad 0 \le x < \tfrac{1}{2N} \quad \text{und} \quad 0 \le p < 2N.$$

Für alle Indizes $2N \le p$ nehmen diese Funktionen im Intervall $0 \le x < \frac{1}{2N}$ die Werte 1 und -1 gleich oft an. Daraus folgt

$$\boxed{\int_0^{1/2N} \text{walsh}(p; x)\, dx = \begin{cases} \frac{1}{2N} & \text{für } 0 \le p < 2N, \\ 0 & \text{für } 2N \le p. \end{cases}} \tag{2.25}$$

2.5 Spezielle binäre Matrizen

Es dient sicherlich dem Verständnis, wenn wir die Wirkung der mathematischen Ausdrücke, die wir konstruieren wollen, erst einmal allgemein beschreiben.

Wir haben oben WALSH-Funktionen in der Form $(-1)^{T(t,x)} = (-1)^{\theta(\tau,\xi)}$ konstruiert, wobei $\theta(\tau,\xi) = \tau^T \mathbf{M}\xi$ eine Funktion ist, welche die Werte $0, 1$ liefert. Dabei werden die Binärstellen von

$x \;=\; 0.$ | $\xi_1 \quad \xi_2 \quad \cdots \quad \xi_{n-1} \quad \xi_n$ | $\xi_{n+1} \quad \cdots$

in einer | Stellen- **M**ischmaschine |

mit n Binärstellen von

$t \;=\; \cdots \; \tau_{-n}$ | $\tau_{1-n} \quad \tau_{2-n} \quad \cdots \quad \tau_{-1} \quad \tau_0$ |

zu einem Ausdruck θ verknüpft, der die gewünschten Exponentenwerte liefert. An die Matrix $\mathbf{M}$, die diese Mischung bewirkt, wurden nur geringe Anforderungen gestellt, nämlich Symmetrie und Regularität. Es bleibt also noch viel Freiheit für die Wahl von $\mathbf{M}$. Für jede symmetrische, nicht singuläre binäre (n,n)-Matrix $\mathbf{M}$ erhält man eine Bilinearform θ, die uns nach (2.20) eine Basis aus WALSH-Funktionen in S_n liefert. Alle diese WALSH-Basen enthalten *dieselben* Funktionen. Sie unterscheiden sich lediglich durch deren Numerierung. Die Anzahl dieser Numerierungen wird mit der Dimension von S_n sehr schnell sehr groß.

Man kann zeigen [M 1] :	in	S_2	gibt es	4	WALSH-Basen,
	in	S_3	gibt es	28	WALSH-Basen,
	in	S_4	gibt es	448	WALSH-Basen,
	⋮	⋮	⋮ ⋮	⋮	⋮ ⋮ ⋮
	in	S_8	gibt es	28897705984	WALSH-Basen,
	⋮	⋮	⋮ ⋮	⋮	⋮ ⋮ ⋮ ⋮ .

Es stellt sich also die Frage, ob sich aus dieser Vielzahl von Möglichkeiten solche finden lassen, die wir bevorzugen sollten. Wir werden sehen, daß aus guten Gründen *drei* dieser Systeme eine besondere Rolle spielen.

Es ist sicherlich vernünftig, möglichst *einfache Matrizen* $\mathbf{M}$ zu wählen, und die allereinfachste Matrix, die wir dafür nehmen können, ist die Einheitsmatrix. Wir erhalten mit ihr:

$x \;=\; 0.$ | $\xi_1 \quad \xi_2 \quad \cdots \quad \xi_{n-1} \quad \xi_n$ | $\xi_{n+1} \quad \cdots$

| $\updownarrow \quad \updownarrow \quad \quad \updownarrow \quad \updownarrow$ |

$t \;=\; \cdots \; \tau_{-n}$ | $\tau_{1-n} \quad \tau_{2-n} \quad \cdots \quad \tau_{-1} \quad \tau_0$ |

und $$\theta = \tau_{1-n}\xi_1 \oplus \tau_{2-n}\xi_2 \oplus \cdots \tau_{-1}\xi_{n-1} \oplus \tau_0\xi_n .$$

Diese Zuordnung hat einen großen Mangel. Will man nämlich die Intervallteilung Ω_n verfeinern, also von S_n zu S_{n+1} übergehen, so muß man alle Stellen gegeneinander verschieben, um die Zuordnung

$$\begin{array}{rcl|ccccc|cc}
x & = & 0. & \xi_1 & \xi_2 & \cdots & \xi_{n-1} & \xi_n & \xi_{n+1} & \xi_{n+2} \ \cdots \\
 & & & \updownarrow & \updownarrow & & \updownarrow & \updownarrow & \updownarrow & \\
t & = & \ldots \ \tau_{-1-n} & \tau_{-n} & \tau_{1-n} & \cdots & \tau_{-2} & \tau_{-1} & \tau_0 &
\end{array}$$

mit $\theta = \tau_{-n}\xi_1 \oplus \tau_{1-n}\xi_2 \oplus \cdots \tau_{-2}\xi_{n-1} \oplus \tau_{-1}\xi_n \oplus \tau_0\xi_{n+1}$
zu erhalten. Dabei werden die WALSH-Funktionen aus S_n umnumeriert.

Diesen Mißstand kann man offenbar beseitigen, wenn man die Binärziffern von x oder diejenigen von t in umgekehrter Reihenfolge aufschreibt und dann erst die vorige Zuordnung benutzt. Wir bilden also mit der Bitumkehrung $\mathrm{Bu}\,t$ von t

$$\begin{array}{rcl|ccccc|c|c}
x & = & 0. & \xi_1 & \xi_2 & \cdots & \xi_{n-1} & \xi_n & \xi_{n+1} & \cdots \\
 & & & \updownarrow & \updownarrow & & \updownarrow & \updownarrow & \updownarrow & \\
\mathrm{Bu}\,t & = & & \tau_0 & \tau_{-1} & \cdots & \tau_{2-n} & \tau_{1-n} & \tau_{-n} & \cdots \\
 & & & & & & & & \Uparrow &
\end{array}$$

und $\theta = \tau_0\xi_1 \oplus \tau_{-1}\xi_2 \oplus \cdots \tau_{2-n}\xi_{n-1} \oplus \tau_{1-n}\xi_n.$
Will man jetzt von S_n zu S_{n+1} übergehen, so ist lediglich der Binärsummand $\tau_{-n}\xi_{n+1}$ der Stellen $\Uparrow$ hinzuzufügen. Wir wissen, daß die Matrix $\tilde{\mathsf{I}}$ aus (1.15) auf Seite 9 eine solche „Bitumkehrung" bewirkt.

Ein weiterer Gesichtspunkt bei einer speziellen Wahl von M ist, daß wir möglichst viele Eigenschaften, die uns an den Sinus- und Cosinus-Funktionen lieb geworden sind, dem neuen System erhalten wollen. Für $\sin 2\pi kx$ und $\cos 2\pi kx$ gibt es eine natürliche Anordnung, nämlich nach den Vielfachen k der Grundschwingung. Man kann aus dieser „Nummer" k die Anzahl der Zeichenwechsel (Nulldurchgänge) im Periodenintervall und damit die „Frequenz" ablesen. Es wäre nun schön, wenn wir auch die WALSH-Funktionen nach der Anzahl der Zeichenwechsel im Periodenintervall ordnen könnten. Das ist möglich, und es wird sich bei dieser Numerierung sogar ergeben, daß jeweils eine gerade und eine ungerade Funktion aufeinander folgen.

Nun wissen wir, daß das Schwingungsmuster der WALSH-Funktionen durch den Parameter t, und zwar durch dessen Binärstellen, bestimmt wird. Wenn wir erreichen möchten, daß die Anzahl der Zeichenwechsel monoton wächst, wenn t die natürlichen Zahlen durchläuft, so denken wir sofort daran, daß sich die Binärstellen der GRAY-Transformierten $\mathsf{G}t$ mit wachsendem t sehr regelmäßig ändern, nämlich bei jedem Schritt nur an *einer* Stelle. Das spricht dafür, daß diese Größe $\mathsf{G}t$ einen regelmäßigen Anstieg der Zeichenwechsel bewirken könnte. Wir wollen also diese Transformation ins Spiel bringen, und der Erfolg wird das rechtfertigen. Wir bilden also mit der Bitumkehrung $\mathrm{Bu}\,\mathsf{G}t$ von $\mathsf{G}t$

$$\begin{array}{lcl|ccccc|cc} x & = & 0. & \xi_1 & \xi_2 & \cdots & \xi_{n-1} & \xi_n & \xi_{n+1} & \cdots \\ & & & \updownarrow & \updownarrow & & \updownarrow & \updownarrow & & \\ \mathrm{Bu}\,\mathbf{G}t & = & & \tau_0 \oplus \tau_{-1} & \tau_{-1} \oplus \tau_{-2} & \cdots & \tau_{2-n} \oplus \tau_{1-n} & \tau_{1-n} & & \end{array}$$

mit $\theta = (\tau_0 \oplus \tau_{-1})\xi_1 \oplus (\tau_{-1} \oplus \tau_{-2})\xi_2 \oplus \cdots (\tau_{2-n} \oplus \tau_{1-n})\xi_{1-n} \oplus \tau_{1-n}\xi_n$
oder

$$\begin{array}{lcl|cccccc|cc} \mathbf{G}x & = & 0. & \xi_1 & \xi_1 \oplus \xi_2 & \cdots & \xi_{n-2} \oplus \xi_{n-1} & \xi_{n-1} \oplus \xi_n & \xi_n \oplus \xi_{n+1} & \cdots \\ & & & \updownarrow & \updownarrow & & \updownarrow & \updownarrow & & \\ \mathrm{Bu}\,t & = & & \tau_0 & \tau_{-1} & \cdots & \tau_{2-n} & \tau_{1-n} & & \end{array}$$

mit $\theta = \tau_0\xi_1 \oplus \tau_{-1}(\xi_1 \oplus \xi_2) \oplus \cdots \tau_{2-n}(\xi_{n-2} \oplus \xi_{n-1}) \oplus \tau_{1-n}(\xi_{n-1} \oplus \xi_n)$.

Um nun eine solche GRAY-Transformation in die Matrix $\mathbf{M}$ unserer Bilinearform einbauen zu können, brauchen wir eine Matrix $\mathbf{G}$, welche diese GRAY-Transformation liefert. Eine solche Matrix wollen wir jetzt konstruieren. Wir benutzen als Bausteine Matrizen der Form (1.7) auf Seite 6 und beachten die folgende Eigenschaft binärer Matrizen:

Ist $\mathbf{M} = (m_{jk})$, $m_{jk} \in \mathbf{Z}_2$, eine beliebige Matrix, so gilt wegen (1.2) auf Seite 3

$$\mathbf{M} \oplus \mathbf{M} = \mathbf{0}. \tag{2.26}$$

Nun bilden wir mit den Matrizen $\mathbf{J}_0 = \mathbf{I}$ (*Einheitsmatrix*) und $\mathbf{J}_1$ der Form (1.7) auf Seite 6 die Matrix

$$\mathbf{G} = \mathbf{I} \oplus \mathbf{J}_1 = \begin{pmatrix} 1 & 0 & \dots & 0 & 0 \\ 1 & 1 & \dots & 0 & 0 \\ \vdots & \vdots & \ddots & \vdots & \vdots \\ 0 & 0 & \dots & 1 & 0 \\ 0 & 0 & \dots & 1 & 1 \end{pmatrix}, \tag{2.27}$$

multiplizieren sie mit der Matrix

$$\mathbf{B} = \mathbf{I} \oplus \mathbf{J}_1 \oplus \mathbf{J}_2 \oplus \mathbf{J}_3 \oplus \cdots \oplus \mathbf{J}_{n-3} \oplus \mathbf{J}_{n-2} \oplus \mathbf{J}_{n-1} = \begin{pmatrix} 1 & 0 & \dots & 0 & 0 \\ 1 & 1 & \dots & 0 & 0 \\ \vdots & \vdots & \ddots & \vdots & \vdots \\ 1 & 1 & \dots & 1 & 0 \\ 1 & 1 & \dots & 1 & 1 \end{pmatrix},$$

und erhalten

$$\begin{aligned} \mathbf{G}\mathbf{B} &= (\mathbf{I} \oplus \mathbf{J}_1)(\mathbf{I} \oplus \mathbf{J}_1 \oplus \mathbf{J}_2 \oplus \mathbf{J}_3 \oplus \cdots \oplus \mathbf{J}_{n-3} \oplus \mathbf{J}_{n-2} \oplus \mathbf{J}_{n-1}) \\ &= \mathbf{I} \oplus \mathbf{J}_1 \oplus \mathbf{J}_2 \oplus \mathbf{J}_3 \oplus \cdots \oplus \mathbf{J}_{n-3} \oplus \mathbf{J}_{n-2} \oplus \mathbf{J}_{n-1} \\ &\quad \oplus \mathbf{J}_1 \oplus \mathbf{J}_2 \oplus \mathbf{J}_3 \oplus \cdots \oplus \mathbf{J}_{n-3} \oplus \mathbf{J}_{n-2} \oplus \mathbf{J}_{n-1} \oplus \mathbf{J}_n. \end{aligned}$$

Wegen (2.26) ist die Summe der übereinander stehenden Matrizen $\mathbf{0}$, und nach (1.10) auf Seite 7 ist $\mathbf{J}_n = \mathbf{0}$. Deshalb erhalten wir $\mathbf{G}\mathbf{B} = \mathbf{I}$.

Die Inverse von $\mathbf{G}$ hat somit die Form

$$\mathbf{G}^{-1} = \mathbf{B} = \mathbf{I} \oplus \mathbf{J}_1 \oplus \mathbf{J}_2 \oplus \mathbf{J}_3 \oplus \cdots \oplus \mathbf{J}_{n-3} \oplus \mathbf{J}_{n-2} \oplus \mathbf{J}_{n-1} = \begin{pmatrix} 1 & 0 & \dots & 0 & 0 \\ 1 & 1 & \dots & 0 & 0 \\ \vdots & \vdots & \ddots & \vdots & \vdots \\ 1 & 1 & \dots & 1 & 0 \\ 1 & 1 & \dots & 1 & 1 \end{pmatrix}.$$

$\mathbf{G}$ nennen wir eine *GRAY-Matrix* und die durch $\mathbf{G}$ vermittelte Transformation eine *GRAY-Transformation*.

Wenn nämlich ein Vektor $\xi = \begin{pmatrix} \xi_1 \\ \xi_2 \\ \vdots \\ \xi_n \end{pmatrix}$ ein Binärwort darstellt, so stellt $\mathbf{G}\xi = \begin{pmatrix} \xi_1 \\ \xi_1 \oplus \xi_2 \\ \vdots \\ \xi_{n-1} \oplus \xi_n \end{pmatrix}$ das zugehörige GRAY-Code-Wort dar. Siehe Abschnitt 1.5 !

Die HEAVISIDE-Basis geht bei einer GRAY-Transformation in die Basisvektoren $\mathbf{e}_j$ aus (2.8) über.

Die GRAY-Matrix $\mathbf{G}$ ist nicht symmetrisch, verbinden wir sie aber mit einer Bitumkehrung, so ist dieser Makel beseitigt. Wegen $\mathbf{G}\mathbf{G}^{-1} = \mathbf{I}$ und $\mathbf{I} = \tilde{\mathbf{I}}^2$ erhalten wir

$$\mathbf{I} = \mathbf{G}^{-1}\mathbf{G} = \mathbf{G}^{-1}\mathbf{I}\mathbf{G} = \mathbf{G}^{-1}\tilde{\mathbf{I}}^2\mathbf{G} = (\mathbf{G}^{-1}\tilde{\mathbf{I}})(\tilde{\mathbf{I}}\mathbf{G}) = \tilde{\mathbf{W}}^{-1}\tilde{\mathbf{W}}.$$

Damit haben wir die zueinander reziproken symmetrischen Matrizen (2.28)

$$\tilde{\mathbf{I}}\mathbf{G} = \begin{pmatrix} 0 & 0 & \dots & 1 & 1 \\ 0 & 0 & \dots & 1 & 0 \\ \vdots & \vdots & \ddots & \vdots & \vdots \\ 1 & 1 & \dots & 0 & 0 \\ 1 & 0 & \dots & 0 & 0 \end{pmatrix} = \tilde{\mathbf{W}}, \quad \mathbf{G}^{-1}\tilde{\mathbf{I}} = \begin{pmatrix} 0 & 0 & \dots & 0 & 1 \\ 0 & 0 & \dots & 1 & 1 \\ \vdots & \vdots & \ddots & \vdots & \vdots \\ 0 & 1 & \dots & 1 & 1 \\ 1 & 1 & \dots & 1 & 1 \end{pmatrix} = \tilde{\mathbf{W}}^{-1}.$$

2.6 Spezielle WALSH-Systeme

Wir haben im vorigen Abschnitt drei Matrizen $\mathbf{M}$ ausgewählt, von denen wir erwarten, daß sie uns die handlichsten WALSH-Systeme liefern. Das waren die folgenden drei Matrizen:

1. $\mathbf{M} = \mathbf{I}$. Die *Einheitsmatrix* ist die einfachste Wahl, die wir für $\mathbf{M}$ treffen können.

2. $\mathbf{M} = \tilde{\mathbf{I}}$. Die *Bitumkehrungsmatrix* liefert uns eine dimensionsunabhängige Numerierung.

3. $\mathbf{M} = \tilde{\mathbf{I}}\mathbf{G} = \tilde{\mathbf{W}}$. Diese Matrix führt noch zusätzlich eine GRAY-Transformation aus und liefert eine Numerierung, welche mit der Anzahl der Zeichenwechsel wächst. *(Wir haben gute Gründe, das zu vermuten, aber es ist noch nicht bewiesen. Im nächsten Kapitel werden wir diesen Beweis führen.)*

Mit diesen Matrizen bilden wir die folgenden symmetrischen Bilinearformen über dem kartesischen Produkt $V_n \times V_n$:

Mit $\mathbf{M} = \mathbf{I}$ erhalten wir

1. $\kappa : V_n \times V_n \mapsto \mathbf{Z}_2, \quad \gamma, \xi \in V_n, \quad \gamma = \begin{pmatrix} \gamma_{1-n} \\ \gamma_{2-n} \\ \vdots \\ \gamma_{-1} \\ \gamma_0 \end{pmatrix}, \quad \xi = \begin{pmatrix} \xi_1 \\ \xi_2 \\ \vdots \\ \xi_{n-1} \\ \xi_n \end{pmatrix},$

$$\begin{aligned} \kappa(n;\gamma,\xi) &= \gamma^T \mathbf{I} \xi = \gamma^T \xi = (\gamma_{1-n}, \ \gamma_{2-n}, \ \ldots, \ \gamma_{-1}, \ \gamma_0) \begin{pmatrix} \xi_1 \\ \xi_2 \\ \vdots \\ \xi_{n-1} \\ \xi_n \end{pmatrix} \\ &= \gamma_{1-n}\xi_1 \oplus \gamma_{2-n}\xi_2 \oplus \gamma_{3-n}\xi_3 \oplus \cdots \gamma_{-2}\xi_{n-2} \oplus \gamma_{-1}\xi_{n-1} \oplus \gamma_0\xi_n. \end{aligned}$$

Wir haben also die symmetrische Bilinearform

$$\boxed{\begin{aligned} \kappa(n;\gamma,\xi) = \gamma^T \mathbf{I} \xi &= \gamma_{1-n}\xi_1 \oplus \gamma_{2-n}\xi_2 \oplus \gamma_{3-n}\xi_3 \oplus \cdots \\ &\cdots \gamma_{-2}\xi_{n-2} \oplus \gamma_{-1}\xi_{n-1} \oplus \gamma_0\xi_n \end{aligned}} \tag{2.29}$$

Mit $\mathbf{M} = \tilde{\mathbf{I}}$ erhalten wir

2. $\pi : V_n \times V_n \mapsto \mathbf{Z}_2, \quad \beta, \xi \in V_n, \quad \beta = \begin{pmatrix} \beta_{1-n} \\ \beta_{2-n} \\ \vdots \\ \beta_{-1} \\ \beta_0 \end{pmatrix}, \quad \xi = \begin{pmatrix} \xi_1 \\ \xi_2 \\ \vdots \\ \xi_{n-1} \\ \xi_n \end{pmatrix},$

$$\begin{aligned} \pi(\beta,\xi) &= \beta^T \tilde{\mathbf{I}} \xi \\ &= (\beta_{1-n}, \ \beta_{2-n}, \ \ldots, \ \beta_{-1}, \ \beta_0) \begin{pmatrix} 0 & 0 & \ldots & 0 & 1 \\ 0 & 0 & \ldots & 1 & 0 \\ \vdots & \vdots & \ddots & \vdots & \vdots \\ 0 & 1 & \ldots & 0 & 0 \\ 1 & 0 & \ldots & 0 & 0 \end{pmatrix} \begin{pmatrix} \xi_1 \\ \xi_2 \\ \vdots \\ \xi_{n-1} \\ \xi_n \end{pmatrix} \\ &= (\beta_0, \ \beta_{-1}, \ \ldots, \ \beta_{2-n}, \ \beta_{1-n}) \begin{pmatrix} \xi_1 \\ \xi_2 \\ \vdots \\ \xi_{n-1} \\ \xi_n \end{pmatrix} \\ &= \beta_0\xi_1 \oplus \beta_{-1}\xi_2 \oplus \beta_{-2}\xi_3 \oplus \cdots \oplus \beta_{3-n}\xi_{n-2} \oplus \beta_{2-n}\xi_{n-1} \oplus \beta_{1-n}\xi_n \end{aligned}$$

Wir haben also die symmetrische Bilinearform

$$\boxed{\begin{aligned} \pi(\beta,\xi) = \beta^T \tilde{\mathbf{I}} \xi &= \beta_0\xi_1 \oplus \beta_{-1}\xi_2 \oplus \beta_{-2}\xi_3 \oplus \cdots \\ &\cdots \oplus \beta_{3-n}\xi_{n-2} \oplus \beta_{2-n}\xi_{n-1} \oplus \beta_{1-n}\xi_n \end{aligned}} \tag{2.30}$$

Mit $\mathbf{M} = \tilde{\mathbf{W}}$ erhalten wir

3. $\omega : V_n \times V_n \mapsto \mathbf{Z}_2, \quad \alpha, \xi \in V_n, \quad \alpha = \begin{pmatrix} \alpha_{1-n} \\ \alpha_{2-n} \\ \vdots \\ \alpha_{-1} \\ \alpha_0 \end{pmatrix}, \quad \xi = \begin{pmatrix} \xi_1 \\ \xi_2 \\ \vdots \\ \xi_{n-1} \\ \xi_n \end{pmatrix},$

$$\begin{aligned} \omega(\alpha,\xi) &= \alpha^T \tilde{\mathbf{W}} \xi \\ &= (\alpha_{1-n}, \; \alpha_{2-n}, \; \ldots, \; \alpha_{-1}, \; \alpha_0) \begin{pmatrix} 0 & 0 & \ldots & 1 & 1 \\ 0 & 0 & \ldots & 1 & 0 \\ \vdots & \vdots & \ddots & \vdots & \vdots \\ 1 & 1 & \ldots & 0 & 0 \\ 1 & 0 & \ldots & 0 & 0 \end{pmatrix} \begin{pmatrix} \xi_1 \\ \xi_2 \\ \vdots \\ \xi_{n-1} \\ \xi_n \end{pmatrix} \\ &= (\alpha_0 \oplus \alpha_{-1}, \alpha_{-1} \oplus \alpha_{-2}, \ldots, \alpha_{2-n} \oplus \alpha_{1-n}, \alpha_{1-n}) \begin{pmatrix} \xi_1 \\ \xi_2 \\ \vdots \\ \xi_{n-1} \\ \xi_n \end{pmatrix} \\ &= (\alpha_0 \oplus \alpha_{-1})\xi_1 \oplus (\alpha_{-1} \oplus \alpha_{-2})\xi_2 \oplus \cdots \\ &\quad \cdots \oplus (\alpha_{2-n} \oplus \alpha_{1-n})\xi_{n-1} \oplus \alpha_{1-n}\xi_n . \end{aligned}$$

Hier wurde zuerst die Matrix $\tilde{\mathbf{W}}$ von links mit α^T multipliziert. Es wurde also α^T „gewendet" und GRAY-transformiert. Man kann aber auch zuerst die Multiplikation $\tilde{\mathbf{W}}\xi$ ausführen. Dabei wird ξ „gewendet" und GRAY-transformiert. Dann erhält man die Zusammenfassung

$$\begin{aligned} \omega(\alpha,\xi) &= \alpha^T \tilde{\mathbf{W}} \xi = (\alpha_{1-n}, \; \alpha_{2-n}, \; \ldots, \; \alpha_{-1}, \; \alpha_0) \begin{pmatrix} \xi_{n-1} \oplus \xi_n \\ \xi_{n-2} \oplus \xi_{n-1} \\ \vdots \\ \xi_1 \oplus \xi_2 \\ \xi_1 \end{pmatrix} \\ &= \alpha_0\xi_1 \oplus \alpha_{-1}(\xi_1 \oplus \xi_2) \oplus \cdots \\ &\quad \cdots \oplus \alpha_{2-n}(\xi_{n-2} \oplus \xi_{n-1}) \oplus \alpha_{1-n}(\xi_{n-1} \oplus \xi_n). \end{aligned}$$

Wir haben also die symmetrische Bilinearform

$$\boxed{\begin{aligned} \omega(\alpha,\xi) &= \alpha^T \tilde{\mathbf{W}} \xi \\ &= (\alpha_0 \oplus \alpha_{-1})\xi_1 \oplus (\alpha_{-1} \oplus \alpha_{-2})\xi_2 \oplus \cdots \\ &\quad \cdots \oplus (\alpha_{2-n} \oplus \alpha_{1-n})\xi_{n-1} \oplus \alpha_{1-n}\xi_n \\ &= \alpha_0\xi_1 \oplus \alpha_{-1}(\xi_1 \oplus \xi_2) \oplus \cdots \\ &\quad \cdots \oplus \alpha_{2-n}(\xi_{n-2} \oplus \xi_{n-1}) \oplus \alpha_{1-n}(\xi_{n-1} \oplus \xi_n). \end{aligned}} \tag{2.31}$$

Zwischen den Bilinearformen $\pi(\beta,\xi)$ und $\omega(\alpha,\xi)$ besteht ein einfacher Zusammenhang. Wegen $\tilde{\mathbf{W}} = \tilde{\mathbf{I}}\,\mathbf{G}$ nämlich kann man (2.31) auch so lesen:

$$\omega(\alpha,\xi) = \alpha^T \tilde{\mathbf{W}} \xi = \alpha^T \tilde{\mathbf{I}} \mathbf{G} \xi = \alpha^T \mathbf{G}^T \tilde{\mathbf{I}} \xi = \left(\mathbf{G}\,\alpha\right)^T \tilde{\mathbf{I}} \xi,$$

also $$\omega(\alpha,\xi) = \alpha^T \tilde{\mathbf{I}} \left(\mathbf{G}\,\xi\right) = \left(\mathbf{G}\,\alpha\right)^T \tilde{\mathbf{I}} \xi.$$

Das ergibt die Beziehungen

$$\boxed{\omega(\alpha,\xi) \;=\; \pi(\alpha,\mathbf{G}\xi) \;=\; \pi(\mathbf{G}\alpha,\xi)} \tag{2.32}$$

In Worten heißt das: Man erhält die Bilinearform π aus der Bilinearform ω, wenn man einen der Variablenvektoren GRAY-transformiert.

Die aus den drei symmetrischen Bilinearformen (2.29), (2.30) und (2.31) hervorgehenden WALSH-Systeme sind nun die, welche uns besonders interessieren. Wir führen die folgenden Namen und Bezeichnungen ein:

$$\gamma = \nu(c), \quad \xi = \mu(x) \quad \text{und} \quad \theta = \kappa(n;\gamma,\xi)$$

WALSH-KRONECKER-Funktionen

$$\mathrm{wak}(n,c;x) = (-1)^{\kappa(n;\gamma,\xi)} \tag{2.33}$$

$$\beta = \nu(b), \quad \xi = \mu(x) \quad \text{und} \quad \theta = \pi(\beta,\xi)$$

WALSH-PALEY-Funktionen

$$\mathrm{pal}(b;x) = (-1)^{\pi(\beta,\xi)}$$

(2.34)

$$\alpha = \nu(a), \quad \xi = \mu(x) \quad \text{und} \quad \theta = \omega(\alpha,\xi)$$

WALSH-KACZMARZ-Funktionen

$$\mathrm{wal}(a;x) = (-1)^{\omega(\alpha,\xi)}$$

Die Bilinearform (2.29) unterscheidet sich in einer wesentlichen Eigenschaft von den beiden Bilinearformen (2.30) und (2.31):
Geht man von V_n *zu* V_{n+1} *über, so wird bei (2.30) und (2.31) jeweils nur ein weiterer Summand hinzugefügt, während sich bei* $\kappa(n;\gamma,\xi)$ *alle Summanden ändern. Wir haben deshalb bei* $\kappa(n;\gamma,\xi)$ *die Dimension* n *angegeben.*

Somit ändert sich auch die Indizierung $\mathrm{wak}(n,c;x)$ *mit der Dimension von* S_n. *In den meisten Fällen sind deshalb die Anordnungen der WALSH-PALEY- und der WALSH-KACZMARZ-Funktionen brauchbarer. Man kann aber auf die KRONECKER-Anordnung deshalb nicht verzichten, weil man auf dem Wege zur sog. schnellen WALSH-FOURIER-Transformation ohne sie nicht auskommt.*

Beispiel 2.4

Wir betrachten die WALSH-KRONECKER-Funktionen im S_3.
Als Matrix der Bilinearform $\kappa(n;\gamma,\xi)$ haben wir somit die Einheitsmatrix. Damit erhalten wir in analoger Weise wie in Beispiel 2.2 die folgenden Werte von $\kappa(n;\gamma,\xi)$:

				$I_{3,0}$	$I_{3,1}$	$I_{3,2}$	$I_{3,3}$	$I_{3,4}$	$I_{3,5}$	$I_{3,6}$	$I_{3,7}$
			$\xi = \begin{pmatrix}\xi_1\\ \xi_2\\ \xi_3\end{pmatrix}$ ξ_1	0	0	0	0	1	1	1	1
			ξ_2	0	0	1	1	0	0	1	1
			ξ_3	0	1	0	1	0	1	0	1
c	$\nu^T(c)$	$\nu^T 1$	$\nu^T 1 \xi$								
0	000	000		0	0	0	0	0	0	0	0
1	001	001	ξ_3	0	1	0	1	0	1	0	1
2	010	010	ξ_2	0	0	1	1	0	0	1	1
3	011	011	$\xi_2 \oplus \xi_3$	0	1	1	0	0	1	1	0
4	100	100	ξ_1	0	0	0	0	1	1	1	1
5	101	101	$\xi_1 \oplus \xi_3$	0	1	0	1	1	0	1	0
6	110	110	$\xi_1 \oplus \xi_2$	0	0	1	1	1	1	0	0
7	111	111	$\xi_1 \oplus \xi_2 \oplus \xi_3$	0	1	1	0	1	0	0	1

Mit diesen Werten bilden wir $W(t,x) = (-1)^{\kappa(n;\gamma,\xi)}$,
und wenn wir $+$ für 1 und $-$ für -1 schreiben, erhalten wir:

c	$I_{n,j}$ / wak$(3,c;x)$	$I_{3,0}$	$I_{3,1}$	$I_{3,2}$	$I_{3,3}$	$I_{3,4}$	$I_{3,5}$	$I_{3,6}$	$I_{3,7}$
0	wak$(3,0;x)$	+	+	+	+	+	+	+	+
1	wak$(3,1;x)$	+	−	+	−	+	−	+	−
2	wak$(3,2;x)$	+	+	−	−	+	+	−	−
3	wak$(3,3;x)$	+	−	−	+	+	−	−	+
4	wak$(3,4;x)$	+	+	+	+	−	−	−	−
5	wak$(3,5;x)$	+	−	+	−	−	+	−	+
6	wak$(3,6;x)$	+	+	−	−	−	−	+	+
7	wak$(3,7;x)$	+	−	−	+	−	+	+	−

Beispiel 2.5

Wir betrachten die WALSH-KACZMARZ-Funktionen im S_3. Als Matrix der Bilinearform $\omega(\alpha;\xi)$ haben wir diesmal

$$\tilde{\mathbf{W}} = \begin{pmatrix} 0 & 1 & 1 \\ 1 & 1 & 0 \\ 1 & 0 & 0 \end{pmatrix}.$$

Damit erhalten wir die folgenden Werte von $\omega(\alpha, \xi)$:

				$I_{3,0}$	$I_{3,1}$	$I_{3,2}$	$I_{3,3}$	$I_{3,4}$	$I_{3,5}$	$I_{3,6}$	$I_{3,7}$
			ξ_1	0	0	0	0	1	1	1	1
			$\xi = \xi_2$	0	0	1	1	0	0	1	1
			ξ_3	0	1	0	1	0	1	0	1
a	$\nu^T(a)$	$\nu^T \tilde{\mathbf{W}}$	$\nu^T \tilde{\mathbf{W}} \xi$								
0	000	000		0	0	0	0	0	0	0	0
1	001	100	ξ_1	0	0	0	0	1	1	1	1
2	010	110	$\xi_1 \oplus \xi_2$	0	0	1	1	1	1	0	0
3	011	010	ξ_2	0	0	1	1	0	0	1	1
4	100	011	$\xi_2 \oplus \xi_3$	0	1	1	0	0	1	1	0
5	101	111	$\xi_1 \oplus \xi_2 \oplus \xi_3$	0	1	1	0	1	0	0	1
6	110	101	$\xi_1 \oplus \xi_3$	0	1	0	1	1	0	1	0
7	111	001	ξ_3	0	1	0	1	0	1	0	1

Mit diesen Werten bilden wir $W(t, x) = (-1)^{\omega(\alpha, \xi)}$,

und wenn wir $+$ für 1 und $-$ für -1 schreiben, erhalten wir:

a	$I_{n,j}$ / $\mathrm{wal}(a;x)$	$I_{3,0}$	$I_{3,1}$	$I_{3,2}$	$I_{3,3}$	$I_{3,4}$	$I_{3,5}$	$I_{3,6}$	$I_{3,7}$
0	$\mathrm{wal}(0;x)$	+	+	+	+	+	+	+	+
1	$\mathrm{wal}(1;x)$	+	+	+	+	−	−	−	−
2	$\mathrm{wal}(2;x)$	+	+	−	−	−	−	+	+
3	$\mathrm{wal}(3;x)$	+	+	−	−	+	+	−	−
4	$\mathrm{wal}(4;x)$	+	−	−	+	+	−	−	+
5	$\mathrm{wal}(5;x)$	+	−	−	+	−	+	+	−
6	$\mathrm{wal}(6;x)$	+	−	+	−	−	+	−	+
7	$\mathrm{wal}(7;x)$	+	−	+	−	+	−	+	−

In den obigen Beispielen und auch schon in Beispiel 2.2 haben wir Tabellen der Funktionswerte von WALSH-Funktionen erhalten. Sie bilden quadratische, symmetrische Matrizen. „WALSH-Matrizen“ dieser Art werden uns wieder in Kapitel 5 beschäftigen. Manchmal ist auch eine andere Darstellung solcher Funktionswerte von Nutzen. Wenn man nämlich den Funktionswert $+1$ durch ein schwarzes Quadrat und den Funktionswert -1 durch ein weißes Quadrat darstellt, erhält man Schaubilder, wie wir sie unten zeigen. Dabei wurde allerdings die Richtung der „t-Achse“, also die Richtung der Numerierung der WALSH-Funktionen so geändert, daß sie der normalen Richtung eines kartesischen Koordinatensystems entspricht, also von unten nach oben. Das wird sich im folgenden als nützlich erweisen.

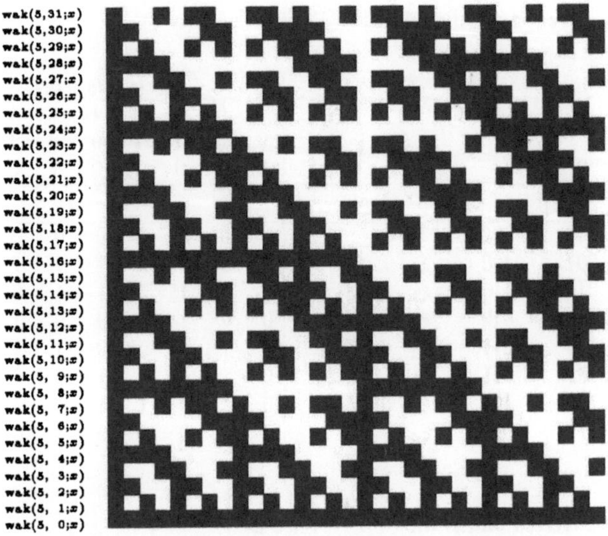

Funktionswerte der ersten 32 wak-*Funktionen*

Funktionswerte der ersten 32 pal-*Funktionen*

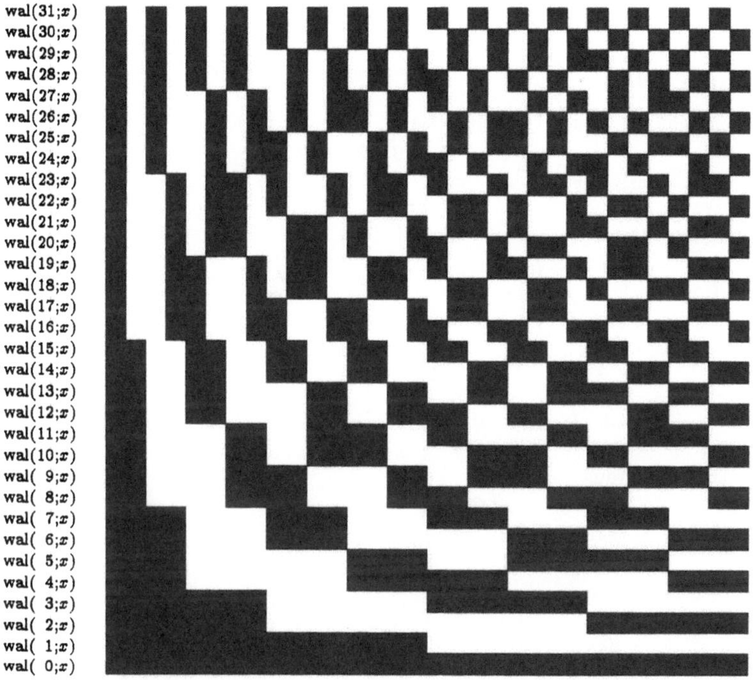

Funktionswerte der ersten 32 wal-*Funktionen*

2.7 Beziehungen zwischen WALSH-Systemen

Wir haben gesehen, daß die Vektoren $\lambda = \mathbf{M}\,\nu$ aus (2.10) die „Art“ der Bilinearform θ bestimmen. Weil es in V_n genau $2N$ solche Vektoren gibt, gibt es in V_n auch genau $2N$ verschiedene WALSH-Funktionen. Verschiedene WALSH-Systeme unterscheiden sich nur durch die Indizierung eben dieser Funktionen. Diese Indizierung wird jeweils durch die Vektoren $\nu = \mathbf{M}^{-1}\lambda$ bestimmt. Mit zwei verschiedenen (nicht singulären) Matrizen $\mathbf{M}_1$ und $\mathbf{M}_2$ erhält man zwei WALSH-Systeme, welche durch
$\nu_1 = \mathbf{M}_1^{-1}\lambda$ bzw. $\nu_2 = \mathbf{M}_2^{-1}\lambda$ indiziert sind. Daraus folgt

$$\nu_1 = \mathbf{M}_1^{-1}\mathbf{M}_2\,\nu_2 \qquad \text{bzw.} \qquad \nu_2 = \mathbf{M}_2^{-1}\mathbf{M}_1\,\nu_1. \tag{2.35}$$

Mit der Matrix $\mathbf{Q} = \mathbf{M}_1^{-1}\mathbf{M}_2$ kann man also die WALSH-Funktionen eines Systems in die eines anderen „umnumerieren“.

Beispiel 2.6

Wir nehmen aus Beispiel 2.2 die Matrix $\mathbf{M}_1 = \begin{pmatrix} 0 & 1 & 0 \\ 1 & 0 & 1 \\ 0 & 1 & 1 \end{pmatrix}$ und als zweite die Matrix $\mathbf{M}_2 = \tilde{\mathbf{W}} = \begin{pmatrix} 0 & 1 & 1 \\ 1 & 1 & 0 \\ 1 & 0 & 0 \end{pmatrix}$.

Die Inversen dieser Matrizen kennen wir bereits, nämlich

$$\mathbf{M}_1^{-1} = \begin{pmatrix} 1 & 1 & 1 \\ 1 & 0 & 0 \\ 1 & 0 & 1 \end{pmatrix} \quad \text{und} \quad \mathbf{M}_2^{-1} = \tilde{\mathbf{W}}^{-1} = \begin{pmatrix} 0 & 0 & 1 \\ 0 & 1 & 1 \\ 1 & 1 & 1 \end{pmatrix}.$$

Damit ist $\mathbf{Q} = \mathbf{M}_1^{-1}\mathbf{M}_2 = \mathbf{M}_1^{-1}\tilde{\mathbf{W}}$

$$= \begin{pmatrix} 1 & 1 & 1 \\ 1 & 0 & 0 \\ 1 & 0 & 1 \end{pmatrix}\begin{pmatrix} 0 & 1 & 1 \\ 1 & 1 & 0 \\ 1 & 0 & 0 \end{pmatrix} = \begin{pmatrix} 0 & 0 & 1 \\ 0 & 1 & 1 \\ 1 & 1 & 1 \end{pmatrix} = \tilde{\mathbf{W}}^{-1}.$$

Wir erhalten daraus

	ν_2^T	$\nu_1^T = \nu_2^T \mathbf{Q}$				
0	000	000	0	$\mathrm{wal}(0;x)$	=	$W(0,x)$
1	001	111	7	$\mathrm{wal}(1;x)$	=	$W(7,x)$
2	010	011	3	$\mathrm{wal}(2;x)$	=	$W(3,x)$
3	011	100	4	$\mathrm{wal}(3;x)$	=	$W(4,x)$
4	100	001	1	$\mathrm{wal}(4;x)$	=	$W(1,x)$
5	101	110	6	$\mathrm{wal}(5;x)$	=	$W(6,x)$
6	110	010	2	$\mathrm{wal}(6;x)$	=	$W(2,x)$
7	111	101	5	$\mathrm{wal}(7;x)$	=	$W(5,x)$

Insbesondere erhält man eine Zuordnung zwischen wal- und pal-Funktionen mit

$$\mathbf{M}_1 = \tilde{\mathbf{I}}, \quad \mathbf{M}_1^{-1} = \tilde{\mathbf{I}}, \quad \mathbf{M}_2 = \tilde{\mathbf{W}} = \tilde{\mathbf{I}}\,\mathbf{G}, \quad \mathbf{M}_2^{-1} = \tilde{\mathbf{W}}^{-1} = \mathbf{G}^{-1}\tilde{\mathbf{I}},$$

und

$$\mathbf{Q} = \mathbf{M}_1^{-1}\mathbf{M}_2 = \tilde{\mathbf{I}}\tilde{\mathbf{I}}\,\mathbf{G} = \mathbf{G}.$$

Diese Umnumerierung steckt bereits in der Beziehung (2.32) auf Seite 37.

Mit $\alpha = \nu(a)$, $\beta = \nu(b)$, $a, b \in \mathbb{N}_0$, können wir die GRAY-Transformation G auf die Restklassen reeller Zahlen $\bmod 2^n$ übertragen. Wir schreiben $b = \mathsf{G}a$, wenn $\nu(b) = \mathbf{G}\nu(a)$ gilt. Für $n = 4$ erhält man z.B. mit $b = \mathsf{G}a$ und

$$\beta = \mathbf{G}\alpha = \begin{pmatrix} 1 & 0 & 0 & 0 \\ 1 & 1 & 0 & 0 \\ 0 & 1 & 1 & 0 \\ 0 & 0 & 1 & 1 \end{pmatrix}\alpha, \qquad \alpha = \mathbf{G}^{-1}\beta = \begin{pmatrix} 1 & 0 & 0 & 0 \\ 1 & 1 & 0 & 0 \\ 1 & 1 & 1 & 0 \\ 1 & 1 & 1 & 1 \end{pmatrix}\beta,$$

Die zugehörige Permutation ist in (1.20) auf Seite 12 vollständig angegeben.
Mit dieser Vereinbarung und (2.32) können wir schreiben

$$\mathrm{wal}(a;x) = \mathrm{pal}(\mathsf{G}a;x) = \mathrm{pal}(a;\mathsf{G}x). \tag{2.36}$$

Bedienen wir uns einer sehr saloppen Redeweise, so können wir sagen:

Die pal-Funktionen sind die **GRAY-Transformierten** der wal-Funktionen.

Für die Nutzung der „schnellen WALSH-Transformation" werden wir die Umnumerierungen der WALSH-KRONECKER-Systeme in WALSH-PALEY- und WALSH-KACZMARZ-Systeme brauchen. Das WALSH-KRONECKER-System wird durch die Einheitsmatrix erzeugt.

Wählen wir also in (2.35) $\mathbf{M}_1 = \mathbf{I}$ und eine beliebige zweite nicht singuläre Matrix $\mathbf{M}_2 = \mathbf{M}$, so erhalten wir aus der binären Numerierung ν_1 der WALSH-KRONECKER-Indizierung die binäre Numerierung

$$\nu_2 = \mathbf{M}^{-1}\,\nu_1$$

des zweiten Systems. Ihr entspricht im S_n eine „Indexpermutation" $t = \rho_n(c)$. Für die Räume S_1 bis S_3 geben wir sie in den folgenden Beispielen an.

Beispiel 2.7 Für das WALSH-PALEY-System ist $\mathbf{M}^{-1} = \mathbf{M} = \tilde{\mathbf{I}}$.

Für $n = 1$ erhalten wir

$$\beta = \tilde{\mathbf{I}}\,\gamma = (\mathbf{I})\,\gamma = \gamma \quad \text{und}$$

c	$b = \rho_1(c)$
0	0
1	1

Für $n = 2$ erhalten wir

$$\nu(b) = \beta = \begin{pmatrix} \beta_{-1} \\ \beta_0 \end{pmatrix} = \begin{pmatrix} 0 & \mathbf{I} \\ \mathbf{I} & 0 \end{pmatrix} \begin{pmatrix} \gamma_{-1} \\ \gamma_0 \end{pmatrix} = \begin{pmatrix} \gamma_0 \\ \gamma_{-1} \end{pmatrix}$$

und

c	$\gamma^T = \nu^T(c)$	$\beta^T = \gamma^T\,\tilde{\mathbf{I}}$	$b = \rho_2(c)$
0	00	00	0
1	0I	I0	2
2	I0	0I	1
3	II	II	3

Für $n = 3$ erhalten wir

$$\nu(b) = \beta = \begin{pmatrix} \beta_{-2} \\ \beta_{-1} \\ \beta_0 \end{pmatrix} = \begin{pmatrix} 0 & 0 & \mathbf{I} \\ 0 & \mathbf{I} & 0 \\ \mathbf{I} & 0 & 0 \end{pmatrix} \begin{pmatrix} \gamma_{-2} \\ \gamma_{-1} \\ \gamma_0 \end{pmatrix} = \begin{pmatrix} \gamma_0 \\ \gamma_{-1} \\ \gamma_{-2} \end{pmatrix}$$

und

c	$\gamma^T = \nu^T(c)$	$\beta^T = \gamma^T\,\tilde{\mathbf{I}}$	$b = \rho_3(c)$
0	000	000	0
1	00I	I00	4
2	0I0	0I0	2
3	0II	II0	6
4	I00	00I	1
5	I0I	I0I	5
6	II0	0II	3
7	III	III	7

Beispiel 2.8 Für das WALSH-KACZMARZ-System ist $\mathbf{M} = \tilde{\mathbf{W}}$.

Für $n = 1$ erhalten wir
$(\alpha_0) = \tilde{\mathbf{W}}^{-1}(\gamma_0) = (\gamma_0)$ und

c	$a = \rho_1(c)$
0	0
1	1

Für $n = 2$ erhalten wir

$$\nu(a) = \alpha = \begin{pmatrix} \alpha_{-1} \\ \alpha_0 \end{pmatrix} = \begin{pmatrix} 0 & 1 \\ 1 & 1 \end{pmatrix} \begin{pmatrix} \gamma_{-1} \\ \gamma_0 \end{pmatrix} = \begin{pmatrix} \gamma_0 \\ \gamma_{-1} \oplus \gamma_0 \end{pmatrix}$$

c	$\gamma^T = \nu^T(c)$	$\alpha^T = \gamma^T \tilde{\mathbf{W}}^{-1}$	$a = \rho_2(c)$
0	00	00	0
1	01	11	3
2	10	01	1
3	11	10	2

Für $n = 3$ erhalten wir

$$\nu(a) = \alpha = \begin{pmatrix} \alpha_{-2} \\ \alpha_{-1} \\ \alpha_0 \end{pmatrix} = \begin{pmatrix} 0 & 0 & 1 \\ 0 & 1 & 1 \\ 1 & 1 & 1 \end{pmatrix} \begin{pmatrix} \gamma_{-2} \\ \gamma_{-1} \\ \gamma_0 \end{pmatrix} = \begin{pmatrix} \gamma_0 \\ \gamma_{-1} \oplus \gamma_0 \\ \gamma_{-2} \oplus \gamma_{-1} \oplus \gamma_0 \end{pmatrix}$$

und

c	$\gamma^T = \nu^T(c)$	$\alpha^T = \gamma^T \tilde{\mathbf{W}}^{-1}$	$a = \rho_3(c)$
0	000	000	0
1	001	111	7
2	010	011	3
3	011	100	4
4	100	001	1
5	101	110	6
6	110	010	2
7	111	101	5

Aufgabe 2.1 ⟹ Lösung auf Seite 259

Man zeige:

Ist y eine feste reelle Zahl und g eine Treppenfunktion aus S_n, so gilt

$$\int_0^1 g(x \oplus y)\, dx = \int_0^1 g(x)\, dx. \tag{2.37}$$

Aufgabe 2.2 ⟹ Lösung auf Seite 260

Man gebe die folgenden Funktionswerte an:

a) $\mathrm{wal}(2^{j+1} - 2; \frac{3}{4})$ für $j = 0, 1, 2, \ldots,$

b) $\mathrm{wal}(2^{j+1} - 4; \frac{3}{4})$ für $j = 1, 2, 3, \ldots$.

Kapitel 3

Aufbau der WALSH-Funktionen aus RADEMACHER-Funktionen

WALSH-Funktionen lassen sich aus einer wichtigen Teilmenge — den RADEMACHER-Funktionen — aufbauen. Wir führen diesen Aufbau durch und heben dabei eine Eigenschaft hervor, die auch für eine umfangreichere Funktionenklasse gilt. Die Funktionen dieser Klasse nennen wir RADEMACHER-ähnliche Funktionen. Zu ihnen gehören auch die trigonometrischen Funktionen, und man erkennt auf diesem Wege den engen Zusammenhang zwischen WALSH-Funktionen und einem Orthogonalsystem aus Produkten von goniometrischen Funktionen.

Schreiben wir die WALSH-Funktionen aus (2.20) auf Seite 29 folgendermaßen:

$$\begin{aligned}
(-1)^{\theta(\nu(p),\mu(x))} &= (-1)^{(\theta_1\xi_1 \oplus \theta_2\xi_2 \oplus \cdots \oplus \theta_{n-1}\xi_{n-1} \oplus \theta_n\xi_n)} \\
&= \underset{\substack{\downarrow \\ v_1}}{(-1)^{\theta_1\xi_1}} \underset{\substack{\downarrow \\ v_2}}{(-1)^{\theta_2\xi_2}} \ldots \underset{\substack{\downarrow \\ v_{n-1}}}{(-1)^{\theta_{n-1}\xi_{n-1}}} \underset{\substack{\downarrow \\ v_n}}{(-1)^{\theta_n\xi_n}} \quad ,
\end{aligned}$$

so wird deutlich, daß sich diese Funktionen als Produkte geeigneter Ausgangsfunktionen aufbauen lassen. Mit ihnen wollen wir uns zunächst befassen.

3.1 RADEMACHER-Funktionen

Wir führen folgende 1-periodische Funktionen ein:

$$[x] = \text{„}\mathit{größtes\ Ganzes\ von}\ x\text{“}$$
$$\operatorname{sir} x := (-1)^{[2x]} \qquad \textit{Rademachersinus} \text{ oder } \textit{Rechtecksinus} \tag{3.1}$$
$$\operatorname{cor} x := (-1)^{[2x+\frac{1}{2}]} \qquad \textit{Rademachercosinus} \text{ oder } \textit{Rechteckcosinus}$$

Diese Bezeichnungen erinnern daran, daß bis auf die abzählbar vielen Sprungstellen gilt: $\operatorname{sir} x = \operatorname{sign}(\sin 2\pi x)$ *und* $\operatorname{cor} x = \operatorname{sign}(\cos 2\pi x)$.
$\operatorname{sir} x$ und $\operatorname{cor} x$ haben die unten skizzierten Schaubilder.

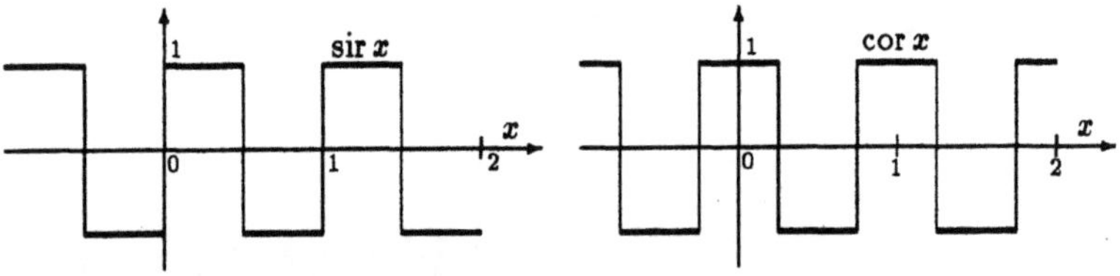

Die Funktionen $\operatorname{sir}(2^n x)$ und $\operatorname{cor}(2^n x)$, $x \in \mathbf{R}$, heißen

<u>*RADEMACHER-Funktionen*</u>

Die Menge der RADEMACHER-Funktionen bezeichnen wir mit R. Es ist also

$$R = \{\operatorname{sir}(2^n x),\ \operatorname{cor}(2^n x) \mid n \in \mathbf{N}_0,\ x \in \mathbf{R}\} \tag{3.2}$$

Meistens werden nur die Funktionen $\operatorname{sir}(2^n x)$ *als RADEMACHER-Funktionen bezeichnet. Der Leser wird sehen, daß für einen methodischen Aufbau der WALSH-Funktionen die obige Definition angemessener ist.*

Für eine 1-periodische Funktion f gilt $f(x) = f(\operatorname{frac} x)$.
Ist $x \in I_0 = [0,1)$ und

$$x = \operatorname{frac} x = \frac{\xi_1}{2} + \frac{\xi_2}{2^2} + \frac{\xi_3}{2^3} + \cdots + \frac{\xi_{j+1}}{2^{j+1}} + \frac{\xi_{j+2}}{2^{j+2}} + \cdots \tag{3.3}$$

die Binärdarstellung von x , so erhalten wir

$$[2x] = \xi_1 \quad \text{und} \quad [2x + \tfrac{1}{2}] = \left[\xi_1 + \frac{\xi_2 + 1}{2}\right] = \xi_1 + \xi_2\,.$$

Daraus folgt, daß

$$\begin{aligned} \operatorname{sir} x &= (-1)^{[2x]} &&= (-1)^{\xi_1} \qquad \text{und} \\ \operatorname{cor} x &= (-1)^{[2x+\frac{1}{2}]} &&= (-1)^{\xi_1+\xi_2} = (-1)^{\xi_1 \oplus \xi_2} \end{aligned} \tag{3.4}$$

ist. Wegen $\operatorname{frac}(2^j x) = \dfrac{\xi_{j+1}}{2} + \dfrac{\xi_{j+2}}{2^2} + \cdots$ ist dann

$$\operatorname{sir}(2^j x) = (-1)^{\xi_{j+1}} \quad \text{und} \quad \operatorname{cor}(2^j x) = (-1)^{\xi_{j+1} \oplus \xi_{j+2}}. \tag{3.5}$$

Einige einfache Beziehungen ergeben sich unmittelbar.

$$\boxed{\operatorname{sir}(x + \tfrac{1}{4}) = \operatorname{cor} x} \quad \boxed{\operatorname{cor}(x + \tfrac{1}{4}) = -\operatorname{sir} x} \tag{3.6}$$

$$\boxed{\operatorname{sir}^2 x = \operatorname{cor}^2 x = 1\,.} \tag{3.7}$$

Aus (3.4) folgt $\operatorname{sir} x \operatorname{cor} x = (-1)^{\xi_1}(-1)^{\xi_1 \oplus \xi_2} = (-1)^{\xi_1 \oplus \xi_1 \oplus \xi_2}$
$= (-1)^{\xi_2} = \operatorname{sir} 2x.$

Also gilt

$$\boxed{\operatorname{sir} x \operatorname{cor} x = \operatorname{sir} 2x} \tag{3.8}$$

und daraus folgt

$$\begin{aligned} \operatorname{sir}(2^k x) \operatorname{cor}(2^k x) &= \operatorname{sir}(2^{k+1} x) \\ \operatorname{sir}(2^k x) \operatorname{sir}(2^{k+1} x) &= \operatorname{cor}(2^k x). \end{aligned}$$

Man vergleiche (3.8) mit $2 \sin x \cos x = \sin 2x$ und beachte, daß in (3.8) der Faktor 2 nicht auftritt!

Einige stückweise lineare Funktionen, die wir später wieder verwenden, hängen in einfacher Weise mit RADEMACHER-Funktionen zusammen:
Durch Integration des RADEMACHER-Sinus erhält man die

Zackenfunktion:

$$Z(x) := \int_0^x \operatorname{sir} t \, dt = \left| x - [x + \tfrac{1}{2}] \right| \tag{3.9}$$

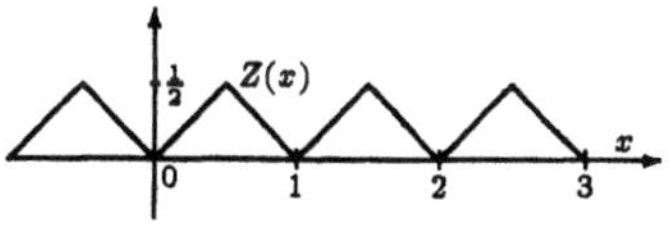

Hieraus wiederum erhält man die

Sägezahnfunktion:

$$\operatorname{ser} x := \operatorname{sir} x \; Z(x) = x - [x + \tfrac{1}{2}] \tag{3.10}$$

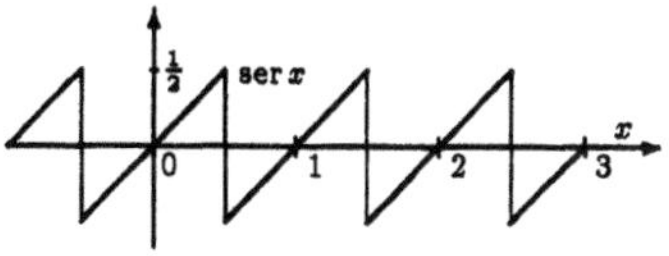

Man kann diese Funktion leicht durch eine Reihe aus RADEMACHER-Funktionen darstellen. Dazu entwickeln wir zunächst die in (2.2) auf Seite 20 eingeführte Funktion

Gebrochener Teil von x:

$$\operatorname{frac} x := x - [x] \tag{3.11}$$

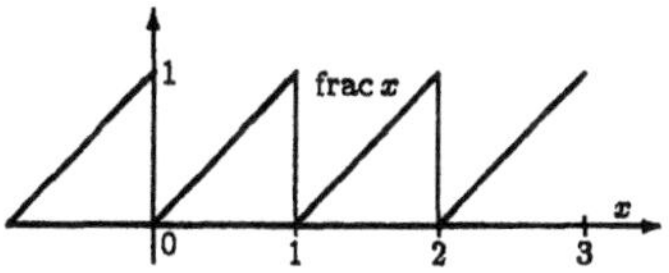

in eine Reihe.

Nach (3.5) ist $\operatorname{sir}(2^j x) = (-1)^{\xi_{j+1}}$. Man sieht unmittelbar, daß

$$2\xi_{j+1} = 1 - (-1)^{\xi_{j+1}}$$

gilt. Daraus folgt $\frac{\xi_{j+1}}{2^{j+1}} = \frac{1-(-1)^{\xi_{j+1}}}{2^{j+2}} = \frac{1}{2^{j+2}} - \frac{1}{2^{j+2}} \operatorname{sir}(2^j x)$ und

$$\operatorname{frac} x = \sum_{j=0}^{\infty} \frac{\xi_{j+1}}{2^{j+1}} = \frac{1}{4}\sum_{j=0}^{\infty} \frac{1}{2^j} - \frac{1}{4}\sum_{j=0}^{\infty} \frac{1}{2^j} \operatorname{sir}(2^j x) = \frac{1}{2} - \frac{1}{4}\sum_{j=0}^{\infty} \frac{1}{2^j} \operatorname{sir}(2^j x).$$

Daraus erhalten wir

$$\operatorname{ser}(x+\tfrac{1}{2}) = \operatorname{frac} x - \tfrac{1}{2} \;=\; -\frac{1}{4}\sum_{j=0}^{\infty}\frac{1}{2^j}\operatorname{sir}(2^j x) = -\frac{1}{4}\operatorname{sir} x - \frac{1}{4}\sum_{j=1}^{\infty}\frac{1}{2^j}\operatorname{sir}(2^j x)$$

und daraus

$$\begin{aligned}\operatorname{ser} x &= -\frac{1}{4}\operatorname{sir}(x-\tfrac{1}{2}) - \frac{1}{4}\sum_{j=1}^{\infty}\frac{1}{2^j}\operatorname{sir}(2^j x - 2^{j-1}) \\ &= \frac{1}{4}\operatorname{sir} x - \frac{1}{4}\sum_{j=1}^{\infty}\frac{1}{2^j}\operatorname{sir}(2^j x).\end{aligned}$$

Wir stellen zusammen:

$$\boxed{\begin{gathered}\operatorname{frac} x = \frac{1}{2} - \frac{1}{4}\sum_{j=0}^{\infty}\frac{1}{2^j}\operatorname{sir}(2^j x), \\ \operatorname{ser} x = \frac{1}{4}\operatorname{sir} x - \frac{1}{4}\sum_{j=1}^{\infty}\frac{1}{2^j}\operatorname{sir}(2^j x), \quad \operatorname{ser}(x+\tfrac{1}{2}) = -\frac{1}{4}\sum_{j=0}^{\infty}\frac{1}{2^j}\operatorname{sir}(2^j x)\end{gathered}} \tag{3.12}$$

Die Konvergenz der Reihen (3.12) folgt sofort aus dem Vergleich mit der geometrischen Reihe. Daß durch diese Reihen auch die angegebenen Funktionen dargestellt werden, folgt aus Sätzen, die wir in Kapitel 4 zitieren werden.
Aus den beiden letzten Reihen von (3.12) erhält man

$$\begin{aligned}\operatorname{ser} x - \operatorname{ser}(x+\tfrac{1}{2}) &= \tfrac{1}{2}\operatorname{sir} x \qquad \text{und} \\ \operatorname{ser} x + \operatorname{ser}(x+\tfrac{1}{2}) &= \frac{1}{4}\operatorname{sir} x - \frac{1}{4}\operatorname{sir} x - \frac{1}{2}\sum_{j=1}^{\infty}\frac{1}{2^j}\operatorname{sir}(2^j x) \\ = -\frac{1}{2}\sum_{k=0}^{\infty}\frac{1}{2^{k+1}}\operatorname{sir}(2^{k+1}x) &= -\frac{1}{4}\sum_{k=0}^{\infty}\frac{1}{2^k}\operatorname{sir}(2^k\cdot 2x) = \operatorname{ser}(2x+\tfrac{1}{2}).\end{aligned}$$

Multipliziert man $\operatorname{ser} x - \operatorname{ser}(x+\frac{1}{2}) = \frac{1}{2}\operatorname{sir} x$ mit $\operatorname{sir} x$, so erhält man $\mathrm{Z}(x)+\mathrm{Z}(x+\frac{1}{2}) = \frac{1}{2}$ und daraus $\mathrm{Z}(x)-\mathrm{Z}(x+\frac{1}{2}) = 2\,\mathrm{Z}(x)-\frac{1}{2} = \frac{1}{2}-2\,\mathrm{Z}(x+\frac{1}{2})$.
Wir haben somit die Beziehungen:

$$\boxed{\begin{aligned}\operatorname{ser} x - \operatorname{ser}(x+\tfrac{1}{2}) &= \tfrac{1}{2}\operatorname{sir} x \\ \operatorname{ser} x + \operatorname{ser}(x+\tfrac{1}{2}) &= \operatorname{ser}(2x+\tfrac{1}{2})\end{aligned}} \quad \boxed{\begin{aligned}\mathrm{Z}(x)+\mathrm{Z}(x+\tfrac{1}{2}) &= \tfrac{1}{2} \\ \mathrm{Z}(x)-\mathrm{Z}(x+\tfrac{1}{2}) &= 2\,\mathrm{Z}(x)-\tfrac{1}{2} \\ &= \tfrac{1}{2}-2\,\mathrm{Z}(x+\tfrac{1}{2}).\end{aligned}} \tag{3.13}$$

Beispiel 3.1 Mit den Formeln (3.6) und (3.8) kann man z.B. die folgenden Ausdrücke vereinfachen:

$$
\begin{array}{lrcl}
a) & \operatorname{sir}(\tfrac{x}{8}+\tfrac{1}{8})\operatorname{cor}(\tfrac{x}{8}+\tfrac{1}{8}) & = & \operatorname{sir}(\tfrac{x}{4}+\tfrac{1}{4}) = \operatorname{cor}\tfrac{x}{4} \\
b) & \operatorname{sir}(\tfrac{x}{8}+\tfrac{3}{8})\operatorname{cor}(\tfrac{x}{8}+\tfrac{3}{8}) & = & \operatorname{sir}(\tfrac{x}{4}+\tfrac{3}{4}) = -\operatorname{cor}\tfrac{x}{4} \\
c) & \multicolumn{3}{l}{\operatorname{sir}(\tfrac{x}{8}+\tfrac{1}{8})\operatorname{cor}(\tfrac{x}{8}+\tfrac{1}{8})\operatorname{cor}(\tfrac{x}{4}+\tfrac{1}{4})} \\
 & = \operatorname{sir}(\tfrac{x}{4}+\tfrac{1}{4})\operatorname{cor}(\tfrac{x}{4}+\tfrac{1}{4}) & = & \operatorname{sir}(\tfrac{x}{2}+\tfrac{1}{2}) = -\operatorname{sir}\tfrac{x}{2}
\end{array}
$$

Beispiel 3.2

In (9.5) auf Seite 181 werden wir den Faktor $\sigma = (-1)^{\tau_0\xi_0}$ benutzen, worin ξ_0 die erste Binärstelle von x vor dem Komma ist. In der Binärdarstellung von $\frac{x}{2}$ ist somit ξ_0 die erste Stelle nach dem Komma. Damit ist nach (3.5) $(-1)^{\xi_0} = \operatorname{sir}\frac{x}{2}$ und

$$
\sigma = \left(\operatorname{sir}\tfrac{x}{2}\right)^{\tau_0} = \begin{cases} 1 & \text{für } \tau_0 = 0 \\ \operatorname{sir}\tfrac{x}{2} & \text{für } \tau_0 = 1 \end{cases} . \tag{3.14}
$$

Aufgabe 3.1 $\Longrightarrow$ Lösung auf Seite 260

Es sei $f(x) = \operatorname{sir}\frac{x}{4}$, $g(x) = \operatorname{cor}\frac{x}{4}$. Man berechne die Determinante

$$
K(x) = \begin{vmatrix} f(x) & g(x) \\ f(x+1) & g(x+1) \end{vmatrix} \quad !
$$

Aufgabe 3.2 $\Longrightarrow$ Lösung auf Seite 260

Es sei $f(x) = \operatorname{sir}\frac{x}{8}$, $g(x) = \operatorname{cor}\frac{x}{8}$, $h(x) = \operatorname{sir}\frac{x}{8}\operatorname{cor}\frac{x}{4}$, $k(x) = \operatorname{cor}\frac{x}{8}\operatorname{cor}\frac{x}{4}$.
Man berechne die Determinante

$$
K(x) = \begin{vmatrix} f(x) & g(x) & h(x) & k(x) \\ f(x+1) & g(x+1) & h(x+1) & k(x+1) \\ f(x+2) & g(x+2) & h(x+2) & k(x+2) \\ f(x+3) & g(x+3) & h(x+3) & k(x+3) \end{vmatrix} \quad !
$$

Die Determinanten $K(x)$ in den Aufgaben 3.1 und 3.2 sind sog. CASORATI-Determinanten. Solche Determinanten spielen bei Differenzengleichungen eine analoge Rolle wie WRONSKI-Determinanten bei Differentialgleichungen.

Aufgabe 3.3 $\Longrightarrow$ Lösung auf Seite 261

Man berechne $(1+\operatorname{cor}x)^2$, $(1+\operatorname{cor}x)^n$ und $(1+\operatorname{sir}x)^n$.

3.2 RADEMACHER-ähnliche Funktionen

In Kapitel 2 haben wir Systeme von WALSH-Funktionen definiert und einige Eigenschaften solcher Funktionen bei Summation und Integration hergeleitet. Aus diesen Eigenschaften erhält man bei Einführung eines geeigneten Innenproduktes Orthogonalsysteme solcher Funktionen. Wir benutzen in $\tilde{L}^2$ das

$$\textbf{Innenprodukt:} \quad \langle f,g\rangle = \int_0^1 f(t)g(t)\,dt, \qquad f,g\in\tilde{L}^2. \tag{3.15}$$

$$W = \{\text{walsh}(p;x) \mid p \in N_0\} \tag{3.16}$$

sei die Menge der WALSH-Funktionen (2.20) auf Seite 29.

Nach (2.21) auf Seite 30 ist für $\text{walsh}(p;x), \text{walsh}(q;x) \in W$

$$\text{walsh}(p;x)\,\text{walsh}(q;x) = \text{walsh}(p\oplus q;x).$$

Nun ist $p\oplus q \neq 0$ für $p\neq q$
und $p\oplus q = 0$ für $p=q$. Somit gilt nach (2.23) auf Seite 30

$$\int_0^1 \text{walsh}(p;x)\,\text{walsh}(q;x)\,dx = \delta_{pq}, \qquad \text{d.h.,}$$

$$\boxed{W \text{ ist mit dem Innenprodukt (3.15) ein } \textbf{Orthonormalsystem.}} \tag{3.17}$$

Für Treppenfunktionen über einer Intervallteilung Ω_n stimmt das Innenprodukt (3.15) mit dem Innenprodukt (2.5) überein, und deshalb ist (3.17) eine Erweiterung von (2.19) auf Seite 29.
Wir wollen derartige Systeme von WALSH-Funktionen noch von einem anderen Gesichtspunkt aus betrachten. Wir bauen sie aus RADEMACHER- Funktionen auf. Dabei gehen wir von einer etwas allgemeineren Funktionenmenge aus.

Es sei $v\in\tilde{L}^2$, und für $0\le a<b\le 1$ gelte stets $\int_a^b v^2(x)\,dx \neq 0$.

Ferner gelte für alle $x\in\mathbf{R}$

$$v(x)+v(x+\tfrac{1}{2})=0. \tag{3.18}$$

Dann sagen wir, v sei eine

rl-Funktion (RADEMACHER-ähnliche Funktion).

Z.B. sind offenbar $\text{sir}\,x$ und $\text{cor}\,x$ sowie $\sin 2\pi x$ und $\cos 2\pi x$ rl-Funktionen.

Nun sei $f\in\tilde{L}^2$, und v sei eine rl-Funktion. Ferner seien k und m ganze Zahlen mit $0\le k<m$.

Damit bilden wir das Integral

$$J = 2\int_0^1 v(2^k x)\,f(2^m x)\,dx.$$

Wegen der Periodizität der Integrandenfunktionen können wir schreiben

$$J = \int_0^1 v(2^k x)\, f(2^m x)\, dx + \int_{1/2^{k+1}}^{1+1/2^{k+1}} v(2^k x)\, f(2^m x)\, dx.$$

Im zweiten Integral substituieren wir $x = t + 1/2^{k+1}$ und erhalten

$$\begin{aligned} J &= \int_0^1 v(2^k x)\, f(2^m x)\, dx + \int_0^1 v(2^k t + \tfrac{1}{2})\, \underbrace{f(2^m t + 2^{m-k-1})}_{=f(2^m t)}\, dt \\ &= \int_0^1 \underbrace{\left(v(2^k x) + v(2^k x + \tfrac{1}{2})\right)}_{=0} f(2^m x)\, dx = 0. \end{aligned}$$

Wir haben somit:

> Es sei $f \in \tilde{L}^2$, und v sei eine rl-Funktion. Dann ist mit den ganzen Zahlen k und m, für die $0 \leq k < m$ gilt, $$\int_0^1 v(2^k x)\, f(2^m x)\, dx = 0. \qquad (3.19)$$

Nun seien $k, m, p, \ldots, q$ endlich viele ganze Zahlen mit $0 \leq k < m < p < \cdots < q$, und $v_k, v_m, v_p, \ldots, v_q$ seien rl-Funktionen. Damit bilden wir

$$f(2^m x) = v_m(2^m x)\, v_p(2^p x) \cdots v_q(2^q x).$$

Diese Funktion f erfüllt die Bedingung von (3.19) und somit gilt

> $k, m, p, \ldots, q$ seien endlich viele Indizes mit $0 \leq k < m < p < \cdots < q$, und $v_k, v_m, v_p, \ldots v_q$, seien rl-Funktionen. Dann ist $$\int_0^1 v_k(2^k x)\, v_m(2^m x)\, v_p(2^p x) \cdots v_q(2^q x)\, dx = 0. \qquad (3.20)$$

Man sieht sofort, daß (3.19) auch für $f(x) \equiv 1$ gilt:

$$\int_0^1 v_k(2^k x)\, \underbrace{v_m(2^m x)\, v_p(2^p x) \cdots v_q(2^q x)}_{f(x)\equiv 1}\, dx = \int_0^1 v_k(2^k x)\, dx = 0.$$

Die Index- bzw. Exponentenmenge $k, m, p, \ldots q$ in (3.20) kann also auch aus k allein bestehen.

Für das Folgende erinnern wir daran, daß wir in Kapitel 1 die Binärdarstellung reeller Zahlen so indiziert haben, daß die Indizes für die Ziffern des ganzzahligen Anteils negativ sind. Ist also s eine natürliche Zahl, so benutzen wir die Schreibweise

$$s = \sigma_0 2^0 + \sigma_{-1} 2^1 + \sigma_{-2} 2^2 + \cdots + \sigma_{-p} 2^p + \cdots + \sigma_{1-n} 2^{n-1}.$$

Wir bilden nun mit den rl-Funktionen sir und cor zwei Produkte von Funktionen, die ähnlich gebaut sind wie die Integranden in (3.20).

1. Es sei $b = \beta_0 2^0 + \beta_{-1} 2^1 + \beta_{-2} 2^2 + \cdots + \beta_{-p} 2^p + \cdots + \beta_{1-n} 2^{n-1} \in \mathbf{N}_0$. Damit bilden wir die Funktionen
$\mathrm{wp}(b;x) := (\mathrm{sir}\, x)^{\beta_0} (\mathrm{sir}\, 2x)^{\beta_{-1}} (\mathrm{sir}\, 4x)^{\beta_{-2}} \cdots (\mathrm{sir}\, 2^p x)^{\beta_{-p}} \cdots (\mathrm{sir}\, 2^{n-1} x)^{\beta_{1-n}}$.

2. Es sei $a = \alpha_0 2^0 + \alpha_{-1} 2^1 + \alpha_{-2} 2^2 + \cdots + \alpha_{-p} 2^p + \cdots + \alpha_{1-n} 2^{n-1} \in \mathbf{N}_0$. Damit bilden wir die Funktionen
$\mathrm{wl}(a;x) := (\mathrm{sir}\, x)^{\alpha_0} (\mathrm{cor}\, x)^{\alpha_{-1}} (\mathrm{cor}\, 2x)^{\alpha_{-2}} \cdots (\mathrm{cor}\, 2^{p-1} x)^{\alpha_{-p}} \cdots (\mathrm{cor}\, 2^{n-2} x)^{\alpha_{1-n}}$.

Jede der beiden Funktionenmengen

$$\{\mathrm{wp}(b;x) \mid b \in \mathbf{N}_0\} \quad \text{und} \quad \{\mathrm{wl}(a;x) \mid a \in \mathbf{N}_0\}$$

bildet ein Orthonormalsystem. Wir betrachten die erste dieser Folgen.
Zunächst stellen wir fest: $(\mathrm{sir}\, 2^p x)^0 \equiv 1$ und $(\mathrm{sir}\, 2^p x)^2 \equiv 1$. Sodann wählen wir zwei Zahlen $b, \tilde{b} \in \mathbf{N}_0$ und n so groß, daß

$$b = \beta_0 2^0 + \beta_{-1} 2^1 + \beta_{-2} 2^2 + \cdots + \beta_{-p} 2^p + \cdots + \beta_{1-n} 2^{n-1}$$
$$\tilde{b} = \tilde{\beta}_0 2^0 + \tilde{\beta}_{-1} 2^1 + \tilde{\beta}_{-2} 2^2 + \cdots + \tilde{\beta}_{-p} 2^p + \cdots + \tilde{\beta}_{1-n} 2^{n-1}$$

gilt. Dann ist

$$\begin{aligned} \mathrm{wp}(b;x)\, \mathrm{wp}(\tilde{b};x) &= (\mathrm{sir}\, x)^{\beta_0 + \tilde{\beta}_0} (\mathrm{sir}\, 2x)^{\beta_{-1} + \tilde{\beta}_{-1}} (\mathrm{sir}\, 4x)^{\beta_{-2} + \tilde{\beta}_{-2}} \\ &\qquad \cdots (\mathrm{sir}\, 2^p x)^{\beta_{-p} + \tilde{\beta}_{-p}} \cdots (\mathrm{sir}\, 2^{n-1} x)^{\beta_{1-n} + \tilde{\beta}_{1-n}}. \end{aligned}$$

Die hier auftretenden Exponenten $\beta_{-p} + \tilde{\beta}_{-p}$ können die Werte $0, 1$ oder 2 annehmen. Sind nun b und $\tilde{b}$ voneinander verschieden, so unterscheiden sich die Binärdarstellungen an mindestens einer Stelle. Es tritt dann also im obigen Produkt mindestens ein Faktor der Form $(\mathrm{sir}\, 2^p x)$ auf. Sind aber b und $\tilde{b}$ gleich, so ist $\mathrm{wp}(b;x)\, \mathrm{wp}(\tilde{b};x) \equiv 1$. Benutzen wir nun (3.20), so erhalten wir

$$\langle \mathrm{wp}(b;x), \mathrm{wp}(\tilde{b};x) \rangle = \int_0^1 \mathrm{wp}(b;x)\ \mathrm{wp}(\tilde{b};x)\, dx = \delta_{b,\tilde{b}}.$$

Die Funktionen wp bilden also ein Orthonormalsystem. In gleicher Weise sieht man ein, daß dies auch für das zweite System gilt.

Zu bemerken wäre noch, daß man offenbar bei der Addition der oben auftretenden Exponenten β_{-p} und $\tilde{\beta}_{-p}$ die normale Addition $+$ durch die binäre Addition $\oplus$ ersetzt werden kann. Es gilt also

$$\mathrm{wp}(b;x)\ \mathrm{wp}(\tilde{b};x) = \mathrm{wp}(b \oplus \tilde{b};x).$$

Mit (3.5) auf Seite 47 erhalten wir

$$\begin{aligned} \underline{1.}\quad \mathrm{wp}(b;x) &= (-1)^{\beta_0 \xi_1} (-1)^{\beta_{-1} \xi_2} \cdots (-1)^{\beta_{-p} \xi_{p+1}} \cdots (-1)^{\beta_{1-n} \xi_n} \\ &= (-1)^{\beta_0 \xi_1 \oplus \beta_{-1} \xi_2 \oplus \cdots \oplus \beta_{-p} \xi_{p+1} \oplus \cdots \oplus \beta_{1-n} \xi_n} \\ &= (-1)^{\pi(\nu(b), \mu(x))} = \mathrm{pal}(b;x). \end{aligned}$$

$$\begin{aligned} \underline{2.}\quad \mathrm{wl}(a;x) &= (-1)^{\alpha_0 \xi_1} (-1)^{\alpha_{-1}(\xi_1 \oplus \xi_2)} (-1)^{\alpha_{-2}(\xi_2 \oplus \xi_3)} \cdots \\ &\qquad \cdots (-1)^{\alpha_{-p}(\xi_p \oplus \xi_{p+1})} \cdots (-1)^{\alpha_{1-n}(\xi_{n-1} \oplus \xi_n)} \\ &= (-1)^{\alpha_0 \xi_1 \oplus \alpha_{-1}(\xi_1 \oplus \xi_2) \oplus \cdots \oplus \alpha_{-p}(\xi_p \oplus \xi_{p+1}) \oplus \cdots \oplus \alpha_{1-n}(\xi_{n-1} \oplus \xi_n)} \\ &= (-1)^{\omega(\nu(a), \mu(x))} = \mathrm{wal}(a;x). \end{aligned}$$

$$\begin{array}{|l|}\hline \text{Ist } b = \beta_0 2^0 + \beta_{-1}2^1 + \cdots + \beta_{-p}2^p + \cdots + \beta_{1-n}2^{n-1} \in \mathbf{N}_0, \\ \text{so ist} \quad \mathrm{pal}(b;x) = (\mathrm{sir}\,x)^{\beta_0}(\mathrm{sir}\,2x)^{\beta_{-1}}(\mathrm{sir}\,2^2x)^{\beta_{-2}}\cdots \\ \qquad\qquad \cdots(\mathrm{sir}\,2^px)^{\beta_{-p}}\cdots(\mathrm{sir}\,2^{n-1}x)^{\beta_{1-n}} \\ \hline \text{Ist } a = \alpha_0 2^0 + \alpha_{-1}2^1 + \cdots + \alpha_{-p}2^p + \cdots + \alpha_{1-n}2^{n-1} \in \mathbf{N}_0, \\ \text{so ist} \quad \mathrm{wal}(a;x) = (\mathrm{sir}\,x)^{\alpha_0}(\mathrm{cor}\,x)^{\alpha_{-1}}(\mathrm{cor}\,2x)^{\alpha_{-2}}\cdots \\ \qquad\qquad \cdots(\mathrm{cor}\,2^{p-1}x)^{\alpha_{-p}}\cdots(\mathrm{cor}\,2^{n-2}x)^{\alpha_{1-n}} \\ \hline \end{array} \tag{3.21}$$

Man kann also nach (3.21) die Produktdarstellung der pal- bzw. der wal-Funktionen unmittelbar aus der Binärdarstellung ihres Parameters ablesen. Z.B. gilt für die wal-Funktionen die Regel: $a \in \mathbf{N}_0$ habe die Binärdarstellung

$$\begin{array}{ccccccc} & & 2^{n-1} & 2^{n-2} & \ldots & 2^2 & 2^1 & 2^0 \\ a & = & \alpha_{1-n} & \alpha_{2-n} & \ldots & \alpha_{-2} & \alpha_{-1} & \alpha_0 \\ & & \mathrm{cor}\,2^{n-2}x & \mathrm{cor}\,2^{n-3}x & \ldots & \mathrm{cor}\,2x & \mathrm{cor}\,x & \mathrm{sir}\,x \end{array}$$

Dann tritt in der Produktdarstellung von $\mathrm{wal}(a;x)$ der unter $\alpha_{-\nu}$ stehende Faktor auf, wenn $\alpha_{-\nu} = \mathsf{I}$ ist.

Beispiel 3.3

Es sei $a = 29 = \mathsf{IIIOI}$. Dann ist

$$\begin{array}{lcccccccc} \mathrm{wal}(29;x) & = & \mathrm{wal}(& \mathsf{I} & \mathsf{I} & \mathsf{I} & 0 & \mathsf{I} & ;x\ ) \\ & = & & \mathrm{cor}\,8x & \mathrm{cor}\,4x & \mathrm{cor}\,2x & & \mathrm{sir}\,x & \end{array}$$

Es sei $a = 20 = \mathsf{I0I00}$. Dann ist

$$\begin{array}{lcccccccc} \mathrm{wal}(20;x) & = & \mathrm{wal}(& \mathsf{I} & 0 & \mathsf{I} & 0 & 0 & ;x\ ) \\ & = & & \mathrm{cor}\,8x & & \mathrm{cor}\,2x & & & \end{array}$$

Die Beziehung (2.36) auf Seite 42 können wir jetzt so formulieren:

$$\begin{array}{|rcl|}\hline \multicolumn{3}{|l|}{\text{Ist } b \text{ die GRAY-Transformierte von } a \text{, also}} \\ a & = & \alpha_0 2^0 + \alpha_{-1}2^1 + \cdots + \alpha_{-p}2^p + \cdots + \alpha_{1-n}2^{n-1} \\ b = \mathsf{G}a & = & \beta_0 2^0 + \beta_{-1}2^1 + \cdots + \beta_{-p}2^p + \cdots + \beta_{1-n}2^{n-1} \quad \text{so ist} \\ \mathrm{pal}(b;x) & = & (\mathrm{sir}\,x)^{\beta_0}(\mathrm{sir}\,2x)^{\beta_{-1}}\cdots(\mathrm{sir}\,2^px)^{\beta_{-p}}\cdots(\mathrm{sir}\,2^{n-1}x)^{\beta_{1-n}} \\ & = & (\mathrm{sir}\,x)^{\alpha_0}(\mathrm{cor}\,x)^{\alpha_{-1}}\cdots(\mathrm{cor}\,2^{p-1}x)^{\alpha_{-p}}\cdots(\mathrm{cor}\,2^{n-2}x)^{\alpha_{1-n}} \\ & = & \mathrm{wal}(a;x) \\ \hline \end{array} \tag{3.22}$$

Einen Spezialfall wollen wir hervorheben:
Für $0 \leq j < n$ sind im V_n die Vektoren $\nu(2^j) = \mathbf{e}_{n-j}$ die der Standardbasis (2.8). Aus (3.21) liest man ab, daß sie den RADEMACHER- Funktionen $\text{pal}(2^j; x) = \text{sir}(2^j x)$ entsprechen. Nun gehen bei einer GRAY-Transformation die HEAVISIDE-Vektoren (2.9) auf Seite 23 in diese Vekoren der Standardbasis (2.8) über: $\mathbf{G}\nu(2^{j+1}-1) = \mathbf{G}\,\mathbf{h}_j = \mathbf{e}_j = \nu(2^j)$.

Darum gilt

$$\begin{aligned} \text{pal}(2^j; x) &= \text{wal}(2^{j+1}-1; x) \qquad \text{oder} \\ \text{sir}(2^j x) &= \text{sir}\, x \,\text{cor}\, x \,\text{cor}\, 2x \cdots \text{cor}(2^{j-1}x). \end{aligned} \tag{3.23}$$

Auf die letzte Beziehung kommt man auch durch wiederholte Anwendung der Formel (3.8) auf Seite 47.

Nachdem wir die Systeme (3.21) kennen, könnte die Hoffnung aufkommen, daß jedes System, das in analoger Weise aus Produkten von *rl*-Funktionen aufgebaut ist, ein Orthogonalsystem darstellt. Diese Hoffnung wird durch das folgende Gegenbeispiel enttäuscht:

Beispiel 3.4 Mit der *rl*-Funktion $v_j(x) = v(x) = \frac{1}{2}\,\text{sir}\, x \,\text{frac}\, 2x$ bilden wir

$f_1(x) = v(x) = \frac{1}{2}\,\text{sir}\, x \,\text{frac}\, 2x$ und

$f_2(x) = v(x)v(2x) = \frac{1}{4}\,\text{sir}\, x \,\text{frac}\, 2x \,\text{sir}\, 2x \,\text{frac}\, 4x$

$= \frac{1}{4}\,\text{cor}\, x \,\text{frac}\, 2x \,\text{frac}\, 4x.$

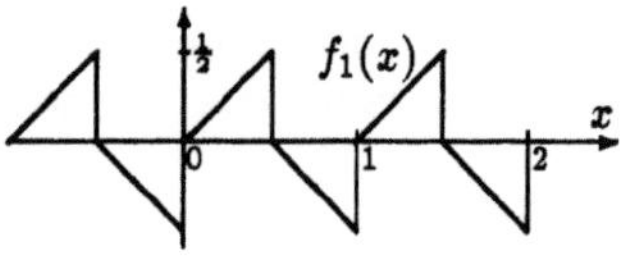

Damit ist $\displaystyle\int_0^1 f_1(x)\, f_2(x)\, dx = \frac{1}{8}\int_0^1 \text{sir}\, 2x (\text{frac}\, 2x)^2\, \text{frac}\, 4x\, dx \neq 0.$

Bei einem fest gewählten n allerdings kann man zu folgender Verallgemeinerung kommen:

Es sei $g \in \tilde{L}^2$ und $\int_0^1 g^2(x)\, dx = 1$. Dann bilden die Funktionen
$\text{walsh}(j; x) g(2Nx)$, $0 \leq j < 2N$, ein Orthonormalsystem. (3.24)

3.3 Struktur der WALSH-Funktionen

3.3.1 Die wichtigsten Basissysteme des S_n

Die **Blockfunktionen:**
$$\text{blo}(n, j; x) :\equiv \begin{cases} 1 & \text{auf } I_{nj} \\ 0 & \text{auf } I_{nk},\ k \neq j, \end{cases} \tag{3.25}$$

bilden eine Basis $Bl_n := \{\text{blo}(n, j; x) \mid n \in \mathbb{N}_0,\ 1 \leq j \leq 2^n\}$ von S_n.

Bezüglich des Innenproduktes (2.5) bzw. (3.15) bilden die Funktionen Bl_n

in S_n eine Orthogonalbasis. Leider haben diese Basen den Nachteil, daß für $m < n$ $Bl_m \not\subset Bl_n$ ist. Man kann also bei einer Verfeinerung der Intervallzerlegung die vorhandene Orthogonalbasis nicht durch Hinzunahme neuer Funktionen zu einer neuen gleichartigen Basis ergänzen.

Nun wissen wir aber, daß die Menge W der WALSH-Funktionen ein Orthonormalsystem bezüglich dieses Innenproduktes ist. Zu jedem Vektorraum V_n gehören 2^n Funktionen $\text{walsh}(p;x)$, $0 \le p \le 2^n$, die jeweils in S_n eine Basis bilden. Die zu S_{n+1} gehörende Basis aus walsh-Funktionen enthält die Basis in S_n. Von der Wahl der Bilinearform $\theta(\lambda,\xi)$ hängt lediglich die Numerierung dieser Basisfunktionen ab. Dabei kann es insofern Ärger geben, als bei einem Übergang von S_n zu S_{n+1} zwar die alten Basisfunktionen auch der neuen Basis angehören, aber umnumeriert werden. Das geschieht z.B. beim WALSH-KRONECKER-System. Man sieht das schon an folgendem

<u>Beispiel</u> 3.5

Mit $\gamma = \nu(c)$, $\xi = \mu(x)$ und $\theta = \kappa(n;\gamma,\xi) = \gamma_{n-1}\xi_1 \oplus \cdots \oplus \gamma_1\xi_{n-1} \oplus \gamma_0\xi_n$ ist nach (2.26) $\text{wak}(n,c;x) = (-1)^\theta$. Wählen wir nun z.B. $c = 2^{n-1}$, so ist

$$\gamma^T = \nu^T(c) = \nu^T(2^{n-1}) = \underbrace{(1,0,\ldots,0,0)}_{n \text{ Koordinaten}} \qquad \text{und somit } \theta = \xi_1.$$

Das bedeutet, daß die Funktion $\text{sir}\, x = (-1)^{\xi_1} = \text{wak}(n,2^{n-1};x)$ für jedes n einen anderen Index, nämlich $c = 2^{n-1}$, hat.

Bei den Basissystemen

$$P_n := \{\text{pal}(p;x) \mid 0 \le p \le 2N-1\} \quad (2N = 2^n) \tag{3.26}$$

$$\text{und} \quad W_n := \{\text{wal}(\ell;x) \mid 0 \le \ell \le 2N-1\} \tag{3.27}$$

passiert dies nicht. Für P_n z.B. liest man aus (3.21) die Rekursionsformel

$$\boxed{\begin{aligned} \text{pal}(0;x) \equiv 1, \quad \text{pal}(N+j;x) &= \text{pal}(j;x)\,\text{sir}(Nx), \\ N = 2^{n-1}, \quad 0 \le j < N. \end{aligned}} \tag{3.28}$$

ab, aus der hervorgeht, daß keine Funktion umnumeriert wird. Auch für W_n kann man das aus (3.21) ablesen. Wir wollen uns diese Basis etwas genauer ansehen.

Das WALSH-KACZMARZ-System (2.34) auf Seite 37 hat eine Struktur, die besondere Analogien zu den trigonometrischen Funktionen aufweist. Wir wollen dieses System nochmals rekursiv aufbauen. Dabei bezeichnen wir die sinusähnlichen Funktionen mit sal *(WALSH-Sinus)* und die cosinusähnlichen Funktionen mit cal *(WALSH-Cosinus)*.

S_0 ist die Menge der konstanten Funktionen, und die Funktion $\text{cal}(0;x) :\equiv 1$ ist eine Basis W_0 von S_0.

S_1 besteht aus den 1-periodischen Treppenfunktionen, die auf

$$I_{10}: 0 \le x < \tfrac{1}{2} \quad \text{und} \quad I_{11}: \tfrac{1}{2} \le x < 1$$

jeweils konstant sind. S_1 hat die Dimension 2. Wir nehmen zu W_0 die Funktion $\mathrm{sal}(1;x) :\equiv \mathrm{sir}\, x$ hinzu. Dann ist

$$W_1 = \{\mathrm{cal}(0;x), \mathrm{sal}(1;x)\} = \{1, \mathrm{sir}\, x\}$$

eine Orthonormalbasis von S_1. Mit der Rekursionsformel

$$\boxed{\begin{array}{ll} \mathrm{cal}(0;x) :\equiv 1, & \mathrm{sal}(1;x) := \mathrm{sir}\, x, \\ \mathrm{cal}(2^k+j;x) := \mathrm{cor}(2^k x)\, \mathrm{cal}(j;x), & \mathrm{sal}(m+1;x) := \mathrm{sir}\, x\, \mathrm{cal}(m;x), \\ k = 0,1,2,\ldots, \quad 0 \le j \le 2^k - 1, & 2^k \le m < 2^{k+1} \end{array}} \tag{3.29}$$

ergänzen wir nun jeweils eine Orthonormalbasis W_{k+1} von S_{k+1} zu einer Orthonormalbasis W_{k+2} von S_{k+2}.

Beispiel 3.6

Für $\underline{k=0}$ gilt $0 \le j \le 0, \quad 1 \le m < 2,$ und wir erhalten

$$\begin{aligned} \mathrm{cal}(1;x) &:\equiv \mathrm{cor}\, x\, \mathrm{cal}(0;x) = \mathrm{cor}\, x \\ \mathrm{sal}(2;x) &:\equiv \mathrm{sir}\, x\, \mathrm{cal}(1;x) = \mathrm{sir}\, x\, \mathrm{cor}\, x \end{aligned}$$

Für $\underline{k=1}$ gilt $0 \le j \le 1, \quad 2 \le m < 4,$ und wir erhalten

$$\begin{aligned} \mathrm{cal}(2;x) &:\equiv \mathrm{cor}\, 2x\, \mathrm{cal}(0;x) = \mathrm{cor}\, 2x \\ \mathrm{cal}(3;x) &:\equiv \mathrm{cor}\, 2x\, \mathrm{cal}(1;x) = \mathrm{cor}\, 2x\, \mathrm{cor}\, x \\ \mathrm{sal}(3;x) &:\equiv \mathrm{sir}\, x\, \mathrm{cal}(2;x) = \mathrm{sir}\, x\, \mathrm{cor}\, 2x \\ \mathrm{sal}(4;x) &:\equiv \mathrm{sir}\, x\, \mathrm{cal}(3;x) = \mathrm{sir}\, x\, \mathrm{cor}\, 2x\, \mathrm{cor}\, x \end{aligned}$$

Aus (3.21) und (3.29) liest man ab

$$\boxed{\begin{array}{c} \mathrm{cal}(m;x) = \mathrm{wal}(2m;x) \\ \mathrm{sal}(m+1;x) = \mathrm{wal}(2m+1;x) \text{ oder } \mathrm{sal}(\ell;x) = \mathrm{wal}(2\ell-1;x) \end{array}} \tag{3.30}$$

Für $j = 0$ erhält man aus (3.29) $\mathrm{cal}(2^k;x) = \mathrm{cor}\, 2^k x$. Mit (3.30) und (2.21) folgt daraus: Ist $m = 2^k + 2^p + \ldots + 2^q$, so gilt

$$\begin{aligned} \mathrm{cal}(m;x) &= \mathrm{wal}(2m;x) = \mathrm{wal}(2^{k+1};x)\, \mathrm{wal}(2^{p+1};x) \cdots \mathrm{wal}(2^{q+1};x) \\ &= \mathrm{cal}(2^k;x)\, \mathrm{cal}(2^p;x) \cdots \mathrm{cal}(2^q;x) = \mathrm{cor}\, 2^k x\, \mathrm{cor}\, 2^p x \cdots \mathrm{cor}\, 2^q x. \end{aligned} \tag{3.31}$$

Wir können deshalb das durch (3.29) gegebene Bildungsgesetz der cal- und sal-Funktionen auch so formulieren:

$$\boxed{\begin{array}{l} \text{Mit der natürlichen Zahl } m = 2^k + 2^p + \cdots + 2^q \text{ ist} \\ \mathrm{cal}(0;x) \equiv 1, \quad \mathrm{cal}(m;x) = \mathrm{cor}\, 2^k x\, \mathrm{cor}\, 2^p x \cdots \mathrm{cor}\, 2^q x \\ \qquad \mathrm{sal}(m+1;x) = \mathrm{sir}\, x\, \mathrm{cor}\, 2^k x\, \mathrm{cor}\, 2^p x \cdots \mathrm{cor}\, 2^q x \end{array}} \tag{3.32}$$

Man beachte hierzu die Tabelle (3.43) auf Seite 67! Aus (3.32) sieht man:

Alle sal-Funktionen sind *ungerade*; alle cal-Funktionen sind *gerade*. (3.33)

Dabei müssen die abzählbar vielen Sprungstellen ausgenommen werden. Für Funktionen aus $\tilde{L}^2$ ist das aber unwesentlich.

Aus (3.32) und (3.6) erhält man die Beziehungen

$$\boxed{\begin{aligned} \mathrm{cal}(2m+1; x+\tfrac{1}{4}) &= -(-1)^m \,\mathrm{sal}(2m+1; x) \\ \mathrm{sal}(2m+1; x+\tfrac{1}{4}) &= (-1)^m \,\mathrm{cal}(2m+1; x) \end{aligned}} \tag{3.34}$$

3.3.2 Die Sprungstellen der wal-Funktionen

k sei eine ganze Zahl, $j \in \mathbf{N}_0$ und $m \in \mathbf{N}$.

$$\begin{array}{lll} \mathrm{cal}(1;x) & \text{hat die Sprungstellen} & \frac{1}{4}(2k+1), \\ \mathrm{sal}(1;x) & \text{hat die Sprungstellen} & \frac{1}{2}k, \\ \mathrm{cal}(2^j;x) = \mathrm{cor}\,2^j x & \text{hat die Sprungstellen} & \frac{1}{2^{j+2}}(2k+1). \end{array}$$

Ist $x_k = \frac{1}{2^{j+2}}(2k+1)$ eine Sprungstelle von $\mathrm{cal}(2^j;x) = \mathrm{cor}\,2^j x$, so ist in einer Umgebung von x_k

$$\mathrm{cal}(2^{j+m}; x_k) = \mathrm{cor}(2^{j+m}x_k) = \mathrm{cor}\Big(2^{m-2}(2k+1)\Big) = \pm 1.$$

Daß dies gilt, sieht man ein, wenn man beachtet, daß $m \geq 1$ ist, denn

für $m=1$ ist $2^{m-2}(2k+1) = \frac{1}{2}(2k+1) = k+\frac{1}{2}$ und somit $\mathrm{cor}(k+\frac{1}{2}) = -1$;

für $m>1$ ist $2^{m-2}(2k+1)$ ganzzahlig und somit $\mathrm{cor}\Big(2^{m-2}(2k+1)\Big) = 1$.

Nun betrachten wir die Sprungstellen von sal und cal im Periodenintervall $I_0: \; 0 \leq x < 1$.

1. $\mathrm{cal}(1;x)$ und $\mathrm{sal}(1;x)$ haben in I_0 je 2 Sprungstellen.

2. Wir nehmen nun an, daß mit $p \in \mathbf{N}$ die Funktionen $\mathrm{cal}(p;x)$ und $\mathrm{sal}(p;x)$ je $2p$ Sprungstellen haben.

3. Dann haben
$\mathrm{cal}(N+p;x) = \mathrm{cal}(p;x)\,\mathrm{cal}(N;x) = \mathrm{cal}(p;x)\,\mathrm{cor}\,2^{n-1}x$ und
$\mathrm{sal}(N+p;x) = \mathrm{sal}(p;x)\,\mathrm{cal}(N;x) = \mathrm{sal}(p;x)\,\mathrm{cor}\,2^{n-1}x$
je $2(N+p)$ Sprungstellen, denn die $2^n = 2N$ Sprungstellen des Faktors $\mathrm{cor}\,Nx$ fallen nicht mit denen von $\mathrm{cal}(p;x)$ bzw. $\mathrm{sal}(p;x)$ zusammen.

Somit gilt:

Es sei $m \in \mathbf{N}$ und $I_0: 0 \leq x < 1$. Die wal-Funktionen $\mathrm{cal}(m;x)$ und $\mathrm{sal}(m;x)$ haben je $2m$ Sprungstellen.	(3.35)

3.3.3 RADEMACHER-ähnliches Orthogonalsystem

An dieser Stelle dürfte die folgende Bemerkung von Interesse sein:
Denkt man daran, daß bis auf die Null- bzw. Sprungstellen gilt

$$\operatorname{sir} x = \operatorname{sign}(\sin 2\pi x) \quad \text{und} \quad \operatorname{cor} x = \operatorname{sign}(\cos 2\pi x),$$

so liegt es nahe, mit den *rl*-Funktionen $\sin 2\pi x$ und $\cos 2\pi x$ die zu (3.32) analogen Produkte zu konstruieren. Wir fügen noch einen Normierungsfaktor hinzu und bilden zunächst die *rl*-Funktionen

$$\operatorname{sr} x = \sqrt{2}\sin 2\pi x \quad \text{und} \quad \operatorname{cr} x = \sqrt{2}\cos 2\pi x.$$

Damit definieren wir in Analogie zu (3.32) auf Seite 56 Funktionen sil und col , welche den wal-Funktionen ähnlich sind.

Mit der natürliche Zahl $m = 2^k + 2^p + \cdots + 2^q$ sei

$$\begin{aligned} \operatorname{col}(0;x) \equiv 1, \quad \operatorname{col}(m;x) &= \operatorname{cr} 2^k x \operatorname{cr} 2^p x \cdots \operatorname{cr} 2^q x \\ \operatorname{sil}(m+1;x) &= \operatorname{sr} x \operatorname{cr} 2^k x \operatorname{cr} 2^p x \cdots \operatorname{cr} 2^q x \end{aligned} \tag{3.36}$$

Es gilt $\operatorname{sal}(m+1;x) = \operatorname{sign}(\operatorname{sil}(m+1;x))$, $\operatorname{cal}(m;x) = \operatorname{sign}(\operatorname{col}(m;x))$.
Die Nullstellen der sil- und col-Funktionen liegen an den Sprungstellen der entsprechenden sal- und cal-Funktionen. Wie für (3.35) kann man zeigen, daß die Parameter von sil und col deren halbe Nullstellenanzahl angeben. Darauf fußt die folgende Begriffsbildung: Als *Frequenz* einer Sinusschwingung bezeichnet man bekanntlich die halbe (mittlere) Anzahl der Nulldurchgänge in der Zeiteinheit. Nimmt man als Zeiteinheit das obige Intervall $[0,1)$, so werden die Frequenzen der sil- und col-Funktionen durch ihre Parameter angegeben. Nach (3.35) geben die Parameter der sal- und cal-Funktionen die halbe Anzahl der Zeichenwechsel in diesem Intervall an. Diese Größe wird als *Sequenz* bezeichnet. Wir haben also die Begriffe

Frequenz	**Sequenz**
halbe Anzahl der *Nulldurchgänge* bei Sinus-Schwingungen.	halbe Anzahl der *Zeichenwechsel* bei WALSH-Schwingungen.

Weil der Parameter von sal bzw. cal die Sequenz angibt, nennt man diese Basis auch ***sequenzgeordnet*** . Als Beispiel zeigen wir das Schaubild von

$\frac{1}{2}\operatorname{sil}(3;x) = \sin(2\pi x)\cos(4\pi x)$
und $\operatorname{sal}(3;x) = \operatorname{sir} x \operatorname{cor} 2x.$

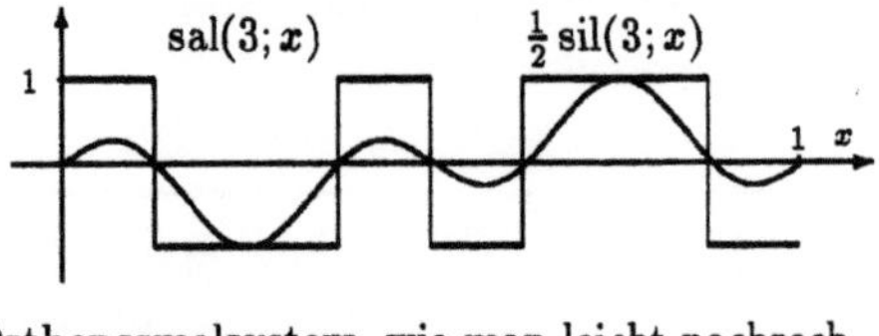

Die Funktionen (3.36) bilden ein Orthonormalsystem, wie man leicht nachrechnen kann.

3.4 Einige Formeln

Wir wenden uns jetzt wieder den wal-Funktionen zu und leiten für sie einige nützliche Beziehungen her.

Ist $\qquad m = 2^p + 2^q + \cdots + 2^r$

so ist $\qquad 2^k m = 2^{p+k} + 2^{q+k} + \cdots + 2^{r+k}.$

Daraus folgt mit (3.32) auf Seite 56

$$\boxed{\operatorname{cal}(m; 2^k x) = \operatorname{cal}(2^k m; x), \qquad \operatorname{sal}(m; 2^k x) = \operatorname{sal}(2^k m; x)} \tag{3.37}$$

Man beachte, daß an dieser Stelle m als nicht negative ganze Zahl vorausgesetzt ist. Wir werden uns später von dieser Einschränkung befreien.

Mit (3.30) und (2.21) erhält man

$\operatorname{cal}(p \oplus q; x) = \operatorname{wal}(2p \oplus 2q; x) = \operatorname{wal}(2p; x)\operatorname{wal}(2q; x) = \operatorname{cal}(p; x)\operatorname{cal}(q; x).$

Daraus folgt $\operatorname{sal}(p+1; x)\operatorname{cal}(q; x) = \operatorname{sir} x \operatorname{cal}(p; x)\operatorname{cal}(q; x) = \operatorname{sal}(p \oplus q + 1; x)$

sowie $\operatorname{sal}(p+1; x)\operatorname{sal}(q+1; x) = \operatorname{sir}^2 x \operatorname{cal}(p \oplus q; x) = \operatorname{cal}(p \oplus q; x)$.

Wir stellen zusammen:

$$\boxed{\begin{aligned} \operatorname{cal}(p; x)\operatorname{cal}(q; x) &= \operatorname{cal}(p \oplus q; x) \\ \operatorname{sal}(p+1; x)\operatorname{cal}(q; x) &= \operatorname{sal}((p \oplus q) + 1; x) \\ \operatorname{sal}(p+1; x)\operatorname{sal}(q+1; x) &= \operatorname{cal}(p \oplus q; x) \end{aligned}} \tag{3.38}$$

Wir heben noch einen Spezialfall hervor: Ist $2p = 2^k(2j+1)$, so erhält man

$$\operatorname{sal}(p; x) = \operatorname{sal}\left(2j+1; 2^{k-1}x\right), \quad \operatorname{cal}(p; x) = \operatorname{cal}\left(2j+1; 2^{k-1}x\right),$$

$$\begin{aligned} \operatorname{sal}(p; x)\operatorname{cal}(p; x) &= \operatorname{sal}\left(2j+1; 2^{k-1}x\right)\operatorname{cal}\left(2j+1; 2^{k-1}x\right) \\ &= \operatorname{sal}\left(2; 2^{k-1}x\right) = \operatorname{sal}(2^k; x) = \operatorname{sir} 2^k x \quad . \end{aligned}$$

Damit haben wir also

$$\boxed{\begin{aligned} &\text{Mit } k = 0, 1, 2, \ldots \text{ und } p = 2^{k-1}(2j+1) \text{ gilt} \\ &\operatorname{sal}(p; x)\operatorname{cal}(p; x) = \operatorname{sal}(2^k; x) = \operatorname{sir} 2^k x \end{aligned}} \tag{3.39}$$

Mit dieser Formel haben wir das Hilfsmittel für folgende

Bemerkung: Wenn man von den Sprungstellen absieht, könnte man auch Quotienten aus WALSH-Funktionen bilden. Sinnvoll ist das aber nicht, denn wegen

$$\frac{\operatorname{walsh}(p; x)}{\operatorname{walsh}(q; x)} = \frac{\operatorname{walsh}(p; x)\operatorname{walsh}(q; x)}{\operatorname{walsh}^2(q; x)} = \operatorname{walsh}(p; x)\operatorname{walsh}(q; x)$$

läuft die Division auf eine Multiplikation hinaus. Das ist nicht verwunderlich, wenn man an den Zusammenhang mit der Dyadischen Gruppe denkt. Fazit: Es gibt keinen WALSH-Tangens oder WALSH-Cotangens. Wir verabschieden uns also in gebührender Weise von diesem Gedanken: Mit $p = 2^{k-1}(2j+1)$ *ist*

$$\text{WALSH-Tangens} = \frac{\operatorname{sal}(p; x)}{\operatorname{cal}(p; x)} = \operatorname{sal}(p; x)\operatorname{cal}(p; x) = \operatorname{sir} 2^k x.$$

Nach (1.5) auf Seite 5 ist $(2N-1)\oplus(j-1)=2N-j$ mit $2N=2^n$. Damit folgt aus (3.38)

$$\begin{aligned}\operatorname{sal}(2N;x)\operatorname{sal}(j;x) &= \operatorname{cal}((2N-1)\oplus(j-1);x) = \operatorname{cal}(2N-j;x)\\ \text{und}\quad \operatorname{sal}(2N;x)\operatorname{cal}(j;x) &= \operatorname{sal}((2N-1)\oplus j+1;x) = \operatorname{sal}(2N-j;x).\end{aligned}$$

$$\boxed{\begin{aligned}\operatorname{sal}(2N;x)\operatorname{sal}(j;x) &= \operatorname{cal}(2N-j;x),\\ \operatorname{sal}(2N;x)\operatorname{cal}(j;x) &= \operatorname{sal}(2N-j;x),\quad 2N=2^n,\ 1\le j<2N.\end{aligned}} \qquad (3.40)$$

Wir wollen noch einige Beispiele für die Anwendung der obigen Formeln geben:

Beispiel 3.7

Aus (3.10) auf Seite 47 folgt durch Multiplikation mit $\operatorname{sir} x$ sofort die Umkehrung $Z(x)=\operatorname{sir} x \operatorname{ser} x$. Für $\operatorname{ser} x$ haben wir bereits die Reihenentwicklung (3.12) nach RADEMACHER-Funktionen und somit auch nach wal-Funktionen. Wir erhalten daraus die Reihenentwicklung für $Z(x)$ durch Multiplikation der Reihe für $\operatorname{ser} x$ mit $\operatorname{sir} x$.

$$Z(x)=\operatorname{sir} x \operatorname{ser} x=\frac{1}{4}\operatorname{sir} x\Big(\operatorname{sir} x-\sum_{j=1}^{\infty}\frac{1}{2^j}\operatorname{sal}(2^j;x)\Big)=\frac{1}{4}-\frac{1}{4}\sum_{j=1}^{\infty}\frac{1}{2^j}\operatorname{sal}(2^j;x)\operatorname{sal}(1;x)$$

Mit (3.40): $\operatorname{sal}(2^j;x)\operatorname{sal}(1;x)=\operatorname{cal}(2^j-1;x)$ ist das die Reihe der

Zackenfunktion

$$\boxed{Z(x) = \frac{1}{4}-\frac{1}{4}\sum_{j=1}^{\infty}\frac{1}{2^j}\operatorname{cal}(2^j-1;x).} \qquad (3.41)$$

Wir werden eine solche Reihe im nächsten Kapitel als WALSH-Reihe *bezeichnen.*

Beispiel 3.8 $\quad f(x)=\begin{cases}|x| & \text{in } -\frac{1}{4}<x<\frac{1}{4}\\ 0 & \text{in } \frac{1}{4}<x<\frac{3}{4}\end{cases}\quad, f(x+n)=f(x).$

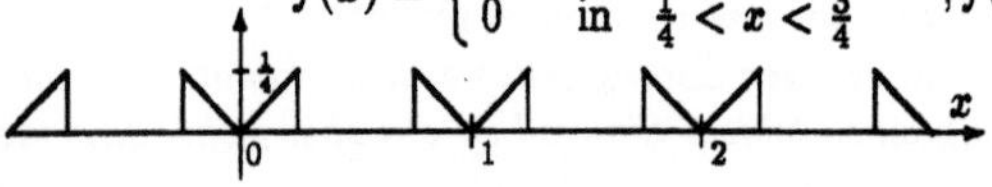

Wir entwicklen diese Funktion in eine Reihe nach wal-Funktionen. Dabei können wir vom Ergebnis (3.41) des vorigen Beispiels ausgehen. Man erhält offenbar $f(x)$, wenn man $Z(x)$ in geeigneten Teilintervallen null setzt. Das erreicht man durch Multiplikation mit $\frac{1}{2}(1+\operatorname{cor} x)$.

$$\begin{aligned}f(x) &= \frac{1}{2}(1+\operatorname{cor} x)\,Z(x) = \frac{1}{2}\Big(1+\operatorname{cal}(1;x)\Big)\Big(\frac{1}{4}-\frac{1}{4}\sum_{j=1}^{\infty}\frac{1}{2^j}\operatorname{cal}(2^j-1;x)\Big)\\ &= \frac{1}{8}+\frac{1}{8}\operatorname{cal}(1;x)-\frac{1}{8}\sum_{j=1}^{\infty}\frac{1}{2^j}\big(\operatorname{cal}(2^j-1;x)+\operatorname{cal}(2^j-1;x)\operatorname{cal}(1;x)\big).\end{aligned}$$

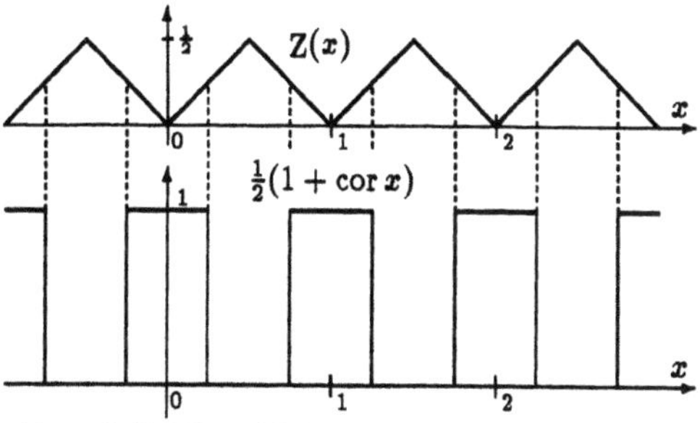

Mit der ersten Formel (3.38) auf Seite 59 wird daraus

$$f(x)=\frac{1}{8}+\frac{1}{8}\,\text{cal}(1;x)-\frac{1}{8}\sum_{j=1}^{\infty}\frac{1}{2^j}\left(\text{cal}(2^j-1;x)+\text{cal}(2^j-2;x)\right),$$

und das ist schließlich, wenn man den ersten Summanden aus $\sum$ abspaltet,

$$f(x)=\frac{1}{16}+\frac{1}{16}\,\text{cal}(1;x)-\frac{1}{8}\sum_{j=2}^{\infty}\frac{1}{2^j}\left(\text{cal}(2^j-1;x)+\text{cal}(2^j-2;x)\right).$$

Die Konvergenz dieser Reihe folgt sofort aus der Majorisierung mit der geometrischen Reihe, und die in Kapitel 4 zitierten Sätze werden uns sagen, daß durch diese Reihe — bis auf die Sprungstellen — die Funktion $f(x)$ dargestellt wird.

Vorbemerkung zum nächsten Beispiel:
Integrale der Form $J=\int f(t)\,\text{walsh}(a;t)\,dt$ kann man grundsätzlich berechnen, indem man stückweise über die Konstanzintervalle der WALSH-Funktionen integriert. In einfachen Fällen mag das angemessen sein. Z.B. kann man das im nächsten Beispiel behandelte Integral

$$J \;=\; 2\int_0^{\frac{1}{2}}\cos\pi t\,\text{cal}(2;t)\,dt \;=\; 2\int_0^{\frac{1}{8}}\cos\pi t\,dt-2\int_{\frac{1}{8}}^{\frac{3}{8}}\cos\pi t\,dt+2\int_{\frac{3}{8}}^{\frac{1}{2}}\cos\pi t\,dt$$

noch gut auf diese Weise berechnen. Bei höheren Sequenzen kann das oft zu recht unübersichtlichen Rechnungen führen. Das nächste Beispiel bietet einen alternativen Weg, der die Eigenschaften der wal-Funktionen benutzt.

Beispiel 3.9 Wir benutzen die Beziehungen

$$\text{cor}(x+\tfrac{1}{2})=-\,\text{cor}\,x \quad\text{und}\quad \text{cor}(x+\tfrac{1}{4})=-\,\text{cor}(x-\tfrac{1}{4})=-\,\text{sir}\,x$$

zusammen mit den Additionstheoremen für sin und cos zur Berechnung von

$$J=2\int_0^{\frac{1}{2}}\cos\pi t\,\text{cal}(2;t)\,dt=2\int_0^{\frac{1}{2}}\cos\pi t\,\text{cal}(1;2t)\,dt=2\int_0^{\frac{1}{2}}\cos\pi t\,\text{cor}\,2t\,dt.$$

Mit $2t=v$ erhält man $J=\int_0^1\cos\frac{\pi}{2}v\,\text{cor}\,v\,dv$. Nun verschieben wir das Integrationsintervall so, daß es symmetrisch zum Nullpunkt liegt, damit wir Symmetrieeigenschaften des Integranden ausnutzen können.

Also substituieren wir $v = w + \frac{1}{2}$ und erhalten

$$J = \int_{-\frac{1}{2}}^{\frac{1}{2}} \cos\left(\tfrac{\pi}{2}w + \tfrac{\pi}{4}\right) \operatorname{cor}(w + \tfrac{1}{2})\, dw \qquad \boxed{\operatorname{cor}(w+\tfrac{1}{2}) = -\operatorname{cor} w}$$

$$= -\int_{-\frac{1}{2}}^{\frac{1}{2}} \{\cos\tfrac{\pi}{2}w \cos\tfrac{\pi}{4} - \sin\tfrac{\pi}{2}w \sin\tfrac{\pi}{4}\} \operatorname{cor} w\, dw$$

Multipliziert man im Integranden die Klammer aus, so erhält man einen geraden und einen ungeraden Summanden. Weil das Integrationsintervall symmetrisch zum Nullpunkt liegt, erhält man nur aus dem geraden Summanden einen von Null verschiedenen Integrationsanteil.

$$= -\cos\tfrac{\pi}{4} \int_{-\frac{1}{2}}^{\frac{1}{2}} \cos\tfrac{\pi}{2}w \operatorname{cor} w\, dw = -\sqrt{2} \int_{0}^{\frac{1}{2}} \cos\tfrac{\pi}{2}w \operatorname{cor} w\, dw$$

Substitution: $w = t + \frac{1}{4}$

$$= -\sqrt{2} \int_{-\frac{1}{4}}^{\frac{1}{4}} \cos(\tfrac{\pi}{2}t + \tfrac{\pi}{8}) \underbrace{\operatorname{cor}(t + \tfrac{1}{4})}_{=\operatorname{sir} t}\, dt = \sqrt{2} \int_{-\frac{1}{4}}^{\frac{1}{4}} \{\cdots - \sin\tfrac{\pi}{2}t \sin\tfrac{\pi}{8}\} \operatorname{sir} t\, dt$$

In $0 < t < \frac{1}{4}$ ist $\operatorname{sir} t = 1$, und somit bleibt

$$J = -2\sqrt{2}\sin\tfrac{\pi}{8} \int_{0}^{\frac{1}{4}} \sin\tfrac{\pi}{2}t\, dt = -2\sqrt{2}\sin\tfrac{\pi}{8} \left(-\frac{2}{\pi}\cos\tfrac{\pi}{2}t\right)\Bigg|_0^{\frac{1}{4}} = \frac{4}{\pi}\sqrt{2}\sin\tfrac{\pi}{8}\{\cos\tfrac{\pi}{8} -$$

Aufgabe 3.4 $\Longrightarrow$ Lösung auf Seite 261

In analoger Weise berechne man die Integrale $J_2 = \int_0^1 \sin \pi t \operatorname{cal}(2;t)\, dt$ und $J_3 = \int_0^{\frac{1}{2}} \cos \pi t \operatorname{cal}(3;t)\, dt$!

3.5 Binärharmonische Oberschwingungen

Wir kommen auf die Beziehung (3.37) auf Seite 59 zurück und betrachten einen Index der Form $p = 2^k(2j+1)$. Damit gilt

$$\operatorname{cal}(p;x) = \operatorname{cal}(2j+1; 2^k x) \quad \text{und} \quad \operatorname{sal}(p;x) = \operatorname{sal}(2j+1; 2^k x).$$

Die Funktionen $\operatorname{cal}(p;x)$ bzw. $\operatorname{sal}(p;x)$ entstehen also aus

$$\operatorname{cal}(2j+1;t) \quad \text{bzw.} \quad \operatorname{sal}(2j+1;t)$$

durch die Maßstabänderung $t = 2^k x$ der Variablen. Dabei bleiben die „Schwingungsformen" dieser Funktionen erhalten.

Als Beispiel betrachte man die Funktionen $\operatorname{sal}(3;x)$, $\operatorname{sal}(6;x) = \operatorname{sal}(3;2x)$, $\operatorname{sal}(12;x) = \operatorname{sal}(3;4x)$ und $\operatorname{sal}(24;x) = \operatorname{sal}(3;8x)$:

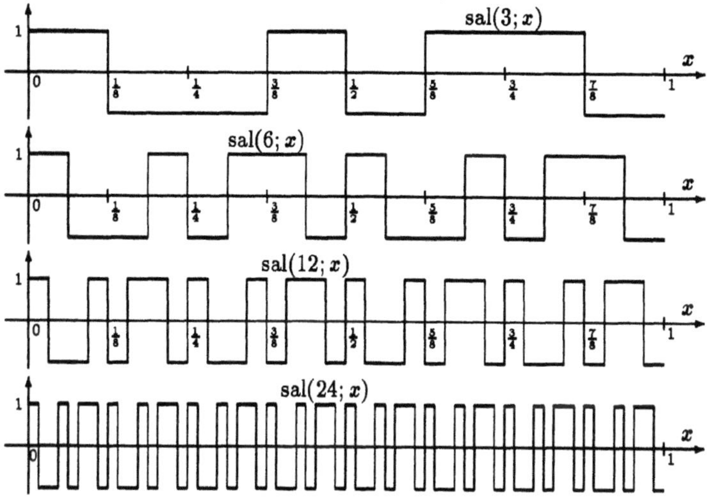

Wir sagen $\quad \text{cal}(p;x) = \text{cal}(2^k(2j+1);x) = \text{cal}(2j+1;2^k x)$ bzw.
$\text{sal}(p;x) = \text{sal}(2^k(2j+1);x) = \text{sal}(2j+1;2^k x)$

seien *binärharmonische Oberschwingungen der Ordnung* k von

$$\text{cal}(2j+1;x) \quad \text{bzw.} \quad \text{sal}(2j+1;x).$$

3.6 Anwendungen

3.6.1 Multiplexübertragung

Von Multiplexübertragung spricht man, wenn durch einen Übertragungskanal mehrere Signale übermittelt werden. Zur Realisierung solcher Techniken bieten sich zwei Wege an:

1. Man kann jedem Signal einen Teil eines Zeitintervalles zuteilen. (Time Division Multiplexing TDM)
2. Man kann jedem Signal einen Frequenzbereich zuordnen. (Frequency Division Mulltipexing FDM)

Beim zweiten Weg stehen für diskrete Signale an der Stelle kontinuierlicher Frequenzbereiche diskrete *Sequenzbereiche.* Es handelt sich dann um Sequency Division Multiplexing (SDM). Diese Verfahren sind eng mit der Codierungstheorie verbunden. Deshalb ist dafür auch die Bezeichnung Code Division Multiplexing (CDM) oder Code Division Multiple Access (CDMA) verbreitet.

Wir nehmen an, es seien Signale zu übertragen, die durch Treppenfunktionen darstellbar sind. Z.B. sei $s_6(t)$ eine solche Treppenfunktion, deren Konstanzintervalle zwischen den ganzen Zahlen einer t-Achse liegen mögen.

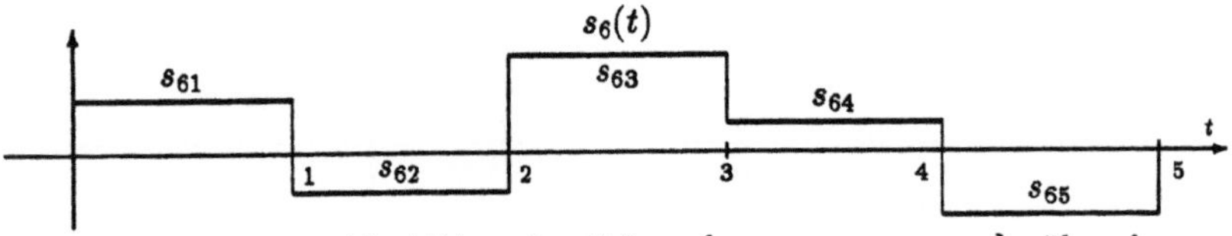

Die Werte von $s_6(t)$ bilden eine Folge $\{s_{61}, s_{62}, \ldots, s_{6k}, \ldots\}$ über den Intervallen $[k-1, k)$ der t-Achse.

Nun seien z.B. vier solche Funktionen $s_4(t), s_5(t), s_6(t)$ und $s_7(t)$ zu übertragen. Zu diesen Funktionen gehören die Wertefolgen

$$\begin{array}{lllllll} s_4(t) & : \{ & s_{41}, & s_{42}, & s_{43}, & \ldots, & s_{4k}, & \ldots \} \\ s_5(t) & : \{ & s_{51}, & s_{52}, & s_{53}, & \ldots, & s_{5k}, & \ldots \} \\ s_6(t) & : \{ & s_{61}, & s_{62}, & s_{63}, & \ldots, & s_{6k}, & \ldots \} \\ s_7(t) & : \{ & s_{71}, & s_{72}, & s_{73}, & \ldots, & s_{7k}, & \ldots \} \end{array}$$

Als *Trägersequenz* ordnen wir jetzt jeder Funktion $s_j(t)$ eine wal-Funktion zu. Wir wählen z.B. $\text{wal}(j;t) \Longrightarrow s_j(t)$.
$s_j(t)$ wird nun mit $\text{wal}(j;t)$ multipliziert. Man sagt auch, $s_j(t)$ werde auf die Trägersequenz $\text{wal}(j;t)$ *moduliert*. Für $j = 6$ erhalten wir z.B.

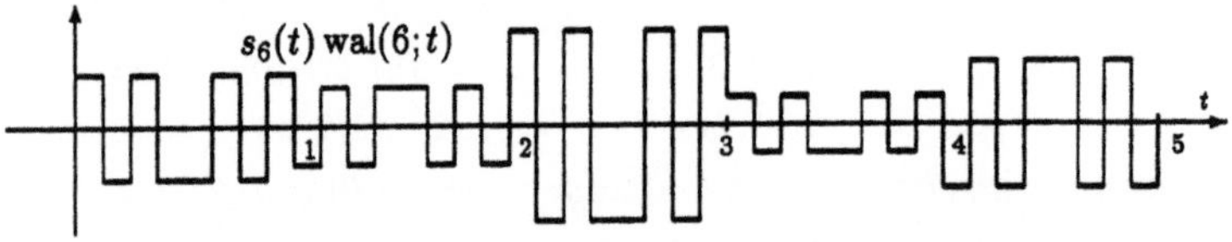

Diese Produkte $s_j(t)\,\text{wal}(j;t)$ werden nun summiert, und man erhält $S(t) = \sum_j s_j(t)\,\text{wal}(j;t)$. In unserem vorliegenden Fall haben wir dann

$$S(t) = s_4(t)\,\text{wal}(4;t) + s_5(t)\,\text{wal}(5;t) + s_6(t)\,\text{wal}(6;t) + s_7(t)\,\text{wal}(7;t).$$

Nehmen wir an, die Funktionen $s_j(t)$ hätten in den ersten Intervallen die folgenden Werte,

$$\begin{array}{lcrrrrrl} s_4(t) & : & 10, & 20, & 12, & 0, & -12, & \ldots \\ s_5(t) & : & -17, & 5, & 15, & 11, & 12, & \ldots \\ s_6(t) & : & 15, & -11, & 27, & 8, & -18, & \ldots \\ s_7(t) & : & 4, & 22, & -8, & 16, & 10, & \ldots \end{array},$$

so erhalten wir die Summenfunktion $S(t)$:

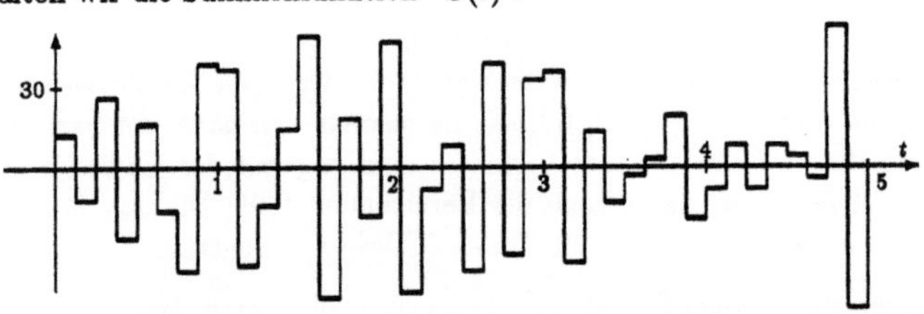

$$S(t) = s_4(t)\,\text{wal}(4;t) + s_5(t)\,\text{wal}(5;t) + s_6(t)\,\text{wal}(6;t) + s_7(t)\,\text{wal}(7;t)$$

Diese Funktion $S(t)$ wird durch den Nachrichtenkanal übertragen.

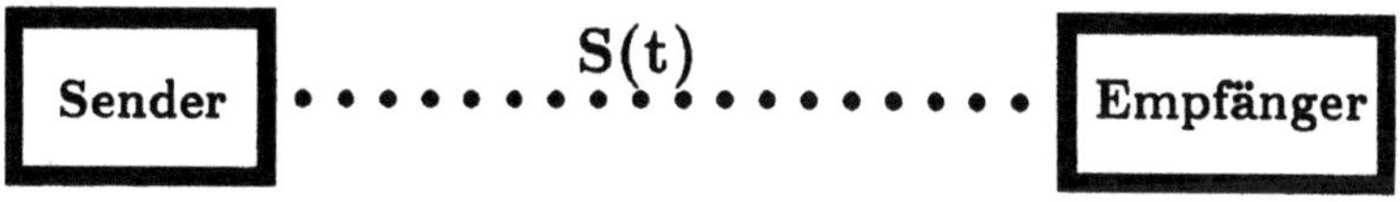

Beim Empfänger müssen die Funktionen $s_j(t)$ wieder getrennt werden. Wegen der Orthogonalität der wal-Funktionen ist das sehr einfach. Um $s_j(t)$ zu erhalten, braucht man nur das Innenprodukt (2.5) von $\mathrm{wal}(j;t)$ mit der Übertragungsfunktion $S(t)$ zu bilden. Z.B. erhalten wir durch eine solche Muliplikation mit $\mathrm{wal}(6;t)$:

$$\begin{aligned}\langle S(t), \mathrm{wal}(6;t)\rangle &= s_4(t)\underbrace{\langle \mathrm{wal}(4;t), \mathrm{wal}(6;t)\rangle}_{=0} + s_5(t)\underbrace{\langle \mathrm{wal}(5;t), \mathrm{wal}(6;t)\rangle}_{=0} \\ &+ s_6(t)\underbrace{\langle \mathrm{wal}(6;t), \mathrm{wal}(6;t)\rangle}_{=1} + s_7(t)\underbrace{\langle \mathrm{wal}(7;t), \mathrm{wal}(6;t)\rangle}_{=0} = s_6(t).\end{aligned}$$

Damit haben wir diese Übertragungsaufgabe im wesentlichen gelöst. Natürlich treten bei der praktischen Durchführung noch andere Probleme hinzu. Z.B. muß man ein kontinuierliches Signal zunächst einmal in ein diskretes (eine Treppenfunktion) umwandeln. Ferner wird die Übertragung *getaktet* durchgeführt, d.h. in einer passenden Zeiteinheit wird jeweils *ein* Intervall der Funktionen $S(t)$ übertragen. Die Werte in diesem Intervall stehen dann beim Empfänger im **nächsten** Zeitintervall zur Verfügung. Für die oben betrachtete Funktion $s_6(t)$ sieht das also so aus:

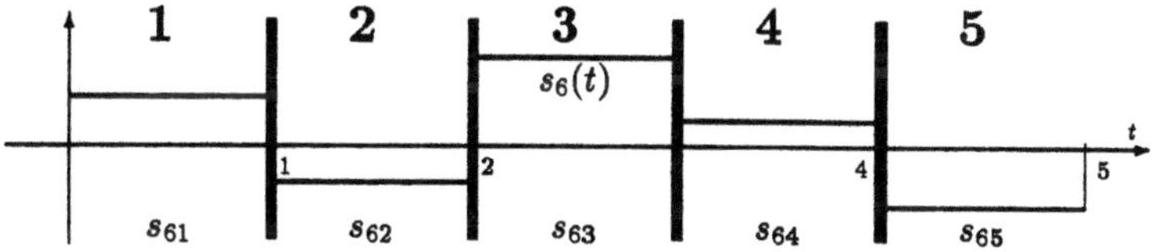

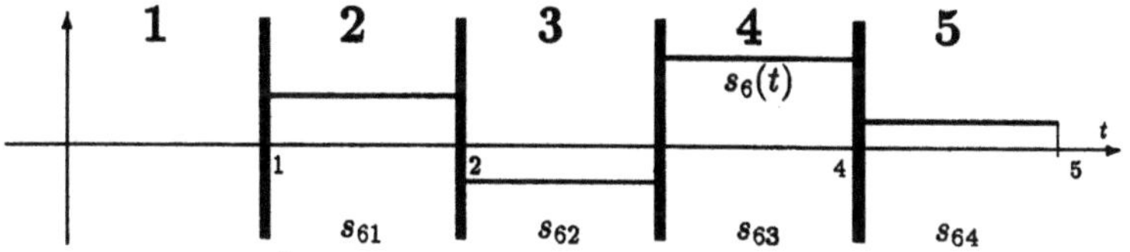

Sie können dieses Thema z.B. in [H 8] und [B 3] weiterverfolgen.

3.6.2 WALSH-Funktionen in der Ebene

Es liegt auf der Hand, daß sich WALSH-Funktionen gut zur Darstellung zweidimensionaler gerasterter Muster eignen. Das erklärt ihre Bedeutung in der

Bildverarbeitung. Für den Einstieg in den technischen Aspekt dieses Themas sei die ausführliche Darstellung bei Harmuth [H 2] verwiesen. Wir wollen hier zunächst nur einige „Schaubilder“ zweidimensionaler WALSH-Funktionen zeigen, die man z.B. mit Hilfe einer Flüssigkeitskristallanzeige (LC-Anzeige) technisch realisieren kann.

$f(x,y) = \mathrm{cal}(3;x)\,\mathrm{sal}(2;y)$

$f(x,y) = \mathrm{sal}(3;x)\,\mathrm{sal}(3;y)$

Das sind Beispiele von Funktionen der Form $f_{jk}(x,y) = \mathrm{wal}(j;x)\,\mathrm{wal}(k;y)$. Für $0 \leq j < 8,\ 0 \leq k < 8$ liefern sie die folgenden Muster:

(3.42)

Daß solche WALSH-Muster bei der Bildübertragung eine Rolle spielen, haben wir schon in der Einleitung erwähnt. Beim Vergleich des obigen Schaubildes mit denen des Beispiels 0.2 der Einleitung auf Seite XV bemerkt man, daß dort — entgegen unserer jetzigen Gepflogenheit — der Funktionswert 1 *durch ein weißes, der Wert* -1 *durch lein schwarzes Quadrat markiert ist. Bei den dort genannten Anwendungen ist diese Wahl beliebter, weil man die positiven Werte als „beleuchtet“ ansieht und deshalb lieber hell zeichnet.*

In der folgenden Tabelle (3.43) ist die Darstellung der Orthonormalbasis W_5 aufgeschrieben, in der natürlich auch W_1 bis W_4 enthalten sind. Die zugehörigen Schaubilder dieser Funktionen bis W_4 findet man auf der nächsten Seite.

Darstellung der Basen W_1 bis W_5 durch Produkte aus RADEMACHER-Funktionen (3.43)

$$\mathrm{cal}(0;x) = 1, \qquad \mathrm{sal}(1;x) = \mathrm{sir}\,x$$

Basis W_1 im S_1

$$\mathrm{cal}(1;x) = \mathrm{cor}\,x, \qquad \mathrm{sal}(2;x) = \mathrm{cor}\,x\,\mathrm{sir}\,x$$

Basis W_2 im S_2

$$\begin{aligned} \mathrm{cal}(2;x) &= \mathrm{cor}\,2x, & \mathrm{sal}(3;x) &= \mathrm{cor}\,2x\,\mathrm{sir}\,x \\ \mathrm{cal}(3;x) &= \mathrm{cor}\,2x\,\mathrm{cor}\,x, & \mathrm{sal}(4;x) &= \mathrm{cor}\,2x\,\mathrm{cor}\,x\,\mathrm{sir}\,x \end{aligned}$$

Basis W_3 im S_3

$$\begin{aligned} \mathrm{cal}(4;x) &= \mathrm{cor}\,4x, & \mathrm{sal}(5;x) &= \mathrm{cor}\,4x\,\mathrm{sir}\,x \\ \mathrm{cal}(5;x) &= \mathrm{cor}\,4x\,\mathrm{cor}\,x, & \mathrm{sal}(6;x) &= \mathrm{cor}\,4x\,\mathrm{cor}\,x\,\mathrm{sir}\,x \\ \mathrm{cal}(6;x) &= \mathrm{cor}\,4x\,\mathrm{cor}\,2x, & \mathrm{sal}(7;x) &= \mathrm{cor}\,4x\,\mathrm{cor}\,2x\,\mathrm{sir}\,x \\ \mathrm{cal}(7;x) &= \mathrm{cor}\,4x\,\mathrm{cor}\,2x\,\mathrm{cor}\,x, & \mathrm{sal}(8;x) &= \mathrm{cor}\,4x\,\mathrm{cor}\,2x\,\mathrm{cor}\,x\,\mathrm{sir}\,x \end{aligned}$$

Basis W_4 im S_4

$$\begin{aligned} \mathrm{cal}(8;x) &= \mathrm{cor}\,8x, & \mathrm{sal}(9;x) &= \mathrm{cor}\,8x\,\mathrm{sir}\,x \\ \mathrm{cal}(9;x) &= \mathrm{cor}\,8x\,\mathrm{cor}\,x, & \mathrm{sal}(10;x) &= \mathrm{cor}\,8x\,\mathrm{cor}\,x\,\mathrm{sir}\,x \\ \mathrm{cal}(10;x) &= \mathrm{cor}\,8x\,\mathrm{cor}\,2x, & \mathrm{sal}(11;x) &= \mathrm{cor}\,8x\,\mathrm{cor}\,2x\,\mathrm{sir}\,x \\ \mathrm{cal}(11;x) &= \mathrm{cor}\,8x\,\mathrm{cor}\,2x\,\mathrm{cor}\,x, & \mathrm{sal}(12;x) &= \mathrm{cor}\,8x\,\mathrm{cor}\,2x\,\mathrm{cor}\,x\,\mathrm{sir}\,x \\ \mathrm{cal}(12;x) &= \mathrm{cor}\,8x\,\mathrm{cor}\,4x, & \mathrm{sal}(13;x) &= \mathrm{cor}\,8x\,\mathrm{cor}\,4x\,\mathrm{sir}\,x \\ \mathrm{cal}(13;x) &= \mathrm{cor}\,8x\,\mathrm{cor}\,4x\,\mathrm{cor}\,x, & \mathrm{sal}(14;x) &= \mathrm{cor}\,8x\,\mathrm{cor}\,4x\,\mathrm{cor}\,x\,\mathrm{sir}\,x \\ \mathrm{cal}(14;x) &= \mathrm{cor}\,8x\,\mathrm{cor}\,4x\,\mathrm{cor}\,2x, & \mathrm{sal}(15;x) &= \mathrm{cor}\,8x\,\mathrm{cor}\,4x\,\mathrm{cor}\,2x\,\mathrm{sir}\,x \\ \mathrm{cal}(15;x) &= \mathrm{cor}\,8x\,\mathrm{cor}\,4x\,\mathrm{cor}\,2x\,\mathrm{cor}\,x, & \mathrm{sal}(16;x) &= \mathrm{cor}\,8x\,\mathrm{cor}\,4x\,\mathrm{cor}\,2x\,\mathrm{cor}\,x\,\mathrm{sir}\,x \end{aligned}$$

Basis W_5 im S_5

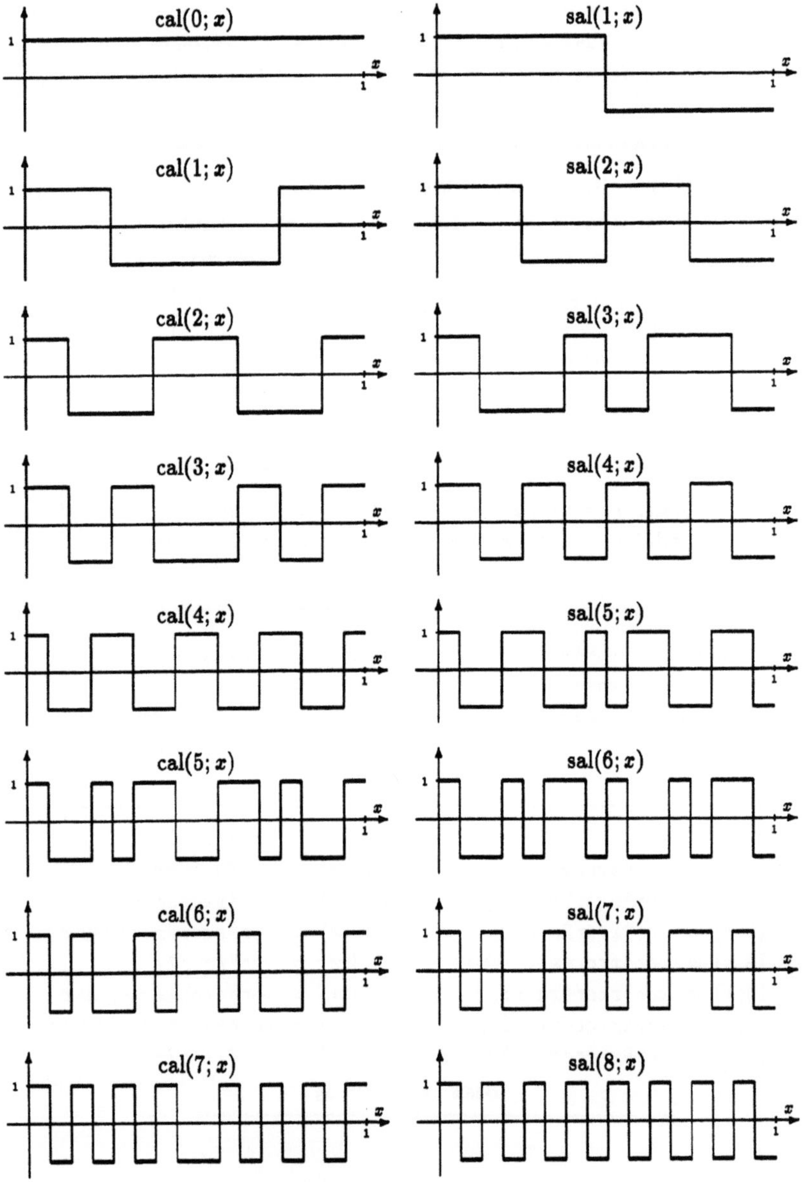

wal-Funktionen des S_4

Kapitel 4

WALSH-FOURIER-Reihen

4.1 Trigonometrische FOURIER-Reihen

Wir wollen an einige Begriffe aus der Theorie der trigonometrischen FOURIER-Reihen (TF-Reihen) erinnern, damit die analogen Begriffe bei WALSH-FOURIER-Reihen (*WF*-Reihen) deutlich hervortreten.

Eine Reihe der Form $$\tfrac{1}{2}a_0 + \sum_{k=1}^{\infty}\{a_k \cos kx + b_k \sin kx\}, \quad a_k, b_k \in \mathbf{R}, \tag{4.1}$$

nennt man eine **trigonometrische Reihe.**

Die **Partialsummen** $$s_j(x) = \tfrac{1}{2}a_0 + \sum_{k=1}^{j}\{a_k \cos kx + b_k \sin kx\} \tag{4.2}$$

sind **trigonometrische Polynome**.

Für einen festen Wert von $x \in \mathbf{R}$ konvergiert die Reihe (4.1) *punktweise*, wenn die Folge (4.2) der Partialsummen konvergiert.

Nehmen wir nun an, f sei eine 2π-periodische reelle Funktion, für welche die EULER-FOURIERschen Integrale

$$a_k = \frac{1}{\pi}\int_{-\pi}^{\pi} f(t) \cos kt\, dt, \qquad b_k = \frac{1}{\pi}\int_{-\pi}^{\pi} f(t) \sin kt\, dt, \tag{4.3}$$

existieren. Dann kann man mit diesen a_k, b_k eine trigonometrische Reihe bilden. Man sagt dann, das sei *die zu f gehörende TF-Reihe*, und man schreibt

$$f(x) \sim Ff(x) = \tfrac{1}{2}a_0 + \sum_{k=1}^{\infty}\{a_k \cos kx + b_k \sin kx\}.$$

Der Frage, inwieweit f durch diese Reihe dargestellt wird, ist eine umfangreiche Theorie gewidmet. Uns interessieren hier nur einige einfache Begriffe daraus. Bildet man mit (4.3) die Partialsumme (4.2), so erhält man

$$\begin{aligned} s_j(x) &= \frac{1}{2\pi}\int_{-\pi}^{\pi} f(t)\left\{1+2\sum_{k=1}^{j}(\cos kt\cos kx+\sin kt\sin kx)\right\}dt \\ &= \frac{1}{2\pi}\int_{-\pi}^{\pi} f(t)\underbrace{\left\{1+2\sum_{k=1}^{j}\cos k(x-t)\right\}}_{=D_j(x-t)}dt. \end{aligned} \tag{4.4}$$

Die Partialsummen einer FOURIER-Reihe hängen also von den in diesem Integral auftretenden Funktionen $D_j(\circ)$ ab. Die Folge $\{D_j(x)\}_{j=0}^{\infty}$ dieser Funktionen nennt man

DIRICHLET-Kern (4.5)

$$\begin{aligned} D_0(x) &\equiv 1, \\ D_j(x) &= 1+2\sum_{k=1}^{j}\cos kx = \begin{cases} \frac{\sin(j+\frac{1}{2})x}{\sin\frac{x}{2}} & \text{für } x \neq 2\ell\pi \\ 2j+1 & \text{für } x = 2\ell\pi \end{cases}, \quad \ell \text{ ganze Zahl.} \end{aligned}$$

Es gilt $\frac{1}{2\pi}\int_{-\pi}^{\pi} D_j(v)\,dv = 1$.

Die Funktionen $D_j(x)$ nehmen auch negative Werte an, wie z.B. das nebenstehende Schaubild der Funktion $D_6(x)$ illustriert.

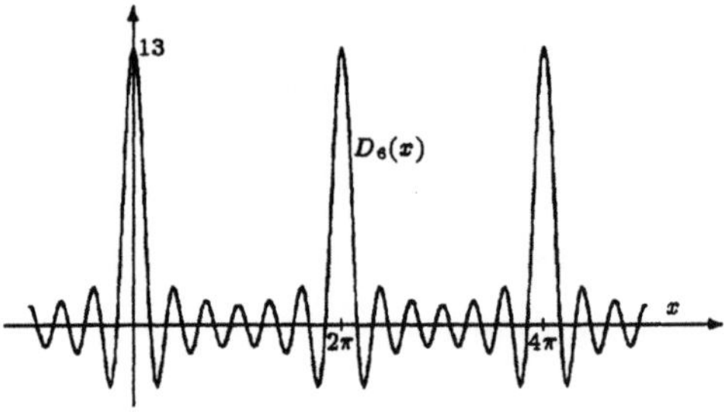

Nunmehr kann man (4.4) in der folgenden Form schreiben:

$$s_j(f;x) = \frac{1}{2\pi}\int_{-\pi}^{\pi} f(t)\,D_j(x-t)\,dt = \frac{1}{2\pi}\int_{-\pi}^{\pi} f(x-v)\,D_j(v)\,dv. \tag{4.6}$$

Wenn $s_j(x)$ nicht brav genug konvergiert, verwendet man einen *schwächeren* Konvergenzbegriff, der auf CESARO zurückgeht. Man bildet dabei die arithmetischen Mittel

$$\sigma_m(f;x) = \frac{1}{m+1}\sum_{j=1}^{m} s_j(x) = \frac{1}{2\pi}\int_{-\pi}^{\pi} f(x+t)\underbrace{\left\{\frac{1}{m+1}\sum_{j=0}^{m} D_j(t)\right\}}_{=F_m(t)}dt$$

In dieser Darstellung der Partialsummen treten Funktionen F_m auf. Die Folge $\{F_m(x)\}_{j=0}^{\infty}$ dieser Funktionen nennen wir

FEJÉR-Kern (4.7)

$$F_m(x) = \frac{1}{m+1}\sum_{k=0}^{m} D_j(x) = 1+\frac{2}{m+1}\sum_{j=1}^{m}\sum_{k=1}^{j}\cos kx$$

$$= \begin{cases} \frac{1}{m+1}\frac{\sin^2(\frac{m+1}{2})x}{\sin^2\frac{x}{2}} & \text{für } x \neq 2\ell\pi \\ m+1 & \text{für } x = 2\ell\pi \end{cases}, \quad \ell \text{ ganze Zahl.}$$

Im Gegensatz zu (4.5) werden die Funktionen (4.7) nicht negativ.

Sehr gute Information über die angesprochenen Konvergenzfragen der FOURIER-Reihen findet man bei HEUSER [H 3] , Bd. 2. Wer ausführlichere Literatur über FOURIER-Reihen sucht, greife etwa zu dem populären Buch von TOLSTOW [T 2] oder gar zu [B 9] (*nur für mathematisch ineressierte Leser!*). Wir haben an dieser Stelle das Thema deshalb angeschnitten, weil im folgenden das dem DIRICHLET-Kern bzw. FEJÉR-Kern entsprechende Analogon aus WALSH-Funktionen betrachtet wird.

4.2 WALSH-FOURIER-Reihen

Das in (3.29) bzw. (3.32) eingeführte Orthonormalsystem wurde zuerst von WALSH eingehend untersucht. In [W 3] betrachtete er das Konvergenzverhalten der zu diesem System gehörenden FOURIER-Reihen. Wir zitieren im folgenden die wichtigsten dieser Ergebnisse.

In analoger Weise zu (4.1) können wir Reihen aus WALSH-Funktionen bilden. Eine Reihe der Form

$$\sum_{\ell=0}^{\infty} v_\ell \operatorname{walsh}(\ell; x) \quad \text{bzw.} \tag{4.8}$$

$$\sum_{j=0}^{\infty} w_j \operatorname{wal}(j;x) = \sum_{k=0}^{\infty}\Big(a_k \operatorname{cal}(k;x) + b_{k+1}\operatorname{sal}(k+1;x)\Big) \tag{4.9}$$

nennt man eine **WALSH-Reihe.**

Wir haben in (3.12) auf Seite 48 und (3.41) auf Seite 60 schon solche Reihen kennengelernt. Die **Partialsummen**

$$\sigma_m(x) = \sum_{\ell=0}^{2m-1} v_\ell \operatorname{walsh}(\ell;x) \quad \text{bzw.} \tag{4.10}$$

$$\sigma_m(x) = \sum_{k=1}^{m-1}\Big(a_k \operatorname{cal}(k;x) + b_{k+1}\operatorname{sal}(k+1;x)\Big). \tag{4.11}$$

sind **WALSH-Polynome**.

Für einen festen Wert von $x \in \mathbf{R}$ konvergiert die Reihe (4.8) bzw. (4.9) *punktweise*, wenn die Folge der Partialsummen (4.10) bzw. (4.11) konvergiert. Nehmen wir nun an, für $f \in \tilde{L}^2$ seien durch die

EULER-WALSH-Formeln

$$v_\ell = \int_0^1 f(t)\,\text{walsh}(\ell;t)\,dt, \quad \ell = 0,1,2,\ldots \quad \text{bzw.} \tag{4.12}$$

$$\left.\begin{aligned} a_k &= \int_0^1 f(x)\,\text{cal}(k;x)\,dx, \\ b_{k+1} &= \int_0^1 f(x)\,\text{sal}(k+1;x)\,dx, \end{aligned}\right\} \quad k = 0,1,2,\ldots, \tag{4.13}$$

Koeffizienten v_ℓ bzw. a_k, b_{k+1} gegeben. Wir nennen sie

WALSH-FOURIER-Koeffizienten (*WF*-Koeffizienten)

und sagen, die mit diesen Koeffizienten gebildete Reihe (4.8) bzw. (4.9) sei *die zu f gehörende WALSH-FOURIER-Reihe* (*WF*-Reihe).

Wir schreiben:

$$\boxed{\begin{aligned} f(x) &\sim \text{WF}\,f(x) = \sum_{\ell=0}^{\infty} v_\ell\,\text{walsh}(\ell;x) \quad \text{bzw.} \\ f(x) &\sim \text{WF}\,f(x) = \sum_{k=0}^{\infty}\Big(a_k\,\text{cal}(k;x) + b_{k+1}\,\text{sal}(k+1;x)\Big). \end{aligned}} \tag{4.14}$$

Meistens aber schreiben wir etwas lässiger für (4.14)

$$f(x) = \sum_{\ell=0}^{\infty} v_\ell\,\text{walsh}(\ell;x) \quad \text{bzw.} \quad f(x) = \sum_{k=0}^{\infty}\Big(a_k\,\text{cal}(k;x) + b_{k+1}\,\text{sal}(k+1;x)\Big).$$

Wenn wir Funktionen durch Reihen aus WALSH-Funktionen darstellen wollen, so ist zunächst zu klären, welcher Konvergenzbegriff verwendet wird. Es zeigt sich, daß es vernünftig ist, eine WALSH-FOURIER-Reihe nicht durch beliebige Partialsummen zu approximieren, sondern jeweils von einem Unterraum S_k zum nächsten zu gehen. Dann ist es auch gleichgültig, welche Indizierung der WALSH-Funktionen man wählt. Wählt man die WALSH-KACZMARZ-Funktionen, so erhält man eine Schreibweise, welche derjenigen der klassischen FOURIER-Reihen am ähnlichsten ist. Wir werden sie hier meistens benutzen.

Mit $2N = 2^n$ sind dann σ_{2N} diejenigen dieser Partialsummen, welche jeweils zu einer Basis von S_n gehören. Für die Partialsummen σ_{2N} erhalten wir mit (4.10)

$$\begin{aligned}\sigma_{2N}(x) &= \sum_{k=0}^{2N-1} v_k \operatorname{walsh}(k;x) = \sum_{k=0}^{2N-1} \int_0^1 f(t)\operatorname{walsh}(k;t)\,dt \operatorname{walsh}(k;x)\\ &= \int_0^1 f(t) \underbrace{\sum_{k=0}^{2N-1} \operatorname{walsh}(k;t\oplus x)}_{\mathcal{D}(n;t\oplus x)}\,dt \qquad (4.15)\end{aligned}$$

Die Funktionenfolge

$\{\mathcal{D}(n;\circ)\}_{n=0}^{\infty}$ nennen wir **WALSH-DIRICHLET-Kern.**

Wir werden uns damit in Kapitel 6 beschäftigen.

Nun wenden wir uns den wichtigsten Konvergenzsätzen aus [W 3] zu.

Wir sagen, WF $f(x)$ sei *WALSH-konvergent*, wenn
$\lim_{n\to\infty} \sigma_{2N} = \lim_{n\to\infty} \sigma_{2^n}$ existiert. (4.16)

Wir erinnern: x heißt *dyadisch rational* oder *binär rational*, wenn $x = \frac{k}{2^n}$ mit ganzzahligem k ist. Mit diesen Bezeichnungen gelten folgende Sätze:

Die Funktion $f(x)$ sei in $[0,1)$ stetig. Dann ist WF $f(x)$ gleichmäßig WALSH-konvergent gegen $f(x)$.	(4.17)

Es sei $f \in \tilde{L}^2$, und der Grenzwert $\lim_{x\to a} f(x) = g$ existiere. Dann ist für $x = a$ $\lim_{n\to\infty} \sigma_{2N} = g.$ Ist f außerdem in einer Umgebung von a stetig, so ist WF $f(x)$ in einer Umgebung von a gleichmäßig WALSH-konvergent gegen $f(x)$.	(4.18)

Für $f \in \tilde{L}^2$ und eine Stelle a seien der

linksseitige Grenzwert $\lim_{x\uparrow a} f(x) = f(a_-)$

und der rechtsseitige Grenzwert $\lim_{x\downarrow a} f(x) = f(a_+)$

vorhanden. Ferner sei $\bar{f}$ diejenige Funktion, welche für $x = a$ den Mittelwert $\bar{f}(x) = \frac{1}{2}\Big(f(a_-) + f(a_+)\Big)$ annimmt, und sonst mit $f(x)$ übereinstimmt.

Dann gilt:

Es sei $f \in \tilde{L}^2$, die Zahl a dyadisch rational, und die einseitigen Grenzwerte $f(a_-)$ und $f(a_+)$ seien vorhanden. Dann ist WF $f(a)$ WALSH-konvergent gegen den Mittelwert $\bar{f}(a)$. Ist f außerdem in zwei einseitig von a begrenzten und offenen Intervallen stetig, so ist WF $f(x)$ in einer Umgebung von a gleichmäßig WALSH-konvergent gegen $\bar{f}(x)$.	(4.19)

Ist $f(x)$ eine $2L$-periodische Funktion, so ist mit $x = 2Lt$ die Funktion $\varphi(t) = f(2Lt)$ 1-periodisch. Dann nehmen die EULER-WALSH-Formeln (4.13) die Form

$$\begin{aligned} a_k &= \frac{1}{2L}\int_0^{2L} f(x)\,\mathrm{cal}(k; \tfrac{x}{2L})\,dx \\ b_{k+1} &= \frac{1}{2L}\int_0^{2L} f(x)\,\mathrm{sal}(k+1; \tfrac{x}{2L})\,dx \end{aligned} \qquad k = 0, 1, 2, 3, \ldots, \qquad (4.20)$$

an. Die Folge $a_0, b_1, a_1, b_2, \ldots$ der Koeffizienten einer *WF*-Reihe nennen wir wie üblich das zugehörige *Spektrum* der Funktion f .

Wie bei trigonometrischen FOURIER-Reihen gehen auch die *WF*-Koeffizienten mit wachsendem Index nach Null. WALSH hat bewiesen:

Ist f eine integrierbare (1-periodische) Funktion und $\sum_{\ell=0}^{\infty} v_\ell\,\mathrm{walsh}(\ell; x)$ ihre *WF*-Reihe, so gilt $\lim_{\ell\to\infty} v_\ell = 0$.	(4.21)

Beispiel 4.1

Wir betrachten nochmals die Funktion des Beispiels 3.8 und ihre Reihenentwicklung in eine *WF*-Reihe. Diese Darstellung vergleichen wir mit derjenigen durch eine trigonometrische FOURIER-Reihe . In Beispiel 3.8 wurde für die Funktion

$$f(x) = \begin{cases} |x| & \text{in } -\frac{1}{4} < x < \frac{1}{4} \\ 0 & \text{in } \frac{1}{4} < x < \frac{3}{4} \end{cases}, \qquad f(x+n) = f(x),$$

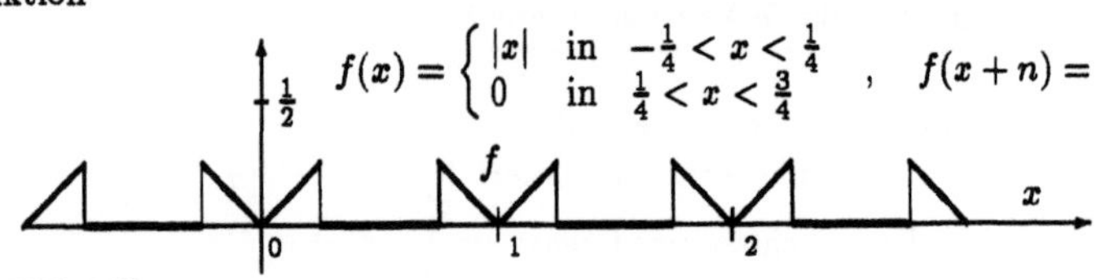

die *WF*-Reihe

$$f(x) = \frac{1}{16} + \frac{1}{16}\mathrm{cal}(1; x) - \frac{1}{8}\sum_{j=2}^{\infty}\frac{1}{2^j}\left(\mathrm{cal}(2^j - 1; x) + \mathrm{cal}(2^j - 2; x)\right).$$

hergeleitet. Unmittelbar aus der Anschauung oder durch einfache Abschätzung des Reihenrestes sieht man, daß bei Approximation dieser Funktion in S_n der Fehlerbetrag $\leq \frac{1}{2^{n+1}}$ ist. Die oben geplottete Approximation in S_8 hat also einen Fehler, dessen Betrag $\leq \frac{1}{512}$ ist. Wir skizzieren noch das WALSH-Spektrum dieser Funktion, weil wir es anschließend mit dem WALSH-Spektrum einer leicht veränderten Funktion im Beispiel 4.2 vergleichen wollen.

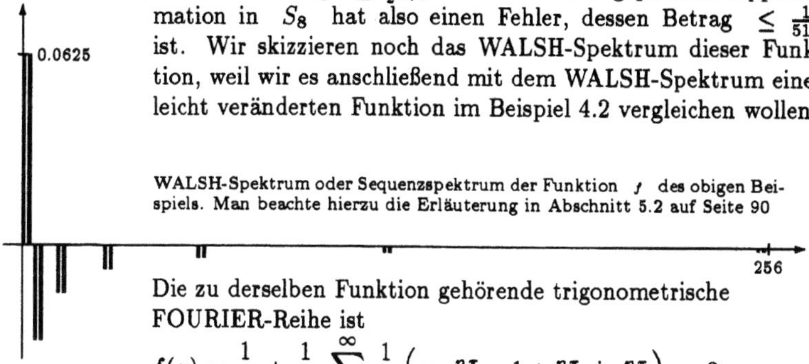

WALSH-Spektrum oder Sequenzspektrum der Funktion f des obigen Beispiels. Man beachte hierzu die Erläuterung in Abschnitt 5.2 auf Seite 90

Die zu derselben Funktion gehörende trigonometrische FOURIER-Reihe ist

$$f(x) = \frac{1}{16} + \frac{1}{\pi^2} \sum_{n=1}^{\infty} \frac{1}{n^2} \left(\cos \tfrac{n\pi}{2} - 1 + \tfrac{n\pi}{2} \sin \tfrac{n\pi}{2} \right) \cos 2n\pi x$$

Bei der unten skizzierten FOURIER-Approximation mit $n \leq 512$ sorgt schon das GIBBSsche Phänomen (siehe z.B. [Z 1]) für genügend Ärger an den Sprungstellen.

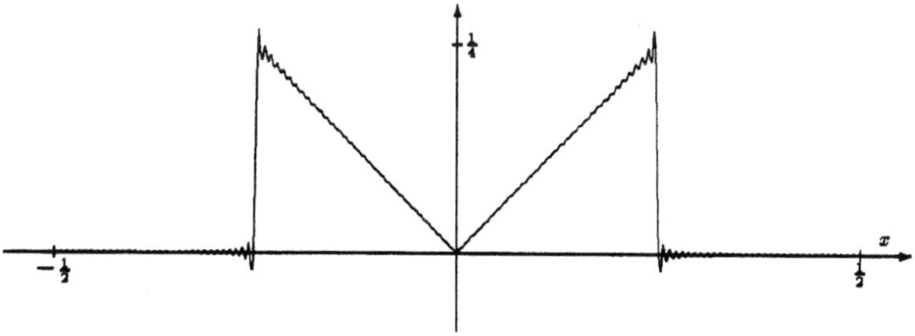

Beispiel 4.2

Nicht bei jeder stückweise linearen Funktion ist die zugehörige WF-Reihe so einfach wie im vorigen Beispiel. Daß sich die Verhältnisse komplizieren, wenn z.B. eine Sprungstelle dyadisch irrational ist, zeigt die folgende Variante zur obigen Funktion:

$$f(x) = \begin{cases} |x| & \text{in } |x| < \frac{1}{3} \\ 0 & \text{in } \frac{1}{3} < |x| < \frac{1}{2} \end{cases}, \quad f(x+n) = f(x).$$

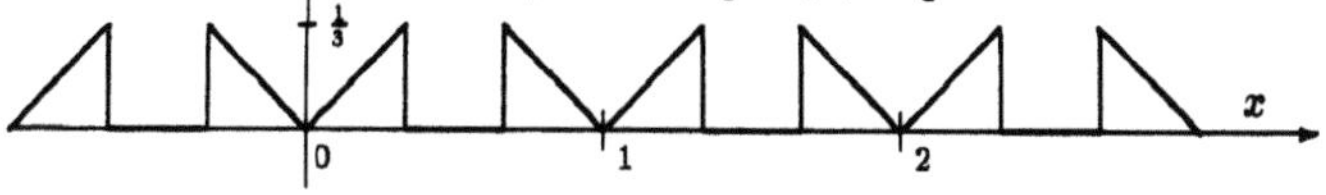

Trotz der Ähnlichkeit der obigen Funktion f mit der des Beispiels 4.1 ist ihr Spektrum viel „wilder". Die wal-Funktionen der höheren Sequenzen haben große Mühe, die stetige Umgebung der dyadisch irrationalen Sprungstelle zu approximieren. Das ist eine ähnliche Erscheinung, wie wir sie vom GIBBSschen Phänomen der trigonometrischen FOURIER-Reihen her kennen.

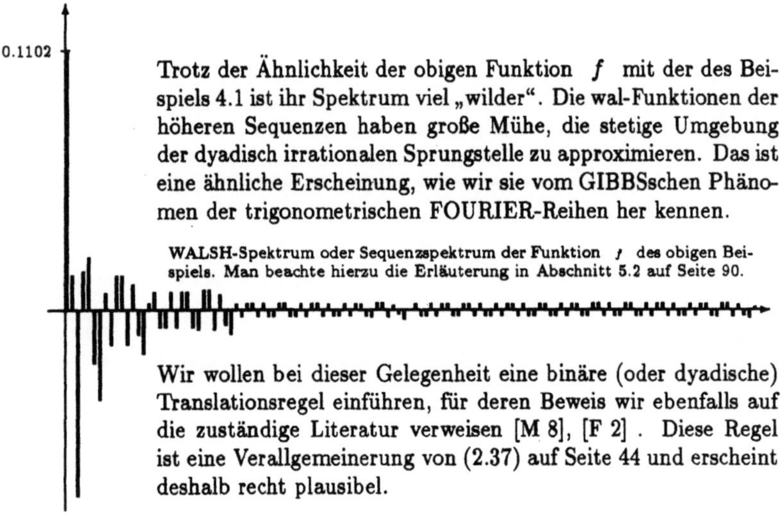

WALSH-Spektrum oder Sequenzspektrum der Funktion f des obigen Beispiels. Man beachte hierzu die Erläuterung in Abschnitt 5.2 auf Seite 90.

Wir wollen bei dieser Gelegenheit eine binäre (oder dyadische) Translationsregel einführen, für deren Beweis wir ebenfalls auf die zuständige Literatur verweisen [M 8], [F 2] . Diese Regel ist eine Verallgemeinerung von (2.37) auf Seite 44 und erscheint deshalb recht plausibel.

Es sei $f \in \tilde{L}^2$, und t sei eine feste reelle Zahl. Dann gilt

$$\int_0^1 f(x \oplus t)\,dx = \int_0^1 f(x)\,dx. \tag{4.22}$$

Kennt man die WF-Reihe einer Funktion $f(x)$, so kann man daraus mit Hilfe von (4.22) die WF-Reihe der ***dyadisch verschobenen*** Funktion $f(x \oplus t)$ ableiten. Es gilt:

$f \in \tilde{L}^2$ habe die WF-Reihe $f(x) = \sum_{j=0}^{\infty} c_j \operatorname{walsh}(j;x)$.

Dann hat die Funktion $g(x) = f(x \oplus t) \in \tilde{L}^2$ die

WF-Reihe $g(x) = \sum_{j=0}^{\infty} C_j \operatorname{walsh}(j;x)$ mit $C_j = c_j \operatorname{walsh}(j;t)$. (4.23)

Man sieht das leicht ein, denn

$$C_j = \int_0^1 g(x) \operatorname{walsh}(j;x)\,dx = \int_0^1 f(x \oplus t) \operatorname{walsh}(j;x)\,dx.$$

Mit der Substitution $v = x \oplus t$, $x = v \oplus t$ und mit (4.22) erhält man

$$\begin{aligned} C_j &= \int_0^1 f(v) \operatorname{walsh}(j; v \oplus t)\,dv = \int_0^1 f(v) \operatorname{walsh}(j;t) \operatorname{walsh}(j;v)\,dv \\ &= \operatorname{walsh}(j;t) \underbrace{\int_0^1 f(v) \operatorname{walsh}(j;v)\,dv}_{=c_j} . \end{aligned}$$

Beispiel 4.3

$f(x)$ sei die Funktion des Beispiels 4.1 und $g(x) = f(x \oplus 0.11)$.
Man beachte hierzu, daß wir $x \oplus 0.11$ *und nicht* $x \oplus \frac{3}{4}$ *geschrieben haben. Eine Erklärung dafür finden Sie in Kapitel 11.*
Wir sehen uns zunächst den Verlauf dieser Funktion an.

In den Teilintervallen $I_{20}, I_{21}, I_{22}, I_{23}$ der Intervallteilung Ω_2 hat das Argument x bzw. $x \oplus 0.11$ die nebenstehende Binärdarstellung:

	x	$x \oplus 0.11$
I_{20}	0.00...	0.11...
I_{21}	0.01...	0.10...
I_{22}	0.10...	0.01...
I_{23}	0.11...	0.00...

Beim Übergang von $f(x)$ zu $g(x)$ werden also die Funktionswerte von I_{20} und I_{23} bzw. von I_{21} und I_{22} vertauscht.

Aus der Funktion $f(x)$ mit dem Schaubild

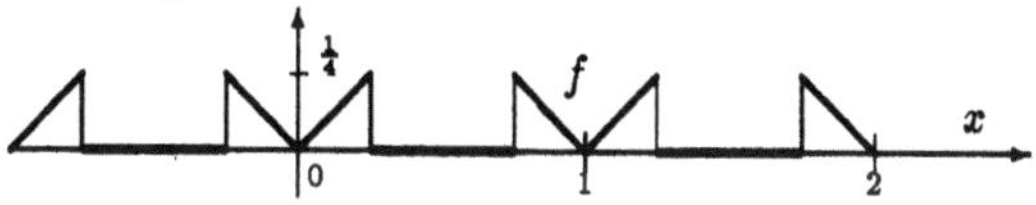

erhalten wir somit die Funktion $g(x)$ mit dem Schaubild

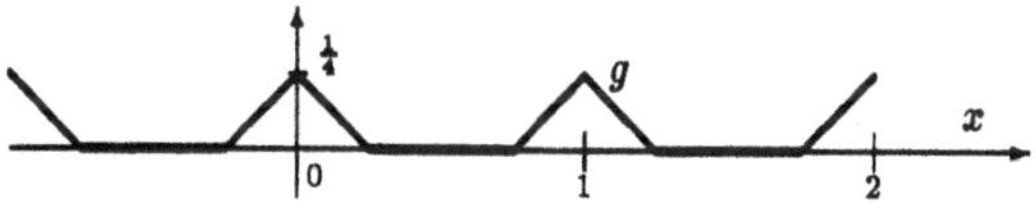

Nach Beispiel 4.1 und (4.23) hat $g(x)$ die folgende *WF*-Reihe

$$g(x) = \frac{1}{16} + \frac{1}{16}\operatorname{cal}(1;\tfrac{3}{4})\operatorname{cal}(1;x) - \frac{1}{8}\sum_{j=2}^{\infty}\frac{1}{2^j}\left(\operatorname{cal}(2^j-1;\tfrac{3}{4})\operatorname{cal}(2^j-1;x) + \operatorname{cal}(2^j-2;\tfrac{3}{4})\operatorname{cal}(2^j-2;x)\right).$$

In Aufgabe 2.2 auf Seite 44 haben wir schon festgestellt, daß

$\operatorname{cal}(0;\frac{3}{4}) = \operatorname{cal}(1;\frac{3}{4}) = 1$ und $\operatorname{cal}(2^j-1;\frac{3}{4}) = \operatorname{cal}(2^j-2;\frac{3}{4}) = -1$ für $j \geq 2$

ist. Somit erhält man $$g(x) = \frac{1}{8}\sum_{j=1}^{\infty}\frac{1}{2^j}\left\{\operatorname{cal}(2^j-2;x) + \operatorname{cal}(2^j-1;x)\right\}.$$

4.3 Berechnung der WF-Koeffizienten

Wie berechnet man nun die Koeffizienten einer *WF*-Reihe mit Hilfe der EULER-WALSH-Integrale (4.13) bzw. (4.20)? Natürlich kann man stückweise über die Teilintervalle einer Zerlegung Ω_n integrieren. Das wird aber bei wachsendem n sehr schnell sehr mühsam. Wir werden also überlegen, wie wir auf besseren Wegen zum Ziele kommen.

So wie man sich bei der Berechnung der Koeffizienten von trigonometrischen FOURIER-Reihen die Eigenschaften der goniometrischen Funktionen zunutze macht, so wird man versuchen, bei der Berechnung der Koeffizienten einer *WF*-Reihe die Eigenschaften der WALSH-Funktionen zu nutzen.

Bei den folgenden Rechnungen orientieren wir uns nicht an den S_n-Räumen. Deshalb können wir die von den trigonometrischen FOURIER-Reihen gewohnte Indizierung verwenden. Wir schreiben also die zu einer Funktion $f(x) \in \tilde{L}^2$ gehörende *WF*-Reihe in der Form

$$f(x) = a_0 + \sum_{k=1}^{\infty}\Big(a_k \operatorname{cal}(k;x) + b_k \operatorname{sal}(k;x)\Big)$$

$$\text{mit} \quad a_k = \int_0^1 f(x) \operatorname{cal}(k;x)\,dx, \qquad b_k = \int_0^1 f(x) \operatorname{sal}(k;x)\,dx.$$

Durch geeignete Umformungen dieser Integrale leiten wir nun einige recht brauchbare Beziehungen her. Dazu betrachten wir die Koeffizienten mit geradem und diejenigen mit ungeradem Index gesondert: Mit $x = \frac{t}{2}$ erhält man

$$a_0 = \int_0^1 f(x)\,dx = \tfrac{1}{2}\int_0^1 \big(f(\tfrac{t}{2}) + f(\tfrac{t+1}{2})\big)\,dt$$

<u>$k = 2m$:</u> $m = 1, 2, \cdots$

$$a_{2m} = \int_0^1 f(x) \operatorname{cal}(2m;x)\,dx = \int_0^1 f(x) \operatorname{cal}(m;2x)\,dx$$

Subst.: $t = 2x$, $\frac{1}{2}dt = dx$

$$= \tfrac{1}{2}\int_0^2 f(\tfrac{t}{2}) \operatorname{cal}(m;t)\,dt = \tfrac{1}{2}\int_0^1 \big(f(\tfrac{t}{2}) + f(\tfrac{t+1}{2})\big) \operatorname{cal}(m;t)\,dt$$

<u>$k = 2m+1$:</u> $m = 0, 1, 2, \cdots$

$$a_{2m+1} = \int_0^1 f(x) \operatorname{cal}(2m+1;x)\,dx = \int_0^1 f(x) \operatorname{cal}(2m;x) \operatorname{cor} x\,dx$$

wegen der Funktionswerte von $\operatorname{cor} x$ in $-\frac{1}{4} \le x < \frac{3}{4}$

$$= \int_{-\frac{1}{4}}^{\frac{1}{4}} f(x) \operatorname{cal}(m;2x)\,dx - \int_{\frac{1}{4}}^{\frac{3}{4}} f(x) \operatorname{cal}(m;2x)\,dx$$

$$= \tfrac{1}{2}\int_{-\frac{1}{2}}^{\frac{1}{2}} f(\tfrac{t}{2}) \operatorname{cal}(m;t)\,dt - \tfrac{1}{2}\int_{\frac{1}{2}}^{\frac{3}{2}} f(\tfrac{t}{2}) \operatorname{cal}(m;t)\,dt = \tfrac{1}{2}\int_{-\frac{1}{2}}^{\frac{1}{2}} \big(f(\tfrac{t}{2}) - f(\tfrac{t+1}{2})\big) \operatorname{cal}(m;t)\,dt$$

$$= \tfrac{1}{2}\int_0^1 \big(f(\tfrac{v}{2} - \tfrac{1}{4}) - f(\tfrac{v}{2} + \tfrac{1}{4})\big) \operatorname{cal}(m;v - \tfrac{1}{2})\,dv$$

Damit und durch analoge Rechnungen erhält man die folgenden Formeln:

$$\boxed{\begin{aligned} a_{2m} &= \frac{1}{2}\int_0^1 \Big(f(\tfrac{t}{2}) + f(\tfrac{t+1}{2})\Big) \operatorname{cal}(m;t)\,dt, & m \in \mathbf{N}_0 \\ a_{2m+1} &= \frac{1}{2}(-1)^m \int_0^1 \Big(f(\tfrac{t}{2} - \tfrac{1}{4}) - f(\tfrac{t}{2} + \tfrac{1}{4})\Big) \operatorname{cal}(m;t)\,dt, & m \in \mathbf{N}_0 \end{aligned}} \qquad (4.24)$$

$$\begin{aligned} b_{2m} &= \frac{1}{2}\int_0^1 \left(f(\tfrac{t}{2}) + f(\tfrac{t+1}{2})\right) \operatorname{sal}(m;t)\,dt, & m \in \mathbf{N} \\ b_{2m+1} &= \frac{1}{2}\int_0^1 \left(f(\tfrac{t}{2}) - f(\tfrac{t+1}{2})\right) \operatorname{cal}(m;t)\,dt, & m \in \mathbf{N}_0 \end{aligned} \tag{4.25}$$

$$\begin{aligned} a_{2m} &= \frac{1}{2}(-1)^m \int_{-\frac{1}{2}}^{\frac{1}{2}} \left(f(\tfrac{t}{2}+\tfrac{1}{4}) + f(\tfrac{t}{2}-\tfrac{1}{4})\right) \operatorname{cal}(m;t)\,dt, & m \in \mathbf{N}_0 \\ a_{2m+1} &= \frac{1}{2}\int_{-\frac{1}{2}}^{\frac{1}{2}} \left(f(\tfrac{t}{2}) - f(\tfrac{t+1}{2})\right) \operatorname{cal}(m;t)\,dt, & m \in \mathbf{N}_0 \end{aligned} \tag{4.26}$$

$$\begin{aligned} b_{2m} &= \frac{1}{2}(-1)^m \int_{-\frac{1}{2}}^{\frac{1}{2}} \left(f(\tfrac{t}{2}+\tfrac{1}{4}) + f(\tfrac{t}{2}-\tfrac{1}{4})\right) \operatorname{sal}(m;t)\,dt, & m \in \mathbf{N} \\ b_{2m+1} &= \frac{1}{2}(-1)^m \int_{-\frac{1}{2}}^{\frac{1}{2}} \left(f(\tfrac{t}{2}+\tfrac{1}{4}) - f(\tfrac{t}{2}-\tfrac{1}{4})\right) \operatorname{cal}(m;t)\,dt, & m \in \mathbf{N}_0 \end{aligned} \tag{4.27}$$

Beispiel 4.4

In (3.12) auf Seite 48 haben wir schon eine Reihe der Sägezahnfunktion hergeleitet. Wir berechnen jetzt die zu ser gehörenden *WF*-Koeffizienten mit Hilfe der obigen Formeln. Dann versichert uns der Satz (4.19), daß diese Reihe die Funktion $\operatorname{ser} x$ (mit Ausnahme der Sprungstellen) darstellt.
Die Funktion $\operatorname{ser} x$ ist ungerade. Wir benötigen also nur die Koeffizienten b_j.
Mit (3.13), nämlich $\operatorname{ser} x - \operatorname{ser}(x+\frac{1}{2}) = \frac{1}{2}\operatorname{sir} x$, erhalten wir aus (4.25)

$$b_{2m+1} = \tfrac{1}{2}\int_0^1 \left(\operatorname{ser}\tfrac{t}{2} - \operatorname{ser}(\tfrac{t}{2}+\tfrac{1}{2})\right) \operatorname{cal}(m;t)\,dt = \tfrac{1}{4}\int_0^1 \operatorname{sir}\tfrac{t}{2}\operatorname{cal}(m;t)\,dt.$$

Im Intervall $0 \le t < 1$ ist $\operatorname{sir}\frac{t}{2} = 1$ und deshalb

$$b_{2m+1} = \tfrac{1}{4}\int_0^1 \operatorname{cal}(m;t)\,dt = \begin{cases} \frac{1}{4} & \text{für } m = 0 \\ 0 & \text{sonst.} \end{cases}$$

Wiederum aus (3.13) erhalten wir die Beziehung

$$\operatorname{ser} x + \operatorname{ser}(x+\tfrac{1}{2}) = \operatorname{ser}(2x+\tfrac{1}{2}) = \operatorname{ser}(2x-\tfrac{1}{2})$$

und damit aus (4.25)

$$b_{2m} = \tfrac{1}{2}\int_0^1 \left(\operatorname{ser}\tfrac{t}{2} + \operatorname{ser}(\tfrac{t}{2}+\tfrac{1}{2})\right) \operatorname{sal}(m;t)\,dt = \tfrac{1}{2}\int_0^1 \operatorname{ser}(t-\tfrac{1}{2}) \operatorname{sal}(m;t)\,dt.$$

Mit der Substitution $t-\frac{1}{2}=v,\ t=v+\frac{1}{2}$, ist das

$$b_{2m}=\frac{1}{2}\int_{-\frac{1}{2}}^{\frac{1}{2}}\operatorname{ser} v\operatorname{sal}(m;v+\tfrac{1}{2})\,dv=\tfrac{1}{2}(-1)^m\underbrace{\int_{-\frac{1}{2}}^{\frac{1}{2}}\operatorname{ser} v\operatorname{sal}(m;v)\,dv}_{b_m}=\tfrac{1}{2}(-1)^m\,b_m.$$

Wir sehen uns nun die Koeffizienten b_m an und unterscheiden nochmals zwei Fälle:

$$\begin{array}{lll} \underline{2a:}\ m=2k, & b_{4k} = & \frac{1}{2}b_{2k} \\ \underline{2b:}\ m=2k+1, & b_{4k+2} = & -\frac{1}{2}b_{2k+1}=\begin{cases}-\frac{1}{8} & \text{für } k=0\\ 0 & \text{sonst.}\end{cases}\end{array}$$

Damit erhalten wir
$$\operatorname{ser} x=\tfrac{1}{4}\operatorname{sal}(1;x)-\frac{1}{4}\sum_{j=1}^{\infty}\frac{1}{2^j}\operatorname{sal}(2^j;x),$$
und das ist die Reihe für ser aus (3.12) auf Seite 48.

Beispiel 4.5 Eine Reihe für die Zackenfunktion ist uns schon bekannt (3.41) auf Seite 60. Wir leiten sie nochmals mit (4.24) und (4.26) her. Dabei benutzen wir wiederum aus (3.13) die Beziehungen

$$Z(x)+Z(x+\tfrac{1}{2})=\tfrac{1}{2}\quad\text{und}\quad Z(x)-Z(x+\tfrac{1}{2})=2\,Z(x)-\tfrac{1}{2}.$$

Wir erhalten für die Koeffizienten mit geradem Index aus (4.24)

$$\begin{aligned} a_{2m} &= \tfrac{1}{2}\int_0^1\left(f(\tfrac{t}{2})+f(\tfrac{t+1}{2})\right)\operatorname{cal}(m;t)\,dt = \tfrac{1}{2}\int_0^1\underbrace{\left(Z(\tfrac{t}{2})+Z(\tfrac{t}{2}+\tfrac{1}{2})\right)}_{=\frac{1}{2}}\operatorname{cal}(m;t)\,dt \\ &= \tfrac{1}{4}\int_0^1\operatorname{cal}(m;t)\,dt=\begin{cases}\frac{1}{4} & \text{für } m=0,\\ 0 & \text{sonst}.\end{cases}\end{aligned}$$

Aus (4.26) folgt für die Koeffizienten mit ungeradem Index

$$\begin{aligned} a_{2m+1} &= \tfrac{1}{2}\int_{-\frac{1}{2}}^{\frac{1}{2}}\left(f(\tfrac{t}{2})-f(\tfrac{t+1}{2})\right)\operatorname{cal}(m;t)\,dt = \tfrac{1}{2}\int_{-\frac{1}{2}}^{\frac{1}{2}}\left(Z(\tfrac{t}{2})-Z(\tfrac{t}{2}+\tfrac{1}{2})\right)\operatorname{cal}(m;t)\,dt \\ &= \tfrac{1}{2}\int_{-\frac{1}{2}}^{\frac{1}{2}}\left(2\,Z(\tfrac{t}{2})-\tfrac{1}{2}\right)\operatorname{cal}(m;t)\,dt = \int_{-\frac{1}{2}}^{\frac{1}{2}}Z(\tfrac{t}{2})\operatorname{cal}(m;t)\,dt-\tfrac{1}{4}\int_{-\frac{1}{2}}^{\frac{1}{2}}\operatorname{cal}(m;t)\,dt.\end{aligned}$$

Nun gilt in $-\frac{1}{2}\le\frac{t}{2}\le\frac{1}{2}$ $\quad Z(\frac{t}{2})=\frac{1}{2}|t|=\frac{1}{2}Z(x)$, also

$$a_{2m+1} = \tfrac{1}{2}\int_{-\frac{1}{2}}^{\frac{1}{2}}Z(t)\operatorname{cal}(m;t)\,dt-\tfrac{1}{4}\int_{-\frac{1}{2}}^{\frac{1}{2}}\operatorname{cal}(m;t)\,dt = \frac{1}{2}a_m-\begin{cases}\frac{1}{4} & \text{für } m=0,\\ 0 & \text{sonst}.\end{cases}$$

Wir haben also $a_0=\frac{1}{4}$ und $a_{2m}=0$ für $m>0$,
und aus $a_{2m+1}=\frac{1}{2}a_m$ für $m\ge 0$ erhalten wir $a_{4N-1}=-\frac{1}{16N}$.
Alle übrigen Koeffizienten verschwinden. Damit haben wir wie früher

$$Z(x)=\frac{1}{4}-\frac{1}{4}\sum_{j=1}^{\infty}\frac{1}{2^j}\operatorname{cal}(2^j-1;x)\quad.$$

Beispiel 4.6 In den vorigen Beispielen haben wir lediglich uns schon bekannte Reihen — die wir früher auf viel einfachere Weise hergeleitet hatten — behandelt. Wir wollen jetzt eine nicht lineare Funktion betrachten, von der wir annehmen dürfen, daß es keinen sehr einfachen Weg gibt, zu ihrer *WF*-Reihe zu kommen, nämlich die Funktion

$$f(x) = \operatorname{ser}^2 x = \mathrm{Z}^2(x).$$

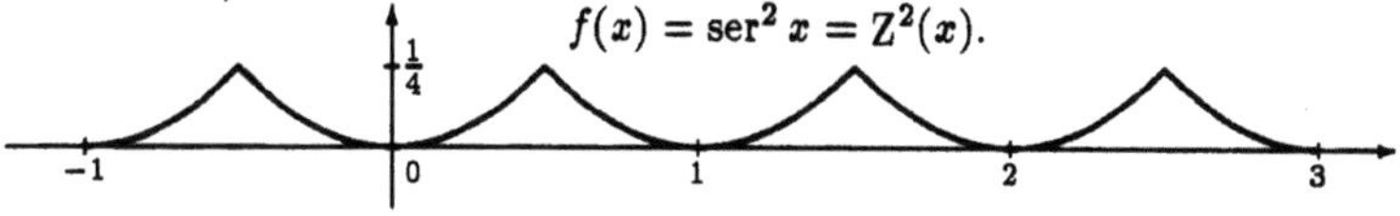

Mit Hilfe der Formeln (4.24), (4.26) auf Seite 79 und (3.13) auf Seite 48 können wir wieder die Koeffizienten der gesuchten *WF*-Reihe berechnen. Man erhält mit $2N = 2^n$:

$$\operatorname{ser}^2 x = \mathrm{Z}^2(x) = \tfrac{1}{12} - \tfrac{1}{16}\operatorname{cal}(1;x) + \frac{1}{8}\sum_{n=3}^{\infty}\frac{1}{N}\Big(-\operatorname{cal}(N-1;x) + \sum_{k=1}^{n-2}\tfrac{1}{2^k}\operatorname{cal}(N-2^k;x)\Big). \tag{4.28}$$

Aufgabe 4.1 $\Longrightarrow$ Lösung auf Seite 262

Man berechne die *WF*-Koeffizienten von (4.28)!

Wir kommen aber auch oft durch Multiplikation von *WF*-Reihen zum Ziele. Kennen wir nämlich die *WF*-Reihen zweier Funktionen $f, g \in \tilde{L}^2$, so erhalten wir die *WF*-Reihe ihres Produktes $h(x) = f(x)g(x)$ in formal einfacher Weise.

Es sei $f(x) = \sum_{k=0}^{\infty} A_k \operatorname{walsh}(k;x)$, $g(x) = \sum_{j=0}^{\infty} B_j \operatorname{walsh}(j;x)$ und

$f(x)\cdot g(x) = h(x) = \sum_{\ell=0}^{\infty} C_\ell \operatorname{walsh}(\ell;x)$. Dann gilt

$$C_\ell = \int_0^1 h(t)\operatorname{walsh}(\ell;t)\,dt = \int_0^1 \Big\{\sum_{k=0}^{\infty} A_k \operatorname{walsh}(k;t)\Big\}\Big\{\sum_{j=0}^{\infty} B_j \operatorname{walsh}(j;t)\Big\}\operatorname{walsh}(\ell;t)\,dt$$

$$= \sum_{k,j} A_k B_j \int_0^1 \operatorname{walsh}(k\oplus j;t)\operatorname{walsh}(\ell;t)\,dt.$$

Wegen $\int_0^1 \operatorname{walsh}(k\oplus j;t)\operatorname{walsh}(\ell;t)\,dt = \begin{cases} 1 & \text{für } k\oplus j = \ell \\ 0 & \text{sonst.}\end{cases}$ ist

$k\oplus j = \ell$, $k = \ell\oplus j$, $j = \ell\oplus k$ und $C_\ell = \sum_{k=0}^{\infty} A_k B_{\ell\oplus k} = \sum_{j=0}^{\infty} A_{\ell\oplus j} B_j$.

Es gilt also

$$\boxed{\begin{array}{l}\text{Es seien } f,g \in \tilde{L}^2 \text{ und} \\ f(x) = \sum_{k=0}^{\infty} A_k \operatorname{walsh}(k;x), \quad g(x) = \sum_{j=0}^{\infty} B_j \operatorname{walsh}(j;x), \\ f(x)\cdot g(x) = h(x) = \sum_{\ell=0}^{\infty} C_\ell \operatorname{walsh}(\ell;x). \\ \text{Dann gilt} \quad C_\ell = \sum_{k=0}^{\infty} A_k\, B_{\ell\oplus k} = \sum_{j=0}^{\infty} A_{\ell\oplus j}\, B_j. \end{array}} \tag{4.29}$$

Für *WF*-Reihen aus cal- und sal-Funktionen findet man die folgenden Spezialfälle:
Es seien $f, g \in \tilde{L}^2$ gerade Funktionen und

$$f(x) = \sum_{k=0}^{\infty} A_k \operatorname{cal}(k;x), \qquad g(x) = \sum_{j=0}^{\infty} \tilde{A}_j \operatorname{cal}(j;x),$$

$$f(x)\cdot g(x) = h(x) = \sum_{\ell=0}^{\infty} a_\ell \operatorname{cal}(\ell;x).$$

Dann gilt

$$a_\ell = \sum_{k=0}^{\infty} A_k\, \tilde{A}_{\ell\oplus k} = \sum_{j=0}^{\infty} A_{\ell\oplus j}\, \tilde{A}_j. \tag{4.30}$$

Es seien $f, g \in \tilde{L}^2$, f sei eine gerade, g sei eine ungerade Funktion und

$$f(x) = \sum_{k=0}^{\infty} A_k \operatorname{cal}(k;x), \qquad g(x) = \sum_{j=0}^{\infty} B_{j+1} \operatorname{sal}(j;x),$$

$$f(x)\cdot g(x) = h(x) = \sum_{\ell=0}^{\infty} b_{\ell+1} \operatorname{sal}(\ell+1;x).$$

Dann gilt

$$b_{\ell+1} = \sum_{k=0}^{\infty} A_k\, B_{(\ell\oplus k)+1} = \sum_{j=0}^{\infty} A_{\ell\oplus j}\, B_{j+1}. \tag{4.31}$$

Es seien $f, g \in \tilde{L}^2$ ungerade Funktionen und

$$f(x) = \sum_{k=0}^{\infty} B_{k+1} \operatorname{sal}(k+1;x), \qquad g(x) = \sum_{j=0}^{\infty} \tilde{B}_{j+1} \operatorname{sal}(j+1;x),$$

$$f(x)\cdot g(x) = h(x) = \sum_{\ell=0}^{\infty} a_\ell \operatorname{cal}(\ell;x).$$

Dann gilt

$$a_\ell = \sum_{k=0}^{\infty} B_{k+1}\, \tilde{B}_{(\ell\oplus k)+1} = \sum_{j=0}^{\infty} B_{(\ell\oplus j)+1}\, \tilde{B}_{j+1}. \tag{4.32}$$

4.4 WF-Reihen von Cosinus und Sinus

v sei eine rl-Funktion. Dann folgt wegen $v(x+\frac{1}{2}) = -v(x)$ aus (4.24) auf Seite 78 bis (4.27) auf Seite 79, daß stets gilt

$$\begin{aligned} a_{2m} &= 0 & b_{2m} &= 0 \\ a_{2m+1} &= \int_{-\frac{1}{2}}^{\frac{1}{2}} v(\tfrac{t}{2})\,\mathrm{cal}(m;t)\,dt, & b_{2m+1} &= \int_{0}^{1} v(\tfrac{t}{2})\,\mathrm{cal}(m;t)\,dt. \end{aligned} \tag{4.33}$$

$\sin 2\pi x$ und $\cos 2\pi x$ sind rl-Funktionen. Wegen (4.33) haben ihre WF-Reihen die Form

$$\cos 2\pi x = \sum_{m=0}^{\infty} a_{2m+1}\,\mathrm{cal}(2m+1;x), \quad \sin 2\pi x = \sum_{m=0}^{\infty} b_{2m+1}\,\mathrm{sal}(2m+1;x).$$

Aus $\sin(2\pi x + \frac{\pi}{2}) = \cos 2\pi x$ und (3.34) auf Seite 57 folgt:

$$b_{2m+1} = (-1)^m a_{2m+1}.$$

Wir bezeichnen deshalb die Koeffizienten beider Reihen mit c. Aus elementaren Beziehungen zwischen trigonometrischen Funktionen erhalten wir dann z.B. folgende Reihenentwicklungen

$$\cos 2\pi x = \sum_{k=0}^{\infty} c_{2k+1}\,\mathrm{cal}(2k+1;x) = \mathrm{cor}\,x \sum_{k=0}^{\infty} c_{2k+1}\,\mathrm{cal}(k;2x) \tag{4.34}$$

$$\sin 2\pi x = \sum_{k=0}^{\infty} (-1)^k c_{2k+1}\,\mathrm{sal}(2k+1;x) = \mathrm{sir}\,x \sum_{k=0}^{\infty} (-1)^k c_{2k+1}\,\mathrm{cal}(k;2x) \tag{4.35}$$

$$\mathrm{cor}\,x\,\cos 2\pi x = |\cos 2\pi x| = \sum_{k=0}^{\infty} c_{2k+1}\,\mathrm{cal}(k;2x) \tag{4.36}$$

$$\mathrm{sir}\,x\,\sin 2\pi x = |\sin 2\pi x| = \sum_{k=0}^{\infty} (-1)^k c_{2k+1}\,\mathrm{cal}(k;2x). \tag{4.37}$$

Für $x = 0$ folgt

$$\text{aus (4.36)} \sum_{k=0}^{\infty} c_{2k+1} = 1, \quad \text{und} \quad \text{aus (4.37)} \sum_{k=0}^{\infty} (-1)^k c_{2k+1} = 0. \tag{4.38}$$

Daraus wiederum erhält man $\sum_{k=0}^{\infty} c_{4k+1} = \sum_{k=0}^{\infty} c_{4k+3} = \frac{1}{2}$.

Wegen $\cos^2 2\pi x = \frac{1}{2}(1 + \cos 4\pi x)$ und $\sin^2 2\pi x = \frac{1}{2}(1 - \cos 4\pi x)$ ist

$$\cos^2 2\pi x = \frac{1}{2}\Big\{1 + \mathrm{cor}\,2x \sum_{k=0}^{\infty} c_{2k+1}\,\mathrm{cal}(k;4x)\Big\}, \tag{4.39}$$

$$\sin^2 2\pi x = \frac{1}{2}\Big\{1 - \mathrm{cor}\,2x \sum_{k=0}^{\infty} c_{2k+1}\,\mathrm{cal}(k;4x)\Big\}. \tag{4.40}$$

Wir berechnen einige Koeffizienten der *WF*-Reihe von $v(x) = \cos 2\pi x$.

Das Integral $c_{2m+1} = 2\int\limits_0^{1/2} \cos \pi t \, \mathrm{cal}(m;t)\, dt.$ läßt sich leicht berechnen, wenn man es mit Hilfe der Additionstheoreme für sin bzw. cos und den Beziehungen $\mathrm{sir}(x+\frac{1}{4}) = \mathrm{cor}\, x$, $\mathrm{cor}(x+\frac{1}{2}) = -\,\mathrm{cor}\, x$ sukzessive vereinfacht.
c_5 haben wir schon im Beispiel (3.9) auf Seite 61 auf diese Weise berechnet.

(4.41)

Für die Approximation von $\cos 2\pi x$ in S_5 erhalten wir

$$
\begin{aligned}
c_1 &= \tfrac{2}{\pi}\\
c_3 &= \tfrac{2}{\pi}\left(\sqrt{2}-1\right)\\
c_5 &= \tfrac{4}{\pi}\sqrt{2}\sin\tfrac{\pi}{8}\left(\cos\tfrac{\pi}{8}-1\right)\\
c_7 &= \tfrac{4}{\pi}\sqrt{2}\cos\tfrac{\pi}{8}\left(1-\cos\tfrac{\pi}{8}\right)\\
c_9 &= \tfrac{8}{\pi}\sqrt{2}\cos\tfrac{\pi}{8}\sin\tfrac{\pi}{16}\left(\cos\tfrac{\pi}{16}-1\right)\\
c_{11} &= \tfrac{8}{\pi}\sqrt{2}\sin\tfrac{\pi}{8}\sin\tfrac{\pi}{16}\left(\cos\tfrac{\pi}{16}-1\right)\\
c_{13} &= \tfrac{8}{\pi}\sqrt{2}\sin\tfrac{\pi}{8}\cos\tfrac{\pi}{16}\left(\cos\tfrac{\pi}{16}-1\right)\\
c_{15} &= \tfrac{8}{\pi}\sqrt{2}\cos\tfrac{\pi}{8}\cos\tfrac{\pi}{16}\left(1-\cos\tfrac{\pi}{16}\right)
\end{aligned}
$$

Man sieht, daß die Werte dieser Koeffizienten einer Gesetzmäßigkeit folgen, für die man eine allgemeine Formel herleiten kann. Eine Abschätzung der Beträge dieser Koeffizienten zeigt, daß die meisten sehr schnell klein werden.
(Wir müssen hier aus Platzmangel auf die Durchführung dieser Rechnungen verzichten.)
Die nebenstehende Liste enthält z.B. alle c_{2m+1}, deren Betrag $\geq 5\cdot 10^{-4}$ ist.

c_1	= 0.636620	c_3	= 0.263697
c_5	=−0.052453	c_7	= 0.126632
c_9	=−0.012472	c_{11}	=−0.005166
c_{13}	=−0.025972	c_{15}	= 0.062702
c_{17}	=−0.003080	c_{19}	=−0.001276
c_{23}	=−0.000613	c_{25}	=−0.006221
c_{27}	=−0.002577	c_{29}	=−0.012955
c_{31}	= 0.031275	c_{33}	=−0.000768
c_{49}	=−0.001539	c_{51}	=−0.000638
c_{57}	=−0.003109	c_{59}	=−0.001288
c_{61}	=−0.006473	c_{63}	= 0.015628
c_{65}	=−0.000192		
c_{113}	= 0.000770		
c_{121}	=−0.001554	c_{123}	=−0.000644
c_{125}	=−0.003236	c_{127}	= 0.007814
c_{249}	=−0.000777	c_{253}	=−0.001618
c_{255}	= 0.003906		
c_{509}	=−0.000809	c_{511}	= 0.001953
c_{1023}	= 0.000977		

Im S_7 hat $\cos 2\pi x$ also die folgende Darstellung:

$$
\begin{aligned}
\cos 2\pi x \approx f_7(x) = {} & 0.637\,\mathrm{cal}(1;x) + 0.264\,\mathrm{cal}(3;x) - 0.052\,\mathrm{cal}(5;x)\\
& + 0.127\,\mathrm{cal}(7;x) - 0.012\,\mathrm{cal}(9;x) - 0.005\,\mathrm{cal}(11;x)\\
& - 0.026\,\mathrm{cal}(13;x) + 0.063\,\mathrm{cal}(15;x) - 0.006\,\mathrm{cal}(25;x)\\
& - 0.013\,\mathrm{cal}(29;x) + 0.031\,\mathrm{cal}(31;x) - 0.006\,\mathrm{cal}(61;x)\\
& + 0.016\,\mathrm{cal}(63;x)
\end{aligned}
$$

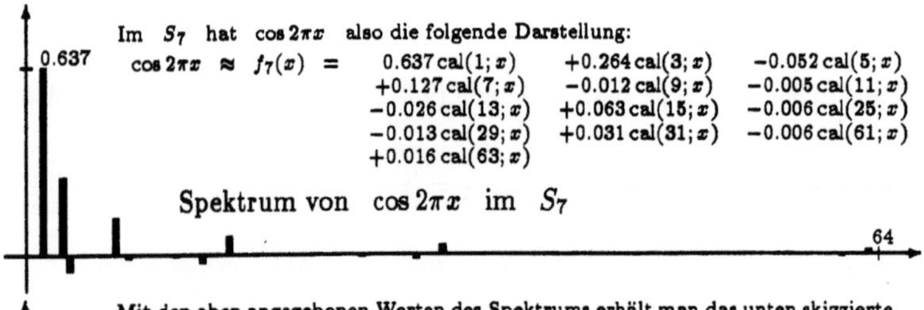

Mit den oben angegebenen Werten des Spektrums erhält man das unten skizzierte Schaubild von $\cos 2\pi x$.

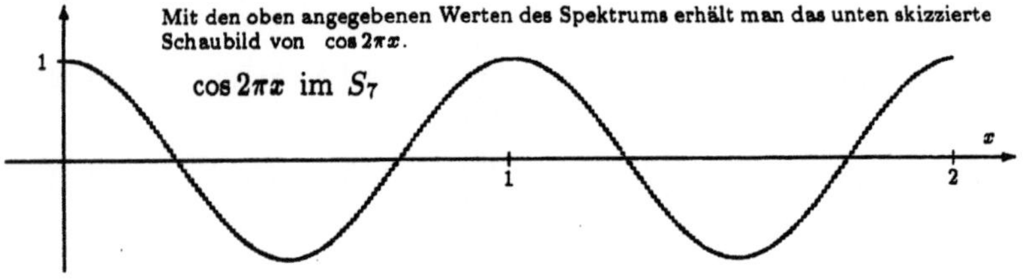

Kapitel 5

Diskrete WALSH-Transformationen, schnelle WALSH-Transformationen

In diesem Kapitel besprechen wir Zusammenhänge, welche für die numerische Behandlung von WALSH-Transformationen wichtig sind. Wir leiten sog. „schnelle WALSH-Transformationen" her. Das sind Produktzerlegungen der Transformationsmatrix, welche die Anzahl der Rechenoperationen reduzieren.

Führt man die Berechnung der zu einer periodischen Funktion f gehörenden FOURIER-Reihe — d.h. die Bestimmung ihres Spektrums — numerisch durch, so muß man in zweierlei Hinsicht einen Kompromiß schließen. Zum einen muß man die Reihe durch eine Partialsumme ersetzen, zum anderen muß man die Funktion durch endlich viele ihrer Funktionswerte ersetzen, man muß sie an endlich vielen Stellen *abtasten*. Man ersetzt also

eine **trigonometrische FOURIER-Reihe**
durch ein **trigonometrisches Polynom**.

In analoger Weise ersetzt man bei der numerischen Berechnung

eine **WALSH-Reihe** durch ein **WALSH-Polynom**.

Ein solches WALSH-Polynom stellt eine Treppenfunktion über einer Zerlegung Ω_n des Periodenintervalles dar. Wir müssen also die Funktion f durch eine Treppenfunktion ersetzen. Das geschieht z.B. dadurch, daß wir über den Teilintervallen der Zerlegung jeweils einen Integralmittelwert bilden. Wenn man die dabei auszuführende Integration numerisch berechnet, so tritt dabei natürlich wiederum ein Fehler auf.

Wenn man nun zu einer Treppenfunktion in S_n, d.h. zu einem *Koordinatenvektor* oder *Wertevektor* in S_n, gekommen ist, erhält man die Spektralwerte dieser Treppenfunktion, also die approximativen Spektralwerte der Funktion f, durch eine lineare Transformation, nämlich durch Multiplikation des Wertevektors mit einer Matrix. Wir haben also folgende Schritte auszuführen:

$$f \in \tilde{L}^2$$

$$\Downarrow$$

Diskretisierung von f

Approximation von f durch eine Treppenfunktion aus S_n

$$\Downarrow$$

lineare Transformation mit einer geeigneten Matrix

$$\hat{\mathbf{f}} = \frac{1}{2N} \mathbf{H}_n \mathbf{f}$$

Spektralvektor = WALSH-Matrix • Wertevektor

$$\Downarrow$$

Approximatives Spektrum $\hat{f}$ von f

$\hat{f}$ ist wieder eine Treppenfunktion, die sog. *Spektralfunktion* von f.

Wir betrachten nun zunächst den zweiten Schritt, die lineare Transformation des Wertevektors in den Spektralvektor.

5.1 WALSH-Matrizen und Basistransformationen

Wir haben bisher vier gebräuchliche Basissysteme in S_n kennengelernt:

a) Die Blockfunktionen $\mathrm{blo}(n, j; x)$ $\quad 0 \le j < 2N$,

b) Die WALSH-KRONECKER-Funktionen $\mathrm{wak}(n, j; x)$ $\quad 0 \le j < 2N$,

c) Die WALSH-PALEY-Funktionen $\mathrm{pal}(j; x)$ $\quad 0 \le j < 2N$,

d) Die WALSH-KACZMARZ-Funktionen $\mathrm{wal}(j; x)$ $\quad 0 \le j < 2N$,

$2N = 2^n$.

Nun wollen wir die Transformationen betrachten, welche diese Basen ineinander überführen. Vor allem interessiert uns der Zusammenhang von Block- und WALSH-Funktionen.

Eine Treppenfunktion $g \in S_n$ mit den Funktionswerten $g_0, g_1, \dots\dots, g_{2N-1}$ über den Teilintervallen $I_{n0}, I_{n1}, \dots, I_{n,2N-1}$ der Zerlegung Ω_n hat in der Basis Bl_n von (3.25) die Darstellung

$$g(x) = \sum_{j=0}^{2N-1} g_j \,\mathrm{blo}(n, j; x). \qquad (5.1)$$

$\mathbf{g} = (g_0, g_1, \dots, g_{2N-2}, g_{2N-1})^T$ ist der zugehörige Koordinatenvektor.

Wir nennen $\mathbf{g}$ auch den *Wertevektor* von g.

In einer Orthonormalbasis aus beliebigen WALSH-Funktionen $\{\text{walsh}(j;x) \mid 0 \leq j < 2N\}$ in S_n hat g die Darstellung

$$g(x) = \sum_{j=0}^{2N-1} v_j \,\text{walsh}(j;x). \qquad \mathbf{v} = (v_0, v_1, \ldots, v_{2N-2}, v_{2N-1})^T \tag{5.2}$$

ist der zugehörige Koordinatenvektor.
Wir nennen $\mathbf{v}$ auch den *Spektralvektor* von g.

In der Basis P_n hat g die Darstellungen

$$g(x) = \sum_{j=0}^{2N-1} p_j \,\text{pal}(j;x) \qquad \text{mit dem zugehörigen Spektralvektor } \mathbf{p} = (p_0, p_1, \ldots, p_{2N-2}, p_{2N-1})^T, \tag{5.3}$$

---

und in der Basis W_n hat g die Darstellung

$$g(x) = \sum_{j=0}^{2N-1} w_j \,\text{wal}(j;x) = \sum_{j=0}^{N-1} \big(a_j \,\text{cal}(j;x) + b_{j+1} \,\text{sal}(j+1;x)\big)$$

mit dem zugehörigen Spektralvektor

$$\mathbf{w} = (w_0, w_1, \ldots w_{2N-2}, w_{2N-1})^T = (a_0, b_1, \ldots a_{N-1}, b_N)^T. \tag{5.4}$$

Wir betrachten nun ein beliebiges System von WALSH-Funktionen (2.20) $\text{walsh}(j;x) = (-1)^{\theta(\nu(j),\mu(x))}$, wobei daran erinnert sei, daß θ eine beliebig gewählte, aber dann feste symmetrische und nicht singuläre Bilinearform (2.12) auf Seite 25 ist. Dann wählen wir in jedem Teilintervall einer Zerlegung Ω_n einen Wert $x_k \in I_{nk}$, $0 \leq k < 2N = 2^n$. Damit bilden wir die Matrix

$$\mathbf{H}_n = \big(\text{walsh}(j;x_k)\big) = \Big((-1)^{\theta(\nu(j),\mu(x_k))}\Big).$$

Weil die Bilinearform θ symmetrisch ist, ist auch diese Matrix symmetrisch. Es gilt also

$$\mathbf{H}_n = \big(\text{walsh}(j;x_k)\big) = \big(\text{walsh}(k;x_j)\big) = \mathbf{H}_n^T \qquad j = 0,1,\ldots,2N-1, \quad k = 0,1,\ldots,2N-1. \tag{5.5}$$

Das Quadrat $\mathbf{H}_n^2 = (\omega_{pq})$ dieser Matrix hat die Elemente

$$\omega_{pq} = \sum_{j=0}^{2N-1} \text{walsh}(p;x_j)\,\text{walsh}(j;x_q) \overset{\text{nach}(5.5)}{=} \sum_{j=0}^{2N-1} \text{walsh}(j;x_p)\,\text{walsh}(j;x_q)$$

$$= \sum_{j=0}^{2N-1} \text{walsh}(j;x_p \oplus x_q). \qquad \text{Nun gilt} \quad x_p \oplus x_q \begin{cases} \in I_{n0} & \text{für } p = q \\ \notin I_{n0} & \text{für } p \neq q \end{cases}.$$

Nach (2.24) auf Seite 30 ist also $\omega_{pq} = 2N\delta_{pq}$, und damit erhalten wir

$$\boxed{\mathbf{H}_n^2 = 2N\mathbf{I} \quad \big(\mathbf{I} \text{ Einheitsmatrix}\big), \qquad \mathbf{H}_n^{-1} = \frac{1}{2N}\mathbf{H}_n.} \tag{5.6}$$

Wir nennen die Matrizen $\mathbf{H}_n$ *WALSH-Matrizen*. WALSH-Matrizen haben die Eigenschaften:

1. Alle Elemente haben den Wert 1 oder -1 .
2. Die Spaltenvektoren und auch die Zeilenvektoren bilden ein Orthogonalsystem.

Solche Matrizen nennt man HADAMARD-Matrizen. WALSH-Matrizen sind also spezielle HADAMARD-Matrizen. Unser besonderes Interesse gilt den zum pal- bzw. wal-System gehörenden WALSH-Matrizen. Das sind die

WALSH-PALEY-Matrizen

$$\mathbf{P}_n = \big(\mathrm{pal}(j;x_k)\big) = \big(\mathrm{pal}(k;x_j)\big). \tag{5.7}$$

und die

WALSH-KACZMARZ-Matrizen (5.8)

$$\mathbf{W}_n = \big(\mathrm{wal}(j;x_k)\big) = \big(\mathrm{wal}(k;x_j)\big)$$

$$= \begin{pmatrix} \mathrm{wal}(0;x_0) & \mathrm{wal}(0;x_1) & \cdots & \mathrm{wal}(0;x_k) & \cdots & \mathrm{wal}(0;x_{2N-1}) \\ \mathrm{wal}(1;x_0) & \mathrm{wal}(1;x_1) & \cdots & \mathrm{wal}(1;x_k) & \cdots & \mathrm{wal}(1;x_{2N-1}) \\ \mathrm{wal}(2;x_0) & \mathrm{wal}(2;x_1) & \cdots & \mathrm{wal}(2;x_k) & \cdots & \mathrm{wal}(2;x_{2N-1}) \\ \mathrm{wal}(3;x_0) & \mathrm{wal}(3;x_1) & \cdots & \mathrm{wal}(3;x_k) & \cdots & \mathrm{wal}(3;x_{2N-1}) \\ \vdots & \vdots & \ddots & \vdots & \vdots & \vdots \\ \mathrm{wal}(2N-2;x_0) & \mathrm{wal}(2N-2;x_1) & \cdots & \mathrm{wal}(2N-2;x_k) & \cdots & \mathrm{wal}(2N-2;x_{2N-1}) \\ \mathrm{wal}(2N-1;x_0) & \mathrm{wal}(2N-1;x_1) & \cdots & \mathrm{wal}(2N-1;x_k) & \cdots & \mathrm{wal}(2N-1;x_{2N-1}) \end{pmatrix}$$

$$= \begin{pmatrix} \mathrm{cal}(0;x_0) & \mathrm{cal}(0;x_1) & \cdots & \mathrm{cal}(0;x_k) & \cdots & \mathrm{cal}(0;x_{2N-1}) \\ \mathrm{sal}(1;x_0) & \mathrm{sal}(1;x_1) & \cdots & \mathrm{sal}(1;x_k) & \cdots & \mathrm{sal}(1;x_{2N-1}) \\ \mathrm{cal}(1;x_0) & \mathrm{cal}(1;x_1) & \cdots & \mathrm{cal}(1;x_k) & \cdots & \mathrm{cal}(1;x_{2N-1}) \\ \mathrm{sal}(2;x_0) & \mathrm{sal}(2;x_1) & \cdots & \mathrm{sal}(2;x_k) & \cdots & \mathrm{sal}(2;x_{2N-1}) \\ \vdots & \vdots & \ddots & \vdots & \vdots & \vdots \\ \mathrm{cal}(N-1;x_0) & \mathrm{cal}(N-1;x_1) & \cdots & \mathrm{cal}(N-1;x_k) & \cdots & \mathrm{cal}(N-1;x_{2N-1}) \\ \mathrm{sal}(N;x_0) & \mathrm{sal}(N;x_1) & \cdots & \mathrm{sal}(N;x_k) & \cdots & \mathrm{sal}(N;x_{2N-1}) \end{pmatrix}$$

Aus (5.2) und (5.5) folgt

$$g(x_k) = g_k = \sum_{j=0}^{2N-1} v_j \operatorname{walsh}(j; x_k) = \sum_{j=0}^{2N-1} v_j \operatorname{walsh}(k; x_j)$$

für $k = 0, 1, 2, \ldots, 2N-1$. Das ist die Transformation eines Koordinatenvektors aus einer WALSH-Basis in die Basis der Blockfunktionen, und aus (5.6) erhalten wir die zugehörige Rücktransformation. Wir haben damit die folgenden Transformationspaare:

$$\boxed{\mathbf{v} = \frac{1}{2N}\mathbf{H}_n\,\mathbf{g}, \qquad \mathbf{g} = \mathbf{H}_n\,\mathbf{v}} \tag{5.9}$$

Insbesondere gilt

$$\boxed{\mathbf{p} = \frac{1}{2N}\mathbf{P}_n\,\mathbf{g}, \qquad \mathbf{g} = \mathbf{P}_n\,\mathbf{p}} \tag{5.10}$$

und

$$\boxed{\mathbf{w} = \frac{1}{2N}\mathbf{W}_n\,\mathbf{g}, \qquad \mathbf{g} = \mathbf{W}_n\,\mathbf{w}} \tag{5.11}$$

Beispiel 5.1

$\underline{n=1:}$ $\qquad \mathbf{W}_1 = \begin{pmatrix} 1 & 1 \\ 1 & -1 \end{pmatrix}$

Eine beliebige Treppenfunktion $g(x) = g_0 \operatorname{blo}(1,0;x) + g_1 \operatorname{blo}(1,1;x)$ aus S_1 hat in der Basis W_1 den Koordinatenvektor (Spektralvektor)

$$\mathbf{w} = \begin{pmatrix} a_0 \\ b_1 \end{pmatrix} = \tfrac{1}{2}\mathbf{W}_1\mathbf{g} = \tfrac{1}{2}\begin{pmatrix} 1 & 1 \\ 1 & -1 \end{pmatrix}\begin{pmatrix} g_0 \\ g_1 \end{pmatrix} = \tfrac{1}{2}\begin{pmatrix} g_0 + g_1 \\ g_0 - g_1 \end{pmatrix}$$

und damit ist $g(x) = \frac{1}{2}\Big((g_0 + g_1)\operatorname{cal}(0;x) + (g_0 - g_1)\operatorname{sal}(1;x)\Big)$.

$\underline{n=2:}$ $\qquad \mathbf{W}_2 = \begin{pmatrix} 1 & 1 & 1 & 1 \\ 1 & 1 & -1 & -1 \\ 1 & -1 & -1 & 1 \\ 1 & -1 & 1 & -1 \end{pmatrix}.$

Es sei $g(x) = 2\operatorname{blo}(2,0;x) - \operatorname{blo}(2,1;x) + 4\operatorname{blo}(2,2;x) + \operatorname{blo}(2,3;x)$, also $\mathbf{g} = (2, -1, 4, 1)^T$. Dann ist

$$\mathbf{w} = \begin{pmatrix} a_0 \\ b_1 \\ a_1 \\ b_2 \end{pmatrix} = \tfrac{1}{4}\mathbf{W}_2\mathbf{g} = \tfrac{1}{4}\begin{pmatrix} 1 & 1 & 1 & 1 \\ 1 & 1 & -1 & -1 \\ 1 & -1 & -1 & 1 \\ 1 & -1 & 1 & -1 \end{pmatrix}\begin{pmatrix} 2 \\ -1 \\ 4 \\ 1 \end{pmatrix} = \begin{pmatrix} \frac{3}{2} \\ -1 \\ 0 \\ \frac{3}{2} \end{pmatrix}$$

Damit ist $g(x) = \frac{3}{2}\operatorname{cal}(0;x) - \operatorname{sal}(1;x) + \frac{3}{2}\operatorname{sal}(2;x) = \frac{3}{2} - \operatorname{sir} x + \frac{3}{2}\operatorname{sir} 2x$.

Für $n = 3$ erhält man die WALSH-Matrizen

$$\mathbf{P}_3 = \begin{pmatrix} 1 & 1 & 1 & 1 & 1 & 1 & 1 & 1 \\ 1 & 1 & 1 & 1 & -1 & -1 & -1 & -1 \\ 1 & 1 & -1 & -1 & 1 & 1 & -1 & -1 \\ 1 & 1 & -1 & -1 & -1 & -1 & 1 & 1 \\ 1 & -1 & 1 & -1 & 1 & -1 & 1 & -1 \\ 1 & -1 & 1 & -1 & -1 & 1 & -1 & 1 \\ 1 & -1 & -1 & 1 & 1 & -1 & -1 & 1 \\ 1 & -1 & -1 & 1 & -1 & 1 & 1 & -1 \end{pmatrix} \quad \text{und} \quad \mathbf{W}_3 = \begin{pmatrix} 1 & 1 & 1 & 1 & 1 & 1 & 1 & 1 \\ 1 & 1 & 1 & 1 & -1 & -1 & -1 & -1 \\ 1 & 1 & -1 & -1 & -1 & -1 & 1 & 1 \\ 1 & 1 & -1 & -1 & 1 & 1 & -1 & -1 \\ 1 & -1 & -1 & 1 & 1 & -1 & -1 & 1 \\ 1 & -1 & -1 & 1 & -1 & 1 & 1 & -1 \\ 1 & -1 & 1 & -1 & -1 & 1 & -1 & 1 \\ 1 & -1 & 1 & -1 & 1 & -1 & 1 & -1 \end{pmatrix}.$$

Siehe auch Beispiel 2.5 auf Seite 38 !

Aufgabe 5.1 ⟹ Lösung auf Seite 263

Harmuth berichtet in seinem Buch über „Sequency Theory“ [H 2], daß japanische Fernsehtechniker für die Bildverarbeitung ein Orthogonalsystem verwenden, welches sie *slant functions* $\mathrm{sla}(k,x)$ nennen. Es besteht aus Funktionen im S_3 mit den folgenden Wertevektoren

$$\begin{array}{lcl}
\mathrm{sla}(0,x) &=& (\ 1,\ 1,\ 1,\ 1,\ 1,\ 1,\ 1,\ 1\ )^T \\
\mathrm{sla}(1,x) &=& \frac{1}{\sqrt{21}}(\ 7,\ 5,\ 3,\ 1,\ -1,\ -3,\ -5,\ -7\ )^T \\
\mathrm{sla}(2,x) &=& \frac{1}{\sqrt{5}}(\ 3,\ 1,\ -1,\ -\sqrt{5},\ -\sqrt{5},\ -1,\ 1,\ 3\ )^T \\
\mathrm{sla}(3,x) &=& \frac{1}{\sqrt{105}}(\ 7,\ -1,\ -9,\ -17,\ 17,\ 9,\ 1,\ -7\ )^T \\
\mathrm{sla}(4,x) &=& (\ 1,\ -1,\ -1,\ 1,\ 1,\ -1,\ -1,\ 1\ )^T \\
\mathrm{sla}(5,x) &=& (\ 1,\ -1,\ -1,\ 1,\ -1,\ 1,\ 1,\ -1\ )^T \\
\mathrm{sla}(6,x) &=& \frac{1}{\sqrt{5}}(\ 1,\ -3,\ 3,\ -1,\ -1,\ 3,\ -3,\ 1\ )^T \\
\mathrm{sla}(7,x) &=& \frac{1}{\sqrt{5}}(\ 1,\ -3,\ 3,\ -1,\ 1,\ -3,\ 3,\ -1\ )^T
\end{array}$$

Man stelle diese Funktionen im wal-System dar!

5.2 Diskrete WALSH-Transformationen

Im vorigen Abschnitt haben wir Transformationen von Treppenfunktionen betrachtet. Wollen wir die dort eingeführten Begriffe auf beliebige Funktionen aus $\tilde{L}^2$ *anwenden, so müssen wir diesen allgemeineren Funktionen in sinnvoller Weise Treppenfunktionen zuordnen.*

5.2.1 Diskretisierung der zu transformierenden Funktion

Es sei $f \in \tilde{L}^2$ und $\mathrm{walsh}(m;x)$, $0 \le m < 2N = 2^n$, eine WALSH-Funktion aus S_n. Dann haben die EULER-WALSH-Integrale (4.12) die Form:

$$v_\ell = \int_0^1 f(x)\ \mathrm{walsh}(\ell;x)\,dx = \sum_{j=0}^{2N-1} \int_{I_{nj}} f(x)\ \mathrm{walsh}(\ell;x)\,dx\ .$$

Dabei sind die I_{nj} die Teilintervalle der zu S_n gehörenden Zerlegung Ω_n. Weil nun $\mathrm{walsh}(\ell;x)$ in I_{nj} einen konstanten Wert $\mathrm{walsh}(\ell;x_j)$ hat, ist

$$v_\ell = \sum_{j=0}^{2N-1} \mathrm{walsh}(\ell;x_j) \int_{I_{nj}} f(x)\,dx.$$

Bildet man in jedem Teilintervall I_{nj} den Integralmittelwert

$$g(x_j) = \frac{1}{h}\int_{I_{nj}} f(x)\,dx = 2N \int_{I_{nj}} f(x)\,dx, \quad h = \frac{1}{2N},$$

so wird der Funktion f eine Treppenfunktion g in S_n zugeordnet. Wir haben dann

$$v_\ell = \sum_{j=0}^{2N-1} \int_{I_{nj}} f(x)\,\text{walsh}(\ell;x)\,dx = h\sum_{j=0}^{2N-1} \text{walsh}(\ell;x_j)\,g(x_j). \tag{5.12}$$

Benutzt man zur Berechnung von $\int_{I_{nj}} f(x)\,dx$ numerische Quadraturmethoden, so erhält man für g eine Näherungsfunktion $\hat{g}$ und für das Integral v_ℓ einen Näherungswert $\hat{v}_\ell = h \sum_{j=0}^{2N-1} \text{walsh}(\ell;x_j)\,\hat{g}(x_j)$. $\hat{g}$ ist eine Approximation von f, die sich in einer WALSH-Basis darstellen läßt. Die Güte dieser Approximation hängt von der verwendeten numerischen Quadraturmethode ab. (Sehr oft wählt man in jedem Teilintervall nur einen Funktionswert — einen „Abtastwert“ . Ein solcher Abtastwert ist oft eine ausreichende Näherung für den Integralmittelwert.) Setzen wir den Koordinatenvektor $\hat{\mathbf{g}}$ von $\hat{g}$ in (5.9) ein, so erhalten wir den Vektor $\hat{\mathbf{v}} = \frac{1}{2N}\mathbf{H}_n\,\hat{\mathbf{g}}$.
$\hat{\mathbf{v}}$ ist Koordinatenvektor eines WALSH-FOURIER-Polynoms, welches f durch eine Treppenfunktion approximiert. Wir nennen diese Zuordnung

$$\mathcal{H}\{f\} : f \longrightarrow \hat{\text{v}} \tag{5.13}$$

eine *diskrete WALSH-Transformation*, und die Koordinaten des Vektors $\hat{\mathbf{v}}$ nennen wir das *Spektrum* von f bei dieser diskrete WALSH-Transformation. Künftig betrachten wir vorwiegend die Transformationen

$$\hat{\mathbf{w}} = \frac{1}{2N}\mathbf{W}_n\,\hat{\mathbf{g}} \quad \text{und} \quad \hat{\mathbf{p}} = \frac{1}{2N}\mathbf{P}_n\,\hat{\mathbf{g}}$$

des WALSH-KACZMARZ- und des WALSH-PALEY-Systems. In diesen speziellen Fällen schreiben wir für (5.13)

$$\mathcal{W}\{f\} : f \longrightarrow \hat{\mathbf{w}} \qquad \text{bzw.} \qquad \mathcal{P}\{f\} : f \longrightarrow \hat{\mathbf{p}}. \tag{5.14}$$

5.2.2 Zeitbereich und Sequenzbereich

Am häufigsten verwenden wir die durch $\mathbf{W}_n$ vermittelte Transformation. In Anlehnung an eine bei FOURIER-Transformationen geläufige Redeweise benutzen wir dann die folgende Sprechweise:

Ist g eine Treppenfunktion aus S_n mit dem
Wertevektor $\mathbf{g}$ und dem Spektralvektor $\mathbf{w} = \frac{1}{2N}\mathbf{W}_n\mathbf{g}$,
so sagen wir

$\mathbf{g}$ sei eine Darstellung von g im **Zeitbereich,**	und	$\mathbf{w}$ sei eine Darstelllung von g im **Sequenzbereich.**

Nun ist $\mathbf{w}$ wiederum Wertevektor einer Treppenfunktion G. Wir sagen, G sei die *WALSH-Transformierte* oder die *Spektralfunktion* von g und schreiben

$$G = \mathcal{W}_n\{g\}. \tag{5.15}$$

Der durch $\mathbf{g} = \mathbf{W}_n \mathbf{w}$ vermittelten Transformation des Spektralvektors in den Wertevektor von g entspricht eine Transformation der zugehörigen Treppenfunktionen, die wir *Rücktransformation* nennen. Wir schreiben

$$g \;=\; \mathcal{W}_n^{-1}\{G\}. \tag{5.16}$$

Bemerkung: Weil die zu transformierenden Funktionen nicht immer von der Variablen „Zeit" abhängen, spricht man auch oft von

Urbildbereich *und* **Bildbereich**
oder **Objektbereich** *und* **Transformationsbereich.**

Man beachte: Bei der oben in (5.14) erklärten Transformation $\mathcal{W}$ geht durch Mittelwertbildung und durch Anwendung von Näherungsverfahren Information über die Ausgangsfunktion f verloren. Wir können also mit den bisher beschriebenen Mitteln keine Rücktransformation erklären, welche f liefert. Man übersehe deshalb nicht, daß $\mathcal{W}_n^{-1}$ nur für Treppenfunktionen aus S_n gilt.

<u>Beispiel</u> 5.2 *Zeitbereich*	*Sequenzbereich*
$\mathbf{g} = \frac{1}{8}\left(1,3,5,7,7,5,3,1\right)^T$	$\mathbf{w} = \frac{1}{8}\left(4,0,-2,0,0,0,-1,0\right)^T$

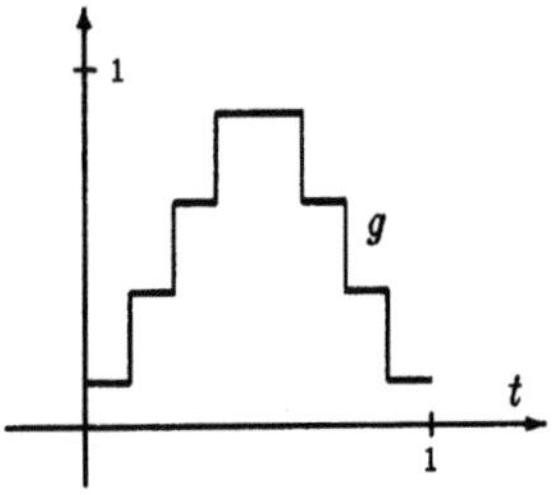

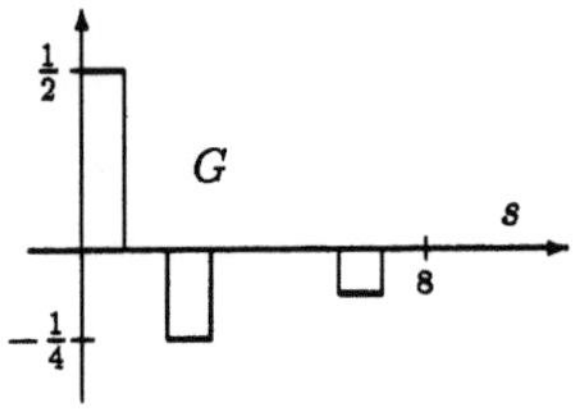

Die Koordinatenwerte des Sequenzvektors nennen wir im Falle der Transformation $\mathcal{W}_n$ auch das *Sequenzspektrum* von g. Nun gibt aber das Sequenzspektrum die Werte der Koeffizienten eines WALSH-Polynoms an, und solche Koeffizienten sind durch ihre Indizes numeriert. Man benutzt deshalb auf der s-Achse normalerweise die Skala dieser Indizes:

$$\begin{aligned} \mathbf{w} &= \left(w_0, w_1, w_2, w_3, w_4, \ldots, w_{2N-2}, w_{2N-1}\right)^T \\ &= \left(a_0, b_1, a_1, b_2, a_2, \ldots, a_{N-1}, b_N\right)^T \end{aligned}$$

a_0 b_1 a_1 b_2 a_2 $\cdots$ $\cdots$ a_{N-2} b_{N-1} a_{N-1} b_N

w_0 w_1 w_2 w_3 w_4 $\cdots$ $\cdots$ w_{2N-4} w_{2N-3} w_{2N-2} w_{2N-1}

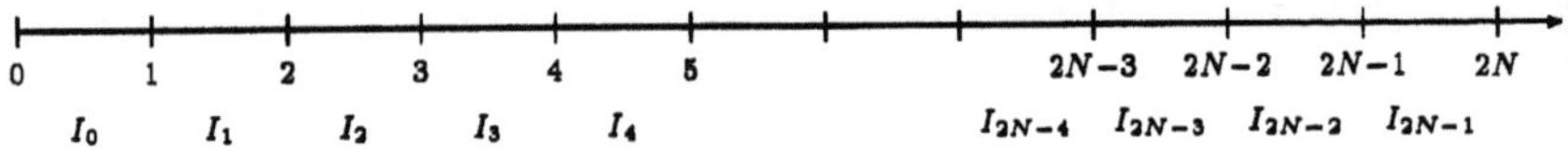

Eine diskrete WALSH-Trnsformation erfordert $(2N)^2$ Multiplikationen und $2N(2N-1)$ Additionen. Da bei den meisten Anwendungen $2N$ recht groß ist, kann das Kummer bereiten. Deshalb interessieren Verfahren, mit denen man WALSH-Transformationen beschleunigen kann, sog. *schnelle WALSH-Transformationen*.

5.3 Umnumerierung des KRONECKER-Systems

Die schnelle WALSH-Transformation werden wir zunächst für das WALSH-KRONECKER-System herleiten. Um zu einem anderen WALSH-System zu kommen, muß man dann diese Basisfunktionen noch umnumerieren. Wie das geschieht, haben wir im Abschnitt 2.7 gesehen. Insbesondere interessiert uns natürlich die Umnumerierung in das WALSH-PALEY- und in das WALSH-KACZMARZ-System. Für einfache Fälle haben wir sie in den Beispielen 2.7 und 2.8 auf Seite 44 explizit angegeben. Für einen dieser Fälle geben wir im folgenden Beispiel einige Permutationsmatrizen solcher Umnumerierungen an.

Beispiel 5.3

Für den Fall $\mathbf{M} = \tilde{\mathbf{I}}$ des Beispiels 2.7 auf Seite 43 erhalten wir

für $\underline{n=1:}$

j	$\rho_1(j)$
0	0
1	1

$$\mathbf{Q}_1 = \mathbf{I}_2 = \begin{pmatrix} 1 & 0 \\ 0 & 1 \end{pmatrix}$$

für $\underline{n=2:}$

j	$\rho_2(j)$
0	0
1	2
2	1
3	3

$$\mathbf{Q}_2 = \begin{pmatrix} 1 & 0 & 0 & 0 \\ 0 & 0 & 1 & 0 \\ 0 & 1 & 0 & 0 \\ 0 & 0 & 0 & 1 \end{pmatrix}$$

für $\underline{n=3:}$

j	$\rho_3(j)$
0	0
1	4
2	2
3	6
4	1
5	5
6	3
7	7

$$\mathbf{Q}_3 = \begin{pmatrix} 1 & 0 & 0 & 0 & 0 & 0 & 0 & 0 \\ 0 & 0 & 0 & 0 & 1 & 0 & 0 & 0 \\ 0 & 0 & 1 & 0 & 0 & 0 & 0 & 0 \\ 0 & 0 & 0 & 0 & 0 & 0 & 1 & 0 \\ 0 & 1 & 0 & 0 & 0 & 0 & 0 & 0 \\ 0 & 0 & 0 & 0 & 0 & 1 & 0 & 0 \\ 0 & 0 & 0 & 1 & 0 & 0 & 0 & 0 \\ 0 & 0 & 0 & 0 & 0 & 0 & 0 & 1 \end{pmatrix}$$

Mit der letzten Matrix gilt also im S_3 :

$$\overbrace{\begin{pmatrix} + & + & + & + & + & + & + & + \\ + & + & + & + & - & - & - & - \\ + & + & - & - & + & + & - & - \\ + & + & - & - & - & - & + & + \\ + & - & + & - & + & - & + & - \\ + & - & + & - & - & + & - & + \\ + & - & - & + & + & - & - & + \\ + & - & - & + & - & + & + & - \end{pmatrix}}^{\mathbf{P}_3} = \overbrace{\begin{pmatrix} + & & & & & & & \\ & & & & + & & & \\ & & + & & & & & \\ & & & & & & + & \\ & + & & & & & & \\ & & & & & + & & \\ & & & + & & & & \\ & & & & & & & + \end{pmatrix}}^{\mathbf{Q}_3} \overbrace{\begin{pmatrix} + & + & + & + & + & + & + & + \\ + & - & + & - & + & - & + & - \\ + & + & - & - & + & + & - & - \\ + & - & - & + & + & - & - & + \\ + & + & + & + & - & - & - & - \\ + & - & + & - & - & + & - & + \\ + & + & - & - & - & - & + & + \\ + & - & - & + & - & + & + & - \end{pmatrix}}^{\mathbf{K}_3}$$

5.4 Schnelle WALSH-Transformation

Man erhält solche „schnelle“ Transformationen durch geeignete Zerlegung der WALSH-Matrizen in Produkte aus „spärlich besetzten Matrizen“. Das sind Matrizen, bei denen die meisten Elemente Null sind. In dem von uns angestrebten Falle werden die als Faktoren auftretenden Matrizen in jeder Zeile und in jeder Spalte jeweils nur zwei von Null verschiedene Elemente besitzen. Solche Produktzerlegungen weisen deshalb auch den Weg zur Realisierung von WALSH-Transformationen durch einfache feste Schaltungen.

Leicht und systematisch lassen sich die WALSH-KRONECKER-Matrizen zerlegen. Wir stellen deshalb Zerlegungen solcher Matrizen her und transformieren das Ergebnis mit Hilfe von Permutationsmatrizen in andere WALSH-Matrizen.

Zunächst betrachten wir das Bildungsgesetz der WALSH-KRONECKER-Matrizen. Ihre Elemente sind

$$\begin{aligned}(-1)^{\kappa(n;\gamma,\xi)} &= (-1)^{\gamma_{1-n}\xi_1 \oplus \gamma_{2-n}\xi_2 \oplus \cdots \oplus \gamma_{-1}\xi_{n-1} \oplus \gamma_0\xi_n} \\ &= (-1)^{\gamma_{1-n}\xi_1}(-1)^{\gamma_{2-n}\xi_2}\ldots(-1)^{\gamma_{-1}\xi_{n-1}}(-1)^{\gamma_0\xi_n}.\end{aligned}$$

Weil γ_0 und ξ_n jeweils die Werte 0 oder 1 annehmen können, liefert der Faktor $(-1)^{\gamma_0\xi_n}$ die Elemente einer Matrix

$$\mathbf{K}_1 = \begin{pmatrix} (-1)^{0\cdot 0} & (-1)^{0\cdot 1} \\ (-1)^{1\cdot 0} & (-1)^{1\cdot 1} \end{pmatrix} = \begin{pmatrix} 1 & 1 \\ 1 & -1 \end{pmatrix}.$$

Nehmen wir den Faktor $(-1)^{\gamma_{-1}\xi_{n-1}}$ hinzu, so erhalten wir eine Matrix mit den Elementen $(-1)^{\gamma_{-1}\xi_{n-1}}(-1)^{\gamma_0\xi_n}$ Das ist, weil γ_{-1} und ξ_{n-1} wiederum jeweils die Werte 0 oder 1 annehmen können, die Matrix

$$\mathbf{K}_2 = \begin{pmatrix} (-1)^{0\cdot 0}\mathbf{K}_1 & (-1)^{0\cdot 1}\mathbf{K}_1 \\ (-1)^{1\cdot 0}\mathbf{K}_1 & (-1)^{1\cdot 1}\mathbf{K}_1 \end{pmatrix} = \mathbf{K}_1 \otimes \mathbf{K}_1.$$

Ist $\mathbf{K}_{n-1} = \mathbf{K}_1 \otimes \mathbf{K}_1 \otimes \ldots \mathbf{K}_1 \otimes \mathbf{K}_1$ mit $n-1$ Faktoren, so findet man durch Hinzunahme des Faktors $(-1)^{\gamma_{1-n}\xi_1}$ in derselben Weise, daß $\mathbf{K}_n = \mathbf{K}_1 \otimes \mathbf{K}_{n-1}$ ist. Schreiben wir + für 1 und − für −1, so haben wir also:

$$\text{Mit } \mathbf{K}_1 = \begin{pmatrix} + & + \\ + & - \end{pmatrix} \text{ ist } \mathbf{K}_n = \left(\operatorname{wak}(n,c;x_j)\right) = \left((-1)^{\kappa(n;\gamma,\xi)}\right) = \underbrace{\mathbf{K}_1 \otimes \mathbf{K}_1 \otimes \cdots \otimes \mathbf{K}_1 \otimes \mathbf{K}_1 \otimes \mathbf{K}_1}_{n\ \text{Faktoren}}. \quad (5.17)$$

Beispiel 5.4 Wir erhalten für

$$n = 1: \mathbf{K}_1 = \begin{pmatrix} + & + \\ + & - \end{pmatrix},$$

$$n = 2: \mathbf{K}_2 = \mathbf{K}_1 \otimes \mathbf{K}_1 = \begin{pmatrix} + & + & + & + \\ + & - & + & - \\ + & + & - & - \\ + & - & - & + \end{pmatrix},$$

$$n = 3: \mathbf{K}_3 = \mathbf{K}_1 \otimes \mathbf{K}_2 = \mathbf{K}_1 \otimes \mathbf{K}_1 \otimes \mathbf{K}_1 = \begin{pmatrix} + & + & + & + & + & + & + & + \\ + & - & + & - & + & - & + & - \\ + & + & - & - & + & + & - & - \\ + & - & - & + & + & - & - & + \\ + & + & + & + & - & - & - & - \\ + & - & + & - & - & + & - & + \\ + & + & - & - & - & - & + & + \\ + & - & - & + & - & + & + & - \end{pmatrix}.$$

Die gewünschten Faktorzerlegungen der Matrizen $\mathbf{K}_n$ kann man durch ein Rekursionsverfahren erhalten, bei dem die Formeln (1.23) auf Seite 14 , nämlich

$$\textbf{(1.23):}\quad \begin{aligned} (\mathbf{A}\otimes\mathbf{I}_q)(\mathbf{I}_p\otimes\mathbf{D}) &= (\mathbf{A}\mathbf{I}_p)\otimes(\mathbf{I}_q\mathbf{D}) &&= \mathbf{A}\otimes\mathbf{D},\\ (\mathbf{I}_p\otimes\mathbf{B})(\mathbf{I}_p\otimes\mathbf{D}) &= (\mathbf{I}_p\mathbf{I}_p)\otimes(\mathbf{B}\mathbf{D}) &&= \mathbf{I}_p\otimes(\mathbf{B}\mathbf{D}), \end{aligned}$$

verwendet werden. Wir wollen die spezielle Form von (1.23), die für uns wichtig ist, etwas ausführlicher darstellen. Dazu erinnern wir daran, daß
$\mathbf{I}_{(k)} = \mathbf{I}_{2^k}$ die $(2^k, 2^k)$-Einheitsmatrix ist. Dann ist mit $2N = 2^n$
$\mathbf{I}_{(n-1)}$ die (N, N)-Einheitsmatrix, und $\mathbf{A}, \mathbf{S}, \mathbf{T}$ seien (N, N)-Matrizen.
Mit diesen Matrizen gilt, wie man unmittelbar sieht,

$$\begin{pmatrix}\mathbf{A} & \mathbf{A}\\ \mathbf{A} & -\mathbf{A}\end{pmatrix} = \overbrace{\begin{pmatrix}\mathbf{I}_{(n-1)} & \mathbf{I}_{(n-1)}\\ \mathbf{I}_{(n-1)} & -\mathbf{I}_{(n-1)}\end{pmatrix}}^{\mathbf{K}_1\otimes\mathbf{I}_{(n-1)}}\overbrace{\begin{pmatrix}\mathbf{A} & \\ & \mathbf{A}\end{pmatrix}}^{\mathbf{I}_{(1)}\otimes\mathbf{A}} = \underbrace{\begin{pmatrix}\mathbf{A} & \\ & \mathbf{A}\end{pmatrix}}_{\mathbf{I}_{(1)}\otimes\mathbf{A}}\underbrace{\begin{pmatrix}\mathbf{I}_{(n-1)} & \mathbf{I}_{(n-1)}\\ \mathbf{I}_{(n-1)} & -\mathbf{I}_{(n-1)}\end{pmatrix}}_{\mathbf{K}_1\otimes\mathbf{I}_{(n-1)}}$$

also

$$\boxed{\left(\mathbf{K}_1\otimes\mathbf{A}\right) = \left(\mathbf{K}_1\otimes\mathbf{I}_{(n-1)}\right)\left(\mathbf{I}_{(1)}\otimes\mathbf{A}\right) = \left(\mathbf{I}_{(1)}\otimes\mathbf{A}\right)\left(\mathbf{K}_1\otimes\mathbf{I}_{(n-1)}\right)} \tag{5.18}$$

und $\begin{pmatrix}\mathbf{ST} & \\ & \mathbf{ST}\end{pmatrix} = \begin{pmatrix}\mathbf{S} & \\ & \mathbf{S}\end{pmatrix}\begin{pmatrix}\mathbf{T} & \\ & \mathbf{T}\end{pmatrix}$, also

$$\boxed{\left(\mathbf{I}_{(1)}\otimes\mathbf{ST}\right) = \left(\mathbf{I}_{(1)}\otimes\mathbf{S}\right)\left(\mathbf{I}_{(1)}\otimes\mathbf{T}\right).} \tag{5.19}$$

Man sieht, daß (5.18) und (5.19) Spezialfälle von (1.23) auf Seite 14 sind.
Nun können wir die Rekursion für die Zerlegung einer beliebigen Matrix $\mathbf{K}_n$ angeben. Aus

$$\mathbf{K}_m = \mathbf{K}_1\otimes\mathbf{K}_{m-1} \overset{(1.23)}{=} \left(\mathbf{K}_1\otimes\mathbf{I}_{(m-1)}\right)\left(\mathbf{I}_{(1)}\otimes\mathbf{K}_{m-1}\right) \tag{5.20}$$

erhalten wir für $m = n$: $\mathbf{K}_n = \mathbf{K}_1\otimes\mathbf{K}_{n-1} = \left(\mathbf{K}_1\otimes\mathbf{I}_{(n-1)}\right)\left(\mathbf{I}_{(1)}\otimes\mathbf{K}_{n-1}\right)$.

Setzen wir nun in (5.20) $m = n-1$, so erhalten wir

$$\begin{aligned}
\mathbf{K}_n &= \left(\mathbf{K}_1\otimes\mathbf{I}_{(n-1)}\right)\left(\mathbf{I}_{(1)}\otimes\underbrace{\left(\mathbf{K}_1\otimes\mathbf{I}_{(n-2)}\right)}_{\mathbf{S}}\underbrace{\left(\mathbf{I}_{(1)}\otimes\mathbf{K}_{n-2}\right)}_{\mathbf{T}}\right)\\
&\overset{(5.19)}{=} \left(\mathbf{K}_1\otimes\mathbf{I}_{(n-1)}\right)\left(\mathbf{I}_{(1)}\otimes\mathbf{S}\right)\left(\mathbf{I}_{(1)}\otimes\mathbf{T}\right)\\
&= \left(\mathbf{K}_1\otimes\mathbf{I}_{(n-1)}\right)\left(\mathbf{I}_{(1)}\otimes\mathbf{K}_1\otimes\mathbf{I}_{(n-2)}\right)\left(\overbrace{\mathbf{I}_{(1)}\otimes\mathbf{I}_{(1)}}^{=\mathbf{I}_{(2)}}\otimes\mathbf{K}_{n-2}\right)\\
&= \left(\mathbf{K}_1\otimes\mathbf{I}_{(n-1)}\right)\left(\mathbf{I}_{(1)}\otimes\mathbf{K}_1\otimes\mathbf{I}_{(n-2)}\right)\left(\mathbf{I}_{(2)}\otimes\mathbf{K}_{n-2}\right).
\end{aligned}$$

Bei jedem weiteren Rekursionsschritt entsteht ein neuer Faktor der Form $\left(\mathbf{I}_{(j)}\otimes\mathbf{K}_1\otimes\mathbf{I}_{(n-j)}\right)$ bis als letzter Faktor $\left(\mathbf{I}_{(n-1)}\otimes\mathbf{K}_1\right)$ erscheint.

Wir erhalten

$$\mathbf{K}_n = \prod_{j=0}^{n-1}\left(\mathbf{I}_{(j)} \otimes \mathbf{K}_1 \otimes \mathbf{I}_{(n-j-1)}\right) = \prod_{j=1}^{n}\left(\mathbf{I}_{(j-1)} \otimes \mathbf{K}_1 \otimes \mathbf{I}_{(n-j)}\right). \tag{5.21}$$

Wir wollen uns die Bauart der Matrizen, die in (5.21) als Faktoren auftreten, etwas genauer ansehen. In einem Produkt der Form $\mathbf{I}_{(j-1)} \otimes \mathbf{M}_\ell$ werden 2^{j-1} Matrizen $\mathbf{M}_\ell$ diagonal aufgereiht: $\mathbf{I}_{(j-1)} \otimes \mathbf{M}_\ell = \begin{pmatrix} \mathbf{M}_\ell & & \\ & \ddots & \\ & & \mathbf{M}_\ell \end{pmatrix}$.

Ist nun

$$\mathbf{M}_\ell = \mathbf{K}_1 \otimes \mathbf{I}_{(n-j)} = \begin{pmatrix} \mathbf{I}_{(n-j)} & \mathbf{I}_{(n-j)} \\ \mathbf{I}_{(n-j)} & -\mathbf{I}_{(n-j)} \end{pmatrix} = \begin{pmatrix} + & & & + & & \\ & \ddots & & & \ddots & \\ & & + & & & + \\ + & & & - & & \\ & \ddots & & & \ddots & \\ & & + & & & - \end{pmatrix},$$

2^{n-j+1} Zeilen
2^{n-j+1} Spalten

so sind in $\mathbf{I}_{(j-1)} \otimes \mathbf{K}_1 \otimes \mathbf{I}_{(n-j)}$ 2^{j-1} solche Matrizen $\mathbf{K}_1 \otimes \mathbf{I}_{(n-j)}$ diagonal aufgereiht:

$$\mathbf{I}_{(j-1)} \otimes \mathbf{K}_1 \otimes \mathbf{I}_{(n-j)} = \tag{5.22}$$

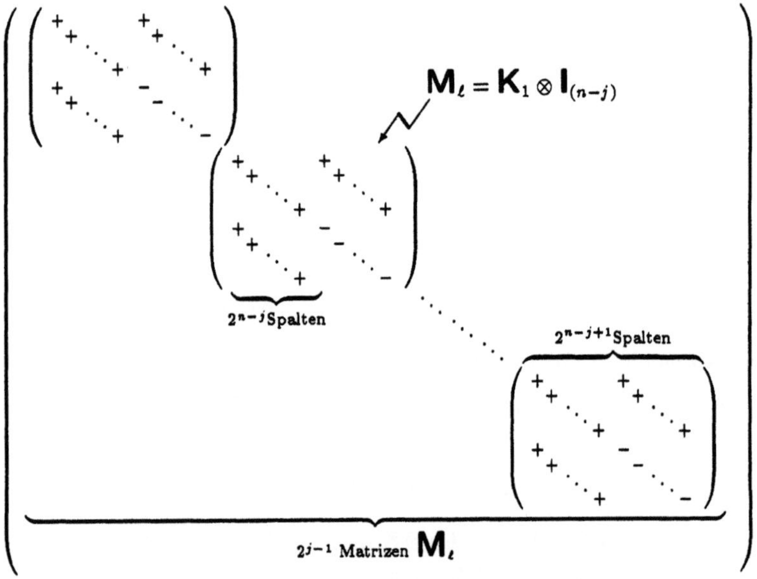

An (5.22) sehen wir unmittelbar, daß alle Matrizen $\mathbf{M}_\ell$ und somit auch alle Matrizen $\mathbf{I}_{(j-1)} \otimes \mathbf{K}_1 \otimes \mathbf{I}_{(N-j)}$ symmetrisch sind. Man kann also in (5.21) die Faktoren vertauschen und dieses Produkt auch so aufschreiben

$$\mathbf{K}_n = \prod_{\ell=1}^{n}\left(\mathbf{I}_{(n-\ell)} \otimes \mathbf{K}_1 \otimes \mathbf{I}_{(\ell-1)}\right) \tag{5.23}$$

Aus einer solchen Produktdarstellung von $\mathbf{K}_n$ erhalten wir nun eine beliebige WALSH-Matrix $\mathbf{H}_n$, indem wir mit einer geeigneten Permutationsmatrix $\mathbf{Q}_n$ multiplizieren.
Wie man ebenfalls aus (5.22) sieht, enthält jede Zeile und jede Spalte der Matrix $\mathbf{I}_{(n-\ell)} \otimes \mathbf{K}_1 \otimes \mathbf{I}_{(\ell-1)}$ nur zwei von Null verschiedene Elemente. Multipliziert man von rechts mit einem Spaltenvektor, so findet in jeder Zeile genau eine Addition oder eine Subtraktion statt. Eine solche Operation läßt sich also leicht durch eine Laufanweisung im Rechner realisieren. Im Produkt (5.23) wiederum hängen diese Matrizenfaktoren nur vom Parameter ℓ ab. Durch eine weitere Laufanweisung kommt man also zu einem einfachen Programm für eine *schnelle WALSH-Transformation*. Aus diesem Grunde nennen wir eine solche Produktzerlegung der WALSH-Matrizen

Schnelle WALSH-Transformation

$$\begin{aligned}\mathbf{H}_n &= \mathbf{Q}_n \prod_{j=1}^{n}\left(\mathbf{I}_{(j-1)} \otimes \mathbf{K}_1 \otimes \mathbf{I}_{(n-j)}\right) \\ &= \mathbf{Q}_n \prod_{\ell=1}^{n}\left(\mathbf{I}_{(n-\ell)} \otimes \mathbf{K}_1 \otimes \mathbf{I}_{(\ell-1)}\right)\end{aligned} \tag{5.24}$$

Beispiel 5.5 Für $n = 3$ erhalten wir

$$\mathbf{H}_3 = \mathbf{Q}_3\left(\mathbf{I}_{(2)} \otimes \mathbf{K}_1\right)\left(\mathbf{I}_{(1)} \otimes \mathbf{K}_1 \otimes \mathbf{I}_{(1)}\right)\left(\mathbf{K}_1 \otimes \mathbf{I}_{(2)}\right)$$

$$= \mathbf{Q}_3 \begin{pmatrix} + & + & & & & & & \\ + & - & & & & & & \\ & & + & + & & & & \\ & & + & - & & & & \\ & & & & + & + & & \\ & & & & + & - & & \\ & & & & & & + & + \\ & & & & & & + & - \end{pmatrix} \begin{pmatrix} + & & + & & & & & \\ & + & & + & & & & \\ + & & - & & & & & \\ & + & & - & & & & \\ & & & & + & & + & \\ & & & & & + & & + \\ & & & & + & & - & \\ & & & & & + & & - \end{pmatrix} \begin{pmatrix} + & & & & + & & & \\ & + & & & & + & & \\ & & + & & & & + & \\ & & & + & & & & + \\ + & & & & - & & & \\ & + & & & & - & & \\ & & + & & & & - & \\ & & & + & & & & - \end{pmatrix}$$

$$= \mathbf{Q}_3 \begin{pmatrix} + & + & + & + & + & + & + & + \\ + & - & + & - & + & - & + & - \\ + & + & - & - & + & + & - & - \\ + & - & - & + & + & - & - & + \\ + & + & + & + & - & - & - & - \\ + & - & + & - & - & + & - & + \\ + & + & - & - & - & - & + & + \\ + & - & - & + & - & + & + & - \end{pmatrix} = \mathbf{Q}_3\mathbf{K}_3$$

Die Matrizenelemente 0 wurden zur Verbesserung der Übersicht weggelassen.

Die in (5.24) gegebene Produktzerlegung der WALSH-Matrizen, die auch im obigen Beispiel 5.5 benutzt wurde, entspricht einem Algorithmus von COOLELY-TUCKEY für die schnelle FOURIER-Transformation. Sie ist die einfachste ihrer Art, aber keineswegs die einzig mögliche. Z.B. kann man auf folgendem Wege weitere Varianten finden:

Ist $\mathbf{Q}_k$ eine $(2^k, 2^k)$-Permutationsmatrix, so gilt $\mathbf{Q}_k^T \mathbf{Q}_k = \mathbf{I}_{(k)}$ und wiederum mit (1.22) auf Seite 14

$$\left(\mathbf{Q}_k^T \otimes \mathbf{I}_{(n-k)}\right)\left(\mathbf{Q}_k \otimes \mathbf{I}_{(n-k)}\right) = \mathbf{Q}_k^T \mathbf{Q}_k \otimes \mathbf{I}_{(n-k)} \mathbf{I}_{(n-k)} = \mathbf{I}_{(k)} \otimes \mathbf{I}_{(n-k)} = \mathbf{I}_{(n)}.$$

Derartige Faktoren lassen sich also zwischen die Faktoren in (5.24) einfügen. Wir erhalten dann (5.25)

$$\mathbf{H}_n = \mathbf{Q}_n \prod_{j=1}^{n} \left(\mathbf{Q}_{(n-j+1)} \otimes \mathbf{I}_{(j-1)}\right)\left(\mathbf{I}_{(n-j)} \otimes \mathbf{K}_1 \otimes \mathbf{I}_{(j-1)}\right)\left(\mathbf{Q}^T_{(n-j)} \otimes \mathbf{I}_{(j)}\right).$$

<u>**Beispiel**</u> **5.6** Für $n = 3$ erhalten wir

$$\begin{aligned}\mathbf{H}_3 = \;& \mathbf{Q}_3\left(\mathbf{I}_{(2)} \otimes \mathbf{K}_1\right) \overbrace{\left(\mathbf{Q}_2^T \otimes \mathbf{I}_{(1)}\right)}^{\mathbf{A}} \overbrace{\left(\mathbf{Q}_2 \otimes \mathbf{I}_{(1)}\right)}^{\mathbf{B}} \\ & \bullet\left(\mathbf{I}_{(1)} \otimes \mathbf{K}_1 \otimes \mathbf{I}_{(1)}\right) \underbrace{\left(\mathbf{Q}_1^T \otimes \mathbf{I}_{(2)}\right)}_{\mathbf{C}} \underbrace{\left(\mathbf{Q}_1 \otimes \mathbf{I}_{(2)}\right)}_{\mathbf{D}} \left(\mathbf{K}_1 \otimes \mathbf{I}_{(2)}\right)\end{aligned} \tag{5.26}$$

$\mathbf{A}$, $\mathbf{B}$, $\mathbf{C}$ und $\mathbf{D}$ sind Permutationsmatrizen, die in das Produkt von Beispiel 5.5 eingeschoben wurden. Wir betrachten dazu ein konkretes Beispiel.

<u>**Beispiel**</u> **5.7**

Im Falle $n = 3$ erhalten wir für das WALSH-PALEY-System (pal-Funktionen) mit den Matrizen $\mathbf{Q}_1$, $\mathbf{Q}_2$ und $\mathbf{Q}_3$ aus Beispiel 5.3:

$$\mathbf{Q}_1 = \mathbf{I}_2 = \begin{pmatrix} 1 & 0 \\ 0 & 1 \end{pmatrix}, \quad \mathbf{Q}_2 = \begin{pmatrix} 1 & 0 & 0 & 0 \\ 0 & 0 & 1 & 0 \\ 0 & 1 & 0 & 0 \\ 0 & 0 & 0 & 1 \end{pmatrix}, \quad \mathbf{Q}_3 = \begin{pmatrix} 1 & 0 & 0 & 0 & 0 & 0 & 0 & 0 \\ 0 & 0 & 0 & 0 & 1 & 0 & 0 & 0 \\ 0 & 0 & 1 & 0 & 0 & 0 & 0 & 0 \\ 0 & 0 & 0 & 0 & 0 & 0 & 1 & 0 \\ 0 & 1 & 0 & 0 & 0 & 0 & 0 & 0 \\ 0 & 0 & 0 & 0 & 0 & 1 & 0 & 0 \\ 0 & 0 & 0 & 1 & 0 & 0 & 0 & 0 \\ 0 & 0 & 0 & 0 & 0 & 0 & 0 & 1 \end{pmatrix}.$$

$$\mathbf{A} = \mathbf{Q}_2^T \otimes \mathbf{I}_{(1)} = \begin{pmatrix} 1 & 0 & 0 & 0 \\ 0 & 0 & 1 & 0 \\ 0 & 1 & 0 & 0 \\ 0 & 0 & 0 & 1 \end{pmatrix} \otimes \begin{pmatrix} 1 & 0 \\ 0 & 1 \end{pmatrix} = \begin{pmatrix} 1 & 0 & 0 & 0 & 0 & 0 & 0 & 0 \\ 0 & 1 & 0 & 0 & 0 & 0 & 0 & 0 \\ 0 & 0 & 0 & 0 & 1 & 0 & 0 & 0 \\ 0 & 0 & 0 & 0 & 0 & 1 & 0 & 0 \\ 0 & 0 & 1 & 0 & 0 & 0 & 0 & 0 \\ 0 & 0 & 0 & 1 & 0 & 0 & 0 & 0 \\ 0 & 0 & 0 & 0 & 0 & 0 & 1 & 0 \\ 0 & 0 & 0 & 0 & 0 & 0 & 0 & 1 \end{pmatrix}$$

$$= \mathbf{Q}_2 \otimes \mathbf{I}_{(1)} = \mathbf{B}$$

$$\mathbf{C} = \mathbf{Q}_1^T \otimes \mathbf{I}_{(2)} = \begin{pmatrix} 1 & 0 \\ 0 & 1 \end{pmatrix} \otimes \begin{pmatrix} 1 & 0 & 0 & 0 \\ 0 & 0 & 1 & 0 \\ 0 & 1 & 0 & 0 \\ 0 & 0 & 0 & 1 \end{pmatrix} = \mathbf{I}_{(3)} = \mathbf{Q}_1 \otimes \mathbf{I}_{(2)} = \mathbf{D}$$

$\mathbf{C}$ und $\mathbf{D}$ sind also Einheitsmatrizen. Wir schreiben sie nicht mehr auf und erhalten aus (5.26) bei geeigneter Zusammenfassung von Faktoren

$$\mathbf{P}_3 = \begin{pmatrix} + & + & & & & & & \\ & & + & + & & & & \\ & & & & + & + & & \\ & & & & & & + & + \\ + & - & & & & & & \\ & & + & - & & & & \\ & & & & + & - & & \\ & & & & & & + & - \end{pmatrix} \begin{pmatrix} + & & + & & & & & \\ & + & & + & & & & \\ & & & & + & & + & \\ & & & & & + & & + \\ + & & - & & & & & \\ & + & & - & & & & \\ & & & & + & & - & \\ & & & & & + & & - \end{pmatrix} \begin{pmatrix} + & & & & + & & & \\ & + & & & & + & & \\ & & + & & & & + & \\ & & & + & & & & + \\ + & & & & - & & & \\ & + & & & & - & & \\ & & + & & & & - & \\ & & & + & & & & - \end{pmatrix}$$

$$= \begin{pmatrix} + & + & + & + & + & + & + & + \\ + & + & + & + & - & - & - & - \\ + & + & - & - & + & + & - & - \\ + & + & - & - & - & - & + & + \\ + & - & + & - & + & - & + & - \\ + & - & + & - & - & + & - & + \\ + & - & - & + & + & - & - & + \\ + & - & - & + & - & + & + & - \end{pmatrix}$$

Diese Zerlegung entspricht einem Algorithmus von STOCKHAM-FORMAN für die schnelle FOURIER-Transformation.

5.5 Signalflußdiagramme

Der wesentliche Baustein einer schnellen WALSH-Transformation ist die Matrix $\mathbf{K}_1$. Multiplizieren wir einen Vektor $\begin{pmatrix} a_0 \\ a_1 \end{pmatrix}$ mit $\mathbf{K}_1$, so ist das

$$\begin{pmatrix} a_0 + a_1 \\ a_0 - a_1 \end{pmatrix} = \begin{pmatrix} + & + \\ + & - \end{pmatrix} \cdot \begin{pmatrix} a_0 \\ a_1 \end{pmatrix}.$$

Dieser Multiplikation entspricht das *Signalflußdiagramm,*

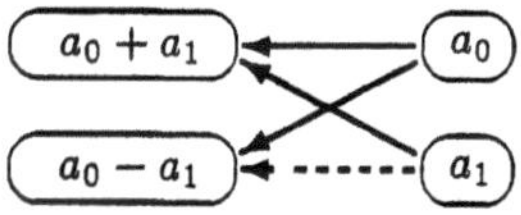

durch das dieselbe Wertezuordnung ausgedrückt wird. Es wird wegen der Form ⧗ als *Butterfly*-Diagramm bezeichnet.

In einem solchen Signalflußdiagramm werden

die durch einen durchgezogenen Vektor zugeführten Werte *addiert,*
die durch einen gestrichelten Vektor zugeführten Werte *subtrahiert.*

Bilden wir das KRONECKER-Produkt der Einheitsmatrix $\mathbf{I}_{(n-1)}$ mit $\mathbf{K}_1$, so ist das in (5.23) derjenige Fall, in dem der Index ℓ seinen niedrigsten Wert 1 annimmt. Es werden 2^{n-1} Matrizen $\mathbf{K}_1$ diagonal aufgereiht.
Z.B. ist für $n = 3$:

$$\mathbf{I}_{(2)} \otimes \mathbf{K}_1 = \begin{pmatrix} \mathbf{K}_1 & & & \\ & \mathbf{K}_1 & & \\ & & \mathbf{K}_1 & \\ & & & \mathbf{K}_1 \end{pmatrix} . \quad [\star]$$

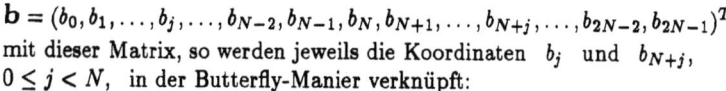

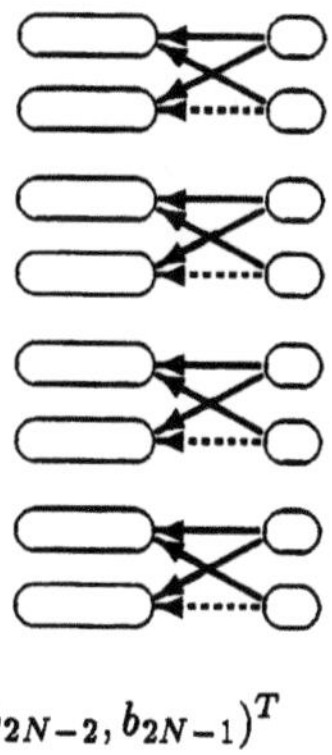

Dem entspricht ein Flußdiagramm aus parallelen Butterfly-Diagrammen. Für den Fall [⋆] z.B. erhält man das nebenan skizzierte Diagramm.
Der andere Extremalfall für den Index ℓ in (5.24) ist $\ell = n$. Dann haben wir ein KRONECKER-Produkt der Form

$$\mathbf{K}_1 \otimes \mathbf{I}_{(n-1)} = \begin{pmatrix} \mathbf{I}_{(n-1)} & \mathbf{I}_{(n-1)} \\ \mathbf{I}_{(n-1)} & -\mathbf{I}_{(n-1)} \end{pmatrix} .$$

Multiplizieren wir einen Vektor

$$\mathbf{b} = (b_0, b_1, \ldots, b_j, \ldots, b_{N-2}, b_{N-1}, b_N, b_{N+1}, \ldots, b_{N+j}, \ldots, b_{2N-2}, b_{2N-1})^T$$

mit dieser Matrix, so werden jeweils die Koordinaten b_j und b_{N+j}, $0 \le j < N$, in der Butterfly-Manier verknüpft:

(5.27)

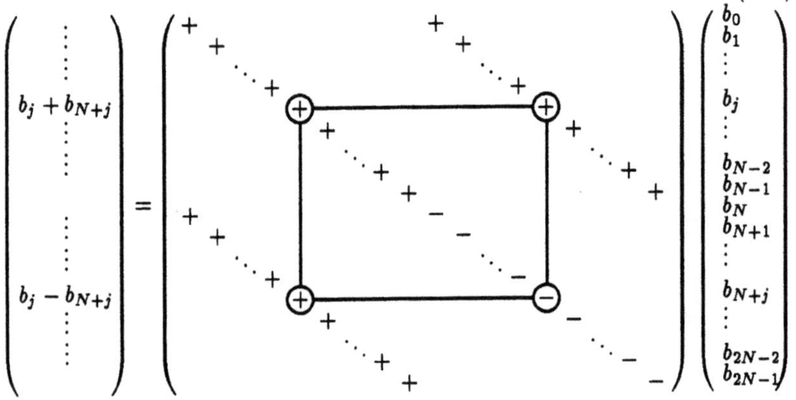

Dieser Multiplikation entspricht also ein Signalflußdiagramm, bei dem jeweils N Butterfly-Diagramme mit den Eingängen b_j und b_{N+j} überlagert sind.

Beispiel:

$(\mathbf{K}_1 \otimes \mathbf{I}_{(2)}) \cdot \mathbf{b} =$

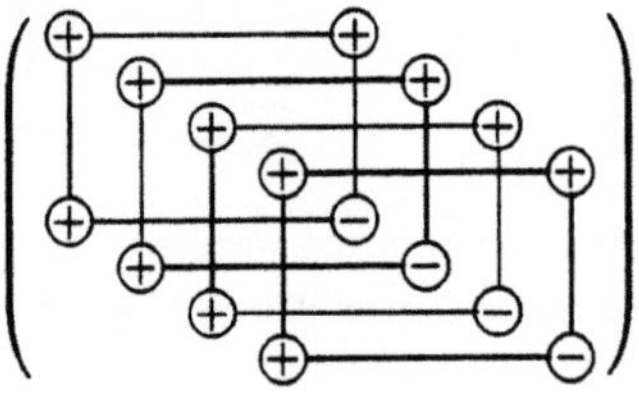

$\begin{pmatrix} b_0 \\ b_1 \\ b_2 \\ b_3 \\ b_4 \\ b_5 \\ b_6 \\ b_7 \end{pmatrix}$ (5.28)

Der Multiplikation (5.28) entspricht das nebenan skizzierte Signalflußdiagramm. Schließlich sind Produkte der Form $\mathbf{I}_{(n-\ell)} \otimes \mathbf{K}_1 \otimes \mathbf{I}_{(\ell-1)}$ eine Kombination der beiden betrachteten Fälle. Einer solchen Matrix entsprechen folglich $2^{n-\ell}$ parallele Diagramme der Form (5.27), in denen jeweils $2^{\ell-1}$ Butterfly-Diagramme überlagert sind. Als Beispiel betrachten wir den Fall $n = 3,\ \ell = 2$, also

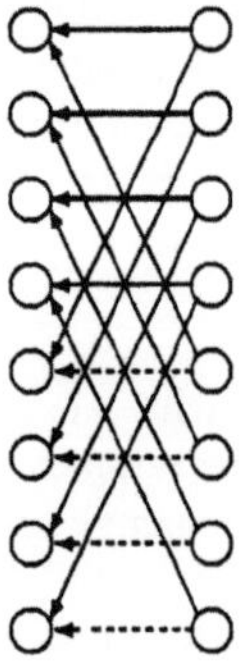

(5.29)

$(\mathbf{I}_{(1)} \otimes \mathbf{K}_1 \otimes \mathbf{I}_{(1)}) \cdot \mathbf{c} =$

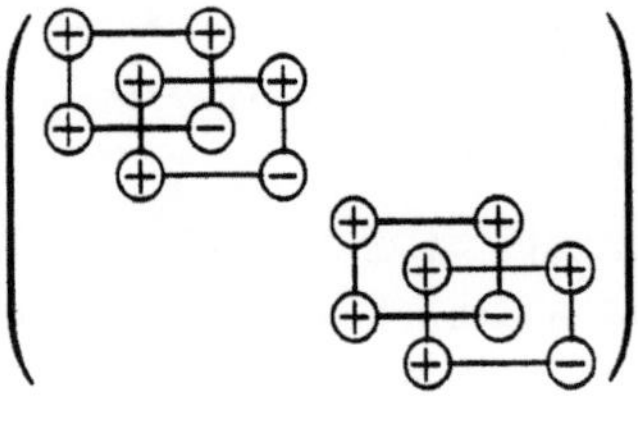

$\begin{pmatrix} c_0 \\ c_1 \\ c_2 \\ c_3 \\ c_4 \\ c_5 \\ c_6 \\ c_7 \end{pmatrix}$ (5.30)

Der Multiplikation (5.30) entspricht das nebenan skizzierte Signalflußdiagramm. Bei einer schnellen WALSH-Transformation nach (5.24) werden nun n Matrizen der betrachteten Bauart benutzt. Dem entspricht ein Signalflußdiagramm, in dem die angegebenen Diagramme verknüpft sind. Nehmen wir etwa aus Beispiel 5.5 das Produkt, dessen Faktoren wir soeben als Beispiele betrachtet haben:

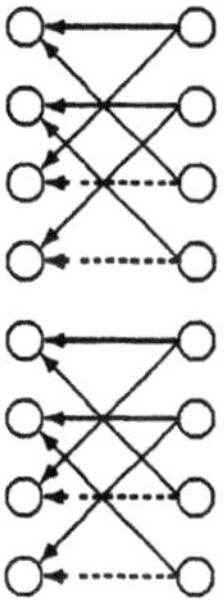

(5.31)

$$\left(\mathbf{I}_{(2)}\otimes\mathbf{K}_1\right)\left(\mathbf{I}_{(1)}\otimes\mathbf{K}_1\otimes\mathbf{I}_{(1)}\right)\left(\mathbf{K}_1\otimes\mathbf{I}_{(2)}\right)$$

$$= \begin{pmatrix} + & + & & & & & & \\ + & - & & & & & & \\ & & + & + & & & & \\ & & + & - & & & & \\ & & & & + & + & & \\ & & & & + & - & & \\ & & & & & & + & + \\ & & & & & & + & - \end{pmatrix} \begin{pmatrix} + & & + & & & & & \\ & + & & + & & & & \\ + & & - & & & & & \\ & + & & - & & & & \\ & & & & + & & + & \\ & & & & & + & & + \\ & & & & + & & - & \\ & & & & & + & & - \end{pmatrix} \begin{pmatrix} + & & & & + & & & \\ & + & & & & + & & \\ & & + & & & & + & \\ & & & + & & & & + \\ + & & & & - & & & \\ & + & & & & - & & \\ & & + & & & & - & \\ & & & + & & & & - \end{pmatrix}.$$

(Dieses Produkt ist uns schon im Beispiel 1.4 auf Seite 15 begegnet. Dort standen die Faktoren in umgekehrter Reihenfolge, was bei symmetrischen Matrizen unwesentlich ist.)

Diesem Matrizenprodukt entspricht das nebenan gezeigte Diagramm. Es wurde hier so gezeichnet, daß die Teilstücke der Reihenfolge der Matrizen im Beispiel 5.5 entsprechen und daß man mit einem Wertevektor von rechts multipliziert. Sollte das dem Leser nicht gefallen, so sei bemerkt, daß man dieses Schema in zweifacher Hinsicht spiegeln kann:

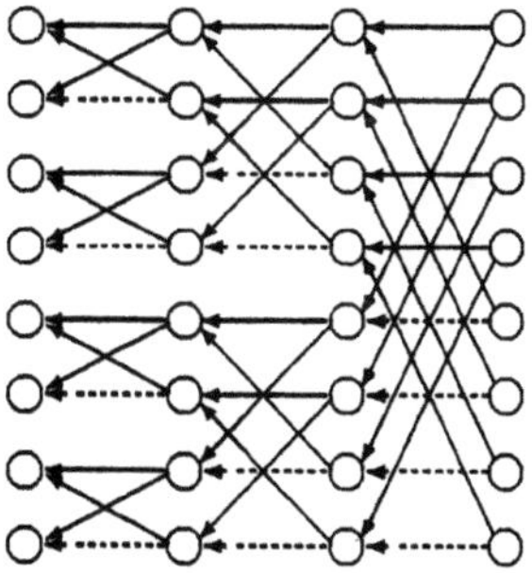

(5.32)

Da die benutzten Matrizen symmetrisch sind, kann man sie in umgekehrter Reihenfolge im Produkt anordnen. Dem entspricht dann die umgekehrte Reihenfolge der Teildiagramme. Andererseits kann man die Teildiagramme einfach in umgekehrter Richtung aufschreiben.

Wir haben also im wesentlichen *eine* Sorte von Flußdiagrammen erhalten, die sich aber noch in der Anordnung variieren läßt. Ihre Wirkungsweise demonstrieren wir an unserem Beispiel 5.5. Geben wir einen Koordinatenvektor $(s_0, s_1, s_2, s_3, s_4, s_5, s_6, s_7)^T$ ein, so erhalten wir das

Flußdiagramm für eine schnelle (5.33)
<u>*WALSH-Transformation nach COOLEY-TUCKEY*</u>

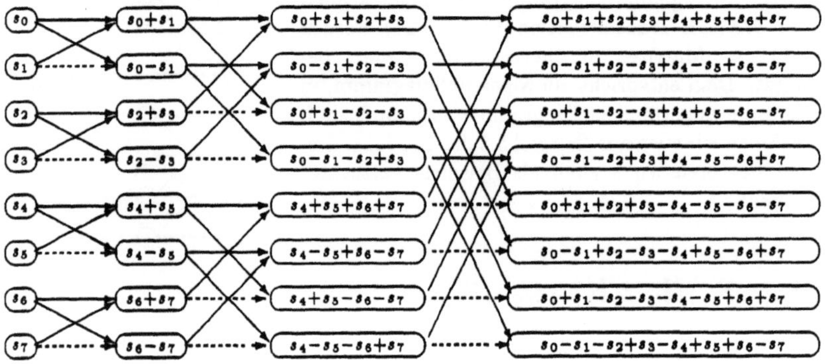

Wenn man dieses Flußdiagramm noch in geeigneter Weise mit komplexen Faktoren versieht, so erhält man das Rechenschema von COOLEY-TUCKEY für die schnelle FOURIER-Transformation. Man kann deshalb (5.33) als das COOLEY-TUCKEY-Verfahren für die schnelle WALSH-Transformation bezeichnen.
Als weitere Möglichkeit erhalten wir durch Vertauschung der Matrizenfaktoren das folgende Flußdiagramm:

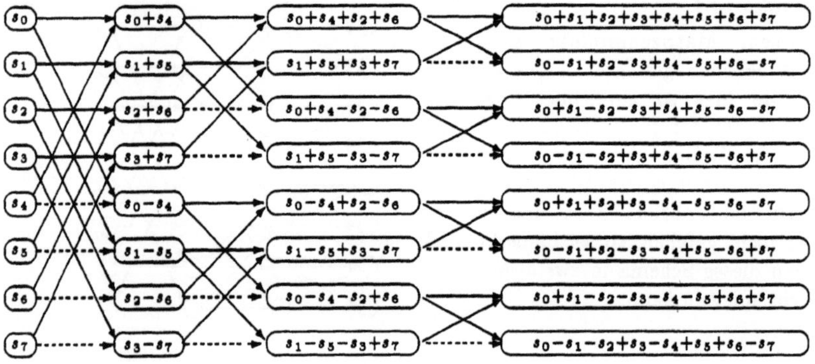

(5.34)

Diesem Diagramm entspricht eines für die schnelle FOURIER-Transformation, das als SANDE-Verfahren bezeichnet wird.

Wir haben in (5.25) gesehen, daß man noch eine Fülle weiterer Varianten einer schnellen WALSH-Transformation erhalten kann. Dabei gehen aber manchmal Symmetrien verloren, wie das Beispiel 5.7 auf Seite 98 zeigt. Das wirkt sich vor allem dahingehend aus, daß man im Rechner mehr Speicherplatz benötigt.

5.6 Zyklische und dyadische Faltung

In der Theorie der FOURIER-Transformationen spielt der Begriff der Faltung *eine wichtige Rolle. Wir haben ihn in Abschnitt 1.7 eingeführt. Bei diskreten FOURIER-Transformationen entspricht dem die Operation der* zyklischen Faltung.
Für WALSH-Funktionen gibt es eine analoge Operation, die dyadische Faltung.

5.6.1 Zyklische Verschiebung

$f(\circ)$ sei eine periodische Treppenfunktion, welche über einer gleichmäßigen Teilung des Periodenintervalles $[a,b)$ die Werte

$$f_{p-1} \;\Big|_a\; f_0 \quad f_1 \quad \cdots \quad f_{j-1} \quad f_j \quad f_{j+1} \quad \cdots \quad f_{p-2} \quad f_{p-1} \;\Big|_b\; f_0$$

annimmt. Dann ist $f(\circ - jh)$ wiederum eine periodische Treppenfunktion, die auf $[a,b)$ die Werte

$$f_{p-j-1} \;\Big|_a\; f_{p-j} \quad f_{p-j-1} \quad \cdots \quad f_{p-1} \quad f_0 \quad f_1 \quad \cdots \quad f_{p-j-2} \quad f_{p-j-1} \;\Big|_b\; f_{p-j}$$

annimmt. $f(\circ)$ wird durch den Wertevektor

$$\mathbf{f} = \mathbf{f}_0 = \left(f_0, f_1, \ldots, f_{j-1}, f_j, f_{j+1}, \ldots, f_{p-2}, f_{p-1}\right)^T$$

und $f(\circ - jh)$ durch den Wertevektor

$$\mathbf{f}_j = \left(f_{p-j}, f_{p-j+1}, \ldots, f_{p-1}, f_0, f_1, \ldots, f_{p-j-2}, f_{p-j-1}\right)^T$$

charakterisiert. Die Koordinaten von $\mathbf{f}_j$ bilden also eine zyklische Vertauschung oder einer *zyklische Verschiebung* der Koordinaten von $\mathbf{f}_0$. Benutzen wir sie als Spaltenvektoren einer Matrix, so erhalten wir eine Zirkulante $^\circ\mathbf{F}$, wie sie in (1.13) auf Seite 9 erklärt ist.

Nun sei g eine weitere periodische Treppenfunktion über derselben Teilung von $[a,b)$ mit den Werten

$$g_{p-1} \;\Big|_a\; g_0 \quad g_1 \quad \cdots \quad g_{j-1} \quad g_j \quad g_{j+1} \quad \cdots \quad g_{p-2} \quad g_{p-1} \;\Big|_b\; g_0$$

und dem Wertevektor $\mathbf{g} = \left(g_0, g_1, \ldots, g_{j-1}, g_j, g_{j+1}, \ldots, g_{p-2}, g_{p-1}\right)^T$.
Damit bilden wir eine dritte Funktion h durch ein endliches Analogon zur Faltung (1.25), nämlich die periodische Treppenfunktion mit dem

Wertevektor $\qquad \mathbf{h} = \left(h_0, h_1, \ldots, h_{j-1}, h_j, h_{j+1}, \ldots, h_{p-2}, h_{p-1}\right)^T$

und $h_j = \mathbf{f}_j \bullet \mathbf{g} = \sum_{k=0}^{p-1} f_{p-j+k}\, g_k$. $\qquad$ Dann ist $\mathbf{h} = {}^\circ\mathbf{F}\mathbf{g}$. $\qquad$ (5.35)

Nun ist ja die Zirkulante $^\circ\mathbf{F}$ durch den Vektor $\mathbf{f}$ bestimmt, so daß man (5.35) auch als Verknüpfung der Vektoren $\mathbf{f}$ und $\mathbf{g}$ auffassen kann. Man nennt diese „Multiplikation" ***zyklische Faltung.*** und verwendet dafür die Bezeichnung:

$$\boxed{\begin{array}{c}\textbf{Zyklische Faltung}\\ \mathbf{h} = {}^{\circ}\mathbf{F}\mathbf{g} = \mathbf{f} * \mathbf{g}\end{array}} \qquad (5.36)$$

Diese Bezeichnung soll darauf hinweisen, daß diese Verknüpfung bei der diskreten FOURIER-Transformation eine ähnliche Rolle spielt wie die Faltung (1.28) auf Seite 18 für die FOURIER-Transformation.

5.6.2 Dyadische Verschiebung

Wir bilden nun diejenigen analogen Begriffe, die man erhält, wenn man in **5.6.1** die normale Addition durch die binäre Addition (1.2) ersetzt. Dazu betrachten wir eine Folge von Zahlen $\{f_j\}$, die man als Koeffizienten einer WF-Reihe oder als Funktionswerte einer Treppenfunktion interpretieren kann. Periodizität brauchen wir zunächst gar nicht anzunehmen. Wählen wir ein $p \in \mathrm{N}_0$, so ist die Folge $\{f_{p\oplus j}\}$ eine Umordnung von $\{f_j\}$, die wir als ***dyadische oder binäre Verschiebung um*** p bezeichnen wollen. Die Indizes der Folge werden bei einer solchen binären Verschiebung so verändert, wie es durch die binäre Additionstabelle (1.4) für einige Werte illustriert wird.
Wir betrachten nun den Wertevektor

$$\mathbf{f} = \left(f_0, f_1, \ldots, f_{\ell-1}, f_\ell, f_{\ell+1}, \ldots, f_{2N-2}, f_{2N-1}\right)^T$$

einer Treppenfunktion in S_n. Dann ist

$$\mathbf{f}_j = \left(f_{j\oplus 0}, f_{j\oplus 1}, \ldots, f_{j\oplus(\ell-1)}, f_{j\oplus \ell}, f_{j\oplus(\ell+1)}, \ldots, f_{j\oplus(2N-2)}, f_{j\oplus(2N-1)}\right)^T.$$

eine dyadische Verschiebung dieses Wertevektors über der Intervallteilung Ω_n. Die Vektoren $\mathbf{f}_j$ können wir wiederum als Spaltenvektoren einer Matrix verwenden. Wir bezeichnen eine solche Matrix als die zum Vektor $\mathbf{f}$ gehörende

dyadische Zirkulante (5.37)

$${}^{*}\mathbf{F} = \begin{pmatrix} f_{0\oplus 0} & f_{0\oplus 1} & \cdots & f_{0\oplus(2N-2)} & f_{0\oplus(2N-1)} \\ f_{1\oplus 0} & f_{1\oplus 1} & \cdots & f_{1\oplus(2N-2)} & f_{1\oplus(2N-1)} \\ \vdots & \vdots & \ddots & \vdots & \vdots \\ f_{j\oplus 0} & f_{j\oplus 1} & \cdots & f_{j\oplus(2N-2)} & f_{j\oplus(2N-1)} \\ \vdots & \vdots & \ddots & \vdots & \vdots \\ f_{(2N-2)\oplus 0} & f_{(2N-2)\oplus 1} & \cdots & f_{(2N-2)\oplus(2N-2)} & f_{(2N-2)\oplus(2N-1)} \\ f_{(2N-1)\oplus 0} & f_{(2N-1)\oplus 1} & \cdots & f_{(2N-1)\oplus(2N-2)} & f_{(2N-1)\oplus(2N-1)} \end{pmatrix}$$

Beispiel 5.8 Im S_3 erhalten wir die dyadischen Verschiebungen

$f(x \oplus jh)$ \ x	0 0 0	0 0 1	0 1 0	0 1 1	1 0 0	1 0 1	1 1 0	1 1 1
$f(x \oplus 0.000)$	f_0	f_1	f_2	f_3	f_4	f_5	f_6	f_7
$f(x \oplus 0.001)$	f_1	f_0	f_3	f_2	f_5	f_4	f_7	f_6
$f(x \oplus 0.010)$	f_2	f_3	f_0	f_1	f_6	f_7	f_4	f_5
$f(x \oplus 0.011)$	f_3	f_2	f_1	f_0	f_7	f_6	f_5	f_4
$f(x \oplus 0.100)$	f_4	f_5	f_6	f_7	f_0	f_1	f_2	f_3
$f(x \oplus 0.101)$	f_5	f_4	f_7	f_6	f_1	f_0	f_3	f_2
$f(x \oplus 0.110)$	f_6	f_7	f_4	f_5	f_2	f_3	f_0	f_1
$f(x \oplus 0.111)$	f_7	f_6	f_5	f_4	f_3	f_2	f_1	f_0

Zu f gehört in diesem Falle die dyadische Zirkulante

$$ {}^*\mathbf{F} = \begin{pmatrix} f_0 & f_1 & f_2 & f_3 & f_4 & f_5 & f_6 & f_7 \\ f_1 & f_0 & f_3 & f_2 & f_5 & f_4 & f_7 & f_6 \\ f_2 & f_3 & f_0 & f_1 & f_6 & f_7 & f_4 & f_5 \\ f_3 & f_2 & f_1 & f_0 & f_7 & f_6 & f_5 & f_4 \\ f_4 & f_5 & f_6 & f_7 & f_0 & f_1 & f_2 & f_3 \\ f_5 & f_4 & f_7 & f_6 & f_1 & f_0 & f_3 & f_2 \\ f_6 & f_7 & f_4 & f_5 & f_2 & f_3 & f_0 & f_1 \\ f_7 & f_6 & f_5 & f_4 & f_3 & f_2 & f_1 & f_0 \end{pmatrix} \tag{5.38} $$

Ist $\mathbf{e}_0 = (1,0,\ldots,0)^T$ der erste Vektor der Basis (2.8) auf Seite 23, so ist offenbar die zugehörige dyadische Zirkulante $\quad {}^*\mathbf{E}_0 = \mathbf{I}.$ (5.39)

5.6.3 Dyadische Faltung

f und g seien Treppenfunktionen aus S_n mit den Wertevektoren

$$ \mathbf{f} = \left(f_0, f_1, \ldots, f_{2N-1}\right)^T, \quad \mathbf{g} = \left(g_0, g_1, \ldots, g_{2N-1}\right)^T $$

und den Spektralvektoren $\mathbf{p} = \frac{1}{2N}\mathbf{W}_n\mathbf{f}, \quad \mathbf{q} = \frac{1}{2N}\mathbf{W}_n\mathbf{g}.$

Es gilt also

$$ f(x) = \sum_{k=0}^{2N-1} p_k \,\mathrm{wal}(k;x) \quad \text{und} \quad g(x) = \sum_{\ell=0}^{2N-1} q_k \,\mathrm{wal}(\ell;x). $$

Wir bilden das Produkt dieser beiden Funktionen:

$$ \begin{aligned} h(x) &= f(x)g(x) = \left\{\sum_{k=0}^{2N-1} p_k \,\mathrm{wal}(k;x)\right\}\left\{\sum_{\ell=0}^{2N-1} q_\ell \,\mathrm{wal}(\ell;x)\right\} \\ &= \sum_{k=0}^{2N-1}\sum_{\ell=0}^{2N-1} p_k q_\ell \,\mathrm{wal}(k\oplus\ell;x) = \sum_{j=0}^{2N-1} h_j \,\mathrm{wal}(j;x), \end{aligned} $$

wobei $j = k \oplus \ell$, $k = j \oplus \ell$, gilt. Damit erhalten wir

$$h_j = \sum_{\ell=0}^{2N-1} p_{j\oplus\ell} q_\ell = \mathbf{p}_j \bullet \mathbf{q}$$

mit

$$\mathbf{p}_j = \left(p_{j\oplus 0}, p_{j\oplus 1}, \cdots, p_{j\oplus(\ell-1)}, p_{j\oplus\ell}, p_{j\oplus(\ell+1)}, \cdots, p_{j\oplus(2N-2)}, p_{j\oplus(2N-1)}\right)^T.$$

Das ist ein Zeilenvektor einer Dyadischen Zirkulanten $^*\mathbf{P}$. der Form (5.37). Somit erhalten wir den Wertevektor $\mathbf{h}$ der Produktfunktion h als Produkt des Spektralvektors $\mathbf{q}$ mit $^*\mathbf{P}$, also $\mathbf{h} = {}^*\mathbf{P}\,\mathbf{q}$. In Analogie zu (5.36) bezeichnen wir diese Verknüpfung der Vektoren $\mathbf{p}$ und $\mathbf{q}$ als

Dyadische Faltung

$$\mathbf{h} = {}^*\mathbf{P}\mathbf{q} = \mathbf{p} \circledast \mathbf{q}. \tag{5.40}$$

5.6.4 Faltungssatz für die diskrete WALSH-Transformation

Wir führen zwei Bezeichnungen ein, die uns die Formulierung der nachfolgenden Aussagen erleichtern.
Sind die Größen a_j Elemente einer Diagonalmatrix, so schreiben wir

$$\mathrm{Diag}(a_j) = \begin{pmatrix} a_0 & & & \\ & a_1 & & \\ & & \ddots & \\ & & & a_{2N-1} \end{pmatrix}. \tag{5.41}$$

Damit wiederum führen wir für zwei Vektoren $\mathbf{a} = \begin{pmatrix} a_0 \\ a_1 \\ \vdots \\ a_{2N-1} \end{pmatrix}$ und $\mathbf{b} = \begin{pmatrix} b_0 \\ b_1 \\ \vdots \\ b_{2N-1} \end{pmatrix}$ das „Ringprodukt“

$$\begin{aligned} \mathbf{a} \odot \mathbf{b} &= \mathrm{diag}(a_j)\mathbf{b} \\ &= \begin{pmatrix} a_0 & & & \\ & a_1 & & \\ & & \ddots & \\ & & & a_{2N-1} \end{pmatrix} \begin{pmatrix} b_0 \\ b_1 \\ \vdots \\ b_{2N-1} \end{pmatrix} = \begin{pmatrix} a_0 b_0 \\ a_1 b_1 \\ \vdots \\ a_{2N-1} b_{2N-1} \end{pmatrix} \end{aligned} \tag{5.42}$$

ein. Sind f und g zwei Treppenfunktionen mit den Wertevektoren $\mathbf{f}$ und $\mathbf{g}$, so ist $\mathbf{f} \odot \mathbf{g}$ der Wertevektor der Produktfunktion fg.
Eine wal-Funktion $\mathrm{wal}(k;x)$ hat im S_n den Wertevektor

$$\mathbf{w}_k = \left(\mathrm{wal}(k;x_0), \cdots, \mathrm{wal}(k;x_\ell), \cdots, \mathrm{wal}(k;x_{2N-1})\right)^T, \quad x_\ell \in I_{n\ell}.$$

Die zugehörige dyadische Zirkulante $^*\mathbf{W}_k$ von $\mathbf{w}_k$ ist dann die Matrix

$$\begin{aligned} {}^*\mathbf{W}_k &= \left(\mathrm{wal}(k;x_\ell \oplus y_j)\right) = \left(\mathrm{wal}(k;y_j)\ \mathrm{wal}(k;x_\ell)\right) \\ &= \left(\mathrm{wal}(k;y_j)\,\mathbf{w}_k^T\right), \quad y_j \in I_{nj}. \end{aligned}$$

Die Matrix $^*\mathsf{W}_k$ hat also als j-ten Zeilenvektor den mit dem Vorzeichen $\mathrm{wal}(k; y_j)$ versehenen Wertevektor $\mathbf{w}_k^T$.

Beispiel 5.9 Im S_3 hat $\mathrm{cal}(2; x) = \mathrm{wal}(4; x)$ den Wertevektor

$$\mathbf{w}_4 = (+--++--+)^T,$$

und damit erhalten wir die dyadische Zirkulante

$$^*\mathsf{W}_4 = \begin{pmatrix} + & - & - & + & + & - & - & + \\ - & + & + & - & - & + & + & - \\ - & + & + & - & - & + & + & - \\ + & - & - & + & + & - & - & + \\ + & - & - & + & + & - & - & + \\ - & + & + & - & - & + & + & - \\ - & + & + & - & - & + & + & - \\ + & - & - & + & + & - & - & + \end{pmatrix} = \begin{pmatrix} \mathbf{w}_4^T \\ -\mathbf{w}_4^T \\ -\mathbf{w}_4^T \\ \mathbf{w}_4^T \\ \mathbf{w}_4^T \\ -\mathbf{w}_4^T \\ -\mathbf{w}_4^T \\ \mathbf{w}_4^T \end{pmatrix}.$$

Wir betrachten nun wiederum eine beliebige Treppenfunktion $f \in S_n$ mit dem Wertevektor $\mathbf{f}$ und die zugehörige dyadische Zirkulante $^*\mathsf{F}$, die in (5.37) aufgeschrieben ist. Wir wollen zeigen, daß $^*\mathsf{F}$ diagonalisierbar ist.
Dazu multiplizieren wir zunächst $^*\mathsf{F}$ mit einem Spaltenvektor $\mathbf{w}_k$ der WALSH-Matrix W_n und erhalten:

$$\begin{aligned} ^*\mathsf{F}\mathbf{w}_k &= \mathbf{f} \circledast \mathbf{w}_k = \mathbf{w}_k \circledast \mathbf{f} = {}^*\mathsf{W}_k\mathbf{f} \\ &= \left(\mathrm{wal}(k; y_j)\mathbf{w}_k^T\right)\mathbf{f} = \left(\mathrm{wal}(k; y_j)\,\mathbf{w}_k \bullet \mathbf{f}\right) = (\mathbf{w}_k \bullet \mathbf{f})\,\mathbf{w}_k. \end{aligned} \tag{5.43}$$

Dabei ist zu beachten, daß das Matrixprodukt des Zeilenvektors $\mathbf{w}_k^T$ mit dem Spaltenvektor $\mathbf{f}$ das Innenprodukt dieser beiden Vektoren ist, daß also $\mathbf{w}_k^T\mathbf{f} = \mathbf{w}_k \bullet \mathbf{f}$ ist. Bezeichnen wir nun diese Zahl mit λ_k, so gilt

$$\boxed{^*\mathsf{F}\,\mathbf{w}_k = \lambda_k\mathbf{w}_k \quad \text{mit} \quad \lambda_k = \mathbf{w}_k \bullet \mathbf{f}.} \tag{5.44}$$

Aus (5.43) folgt, wenn man $\mathbf{f} = \mathbf{w}_k$ setzt,

$$\mathbf{w}_k \circledast \mathbf{w}_\ell = \begin{cases} \mathbf{w}_k & \text{für} \quad k = \ell \\ \mathbf{0} & \text{für} \quad k \neq \ell \end{cases}. \tag{5.45}$$

Wir haben damit den Satz:

> $^*\mathsf{F}$ sei die zum Vektor $\mathbf{f}$ gehörende dyadische Zirkulante. Dann sind die WALSH-Vektoren $\mathbf{w}_k$ Eigenvektoren von $^*\mathsf{F}$. Der zugehörige Eigenwert ist $\lambda_k = \mathbf{w}_k \bullet \mathbf{f}$. (5.46)

Daraus folgt:

> $^*\mathsf{F}$ sei die zum Vektor $\mathbf{f}$ gehörende dyadische Zirkulante. Dann ist $^*\mathsf{F}$ diagonalisierbar. Mit λ_k aus (5.46) ist
> $$\mathrm{Diag}(\lambda_k) = \frac{1}{2N}\mathsf{W}_n{}^*\mathsf{F}\mathsf{W}_n = \mathsf{W}_n{}^*\mathsf{F}\frac{1}{2N}\mathsf{W}_n.$$ (5.47)

Wegen (5.6), nämlich
$\mathbf{W}_n^2 = 2N\mathbf{I}$, folgt aus (5.47) $$ {}^*\mathbf{F} = \frac{1}{2N}\mathbf{W}_n \,\mathrm{Diag}(\lambda_k)\mathbf{W}_n. \tag{5.48}$$

Bilden wir aus den Eigenwerten λ_k den Vektor $(\lambda_0, \lambda_1, \ldots, \lambda_{2N-1})^T$,
so ist
$$\begin{pmatrix} \lambda_0 \\ \lambda_1 \\ \vdots \\ \lambda_{2N-1} \end{pmatrix} = \begin{pmatrix} \mathbf{w}_0 \bullet \mathbf{f} \\ \mathbf{w}_1 \bullet \mathbf{f} \\ \vdots \\ \mathbf{w}_{2N-1} \bullet \mathbf{f} \end{pmatrix} = \begin{pmatrix} \mathbf{w}_0^T \mathbf{f} \\ \mathbf{w}_1^T \mathbf{f} \\ \vdots \\ \mathbf{w}_{2N-1}^T \mathbf{f} \end{pmatrix} = \begin{pmatrix} \mathbf{w}_0^T \\ \mathbf{w}_1^T \\ \vdots \\ \mathbf{w}_{2N-1}^T \end{pmatrix} \mathbf{f} = \mathbf{W}_n \mathbf{f}.$$

Nun kommen wir schnell zu dem Ziel, das wir in diesem Abschnitt anstreben.
Mit (5.48) ist
$$\mathbf{W}_n(\mathbf{f} \circledast \mathbf{g}) = \mathbf{W}_n{}^*\mathbf{F}\,\mathbf{g} = \overbrace{\mathbf{W}_n \frac{1}{2N}\mathbf{W}_n}^{=\mathbf{I}} \mathrm{Diag}(\lambda_k)\mathbf{W}_n \mathbf{g}$$
$$= \mathrm{Diag}(\lambda_k)\mathbf{W}_n \mathbf{g} = \begin{pmatrix} \lambda_0 \\ \lambda_1 \\ \vdots \\ \lambda_{2N-1} \end{pmatrix} \odot \left(\mathbf{W}_n \mathbf{g}\right) = \left(\mathbf{W}_n \mathbf{f}\right) \odot \left(\mathbf{W}_n \mathbf{g}\right).$$

Wir haben also
$$\boxed{\begin{aligned} \frac{1}{2N}\mathbf{W}_n(\mathbf{f} \circledast \mathbf{g}) &= 2N\left(\frac{1}{2N}\mathbf{W}_n \mathbf{f}\right) \odot \left(\frac{1}{2N}\mathbf{W}_n \mathbf{g}\right) \\ \mathbf{W}_n\left(\hat{\mathbf{f}} \circledast \hat{\mathbf{g}}\right) &= \left(\mathbf{W}_n \hat{\mathbf{f}}\right) \odot \left(\mathbf{W}_n \hat{\mathbf{g}}\right) \end{aligned}} \tag{5.49}$$

Für die Treppenfunktionen f und g folgt dann aus (5.49) der dyadische Faltungssatz für Treppenfunktionen:

Dyadischer Faltungssatz für Treppenfunktionen
$$\begin{aligned} \mathcal{W}_n\{f \circledast g\} &= 2\mathrm{N}\mathcal{W}_n\{f\}\,\mathcal{W}_n\{g\} \\ \mathcal{W}_n^{-1}\{F \circledast G\} &= \mathcal{W}_n^{-1}\{F\}\,\mathcal{W}_n^{-1}\{G\} \end{aligned} \tag{5.50}$$

Beispiel **5.10** f und g seien Funktionen aus S_3,

und es sei $h = f \cdot g$.
Die zugehörigen
Wertevektoren seien:
$$\mathbf{f} = \begin{pmatrix} 1 \\ 0 \\ -2 \\ 5 \\ -1 \\ 3 \\ 2 \\ -7 \end{pmatrix}, \quad \mathbf{g} = \begin{pmatrix} 3 \\ 2 \\ -5 \\ 0 \\ 1 \\ -2 \\ 7 \\ 0 \end{pmatrix} \text{ und } \mathbf{f} \odot \mathbf{g} = \begin{pmatrix} 3 \\ 0 \\ 10 \\ 0 \\ -1 \\ -6 \\ 14 \\ 0 \end{pmatrix}.$$

Die dyadische Faltung von $\mathbf{f}$ und $\mathbf{g}$ ist
$$\mathbf{f} \circledast \mathbf{g} = \begin{pmatrix} 1 & 0 & -2 & 5 & -1 & 3 & 2 & -7 \\ 0 & 1 & 5 & -2 & 3 & -1 & -7 & 2 \\ -2 & 5 & 1 & 0 & 2 & -7 & -1 & 3 \\ 5 & -2 & 0 & 1 & -7 & 2 & 3 & -1 \\ -1 & 3 & 2 & -7 & 1 & 0 & -2 & 5 \\ 3 & -1 & -7 & 2 & 0 & 1 & 5 & -2 \\ 2 & -7 & -1 & 3 & -2 & 5 & 1 & 0 \\ -7 & 2 & 3 & -1 & 5 & -2 & 0 & 1 \end{pmatrix} \begin{pmatrix} 3 \\ 2 \\ -5 \\ 0 \\ 1 \\ -2 \\ 7 \\ 0 \end{pmatrix} = \begin{pmatrix} 20 \\ -67 \\ 8 \\ 21 \\ -20 \\ 75 \\ -8 \\ -23 \end{pmatrix}.$$

Wir berechnen jetzt die zughörigen WALSH-Transformierten:

$$\hat{\mathbf{f}} = \tfrac{1}{8}\mathbf{W}_3\mathbf{f} = \frac{1}{8}\begin{pmatrix} + & + & + & + & + & + & + & + \\ + & + & + & + & - & - & - & - \\ + & + & - & - & - & - & + & + \\ + & + & - & - & + & + & - & - \\ + & - & - & + & + & - & - & + \\ + & - & - & + & - & + & + & - \\ + & - & + & - & - & + & - & + \\ + & - & + & - & + & - & + & - \end{pmatrix}\begin{pmatrix} 1 \\ 0 \\ -2 \\ 5 \\ -1 \\ 3 \\ 2 \\ -7 \end{pmatrix} = \frac{1}{8}\begin{pmatrix} 1 \\ 7 \\ -9 \\ 5 \\ -5 \\ 21 \\ -11 \\ -1 \end{pmatrix},$$

$$\hat{\mathbf{g}} = \tfrac{1}{8}\mathbf{W}_3\mathbf{g}$$

$$= \frac{1}{8}\begin{pmatrix} + & + & + & + & + & + & + & + \\ + & + & + & + & - & - & - & - \\ + & + & - & - & - & - & + & + \\ + & + & - & - & + & + & - & - \\ + & - & - & + & + & - & - & + \\ + & - & - & + & - & + & + & - \\ + & - & + & - & - & + & - & + \\ + & - & + & - & + & - & + & - \end{pmatrix}\begin{pmatrix} 3 \\ 2 \\ -5 \\ 0 \\ 1 \\ -2 \\ 7 \\ 0 \end{pmatrix} = \frac{1}{8}\begin{pmatrix} 6 \\ -6 \\ 18 \\ 2 \\ 2 \\ 10 \\ -14 \\ 6 \end{pmatrix} = \frac{1}{4}\begin{pmatrix} 3 \\ -3 \\ 9 \\ 1 \\ 1 \\ 5 \\ -7 \\ 3 \end{pmatrix},$$

und $\hat{\mathbf{h}} = \tfrac{1}{8}\mathbf{W}_3(\mathbf{f} \circledast \mathbf{g})$

$$= \frac{1}{8}\begin{pmatrix} + & + & + & + & + & + & + & + \\ + & + & + & + & - & - & - & - \\ + & + & - & - & - & - & + & + \\ + & + & - & - & + & + & - & - \\ + & - & - & + & + & - & - & + \\ + & - & - & + & - & + & + & - \\ + & - & + & - & - & + & - & + \\ + & - & + & - & + & - & + & - \end{pmatrix}\begin{pmatrix} 20 \\ -67 \\ 8 \\ 21 \\ -20 \\ 75 \\ -8 \\ -23 \end{pmatrix} = \frac{1}{8}\begin{pmatrix} 6 \\ -42 \\ -162 \\ 10 \\ -10 \\ 210 \\ 154 \\ -6 \end{pmatrix} = \frac{1}{4}\begin{pmatrix} 3 \\ -21 \\ -81 \\ 5 \\ -5 \\ 105 \\ 77 \\ -3 \end{pmatrix}.$$

Man sieht nun unmittelbar, daß

$$\hat{\mathbf{h}} = \frac{1}{4}\begin{pmatrix} 3 \\ -21 \\ -81 \\ 5 \\ -5 \\ 105 \\ 77 \\ -3 \end{pmatrix} = 8 \cdot \frac{1}{8}\begin{pmatrix} 1 \\ 7 \\ -9 \\ 5 \\ -5 \\ 21 \\ -11 \\ -1 \end{pmatrix} \odot \frac{1}{4}\begin{pmatrix} 3 \\ -3 \\ 9 \\ 1 \\ 1 \\ 5 \\ -7 \\ 3 \end{pmatrix} = 8\,\hat{\mathbf{f}} \odot \hat{\mathbf{g}}$$

ist, und das ist die Beziehung (5.49).

Mit den Spektralvektoren $\hat{\mathbf{f}}$ und $\hat{\mathbf{g}}$ erhalten wir die dyadische Faltung

$$\hat{\mathbf{f}} \circledast \hat{\mathbf{g}} = \frac{1}{8}\begin{pmatrix} 1 & 7 & -9 & 5 & -5 & 21 & -11 & -1 \\ 7 & 1 & 5 & -9 & 21 & -5 & -1 & -11 \\ -9 & 5 & 1 & 7 & -11 & -1 & -5 & 21 \\ 5 & -9 & 7 & 1 & -1 & -11 & 21 & -5 \\ -5 & 21 & -11 & -1 & 1 & 7 & -9 & 5 \\ 21 & -5 & -1 & -11 & 7 & 1 & 5 & -9 \\ -11 & -1 & -5 & 21 & -9 & 5 & 1 & 7 \\ -1 & -11 & 21 & -5 & 5 & -9 & 7 & 1 \end{pmatrix}\frac{1}{4}\begin{pmatrix} 3 \\ -3 \\ 9 \\ 1 \\ 1 \\ 5 \\ -7 \\ 3 \end{pmatrix} = \frac{1}{32}\begin{pmatrix} 80 \\ 24 \\ 56 \\ -112 \\ -64 \\ 8 \\ -24 \\ 128 \end{pmatrix} = \frac{1}{4}\begin{pmatrix} 10 \\ 3 \\ 7 \\ -14 \\ -8 \\ 1 \\ -3 \\ 16 \end{pmatrix}.$$

Damit ist

$$\mathbf{W}_3\left(\hat{\mathbf{f}} \circledast \hat{\mathbf{g}}\right) = \frac{1}{4}\begin{pmatrix} + & + & + & + & + & + & + & + \\ + & + & + & + & - & - & - & - \\ + & + & - & - & - & - & + & + \\ + & + & - & - & + & + & - & - \\ + & - & - & + & + & - & - & + \\ + & - & - & + & - & + & + & - \\ + & - & + & - & - & + & - & + \\ + & - & + & - & + & - & + & - \end{pmatrix}\begin{pmatrix} 10 \\ 3 \\ 7 \\ -14 \\ -8 \\ 1 \\ -3 \\ 16 \end{pmatrix} = \frac{1}{4}\begin{pmatrix} 12 \\ 0 \\ 40 \\ 0 \\ -4 \\ -24 \\ 56 \\ 0 \end{pmatrix} = \begin{pmatrix} 3 \\ 0 \\ 10 \\ 0 \\ -1 \\ -6 \\ 14 \\ 0 \end{pmatrix}$$

$$= \mathbf{f} \odot \mathbf{g} = \left(\mathbf{W}_3\hat{\mathbf{f}}\right) \odot \left(\mathbf{W}_3\hat{\mathbf{g}}\right).$$

Beispiel 5.11

Mit der Treppenfunktion g aus Beispiel 5.2 bilden wir $g \circledast g$. Der zu g gehörende Wertevektor ist $\mathbf{g} = \frac{1}{8}(1,3,5,7,7,5,3,1)^T$, und die dyadische Zirkulante ist

$$^*\mathbf{G} = \frac{1}{8}\begin{pmatrix} 1&3&5&7&7&5&3&1\\ 3&1&7&5&5&7&1&3\\ 5&7&1&3&3&1&7&5\\ 7&5&3&1&1&3&5&7\\ 7&5&3&1&1&3&5&7\\ 5&7&1&3&3&1&7&5\\ 3&1&7&5&5&7&3&1\\ 1&3&5&7&7&5&3&1 \end{pmatrix}.$$

Damit erhalten wir

$$\mathbf{g} \circledast \mathbf{g} = \frac{1}{64}\begin{pmatrix} 1&3&5&7&7&5&3&1\\ 3&1&7&5&5&7&1&3\\ 5&7&1&3&3&1&7&5\\ 7&5&3&1&1&3&5&7\\ 7&5&3&1&1&3&5&7\\ 5&7&1&3&3&1&7&5\\ 3&1&7&5&5&7&3&1\\ 1&3&5&7&7&5&3&1 \end{pmatrix}\begin{pmatrix}1\\3\\5\\7\\7\\5\\3\\1\end{pmatrix} = \frac{1}{64}\begin{pmatrix}168\\152\\104\\88\\88\\104\\152\\168\end{pmatrix} = \frac{1}{8}\begin{pmatrix}21\\19\\13\\11\\11\\13\\19\\21\end{pmatrix}.$$

Aus Beispiel 5.2 wissen wir, daß g den Sequenzvektor

$$\mathbf{w} = \left(\tfrac{1}{2}, 0, -\tfrac{1}{4}, 0, 0, 0, -\tfrac{1}{8}, 0\right)$$

hat. Somit hat $g \circledast g$ den Sequenzvektor

$$8\,\mathbf{w} \odot \mathbf{w} = \frac{1}{8}\left(16,0,4,0,0,0,1,0\right)^T = \left(2,0,\tfrac{1}{2},0,0,0,\tfrac{1}{8},0\right)^T.$$

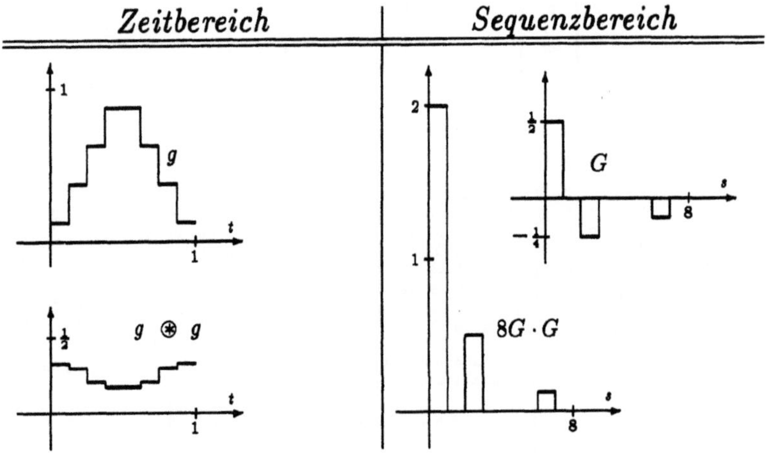

Kapitel 6

DIRAC-Distributionen

Treppenfunktionen haben Sprungstellen, und an solchen Stellen sind sie im klassischen Sinne *nicht differenzierbar.* Wollen wir aber auch dort ihr Wachstumsverhalten beschreiben, so brauchen wir einen verallgemeinerten Ableitungsbegriff. Den liefert uns die Distributionentheorie in Form der DIRAC-Distribution (δ-Distribution). Die δ-Distributionen erscheinen unter zwei Aspekten, einmal als Funktional, zum anderen als Grenzwert geeigneter Funktionenfolgen (DIRAC-Folgen).

6.1 DIRAC-Distributionen

Einige Sachverhalte der Physik führen zwangsläufig zu Begriffen, welche der mathematischen Beschreibung für lange Zeit Kummer bereiteten. Z.B. ist das Wachstumsverhalten einer Funktion an einer „Sprungstelle" mit Worten der Umgangssprache leicht zu beschreiben, aber es ist nicht so einfach, den Ableitungsbegriff der klassischen Analysis auf diesen Fall auszudehnen.

Ferner gibt es Funktionen mit Unendlichkleitsstellen, deren uneigentliches Integral über eine solche Stelle nicht existiert. Derartige Integrale treten auch dort auf, wo man ihnen aus physikalischen Gründen einen sinnvollen Wert zuordnen möchte, z.B. bei der Beschreibung eines elektrischen Dipols. Man bekommt in solchen Fällen oft einen brauchbaren Wert, wenn man vorsichtig genug an die Unstetigkeitsstelle herangeht. Dann nämlich erhält man den sog. CAUCHYschen Hauptwert, der aus dem Dilemma herausführt.

Die Bewältigung derartiger Probleme ist wesentlich mit den Namen DIRAC und LAURENT SCHWARTZ verbunden, und das Ergebnis ihrer Bemühungen heißt *Theorie der Distributionen.* Für eine einführende Betrachtung der Distributionentheorie nehme der Leser etwa das Buch von HOSKINS [H 7] zur Hand. Ein etwas eingehenderes Studium erlauben [B 2], [B 9], [L 3], [W 4], und wer zu den Quellen steigen will, benutze [S 2] !

Wir werden hier nur den allereinfachsten Gegenstand dieses Gebietes betrachten, die *DIRAC-Distribution*. Wie üblich bezeichnen wir die DIRAC-Distribution mit $\delta(\circ)$. Man nennt sie auch oft DIRAC-„Funktion“ oder δ-„Funktion“ oder δ-Distribution.

Der Gegenstand unseres Interesses erscheint unter zwei Aspekten:

1. Als Beschreibung der *Wirkung* dieses Gebildes auf eine geeignete Sorte von Funktionen. Man kommt dabei zum Begriff „lineares Funktional“.	**2.** Als Grenzwert geeigneter Funktionenfolgen. Hierbei wird beschrieben, wie man dieses Gebilde approximieren kann.

Die erste dieser Betrachtungsweisen hat ihren Ursprung darin, daß man möglichst ungehemmt die Methode der partiellen Integration, also die Beziehung

$$\int_a^b f(t)\, g'(t)\, dt \;=\; [f(t)\, g(t)]_a^b - \int_a^b f'(t)\, g(t)\, dt \tag{6.1}$$

anwenden möchte. Man muß hier die Differenzierbarkeit von f und g voraussetzen, und eine Sprungstelle im Integrationsintervall bereitet deshalb Unannehmlichkeiten.

Trotzdem wollen wir versuchen, eine Sprungfunktion in (6.1) einzuschmuggeln, und wir benutzen dazu die „einfachste“ ihrer Art, die

<u>HEAVISIDE-Funktion:</u> (6.2)

(Einheitssprungfunktion, unit step function)

$$\mathrm{u}(x) := \begin{cases} 1 & \text{für } x > 0 \\ c & \text{für } x = 0 \\ 0 & \text{für } x < 0 \end{cases} \quad .$$

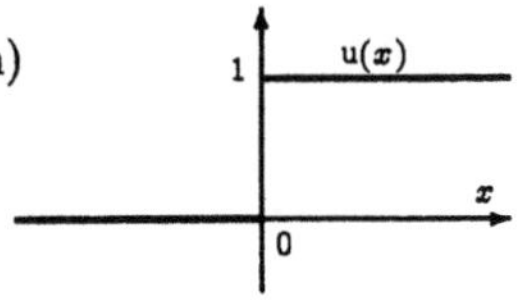

Die Definition eines Funktionswertes an der Stelle $x = 0$ ist meistens unwesentlich, und es besteht auch kein allgemeines Einvernehmen darüber, wie dieser zu wählen wäre.

Nehmen wir nun an, es ließe sich auch an der Stelle $x = 0$ in sinnvoller Weise eine Ableitung von $\mathrm{u}(x)$ definieren, die wir $\delta(x) = \mathrm{u}'(x)$ nennen wollen. Dann müßte mit $g(x) = \mathrm{u}(x)$ und einer Funktion f, welche im Intervall $a < x < b$, $a < 0 < b$, stetig differenzierbar ist, aus (6.1) folgen:

$$\begin{aligned} \int_{a<0}^{b>0} f(x)\, \delta(x)\, dx \;&=\; \int_{a<0}^{b>0} f(x)\, \mathrm{u}'(x)\, dx \;=\; [f(x)\, \mathrm{u}(x)]_a^b - \int_{a<0}^{b>0} f'(x)\, \mathrm{u}(x)\, dx \\ &=\; f(b) - \int_0^b f'(x)\, dx \;=\; f(b) - \{f(b) - f(0)\} \;=\; f(0)\ . \end{aligned}$$

Es kann aber keine Funktion im klassischen Sinne geben, welche diese Eigenschaft hat, denn aus $\delta(x) = \mathrm{u}'(x)$ folgt $\delta(x) = 0$ für $x \neq 0$, also

$$\int\limits_{a<0}^{b>0} f(x)\,\delta(x)\,dx = \lim_{\epsilon_1\to 0}\int\limits_{a}^{-\epsilon_1} f(x)\,\delta(x)\,dx + \lim_{\epsilon_2\to 0}\int\limits_{\epsilon_2}^{b} f(x)\,\delta(x)\,dx = 0+0 \;=\; 0.$$

Wir machen noch einen Anlauf und betrachten das „Wachstumsverhalten“ der HEAVISIDE-Funktion $u(x)$, an ihrer Sprungstelle $x = 0$.

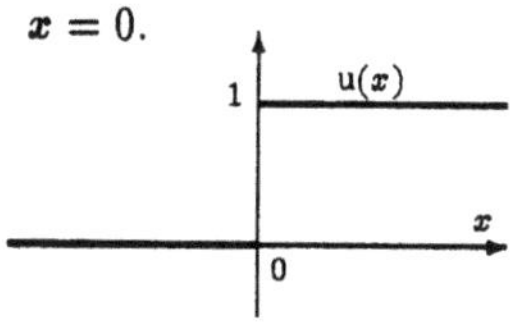

Unbefangenerweise würde man sagen, sie steige dort „unendlich stark“, und zwar so lange, bis ihr Funktionswert um 1 zugenommen hat. Für die klassische Analysis ist eine solche Aussage unzumutbar.

Wir weichen also etwas aus und betrachten Funktionen, die in der Nähe der Null „sehr stark“ steigen und sonst mit $u(x)$ übereinstimmen. Z.B. sind

$$u(k;x) \;=\; \begin{cases} 0 & \text{für} \quad x < -\frac{1}{2k} \\ kx+\frac{1}{2} & \text{für} \quad -\frac{1}{2k} \le x \le \frac{1}{2k} \\ 1 & \text{für} \quad \frac{1}{2k} < x \end{cases}$$

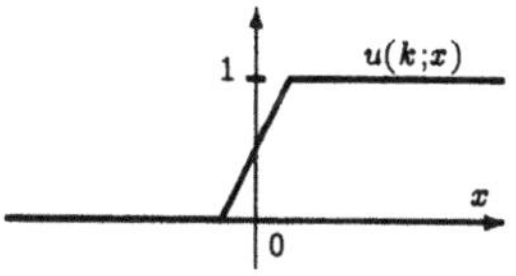

mit $k = 1, 2, 3, \ldots$ solche Funktionen.
Sie haben für $|x| \neq \frac{1}{2k}$ die Ableitungen

$$d(k;x) \;=\; \begin{cases} 0 & \text{für} \quad x < -\frac{1}{2k} \\ k & \text{für} \quad -\frac{1}{2k} < x < \frac{1}{2k} \\ 0 & \text{für} \quad \frac{1}{2k} < x \end{cases} \qquad (6.3)$$

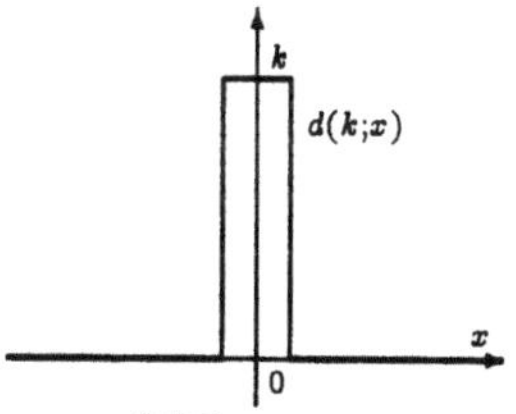

Für diese Funktionen $u(k;x)$ gilt außerdem:

a) $\lim\limits_{k\to\infty} u(k;x) \;=\; u(x), \quad \lim\limits_{k\to\infty} d(k;x) \;=\; \delta(x) \;=\; \begin{cases} \textbf{!?!} \\ \Downarrow \\ +\infty & \text{für} \quad x = 0 \\ 0 & \text{für} \quad x \neq 0 \end{cases}$

b) $f(x)$ sei in einer Umgebung des Nullpunktes stetig. Dann ist

$$\int\limits_{-\infty}^{\infty} f(x)d(k;x)\,dx = k\int\limits_{-1/2k}^{1/2k} f(x)\,dx \overset{\text{Mittelwertsatz}}{=} k\frac{1}{k}f(\xi_k) = f(\xi_k)$$
$$\text{mit} \quad -\tfrac{1}{2k} < \xi_k < \tfrac{1}{2k}.$$

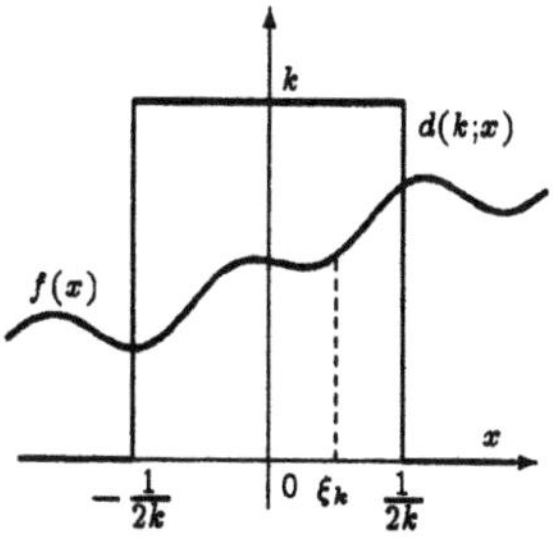

c) $$\lim_{k\to\infty}\int\limits_{-\infty}^{\infty} f(x)\,d(k;x)\,dx \;=\; \lim_{k\to\infty} f(\xi_k) \quad \text{mit} \quad -\frac{1}{2k} < \xi_k < \frac{1}{2k}$$
$$= \; f(0)\;.$$

Diese Versuche, an der Sprungstelle von $u(x)$ auf die übliche Weise zu einer Ableitung zu kommen, mußten natürlich fehlschlagen. Sie führten aber ganz nahe an eine gewünschte Beziehung heran. Es liegt also nahe, diese Beziehung zu legalisieren, und das geschieht durch eine Definition. Wir sagen, der Ausdruck $\int_{a<0}^{b>0} f(t)\,\delta(t)\,dt$ sei eine Abbildung, die einer stetigen Funktion $f(x)$ ihren Wert $f(0)$ zuordnet. Eine solche Abbildung, die einer mathematischen Größe eine Zahl zuordnet, nennt man ein *Funktional*. Wir kennen schon derartige Funktionale:

Es seien $f, k \in C[a,b]$, also im Intervall $a \le x \le b$ stetige Funktionen. Betrachten wir die Funktion k als fest gewählt und f beliebig, dann ist

$$f \longrightarrow \int_a^b f(x)\,k(x)\,dx = (f,k) = \text{reelle Zahl} \tag{6.4}$$

ein Funktional. Die Abbildung $f \longrightarrow \int_{a<0}^{b>0} f(x)\,\delta(x)\,dx = (f,\delta) = f(0)$ ist offenbar eine naheliegende Erweiterung dieses Funktionals auf eine Größe δ, die eben *keine* Funktion mehr ist.

Dabei zeigt sich allerdings eine Schwierigkeit. Ist $k(x)$ eine Funktion, so hängt im allgemeinen $\int_a^b f(x)k(x)\,dx$ nicht nur von der Funktion f, sondern auch von dem Integrationsintervall ab, während das für $\int_{a<0}^{b>0} f(x)\delta(x)\,dx$ nur insofern gilt, als das Integrationsintervall den Nullpunkt enthalten muß . Wir können hier also getrost $\int_{-\infty}^{\infty} f(x)\delta(x)\,dx$ schreiben. Es wäre uns angenehm, wenn wir auch im ersten Falle über die gesamte reelle Achse integrieren dürften. Das aber setzt voraus, daß die Funktionen f, auf die das Funktional wirkt, im Unendlichen „gutmütig genug" sind. f muß so beschaffen sein, daß das $\int_{-\infty}^{\infty} f(x)k(x)\,dx$ existiert. Das garantieren uns ganz gewiß sogenannte

> **finite Funktionen:** Eine Funktion f heißt *finit*, wenn es ein abgeschlossenes Intervall $[a,b]$ gibt, so daß f außerhalb dieses Intervalles verschwindet.

Verwenden wir solche Funktionen, so ist $\int_{-\infty}^{\infty} f(x)k(x)\,dx$ kein echtes uneigentliches Integral. Wir haben lediglich die Frage der endlichen Integrationsgrenzen der Funktion f zugeschoben.

Ferner haben wir darauf achten müssen, daß in $\int f(x)\,\delta(x)\,dx$ die Funktion f in einer Umgebung der Null stetig ist. Diese Forderung verschärft sich noch, wenn wir „Ableitungen" von δ erklären wollen. Dann müssen wir nämlich n-fach stetige Differenzierbarkeit voraussetzen. Auch diese Frage erledigen wir ein für allemal, wenn wir nur beliebig oft differenzierbare (*glatte*) Funktionen verwenden.

C_0^∞ sei die Menge aller reellen, finiten und beliebig oft stetig differenzierbaren Funktionen. Diese Funktionen nennen wir **Testfunktionen.**	(6.5)

(Normalerweise nimmt man hier komplexwertige Funktionen, aber wir machen davon keinen Gebrauch.)

Ein klassisches Beispiel für Testfunktionen sind die Funktionen

$$\rho(\epsilon, x) = \begin{cases} \mathrm{e}^{-\frac{\epsilon^2}{\epsilon^2 - x^2}} & \text{für} \quad |x| < \epsilon \\ 0 & \text{für} \quad \epsilon \leq |x| \end{cases} \qquad (6.6)$$

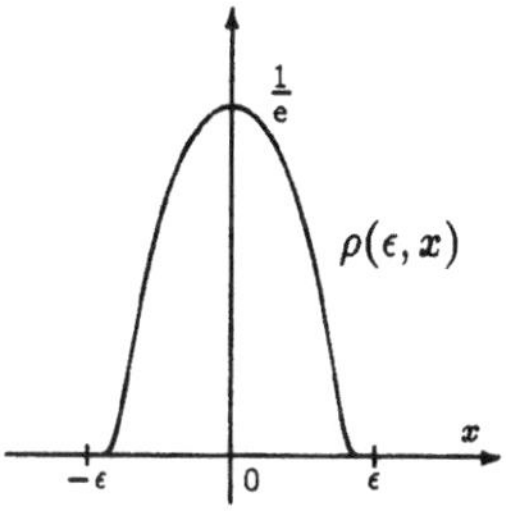

Man beachte, daß es darauf ankommt, daß die betrachteten Funktionen *überall* beliebig oft stetig differenzierbar sein sollen. Sie müssen also im vorliegenden Beispiel auch an den Stellen $x = \pm\epsilon$ diese Bedingung erfüllen.

Damit haben wir schon ein ziemlich schweres Geschütz aufgefahren. Man kann mit diesem Hilfsmittel wesentlich kompliziertere Distributionen als δ behandeln. Gleichzeitig entsteht aber die Frage, ob die an die Testfunktionen gestellten Forderungen nicht zu einschränkend sind. Zunächst sehen wir nämlich eine neue Schwierigkeit. Z.B. ist das einfache Integral $\int_{-\infty}^{\infty} \delta(x)\,dx = \int_{-\infty}^{\infty} 1 \cdot \delta(x)\,dx$ nicht von der gewünschten Bauart, denn $f(x) \equiv 1$ ist keine Testfunktion. Man muß also auch über dieses Hindernis hinwegkommen. Wir sehen, daß bei sorgfältiger Behandlung dieses Stoffes noch einiges zu tun bleibt. Für unsere Zwecke aber kommen wir mit bescheideneren Voraussetzungen aus, und wir verweisen deshalb auf die angegebene Literatur.

Wir sind jetzt in der Lage, unseren früheren Versuch, eine Ableitung von $\mathrm{u}(x)$ an der Sprungstelle als Grenzwert eines Differenzenquotienten herzuleiten, mit Erfolg durchzuführen.

Zunächst eine Vorbetrachtung: Mit $f \in C_0^\infty$ erhalten wir

$$J = \int_{-\infty}^{\infty} f(x)\,\frac{\mathrm{u}(x+\epsilon) - \mathrm{u}(x)}{\epsilon}\,dx = \underbrace{\int_{-\infty}^{\infty} f(x)\frac{\mathrm{u}(x+\epsilon)}{\epsilon}\,dx}_{\text{Substitution: } v = x+\epsilon} - \underbrace{\int_{-\infty}^{\infty} f(x)\,\frac{\mathrm{u}(x)}{\epsilon}\,dx}_{\text{Umbenennung: } v = x}$$

$$= \int_{-\infty}^{\infty} f(v-\epsilon)\,\frac{\mathrm{u}(v)}{\epsilon}\,dv - \int_{-\infty}^{\infty} f(v)\,\frac{\mathrm{u}(v)}{\epsilon}\,dv$$

$$= \int_{-\infty}^{\infty} \frac{f(v-\epsilon) - f(v)}{\epsilon}\,\mathrm{u}(v)\,dv = -\int_{0}^{\infty} \frac{f(v) - f(v-\epsilon)}{\epsilon}\,dv.$$

Jetzt läßt sich also ohne Behinderung durch Integrationsgrenzen die Bildung des Differenzenquotienten von der nicht differenzierbaren Funktion $u(x)$ auf die differenzierbare Testfunktion übertragen. Bilden wir nun den *symbolischen* Grenzwert $u'(x) = \lim_{\epsilon\to 0} \frac{u(x+\epsilon)-u(x)}{\epsilon}$, so können wir den Grenzübergang durchführen, ohne das Integral zu verlassen:

$$\int_{-\infty}^{\infty} f(x) \lim_{\epsilon\to 0} \frac{u(x+\epsilon)-u(x)}{\epsilon}\,dx = \int_{-\infty}^{\infty} \lim_{\epsilon\to 0}\left\{f(x)\frac{u(x+\epsilon)-u(x)}{\epsilon}\right\}dx$$

$$= -\int_{-\infty}^{\infty} \lim_{\epsilon\to 0}\left\{\frac{f(v)-f(v-\epsilon)}{\epsilon}u(v)\right\}dx = -\int_{0}^{\infty} f'(v)\,dx = f(0). \quad (6.7)$$

In analoger Weise erhält man

$$\int_{-\infty}^{\infty} f(x)\frac{\delta(x+\epsilon)-\delta(x)}{\epsilon}\,dx = -\frac{f(0)-f(0-\epsilon)}{\epsilon} \overset{\text{für } \epsilon\to 0}{\longrightarrow} -f'(0)\,. \quad (6.8)$$

Sei nunmehr $k(x)$ entweder eine geeignete Funktion oder das Symbol $\delta(x)$, ferner $f, g \in C[a,b]$ und $\lambda, \mu \in \mathbf{R}$. Dann gilt mit der Bezeichnung (6.4)

$$(\lambda f + \mu g, k) = \lambda(f,k) + \mu(g,k), \qquad f, g \in C_0^\infty.$$

Man spricht deshalb von einem *linearen* Funktional. Außerdem braucht man noch einen geeigneten Stetigkeitsbegriff. Dieser Stetigkeitsbegriff soll es ermöglichen, daß wir z.B. eine Größe wie δ durch gewöhnliche Funktionen approximieren können. Ist etwa $\{k_n\}_{n=n_0}^{\infty}$ eine Folge geeigneter Funktionen und gilt für beliebiges $f \in C_0^\infty$ $(f, k_n) \longrightarrow (f,\delta) = f(0)$, so soll dadurch $\lim_{n\to\infty} k_n = \delta$ definiert sein. Solche Folgen wollen wir im nächsten Abschnitt betrachten.

Die oben eingeschobene Bemerkung über $\delta(\circ)$ als Funktional wollen wir nicht bis ins Detail verfolgen. Wir gehen hier von einer Definition aus, die für die Anwendung der DIRAC-Distribution genügt.

Abtasteigenschaft (sampling property):
Für eine Funktion $f(x)$, die in einer Umgebung der Null stetig ist, gilt

$$\int_{-\infty}^{\infty} f(x)\,\delta(x)\,dx = f(0). \quad (6.9)$$

Man erhält daraus

$$\int_{-\infty}^{\infty} f(t-x)\,\delta(x)\,dx = f(t).$$

Wir haben oben schon gesehen, daß $\delta(\circ)$ keine Funktion ist, die man punktweise auswerten kann. Deshalb sei an dieser Stelle nochmals darauf hingewiesen, daß das Zeichen $\delta(\circ)$ nur in einem Integral seinen Sinn erhält. Wenn wir im folgenden trotzdem Gleichungen wie etwa $\delta(x) = \delta(-x)$ oder $\delta(ax+b) = \frac{1}{|a|}\delta(x+\frac{b}{a})$ benutzen, so wird dadurch nur zum Ausdruck gebracht, daß der jeweils linke Ausdruck in einem Integral dieselbe Wirkung hat wie der rechte.

Nehmen wir an, wir hätten die oben angesprochene Ungereimtheit, daß in (6.7) und (6.8) eine Testfunktion aber in (6.9) eine stetige Funktion auftritt, zufriedenstellend beseitigt —was möglich ist —, so können wir also in diesem Sinne schreiben $u'(x) = \delta(x)$. Wollen wir besonders auf die Verallgemeinerung des Ableitungsbegriffes hinweisen, so benutzen wir auch den Ableitungsoperator D. Wir schreiben also z.B. $\mathrm{D}\, u(x) = \delta(x)$.

Will man verallgemeinerte Ableitungen in einem Schaubild darstellen, so symbolisiert man üblicherweise $\delta(x-a)$ an der Stelle $x = a$ durch einen senkrechten Vektor der Länge 1.

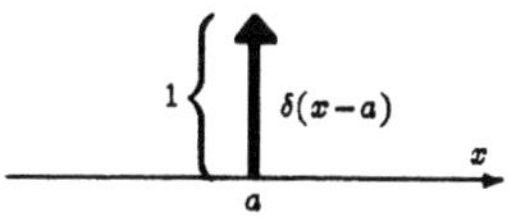

Wir wollen nun Ableitungen von $\delta(\circ)$ definieren. Dabei führt (6.8) auf eine brauchbare Spur. Wir sehen daraus, daß folgende Definition vernünftig ist:

Ableitung von $\delta(\circ)$:

Die Funktion f habe in einer Umgebung der Null eine stetige Ableitung f'. Dann gilt $\int\limits_{-\infty}^{\infty} f(x)\,\delta'(x)\,dx = -f'(0)$. (6.10)

Höhere Ableitungen von $\delta(\circ)$:

Die Funktion f habe in einer Umgebung der Null stetige Ableitungen bis zur n-ten Ordnung. Dann gilt (6.11)

$$\int\limits_{-\infty}^{\infty} f(x)\,\delta^{(n)}(x)\,dx = (-1)^n f^{(n)}(0).$$

Mit $f(x) \equiv 1$ folgt daraus: Für $n > 0$ gilt $\int\limits_{-\infty}^{\infty} \delta^{(n)}\,dx = 0.$ (6.12)

Weil $\delta(\circ)$ so eng mit Integralen verknüpft ist, folgt dieser Ausdruck auch der Regel für die Substitution der Integrationsvariablen.
Für $a \le t \le b$ sei $x = \varphi(t)$ streng monoton wachsend und für c mit $a < c < b$ sei $\varphi(c) = 0$. Ferner sei φ stetig differenzierbar. Dann hat $x = \varphi(t)$ eine eindeutige Umkehrfunktion $t = \psi(x)$ mit

$$\frac{d\psi}{dx} = \frac{1}{\frac{d\varphi}{dt}}.$$

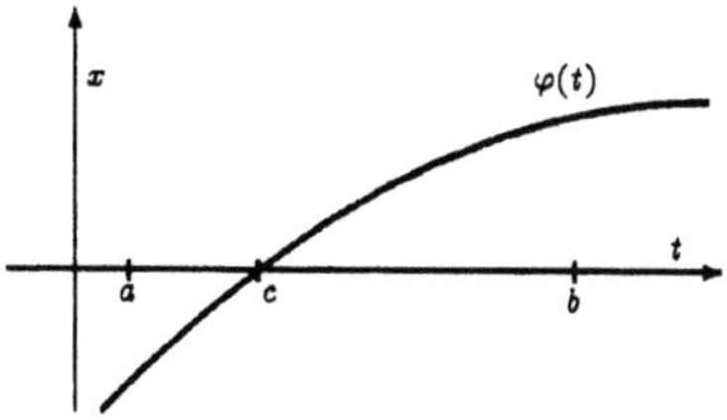

Es ist also $dt = \psi'(x)dx = \dfrac{1}{\varphi'(t)}dx$ und

$$\int\limits_a^b f(t)\,g\Big(\underbrace{\varphi(t)}_{=x}\Big)\,dt = \int\limits_{x=\varphi(a)}^{x=\varphi(b)} f\Big(\psi(x)\Big)\,g(x)\,\psi'(x)\,dx .$$

Übertragen wir diese Variablentransformation auf die δ-Distribution, so erhalten wir $\int\limits_a^b f(t)\,\delta\Big(\varphi(t)\Big)\,dt = \int\limits_{x=\varphi(a)}^{x=\varphi(b)} f\Big(\psi(x)\Big)\,\delta(x)\,\psi'(x)\,dx = f(c)\cdot\dfrac{1}{\varphi'(c)}.$

Wegen der strengen Monotonie verschwindet die Ableitung von φ im Integrationsintervall nicht. Wir haben also $\varphi'(c) \neq 0$, und somit ist der Bruch nicht gefährdet.

Eine analoge Betrachtung gilt für den Fall, daß die Funktion φ streng monoton fällt. Damit haben wir die Regel über eine

Variablensubstitution:

$\varphi(x)$ sei eine monotone Funktion, und es sei $\varphi(c) = 0$ und $\varphi'(c) \neq 0$. Dann gilt

$$\delta(\varphi(x)) = \frac{1}{|\varphi'(c)|}\delta(x-c). \tag{6.13}$$

Ein Spezialfall hiervon ist für $a \neq 0$

$$\delta(ax+b) = \frac{1}{|a|}\delta\left(x+\tfrac{b}{a}\right).$$

Insbesondere gilt

$$\int\limits_{-\infty}^{\infty} f(x)\,\delta(t-x)\,dx = f(t). \tag{6.14}$$

Außerdem folgt aus dieser Substitutionsregel, daß die δ-Distribution sich wie eine gerade Funktion verhält:

$$\delta(x) = \delta(-x) \tag{6.15}$$

Bisher haben wir nur eine einzige Sprungfunktion, nämlich $\mathrm{u}(x)$, betrachtet. Wir übertragen nun unsere Ergebnisse auf

Allgemeine Sprungfunktionen

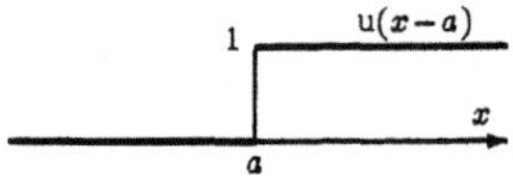

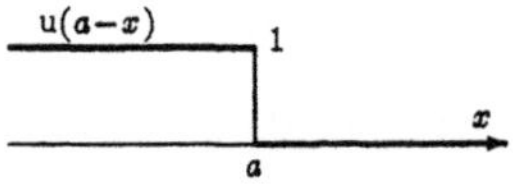

Für ein beliebiges reelles a läßt sich die Einheitssprungfunktion verschieben und spiegeln wie es die nebenstehende Skizze zeigt.

Sind nun $\ell(x)$ und $g(x)$ zwei überall stetige Funktionen, so ist

$$f(x) = g(x)\,\mathrm{u}(x-a) + \ell(x)\,\mathrm{u}(a-x) \tag{6.16}$$

eine Funktion mit folgenden Eigenschaften:

$$f(x) = \ell(x) \text{ für } x < a,$$
$$f(x) = g(x) \text{ für } a < x,$$

und bei $x = a$ hat $f(x)$ eine Sprungstelle der Höhe $g(a) - \ell(a)$.

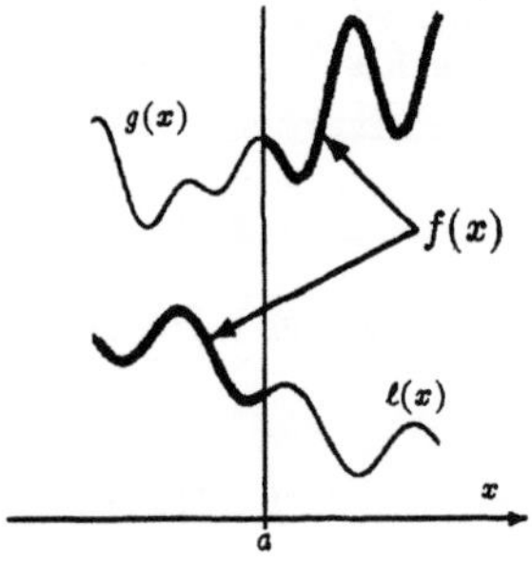

Sind $g(x)$ und $\ell(x)$ differenzierbar, so können wir die *verallgemeinerte Ableitung* von $f(x)$ bilden, die wir mit D bezeichnen:

$$\begin{aligned}\mathrm{D}\,f(x) &= \mathrm{u}(x-a)\tfrac{d}{dx}g(x)+g(x)\,\mathrm{D}\,\mathrm{u}(x-a)+\mathrm{u}(a-x)\tfrac{d}{dx}\ell(x)+\ell(x)\,\mathrm{D}\,\mathrm{u}(a-x)\\ &= g'(x)\,\mathrm{u}(x-a)+\ell'(x)\,\mathrm{u}(a-x)+g(x)\,\mathrm{D}\,\mathrm{u}(x-a)+\ell(x)\,\mathrm{D}\,\mathrm{u}(a-x).\end{aligned}$$

Mit $\mathrm{D}\,\mathrm{u}(x-a) = \dfrac{d\,\mathrm{u}(x-a)}{d(x-a)}\tfrac{d}{dx}(x-a) = \delta(x-a)\tfrac{d}{dx}(x-a) = \delta(x-a)$

und $\mathrm{D}\,\mathrm{u}(a-x) = \dfrac{d\,\mathrm{u}(a-x)}{d(a-x)}\tfrac{d}{dx}(a-x) = -\delta(a-x) \overset{(6.15)}{=} -\delta(x-a)$

wird daraus

$$\mathrm{D}\,f(x) = g'(x)\,\mathrm{u}(x-a)+\ell'(x)\,\mathrm{u}(a-x)+\{g(a)-\ell(a)\}\delta(x-a).$$

Nun wird man normalerweise nicht von zwei überall stetigen und differenzierbaren Funktionen ausgehen, sondern von (6.16). Dann ist an der Sprungstelle kein Funktionswert definiert, aber es existieren die einseitigen Grenzwerte $f(a_+)$ und $f(a_-)$. Dann haben wir mit $f(a_+)-f(a_-)=c_a$

$$\mathrm{D}\,f(x) = g'(x)\,\mathrm{u}(x-a)+\ell'(x)\,\mathrm{u}(a-x)+c_a\delta(x-a).$$

Die Konstante c_a bezeichnet man als *Sprunghöhe* von f an der Stelle a. Die Verallgemeinerung auf endlich oder abzählbar viele Sprungstellen liegt auf der Hand.

Von besonderem Interesse werden für uns periodische DIRAC-Distributionen sein. Für 1-periodische Folge von DIRAC-Impulsen schreiben wir künftig $\tilde{\delta}(x)$.

Wir haben also
$$\tilde{\delta}(x) := \sum_{m=-\infty}^{\infty}\delta(x-m) \tag{6.17}$$

und symbolisieren diese Distribution durch folgendes „Schaubild“:

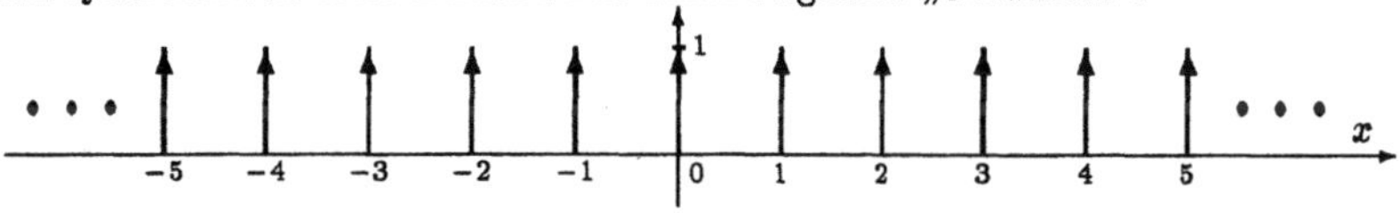

Bei einer weiteren Variablentransformation $x=at$ muß man (6.13) auf Seite 118 beachten. Man erhält

$$\tilde{\delta}(at) = \sum_{m=-\infty}^{\infty}\delta(at-m) = \frac{1}{|a|}\sum_{m=-\infty}^{\infty}\delta(t-\tfrac{m}{a}), \tag{6.18}$$

$$\tilde{\delta}(2Nt) = \sum_{m=-\infty}^{\infty}\delta(2Nt-m) = \frac{1}{2N}\sum_{m=-\infty}^{\infty}\delta(t-\tfrac{m}{2N}). \tag{6.19}$$

Das durch (6.19) ausgedrückte Verhalten der DIRAC-Impulse nennen wir

<u>*Mittelwerteigenschaft*</u>

Im einfachsten Falle, nämlich für $N=1$, ist das

$$\boxed{\begin{aligned}\tilde{\delta}(2x) = \tilde{\delta}(2x+1) &= \tfrac{1}{2}\tilde{\delta}(x)+\tfrac{1}{2}\tilde{\delta}(x-\tfrac{1}{2})\\ \tilde{\delta}(2x+\tfrac{1}{2}) &= \tfrac{1}{2}\tilde{\delta}(x+\tfrac{1}{4})+\tfrac{1}{2}\tilde{\delta}(x-\tfrac{1}{4})\end{aligned}} \tag{6.20}$$

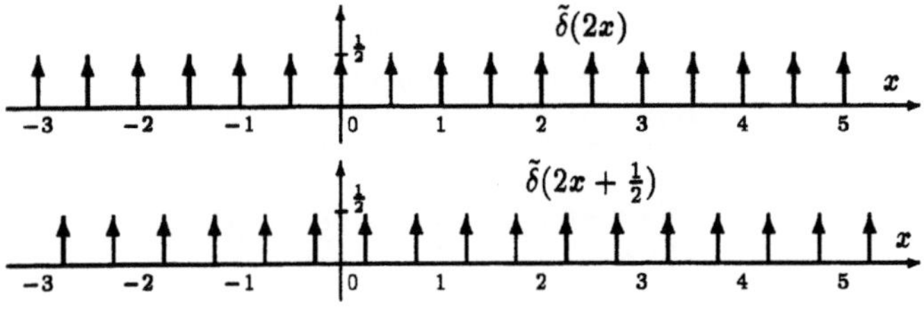

Mit $2N = 2^n$, $n \geq 1$, $h = \frac{1}{2N}$, hat (6.19) die Form

$$\tilde\delta(2Nx) \;=\; \frac{1}{2N}\sum_{j=0}^{2N-1}\tilde\delta(x - \tfrac{j}{2N}) \;=\; \frac{1}{2N}\sum_{j=0}^{2N-1}\tilde\delta(x - hj)\;. \tag{6.21}$$

Nun sei $f \in \tilde L^2$ eine stetige Funktion. Dann ist mit (6.41) und (6.44)

$$\int_0^1 f(x)\tilde\delta(2Nx)\,dx = \frac{1}{2N}\int_0^{2N} f(\tfrac{t}{2N})\tilde\delta(t)\,dt = \frac{1}{2N}\Big\{\frac{1}{2}f(0) + \sum_{j=1}^{2N-1} f(\tfrac{j}{2N}) + \frac{1}{2}f(1)\Big\},$$

und weil $f(0) = f(1)$ ist, wird daraus $\int_0^1 f(x)\tilde\delta(2Nx)\,dx = \frac{1}{2N}\sum_{j=0}^{2N-1} f(\frac{j}{2N})$.

Auf der rechten Seite dieser Gleichung steht nun eine RIEMANNsche Summe für das Integral $\int_0^1 f(x)\,dx$. Diese Näherungssumme entsteht dadurch, daß die Funktion $f(x)$ an den Stellen $x = \frac{j}{2N}$ „abgetastet" wird. Weil wir $f(x)$ als stetig vorausgesetzt haben, sind wir sicher, daß diese Summe für $n \to \infty$ gegen den Wert des obigen Integrales strebt. Es gilt also:

$f \in \tilde L^2$ sei stetig. Dann ist
$$\int_0^1 f(x)\lim_{n\to\infty}\tilde\delta(2Nx)\,dx = \int_0^1 f(x)\,dx. \tag{6.22}$$

Im Sinne von (6.22) können wir sagen

$$\lim_{n\to\infty}\tilde\delta(2^n x) = 1 \tag{6.23}$$

Für Distributionen können wir keine Multiplikation erklären, wohl aber ist eine Faltung von Distributionen sinnvoll. Z.B. erhält man

$$\delta(t-a) * \delta(t-b) \;=\; \delta(t-a-b)\;. \tag{6.24}$$

6.2 DIRAC-Folgen

Wir haben in (6.3) schon eine Folge von Funktionen kennengelernt, mit der wir die DIRAC-Distribution approximieren können. Sie besteht aus einfachen Funktionen und erfüllt völlig ihren Zweck, solange wir keine Ableitungen von $d(k;x)$ haben wollen. Dann nämlich ist es lästig, daß diese Funktionen selbst wieder Sprungstellen aufweisen. In vielen Fällen aber bevorzugt man zur Approximation von δ differenzierbare Funktionenfolgen. Das läuft darauf hinaus, daß man die Sprungstelle der HAEVISIDE-Funktion „glättet". Man könnte z.B. die Sprungstelle der HAEVISIDE-Funktion mit Polynomstücken überbrücken, wie das im nächsten Beispiel vorgeschlagen wird.

Beispiel 6.1

$$h(k;x) = \begin{cases} 0 & \text{für} \quad x < -\frac{1}{2k} \\ 2k^2\left(x+\frac{1}{2k}\right)^2 & \text{für} \quad -\frac{1}{2k} \le x \le 0 \\ 1-2k^2\left(x-\frac{1}{2k}\right)^2 & \text{für} \quad 0 \le x \le \frac{1}{2k} \\ 1 & \text{für} \quad \frac{1}{2k} < x \end{cases}$$

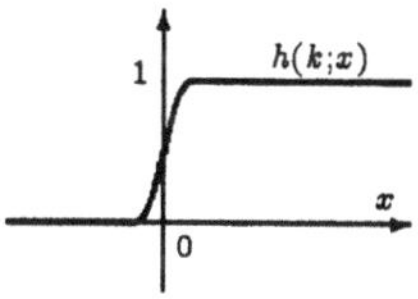

mit $k = 1, 2, 3, \ldots$.

Diese Funktionen haben die Ableitungen

$$\hat{d}(k;x) = \begin{cases} 0 & \text{für} \quad x < -\frac{1}{2k} \\ 2k(2kx+1) & \text{für} \quad -\frac{1}{2k} \le x \le 0 \\ 2k(1-2kx) & \text{für} \quad 0 \le x \le \frac{1}{2k} \\ 0 & \text{für} \quad \frac{1}{2k} < x \end{cases} \tag{6.25}$$

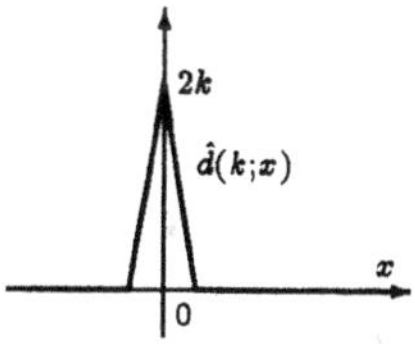

Von Näherungsfunktionen für δ erwarten wir die folgenden Eigenschaften:

1. Ihr Integral über ein geeignetes Intervall muß den Wert 1 haben.

2. Sie sollen nicht negativ sein.

3. Außerhalb einer Umgebung der *kritischen Stelle* soll die Funktionenfolge gleichmäßig — und möglichst schnell — gegen Null gehen.

Die erste dieser Eigenschaften fixieren wir in der folgenden Definition:

Für jede Funktion $\chi(k;x) \in L^1$ der Folge $\{\chi(k;x)\}_{k=0}^{\infty}$ gelte $\int\limits_{-\infty}^{\infty} \chi(k;x)\,dx = 1$. Dann sagen wir, diese Folge sei ein *Kern*. (6.26)

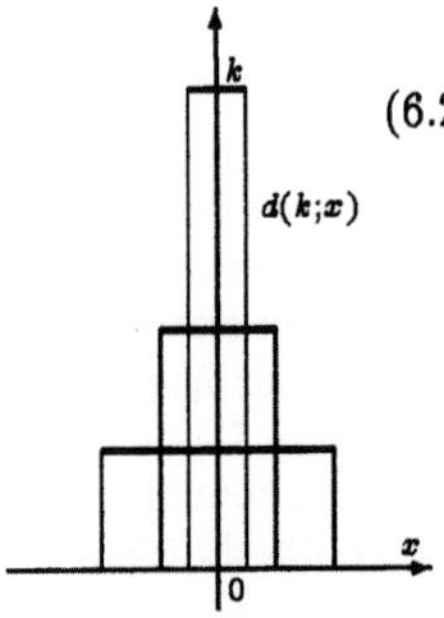

(6.27)

Beispiele:

Die Folge $\{d(k;x)\}_{k=1}^{\infty}$ der Funktionen aus (6.3) bildet einen nicht negativen Kern.

Die Folge $\{\hat{d}(k;x)\}_{k=1}^{\infty}$ der Funktionen aus (6.25) bildet einen nicht negativen und stetigen Kern.

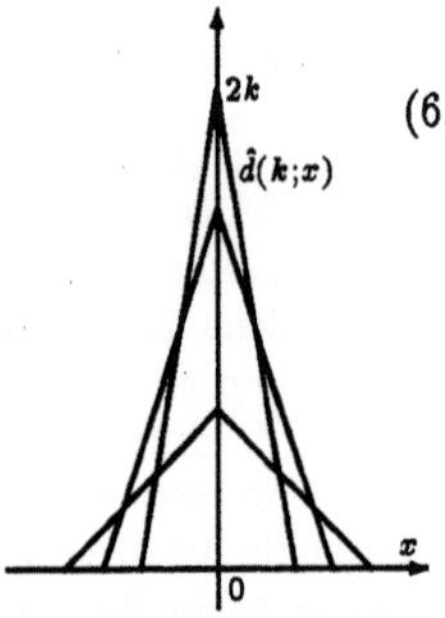

(6.28)

In jeder dieser beiden Folgen gehen die Funktionen aus einer einzigen durch reine Maßstabänderung hervor. Eine solche Konstruktion kann man auch mit anderen geeigneten Funktionen durchführen. Das sagt der folgende Satz:

Für $\chi \in L^1$ gelte $\int\limits_{-\infty}^{\infty} \chi(x)\,dx = 1$. Dann ist $\{k\chi(kx)\}_{k=1}^{\infty}$ ein Kern.	(6.29)

Man sieht das sofort aus $\int\limits_{-\infty}^{\infty} \chi(kx)k\,dx \overset{\text{Subst.: } kx=t}{=} \int\limits_{-\infty}^{\infty} \chi(t)\,dt = 1.$

Kerne der Form (6.29) heißen *Kerne vom FEJÉRschen Typ.*

<u>**Beispiel**</u> **6.2** a) Wegen $\frac{1}{\pi}\int\limits_{-\infty}^{\infty} \frac{1}{1+t^2}\,dt = \frac{2}{\pi}\int\limits_{0}^{\infty} \frac{1}{1+t^2}\,dt = \frac{2}{\pi}\arctan t\Big|_0^{\infty} = 1$

bilden mit $\chi(t) = \frac{1}{\pi}\frac{1}{1+t^2}$ die Funktionen $k\chi(kx) = \frac{1}{\pi}\frac{k}{1+k^2x^2}$ einen Kern $\{\chi_1\}$ *vom FEJÉRschen Typ.*

b) Es sei $\chi(t) = \begin{cases} 1+\cos 2\pi x = 2\cos^2 \pi x & \text{für} \quad -\frac{1}{2} < x < \frac{1}{2} \\ 0 & \text{sonst.} \end{cases}$

Dann bilden die Funktionen $k\chi(kx) = 2k\cos^2 k\pi x$ für $-\frac{1}{2k} < x < \frac{1}{2k}$ und 0 sonst, einen Kern $\{\chi_2\}$ *vom FEJÉRschen Typ.*

c) Es sei $\chi(t) = \frac{1}{\pi}\frac{\sin t}{t}$.

Wegen $\int\limits_0^{\infty} \frac{\sin t}{t}\,dt = \frac{\pi}{2}$ (s.z.B. [H 3] oder [M 2] !) ist $\frac{1}{\pi}\int\limits_{-\infty}^{\infty} \frac{\sin t}{t}\,dt = 1.$

Somit ist die Folge $\{\chi_3\} = \{k\chi(kt)\}_{k=1}^{\infty} = \left\{\frac{1}{\pi}\frac{\sin kt}{t}\right\}_{k=1}^{\infty}$ ein Kern $\{\chi_3\}$ *vom FEJÉRschen Typ.*

d) Es sei $\chi(t) = \begin{cases} A\,e^{-\frac{1}{1-t^2}} & \text{für} \quad |t| < 1, \\ 0 & \text{sonst,} \end{cases}$ mit $\frac{1}{A} = \int\limits_{-1}^{1} e^{-\frac{1}{1-t^2}}\,dt$.

Dann gilt $\int\limits_{-\infty}^{\infty} \chi(t)\,dt = 1$, und nach (6.29) ist $\{\chi_4\} = \{2k\chi(2kt)\}_{k=1}^{\infty}$ ein Kern $\{\chi_4\}$ *vom FEJÉRschen Typ.*

Die Eigenschaften 2 und 3, die wir von Näherungsfunktionen für δ erwarten, stecken wir in die folgende Definition:

Einen Kern $\{\chi(n;\circ)\}_{n=0}^{\infty}$ mit $\chi(n;\circ) \in L^1$ nennen wir eine **DIRAC-Folge (approximate identity),** wenn er a) nicht negativ ist $\left(\chi(n;x) \geq 0 \text{ für alle } n \text{ und } x\right)$, und wenn b) für jedes $\mu > 0$ gilt $\lim\limits_{n\to\infty} \int\limits_{\|x\|>\mu} \chi(n;x)\,dx = 0.$	(6.30)

Z.B. sind die Folgen (6.27) und (6.28) auf Seite 122 DIRAC-Folgen.
Weitere DIRAC-Folgen finden wir unter den Kernen des Beispiels 6.2:
Die Kerne $\{\chi_1\}$, $\{\chi_2\}$ und $\{\chi_4\}$ sind DIRAC-Folgen. Die Funktionen des Kernes χ_3 hingegen bilden keine DIRAC-Folge, weil sie negative Werte annehmen.

Die Funktionen $\rho(k;x) = 2k\chi(2kx) = \begin{cases} 2kA\,e^{\frac{1}{4k^2x^2-1}} & \text{für} \quad |x| < \frac{1}{2k}, \\ 0 & \text{sonst,} \end{cases}$

sind Testfunktionen, und $\{\rho(k;x)\}$ ist offenbar eine DIRAC-Folge.
Die hier auftretenden Funktionen sind im wesentlichen die aus (6.6).

Wir erinnern uns nun an die Abtasteigenschaft der δ-Distribution

$$\int_{-\infty}^{\infty} f(x-t)\,\delta(t)\,dt = \int_{-\infty}^{\infty} f(v)\,\delta(x-v)\,dv = f(x). \qquad (6.31)$$

Das hier auftretende Integral hat die Form eines *Faltungsintegrals*. In diesem Faltungsintegral (6.31) wirkt δ als „Einheit“, denn es reproduziert die Funktion f. Nun hatten wir in Kapitel 1.7 festgestellt, daß es für die Faltung von Funktionen keine solche Einheit gibt. Damit zeigt sich abermals, daß $\delta(t)$ keine Funktion sein kann. Wir hatten uns aber schon damals klargemacht, daß man mit geeigneten Funktionen *beliebig nahe* an eine Einheit herankommen kann, und die Funktionen einer DIRAC-Folge sind gerade die, mit denen man diese Approximation erreicht. Man könnte also auch sagen: „DIRAC-Folgen sind Funktionenfolgen, die eine *Faltungseinheit* approximieren.“
Wir formulieren also

Ist $\{\chi(n;x)\}$ eine DIRAC-Folge, so gilt für $f \in L^1$

$$\lim_{n\to\infty} \int_{-\infty}^{\infty} f(t)\,\chi(n;x-t)\,dt = f(x). \qquad (6.32)$$

In diesem Sinne sagen wir $\lim\limits_{n\to\infty} \chi(n;t) = \delta(t)$.

6.3 Periodische DIRAC-Distributionen und periodische DIRAC-Folgen

Wie im aperiodischen Fall gehen wir vom Begriff des Kerns — hier also des *periodischen* Kerns — aus:

> Für jede Funktion $\tilde{\chi}(n;\circ) \in \tilde{L}^2$ der Folge $\{\tilde{\chi}(n;\circ)\}_{n=0}^{\infty}$ gelte
> $$\int_0^1 \tilde{\chi}(n;x)\,dx = 1. \tag{6.33}$$
> Dann sagen wir, diese Folge sei ein *(periodischer) Kern*. Wir sagen, dieser Kern sei *beschränkt, stetig, gerade, positiv* usw., wenn die Funktionen des Kerns diese Eigenschaften haben (siehe [B 9]).

Wir haben periodische Kerne schon früher kennengelernt, nämlich den DIRICHLET-Kern (4.5) auf Seite 70 und den FEJÉR-Kern (4.7) auf Seite 71, wobei wir noch die Periodenlängen auf 1 transformieren müssen, wenn wir die obige Definition beachten.
Eine ganze Klasse periodischer Kerne können wir mit den in (3.18) auf Seite 50 definierten *rl*-Funktionen konstruieren.
$\{v_j(x)\}_{j=0}^{\infty}$ sei eine Folge von *rl*-Funktionen. Wir bilden damit die Folge

$$\begin{aligned}\tilde{\chi}(n;x) &= \prod_{j=0}^{n-1}(1+v_j(2^j x)) \qquad (6.34)\\ &= \Big(1+v_0(x)\Big)\Big(1+v_1(2x)\Big)\Big(1+v_2(4x)\Big)\cdots\Big(1+v_{n-1}(Nx)\Big) = 1+\sum p_\nu(x).\end{aligned}$$

Dabei enthält die letzte Summe endlich viele Summanden

$$p_\nu(x) = v_k(2^k x)v_m(2^m x)\cdots v_q(2^q x)$$

von der Form des Integranden in (3.20) auf Seite 51. Es gilt somit

$$\int_0^1 \sum p_\nu(x)\,dx = \sum\int_0^1 p_\nu(x)\,dx = 0. \quad \text{Daraus folgt} \quad \int_0^1 \tilde{\chi}(n;x)\,dx = 1.$$

(6.34) ist also ein periodischer Kern. Wegen (3.18) auf Seite 50 ist

$$\begin{aligned}\tilde{\chi}(n;x)+\tilde{\chi}(n;x+\tfrac{1}{2}) &= (1+v_0(x))(1+v_1(2x))\cdots(1+v_{n-1}(Nx))\\ &\quad +(1-v_0(x))(1+v_1(2x))\cdots(1+v_{n-1}(Nx))\\ &= 2(1+v_1(2x))(1+v_2(4x))\cdots(1+v_{n-1}(Nx)) = 2\tilde{\chi}(n-1;2x).\end{aligned}$$

Eine solche Folge hat also die Mittelwerteigenschaft (6.20) auf Seite 119:

$$\begin{aligned}\tilde{\chi}(n-1;2x) &= \frac{1}{2}\left(\tilde{\chi}(n;x)+\tilde{\chi}(n;x+\tfrac{1}{2})\right)\\ \tilde{\chi}(n-1;2x+\tfrac{1}{2}) &= \frac{1}{2}\left(\tilde{\chi}(n;x+\tfrac{1}{4})+\tilde{\chi}(n;x-\tfrac{1}{4})\right)\end{aligned} \tag{6.35}$$

Beispiel 6.3 Weil $\cos 2\pi x$ eine rl-Funktion ist, ist die mit $v_j(x) = \cos 2\pi x$ nach (6.34) gebildete Funktionenfolge ein Kern. Es handelt sich um die folgenden Funktionen:

$$\begin{aligned} \widetilde{\text{dir}}(0;x) &:\equiv 1, \qquad \text{und für} \quad n = 1,2,\cdots, \quad 2N = 2^n : \\ \widetilde{\text{dir}}(n;x) &:= \prod_{j=1}^{n}(1+\cos 2^j \pi x) = 2N \prod_{k=0}^{n-1} \cos^2(2^k \pi x) \\ &= 1 + \frac{1}{N}\sum_{j=1}^{2N-1}(2N-j)\cos 2\pi j x \\ &= \begin{cases} \frac{1}{2N}\frac{\sin^2 2N\pi x}{\sin^2 \pi x} & \text{für } x \neq \ell, \\ 2N & \text{für } x = \ell, \end{cases} \qquad \ell \text{ ganze Zahl,} \end{aligned} \tag{6.36}$$

Da die Funktionen $\widetilde{\text{dir}}(n;x)$ beliebig oft differenzierbar sind, bilden sie einen glatten Kern. Es handelt sich bei (6.36) um eine Teilfolge des FEJÉR-Kerns (4.7) auf Seite 71, nämlich um die Funktionen $\widetilde{\text{dir}}(n;x) = F_{2N-1}(x) = \frac{1}{2N}\sum_{k=0}^{2N-1} D_k(x)$.

Nun nehmen wir auch hier die beiden weiteren Eigenschaften hinzu, die wir von den Funktionen einer DIRAC-Folge erwarten:

Einen Kern $\{\tilde{\chi}(n;\circ)\}_{n=0}^{\infty}$ mit $\tilde{\chi}(n;\circ) \in \tilde{L}^2$ nennen wir eine periodische **DIRAC-Folge (approximate identity)**, wenn er

a) nicht negativ ist $\big(\tilde{\chi}(n;x) \geq 0$ für alle n und $x\big)$, und wenn

b) für jedes μ, $0 < \mu < \frac{1}{2}$, gilt $\lim\limits_{n\to\infty}\Big\{\sup\limits_{\mu \leq x \leq 1-\mu} \tilde{\chi}(n;x)\Big\} = 0.$ (6.37)

Die Bedingung b) in (6.37) besagt, daß die Folge der Funktionen $\tilde{\chi}$ in einem Intervall $[\mu, 1-\mu]$ gleichmäßig gegen 0 geht.

Beispiel 6.4

Die Folge (6.36) $\Big\{\widetilde{\text{dir}}(n;x)\Big\}_{n=0}^{\infty}$ ist eine gerade und glatte DIRAC-Folge.

Man beachte den Maßstab auf der y-Achse!

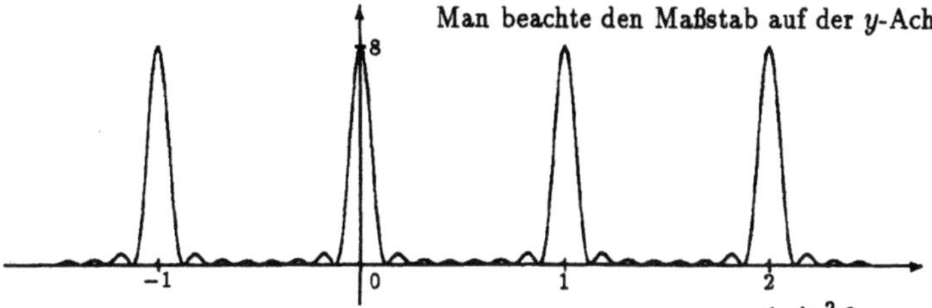

$$\widetilde{\text{dir}}(3;x) = (1+\cos 2\pi x)(1+\cos 4\pi x)(1+\cos 8\pi x) = \frac{1}{8}\frac{\sin^2 8\pi x}{\sin^2 \pi x}.$$

Daß es sich um einen Kern handelt, wissen wir. Die Eigenschaft a) aus (6.37) ist unmittelbar zu erkennen. Bezüglich der Eigenschaft b) können wir uns auf die Feststellung zurückziehen, daß $\widetilde{\mathrm{dir}}(n;x)$ eine Teilfolge des FEJÉR-Kerns bildet.
Es ist bekannt, daß der FEJÉR-Kern eine DIRAC-Folge ist (s.z.B. [B 9] S.43).

Beispiel 6.5 *Der DIRICHLET-Kern (4.5) auf Seite 70 der trigonometrischen Funktionen ist keine DIRAC-Folge, weil die Forderung a) nicht erfüllt ist.*

Wir erinnern uns an die Abtasteigenschaft in der Form
$\int_{-\frac{1}{2}}^{\frac{1}{2}} f(x-t)\,\delta(t)\,dt = f(x)$. Das ist ein *Faltungsintegral*. Wir bilden die analogen Faltungsintegrale mit den Funktionen $\tilde{\chi}_n$ einer DIRAC-Folge:

$$\mathcal{J}_n(f;x) := (f * \tilde{\chi}_n) = \int_{-\frac{1}{2}}^{\frac{1}{2}} f(x-t)\,\tilde{\chi}(n;t)\,dt. \tag{6.38}$$

Damit erhalten wir sodann (siehe [B 9] !)

$\{\tilde{\chi}(n;x)\}$ sei eine periodische und gerade DIRAC-Folge.
Dann gilt für $f \in \tilde{L}^2$

a) Ist $f(x)$ in einer Umgebung von x_0 *stetig*, so ist

$$\lim_{n\to\infty} \mathcal{J}_n(f;x_0) = f(x_0).$$

b) f sei stetig in (a_0,b_0), $a_0,b_0 \in \mathbf{R}$, und $a_0 < a < b < b_0$. Dann ist

$$\lim_{n\to\infty} \mathcal{J}_n(f;x) = f(x) \text{ in } [a,b] \text{ gleichmäßig stetig.}$$

c) Existiert $\lim_{h\downarrow 0}\{f(x_0+h)+f(x_0-h)\} = 2c$, so gilt

$$\lim_{n\to\infty} \mathcal{J}_n(f;x_0) = c.$$

(6.39)

Die Aussage c) kann man auch so formulieren:
Existieren an der Stelle x_0 die beiden einseitigen Grenzwerte

$$\lim_{x\downarrow x_0} f(x) = f(x_{0+}) \quad \text{und} \quad \lim_{x\uparrow x_0} f(x) = f(x_{0-}),$$

so gilt

$$\lim_{n\to\infty} \mathcal{J}_n(f;x_0) = \frac{1}{2}\Big(f(x_{0+}) + f(x_{0-})\Big).$$

Die in (6.39) aufgeführten Eigenschaften a) und b) können wir folgendermaßen ausdrücken:

Es sei $\{\tilde{\chi}(n;\circ)\}_{n=0}^{\infty}$ eine gerade, periodische DIRAC-Folge.

Dann ist
$$\lim_{n\to\infty} \tilde{\chi}_n(x) = \tilde{\delta}(x) \qquad (6.40)$$
eine periodische Distribution, welche bei jeder ganzen Zahl einen DIRAC-Impuls hat.

Für $\tilde{\delta}(x)$ gilt:

Ist $f(x)$ eine Funktion, die in einer Umgebung der ganzen Zahl m stetig ist, so gilt mit $0 < a < 1$
$$\int_{m-a}^{m+a} f(x)\,\tilde{\delta}(x)\,dx = f(m). \qquad (6.41)$$

Gilt insbesondere $f(m) = 0$ für m ganz, so verschwinden auch alle Integrale (6.41), und in diesem Sinne sagen wir $f(x)\tilde{\delta}(x) = 0$.

Beispiele, die wir später verwenden werden, sind

$$\operatorname{ser} x\,\tilde{\delta}(x) = 0 \qquad \text{und} \qquad \mathrm{Z}(x)\,\tilde{\delta}(x) = 0. \qquad (6.42)$$

Daraus folgt dann auch

$$\operatorname{ser} 2Nx\,\tilde{\delta}(2Nx) = 0 \qquad \text{und} \qquad \mathrm{Z}(2Nx)\,\tilde{\delta}(2Nx) = 0. \qquad (6.43)$$

Wir haben in (6.39) nur *gerade* Folgen zugelassen. Darin liegt natürlich eine Willkür, denn es gibt periodische DIRAC-Folgen zuhauf, die diese Eigenschaft nicht haben und für die trotzdem (6.40) gilt. die Symmetrie, die wir auf diese Weise erhalten, hat aber ihre Vorzüge. Z.B. ergibt sich aus (6.39c) eine vernünftige Definition eines *halbseitigen Abtastintegrales*, bei dem eine Integrationsgrenze mit dem *Abtastpunkt* zusammenfällt:

$f(x)$ sei eine Funktion, die in einer $\begin{matrix}\textit{rechtsseitigen}\\ \textit{linksseitigen}\end{matrix}$ Umgebung einer ganzen Zahl m *stetig* ist und dort den $\begin{matrix}\textit{rechtsseitigen}\\ \textit{linksseitigen}\end{matrix}$ Grenzwert $\begin{matrix}f(m_+)\\ f(m_-)\end{matrix}$ hat. Dann gilt mit $0 < a < 1$

$$\int_{m-a}^{m} f(x)\,\tilde{\delta}(x)\,dx = \frac{1}{2}f(m_-) \quad \text{bzw.} \quad \int_{m}^{m+a} f(x)\,\tilde{\delta}(x)\,dx = \frac{1}{2}f(m_+). \qquad (6.44)$$

Wir sagen, $\tilde{\delta}$ seien **symmetrische DIRAC-Impulse.**

Z.B. ist $\int\limits_{m-a}^{m} \operatorname{frac} x\,\tilde{\delta}(x)\,dx = \frac{1}{2}$ und $\int\limits_{m}^{m+a} \operatorname{frac} x\,\tilde{\delta}(x)\,dx = 0,$

$\int\limits_{m-a}^{m} \operatorname{sir} x\,\tilde{\delta}(x)\,dx = -\frac{1}{2}$ und $\int\limits_{m}^{m+a} \operatorname{sir} x\,\tilde{\delta}(x)\,dx = \frac{1}{2}.$

Die in (6.44) benutzte Symmetrie ist in vielen Fällen sehr angenehm, aber sie ist nicht allen Umständen angemessen. Approximieren wir z.B. eine DIRAC-Distribution durch eine (periodische) DIRAC-Folge $\{d_r(k;x)\}_{k=1}^{\infty}$, deren Funktionen alle rechts von m liegen, so gilt $\lim\limits_{k\to\infty} \int\limits_{m}^{m+a} f(x)\,d_r(k;x)\,dx = f(m_+)$.
Es wäre unsinnig, für das einseitige Integral über die zugehörige DIRAC-Distribution einen anderen Wert zu wählen. Wir sprechen deshalb von

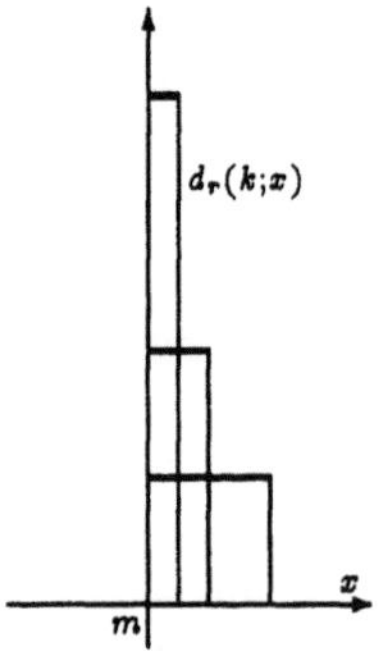

rechtsseitigen DIRAC-Impulsen und schreiben

$$\lim_{k\to\infty} d_r(k;x) = \tilde{\delta}_r(x) \qquad \text{mit} \int\limits_{m}^{m+a} f(x)\,\tilde{\delta}_r(x)\,dx = f(m_+). \qquad (6.45)$$

Sinngemäß definieren wir **linksseitige DIRAC-Impulse**

$$\tilde{\delta}_\ell(x) \qquad \text{mit} \int\limits_{m-a}^{m} f(x)\,\tilde{\delta}_\ell(x)\,dx = f(m_-). \qquad (6.46)$$

Z.B. ist $\int\limits_{m-a}^{m} \operatorname{frac}(x)\,\tilde{\delta}_\ell(x)\,dx = 1$ und $\int\limits_{m}^{m+a} \operatorname{frac}(x)\,\tilde{\delta}_r(x)\,dx = 0.$

Weitere Varianten von DIRAC-Folgen werden wir nicht benutzen.

Es sei nochmals darauf hingewiesen, daß die oben eingeführten Bezeichnungen symmetrische DIRAC-Impulse, rechtsseitige DIRAC-Impulse *und* linksseitige DIRAC-Implulse *nur eine Übereinkunft über das Verhalten dieser Impulse in dem Falle ausdrückt, daß ein solcher Impuls auf einer Integrationsgrenze oder an einer Sprungstelle liegt. Liegen diese Impulse hingegen an einer Stetigkeitsstelle im Inneren des Integrationsintervalles, so unterscheiden sich ihre Eigenschaften nicht, und es gilt stets (6.41).*

6.4 WALSH-DIRICHLET-Kern

In (6.34) auf Seite 124 haben wir mit Hilfe von *rl*-Funktionen periodische Kerne konstruiert. Wählen wir nun in jener Form (6.34) die speziellen *rl*-Funktionen $v_j(x) = \operatorname{sir} x$, so erhalten wir die Produkte $p_\nu(x) = \operatorname{sir}(2^k x)\operatorname{sir}(2^m x)\cdots\operatorname{sir}(2^q x)$, und das sind — wie man aus (3.21) auf Seite 53 sieht — die pal-Funktionen des S_n. Somit ist die Folge $\{\tilde{\chi}(n;x)\}_{n=1}^{\infty}$ mit

$$\tilde{\chi}(n;x) \;=\; \prod_{k=1}^{n}\left(1+\operatorname{sir} 2^{k-1}x\right) \;=\; \sum_{b=0}^{2N-1} \operatorname{pal}(b;x) \tag{6.47}$$

ein Kern. Weil in der letzten Summe die Numerierung der WALSH-Funktionen unwesentlich ist, können wir pal auch durch walsh ersetzen. Wir erkennen dann die Funktionen $\mathcal{D}(n;x) = \sum_{k=1}^{2N-1} \operatorname{walsh}(k;x)$, denen wir schon in (4.15) auf Seite 73 begegnet sind. Ferner läßt sich das Produkt (6.47) umformen.

Mit Hilfe von (3.8) auf Seite 47 erhält man nämlich:

$$\begin{aligned}
\left(1+\operatorname{sir} 2^j x\right)\left(1+\operatorname{sir} 2^{j+1} x\right) &= \left(1+\operatorname{sir} 2^j x\right)\left(1+\operatorname{cor} 2^j x\right)\\
\left(1-\operatorname{sir} 2^j x\right)\left(1+\operatorname{sir} 2^{j+1} x\right) &= \left(1-\operatorname{sir} 2^j x\right)\left(1-\operatorname{cor} 2^j x\right)\\
\left(1+\operatorname{sir} 2^j x\right)\left(1-\operatorname{sir} 2^{j+1} x\right) &= \left(1+\operatorname{sir} 2^j x\right)\left(1-\operatorname{cor} 2^j x\right)\\
\left(1-\operatorname{sir} 2^j x\right)\left(1-\operatorname{sir} 2^{j+1} x\right) &= \left(1-\operatorname{sir} 2^j x\right)\left(1+\operatorname{cor} 2^j x\right)
\end{aligned} \tag{6.48}$$

und durch mehrfache Anwendung dieser Beziehung

$$\prod_{k=1}^{n}\left(1+\operatorname{sir} 2^{k-1}x\right) = (1+\operatorname{sir} x)\prod_{k=2}^{n}\left(1+\operatorname{cor} 2^{k-2}x\right) \qquad \text{für} \quad n>1.$$

Wir schreiben nun für $\tilde{\chi}$ aus (6.47) $\tilde{\chi}(n;x) = \mathcal{D}(n;x)$ und nennen die Folge $\{\mathcal{D}(n;x)\}_{n=1}^{\infty}$ *WALSH-DIRICHLET- Kern* oder kurz *WALSH-Kern*.
Die Funktionen

$\mathcal{D}(n;x)$ nennen wir *DIRICHLET-Impuls* oder *$\mathcal{D}$-Impuls*.

$$\boxed{\begin{aligned}
\mathcal{D}(n;x) &= \sum_{p=0}^{2N-1} \operatorname{walsh}(p;x)\\
\mathcal{D}(n;x) &= \prod_{k=1}^{n}\left(1+\operatorname{sir} 2^{k-1}x\right) = (1+\operatorname{sir} x)\prod_{k=2}^{n}\left(1+\operatorname{cor} 2^{k-2}x\right)
\end{aligned}} \tag{6.49}$$

Wegen (2.24) auf Seite 30 gilt $\mathcal{D}(n;t) = \begin{cases} 2N & \text{für} \quad t \in I_{n1} \\ 0 & \text{sonst,} \end{cases}$
und mit $t = x \oplus y$ erhalten wir daraus:

$$\boxed{\mathcal{D}(n;x\oplus y) = \begin{cases} 2N, & \text{wenn } x \text{ und } y \text{ im } \textit{gleichen} \text{ Teilintervall der Zerlegung } \Omega_n \text{ liegen.}\\ 0, & \text{wenn } x \text{ und } y \text{ in } \textit{verschiedenen} \text{ Teilintervallen der Zerlegung } \Omega_n \text{ liegen.} \end{cases}} \tag{6.50}$$

Wir erinnern daran, daß wir mit I_{nj} das j-te Intervall einer Zerlegung Ω_n bezeichnet haben. Ist dann $g \in S_n$ und $x \in I_{nj}$, so ist $g(x) = g_j$ konstant, und es gilt $\int_0^1 \mathcal{D}(n; x \oplus t)\, g(t)\, dt = \int_{I_{nj}} 2N\, g(t)\, dt = \frac{1}{2N} 2N\, g_j = g_j = g(x)$.

$\mathcal{D}(n;x)$ hat also die Eigenschaft

$$\boxed{g(x) = \int_0^1 \mathcal{D}(n; x \oplus t)\, g(t)\, dt.} \tag{6.51}$$

$\mathcal{D}(n; x \oplus t)$ *erinnert uns an ein Faltungsintegral der Form* (1.28) auf Seite 18, *in dem man das Minuszeichen durch* $\oplus$ *ersetzt hat. Wir werden später eine solche Operation als „dyadische Faltung" einführen. In diesem Sinne können wir sagen:* $\mathcal{D}(n; x \oplus t)$ *ist eine dyadische* Faltungseinheit *für Treppenfunktionen aus* S_n. *Man vergleiche* (6.51) *auch mit der „Abtasteigenschaft"* (6.14) *bzw.* (6.31) *der DIRAC-Distribution!*

In verallgemeinerter Form werden wir diese Beziehung in (9.38) auf Seite 196 *bzw.* (9.37) auf Seite 195 *wiederfinden.*

Mit (2.21) erhalten die Darstellungen (6.49) von $\mathcal{D}(n; x \oplus y)$ die Formen

$$\begin{array}{|rcl|}
\hline
\mathcal{D}(n; x \oplus y) & = & \prod_{k=1}^{n} \left(1 + \operatorname{sir} 2^{k-1}x \operatorname{sir} 2^{k-1}y\right) \\
\hline
\mathcal{D}(1; x \oplus y) & = & 1 + \operatorname{sir} x \operatorname{sir} y \qquad \text{und für } n > 1: \\
\mathcal{D}(n; x \oplus y) & = & (1 + \operatorname{sir} x \operatorname{sir} y) \cdot \prod_{k=2}^{n} \left(1 + \operatorname{cor} 2^{k-2}x \operatorname{cor} 2^{k-2}y\right) \\
\hline
\mathcal{D}(n; x \oplus y) & = & \sum_{p=0}^{2N-1} \operatorname{walsh}(p; x) \operatorname{walsh}(p; y) \\
& = & \sum_{b=0}^{2N-1} \operatorname{pal}(b; x) \operatorname{pal}(b; y) = \sum_{a=0}^{2N-1} \operatorname{wal}(a; x) \operatorname{wal}(a; y) \\
& = & \sum_{k=0}^{N-1} \Big(\operatorname{cal}(k; x) \operatorname{cal}(k; y) + \operatorname{sal}(k+1; x) \operatorname{sal}(k+1; y)\Big) \\
\hline
\end{array} \tag{6.52}$$

Mit den Formeln (6.52) können wir nun den Rechteckimpuls, den uns $\mathcal{D}(n;x)$ liefert, in ein beliebiges Intervall der Zerlegung Ω_n schieben. Um das deutlicher zu machen, schreiben wir mit $y_j \in I_{nj}$

$$\boxed{\mathcal{D}(n, j; x) \;:=\; \mathcal{D}(n; x \oplus y_j).} \tag{6.53}$$

Mit $\operatorname{sir}(2^{k-1}y_j) = \sigma_k(j) = \sigma_k$ und $\operatorname{cor}(2^{k-2}y_j) = \tau_k(j) = \tau_k$ erhalten wir dann aus den ersten Formeln von (6.52):

$$\boxed{\mathcal{D}(n,j;x) = \prod_{k=1}^{n}\left(1+\sigma_k \operatorname{sir} 2^{k-1}x\right)} \tag{6.54}$$

oder

$$\boxed{\begin{aligned}\mathcal{D}(1,j;x) &= (1+\sigma_1 \operatorname{sir} x) \quad \text{und für } n>1:\\ \mathcal{D}(n,j;x) &= (1+\sigma_1 \operatorname{sir} x)\prod_{k=2}^{n}\left(1+\tau_k \operatorname{cor} 2^{k-2}x\right)\end{aligned}} \tag{6.55}$$

Wir erinnern uns mit

$$\operatorname{frac} y_j = \frac{\eta_1}{2}+\frac{\eta_2}{2^2}+\frac{\eta_3}{2^3}+\frac{\eta_4}{2^4}+\frac{\eta_5}{2^5}+\cdots = 0.\eta_1\,\eta_2\,\eta_3\,\eta_4\,\eta_5\,\ldots$$

an die folgenden Korrespondenzen nach (3.5):

$$\begin{array}{cccccc}\sigma_1, & \sigma_2, & \sigma_3, & \sigma_4, & \sigma_5, & \ldots,\\ \Updownarrow & \Updownarrow & \Updownarrow & \Updownarrow & \Updownarrow & \\ \operatorname{sir} y_j, & \operatorname{sir} 2y_j, & \operatorname{sir} 4y_j, & \operatorname{sir} 8y_j, & \operatorname{sir} 16y_j, & \ldots,\\ \Updownarrow & \Updownarrow & \Updownarrow & \Updownarrow & \Updownarrow & \\ (-1)^{\eta_1}, & (-1)^{\eta_2}, & (-1)^{\eta_3}, & (-1)^{\eta_4}, & (-1)^{\eta_5}, & \ldots,\end{array}$$

und

$$\begin{array}{cccccc}\sigma_1, & \tau_2, & \tau_3, & \tau_4, & \tau_5, & \ldots,\\ \Updownarrow & \Updownarrow & \Updownarrow & \Updownarrow & \Updownarrow & \\ \operatorname{sir} y_j, & \operatorname{cor} y_j, & \operatorname{cor} 2y_j, & \operatorname{cor} 4y_j, & \operatorname{cor} 8y_j, & \ldots,\\ \Updownarrow & \Updownarrow & \Updownarrow & \Updownarrow & \Updownarrow & \\ (-1)^{\eta_1} & (-1)^{\eta_1\oplus\eta_2} & (-1)^{\eta_2\oplus\eta_3} & (-1)^{\eta_3\oplus\eta_4} & (-1)^{\eta_4\oplus\eta_5} & \ldots\ .\end{array}$$

Die Vorzeichen σ_k in den Faktoren der Produktdarstellung (6.54) lassen sich also unmittelbar aus der Binärdarstellung von y_j ablesen. Die Vorzeichen von (6.55) erhält man, wenn man die Binärdarstellung von y_j GRAY-transformiert. Auf den nächsten beiden Seiten finden Sie ein Beispiel. Der angegebene Impuls wird im ersten Beispiel nach (6.54) und im zweiten nach (6.55) dargestellt.

Wir bemerken:
Durch Normierung der WALSH-Impulse auf die Höhe 1 erhält man die

$$\boxed{\begin{gathered}\textit{Blockfunktionen}\\ \operatorname{blo}(n,j;x) = \frac{1}{2N}\mathcal{D}(n,j;x)\end{gathered}} \tag{6.56}$$

<u>**Beispiel**</u> **6.6**

Liegt y im Teilintervall $I_{5,6}$, so hat der *gebrochene Anteil* $\operatorname{frac} y$ die binäre Darstellung $\operatorname{frac} y = 0.\underbrace{00110}_{\mu^T(y)}\eta_6\eta_7\ldots\eta_n\ldots$. Daraus liest man für die Produktdarstellung des WALSH-Impulses in diesem Intervall ab:

$$\mathcal{D}(5,6;x) = (1+\operatorname{sir} x)(1+\operatorname{sir} 2x)(1-\operatorname{sir} 4x)(1-\operatorname{sir} 8x)(1+\operatorname{sir} 16x).$$

(Man beachte dazu die Skizze auf der nächsten Seite!)

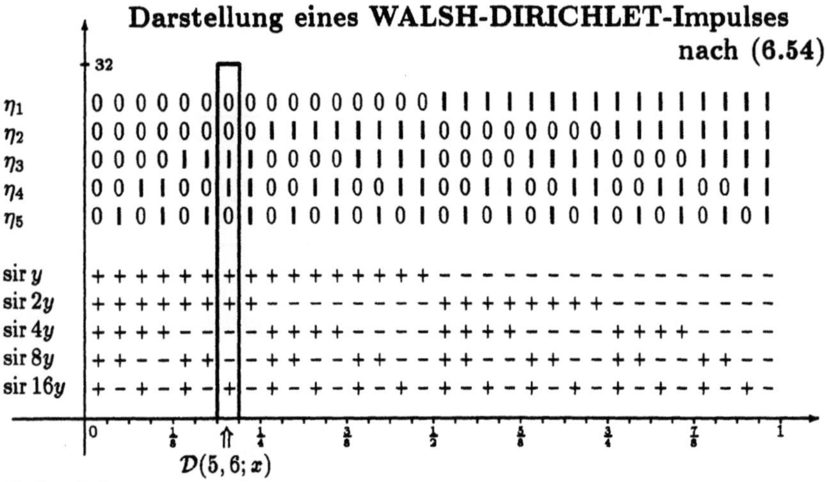

Beispiel 6.7

Aus $\mu^T(y) = (0,0,1,1,0)$ des vorigen Beispiels erhalten wir die GRAY-Transformierte $G\,\mu^T(y) = (0,0,1,0,1)$. Daraus liest man für die Produktdarstellung des WALSH-Impulses in diesem Intervall

$$\mathcal{D}(5,6;x) = (1+\operatorname{sir} x)(1+\operatorname{cor} x)(1-\operatorname{cor} 2x)(1+\operatorname{cor} 4x)(1-\operatorname{cor} 8x)$$

ab. (Man beachte dazu die folgende Skizze!)

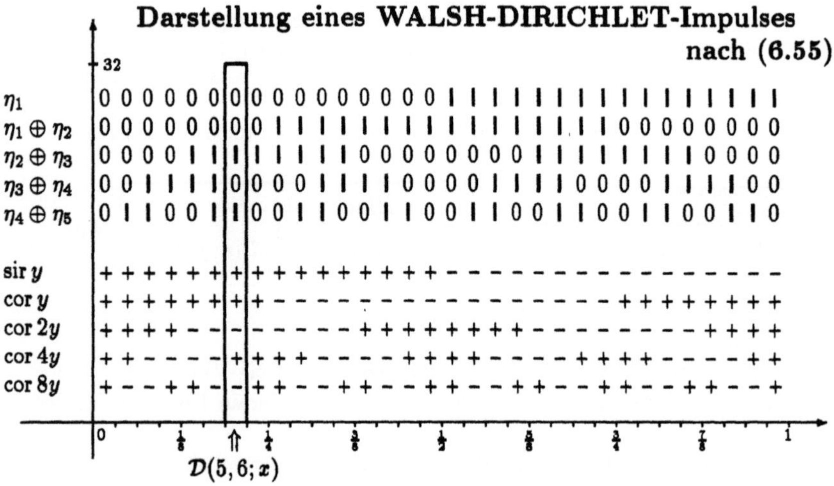

6.5 Endliche DIRAC-Impulse

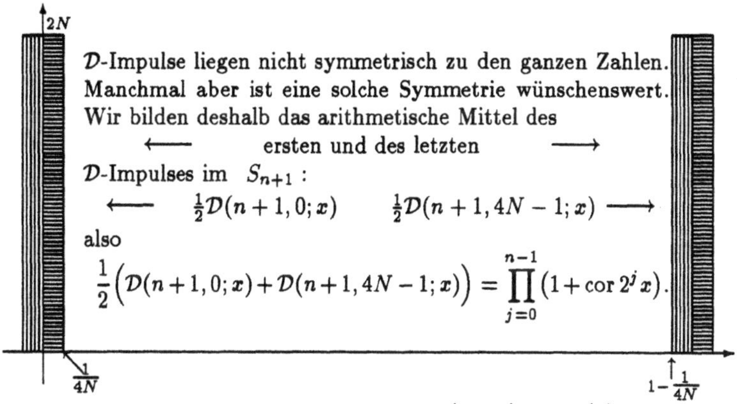

$\mathcal{D}$-Impulse liegen nicht symmetrisch zu den ganzen Zahlen. Manchmal aber ist eine solche Symmetrie wünschenswert. Wir bilden deshalb das arithmetische Mittel des

⟵ ersten und des letzten ⟶

$\mathcal{D}$-Impulses im S_{n+1} :

⟵ $\frac{1}{2}\mathcal{D}(n+1,0;x)$ $\qquad$ $\frac{1}{2}\mathcal{D}(n+1,4N-1;x)$ ⟶

also

$$\frac{1}{2}\Big(\mathcal{D}(n+1,0;x)+\mathcal{D}(n+1,4N-1;x)\Big) = \prod_{j=0}^{n-1}\left(1+\operatorname{cor} 2^j x\right).$$

Dieser Rechteckimpuls hat in dem Intervall $\left(k-\frac{1}{4N}, k+\frac{1}{4N}\right)$, $k \in Z$, der Länge $h = \frac{1}{2N}$ den Wert $2N$ und sonst den Wert Null. Wie man aus der obigen Konstruktion sieht, liegt diese Funktion in S_{n+1}.
Wir führen dafür den folgenden Begriff ein:

endlicher DIRAC-Impuls

$$\operatorname{dir}(0;x) :\equiv 1, \quad \operatorname{dir}(n;x) := \prod_{j=0}^{n-1}(1+\operatorname{cor} 2^j x), \quad n>0. \tag{6.57}$$

Aus dieser Definition folgt unmittelbar:

Ist $0 \le k \le n$, so gilt $\quad \operatorname{dir}(n;x) = \operatorname{dir}(k;x)\operatorname{dir}(n-k;2^k x)$. $\quad$ (6.58)

(6.58) läßt sich noch verallgemeinern:

$\{\tilde{\chi}(n;x)\}$ sei ein periodischer Kern und $0 \le k \le n$.

Dann gilt $\quad \tilde{\chi}(n;x) = \operatorname{dir}(k;x)\,\tilde{\chi}(n-k;2^k x)$. $\quad$ (6.59)

Weil nämlich $\{\tilde{\chi}(n;x)\}$ ein Kern ist, gilt

$$\int_{-\frac{1}{2}}^{\frac{1}{2}} \tilde{\chi}(n;x)\,dx = \int_{-\frac{1}{2}}^{\frac{1}{2}} \operatorname{dir}(k;x)\,\tilde{\chi}(n-k;2^k x)\,dx$$

$$= 2^k \int_{-1/2^{k+1}}^{1/2^{k+1}} \tilde{\chi}(n-k;2^k x)\,dx \overset{\substack{\text{Subst.:}\\ 2^k x = t}}{=} \int_{-\frac{1}{2}}^{\frac{1}{2}} \tilde{\chi}(n-k;t)\,dt = 1.$$

Multipliziert man (6.57) aus, so erhält man
$$\operatorname{dir}(n;x) \;=\; \sum_{p=0}^{2N-1} \operatorname{cal}(p;x). \qquad (6.60)$$

Aus (6.58) erhält man für $n \to \infty$

$$\boxed{\tilde{\delta}(x) \;=\; \operatorname{dir}(n;x)\tilde{\delta}(2Nx)} \qquad (6.61)$$

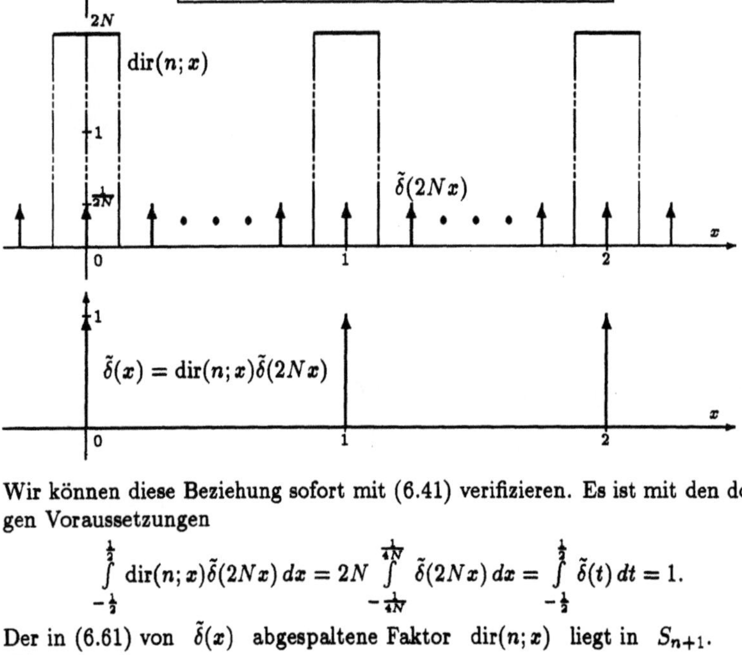

Wir können diese Beziehung sofort mit (6.41) verifizieren. Es ist mit den dortigen Voraussetzungen

$$\int_{-\frac{1}{2}}^{\frac{1}{2}} \operatorname{dir}(n;x)\tilde{\delta}(2Nx)\,dx = 2N \int_{-\frac{1}{4N}}^{\frac{1}{4N}} \tilde{\delta}(2Nx)\,dx = \int_{-\frac{1}{2}}^{\frac{1}{2}} \tilde{\delta}(t)\,dt = 1.$$

Der in (6.61) von $\tilde{\delta}(x)$ abgespaltene Faktor $\operatorname{dir}(n;x)$ liegt in S_{n+1}.
Wir sagen,

> $\operatorname{dir}(n;x)$ ist *der in* S_{n+1} *liegende Teil von* $\tilde{\delta}(x)$ oder lässiger *der im Endlichen liegende Teil von* $\tilde{\delta}(x)$.

$\operatorname{dir}(n;x)$ ist eine DIRAC-Folge, offenbar eine spezielle Folge der Form (6.3).
Wenn wir nun (6.60), nämlich $\operatorname{dir}(n;x) = \sum_{p=0}^{2N-1} \operatorname{cal}(p;x)$, beachten,
so erhalten wir $\tilde{\delta}(x) = \Big(\sum_{p=0}^{2N-1} \operatorname{cal}(p;x)\Big)\tilde{\delta}(2Nx)$, und ein formaler Grenzübergang $n \to \infty$ bringt uns mit (6.23)

$$\tilde{\delta}(x) \;=\; \sum_{p=0}^{\infty} \operatorname{cal}(p;x) \;=\; \prod_{j=0}^{\infty}(1 + \operatorname{cor} 2^j x). \qquad (6.62)$$

Diese Reihe und dieses unendliche Produkt sind für ganzzahliges x divergent gegen ∞. Für alle nicht ganzzahligen Werte von x hingegen konvergieren sie gegen 0. Dieses Verhalten entspricht gerade den Eigenschaften von $\tilde{\delta}(x)$, und so erscheint es gerechtfertigt, (6.62) als verallgemeinerte Reihenentwicklung bzw. Produktdarstellung für $\tilde{\delta}$ anzusehen.

Die Reihe in (6.62) hat ein bekanntes Gegenstück in der Theorie der trigonometrischen FOURIER-Reihen. Man leitet dort für $\tilde{\delta}$ die formalen Reihen

$$\tilde{\delta}(x) = \sum_{j=-\infty}^{\infty} \delta(x-j) = \sum_{j=-\infty}^{\infty} e^{i2\pi jx} = 1 + 2\sum_{j=1}^{\infty} \cos 2\pi jx \tag{6.63}$$

her und bezeichnet die beiden letzten als „verallgemeinerte FOURIER-Reihen" für $\tilde{\delta}(x)$ (siehe z.B. [H 7]).

Mit (6.45) und (6.46) auf Seite 128 sowie (6.55) auf Seite 131 erhält man die zu (6.61) analogen Beziehungen:

$$\begin{aligned}\tilde{\delta}_r(x) &= \mathcal{D}(n,0;x)\,\tilde{\delta}(2Nx+\tfrac{1}{2}) = (1+\operatorname{sir} x)\sum_{j=0}^{N-1} \operatorname{cal}(j;x)\,\tilde{\delta}(2Nx+\tfrac{1}{2}) \\ &= \lim_{n\to\infty}(1+\operatorname{sir} x)\sum_{j=0}^{N-1} \operatorname{cal}(j;x) = (1+\operatorname{sir} x)\sum_{j=o}^{\infty} \operatorname{cal}(j;x).\end{aligned} \tag{6.64}$$

$$\begin{aligned}\tilde{\delta}_\ell(x) &= \mathcal{D}(n,2N-1;x)\,\tilde{\delta}(2Nx+\tfrac{1}{2}) = (1-\operatorname{sir} x)\sum_{j=0}^{N-1} \operatorname{cal}(j;x)\,\tilde{\delta}(2Nx+\tfrac{1}{2}) \\ &= \lim_{n\to\infty}(1-\operatorname{sir} x)\sum_{j=0}^{N-1} \operatorname{cal}(j;x) = (1-\operatorname{sir} x)\sum_{j=o}^{\infty} \operatorname{cal}(j;x).\end{aligned} \tag{6.65}$$

Aufgabe 6.1 $\Longrightarrow$ Lösung auf Seite 263

Man verifiziere die folgenden Gleichungen:

1. $$\tilde{\delta}(2^j x) - \operatorname{cor} 2^j x\,\tilde{\delta}(2^{j+1}x) = \tilde{\delta}(2^{j+1}x)$$

2. $$g_k(x) = \tilde{\delta}(x) - \sum_{j=0}^{k-1} \operatorname{cor} 2^j x\,\tilde{\delta}(2^{j+1}x) = \tilde{\delta}(2^k x)$$

3. $$f_k(x) = \sum_{j=0}^{k-1} \operatorname{cor} 2^j x\,\tilde{\delta}(2^{j+1}x) = \tilde{\delta}(x) - \tilde{\delta}(2^k x)$$

4. $$f(x) = \sum_{j=0}^{\infty} \operatorname{cor} 2^j x\,\tilde{\delta}(2^{j+1}x) = \tilde{\delta}(x) - 1$$

Endliche DIRAC-Impulse kann man verschieben, indem man die Verschiebungsregeln für die $\mathcal{D}$-Impulse beachtet. Es sei

$$\begin{aligned} \operatorname{dir}(n,j;x) &= \frac{1}{2}\Big(\mathcal{D}(n+1,2j-1;x)+\mathcal{D}(n+1,2j;x)\Big), \qquad (6.66)\\ &\quad \text{mit} \quad j=0,1,2,\ldots,2N-1, \quad 0\equiv 4N. \end{aligned}$$

Betrachtet man die Produktdarstellungen (6.55) der beiden aufeinanderfolgenden $\mathcal{D}$-Impulse, so sieht man, daß diese beiden Produkte in *genau einem Faktor* $1 \pm \operatorname{sir}\circ$ bzw. $1 \pm \operatorname{cor}\circ$ verschiedene Vorzeichen haben. Bei der Addition reduziert sich also dieser Faktor auf den Wert 2. Berücksichtigt man dann in (6.66) den Faktor $\frac{1}{2}$, so erhält man die folgende Verschiebungsregel für dir :

> *Man erhält die Produktdarstellung für* $\operatorname{dir}(n,j;x)$, *wenn man aus den Produktdarstellungen für*
> $$\mathcal{D}(n+1,2j-1;x) \quad \textit{und} \quad \mathcal{D}(n+1,2j;x)$$
> *den Faktor mit verschiedenem Vorzeichen streicht.*

Daß es nur *einen* solchen Faktor geben kann, folgt daraus, daß sich die GRAY-Transformierten aufeinanderfolgender Binärzahlen nur an *einer* Stelle unterscheiden. Wir betrachten nun ein

Beispiel 6.8 $\quad \operatorname{dir}(4,3;x) = \frac{1}{2}\Big(\mathcal{D}(5,5;x)+\mathcal{D}(5,6;x)\Big).$

Wie in Beispiel **6.7** erhalten wir

$$\begin{aligned} \mu^T(y_6) &= (0,0,1,0,1), & \qquad \mathsf{G}\mu^T(y_6) &= (0,0,1,\overset{\Downarrow}{1},1),\\ \mu^T(y_7) &= (0,0,1,1,0) & \text{und} \qquad \mathsf{G}\mu^T(y_7) &= (0,0,1,0,1) \end{aligned}$$

Zu der markierten Stelle gehört der Faktor $1 \pm \operatorname{cor} 4x$. Mit den übrigen Faktoren erhalten wir $\operatorname{dir}(4,3;x) = (1+\operatorname{sir} x)(1+\operatorname{cor} x)(1-\operatorname{cor} 2x)(1-\operatorname{cor} 8x)$. Man kann natürlich eine Darstellung von $\operatorname{dir}(n,j;x)$ auch durch eine endliche WALSH-Transformation erhalten, d.h., durch Multiplikation seines Wertevektors in S_{n+1}

$$(0,0,\ldots,0,\underset{\nearrow \atop I_{n+1,2j-1}}{2N},\underset{\nwarrow \atop I_{n+1,2j}}{2N},0,\ldots,0,0)^T \qquad \text{mit der WALSH-Matrix } \frac{1}{4N}\mathbf{W}_{n+1}.$$

Beispiel 6.9 Wir erhalten für $n=3$, $2N=8$:

$$\begin{aligned}
\operatorname{dir}(3,0;x) &= (1+\operatorname{cor} x)(1+\operatorname{cor} 2x)(1+\operatorname{cor} 4x) &= \operatorname{dir}(3;x)\\
\operatorname{dir}(3,1;x) &= (1+\operatorname{sir} x)(1+\operatorname{cor} x)(1-\operatorname{cor} 4x) &= \operatorname{dir}(3;x-h)\\
\operatorname{dir}(3,2;x) &= (1+\operatorname{sir} x)(1-\operatorname{cor} 2x)(1+\operatorname{cor} 4x) &= \operatorname{dir}(3;x-2h)\\
\operatorname{dir}(3,3;x) &= (1+\operatorname{sir} x)(1-\operatorname{cor} x)(1-\operatorname{cor} 4x) &= \operatorname{dir}(3;x-3h)\\
\operatorname{dir}(3,4;x) &= (1-\operatorname{cor} x)(1+\operatorname{cor} 2x)(1+\operatorname{cor} 4x) &= \operatorname{dir}(3;x-4h)\\
\operatorname{dir}(3,5;x) &= (1-\operatorname{sir} x)(1-\operatorname{cor} x)(1-\operatorname{cor} 4x) &= \operatorname{dir}(3;x-5h)\\
\operatorname{dir}(3,6;x) &= (1-\operatorname{sir} x)(1-\operatorname{cor} 2x)(1+\operatorname{cor} 4x) &= \operatorname{dir}(3;x-6h)\\
\operatorname{dir}(3,7;x) &= (1-\operatorname{sir} x)(1+\operatorname{cor} x)(1-\operatorname{cor} 4x) &= \operatorname{dir}(3;x-7h)
\end{aligned}$$

Wir betrachten noch einen „Absorptionseffekt" der dir-Funktion. Mit (6.60) erhält man für $0 \le j < 2N$: $\operatorname{cal}(j;x)\operatorname{dir}(n;x) = \sum_{p=0}^{2N-1} \operatorname{cal}(p \oplus j;x)$.
Durchläuft bei festem j der Index p die Werte $0,1,2,\ldots,2N-1$, so nimmt $p \oplus j$ gerade wieder alle Werte $0,1,2,\ldots,2N-1$ an. Deshalb ist

$$\sum_{p=0}^{2N-1} \operatorname{cal}(p \oplus j;x) = \sum_{p=0}^{2N-1} \operatorname{cal}(p;x) = \operatorname{dir}(n;x).$$

Das bedeutet $\operatorname{cal}(j;x)\operatorname{dir}(n;x) = \operatorname{dir}(n;x)$, und daraus wiederum folgt unmittelbar $\operatorname{sal}(j+1;x)\operatorname{dir}(n;x) = \operatorname{sir} x \operatorname{cal}(j;x)\operatorname{dir}(n;x) = \operatorname{sir} x \operatorname{dir}(n;x)$.
Somit haben wir die

Absorptionsregel

Für $j = 0,1,2,\ldots,2N-1$ gilt

$$\begin{aligned} \operatorname{cal}(j;x)\operatorname{dir}(n;x) &= \operatorname{dir}(n;x) \\ \operatorname{sal}(j+1;x)\operatorname{dir}(n;x) &= \operatorname{sir} x \operatorname{dir}(n;x) \end{aligned} \tag{6.67}$$

Normiert man $\operatorname{dir}(n;x)$ auf die Höhe 1, so erhält man Blockimpulse, die symmetrisch zu den ganzen Zahlen liegen. Durch Maßstabänderungen auf der Abszisse kann man die Abstände dieser Blockimpulse variieren.

Beispiel 6.10 Die $2N$-periodische Funktion
$f_N(x) = \frac{1}{2N}\operatorname{dir}(n;\frac{x}{2N})$, $n \in \mathbf{N}$, $2N = 2^n$, stellt Einheitsimpulse bei $x = 2Nj$ dar, d.h., $f_N(x) = \begin{cases} 1 & \text{für } 2Nj - \frac{1}{2} < x < 2Nj + \frac{1}{2} \\ 0 & \text{sonst.} \end{cases}$
Für $n = 3$ ist das die unten skizzierte Funktion

$$\begin{aligned} f_4(x) &= \frac{1}{8}\operatorname{dir}(3;\tfrac{x}{8}) = \frac{1}{8}(1+\operatorname{cor}\tfrac{x}{2})(1+\operatorname{cor}\tfrac{x}{4})(1+\operatorname{cor}\tfrac{x}{8}) \\ &= \frac{1}{8}\big(\operatorname{cal}(0;\tfrac{x}{8}) + \operatorname{cal}(1;\tfrac{x}{8}) + \operatorname{cal}(2;\tfrac{x}{8}) + \operatorname{cal}(3;\tfrac{x}{8}) \\ &\qquad + \operatorname{cal}(4;\tfrac{x}{8}) + \operatorname{cal}(5;\tfrac{x}{8}) + \operatorname{cal}(6;\tfrac{x}{8}) + \operatorname{cal}(7;\tfrac{x}{8})\big) \end{aligned}$$

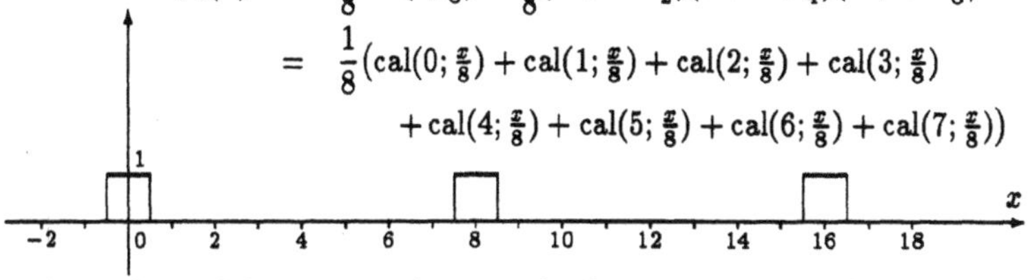

Mit Hilfe dieser *lakunären Einheitsimpulse* kann man nun leicht Impulse aus anderen, insbesondere aus anderen periodischen Funktionen *ausfiltern*. Dazu ein Beispiel:

<u>Beispiel</u> 6.11

Nach (3.12) auf Seite 48 ist $\operatorname{ser} x = \frac{1}{4}\Big(\operatorname{sal}(1;x) - \sum_{j=1}^{\infty} \frac{1}{2^j} \operatorname{sal}(2^j;x)\Big)$. Daraus erhalten wir durch Multiplikation mit $\frac{1}{4}\operatorname{dir}(2;\frac{x}{4})$

$$\begin{aligned} f_2(x) &= \frac{1}{4}\operatorname{dir}(2;\tfrac{x}{4}) \operatorname{ser} x = \frac{1}{4}(1+\operatorname{cor}\tfrac{x}{2})(1+\operatorname{cor}\tfrac{x}{4}) \operatorname{ser} x \\ &= \frac{1}{16}\Big(\operatorname{sal}(1;\tfrac{x}{4}) + \operatorname{sal}(2;\tfrac{x}{4}) + \operatorname{sal}(3;\tfrac{x}{4}) + \operatorname{sal}(4;\tfrac{x}{4})\Big) \\ &\quad -\frac{1}{4}\sum_{j=1}^{\infty}\frac{1}{2^j}\Big(\operatorname{sal}(2^j-3;\tfrac{x}{4}) + \operatorname{sal}(2^j-2;\tfrac{x}{4}) + \operatorname{sal}(2^j-1;\tfrac{x}{4}) + \operatorname{sal}(2^j;\tfrac{x}{4})\Big) \end{aligned}$$

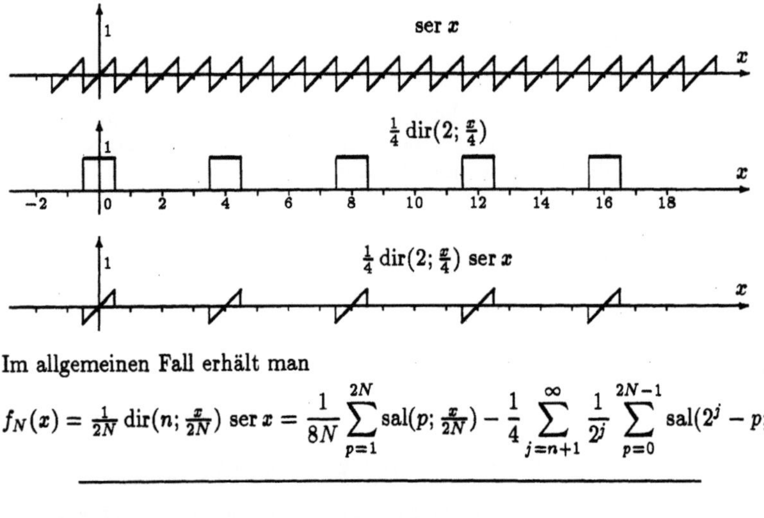

Im allgemeinen Fall erhält man

$$f_N(x) = \frac{1}{2N}\operatorname{dir}(n;\tfrac{x}{2N}) \operatorname{ser} x = \frac{1}{8N}\sum_{p=1}^{2N}\operatorname{sal}(p;\tfrac{x}{2N}) - \frac{1}{4}\sum_{j=n+1}^{\infty}\frac{1}{2^j}\sum_{p=0}^{2N-1}\operatorname{sal}(2^j-p;\tfrac{x}{2N}).$$

<u>Aufgabe</u> 6.2 $\Longrightarrow$ Lösung auf Seite 264

Man berechne und skizziere die Ableitung der Funktion

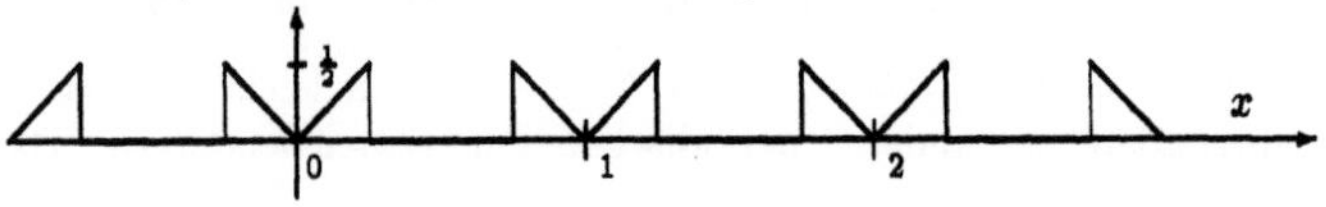

$$f(x) = \begin{cases} |x| & \text{in } -\frac{1}{4} < x < \frac{1}{4} \\ 0 & \text{in } \frac{1}{4} < x < \frac{3}{4} \end{cases} \quad , \quad f(x+n) = f(x),$$

aus Beispiel 3.8 auf Seite 60 bzw. 4.1 auf Seite 74.

Kapitel 7

Ableitungen und Differenzoperatoren

7.1 Ableitungen der wal-Funktionen

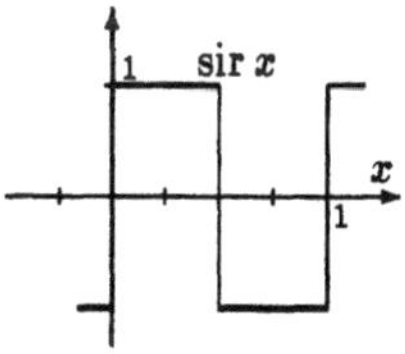

Wollen wir die verallgemeinerten Ableitungen von $\operatorname{sir} x$ bzw. $\operatorname{cor} x$ angeben, so müssen wir periodische DIRAC-Impulse so anordnen, daß sie an den Sprungstellen dieser Funktionen liegen.

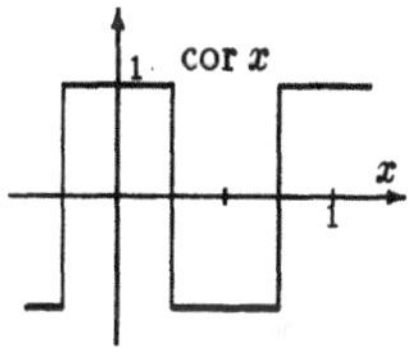

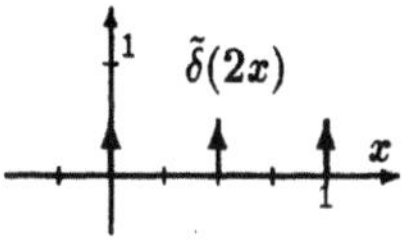

Für $\operatorname{sir} x$ ist das
$\longleftarrow \quad \tilde{\delta}(2x)$
und für $\operatorname{cor} x$ ist das
$\tilde{\delta}(2x+\frac{1}{2}) \longrightarrow$.

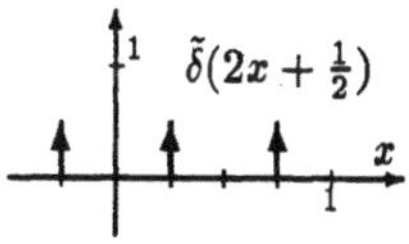

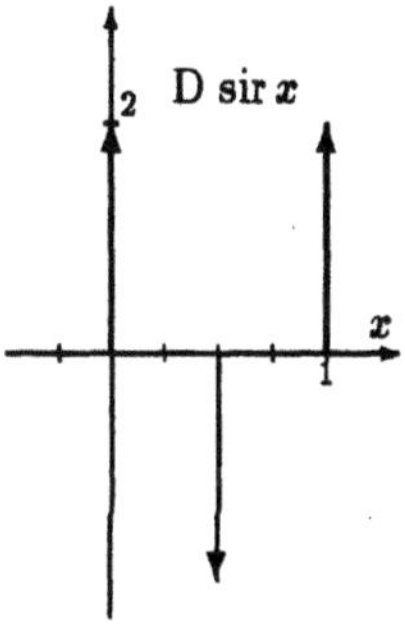

$\tilde{\delta}(2x)$ und $\tilde{\delta}(2x+\frac{1}{2})$ haben die Höhe $\frac{1}{2}$.
Um auf die Sprunghöhe 2 von sir bzw. cor zu kommen, müssen wir diese Impulse also mit 4 multiplizieren. Schließlich müssen wir noch die Sprungrichtung beachten.

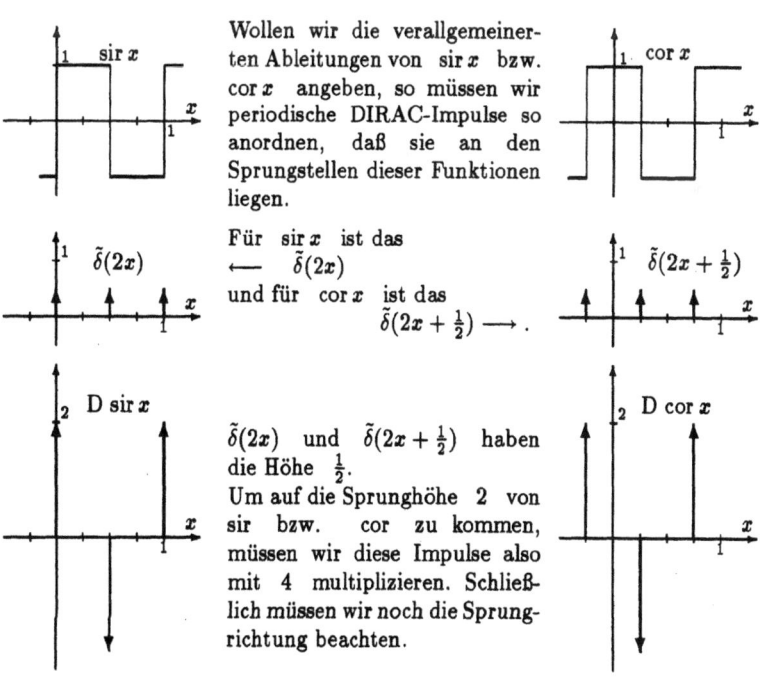

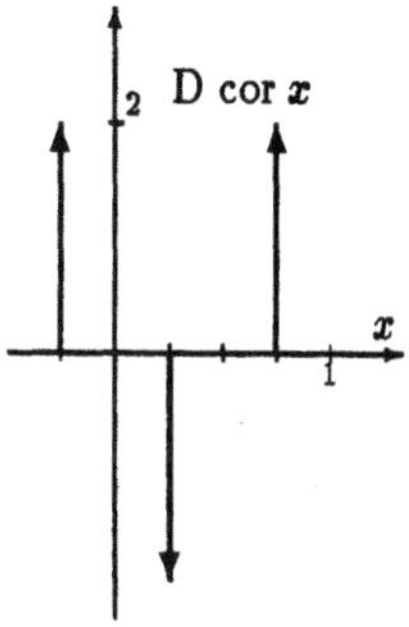

Bezeichnen wir die verallgemeinerte Ableitung einer Funktion (Distribution) mit D, so erhalten wir also

$$\boxed{\begin{aligned} \mathrm{D}\,\mathrm{sir}\,x &= 4\,\mathrm{cor}\,x\,\tilde{\delta}(2x) \\ \mathrm{D}\,\mathrm{cor}\,x &= -4\,\mathrm{sir}\,x\,\tilde{\delta}(2x+\tfrac{1}{2}) \end{aligned}} \tag{7.1}$$

Damit sind wir in der Lage, die verallgemeinerte Ableitung beliebiger WALSH-Funktionen zu berechnen. Wir betrachten ein Beispiel:

Beispiel 7.1
$$\begin{aligned} \mathrm{D}\,\mathrm{sal}(3;x) &= \mathrm{D}\,(\mathrm{sir}\,x\,\mathrm{cor}\,2x) = \mathrm{cor}\,2x\,\mathrm{D}\,\mathrm{sir}\,x + \mathrm{sir}\,x\,\mathrm{D}\,\mathrm{cor}\,2x \\ &= \mathrm{cor}\,2x\;4\;\mathrm{cor}\,x\,\tilde{\delta}(2x) + \mathrm{sir}\,x\big(-4\cdot 2\,\mathrm{sir}\,2x\tilde{\delta}(4x+\tfrac{1}{2})\big) \\ &= 4\,\mathrm{cal}(3;x)\tilde{\delta}(2x) - 8\,\mathrm{cal}(1;x)\,\tilde{\delta}(4x+\tfrac{1}{2}). \end{aligned}$$

Mit (6.61) auf Seite 134 läßt sich das etwas einheitlicher schreiben. Wir ziehen nämlich in jedem Summanden so viele Faktoren $1+\mathrm{cor}\,2^j x$ aus $\tilde{\delta}(2x)$ bzw. aus $\tilde{\delta}(4x+\frac{1}{2})$ heraus, bis die $\tilde{\delta}(\circ)$-Faktoren gleich sind:

$$\tilde{\delta}(2x) = (1+\mathrm{cor}\,2x)(1+\mathrm{cor}\,4x)\tilde{\delta}(8x), \qquad \tilde{\delta}(4x+\tfrac{1}{2}) = (1-\mathrm{cor}\,4x)\tilde{\delta}(8x).$$

Damit erhalten wir

$$\begin{aligned} \mathrm{D}\,\mathrm{sal}(3;x) &= 4\,\mathrm{cor}\,x(1+\mathrm{cor}\,2x)(1+\mathrm{cor}\,4x)\tilde{\delta}(8x) - 8\,\mathrm{cor}\,x(1-\mathrm{cor}\,4x)\tilde{\delta}(8x) \\ &= 4\big(-\mathrm{cal}(1;x) + \mathrm{cal}(3;x) + 3\,\mathrm{cal}(5;x) + \mathrm{cal}(7;x)\big)\tilde{\delta}(8x). \end{aligned}$$

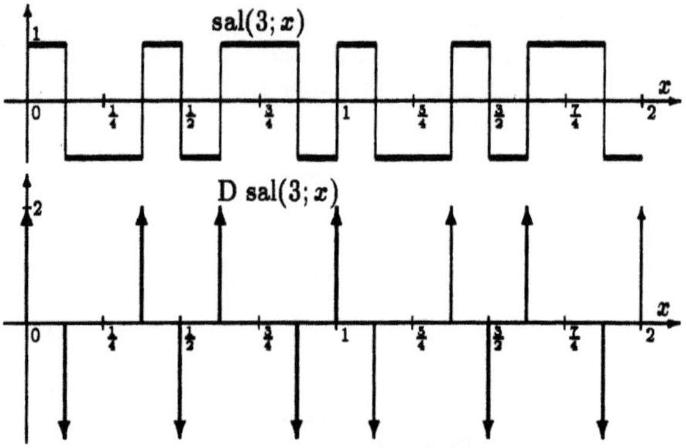

Beispiel 7.2 Wir berechnen die verallgemeinerte Ableitug von $Z(x)\,\mathrm{cal}(1;\frac{x}{2}) = Z(x)\,\mathrm{cor}\,\frac{x}{2}$.

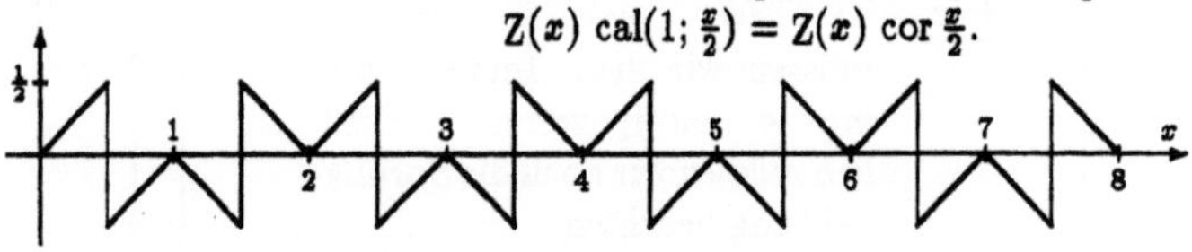

Mit (7.1) auf Seite 140 und (6.13) auf Seite 118 erhalten wir

$$\mathrm{D}\operatorname{cor}\tfrac{x}{2} \;=\; -2\operatorname{sir}\tfrac{x}{2}\,\tilde{\delta}(x+\tfrac{1}{2}) \quad \text{und} \quad \mathrm{D}\,\mathrm{Z}(x) \;=\; \operatorname{sir} x.$$

Damit ist wegen $\mathrm{Z}(\frac{1}{2}) = \frac{1}{2}$:

$$\mathrm{D}\{\mathrm{Z}(x)\operatorname{cor}\tfrac{x}{2}\} = \operatorname{sir} x \operatorname{cor}\tfrac{x}{2} - 2\,\mathrm{Z}(x)\operatorname{sir}\tfrac{x}{2}\,\tilde{\delta}(x+\tfrac{x}{2}) = \operatorname{sir}\tfrac{x}{2}\,\{1-\tilde{\delta}(x+\tfrac{1}{2})\}.$$

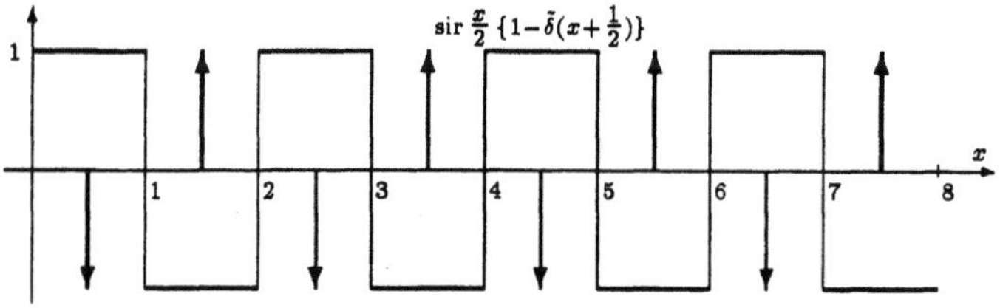

Aufgabe 7.1 ⟹ Lösung auf Seite 264

Nach (3.12) auf Seite 48 ist $\quad 1 - \operatorname{frac} x = \dfrac{1}{2} + \dfrac{1}{4}\displaystyle\sum_{j=0}^{\infty}\dfrac{1}{2^j}\operatorname{sir} 2^j x.$

Man gewinne die verallgemeinerte Ableitung dieser Funktion durch gliedweise Ableitung der Reihe mit (7.1) und zeige, daß $\mathrm{D}(1-\operatorname{frac} x) = \tilde{\delta}(x) - 1$ ist.

Aufgabe 7.2 ⟹ Lösung auf Seite 264

Man berechne mit Hilfe von (7.1) die Ableitung $\mathrm{D}\operatorname{cal}(2^j-1;x)$!

Wir wollen die Beziehung aus Aufgabe 6.1 auf Seite 135, welche uns auch in der Aufgabe 7.1 nützlich war, zum weiteren Gebrauch festhalten:

$$\text{Für } m \in \mathrm{N} \text{ gilt} \qquad \sum_{j=m}^{\infty} \operatorname{cor} 2^j x\,\tilde{\delta}(2^{j+1}x) \;=\; \tilde{\delta}(2^m x) - 1. \tag{7.2}$$

Im obigen Beispiel 7.1 haben wir die Beziehung (6.61) benutzt, um die Distribution $\mathrm{D}\operatorname{sal}(3;x)$ in der Form $\mathrm{D}\operatorname{sal}(3;x) = s_4(x)\tilde{\delta}(8x)$ zu schreiben, wobei $s_4(x)$ eine Funktion aus S_4, der *in* S_4 *liegende Teil* dieser Distribution, ist. Mit den Beziehungen (6.60) und (6.61) erhält man allgemein:

$$\begin{aligned}
&\text{Für } n \geq 2 \text{ ist} && \text{mit} \quad M = 2^{n-2}, \quad N = 2^{n-1} = 2M. \\
&\mathrm{D}\operatorname{sir} x &=\;& 4\operatorname{cor} x \operatorname{dir}(n-2;2x)\tilde{\delta}(Nx) \\
& &=\;& 4\left(\sum_{p=0}^{M-1}\operatorname{cal}(2p+1;x)\right)\tilde{\delta}(Nx), \\
&\mathrm{D}\operatorname{cor} x &=\;& -4\operatorname{sir} x \operatorname{dir}(n-2;2x+\tfrac{1}{2})\tilde{\delta}(Nx) \\
& &=\;& -4\left(\sum_{p=0}^{M-1}(-1)^p\operatorname{sal}(2p+1;x)\right)\tilde{\delta}(Nx).
\end{aligned} \tag{7.3}$$

Von besonderem Interesse ist auch die verallgemeinerte Ableitung des endlichen DIRAC-Impulses. Es gilt

$$\begin{aligned} \mathrm{D}\ \mathrm{dir}(n;x) &= -4N\ \mathrm{sir}\,x\ \mathrm{dir}(n-1;x)\,\tilde{\delta}(2Nx+\tfrac{1}{2}) \\ &= -4N\ \mathrm{sir}\,x\ \mathrm{dir}(n-1;x)\,(1-\mathrm{cor}\,2Nx)\,\tilde{\delta}(4Nx) \\ &= -4N\sum_{j=1}^{N}\Big(\mathrm{sal}(j;x)-\mathrm{sal}(2N+j;x)\Big)\,\tilde{\delta}(4Nx) \end{aligned} \qquad (7.4)$$

Man kann die Beziehung (7.4) leicht durch vollständige Induktion beweisen.

Aufgabe 7.3 $\Longrightarrow$ Lösung auf Seite 264

Man berechne mit (7.4) die Ableitung der Funktion

$$f(x)=\begin{cases} |x| & \text{in } -\frac{1}{4}<x<\frac{1}{4} \\ 0 & \text{in } \frac{1}{4}<x<\frac{3}{4} \end{cases}, \quad f(x+n)=f(x).$$

aus Beispiel (3.8) auf Seite 60 bzw. (4.1) auf Seite 74 !

7.2 Differenzoperatoren

Im folgenden benutzen wir Matrizen als Differenz- bzw. Summations-Operatoren für Treppenfunktionen aus S_n. Wir betrachten dabei die Wertevektoren $\mathbf{g}$ solcher Funktionen im *Zeitbereich* oder auch ihre Sequenzvektoren $\mathbf{w}$ im *Sequenzbereich*. Deshalb brauchen wir auch die erwähnten Matrizen sowohl im Zeitbereich als auch im Sequenzbereich. Es soll also zunächst der Zusammenhang zwischen beiden Bereichen nochmals klargestellt werden.

g sei eine Treppenfunktion aus S_n und $\mathbf{g}$ ihr Wertevektor, $\mathbf{w}$ ihr Sequenzvektor. Ferner sei durch die reguläre Matrix $\mathbf{A}$ eine Abbildung $\tilde{\mathbf{g}}=\mathbf{A}\,\mathbf{g}$ gegeben. Zum Wertevektor $\tilde{\mathbf{g}}$ gehöre der Sequenzvektor $\tilde{\mathbf{w}}$. Im Sequenzbereich gibt es dann eine reguläre Matrix

$\mathbf{B}$ mit $\tilde{\mathbf{w}}=\mathbf{B}\,\mathbf{w}$.
Es besteht also nach (5.11) auf Seite 89 der nebenan skizzierten Zusammenhang, aus dem $\mathbf{B}=\frac{1}{2N}\mathbf{W}_n\mathbf{A}\mathbf{W}_n$ folgt.
Damit haben wir:

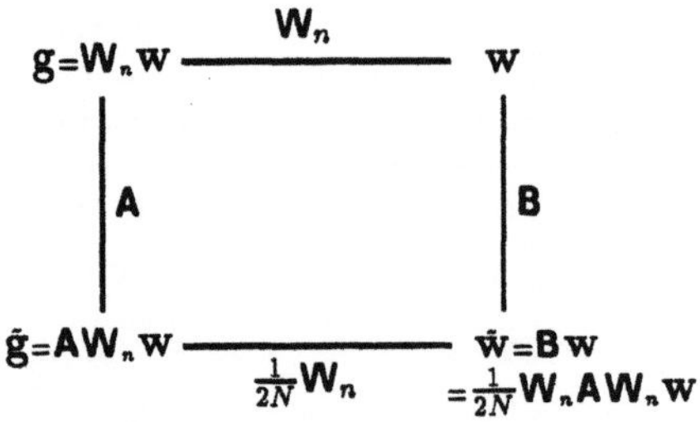

$\mathbf{g}$ sei der Wertevektor einer Treppenfunktion aus S_n und
$\mathbf{w}$ der zughörige Sequenzvektor. Ferner sei $\tilde{\mathbf{g}}=\mathbf{A}\mathbf{g}$ und
$\tilde{\mathbf{w}}$ der zu $\tilde{\mathbf{g}}$ gehörende Sequenzvektor. (7.5)
Dann gilt $\tilde{\mathbf{w}}=\dfrac{1}{2N}\mathbf{W}_n\mathbf{A}\mathbf{W}_n\mathbf{w}$

Weil für invertierbare Matrizen $\{\mathbf{AB}\}^{-1} = \mathbf{B}^{-1}\mathbf{A}^{-1}$ gilt, haben wir

$$\left(\frac{1}{2N}\mathbf{W}_n\mathbf{A}\mathbf{W}_n\right)^{-1} = 2N\mathbf{W}_n^{-1}\mathbf{A}^{-1}\mathbf{W}_n^{-1} = \frac{1}{2N}\mathbf{W}_n\mathbf{A}^{-1}\mathbf{W}_n.$$

Es bestehen also die Beziehungen

Zeitbereich	WALSH-Transformation	*Sequenzbereich*
$\mathbf{A}$	$\longleftrightarrow$	$\frac{1}{2N}\mathbf{W}_n\mathbf{A}\mathbf{W}_n$
$\mathbf{A}^{-1}$	$\longleftrightarrow$	$\frac{1}{2N}\mathbf{W}_n\mathbf{A}^{-1}\mathbf{W}_n$

Beispiel:

Zeitbereich *Sequenzbereich*

$$\overbrace{\begin{pmatrix} + & 0 & 0 & 0 & 0 & 0 & 0 & 0 \\ - & + & & & & & & 0 \\ 0 & - & + & & & & & 0 \\ 0 & & - & + & & & & 0 \\ 0 & & & - & + & & & 0 \\ 0 & & & & - & + & & 0 \\ 0 & & & & & - & + & 0 \\ 0 & 0 & 0 & 0 & 0 & 0 & - & + \end{pmatrix}}^{\mathbf{I}-\mathbf{J}_1} \longleftrightarrow \overbrace{\frac{1}{8}\begin{pmatrix} 1 & -1 & 1 & -1 & 1 & -1 & 1 & -1 \\ 1 & 3 & -3 & -1 & 1 & 3 & -3 & -1 \\ 1 & 3 & 5 & -1 & 1 & -5 & -3 & -1 \\ 1 & -1 & 1 & 7 & -7 & -1 & 1 & -1 \\ 1 & -1 & 1 & 7 & 9 & -1 & 1 & -1 \\ 1 & 3 & 5 & -1 & 1 & 11 & -3 & -1 \\ 1 & 3 & -3 & -1 & 1 & 3 & 13 & -1 \\ 1 & -1 & 1 & -1 & 1 & -1 & 1 & 15 \end{pmatrix}}^{\frac{1}{2N}\mathbf{W}_3(\mathbf{I}-\mathbf{J}_1)\mathbf{W}_3}$$

Inverse: **Inverse:**

$$\underbrace{\begin{pmatrix} + & & & & & & & \\ + & + & & & & & & \\ + & + & + & & & & & \\ + & + & + & + & & & & \\ + & + & + & + & + & & & \\ + & + & + & + & + & + & & \\ + & + & + & + & + & + & + & \\ + & + & + & + & + & + & + & + \end{pmatrix}}_{(\mathbf{I}-\mathbf{J}_1)^{-1}} \longleftrightarrow \underbrace{\frac{1}{2}\begin{pmatrix} 9 & 4 & 0 & 2 & 0 & 0 & 0 & 1 \\ -4 & 1 & 2 & & & & 1 & 0 \\ 0 & -2 & 1 & & & 1 & & 0 \\ -2 & & & 1 & 1 & & & 0 \\ 0 & & & -1 & 1 & & & 0 \\ 0 & & -1 & & & 1 & & 0 \\ 0 & -1 & & & & & 1 & 0 \\ -1 & 0 & 0 & 0 & 0 & 0 & 0 & 1 \end{pmatrix}}_{\frac{1}{2N}\mathbf{W}_n(\mathbf{I}-\mathbf{J}_1)^{-1}\mathbf{W}_n}$$

Der Faktor $\frac{1}{2}$ *vor der letzten Matrix kommt daher, daß die Matrix den Faktor* 4 *enthielt:* $\frac{1}{2N} \cdot 4 = \frac{1}{8} \cdot 4 = \frac{1}{2}$.

7.3 Differenzenquotienten

In der Theorie der Differentialgleichungen spielt der Begriff der Ableitung einer Funktion f, also der Grenzwert

$$f'(x) = \lim_{h\to\infty} \frac{f(x+h)-f(x)}{h}, \tag{7.6}$$

die wesentliche Rolle. Sobald man aber numerisch rechnet, muß man wieder zu den **Differenzenquotienten** $\frac{f(x+h)-f(x)}{h}$ zurückkehren. Man muß nämlich eine Funktion durch eine Folge ihrer Funktionswerte ersetzen, und in den meisten Fällen wählt man *äquidistante Funktionswerte*. Das sind solche der Form $f_j = f(x_0 + jh)$ mit festem x_0 und festem h. Man ersetzt also, wie wir das schon früher getan haben, eine Funktion f durch eine Treppenfunktion $\hat{f}$, die durch die Folge ihrer Werte

$$\hat{f}_0 \quad \hat{f}_1 \quad \hat{f}_2 \quad \cdots \quad \cdots \quad \hat{f}_{j-1} \quad \hat{f}_j \quad \hat{f}_{j+1} \quad \cdots \quad \cdots \quad \hat{f}_{k-2} \hat{f}_{k-1} \quad \hat{f}_k$$
$$I_0 \quad I_1 \quad I_2 \quad\quad\quad I_{j-1} \quad I_j \quad I_{j+1} \quad\quad\quad I_{k-2} \quad I_{k-1} \quad I_k$$

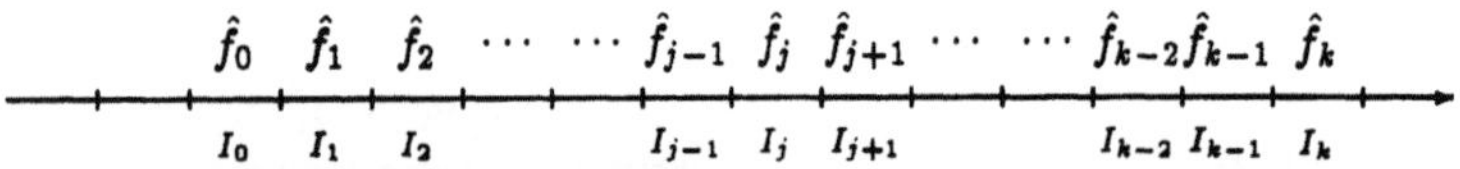

in den Teilintervallen I_j gegeben ist. Meistens transformiert man auch noch die Funktionsvariable so, daß $h = 1$ wird. Dann tritt der Nenner des Differenzenquotienten nicht explizit auf. Das wollen wir aber zunächst nicht tun, sondern im Blick auf WALSH-Funktionen wie gewohnt

$$h = \tfrac{1}{2^n} = \tfrac{1}{2N}, \quad n \in \mathbb{N}_0, \qquad\qquad \text{annehmen.}$$

Wenn man in der Differentialrechnung den Grenzübergang (7.6) betrachtet, so nimmt man die Größe h als reelle Zahl an, die sowohl positiv als auch negativ sein kann. Die asymmetrische Schreibweise des Differenzenquotienten hat somit keine asymmetrische Bedeutung. Anders liegen die Verhältnisse, wenn $h > 0$ und fest ist, wie wir ja voraussetzen. Wir führen deshalb die folgenden Operatoren ein:

Rechtsseitiger Differenzenquotient:

$$\triangle_h \quad \text{mit} \quad \triangle_h f(x) = \frac{f(x+h)-f(x)}{h}; \tag{7.7}$$

Linksseitiger Differenzenquotient:

$$\triangle_{-h} \quad \text{mit} \quad \triangle_{-h}f(x) = \triangle_h f(x-h) = \frac{f(x)-f(x-h)}{h}. \tag{7.8}$$

Die hier auftretende Asymmetrie führt dazu, daß diese Diffenzenquotienten nicht so schön aussehen, wie man das bei Ableitungen differenzierbarer Funktionen gewöhnt ist.

Beispiel: $f(x) = \sin x$.

$$\triangle_h \sin x = \tfrac{1}{h}\{\sin(x+h) - \sin x\} = \tfrac{2}{h}\sin\tfrac{h}{2}\cos(x+\tfrac{h}{2}),$$
$$\triangle_{-h}\sin x = \tfrac{1}{h}\{\sin x - \sin(x-h)\} = \tfrac{2}{h}\sin\tfrac{h}{2}\cos(x-\tfrac{h}{2}).$$

Hierbei stört weniger der konstante Faktor $\frac{2}{h}\sin\frac{h}{2}$, als vielmehr die additive Konstante $\frac{h}{2}$ im Argument des Cosinus (die Phasenverschiebung).
Solche Erscheinungen vermeidet der *symmetrische (zentrale) Differenzenquotient* $\frac{1}{h}(f(x+\frac{h}{2})-f(x-\frac{h}{2}))$. Hier tritt allerdings eine andere Schwierigkeit auf, nämlich die Argumentänderung $\frac{h}{2}$. Wenn h zur Intervallteilung Ω_n gehört, so müßten wir auch die Intervallteilung Ω_{n+1} benutzen.
Wir definieren also:

Symmetrischer (zentraler) Differenzenquotient:

$$\mathbb{\Delta}_h \quad \text{mit} \quad \mathbb{\Delta}_h f(x) \;=\; \frac{f(x+\frac{h}{2})-f(x-\frac{h}{2})}{h}. \tag{7.9}$$

Es ist aber oft vorteilhafter, bei Ω_n und h zu bleiben und den gewünschten Quotienten so zu bilden:

Symmetrischer (zentraler) Differenzenquotient $\mathbb{\Delta}_{2h}$ mit:

$$\mathbb{\Delta}_{2h} f(x) \;=\; \frac{f(x+h)-f(x-h)}{2h} \;=\; \frac{1}{2}\Big\{\Delta_h + \Delta_{-h}\Big\} f(x). \tag{7.10}$$

$\mathbb{\Delta}_{2h}$ ist also das arithmetische Mittel des rechtsseitigen und des linksseitigen Differenzenquotienten.

Dann müssen wir allerdings beachten, daß Variationen einer Funktion innerhalb eines Intervalles der Länge $2h$ unbemerkt bleiben können. Z.B. wäre für die Treppenfunktion $f(x) = \operatorname{sir} 2Nx$

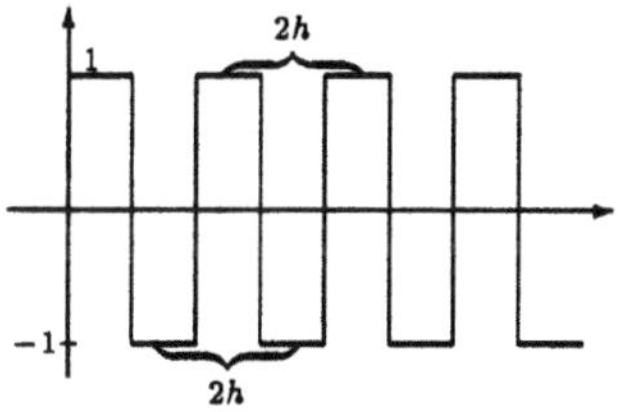

$$\begin{aligned}
&\mathbb{\Delta}_{2h} \operatorname{sir} 2Nx \\
&= \tfrac{1}{2h}\Big\{\operatorname{sir} 2N(x+h) - \operatorname{sir} 2N(x-h)\Big\} \\
&= N\Big\{\operatorname{sir}(2Nx+1) - \operatorname{sir}(2Nx-1)\Big\} \\
&= N\Big\{\operatorname{sir} 2Nx - \operatorname{sir} 2Nx\Big\} \;=\; 0,
\end{aligned}$$

und das ist keine vernünftige Aussage über die Variation dieser Funktion. Bei Betrachtung von Treppenfunktionen müssen wir uns also auf solche beschränken, die in Intervallen der Mindestlänge $2h$ konstant sind. Bei 1-periodischen Funktionen sind das die Funktionen aus dem WALSH-Raum S_{n-1}.
Mit dieser Einschränkung erhält man dann aber recht schöne „Ableitungen“.

Beispiele:

$$\begin{aligned}
f(x) &= \sin x, \\
\mathbb{\Delta}_{2h} \sin x &= \tfrac{1}{2h}\Big\{\sin(x+h) - \sin(x-h)\Big\} \;=\; \tfrac{\sin h}{h}\cos x. \\
g(x) &= \operatorname{cor} x, \quad n=2, h=\tfrac{1}{4}, \\
\mathbb{\Delta}_{2h} \operatorname{cor} x &= 2\Big\{\operatorname{cor}(x+\tfrac{1}{4}) - \operatorname{cor}(x-\tfrac{1}{4})\Big\} \;=\; 2\Big\{-\operatorname{sir} x - \operatorname{sir} x\Big\} \;=\; -4\operatorname{sir} x.
\end{aligned}$$

Das sind Beziehungen, die recht nahe bei den Ableitungsformeln liegen, die uns aus der Analysis vertraut sind.

7.4 Matrixoperatoren der Differenzenquotienten

7.4.1 Asymmetrischer Fall

Ist in einem endlichen Intervall I eine Treppenfunktion g durch ihren Wertevektor $\mathbf{g} = (g_0, g_1, \ldots, g_{j-1}, g_j, g_{j+1}, \ldots, g_{2N-2}, g_{2N-1})^T$ gegeben, so können wir in diesem Intervall die Differenzen des Zählers im Quotienten (7.7) folgendermaßen bilden:

$g(x+h)$	g_1	g_2	g_3	$\cdots$	g_{2N-2}	g_{2N-1}	
$-g(x)$	$-g_0$	$-g_1$	$-g_2$	$\cdots$	$-g_{2N-3}$	$-g_{2N-2}$	$-g_{2N-1}$
	I_0	I_1	I_2		I_{2N-3}	I_{2N-2}	I_{2N-1}

In der oberen Zeile werden die Funktionswerte um h nach links verschoben. Dabei „fällt der erste Wert g_0 aus dem Intervall I heraus“. So kommt es zu einer Lücke im Teilintervall I_{2N-1}, und bei der Differenzenbildung bleibt der Wert $-g_{2N-1}$ allein.

Man kann nun diese Differenzenbildung durch eine Multiplikation des Wertevektors mit einer geeigneten Matrix, nämlich mit $\mathbf{J}_1^T - \mathbf{I}$ erhalten. Dabei ist $\mathbf{J}_1$ in (1.7) auf Seite 6 erklärt, und $\mathbf{I}$ ist die Einheitsmatrix. Um das zu illustrieren, betrachten wir ein

Beispiel: $n = 3$, $\mathbf{s} = (g_0, g_1, \ldots, g_7)^T$,

$$\overbrace{\begin{pmatrix} - & + & 0 & 0 & 0 & 0 & 0 & 0 \\ 0 & - & + & & & & & 0 \\ 0 & & - & + & & & & 0 \\ 0 & & & - & + & & & 0 \\ 0 & & & & - & + & & 0 \\ 0 & & & & & - & + & 0 \\ 0 & & & & & & - & + \\ 0 & 0 & 0 & 0 & 0 & 0 & 0 & - \end{pmatrix}}^{\mathbf{J}_1^T - \mathbf{I}} \begin{pmatrix} g_0 \\ g_1 \\ g_2 \\ g_3 \\ g_4 \\ g_5 \\ g_6 \\ g_7 \end{pmatrix} = \begin{pmatrix} g_1 - g_0 \\ g_2 - g_1 \\ g_3 - g_2 \\ g_4 - g_3 \\ g_5 - g_4 \\ g_6 - g_5 \\ g_7 - g_6 \\ -g_7 \end{pmatrix}.$$

Die oben aufgetretene „Lücke“ bei der Differenzenbildung verschwindet, wenn $\mathbf{g}$ Wertevektor und I Periodenintervall einer *periodischen* Treppenfunktion g sind. Der bei der Verschiebung vorn aus dem Intervall I herausgetretene Wert g_0 tritt wegen der Periodizität am Intervallende wieder in I ein. Man erhält

$g(x+h)$	g_1	g_2	g_3	$\cdots$	g_{2N-2}	g_{2N-1}	g_0
$-g(x)$	$-g_0$	$-g_1$	$-g_2$	$\cdots$	$-g_{2N-3}$	$-g_{2N-2}$	$-g_{2N-1}$
	I_0	I_1	I_2		I_{2N-3}	I_{2N-2}	I_{2N-1}

Bei der Matrixdarstellung erhält man diese Korrektur durch Addition von $\mathbf{J}_{n-1}$. Man erhält mit $\mathbf{C}_m$ aus (1.11) auf Seite 8

$$\mathbf{J}_1^T - \mathbf{I} + \mathbf{J}_{n-1} \;=\; \mathbf{C}_1^T - \mathbf{I}. \tag{7.11}$$

$\mathbf{C}_1^T - \mathbf{I}$ ist, wie man unmittelbar sieht, eine Zirkulante. Siehe (1.13) auf Seite 9!

Beispiel:

$$\underbrace{\begin{pmatrix} - & + & 0 & 0 & 0 & 0 & 0 & 0 \\ 0 & - & + & & & & & 0 \\ 0 & & - & + & & & & 0 \\ 0 & & & - & + & & & 0 \\ 0 & & & & - & + & & 0 \\ 0 & & & & & - & + & 0 \\ 0 & & & & & & - & + \\ 0 & 0 & 0 & 0 & 0 & 0 & 0 & - \end{pmatrix}}_{\mathbf{J}_1^T-\mathbf{I}} + \underbrace{\begin{pmatrix} 0 & 0 & 0 & 0 & 0 & 0 & 0 & 0 \\ 0 & & & & & & & 0 \\ 0 & & & & & & & 0 \\ 0 & & & & & & & 0 \\ 0 & & & & & & & 0 \\ 0 & & & & & & & 0 \\ 0 & & & & & & & 0 \\ + & 0 & 0 & 0 & 0 & 0 & 0 & 0 \end{pmatrix}}_{\mathbf{J}_{n-1}} = \underbrace{\begin{pmatrix} - & + & 0 & 0 & 0 & 0 & 0 & 0 \\ 0 & - & + & & & & & 0 \\ 0 & & - & + & & & & 0 \\ 0 & & & - & + & & & 0 \\ 0 & & & & - & + & & 0 \\ 0 & & & & & - & + & 0 \\ 0 & & & & & & - & + \\ + & 0 & 0 & 0 & 0 & 0 & 0 & - \end{pmatrix}}_{\mathbf{C}_1^T-\mathbf{I}}$$

Die zu Δ_h gehörenden nichtperiodischen bzw. periodischen Matrixoperatoren sind sodann:

$$\frac{1}{h}\left(\mathbf{J}_1^T - \mathbf{I}\right) = 2N\left(\mathbf{J}_1^T - \mathbf{I}\right)$$

$$\text{bzw.} \quad \Delta_h = \frac{1}{h}\left(\mathbf{C}_1^T - \mathbf{I}\right) = 2N\left(\mathbf{C}_1^T - \mathbf{I}\right) \tag{7.12}$$

Von Interesse ist, wie diese Bildung des Differenzenquotienten im Sequenzbereich aussieht. Multiplizieren wir die Matrizen aus (7.11) von links mit $\mathbf{W}_n$ und von rechts mit $\frac{1}{2N}\mathbf{W}_n$, so erhalten wir

$$\mathbf{W}_n\left(\mathbf{J}_1^T - \mathbf{I}\right)\mathbf{W}_n + \mathbf{W}_n\mathbf{J}_{n-1}\mathbf{W}_n = \mathbf{W}_n\left(\mathbf{C}_1^T - \mathbf{I}\right)\mathbf{W}_n \tag{7.13}$$

Beispiel: Wir multiplizieren die Beziehung des obigen Beispiels von links und von rechts mit $\mathbf{W}_3$ und erhalten

$$\underbrace{\begin{pmatrix} -1 & -1 & -1 & -1 & -1 & -1 & -1 & -1 \\ 1 & -3 & -3 & 1 & 1 & -3 & -3 & 1 \\ -1 & 3 & -5 & -1 & -1 & -5 & 3 & -1 \\ 1 & 1 & 1 & -7 & -7 & 1 & 1 & 1 \\ -1 & -1 & -1 & 7 & -9 & -1 & -1 & -1 \\ 1 & -3 & 5 & 1 & 1 & -11 & -3 & 1 \\ -1 & 3 & 3 & -1 & -1 & 3 & -13 & -1 \\ 1 & 1 & 1 & 1 & 1 & 1 & 1 & -15 \end{pmatrix}}_{\mathbf{W}_3(\mathbf{J}_1^T-\mathbf{I})\mathbf{W}_3} + \underbrace{\begin{pmatrix} 1 & 1 & 1 & 1 & 1 & 1 & 1 & 1 \\ -1 & -1 & -1 & -1 & -1 & -1 & -1 & -1 \\ 1 & 1 & 1 & 1 & 1 & 1 & 1 & 1 \\ -1 & -1 & -1 & -1 & -1 & -1 & -1 & -1 \\ 1 & 1 & 1 & 1 & 1 & 1 & 1 & 1 \\ -1 & -1 & -1 & -1 & -1 & -1 & -1 & -1 \\ 1 & 1 & 1 & 1 & 1 & 1 & 1 & 1 \\ -1 & -1 & -1 & -1 & -1 & -1 & -1 & -1 \end{pmatrix}}_{\mathbf{W}_3(\mathbf{J}_{n-1})\mathbf{W}_3}$$

$$= \underbrace{\begin{pmatrix} 0 & 0 & 0 & 0 & 0 & 0 & 0 & 0 \\ 0 & -4 & -4 & 0 & 0 & -4 & -4 & 0 \\ 0 & 4 & -4 & 0 & 0 & -4 & 4 & 0 \\ 0 & 0 & 0 & -8 & -8 & 0 & 0 & 0 \\ 0 & 0 & 0 & 8 & -8 & 0 & 0 & 0 \\ 0 & -4 & 4 & 0 & 0 & -12 & -4 & 0 \\ 0 & 4 & 4 & 0 & 0 & 4 & -12 & 0 \\ 0 & 0 & 0 & 0 & 0 & 0 & 0 & -16 \end{pmatrix}}_{\mathbf{W}_3(\mathbf{C}_1^T-\mathbf{I})\mathbf{W}_3} \tag{7.14}$$

In analoger Weise erhalten wir für die linksseitige Differenzenbildung (7.8) die Matrizen

$$\mathbf{I} - \mathbf{J}_1 + \left(-\mathbf{J}_{n-1}^T\right) = \mathbf{I} - \mathbf{C}_1 \tag{7.15}$$

Beispiel:

$$\underbrace{\begin{pmatrix} + & 0 & 0 & 0 & 0 & 0 & 0 & 0 \\ - & + & & & & & & 0 \\ 0 & - & + & & & & & 0 \\ 0 & & - & + & & & & 0 \\ 0 & & & - & + & & & 0 \\ 0 & & & & - & + & & 0 \\ 0 & & & & & - & + & 0 \\ 0 & 0 & 0 & 0 & 0 & 0 & - & + \end{pmatrix}}_{\mathbf{I}-\mathbf{J}_1} + \underbrace{\begin{pmatrix} 0 & 0 & 0 & 0 & 0 & 0 & 0 & - \\ 0 & & & & & & & 0 \\ 0 & & & & & & & 0 \\ 0 & & & & & & & 0 \\ 0 & & & & & & & 0 \\ 0 & & & & & & & 0 \\ 0 & & & & & & & 0 \\ 0 & 0 & 0 & 0 & 0 & 0 & 0 & 0 \end{pmatrix}}_{-\mathbf{J}^T_{n-1}} = \underbrace{\begin{pmatrix} + & 0 & 0 & 0 & 0 & 0 & 0 & - \\ - & + & & & & & & 0 \\ 0 & - & + & & & & & 0 \\ 0 & & - & + & & & & 0 \\ 0 & & & - & + & & & 0 \\ 0 & & & & - & + & & 0 \\ 0 & & & & & - & + & 0 \\ 0 & 0 & 0 & 0 & 0 & 0 & - & + \end{pmatrix}}_{\mathbf{I}-\mathbf{C}_1}$$

Die zu Δ_{-h} gehörenden nichtperiodischen bzw. periodischen Matrixoperatoren sind sodann:

$$\frac{1}{h}\left(\mathbf{I}-\mathbf{J}_1\right) = 2N\left(\mathbf{I}-\mathbf{J}_1\right)$$

$$\text{bzw.}\quad \Delta_{-h} = \frac{1}{h}\left(\mathbf{I}-\mathbf{C}_1\right) = 2N\left(\mathbf{I}-\mathbf{C}_1\right) \tag{7.16}$$

Wie im vorigen Falle erhalten wird im Sequenzbereich daraus

$$\underbrace{\begin{pmatrix} 1 & -1 & 1 & -1 & 1 & -1 & 1 & -1 \\ 1 & 3 & -3 & -1 & 1 & 3 & -3 & -1 \\ 1 & 3 & 5 & -1 & 1 & -5 & -3 & -1 \\ 1 & -1 & 1 & 7 & -7 & -1 & 1 & -1 \\ 1 & -1 & 1 & 7 & 9 & -1 & 1 & -1 \\ 1 & 3 & 5 & -1 & 1 & 11 & -3 & -1 \\ 1 & 3 & -3 & -1 & 1 & 3 & 13 & -1 \\ 1 & -1 & 1 & -1 & 1 & -1 & 1 & 15 \end{pmatrix}}_{\mathbf{W}_3(\mathbf{I}-\mathbf{J}_1)\mathbf{W}_3} + \underbrace{\begin{pmatrix} -1 & 1 & -1 & 1 & -1 & 1 & -1 & 1 \\ -1 & 1 & -1 & 1 & -1 & 1 & -1 & 1 \\ -1 & 1 & -1 & 1 & -1 & 1 & -1 & 1 \\ -1 & 1 & -1 & 1 & -1 & 1 & -1 & 1 \\ -1 & 1 & -1 & 1 & -1 & 1 & -1 & 1 \\ -1 & 1 & -1 & 1 & -1 & 1 & -1 & 1 \\ -1 & 1 & -1 & 1 & -1 & 1 & -1 & 1 \\ -1 & 1 & -1 & 1 & -1 & 1 & -1 & 1 \end{pmatrix}}_{\mathbf{W}_3(-\mathbf{J}^T_{n-1})\mathbf{W}_3}$$

$$= \underbrace{\begin{pmatrix} 0 & 0 & 0 & 0 & 0 & 0 & 0 & 0 \\ 0 & 4 & -4 & 0 & 0 & 4 & -4 & 0 \\ 0 & 4 & 4 & 0 & 0 & -4 & -4 & 0 \\ 0 & 0 & 0 & 8 & -8 & 0 & 0 & 0 \\ 0 & 0 & 0 & 8 & 8 & 0 & 0 & 0 \\ 0 & 4 & 4 & 0 & 0 & 12 & -4 & 0 \\ 0 & 4 & -4 & 0 & 0 & 4 & 12 & 0 \\ 0 & 0 & 0 & 0 & 0 & 0 & 0 & 16 \end{pmatrix}}_{\mathbf{W}_3(\mathbf{I}-\mathbf{C}_1)\mathbf{W}_3} \tag{7.17}$$

7.4.2 Symmetrischer Fall

Die symmetrischen Differenzenquotienten (7.10) erhält man durch die Bildung des arithmetischen Mittels der beiden einseitigen Differenzenquotienten. Um die zugehörigen Matrixoperatoren zu erhalten bilden wir also das arithmetische Mittel von (7.11) und (7.15):

$$\frac{1}{2}\left(\mathbf{J}_1^T - \mathbf{J}_1\right) + \frac{1}{2}\left(\mathbf{J}_{n-1} - \mathbf{J}^T_{n-1}\right) = \frac{1}{2}\left(\mathbf{C}_1^T - \mathbf{C}_1\right) \tag{7.18}$$

Beispiel: $n = 3$

$$\frac{1}{2}\overbrace{\begin{pmatrix} 0 & + & 0 & 0 & 0 & 0 & 0 & 0 \\ - & & + & & & & & 0 \\ 0 & - & & + & & & & 0 \\ 0 & & - & & + & & & 0 \\ 0 & & & - & & + & & 0 \\ 0 & & & & - & & + & 0 \\ 0 & & & & & - & & + \\ 0 & 0 & 0 & 0 & 0 & 0 & - & 0 \end{pmatrix}}^{\mathbf{J}_1^T - \mathbf{J}_1} + \frac{1}{2}\overbrace{\begin{pmatrix} 0 & 0 & 0 & 0 & 0 & 0 & 0 & - \\ 0 & & & & & & & 0 \\ 0 & & & & & & & 0 \\ 0 & & & & & & & 0 \\ 0 & & & & & & & 0 \\ 0 & & & & & & & 0 \\ 0 & & & & & & & 0 \\ + & 0 & 0 & 0 & 0 & 0 & 0 & 0 \end{pmatrix}}^{\mathbf{J}_{n-1} - \mathbf{J}_{n-1}^T} = \frac{1}{2}\overbrace{\begin{pmatrix} 0 & + & 0 & 0 & 0 & 0 & 0 & - \\ - & & + & & & & & 0 \\ 0 & - & & + & & & & 0 \\ 0 & & - & & + & & & 0 \\ 0 & & & - & & + & & 0 \\ 0 & & & & - & & + & 0 \\ 0 & & & & & - & & + \\ + & 0 & 0 & 0 & 0 & 0 & - & 0 \end{pmatrix}}^{\mathbf{C}_1^T - \mathbf{C}_1}$$

Im Sequenzbereich ist das

$$\underbrace{\begin{pmatrix} 0 & -1 & 0 & -1 & 0 & 1 & 0 & -1 \\ 1 & & -3 & & 1 & & -3 & 0 \\ 0 & 3 & & -1 & & -5 & & -1 \\ 1 & & 1 & & -7 & & 1 & 0 \\ 0 & -1 & & 7 & & -1 & & -1 \\ 1 & & 5 & & 1 & & -3 & 0 \\ 0 & 3 & & -1 & & 3 & & -1 \\ 1 & 0 & 1 & 0 & 1 & 0 & 1 & 0 \end{pmatrix}}_{\frac{1}{2}\mathbf{W}_3(\mathbf{J}_1^T - \mathbf{J}_1)\mathbf{W}_3} + \underbrace{\begin{pmatrix} 0 & 1 & 0 & 1 & 0 & 1 & 0 & 1 \\ -1 & & -1 & & -1 & & -1 & 0 \\ 0 & 1 & & 1 & & 1 & & 1 \\ -1 & & -1 & & -1 & & -1 & 0 \\ 0 & 1 & & 1 & & 1 & & 1 \\ -1 & & -1 & & -1 & & -1 & 0 \\ 0 & 1 & & 1 & & 1 & & 1 \\ -1 & 0 & -1 & 0 & -1 & 0 & -1 & 0 \end{pmatrix}}_{\frac{1}{2}\mathbf{W}_3(\mathbf{J}_{n-1} - \mathbf{J}_{n-1}^T)\mathbf{W}_3}$$

$$= \quad 4\underbrace{\begin{pmatrix} 0 & 0 & 0 & 0 & 0 & 0 & 0 & 0 \\ 0 & & -1 & & & & -1 & 0 \\ 0 & 1 & & & & -1 & & 0 \\ 0 & & & & -2 & & & 0 \\ 0 & & & 2 & & & & 0 \\ 0 & & 1 & & & & -1 & 0 \\ 0 & 1 & & & & 1 & & 0 \\ 0 & 0 & 0 & 0 & 0 & 0 & 0 & 0 \end{pmatrix}}_{\frac{1}{2}\mathbf{W}_3(\mathbf{C}_1^T - \mathbf{C}_1)\mathbf{W}_3} \qquad (7.19)$$

7.5 Zyklische Verschiebungsoperatoren

Wir führen jetzt eine in der Differenzenrechnung übliche Bezeichnungsweise ein. Gleichzeitig beleuchten wir damit die Betrachtungen des vorigen Abschnitts aus einem anderen Blickwinkel.

E_t sei ein *Verschiebungsoperator*, für welchen gilt:

$$\mathsf{E}_t\, f(x) \;=\; f(x+t), \qquad f \in \tilde{L}^2,\ t \in \mathbf{R}. \qquad (7.20)$$

Ist $f \in S_n$, $2N = 2^n$, $h = \frac{1}{2N}$, so geht — weil f 1-periodisch ist — bei $\mathsf{E}_h\, f(x) = f(x+h)$ der Koordinatenvektor

$$\begin{aligned} \mathbf{g} &= (g_0, g_1, \ldots, g_{2N-1})^T \\ \text{in} \quad \mathbf{C}_{-1}\,\mathbf{g} &= (g_1, g_2, \ldots, g_{2N-1}, g_0)^T \;=\; \hat{\mathbf{g}} \end{aligned} \qquad (7.21)$$

über, wobei $\mathbf{C}_{-1} = \mathbf{C}_1^T$ die in (1.11) auf Seite 8 definierte Matrix ist. In der Basis W_n erhält man mit (5.11) auf Seite 89

$$\hat{\mathbf{w}} = \frac{1}{2N}\mathbf{W}_n\hat{\mathbf{g}} = \frac{1}{2N}\mathbf{W}_n\mathbf{C}_{-1}\mathbf{W}_n\mathbf{w},$$

$$\text{oder} \quad \hat{\mathbf{w}} = \mathsf{E}\mathbf{w} \quad \text{mit} \quad \mathsf{E} = \frac{1}{2N}\mathbf{W}_n\,\mathbf{C}_{-1}\,\mathbf{W}_n. \tag{7.22}$$

$\hat{\mathbf{w}}$ ist also der in der Basis W_n zu $f(x+h)$ gehörende Sequenzvektor. Zur Verschiebung E_{kh} gehört somit die Matrix

$$\mathsf{E}^k = \frac{1}{2N}\mathbf{W}_n\,\mathbf{C}_{-k}\,\mathbf{W}_n.$$

Für E_1 schreiben wir auch E, und für E_{-1} schreiben wir auch $\frac{1}{\mathsf{E}} = \mathsf{E}^{-1}$.

Beispiel 7.3 Es sei $\underline{n=2}$, $h = \frac{1}{4}$, $\frac{1}{2N} = \frac{1}{4}$. Dann ist

$$\begin{aligned}
\mathsf{E} &= \frac{1}{4}\mathbf{W}_2\mathbf{C}_{-1}\mathbf{W}_2 \\
&= \frac{1}{4}\begin{pmatrix} 1 & 1 & 1 & 1 \\ 1 & 1 & -1 & -1 \\ 1 & -1 & -1 & 1 \\ 1 & -1 & 1 & -1 \end{pmatrix}\begin{pmatrix} 0 & 1 & 0 & 0 \\ 0 & 0 & 1 & 0 \\ 0 & 0 & 0 & 1 \\ 1 & 0 & 0 & 0 \end{pmatrix}\begin{pmatrix} 1 & 1 & 1 & 1 \\ 1 & 1 & -1 & -1 \\ 1 & -1 & -1 & 1 \\ 1 & -1 & 1 & -1 \end{pmatrix} \\
&= \begin{pmatrix} 1 & 0 & 0 & 0 \\ 0 & 0 & -1 & 0 \\ 0 & 1 & 0 & 0 \\ 0 & 0 & 0 & 1 \end{pmatrix},
\end{aligned}$$

$$\mathsf{E}^2 = \begin{pmatrix} 1 & 0 & 0 & 0 \\ 0 & -1 & 0 & 0 \\ 0 & 0 & -1 & 0 \\ 0 & 0 & 0 & 1 \end{pmatrix}, \quad \mathsf{E}^3 = \mathsf{E}^{-1} = \begin{pmatrix} 1 & 0 & 0 & 0 \\ 0 & 0 & 1 & 0 \\ 0 & -1 & 0 & 0 \\ 0 & 0 & 0 & -1 \end{pmatrix}.$$

Es sei $\underline{n=3}$, $h = \frac{1}{8}$, $\frac{1}{2N} = \frac{1}{8}$. Dann ist

$$\mathsf{E} = \frac{1}{8}\mathbf{W}_3\mathbf{C}_{-1}\mathbf{W}_3 = \frac{1}{2}\begin{pmatrix} 2 & 0 & 0 & 0 & 0 & 0 & 0 & 0 \\ 0 & 1 & -1 & 0 & 0 & -1 & -1 & 0 \\ 0 & 1 & 1 & 0 & 0 & -1 & 1 & 0 \\ 0 & 0 & 0 & 0 & -2 & 0 & 0 & 0 \\ 0 & 0 & 0 & 2 & 0 & 0 & 0 & 0 \\ 0 & -1 & 1 & 0 & 0 & -1 & -1 & 0 \\ 0 & 1 & 1 & 0 & 0 & 1 & -1 & 0 \\ 0 & 0 & 0 & 0 & 0 & 0 & 0 & -2 \end{pmatrix}.$$

Mit der Hilfe des Verschiebunsoperators E_t und des Einheitsoperators *(identischen Operators)* $\mathsf{E}_0 = \mathsf{I}$ können wir nun die Differenzenquotienten (7.7) und (7.8) folgendermaßen schreiben:

Rechtsseitiger Differenzenquotient Δ_h mit:

$$\begin{aligned}
\Delta_h f(x) &= \frac{f(x+h) - f(x)}{h} = 2N\,(\mathsf{E}_h - \mathsf{I})\,f(x) \qquad (7.23) \\
&= 2N\Big(f(x+h) - f(x)\Big).
\end{aligned}$$

Linksseitiger Differenzenquotient: Δ_{-h} mit:

$$\begin{aligned}\Delta_{-h} f(x) &= \Delta_h f(x-h) = \frac{f(x)-f(x-h)}{h} \\ &= 2N\left(\mathsf{I}-\mathsf{E}_{-h}\right) f(x) = 2N\Big(f(x)-f(x-h)\Big). \qquad (7.24)\end{aligned}$$

Mit (7.22) auf Seite 150 bilden wir die zugehörigen Operatoren in der Basis W_n, also im Sequenzbereich. Das sind

$$\mathbf{\Delta}_h = 2N\left(\mathbf{E}-\mathbf{I}\right) = \mathbf{W}_n\left(\mathbf{C}_{-1}-\mathbf{I}\right)\mathbf{W}_n \qquad (7.25)$$

$$\mathbf{\Delta}_{-h} = 2N\left(\mathbf{I}-\mathbf{E}^{-1}\right) = \mathbf{W}_n\left(\mathbf{I}-\mathbf{C}_1\right)\mathbf{W}_n = \mathbf{W}_n\left(\mathbf{I}-\mathbf{C}_{-1}^T\right)\mathbf{W}_n.$$

Wegen $\mathbf{C}_1^T = \mathbf{C}_{-1}$ gilt

$$\mathbf{\Delta}_{-h}^T = \mathbf{W}_n\left(\mathbf{I}-\mathbf{C}_1^T\right)\mathbf{W}_n = -\mathbf{W}_n\left(\mathbf{C}_{-1}-\mathbf{I}\right)\mathbf{W}_n = -\mathbf{\Delta}_h. \qquad (7.26)$$

$\mathbf{\Delta}_h$ ist also schiefsymmetrisch.

Beispiel: Für $n+3$, $2N=8$, $h=\frac{1}{8}$ erhalten wir

$$\mathbf{\Delta}_h = 4\begin{pmatrix} 0 & 0 & 0 & 0 & 0 & 0 & 0 & 0 \\ 0 & -1 & -1 & & & -1 & -1 & 0 \\ 0 & 1 & -1 & & & -1 & 1 & 0 \\ 0 & & & -2 & -2 & & & 0 \\ 0 & & & 2 & -2 & & & 0 \\ 0 & -1 & 1 & & & -3 & -1 & 0 \\ 0 & 1 & 1 & & & 1 & -3 & 0 \\ 0 & 0 & 0 & 0 & 0 & 0 & 0 & -4 \end{pmatrix}, \quad \mathbf{\Delta}_{-h} = -\mathbf{\Delta}_h^T. \qquad (7.27)$$

Haben wir nun einen Sequenzvektor $\mathbf{w}$, so erhalten wir die Sequenzvektoren $\hat{\mathbf{w}}_\pm$ der zugehörigen Differenzenquotienten Δ_h bzw. Δ_{-h} durch

$$\hat{\mathbf{w}}_+ = \mathbf{\Delta}_h \mathbf{w}. \quad \text{bzw.} \quad \hat{\mathbf{w}}_- = \mathbf{\Delta}_{-h}\mathbf{w}.$$

Beispiel: Es sei $f(x) = \mathrm{sal}(1;x)$. Der Sequenzvektor von f ist dann im S_3: $\mathbf{w} = (0,1,0,0,0,0,0,0)^T$ und

$$\hat{\mathbf{w}}_+ = \mathbf{\Delta}_h\mathbf{w} = 4\begin{pmatrix} 0 & 0 & 0 & 0 & 0 & 0 & 0 & 0 \\ 0 & -1 & -1 & & & -1 & -1 & 0 \\ 0 & 1 & -1 & & & -1 & 1 & 0 \\ 0 & & & -2 & -2 & & & 0 \\ 0 & & & 2 & -2 & & & 0 \\ 0 & -1 & 1 & & & -3 & -1 & 0 \\ 0 & 1 & 1 & & & 1 & -3 & 0 \\ 0 & 0 & 0 & 0 & 0 & 0 & 0 & -4 \end{pmatrix}\begin{pmatrix} 0 \\ 1 \\ 0 \\ 0 \\ 0 \\ 0 \\ 0 \\ 0 \end{pmatrix} = 4\begin{pmatrix} 0 \\ -1 \\ 1 \\ 0 \\ 0 \\ -1 \\ 1 \\ 0 \end{pmatrix}.$$

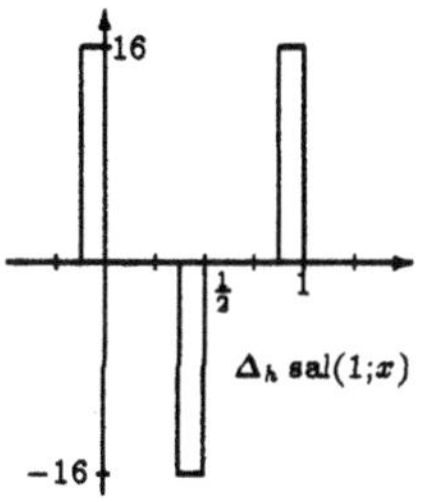

Daraus erhalten wir die nebenan skizzierte Ableitung

$$\begin{aligned}\Delta_h \mathrm{sal}(1;x) &= 4\{-\mathrm{sal}(1;x)+\mathrm{cal}(1;x) \\ &\quad -\mathrm{sal}(3;x)+\mathrm{cal}(3;x)\} \\ &= 4(\mathrm{cor}\,x-\mathrm{sir}\,x)(1+\mathrm{cor}\,2x).\end{aligned}$$

Man sieht unmittelbar aus (7.7) und (7.8), daß $\Delta_{-h} f(x)$ aus $\Delta_h f(x)$ durch eine Verschiebung um h nach rechts entsteht. Die zugehörige Spektraldarstellung ist $\hat{\mathbf{w}}_- = \Delta_{-h}\mathbf{w} = -\Delta_h^T \mathbf{w}$. Für die Funktion unseres obigen Beispiels ergibt sich: $\mathbf{w} = (0,1,0,0,0,0,0,0)^T$ und

$$\hat{\mathbf{w}}_- = \Delta_{-h}\mathbf{w} = 4 \begin{pmatrix} 0&0&0&0&0&0&0&0\\ 0&1&-1&&&1&-1&0\\ 0&1&1&&&-1&-1&0\\ 0&&&2&-2&&&0\\ 0&&&2&2&&&0\\ 0&1&1&&&3&-1&0\\ 0&1&-1&&&1&3&0\\ 0&0&0&0&0&0&0&4 \end{pmatrix} \begin{pmatrix} 0\\1\\0\\0\\0\\0\\0\\0 \end{pmatrix} = 4 \begin{pmatrix} 0\\1\\1\\0\\0\\1\\1\\0 \end{pmatrix}.$$

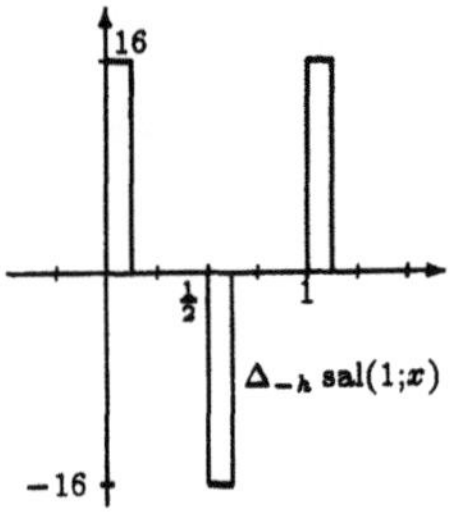

$$\begin{aligned} \text{also } \Delta_{-h}\,\mathrm{sal}(1;x) \\ &= 4\Big\{\mathrm{sal}(1;x) + \mathrm{cal}(1;x) + \mathrm{sal}(3;x) + \mathrm{cal}(3;x)\Big\} \\ &= 4(\mathrm{sir}\,x + \mathrm{cor}\,x)(1 + \mathrm{cor}\,2x). \end{aligned}$$

7.6 Symmetrische Differenzenquotienten

Etwas ausführlicher wollen wir den symmetrischen Differenzenquotienten (7.10) betrachten. Mit der Hilfe des Verschiebunsoperators E_t können wir in S_n den Operator (7.10) folgendermaßen definieren: $\mathbb{\Delta}_{2h}$ mit

$$\mathbb{\Delta}_{2h} f(x) = N\left(\mathsf{E}_h - \mathsf{E}_{-h}\right) f(x) = N\Big(f(x+h) - f(x-h)\Big). \tag{7.28}$$

Im folgenden benutzen wir den Operator $\mathbb{\Delta}_{2h}$ viel öfter als $\mathbb{\Delta}_h$. Wir schreiben deshalb kurz $\mathbb{\Delta}$ für $\mathbb{\Delta}_{2h}$.

Wir betrachten nun eine Sprungstelle einer Treppenfunktion $g \in S_{n-1}$. Diese Sprungstelle habe die Höhe 1, und der einfachen Bezeichnung wegen legen wir sie an die Stelle $x = 0$. Wir sehen dann unmittelbar, daß in $-2h < x < 2h$

$$\mathbb{\Delta} g(x) = \frac{g(x+h) - g(x-h)}{2h} = N = \mathrm{dir}(n-1;x)$$

ist. Das bedeutet aber nach (6.61) auf Seite 134: $\mathbb{\Delta} g(x)$ stimmt an dieser Stelle mit dem in S_n liegenden Teil von $\tilde{\delta}(x)$ überein. Man sieht daraus, daß $\mathbb{\Delta} g(x)$ der in S_n liegende Teil von $\mathrm{D}\, g(x)$ ist, d.h.,

$$\mathrm{D}\, g(x) = \mathbb{\Delta} g(x)\, \tilde{\delta}(Nx). \tag{7.29}$$

Nun sehen wir uns die zugehörige Transformation der Koordinatenvektoren an. Dazu sei wieder $g \in S_{n-1}$. Zu g gehört in der Basis Bl_n der Koordinatenvektor $\mathbf{g} = (g_0, g_0, g_1, g_1, g_2, \ldots, g_{N-3}, g_{N-2}, g_{N-2}, g_{N-1}, g_{N-1})^T$, zu $g(x+h)$ der Koordinatenvektor

$$\mathbf{C}_{-1}\,\mathbf{g} = (g_0, g_1, g_1, g_2, \ldots, g_{N-3}, g_{N-2}, g_{N-2}, g_{N-1}, g_{N-1}, g_0)^T.$$

und zu $g(x-h)$ der Koordinatenvektor

$$\mathbf{C}_1\,\mathbf{g} = (g_{N-1}, g_0, g_0, g_1, g_1, g_2, \ldots, g_{N-3}, g_{N-2}, g_{N-2}, g_{N-1})^T.$$

Für $\Delta g(x) = N\big(g(x+h) - g(x-h)\big)$ erhalten wir damit

$$\begin{aligned} \mathbf{\Delta g} &:= N\Big(g_0 - g_{N-1}, g_1 - g_0, g_1 - g_0, g_2 - g_1, \ldots \\ &\qquad \ldots, g_{N-1} - g_{N-2}, g_{N-1} - g_{N-2}, g_0 - g_{N-1}\Big)^T \end{aligned} \tag{7.30}$$

$$:= \quad N\left(\mathbf{C}_{-1} - \mathbf{C}_1\right)\mathbf{g} \tag{7.31}$$

In der Basis W_n entspricht dem

$$\mathbf{\Delta w} = \frac{1}{2}\mathbf{W}_n\left(\mathbf{C}_{-1} - \mathbf{C}_1\right)\mathbf{W}_n\,\mathbf{w}. \tag{7.32}$$

Mit Δ bezeichnen wir also den auf Funktionen wirkenden Differenzenquotientoperator

$$\Delta = N\left(\mathsf{E}_h - \mathsf{E}_h^{-1}\right) = N\left(\mathsf{E}_h - \frac{1}{\mathsf{E}_h}\right) = N\left(\mathsf{E}_h - \mathsf{E}_{-h}\right) \tag{7.33}$$

und mit $\mathbf{\Delta}$ den auf die zugehörigen Spektralvektoren in W_n wirkenden Operator

$$\mathbf{\Delta} = \frac{1}{2}\mathbf{W}_n\left(\mathbf{C}_{-1} - \mathbf{C}_1\right)\mathbf{W}_n. \tag{7.34}$$

Die hier auftretenden Matrizen sind $2^n = 2N$-reihig. Weil aber $\mathbf{\Delta}$ nur auf Koordinatenvektoren aus S_{n-1} angewandt wird, braucht man jeweils nur die linke Hälfte der Matrix in (7.34) als $\mathbf{\Delta}$-Operator. Das ist eine $(2^n, 2^{n-1})$-Matrix.

<u>**Beispiel**</u> **7.4** Für $n = 2$ ist $N = 2$ und wir erhalten

$$\mathbf{C}_{-1} - \mathbf{C}_1 = \begin{pmatrix} 0 & 1 & 0 & -1 \\ -1 & 0 & 1 & 0 \\ 0 & -1 & 0 & 1 \\ 1 & 0 & -1 & 0 \end{pmatrix}, \quad \mathbf{W}_2 = \begin{pmatrix} 1 & 1 & 1 & 1 \\ 1 & 1 & -1 & -1 \\ 1 & -1 & -1 & 1 \\ 1 & -1 & 1 & -1 \end{pmatrix},$$

$$\frac{1}{2}\mathbf{W}_2\left(\mathbf{C}_{-1} - \mathbf{C}_1\right)\mathbf{W}_2 = 4\begin{pmatrix} 0 & 0 & 0 & 0 \\ 0 & 0 & -1 & 0 \\ 0 & 1 & 0 & 0 \\ 0 & 0 & 0 & 0 \end{pmatrix}, \quad \mathbf{\Delta} = 4\begin{pmatrix} 0 & 0 \\ 0 & 0 \\ 0 & 1 \\ 0 & 0 \end{pmatrix}.$$

Damit erhält man

$$\Delta\,\mathrm{cal}(0;x) = 0 \quad \text{und} \quad \Delta\,\mathrm{sir}\,x = \Delta\,\mathrm{sal}(1;x) = 4\,\mathrm{cor}\,x = 4\,\mathrm{cal}(1;x).$$

Beispiel 7.5 Für $n=3$ ist $N=4$ und wir erhalten wir mit (7.19)

$$\frac{1}{2}\mathbf{W}_3\left(\mathbf{C}_{-1}-\mathbf{C}_1\right)\mathbf{W}_3 = 4\begin{pmatrix} 0&0&0&0&0&0&0&0\\ 0&0&-1&0&0&0&-1&0\\ 0&1&0&0&0&-1&0&0\\ 0&0&0&0&-2&0&0&0\\ 0&0&0&2&0&0&0&0\\ 0&0&1&0&0&0&-1&0\\ 0&1&0&0&0&1&0&0\\ 0&0&0&0&0&0&0&0 \end{pmatrix},$$

$$\Delta = 4\begin{pmatrix} 0&0&0&0\\ 0&0&-1&0\\ 0&1&0&0\\ 0&0&0&0\\ 0&0&0&2\\ 0&0&1&0\\ 0&1&0&0\\ 0&0&0&0 \end{pmatrix}.$$

Damit erhält man

$$\begin{aligned}
\Delta\,\mathrm{cal}(0;x) &= 0\\
\Delta\,\mathrm{sal}(1;x) &= 4\,(\mathrm{cal}(1;x)+\mathrm{cal}(3;x)) = 4\,\mathrm{cor}\,x\,(1+\mathrm{cor}\,2x) = 4\,\mathrm{cor}\,x\,\mathrm{dir}(1;x)\\
\Delta\,\mathrm{cal}(1;x) &= 4\,(-\,\mathrm{sal}(1;x)+\mathrm{sal}(3;x)) = -4\,\mathrm{sir}\,x\,(1-\mathrm{cor}\,2x) = -4\,\mathrm{sir}\,x\,\mathrm{dir}(1;x+\\
\Delta\,\mathrm{sal}(2;x) &= 8\,\mathrm{cal}(2;x) = 8\,\mathrm{cor}\,2x
\end{aligned}$$

Auf Seite 155 ist die Δ-Matrix für $n=6$ aufgeschrieben. Oben stehen über jeder Spalte die Indizes der cal- bzw. sal-Funktionen, deren verallgemeinerte Ableitung gebildet wird. In den Spalten stehen die zu dieser Ableitung gehörenden *WF*-Koeffizienten.

Beispiel 7.6

Die folgenden Schaubilder zeigen jeweils die Differenzenquotienten $\Delta\,\mathrm{sal}(3;x)$ in S_n für $n=4,6$ und 8. Das sind also jeweils die in S_n liegenden Teile der verallgemeinerten Ableitung $\mathrm{D}\,\mathrm{sal}(3;x)$ aus dem Beispiel 7.1 auf Seite 140.

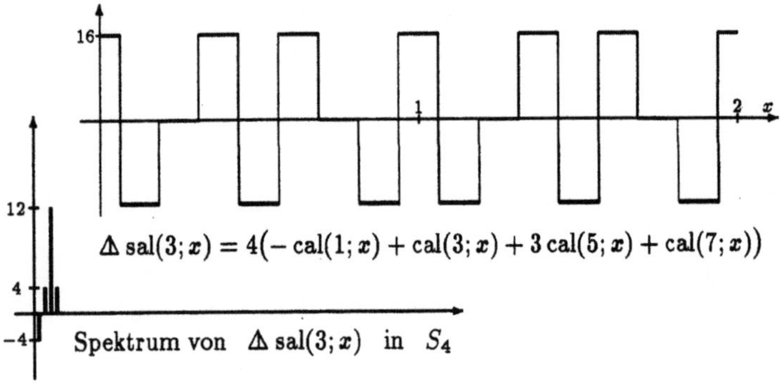

0		1		2		3		4		5		6		7		8		9		10		11		12		13		14		15		cal(∘;x)
	1		2		3		4		5		6		7		8		9		10		11		12		13		14		15		16	sal(∘;x)
0	0	0	0	0	0	0	0	0	0	0	0	0	0	0	0	0	0	0	0	0	0	0	0	0	0	0	0	0	0	0	0	cal(0;x)
0		−1				−1				−1				−1	0	0		−1				−1				−1				−1	0	sal(1;x)
0	1				−1				1				−1		0	0	1				−1				1				−1		0	cal(1;x)
0				−2								−2			0	0				−2								−2			0	sal(2;x)
0			2								−2				0	0			2								−2				0	cal(2;x)
0		1				−1				−3				−1	0	0		1				−1				−3				−1	0	sal(3;x)
0	1				1				−3				1		0	0	1				1				−3				1		0	cal(3;x)
0								−4							0	0								−4							0	sal(4;x)
0							4								0	0							−4								0	cal(4;x)
0		−1				3				−1				−1	0	0		−1				−5				−1				−1	0	sal(5;x)
0	1				3				1				−1		0	0	1				−5				1				−1		0	cal(5;x)
0				2								−2			0	0				−6								−2			0	sal(6;x)
0			2								2				0	0			−6								2				0	cal(6;x)
0		1				−1				1				−1	0	0		−7				−1				1				−1	0	sal(7;x)
0	1				1				1				1		0	0	−7				1				1				1		0	cal(7;x)
0	0	0	0	0	0	0	0	0	0	0	0	0	0	0	0	−8	0	0	0	0	0	0	0	0	0	0	0	0	0	0	0	sal(8;x)
0	0	0	0	0	0	0	0	0	0	0	0	0	0	0	8	0	0	0	0	0	0	0	0	0	0	0	0	0	0	0	0	cal(8;x)
0		−1				−1				−1				7	0	0		−1				−1				−1				−1	0	sal(9;x)
0	1				−1				1				7		0	0	1				−1				1				−1		0	cal(9;x)
0				−2								6			0	0				−2								−2			0	sal(10;x)
0			2								6				0	0			2								−2				0	cal(10;x)
0		1				−1				5				−1	0	0		1				−1				−3				−1	0	sal(11;x)
0	1				1				5				1		0	0	1				1				−3				1		0	cal(11;x)
0								4							0	0								−4							0	sal(12;x)
0							4								0	0							4								0	cal(12;x)
0		−1				3				−1				−1	0	0		−1				3				−1				−1	0	sal(13;x)
0	1				3				1				−1		0	0	1				3				1				−1		0	cal(13;x)
0				2								−2			0	0				2								−2			0	sal(14;x)
0			2								2				0	0			2								2				0	cal(14;x)
0		1				−1				1				−1	0	0		1				−1				1				−1	0	sal(15;x)
0	1				1				1				1		0	0	1				1				1				1		0	cal(15;x)
0	0	0	0	0	0	0	0	0	0	0	0	0	0	0	0	0	0	0	0	0	0	0	0	0	0	0	0	0	0	0	0	sal(16;x)
0	0	0	0	0	0	0	0	0	0	0	0	0	0	0	0	0	0	0	0	0	0	0	0	0	0	0	0	0	0	0	16	cal(16;x)
0		−1				−1				−1				−1	0	0		−1				−1				−1				15	0	sal(17;x)
0	1				−1				1				−1		0	0	1				−1				1				15		0	cal(17;x)
0				−2								−2			0	0				−2								14			0	sal(18;x)
0			2								−2				0	0			2								14				0	cal(18;x)
0		1				−1				−3				−1	0	0		1				−1				13				−1	0	sal(19;x)
0	1				1				−3				1		0	0	1				1				13				1		0	cal(19;x)
0								−4							0	0								12							0	sal(20;x)
0							4								0	0							12								0	cal(20;x)
0		−1				3				−1				−1	0	0		−1				11				−1				−1	0	sal(21;x)
0	1				3				1				−1		0	0	1				11				1				−1		0	cal(21;x)
0				2								−2			0	0				10								−2			0	sal(22;x)
0			2								2				0	0			10								2				0	cal(22;x)
0		1				−1				1				−1	0	0		9				−1				1				−1	0	sal(23;x)
0	1				1				1				1		0	0	9				1				1				1		0	cal(23;x)
0	0	0	0	0	0	0	0	0	0	0	0	0	0	0	0	8	0	0	0	0	0	0	0	0	0	0	0	0	0	0	0	sal(24;x)
0	0	0	0	0	0	0	0	0	0	0	0	0	0	0	8	0	0	0	0	0	0	0	0	0	0	0	0	0	0	0	0	cal(24;x)
0		−1				−1				−1				7	0	0		−1				−1				−1				−1	0	sal(25;x)
0	1				−1				1				7		0	0	1				−1				1				−1		0	cal(25;x)
0				−2								6			0	0				−2								−2			0	sal(26;x)
0			2								6				0	0			2								−2				0	cal(26;x)
0		1				−1				5				−1	0	0		1				−1				−3				−1	0	sal(27;x)
0	1				1				5				1		0	0	1				1				−3				1		0	cal(27;x)
0								4							0	0								−4							0	sal(28;x)
0							4								0	0							4								0	cal(28;x)
0		−1				3				−1				−1	0	0		−1				3				−1				−1	0	sal(29;x)
0	1				3				1				−1		0	0	1				3				1				−1		0	cal(29;x)
0				2								−2			0	0				2								−2			0	sal(30;x)
0			2								2				0	0			2								2				0	cal(30;x)
0		1				−1				1				−1	0	0		1				−1				1				−1	0	sal(31;x)
0	1				1				1				1		0	0	1				1				1				1		0	cal(31;x)
0	0	0	0	0	0	0	0	0	0	0	0	0	0	0	0	0	0	0	0	0	0	0	0	0	0	0	0	0	0	0	0	sal(32;x)

4

Zur Förderung der Übersicht sind in der obigen Matrix die meisten Elemente 0 weggelassen. Die *WF*-Koeffizienten wiederholen sich in den Spalten periodisch. Die eingezeichnete Linie begrenzt jeweils die erste Periode.

Abbildung 7.1

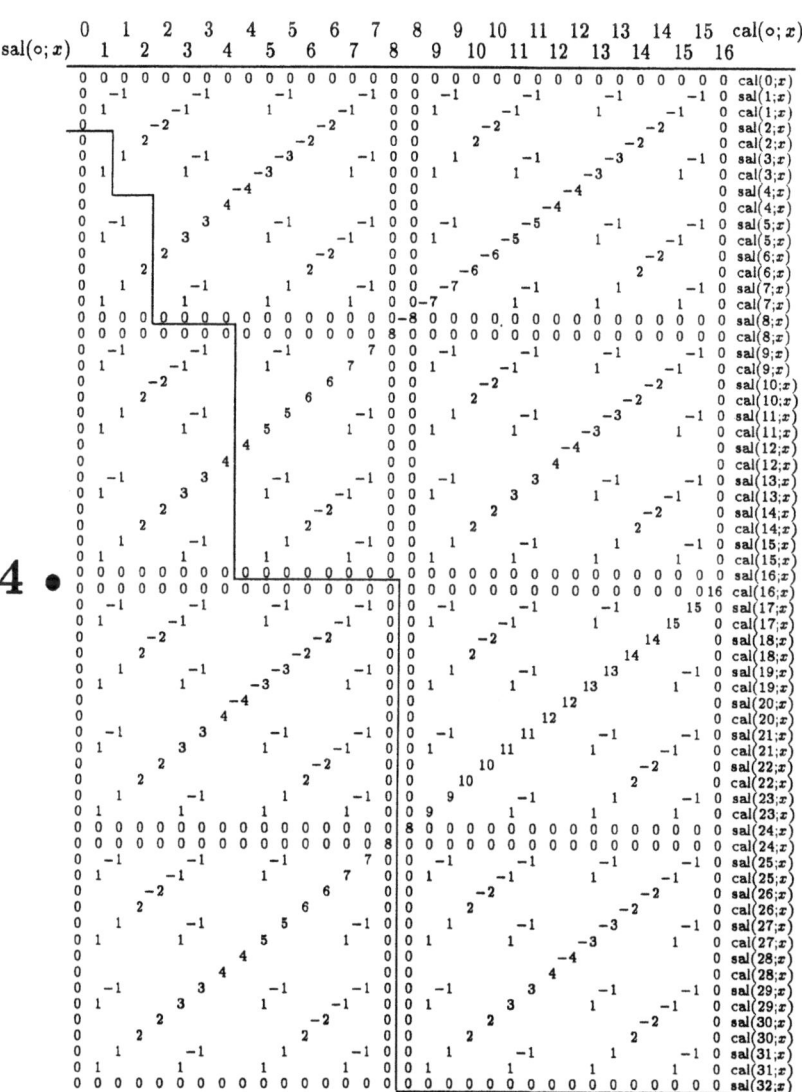

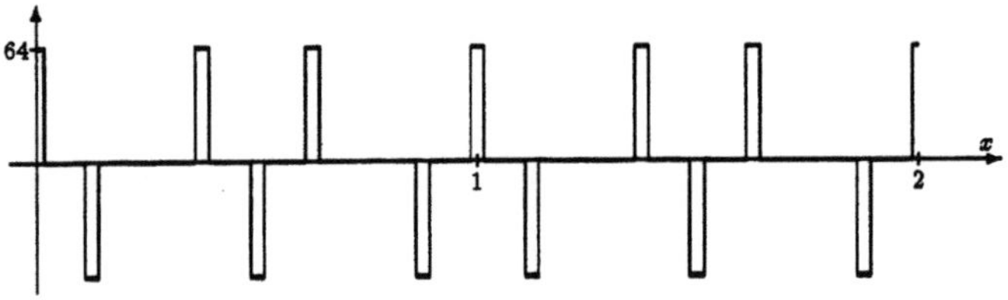

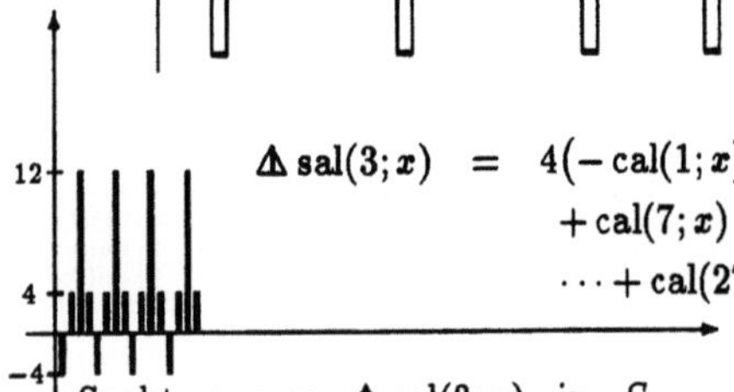

$$\begin{aligned}\mathbb{\Delta}\,\mathrm{sal}(3;x) &= 4\big(-\mathrm{cal}(1;x)+\mathrm{cal}(3;x)+3\,\mathrm{cal}(5;x)\\ &\quad+\mathrm{cal}(7;x)-\mathrm{cal}(9;x)+\cdots\\ &\quad\cdots+\mathrm{cal}(27;x)+3\,\mathrm{cal}(29;x)+\mathrm{cal}(31;x)\big)\end{aligned}$$

Spektrum von $\mathbb{\Delta}\,\mathrm{sal}(3;x)$ in S_6

Die erste der obigen Skizzen, die für S_4, zeigt deutlich, daß die erste Periode der *WF*-Koeffizienten gerade ausreicht, um die für die verallgemeinerte Ableitung charakteristischen Rechteckimpulse überhaupt zu trennen. Das obige Schaubild für die Näherung von $\mathrm{D}\,\mathrm{sal}(3;x)$ in S_6, also $\mathbb{\Delta}\,\mathrm{sal}(3;x)$ in S_6, ist diejenige Näherung, die man mit dem oben gezeigten Matrixoperator erreicht. Ein großer, aber unvermeidbarer Mangel aller Schaubilder dieses Beispiels ist, daß sie nie einen richtigen Eindruck von der Höhe dieser Impulse vermitteln. Man beachte deshalb stets den Maßstab auf der Ordinate!

Zum Abschluß dieses Beispiels zeigen wir noch $\mathbb{\Delta}\,\mathrm{sal}(3;x)$ in S_8.

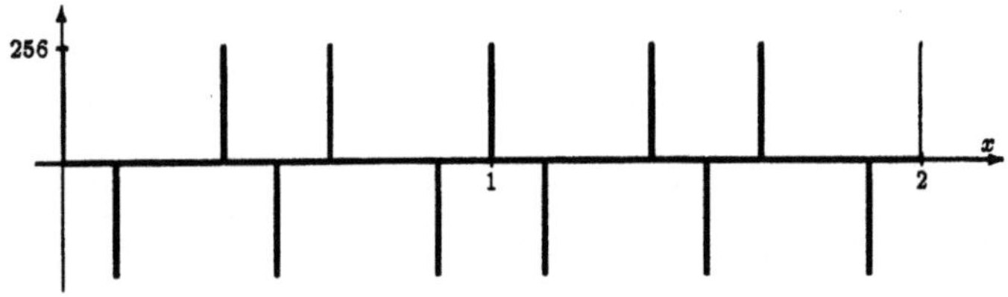

$$\begin{aligned}\mathbb{\Delta}\,\mathrm{sal}(3;x) &= 4\big(-\mathrm{cal}(1;x)+\mathrm{cal}(3;x)+3\,\mathrm{cal}(5;x)+\mathrm{cal}(7;x)-\cdots\\ &\quad\cdots-\mathrm{cal}(121;x)+\mathrm{cal}(123;x)+3\,\mathrm{cal}(125;x)+\mathrm{cal}(127;x)\big)\\ &= 4\big(-\mathrm{cal}(1;x)+\mathrm{cal}(3;x)\\ &\quad+3\,\mathrm{cal}(5;x)+\mathrm{cal}(7;x)\big)\,\mathrm{dir}(2;8x)\end{aligned}$$

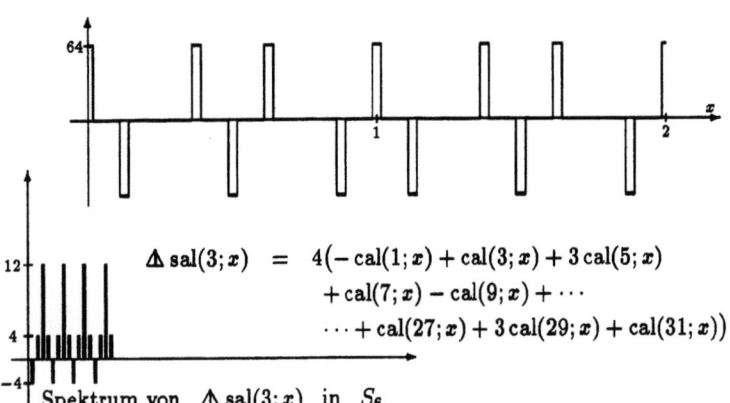

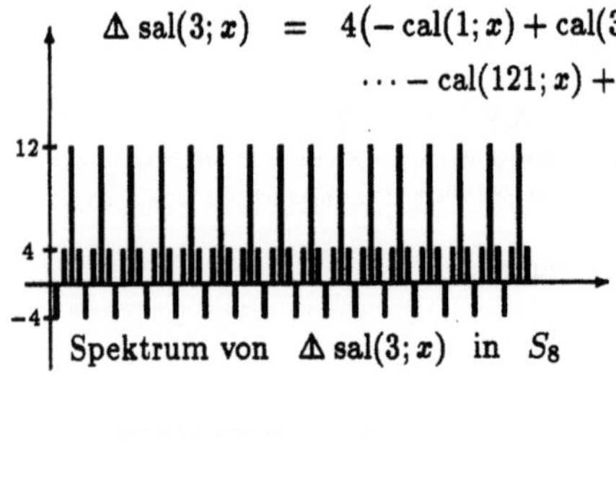

Spektrum von $\mathbb{\Delta}\,\mathrm{sal}(3;x)$ in S_8

7.7 Sägezahnfunktion und Rechteckimpulse

Mit $\operatorname{ser}(n;x) = \frac{1}{4}\Big(\operatorname{sir} x - \sum_{j=1}^{n-1} \frac{1}{2^j} \operatorname{sir} 2^j x\Big)$ schreiben wir die Reihe (3.12) der Sägezahnfunktion in der Form

$$\operatorname{ser} x = \operatorname{ser}(n;x) - \frac{1}{4}\sum_{j=n}^{\infty} \frac{1}{2^j} \operatorname{sir} 2^j x. \tag{7.35}$$

$\operatorname{ser}(n;x)$ ist der *in* S_n *liegende endliche Teil* von $\operatorname{ser} x$.
Nun ist $D \operatorname{ser} x = 1 - \tilde{\delta}(x + \frac{1}{2})$, und $\tilde{\delta}(x+\frac{1}{2})$ hat den endlichen Teil $\operatorname{dir}(n-1; x+\frac{1}{2})$. Deshalb gilt

$$\boxed{\Delta \operatorname{ser}(n;x) = 1 - \operatorname{dir}(n-1; x + \tfrac{1}{2}).} \tag{7.36}$$

Liest man diese Beziehung von rechts nach links, so erhält man mit $2N = 2^n$ und $h = \frac{1}{2N}$

$$\boxed{\tfrac{1}{N}\operatorname{dir}(n-1; x+\tfrac{1}{2}) = \tfrac{1}{N} + \operatorname{ser}(n; x-h) - \operatorname{ser}(n; x+h).} \tag{7.37}$$

Diese Darstellung eines Rechteckimpulses durch Sägezahnfunktionen ist ein Spezialfall einer allgemeineren derartigen Beziehung, die wir jetzt betrachten wollen:

> $y = f(x)$ sei eine reelle Funktion, von der wir nur voraussetzen, daß sie für $|x| < \infty$ beschränkt sei. Dann gilt:
> Für $x \neq -\frac{1}{2} + k$, k ganz, nimmt die Funktion
> $$r(x) = \operatorname{ser}(x + \tfrac{y}{2}) - \operatorname{ser}(x - \tfrac{y}{2}) - \operatorname{ser}(y - \tfrac{1}{2})$$
> nur die Werte $-\frac{1}{2}$ oder $\frac{1}{2}$ an. (7.38)

Beweis: Wir erinnern daran, daß wir mit „int" das *kleinste Ganze* einer reellen Zahl bezeichnen. Dann ist nach (3.10) $\operatorname{ser} x = x - \operatorname{int}(x + \frac{1}{2})$. Damit haben wir

$$\begin{aligned} r(x) &= x + \tfrac{y}{2} - x + \tfrac{y}{2} - y + \tfrac{1}{2} - \operatorname{int}(x + \tfrac{y}{2} + \tfrac{1}{2}) + \operatorname{int}(x - \tfrac{y}{2} + \tfrac{1}{2}) + \operatorname{int}(y) \\ &= \tfrac{1}{2} - \operatorname{int}(x + \tfrac{y}{2} + \tfrac{1}{2}) + \operatorname{int}(x - \tfrac{y}{2} + \tfrac{1}{2}) + \operatorname{int}(y) \;=\; \tfrac{1}{2} + n, \quad n \text{ ganze Zahl.} \end{aligned}$$

Weil nun $-\frac{1}{2} \leq \operatorname{ser}(\circ) < \frac{1}{2}$ ist, können wir den Betrag von $r(x)$ folgendermaßen abschätzen:

$$|r(x)| \leq \left|\operatorname{ser}(x + \tfrac{y}{2} + \tfrac{1}{2})\right| + \left|\operatorname{ser}(x - \tfrac{y}{2} + \tfrac{1}{2})\right| + \left|\operatorname{ser}(y - \tfrac{1}{2})\right| \leq \tfrac{3}{2}.$$

Das Gleichheitszeichen kann dabei nur dann gelten, wenn

$$x + \tfrac{y}{2} = -\tfrac{1}{2}, \quad x - \tfrac{y}{2} = -\tfrac{1}{2} \quad \text{und} \quad y - \tfrac{1}{2} = -\tfrac{1}{2}$$

ist, also nur, falls $f(-\frac{1}{2}) = 0$ ist. Anderenfalls gilt $|r(x)| < \frac{3}{2}$. Weil aber $r(x)$ die Form $\frac{1}{2} + n$ hat, kann dann diese Ungleichung nur für $r(x) = \frac{1}{2}$ bzw. $r(x) = -\frac{1}{2}$ gelten. ■

Beispiel 7.7 Als Beispiel betrachten wir (7.38) mit der Funktion $y = e^x$.

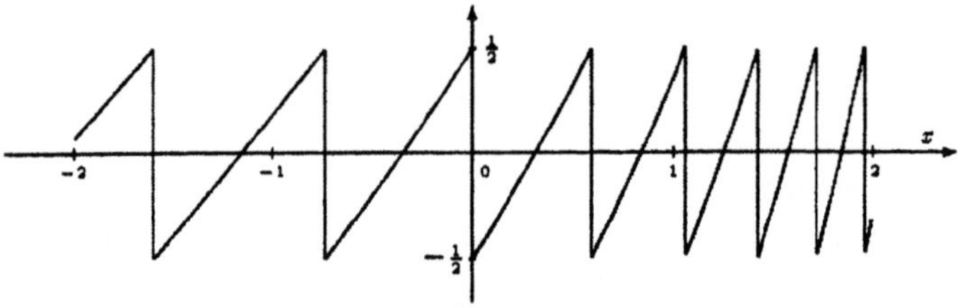

$\operatorname{ser}(x + \frac{1}{2}e^x)$

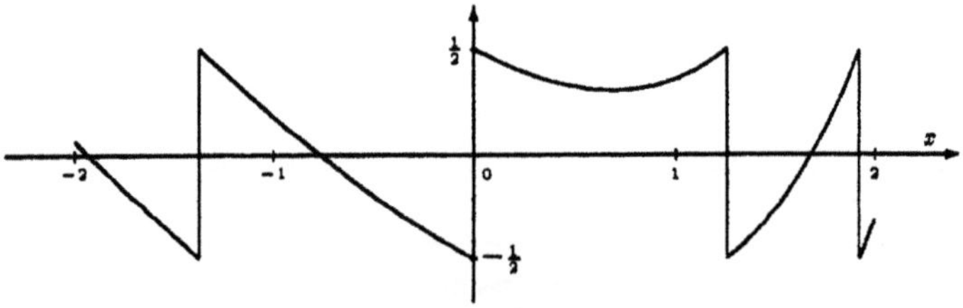

$-\operatorname{ser}(x - \frac{1}{2}e^x)$

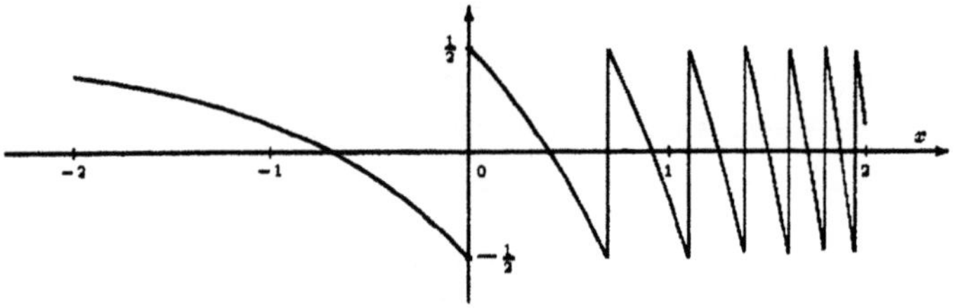

$-\operatorname{ser}(e^x - \frac{1}{2})$

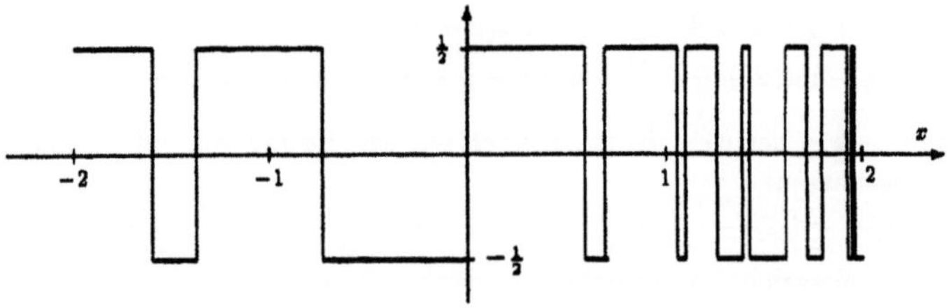

$r(x) = \operatorname{ser}(x + \frac{1}{2}e^x) - \operatorname{ser}(x - \frac{1}{2}e^x) - \operatorname{ser}(e^x - \frac{1}{2})$

Zu den einfachsten Fällen von (7.38) gehört der für eine lineare Funktion $y = f(x)$:

Mit $y = f(x) = 2ax + 2b$ erhalten wir $r(x) = \operatorname{ser}\big((1+a)x + b\big) - \operatorname{ser}\big((1-a)x - b\big) - \operatorname{ser}(2ax + 2b - \frac{1}{2}).$	(7.39)

Zu (7.39) mit $a \neq 0$ betrachten wir das

Beispiel 7.8 Setzen wir in (7.39) $a = \frac{1}{8}$ und $b = \frac{3}{8}$, so erhalten wir

$$r(x) = \operatorname{ser}(\tfrac{9}{8}x + \tfrac{3}{8}) - \operatorname{ser}(\tfrac{7}{8}x - \tfrac{3}{8}) - \operatorname{ser}(\tfrac{1}{4}x + \tfrac{1}{4}).$$

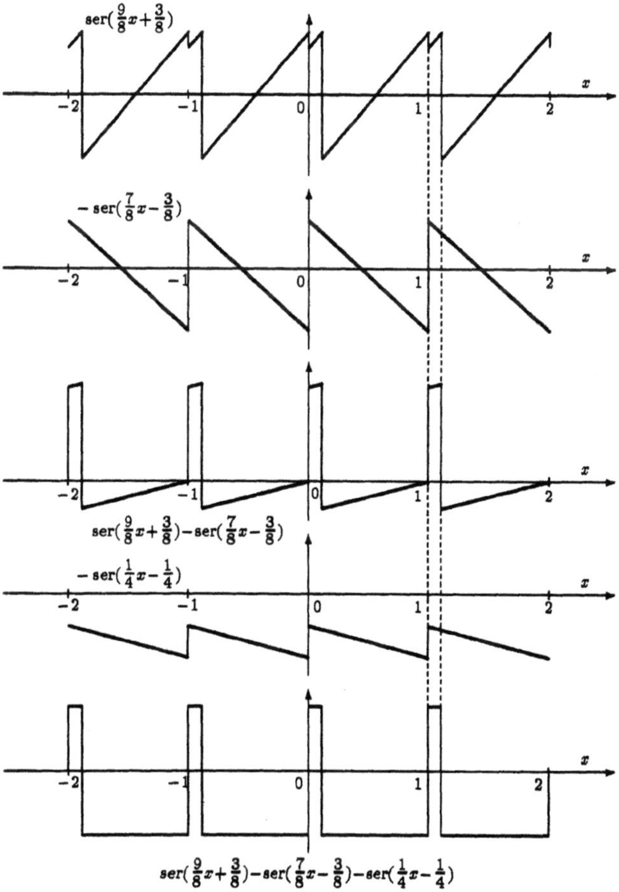

In Analogie zu (7.37) auf Seite 157 kann man auch $\mathcal{D}$-Impulse durch Sägezahnfunktionen darstellen. Man erhält

$$\mathcal{D}(n,j;x) \;=\; 1+2N\operatorname{ser}(x+\tfrac{1}{2}-(j+1)h)-2N\operatorname{ser}(x+\tfrac{1}{2}-jh). \qquad (7.40)$$

Beispiel **7.9**

$$\begin{aligned}\mathcal{D}(2,0;x) &= 1+4\operatorname{ser}(x+\tfrac{1}{4})-4\operatorname{ser}(x+\tfrac{1}{2})\\ &= (1+\operatorname{sir}x)(1+\operatorname{cor}x)\end{aligned}$$

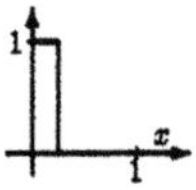

$$\begin{aligned}\mathcal{D}(2,1;x) &= 1+4\operatorname{ser}x-4\operatorname{ser}(x+\tfrac{1}{4})\\ &= (1+\operatorname{sir}x)(1-\operatorname{cor}x)\end{aligned}$$

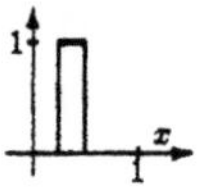

$$\begin{aligned}\mathcal{D}(2,2;x) &= 1+4\operatorname{ser}(x-\tfrac{1}{4})-4\operatorname{ser}x\\ &= (1-\operatorname{sir}x)(1-\operatorname{cor}x)\end{aligned}$$

$$\begin{aligned}\mathcal{D}(2,3;x) &= 1+4\operatorname{ser}(x+\tfrac{1}{2})-4\operatorname{ser}(x-\tfrac{1}{4})\\ &= (1-\operatorname{sir}x)(1+\operatorname{cor}x)\end{aligned}$$

Zu (7.39) betrachten wir noch den folgenden Spezialfall:

$\underline{a=0,}$ $\quad$ $\underline{0\le b<\tfrac{1}{2}:}$ Dann ist

$$\begin{aligned}r_b(x) &= \operatorname{ser}(x+b)-\operatorname{ser}(x-b)-\operatorname{ser}(2b-\tfrac{1}{2})\\ &= x+b-x+b-2b+\tfrac{1}{2}-\operatorname{int}(x+b+\tfrac{1}{2})+\operatorname{int}(x-b+\tfrac{1}{2})+\operatorname{int}(2b)\\ &= \tfrac{1}{2}-\operatorname{int}(x+b+\tfrac{1}{2})+\operatorname{int}(x-b+\tfrac{1}{2}).\end{aligned}$$

Wir haben also

Für $0<b<\tfrac{1}{2}$ und $r_b(x)=\operatorname{ser}(x+b)-\operatorname{ser}(x-b)-\operatorname{ser}(2b-\tfrac{1}{2})$ gilt $r_b(x) = \begin{cases}\tfrac{1}{2} & \text{für } -(\tfrac{1}{2}-b)\le x<\tfrac{1}{2}-b\\ -\tfrac{1}{2} & \text{für } \tfrac{1}{2}-b\le x<\tfrac{1}{2} \text{ und } -\tfrac{1}{2}\le x<-(\tfrac{1}{2}-b)\end{cases}$ Wegen $\lim\limits_{b\downarrow 0} r_b(x)=\tfrac{1}{2}$ definieren wir $r_0(x):\equiv\tfrac{1}{2}$.	(7.41)

Kapitel 8

Integrale und Summationsoperatoren

8.1 Integrale der wal-Funktionen

Integrale von wal-Funktionen zu berechnen, ist elementar. Es handelt sich dabei ja nur um Integration stückweise konstanter Funktionen. Dabei können aber leicht technische Schwierigkeiten auftreten, sobald die Zahl der Teilintervalle mehr als eine Handvoll beträgt. Es ist deshalb nützlich, eine Systematik der partiellen Integration zu formulieren, die den gewohnten Mechanismen der Analysis entspricht.

Wir wollen dazu Stammfunktionen der wal-Funktionen betrachten. Es sei $0 < j \leq N$. Dann liegt $\mathrm{sal}(j;x)$ in S_n und somit liegen die Sprungstellen dieser Funktion an den Intervallenden der Teilung Ω_n. Die DIRAC-Impulse von $\mathrm{D\,sal}(j;x)$ liegen an denselben Stellen, und außerdem sind das die Nullstellen der stetigen Funktion $\mathrm{Z}(2Nx)$.

Deshalb gilt für $0 < j \leq N$: $\quad \mathrm{Z}(2Nx)\,\mathrm{D\,sal}(j;x) = 0$.

Mit (3.40) auf Seite 60 sowie (6.42) und (6.43) auf Seite 127 erhalten wir sodann

$$\begin{aligned}
\mathrm{D}\,(\mathrm{Z}(2Nx)\,\mathrm{sal}(j;x)) &= \mathrm{sal}(j;x)\;\mathrm{D\,Z}(2Nx) + \underbrace{\mathrm{Z}(2Nx)\;\mathrm{D\,sal}(j;x)}_{=0} \\
&= \mathrm{sal}(j;x)\;\mathrm{D\,Z}(2Nx) = 2N\,\mathrm{sal}(2N;x)\,\mathrm{sal}(j;x) = 2N\,\mathrm{cal}(2N-j;x).
\end{aligned}$$

In analoger Weise erhält man für $0 \leq j < N$ die Ableitung von $\mathrm{Z}(2Nx)\,\mathrm{cal}(j;x)$, und damit hat man

$$\boxed{\begin{aligned}
\frac{1}{2N}\,\mathrm{D}\,(\mathrm{Z}(2Nx)\,\mathrm{cal}(j;x)) &= \mathrm{sal}(2N-j;x), \quad 0 \leq j < N, \\
\frac{1}{2N}\,\mathrm{D}\,(\mathrm{Z}(2Nx)\,\mathrm{sal}(j;x)) &= \mathrm{cal}(2N-j;x), \quad 0 < j \leq N.
\end{aligned}} \tag{8.1}$$

Wenn wir (8.1) integrieren, erhalten wir

$$\boxed{\begin{aligned} \int_0^x \operatorname{sal}(2N-j;t)\,dt &= \tfrac{1}{2N}\,\mathrm{Z}(2Nx)\operatorname{cal}(j;x), \quad 0 \le j < N, \\ \int_0^x \operatorname{cal}(2N-j;t)\,dt &= \tfrac{1}{2N}\,\mathrm{Z}(2Nx)\operatorname{sal}(j;x), \quad 0 < j \le N. \end{aligned}} \tag{8.2}$$

Beispiel 8.1 Wir schreiben einige der Gleichungen (8.1) aus:

$$\begin{aligned}
\mathrm{D}\,(\mathrm{Z}(x)\operatorname{cal}(0;x)) &= \operatorname{sal}(1;x), & \tfrac{1}{2}\mathrm{D}\,(\mathrm{Z}(2x)\operatorname{sal}(1;x)) &= \operatorname{cal}(1;x),\\
\tfrac{1}{2}\mathrm{D}\,(\mathrm{Z}(2x)\operatorname{cal}(0;x)) &= \operatorname{sal}(2;x), & \tfrac{1}{4}\mathrm{D}\,(\mathrm{Z}(4x)\operatorname{sal}(2;x)) &= \operatorname{cal}(2;x),\\
\tfrac{1}{4}\mathrm{D}\,(\mathrm{Z}(4x)\operatorname{cal}(1;x)) &= \operatorname{sal}(3;x), & \tfrac{1}{4}\mathrm{D}\,(\mathrm{Z}(4x)\operatorname{sal}(1;x)) &= \operatorname{cal}(3;x),\\
\tfrac{1}{4}\mathrm{D}\,(\mathrm{Z}(4x)\operatorname{cal}(0;x)) &= \operatorname{sal}(4;x), & \tfrac{1}{8}\mathrm{D}\,(\mathrm{Z}(8x)\operatorname{sal}(4;x)) &= \operatorname{cal}(4;x),\\
\tfrac{1}{8}\mathrm{D}\,(\mathrm{Z}(8x)\operatorname{cal}(3;x)) &= \operatorname{sal}(5;x), & \tfrac{1}{8}\mathrm{D}\,(\mathrm{Z}(8x)\operatorname{sal}(3;x)) &= \operatorname{cal}(5;x),\\
\tfrac{1}{8}\mathrm{D}\,(\mathrm{Z}(8x)\operatorname{cal}(2;x)) &= \operatorname{sal}(6;x), & \tfrac{1}{8}\mathrm{D}\,(\mathrm{Z}(8x)\operatorname{sal}(2;x)) &= \operatorname{cal}(6;x),\\
\tfrac{1}{8}\mathrm{D}\,(\mathrm{Z}(8x)\operatorname{cal}(1;x)) &= \operatorname{sal}(7;x), & \tfrac{1}{8}\mathrm{D}\,(\mathrm{Z}(8x)\operatorname{sal}(1;x)) &= \operatorname{cal}(7;x),\\
\tfrac{1}{8}\mathrm{D}\,(\mathrm{Z}(8x)\operatorname{cal}(0;x)) &= \operatorname{sal}(8;x), & &
\end{aligned}$$

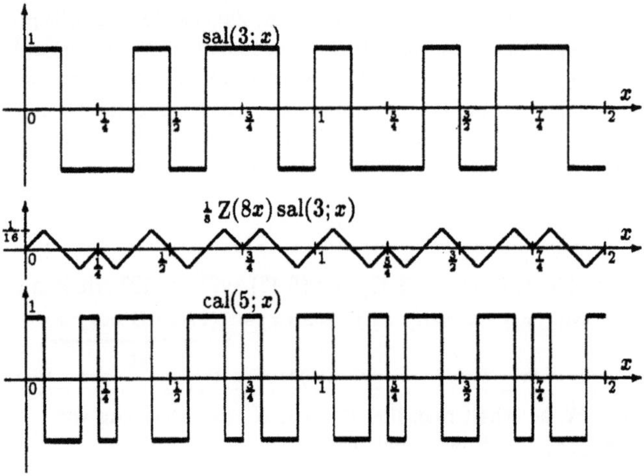

Beispiel 8.2 Durch Integration von (4.34) erhalten wir

$$\frac{1}{2\pi}\sin 2\pi x = \int_0^x \sum_{k=0}^{\infty} c_{2k+1}\operatorname{cal}(2k+1;t)\,dt = \sum_{k=0}^{\infty} c_{2k+1}\int_0^x \operatorname{cal}(2k+1;t)\,dt.$$

Nun setzen wir $2m - j = 2k + 1$, $j = 2N - 2k - 1$, und benutzen (8.2) auf Seite 162. Das führt mit $0 < 2N - 2k - 1 \leq N$, also $N \leq 2k + 1$, zu

$$\int_0^x \operatorname{cal}(2N - j; t)\, dt = \int_0^x \operatorname{cal}(2k + 1; t)\, dt = \frac{1}{2N} \mathrm{Z}(2Nx) \operatorname{sal}(2N - 2k - 1; x).$$

Damit haben wir mit $0 < 2N - 2k - 1 \leq N$, also $N \leq 2k + 1$

$$\frac{1}{2\pi} \sin 2\pi x = \sum_{k=0}^{\infty} c_{2k+1} \cdot \frac{1}{2N} \mathrm{Z}(2Nx) \operatorname{sal}(2N - 2k - 1; x). \tag{8.3}$$

Zur Illustration setzen wir in (8.3) die erstem 8 Werte der Koeffizienten c_{2k+1} ein. Dann erhalten wir

$$\frac{1}{2\pi} \sin 2\pi x \approx$$

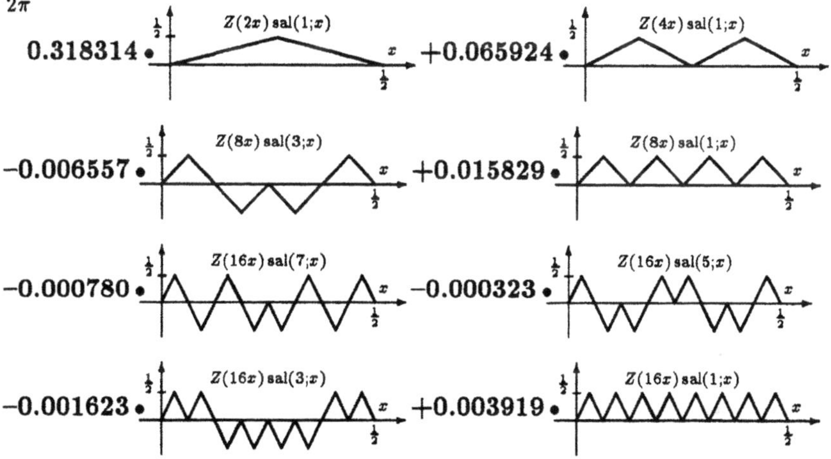

Man erhält mit einer solchen Partialsumme von (8.3) eine Approximation durch Sehnen der Kurve $\frac{1}{2\pi} \sin 2\pi x$ zwischen den Kurvenpunkten über $\frac{j}{2N}$:

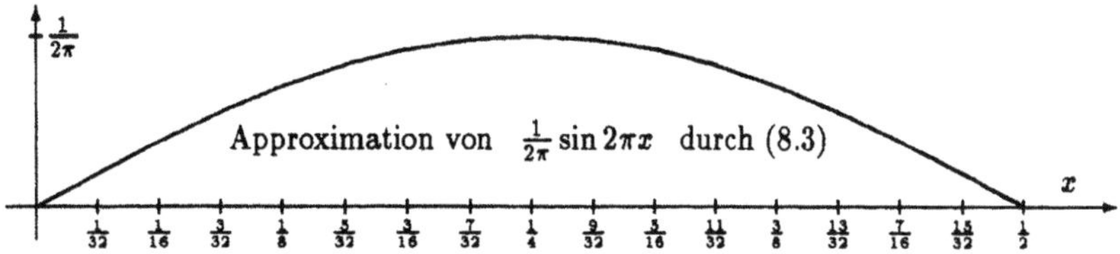

Integrale (Stammfunktionen) von wal-Funktionen unterscheiden sich in ihren Eigenschaften sehr stark von deren Ableitungen. Sie stehen dabei in bemerkenswertem Gegensatz zu vielen analytischen Funktionen, insbesondere zu den sin- und cos-Funktionen. Daß dies manchmal sehr wesentlich sein kann, zeigt das folgende

Beispiel 8.3 *Der in diesem Beispiel angesprochene physikalische und technische Sachverhalt wird z.B. bei Harmuth [H 2] ausführlich behandelt.*

$i(t)$ sei der in einem Hertzschen Dipol – *einem kurzen, geradlinigen Draht* – fließende Strom. Durch ihn werden ein zeitabhängiges elektrisches Feld $\mathbf{E}$ und ein zeitabhängiges magnetisches Feld $\mathbf{H}$ aufgebaut. r sei der Abstand eines Raumpunktes vom Dipol. $\mathbf{E}$ und $\mathbf{H}$ haben die Form

$$\mathbf{E} = (\bullet\bullet\bullet)\Big\{ \underbrace{\frac{1}{r}\frac{di(t)}{dt}(\bullet\bullet\bullet)}_{Wellenzonenkomponente} + \underbrace{\Big(\frac{c}{r^2}i(t) + \frac{c^2}{r^3}\int i(t)\,dt\Big)(\bullet\bullet\bullet)}_{Nahzonenkomponente}\Big\}$$

$$\mathbf{H} = (\bullet\bullet\bullet)\Big\{ \underbrace{\frac{1}{r}\frac{di(t)}{dt}}_{Wellenzonenkomponente} + \underbrace{\frac{c}{r^2}i(t)}_{Nahzonenkomponente} \Big\}$$

$(\bullet\bullet\bullet)$ bezeichnet Ausdrücke, welche nicht von der Zeit abhängen. Man nennt nun denjenigen Anteil von $\mathbf{E}$ und $\mathbf{H}$, der wie $\frac{1}{r}$ abnimmt, *Wellenzonenkomponente* und diejenigen Anteile, welche wie $\frac{1}{r^2}$ oder $\frac{1}{r^3}$ abnehmen *Nahzonenkomponenten*. Wie man aus den obigen Darstellungen sieht, schwingen die Wellenzonenkomponenten wie $\frac{di(t)}{dt}$ und die Nahzonenkomponenten wie $i(t)$ und $\int i(t)\,dt$. Nehmen wir nun an, $i(t)$ führe eine Sinusschwingung $i(t) = A\sin\omega t$ aus, so sind

$$\frac{di}{dt} = A\omega\cos\omega t \quad \text{und} \quad \int i(t)\,dt = -\frac{A}{\omega}\cos\omega t$$

nur in der Amplitude verschieden. Z.B. läßt sich in $\mathbf{E}$ der Summand $(\cdots)\int i(t)dt$ ohne zusätzliche Information nicht von der Wellenzonenkomponente unterscheiden. Das ist grundsätzlich anders, wenn $i(t)$ z.B. wie $\mathrm{cal}(5;t)$ schwingt.

Um diesen Sachverhalte nochmals hervorzuheben, zeigen wir die Schaubilder für die Summen der erwähnten Schwingungsanteile einerseits für die sinusförmige Schwingung $\cos 6\pi x$:

$$\begin{aligned} &\mathrm{D}\cos 6\pi x + \textstyle\int \cos 6\pi x\,dx \\ &= -6\pi\sin 6\pi x + \tfrac{1}{6\pi}\sin 6\pi x \\ &= A\sin 6\pi x, \qquad A = -6\pi + \tfrac{1}{6\pi}, \end{aligned}$$

und andererseits für $\mathrm{cal}(5;x)$:

$$\begin{aligned} &\mathrm{D}\,\mathrm{cal}(5;x) + \textstyle\int \mathrm{cal}(5;x)\,dx \\ &= \mathrm{D}\,\mathrm{cal}(5;x) + \tfrac{1}{8}\mathrm{Z}(8x)\,\mathrm{sal}(3;x) \end{aligned}$$

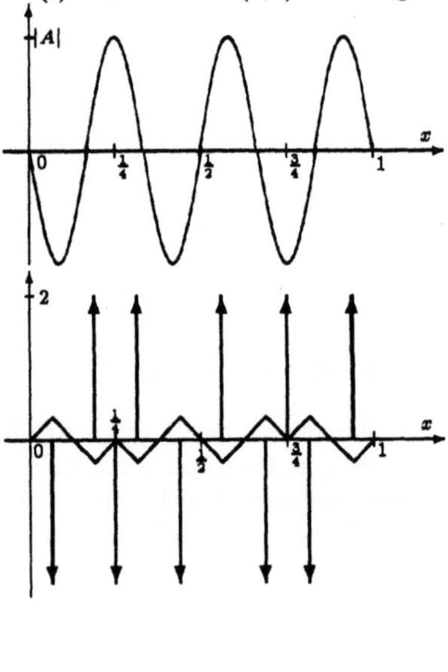

Beispiel 8.4 Wir haben im Beispiel 4.6 die *WF*-Reihe für die Funktion $f(x) = \operatorname{ser}^2 x = Z^2(x)$ berechnet. Nun wollen wir dies nochmals auf einem anderen Weg tun. Bilden wir die Ableitung von f, so erhalten wir.

$$\mathrm{D}\, f(x) = 2\operatorname{ser} x \;\mathrm{D} \operatorname{ser} x = 2\operatorname{ser} x \left(1 - \tilde{\delta}(x + \tfrac{1}{2})\right) = 2\operatorname{ser} x - 2\operatorname{ser} x\, \tilde{\delta}(x + \tfrac{1}{2}).$$

Aus (6.44) auf Seite 127 folgt, daß $\operatorname{ser} x\, \tilde{\delta}(x + \frac{1}{2}) = 0$ ist, und somit haben wir

$$\mathrm{D} \operatorname{ser}^2 x = 2\operatorname{ser} x.$$

Das gleiche Ergebnis erhalten wir auch sofort aus $f(x) = Z^2(x)$, denn

$$\mathrm{D}\, f(x) = 2\, Z(x) \operatorname{sir} x = 2\operatorname{ser} x.$$

Wenn wir also die Reihe für $\operatorname{ser} x$ gliedweise integrieren, dürfen wir erwarten, die Reihe für $\frac{1}{2}\operatorname{ser}^2 x$ zu erhalten. Deshalb bilden wir

$$f(x) = 2\int_0^x \operatorname{ser} t\, dt = \operatorname{ser}^2 x = 2\int_0^x \left\{\frac{1}{4}\operatorname{sir} t - \frac{1}{4}\sum_{j=1}^{\infty}\frac{1}{2^j}\operatorname{sir} 2^j t\right\} dt$$

und erhalten

$$\operatorname{ser}^2 x = Z^2(x) \quad = \quad \frac{1}{2}\left(Z(x) - \sum_{j=1}^{\infty}\frac{1}{4^j} Z(2^j x)\right). \tag{8.4}$$

Die Reihe (8.4) hat eine sympathisch einfache Form, und sie führt auf Altbekanntes. Man beachte dazu die Abbildung 8.1 auf der nächsten Seite!

Nun benutzen wir die Reihenentwicklung (3.41) auf Seite 60 der Zackenfunktion und erhalten damit

$$\int_0^x \operatorname{sal}(2N - j; t)\, dt \quad = \quad \frac{1}{8N}\left\{\operatorname{cal}(j; x) - \sum_{k=1}^{\infty}\frac{1}{2^k}\operatorname{cal}(2^{n+k} - 2N + j; x)\right\} \qquad 0 \le j < N, \tag{8.5}$$

$$\int_0^x \operatorname{cal}(2N - j; t)\, dt \quad = \quad \frac{1}{8N}\left\{\operatorname{sal}(j; x) - \sum_{k=1}^{\infty}\frac{1}{2^k}\operatorname{sal}(2^{n+k} - 2N + j; x)\right\} \qquad 0 < j \le N. \tag{8.6}$$

Das sind lauter Funktionen aus $\tilde{L}^2$. Dagegen ist $\int_0^x \operatorname{cal}(0; t)\, dt = x$ nicht mehr 1-periodisch. Wollen wir — aus welchen Gründen auch immer — eine ähnliche 1-periodische Stammfunktion haben, so bieten sich

$$\int_0^x \left\{1 - \tilde{\delta}_\ell(t)\right\} dt \quad = \quad \operatorname{frac} x \quad = \quad \frac{1}{2} - \frac{1}{4}\sum_{j=0}^{\infty}\frac{1}{2^j}\operatorname{sal}(2^j; x) \tag{8.7}$$

bzw. $$\int_0^x \left\{1 - \tilde{\delta}(t)\right\} dt \quad = \quad \operatorname{ser}(x + \tfrac{1}{2}) \quad = \quad -\frac{1}{4}\sum_{j=0}^{\infty}\frac{1}{2^j}\operatorname{sal}(2^j; x) \text{ an.} \tag{8.8}$$

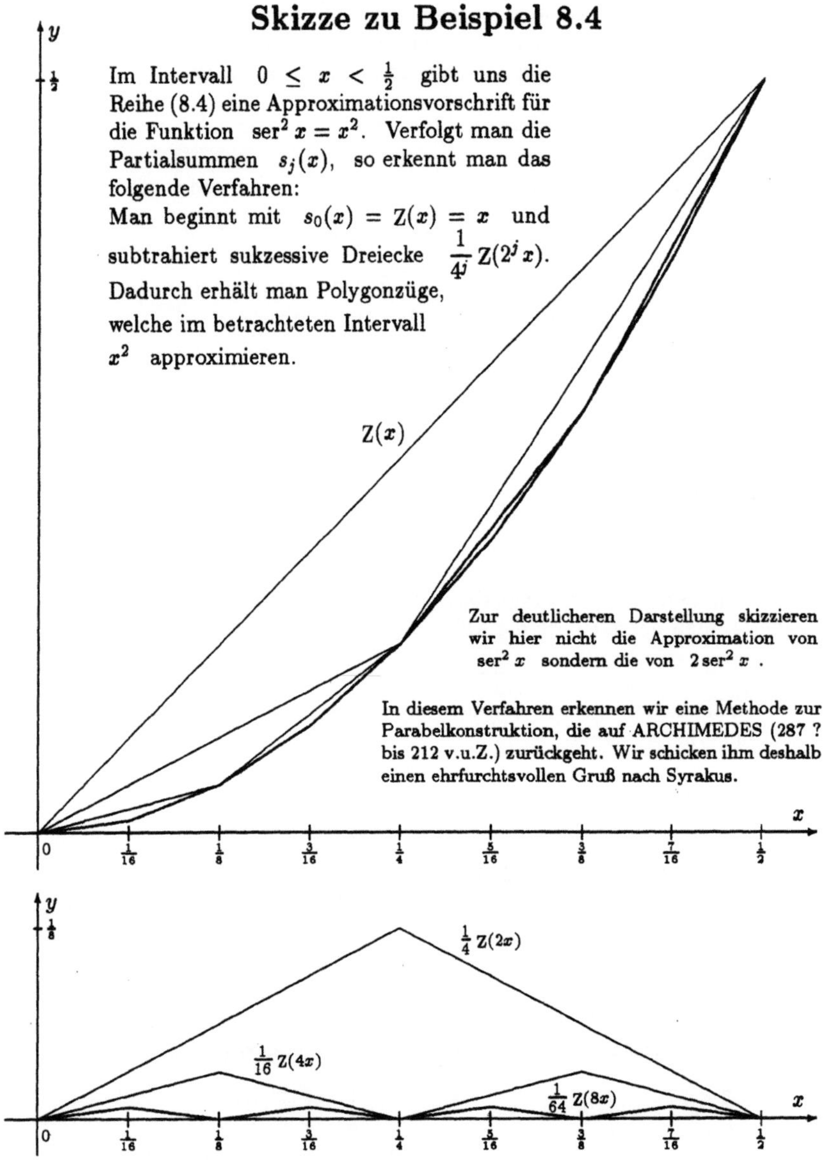
Skizze zu Beispiel 8.4
Im Intervall $0 \leq x < \frac{1}{2}$ gibt uns die Reihe (8.4) eine Approximationsvorschrift für die Funktion $\operatorname{ser}^2 x = x^2$. Verfolgt man die Partialsummen $s_j(x)$, so erkennt man das folgende Verfahren:
Man beginnt mit $s_0(x) = \mathrm{Z}(x) = x$ und subtrahiert sukzessive Dreiecke $\frac{1}{4^j}\mathrm{Z}(2^j x)$. Dadurch erhält man Polygonzüge, welche im betrachteten Intervall x^2 approximieren.
Zur deutlicheren Darstellung skizzieren wir hier nicht die Approximation von $\operatorname{ser}^2 x$ sondern die von $2\operatorname{ser}^2 x$.
In diesem Verfahren erkennen wir eine Methode zur Parabelkonstruktion, die auf ARCHIMEDES (287 ? bis 212 v.u.Z.) zurückgeht. Wir schicken ihm deshalb einen ehrfurchtsvollen Gruß nach Syrakus.
y
$\frac{1}{2}$
$\mathrm{Z}(x)$
x
0
$\frac{1}{16}$
$\frac{1}{8}$
$\frac{3}{16}$
$\frac{1}{4}$
$\frac{5}{16}$
$\frac{3}{8}$
$\frac{7}{16}$
$\frac{1}{2}$
y
$\frac{1}{8}$
$\frac{1}{4}\mathrm{Z}(2x)$
$\frac{1}{16}\mathrm{Z}(4x)$
$\frac{1}{64}\mathrm{Z}(8x)$
x
0
$\frac{1}{16}$
$\frac{1}{8}$
$\frac{3}{16}$
$\frac{1}{4}$
$\frac{5}{16}$
$\frac{3}{8}$
$\frac{7}{16}$
$\frac{1}{2}$

Abbildung 8.1:

Aufgabe 8.1 $\Longrightarrow$ Lösung auf Seite 265

Man berechne $J_k = \int_0^{\frac{1}{2}} x \operatorname{sal}(k;x)\,dx$ für $k = 1,2,3,\ldots$

und $J_k = \int_0^{\frac{1}{2}} x \operatorname{cal}(k;x)\,dx$ für $k = 0,1,2,\ldots$!

8.2 Integration von WF-Reihen

Es sei $f \in \tilde{L}^2$, und f habe die *WF*-Reihe

$$f(x) = \sum_{\ell=0}^{\infty}\Big(a_\ell \operatorname{cal}(\ell;x) + b_{\ell+1}\operatorname{sal}(\ell+1;x)\Big) \quad \text{und mit} \quad 2M = 2^m$$

$$f(x) = a_0 + b_1 \operatorname{sal}(1;x) + \sum_{m=1}^{\infty}\sum_{\ell=M}^{2M-1}\Big(a_\ell \operatorname{cal}(\ell;x) + b_{\ell+1}\operatorname{sal}(\ell+1;x)\Big).$$

Wir nehmen an, daß gliedweise Integration erlaubt ist, und erhalten sodann

$$\int_0^x f(t)\,dt = a_0 x + b_1\int_0^x \operatorname{sal}(1;t)\,dt + \sum_{m=1}^{\infty}\sum_{\ell=M}^{2M-1}\Big(a_\ell\int_0^x \operatorname{cal}(\ell;t)\,dt + b_{\ell+1}\int_0^x \operatorname{sal}(\ell+1;t)\,dt\Big)$$

Substitution: $\ell = 2M-j,\ j = 2M-\ell$

$$= a_0 x + b_1\int_0^x \operatorname{sal}(1;t)\,dt$$
$$+ \sum_{m=1}^{\infty}\sum_{j=1}^{M}\Big(a_{2M-j}\int_0^x \operatorname{cal}(2M-j;t)\,dt + b_{2M-j+1}\int_0^x \operatorname{sal}(2M-j+1;t)\,dt\Big)$$

Benutzen wir (8.5) und (8.6) auf Seite 165, so erhalten wir

$$\int_0^x f(t)\,dt = a_0 x + b_1\cdot\frac{1}{4}\Big\{1 - \sum_{k=1}^{\infty}\frac{1}{2^k}\operatorname{cal}(2^k-1;x)\Big\} \tag{8.9}$$
$$+ \sum_{m=1}^{\infty}\frac{1}{8M}\sum_{j=1}^{M}\Big[a_{2M-j}\Big\{\operatorname{sal}(j;x) - \sum_{k=1}^{\infty}\frac{1}{2^k}\operatorname{sal}(2^{m+k}-2M+j;x)\Big\}$$
$$+ b_{2M-j+1}\Big\{\operatorname{cal}(j-1;x) - \sum_{k=1}^{\infty}\frac{1}{2^k}\operatorname{cal}(2^{m+k}-2M+j-1;x)\Big\}\Big].$$

$\int_0^x f(t)\,dt$ ist wegen des Summanden $a_0 x$ nicht periodisch. Interessiert man sich nur für das Integral von f im Intervall $0 \le x \le 1$, so kann man an Stelle von f auch $\tilde{f}(x) = f(x) - a_0\tilde{\delta}_\ell(x)$ mit der *WF*-Reihe

$$\tilde{f}(x) = a_0\big(1 - \tilde{\delta}_\ell(x)\big) + \cdots$$

betrachten. Man erhält sodann die Integralfunktion

$$\begin{aligned} F(x) &= \int_0^x \tilde f\,dt = a_0 \operatorname{frac} x + \cdots = a_0\Big(\frac{1}{2} - \frac{1}{4}\sum_{k=0}^{\infty}\frac{1}{2^k}\operatorname{sal}(2^k;x)\Big) + b_1\,\mathrm{Z}(x) \\ &+ \sum_{m=1}^{\infty}\frac{1}{2M}\,\mathrm{Z}(2Mx)\sum_{j=1}^{M}\big(a_{2M-j}\operatorname{sal}(j;x) + b_{2M-j+1}\operatorname{cal}(j-1;x)\big) \\ &= A_0 + \sum_{\ell=1}^{\infty}\big\{A_\ell \operatorname{cal}(\ell;x) + B_\ell \operatorname{sal}(\ell;x)\big\}. \end{aligned}$$

Schreibt man nun die Faktoren von a_k und b_{k+1} in Spalten untereinander, so erhält man eine Matrix, die als Summationsoperator für das Spektrum von $\tilde f$ wirkt. Einen Teil dieser *unendlichen* Matrix T sehen wir in der Abbildung 8.2 auf der nächsten Seite. Dort ist die zum WALSH-Raum S_n gehörenden Teilmatrizen T_n für $n = 6$ aufgeschrieben. Diese Matrizen T_n wirken in S_n als Summationsoperatoren, mit denen eine Integration approximiert wird.

Z.B. gehört zu S_3 die Teilmatrix

$$\mathsf{T}_3 = \frac{1}{16}\begin{pmatrix} 8 & 4 & 0 & 2 & 0 & 0 & 0 & 1 \\ -4 & & 2 & & & & 1 & 0 \\ 0 & -2 & & & & 1 & & 0 \\ -2 & & & & 1 & & & 0 \\ 0 & & & -1 & & & & 0 \\ 0 & & -1 & & & & & 0 \\ 0 & -1 & & & & & & 0 \\ -1 & 0 & 0 & 0 & 0 & 0 & 0 & 0 \end{pmatrix}.$$

Wir wollen sie in unserem folgenden Beispiel verwenden.

Beispiel 8.5 Von dem Anfangswertproblem

$$y' + y = 1, \qquad y(0) = 0,$$

ist die exakte Lösung $y(x) = 1 - \mathrm{e}^{-x}$ bekannt. Man kann auch

$$y'(x) \;=\; 1 - y(x) \;=\; 1 - \int_0^x y'(t)\,dt \tag{8.10}$$

schreiben, und (8.10) wollen wir im S_3 durch eine Treppenfunktion approximativ lösen. Dazu machen wir für y' einen Näherungsansatz durch

$$\begin{aligned} \hat y'(x) = a_0 + b_1\operatorname{sal}(1;x) + a_1\operatorname{cal}(1;x) + b_2\operatorname{sal}(2;x) + a_2\operatorname{cal}(2;x) \\ + b_3\operatorname{sal}(3;x) + a_3\operatorname{cal}(3;x) + b_4\operatorname{sal}(4;x) \end{aligned}$$

mit dem Spektralvektor $\mathbf{w} = (a_0, b_1, a_1, \ldots, a_3, b_4)^T$. Für $\mathbf{w}$ gilt sodann

$$\begin{pmatrix} a_0 \\ b_1 \\ a_1 \\ b_2 \\ a_2 \\ b_3 \\ a_3 \\ b_4 \end{pmatrix} = \begin{pmatrix} 1 \\ 0 \\ 0 \\ 0 \\ 0 \\ 0 \\ 0 \\ 0 \end{pmatrix} - \frac{1}{16}\begin{pmatrix} 8 & 4 & 0 & 2 & 0 & 0 & 0 & 1 \\ -4 & & 2 & & & & 1 & 0 \\ 0 & -2 & & & & 1 & & 0 \\ -2 & & & & 1 & & & 0 \\ 0 & & & -1 & & & & 0 \\ 0 & & -1 & & & & & 0 \\ 0 & -1 & & & & & & 0 \\ -1 & 0 & 0 & 0 & 0 & 0 & 0 & 0 \end{pmatrix}\begin{pmatrix} a_0 \\ b_1 \\ a_1 \\ b_2 \\ a_2 \\ b_3 \\ a_3 \\ b_4 \end{pmatrix}. \tag{8.11}$$

$1-\delta_\iota(x)$		1		2		3		4		5		6		7		8		9		10		11		12		13		14		15		cal(o;x)
sal(o;x)	1		2		3		4		5		6		7		8		9		10		11		12		13		14		15		16	
$\frac{1}{2}$	$\frac{1}{4}$	0	$\frac{1}{8}$	0	0	0	$\frac{1}{16}$	0	0	0	0	0	0	0	$\frac{1}{32}$	0	0	0	0	0	0	0	0	0	0	0	0	0	0	0	$\frac{1}{64}$	cal(0;x)
$-\frac{1}{4}$		$\frac{1}{8}$				$\frac{1}{16}$								$\frac{1}{32}$		0														$\frac{1}{64}$	0	sal(1;x)
	$-\frac{1}{8}$				$\frac{1}{16}$								$\frac{1}{32}$		0	0													$\frac{1}{64}$		0	cal(1;x)
$-\frac{1}{8}$				$\frac{1}{16}$								$\frac{1}{32}$			0	0												$\frac{1}{64}$			0	sal(2;x)
0			$-\frac{1}{16}$								$\frac{1}{32}$				0	0											$\frac{1}{64}$				0	cal(2;x)
0		$-\frac{1}{16}$								$\frac{1}{32}$					0	0										$\frac{1}{64}$					0	sal(3;x)
	$-\frac{1}{16}$								$\frac{1}{32}$						0	0									$\frac{1}{64}$						0	cal(3;x)
$-\frac{1}{16}$								$\frac{1}{32}$							0	0								$\frac{1}{64}$							0	sal(4;x)
0							$-\frac{1}{32}$								0	0							$\frac{1}{64}$								0	cal(4;x)
0						$-\frac{1}{32}$									0	0						$\frac{1}{64}$									0	sal(5;x)
0					$-\frac{1}{32}$										0	0					$\frac{1}{64}$										0	cal(5;x)
0				$-\frac{1}{32}$											0	0				$\frac{1}{64}$											0	sal(6;x)
0			$-\frac{1}{32}$												0	0			$\frac{1}{64}$												0	cal(6;x)
0		$-\frac{1}{32}$													0	0		$\frac{1}{64}$													0	sal(7;x)
	$-\frac{1}{32}$														0		$\frac{1}{64}$														0	cal(7;x)
$-\frac{1}{32}$		0	0	0	0	0	0	0	0	0	0	0	0	0		$\frac{1}{64}$		0	0	0	0	0	0	0	0	0	0	0	0	0	0	sal(8;x)
0	0	0	0	0	0	0	0	0	0	0	0	0	0		$-\frac{1}{64}$		0	0	0	0	0	0	0	0	0	0	0	0	0	0	0	cal(8;x)
0														$-\frac{1}{64}$		0															0	sal(9;x)
0													$-\frac{1}{64}$		0	0															0	cal(9;x)
0												$-\frac{1}{64}$			0	0															0	sal(10;x)
0											$-\frac{1}{64}$				0	0															0	cal(10;x)
0										$-\frac{1}{64}$					0	0															0	sal(11;x)
0									$-\frac{1}{64}$						0	0															0	cal(11;x)
0								$-\frac{1}{64}$							0	0															0	sal(12;x)
0							$-\frac{1}{64}$								0	0															0	cal(12;x)
0						$-\frac{1}{64}$									0	0															0	sal(13;x)
0					$-\frac{1}{64}$										0	0															0	cal(13;x)
0				$-\frac{1}{64}$											0	0															0	sal(14;x)
0			$-\frac{1}{64}$												0	0															0	cal(14;x)
0		$-\frac{1}{64}$													0	0															0	sal(15;x)
	$-\frac{1}{64}$														0	0															0	cal(15;x)
$-\frac{1}{64}$		0	0	0	0	0	0	0	0	0	0	0	0	0	0	0	0	0	0	0	0	0	0	0	0	0	0	0	0	0	0	sal(16;x)

Abbildung 8.2

a_0	0.63260
b_1	0.15513
a_1	0.01932
b_2	0.07877
a_2	0.00492
b_3	0.00121
a_3	0.00970
b_4	0.03954

Das Gleichungssystem (8.11) ist leicht iterativ zu lösen und liefert die in der folgenden linken Tabelle aufgeführten Werte.

	$\hat{y}'$	e^{-x}	$\hat{y}' - e^{-x}$
I_0	0.94118	0.93941	0.00177
I_1	0.83045	0.82903	0.00142
I_2	0.73275	0.73165	0.00110
I_3	0.64654	0.64565	0.00089
I_4	0.57048	0.56978	0.00070
I_5	0.50337	0.50283	0.00054
I_6	0.44415	0.44375	0.00040
I_7	0.39190	0.39161	0.00029

Um einen Eindruck von der im vorliegenden Falle erreichten Genauigkeit zu geben, sind in der rechten Tabelle die zugehörigen Werte von $\hat{y}'$ und zum Vergleich die Werte von e^{-x} in der jeweiligen Intervallmitte aufgeführt. Die Skizze nebenan zeigt diese beiden Funktionen.

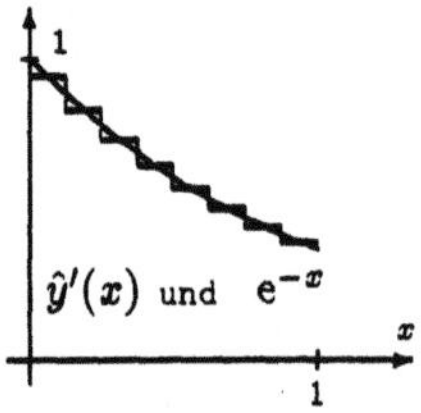

Eine Approximation von y als Treppenfunktion aus S_3 erhalten wir durch $\hat{y} = 1 - \hat{y}'$.

Wir können aber auch von (8.10) ausgehen, und

$$\bar{y}(x) = \int_0^x \hat{y}'(t)\,dt \tag{8.12}$$

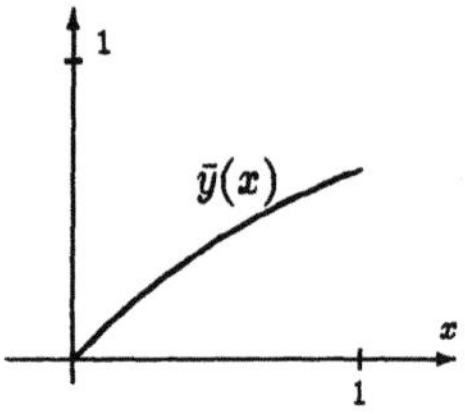

bilden. Dann erhalten wir die nebenan skizzierte Näherungsfunktion durch einem Streckenzug.

In diesem Verfahren verbirgt sich die Methode von GALERKIN. (Man vergleiche mit Beispiel 12.1 auf Seite 241!) Für Konvergenzfragen kann man deshalb auf die Literatur zu dieser Theorie zurückgreifen. (Siehe z.B. [R 2])

8.3 Summationsoperatoren

Im vorigen Abschnitt haben wir Matrixoperatoren erhalten, welche in den WALSH-Räumen S_n approximative Integrationen gestatten. So, wie wir im Kapitel 7 verschiedene Varianten von Differenzoperatoren kennengelernt haben, wollen wir hier die zugehörigen Varianten der Summationsoperatoren einführen.

$$\mathbf{T}_n = \frac{1}{4N}\begin{pmatrix}
2N & N & 0 & \frac{N}{2} & 0 & 0 & 0 & \frac{N}{4} & 0 & 0 & \cdots & & & 0 & 0 & 1 \\
-N & & \frac{N}{2} & & & & \frac{N}{4} & 0 & 0 & \cdots & & & 0 & 0 & 1 & 0 \\
0 & -\frac{N}{2} & & & & \frac{N}{4} & 0 & 0 & \cdots & & & 0 & 0 & 1 & & 0 \\
-\frac{N}{2} & & & & \frac{N}{4} & 0 & 0 & \cdots & & & & & & & & \vdots \\
0 & & & -\frac{N}{4} & 0 & 0 & & \ddots & & 0 & & & & & & \vdots \\
0 & & -\frac{N}{4} & 0 & 0 & & \ddots & & 0 & 0 & & & & & & \vdots \\
0 & -\frac{N}{4} & 0 & 0 & & \ddots & & 0 & 0 & 1 & & & & & & 0 \\
-\frac{N}{4} & 0 & 0 & \vdots & \ddots & & 0 & 0 & 1 & & & & & & & 0 \\
0 & 0 & \vdots & \vdots & & 0 & 0 & -1 & & & & & & & & 0 \\
0 & \vdots & \vdots & & 0 & 0 & -1 & & & & & & & & & 0 \\
\vdots & \vdots & & & & & & & & & & & & & & \vdots \\
\vdots & & 0 & & & & & & & & & & & & & \vdots \\
& 0 & 0 & & & & & & & & & & & & & \vdots \\
0 & 0 & -1 & & & & & & & & & & & & & 0 \\
0 & -1 & & & & & & & & & & & & & & 0 \\
-1 & 0 & 0 & \cdots & & & 0 & 0 & 0 & 0 & \cdots & & & 0 & 0 & 0
\end{pmatrix} \tag{8.13}$$

Wir betrachten nun die zu $\mathbf{T}_n$ im Zeitbereich gehörenden Matrizen $\mathbf{S}_n$ etwas genauer. Dazu orientieren wir uns an dem folgenden

Beispiel: $n = 3$:

Zeitbereich		*Sequenzbereich*
$\mathbf{S}_3 = \frac{1}{16}\begin{pmatrix} 1 & 0 & 0 & 0 & 0 & 0 & 0 & 0 \\ 2 & 1 & & & & & & 0 \\ 2 & 2 & 1 & & & & & 0 \\ 2 & 2 & 2 & 1 & & & & 0 \\ 2 & 2 & 2 & 2 & 1 & & & 0 \\ 2 & 2 & 2 & 2 & 2 & 1 & & 0 \\ 2 & 2 & 2 & 2 & 2 & 2 & 1 & 0 \\ 2 & 2 & 2 & 2 & 2 & 2 & 2 & 1 \end{pmatrix}$	$\Longleftrightarrow$	$8\,\mathbf{T}_3 = \frac{1}{2}\begin{pmatrix} 8 & 4 & 0 & 2 & 0 & 0 & 0 & 1 \\ -4 & & 2 & & & & 1 & 0 \\ 0 & -2 & & & & 1 & & 0 \\ -2 & & & & 1 & & & 0 \\ 0 & & & -1 & & & & 0 \\ 0 & & -1 & & & & & 0 \\ 0 & -1 & & & & & & 0 \\ -1 & 0 & 0 & 0 & 0 & 0 & 0 & 0 \end{pmatrix}$
Inverse:		**Inverse:**
$\mathbf{S}_3^{-1} = 16\begin{pmatrix} 1 & 0 & 0 & 0 & 0 & 0 & 0 & 0 \\ -2 & 1 & & & & & & 0 \\ 2 & -2 & 1 & & & & & 0 \\ -2 & 2 & -2 & 1 & & & & 0 \\ 2 & -2 & 2 & -2 & 1 & & & 0 \\ -2 & 2 & -2 & 2 & -2 & 1 & & 0 \\ 2 & -2 & 2 & -2 & 2 & -2 & 1 & 0 \\ -2 & 2 & -2 & 2 & -2 & 2 & -2 & 1 \end{pmatrix}$	$\Longleftrightarrow$	$8\,\mathbf{T}_3^{-1} = 16\begin{pmatrix} 0 & 0 & 0 & 0 & 0 & 0 & 0 & -1 \\ 0 & & & & & & -1 & 0 \\ 0 & & & & & -1 & & 0 \\ 0 & & & & -1 & & & 0 \\ 0 & & & 1 & & & & -2 \\ 0 & & 1 & & & & -2 & 0 \\ 0 & 1 & & & & 2 & & -4 \\ 1 & 0 & 0 & 0 & 2 & 0 & 4 & 8 \end{pmatrix}$

An diesem Beispiel fällt sofort auf, daß die Inverse von $\mathbf{T}_3$ dadurch entsteht, daß man die Reihenfolge der Zeilen und die Reihenfolge der Spalten umkehrt. Wie wir schon früher gesehen haben kann man das wiederum damit durchführen, daß man die betrachtete Matrix von links und von rechts mit der Matrix $\tilde{\mathbf{I}}$ multipliziert. Wir wollen uns davon überzeugen, daß

$$\mathbf{T}_n^{-1} \;=\; 8N\tilde{\mathbf{I}}\,\mathbf{T}_n\,\tilde{\mathbf{I}} \tag{8.14}$$

gilt. Man findet — z.B. durch ein Induktionsverfahren — mit

$$\mathbf{S}_n \;=\; \frac{1}{4N}\{\mathbf{I} + 2\mathbf{J}_1 + 2\mathbf{J}_2 + \cdots + 2\mathbf{J}_{n-1}\}$$

ohne Schwierigkeiten die allgemeine Beziehung

$$\frac{1}{2N}\mathbf{W}_n \underbrace{\frac{1}{4N}\{\mathbf{I} + 2\mathbf{J}_1 + 2\mathbf{J}_2 + \cdots + 2\mathbf{J}_{n-1}\}}_{\mathbf{S}_n}\mathbf{W}_n \;=\; \mathbf{T}_n. \tag{8.15}$$

Für die Inverse im Zeitbereich findet man

$$\mathbf{S}_n^{-1} \;=\; 4N\{\mathbf{I} - 2\mathbf{J}_1 + 2\mathbf{J}_2 - + \cdots - 2\mathbf{J}_{n-1}\} \tag{8.16}$$

Aus (8.16) folgt, daß

$$\frac{1}{2N}\mathbf{W}_n\mathbf{S}_n^{-1}\mathbf{W}_n \;=\; \mathbf{W}_n 2\{\mathbf{I} - 2\mathbf{J}_1 + 2\mathbf{J}_2 - + \cdots - 2\mathbf{J}_{n-1}\}\mathbf{W}_n \;=\; \mathbf{T}_n^{-1}.$$

$$\mathbf{T}_n^{-1} = 4N\begin{pmatrix}
0 & 0 & 0 & \cdots & \cdots & \cdots & 0 & 0 & 0 & 0 & \cdots & \cdots & \cdots & 0 & 0 & -1 \\
0 & & & & & & & & & & & & & & -1 & 0 \\
0 & & & & & & & & & & & & & -1 & 0 & 0 \\
\vdots & & & & & & & & & & & & \iddots & 0 & 0 & \vdots \\
\vdots & & & & & & & & & & & \iddots & \iddots & 0 & \vdots & \vdots \\
\vdots & & & & & & & & & & \iddots & \iddots & & \vdots & \vdots & \\
0 & & & & & & & & & -1 & 0 & 0 & \vdots & \vdots & & 0 \\
0 & & & & & & & & -1 & 0 & 0 & & \vdots & & 0 & 0 \\
0 & & & & & & & 1 & 0 & 0 & & \ddots & & 0 & 0 & -\frac{N}{4} \\
0 & & & & & & 1 & 0 & 0 & & \ddots & & 0 & 0 & -\frac{N}{4} & 0 \\
\vdots & & & & & \iddots & 0 & 0 & & \ddots & & 0 & 0 & -\frac{N}{4} & & 0 \\
\vdots & & & & \iddots & \iddots & 0 & & \ddots & & 0 & 0 & -\frac{N}{4} & & & 0 \\
\vdots & & & \iddots & \iddots & \iddots & & \cdots & & 0 & 0 & \frac{N}{4} & & & & -\frac{N}{2} \\
0 & & 1 & 0 & 0 & & \cdots & & 0 & 0 & \frac{N}{4} & & & & -\frac{N}{2} & 0 \\
0 & 1 & 0 & 0 & & \cdots & & 0 & 0 & \frac{N}{4} & & & & \frac{N}{2} & & -N \\
1 & 0 & 0 & & \cdots & & 0 & 0 & \frac{N}{4} & 0 & 0 & 0 & \frac{N}{2} & 0 & N & 2N
\end{pmatrix} \tag{8.17}$$

Die Matrizen (8.13) sind „nicht ganz“ antisymmetrisch. Das liegt daran, daß wir als Stammfunktion von 1 die unsymmetrische Funktion $\operatorname{frac} x$ gewählt haben. Nimmt man statt dessen die Funktion $\operatorname{ser}(x + \frac{1}{2})$, so erhält man den antisymmetrischen Teil $\tilde{\mathbf{T}}_n$, der auch in der folgenden Zerlegung auftritt:

$$\frac{1}{4N}\begin{pmatrix} 2N & N & 0 & \frac{N}{2} & 0 & \cdots \\ -N & 0 & \frac{N}{2} & 0 & \cdots & \\ 0 & -\frac{N}{2} & 0 & \ddots & & \\ -\frac{N}{2} & 0 & \ddots & & & \\ 0 & \vdots & & & & \\ \vdots & & & & & \end{pmatrix} = \underbrace{\overbrace{\frac{1}{4N}\begin{pmatrix} 2N & 0 & 0 & 0 & 0 & \cdots \\ 0 & 0 & 0 & 0 & \cdots & \\ 0 & 0 & 0 & \ddots & & \\ 0 & 0 & \ddots & & & \\ 0 & \vdots & & & & \\ \vdots & & & & & \end{pmatrix}}^{symmetrisch}}_{=\mathbf{A}_n} + \underbrace{\overbrace{\frac{1}{4N}\begin{pmatrix} 0 & N & 0 & \frac{N}{2} & 0 & \cdots \\ -N & 0 & \frac{N}{2} & 0 & \cdots & \\ 0 & -\frac{N}{2} & 0 & \ddots & & \\ -\frac{N}{2} & 0 & \ddots & & & \\ 0 & \vdots & & & & \\ \vdots & & & & & \end{pmatrix}}^{antisymmetrisch}}_{=\tilde{T}_n}$$

$$= \frac{1}{2}\mathbf{A}_n + \widetilde{\mathbf{T}}_n \quad \text{mit} \quad \mathbf{A}_n = \begin{pmatrix} 1 & 0 & 0 & 0 & 0 & \cdots \\ 0 & 0 & 0 & 0 & \cdots & \\ 0 & 0 & 0 & \ddots & & \\ 0 & 0 & \ddots & & & \\ 0 & \vdots & & & & \\ \vdots & & & & & \end{pmatrix}. \tag{8.18}$$

Wir sehen uns diese Matrix $\mathbf{A}_n$ im Zeitbereich an. Es ist

$$\mathbf{M}_n = \frac{1}{2N}\mathbf{W}_n\mathbf{A}_n\mathbf{W}_n = \frac{1}{2N}\underbrace{\begin{pmatrix} 1 & 1 & \cdots & 1 & 1 \\ 1 & 1 & \cdots & 1 & 1 \\ \vdots & \vdots & \ddots & \vdots & \vdots \\ 1 & 1 & \cdots & 1 & 1 \\ 1 & 1 & \cdots & 1 & 1 \end{pmatrix}}_{2N \text{ Spalten}} \left.\vphantom{\begin{pmatrix}1\\1\\ \vdots\\1\\1\end{pmatrix}}\right\} \text{2N Zeilen}$$

Für $\tilde{\mathbf{T}}_n$ erhalten wir im Zeitbereich

$$\begin{aligned} \tilde{\mathbf{S}}_n &= \mathbf{S}_n - \frac{1}{2}\mathbf{M}_n = \frac{1}{4N}\{\mathbf{I} + 2\mathbf{J}_1 + 2\mathbf{J}_2 + \cdots + 2\mathbf{J}_{n-1}\} \\ &\qquad - \frac{1}{4N}\left\{\mathbf{I} + \mathbf{J}_1 + \mathbf{J}_2 + \cdots + \mathbf{J}_{n-1} + \mathbf{J}_1^T + \mathbf{J}_2^T + \cdots + \mathbf{J}_{n-1}^T\right\} \\ &= \frac{1}{4N}\left\{\mathbf{J}_1 - \mathbf{J}_1^T + \mathbf{J}_2 - \mathbf{J}_2^T + - \cdots + \mathbf{J}_{n-1} - \mathbf{J}_{n-1}^T\right\} \end{aligned}$$

Beispiel:

Zeitbereich		*Sequenzbereich*
$\tilde{\mathbf{S}}_3$	$\Longleftrightarrow$	$\widetilde{\mathbf{T}}_3$

$$\frac{1}{16}\begin{pmatrix} & - & - & - & - & - & - & - \\ + & & - & - & - & - & - & - \\ + & + & & - & - & - & - & - \\ + & + & + & & - & - & - & - \\ + & + & + & + & & - & - & - \\ + & + & + & + & + & & - & - \\ + & + & + & + & + & + & & - \\ + & + & + & + & + & + & + & \end{pmatrix} \Longleftrightarrow \frac{1}{16}\begin{pmatrix} 0 & 4 & 0 & 2 & 0 & 0 & 0 & 1 \\ -4 & & 2 & & & & 1 & 0 \\ 0 & -2 & & & & 1 & & 0 \\ -2 & & & & 1 & & & 0 \\ 0 & & & -1 & & & & 0 \\ 0 & & -1 & & & & & 0 \\ 0 & -1 & & & & & & 0 \\ -1 & 0 & 0 & 0 & 0 & 0 & 0 & 0 \end{pmatrix}$$

8.4 Einseitige Summationsoperatoren

Soweit die Differenzoperatoren aus Abschnitt 10.2 eine Inverse haben, können wir diese als Summationsoperatoren benutzen. Das gilt z.B. für $\frac{1}{h}(\mathbf{I}-\mathbf{J}_1)$ und $\frac{1}{h}(\mathbf{J}_1^T-\mathbf{I})$. Es ist

$$\left\{\frac{1}{h}\left(\mathbf{I}-\mathbf{J}_1\right)\right\}^{-1} = h\left\{\mathbf{I}+\mathbf{J}_1+\mathbf{J}_2+\cdots+\mathbf{J}_{n-1}\right\} \tag{8.19}$$

$$\text{bzw.}\quad \left\{\frac{1}{h}\left(\mathbf{J}_1^T-\mathbf{I}\right)\right\}^{-1} = -h\left\{\mathbf{I}+\mathbf{J}_1^T+\mathbf{J}_2^T+\cdots+\mathbf{J}_{n-1}^T\right\}. \tag{8.20}$$

Beispiel:

Für $n=3$ ist im Zeitbereich

$$\frac{1}{h}\left(\mathbf{I}-\mathbf{J}_1\right) = 8\begin{pmatrix} + & 0 & 0 & 0 & 0 & 0 & 0 & 0 \\ - & + & & & & & & 0 \\ 0 & - & + & & & & & 0 \\ 0 & & - & + & & & & 0 \\ 0 & & & - & + & & & 0 \\ 0 & & & & - & + & & 0 \\ 0 & & & & & - & + & 0 \\ 0 & 0 & 0 & 0 & 0 & 0 & - & + \end{pmatrix}$$

Die Inverse hiervon ist

$$\left\{\frac{1}{h}\left(\mathbf{I}-\mathbf{J}_1\right)\right\}^{-1} = h\left\{\mathbf{I}+\mathbf{J}_1+\mathbf{J}_2+\cdots+\mathbf{J}_7\right\} = \frac{1}{8}\begin{pmatrix} + & & & & & & & \\ + & + & & & & & & \\ + & + & + & & & & & \\ + & + & + & + & & & & \\ + & + & + & + & + & & & \\ + & + & + & + & + & + & & \\ + & + & + & + & + & + & + & \\ + & + & + & + & + & + & + & + \end{pmatrix}.$$

Im Sequenzbereich wird daraus

$$\frac{1}{2N}\mathbf{W}_n\frac{1}{2N}\left\{\mathbf{I}-\mathbf{J}_1\right\}^{-1}\mathbf{W}_n = \frac{1}{64}\mathbf{W}_3\begin{pmatrix} + & & & & & & & \\ + & + & & & & & & \\ + & + & + & & & & & \\ + & + & + & + & & & & \\ + & + & + & + & + & & & \\ + & + & + & + & + & + & & \\ + & + & + & + & + & + & + & \\ + & + & + & + & + & + & + & + \end{pmatrix}\mathbf{W}_3$$

$$= \frac{1}{16}\begin{pmatrix} 9 & 4 & 0 & 2 & 0 & 0 & 0 & 1 \\ -4 & 1 & 2 & & & & 1 & 0 \\ 0 & -2 & 1 & & & 1 & & 0 \\ -2 & & & 1 & 1 & & & 0 \\ 0 & & & -1 & 1 & & & 0 \\ 0 & & -1 & & & 1 & & 0 \\ 0 & -1 & & & & & 1 & 0 \\ -1 & 0 & 0 & 0 & 0 & 0 & 0 & 1 \end{pmatrix} \tag{8.21}$$

$$= \frac{1}{16}\left\{\begin{pmatrix} 8 & 4 & 0 & 2 & 0 & 0 & 0 & 1 \\ -4 & & 2 & & & & 1 & 0 \\ 0 & -2 & & & & 1 & & 0 \\ -2 & & & & 1 & & & 0 \\ 0 & & & -1 & & & & 0 \\ 0 & & -1 & & & & & 0 \\ 0 & -1 & & & & & & 0 \\ -1 & 0 & 0 & 0 & 0 & 0 & 0 & 0 \end{pmatrix}+\mathbf{I}\right\} = \mathbf{T}_3+\frac{1}{16}\mathbf{I}.$$

Für den rechtsseitigen Fall ist mit $n=3$

$$
\overbrace{8\begin{pmatrix} - & + & 0 & 0 & 0 & 0 & 0 & 0 \\ 0 & - & + & & & & & 0 \\ 0 & & - & + & & & & 0 \\ 0 & & & - & + & & & 0 \\ 0 & & & & - & + & & 0 \\ 0 & & & & & - & + & 0 \\ 0 & & & & & & - & + \\ 0 & 0 & 0 & 0 & 0 & 0 & 0 & - \end{pmatrix}}^{\mathbf{J}_1^T-\mathbf{I}} \quad \text{Inverse:} \quad \overbrace{\frac{1}{8}\begin{pmatrix} - & - & - & - & - & - & - & - \\ & - & - & - & - & - & - & - \\ & & - & - & - & - & - & - \\ & & & - & - & - & - & - \\ & & & & - & - & - & - \\ & & & & & - & - & - \\ & & & & & & - & - \\ & & & & & & & - \end{pmatrix}}^{(\mathbf{J}_1^T-\mathbf{I})^{-1}}
$$

und daraus erhält man im Sequenzbereich

$$
\begin{aligned}
\frac{1}{2N}\mathbf{W}_n\frac{1}{2N}\left\{\mathbf{J}_1^T-\mathbf{I}\right\}^{-1}\mathbf{W}_n &= \frac{1}{64}\mathbf{W}_3\begin{pmatrix} - & - & - & - & - & - & - & - \\ & - & - & - & - & - & - & - \\ & & - & - & - & - & - & - \\ & & & - & - & - & - & - \\ & & & & - & - & - & - \\ & & & & & - & - & - \\ & & & & & & - & - \\ & & & & & & & - \end{pmatrix}\mathbf{W}_3 \\
&= \frac{1}{16}\begin{pmatrix} -9 & 4 & 0 & 2 & 0 & 0 & 0 & 1 \\ -4 & -1 & 2 & & & & 1 & 0 \\ 0 & -2 & -1 & & & 1 & & 0 \\ -2 & & & -1 & 1 & & & 0 \\ 0 & & & -1 & -1 & & & 0 \\ 0 & & -1 & & & -1 & & 0 \\ 0 & -1 & & & & & -1 & 0 \\ -1 & 0 & 0 & 0 & 0 & 0 & 0 & -1 \end{pmatrix} \qquad (8.22) \\
&= \frac{1}{16}\left\{\begin{pmatrix} -8 & 4 & 0 & 2 & 0 & 0 & 0 & 1 \\ -4 & & 2 & & & & 1 & 0 \\ 0 & -2 & & & & 1 & & 0 \\ -2 & & & & 1 & & & 0 \\ 0 & & & -1 & & & & 0 \\ 0 & & -1 & & & & & 0 \\ 0 & -1 & & & & & & 0 \\ -1 & 0 & 0 & 0 & 0 & 0 & 0 & 0 \end{pmatrix} - \mathbf{I}\right\} = \mathbf{T}_3 - \frac{1}{16}\mathbf{I}.
\end{aligned}
$$

Mit (8.13) gilt allgemein:

Zeitbereich		*Sequenzbereich*
Linksseitige Summationsoperatoren:		
$\left\{\frac{1}{h}\left(\mathbf{I}-\mathbf{J}_1\right)\right\}^{-1} = h\left\{\mathbf{I}+\mathbf{J}_1+\mathbf{J}_2+\cdots+\mathbf{J}_{n-1}\right\}$	$\Longleftrightarrow$	$\mathbf{T}_n+\frac{1}{4N}\mathbf{I}$
Rechtsseitige Summationsoperatoren:		
$\left\{\frac{1}{h}\left(\mathbf{J}_1^T-\mathbf{I}\right)\right\}^{-1} = -h\left\{\mathbf{I}+\mathbf{J}_1^T+\mathbf{J}_2^T+\cdots+\mathbf{J}_{n-1}^T\right\}$	$\Longleftrightarrow$	$\mathbf{T}_n-\frac{1}{4N}\mathbf{I}$

Um die Wirkungsweise dieser asymmetrischen Summationsoperatoren zu demonstrieren, betrachten wir nochmals das Anfangswertproblem des Beispiels 8.5

auf Seite 168. Benutzen wir wieder 8 Teilintervalle und den linksseitigen Operator (8.21), so erhalten wir an Stelle von (8.11) die Gleichung

$$\begin{pmatrix} a_0 \\ b_1 \\ a_1 \\ b_2 \\ a_2 \\ b_3 \\ a_3 \\ b_4 \end{pmatrix} = \begin{pmatrix} 1 \\ 0 \\ 0 \\ 0 \\ 0 \\ 0 \\ 0 \\ 0 \end{pmatrix} - \frac{1}{16} \begin{pmatrix} 9 & 4 & 0 & 2 & 0 & 0 & 0 & 1 \\ -4 & 1 & 2 & & & & 1 & 0 \\ 0 & -2 & 1 & & & 1 & & 0 \\ -2 & & & 1 & 1 & & & 0 \\ 0 & & & -1 & 1 & & & 0 \\ 0 & & -1 & & & 1 & & 0 \\ 0 & -1 & & & & & 1 & 0 \\ -1 & 0 & 0 & 0 & 0 & 0 & 0 & 1 \end{pmatrix} \begin{pmatrix} a_0 \\ b_1 \\ a_1 \\ b_2 \\ a_2 \\ b_3 \\ a_3 \\ b_4 \end{pmatrix}. \quad (8.23)$$

a_0	0.61026
b_1	0.14115
a_1	0.01655
b_2	0.07155
a_2	0.00421
b_3	0.00097
a_3	0.00830
b_4	0.03590

Die Gleichung (8.23) liefert uns die links angegebenen Werte.

	$\hat{y}'_l$	e^{-x}	$\hat{y}'_l - e^{-x}$
I_0	0.88889	0.93941	−0.05052
I_1	0.79013	0.82903	−0.03890
I_2	0.70233	0.73165	−0.02932
I_3	0.62429	0.64565	−0.02136
I_4	0.55493	0.56978	−0.01485
I_5	0.49325	0.50283	−0.00958
I_6	0.43845	0.44375	−0.00530
I_7	0.38973	0.39161	−0.00188

a_0	0.65639
b_1	0.17124
a_1	0.02273
b_2	0.08713
a_2	0.00581
b_3	0.00152
a_3	0.01142
b_4	0.04376

In analoger Weise erhalten wir für den rechtsseitigen Operator (8.22) die links angegebenen Werte.

	$\hat{y}'_r$	e^{-x}	$\hat{y}'_r - e^{-x}$
I_0	1.00000	0.93941	0.06059
I_1	0.87500	0.82903	0.04597
I_2	0.76562	0.73165	0.03397
I_3	0.66992	0.64565	0.02427
I_4	0.58618	0.56978	0.01640
I_5	0.51291	0.50283	0.01008
I_6	0.44880	0.44375	0.00505
I_7	0.39270	0.39161	0.00109

Man vergleiche diese Werte mit denen aus (8.11) auf Seite 168! Wie man sieht, spiegelt sich die Asymmetrie der Summationsoperatoren in den damit erzeugten Approximationen.

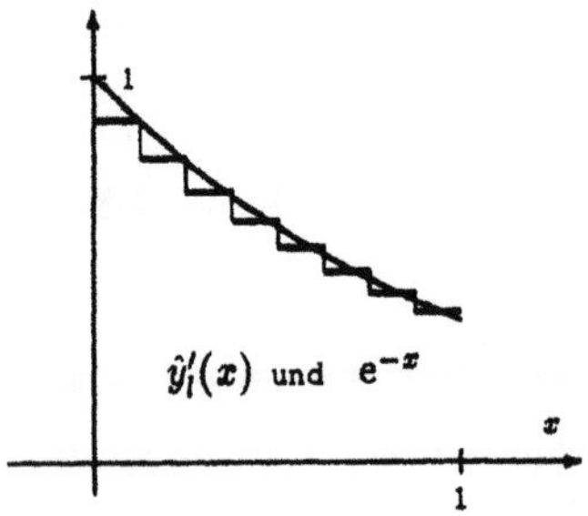

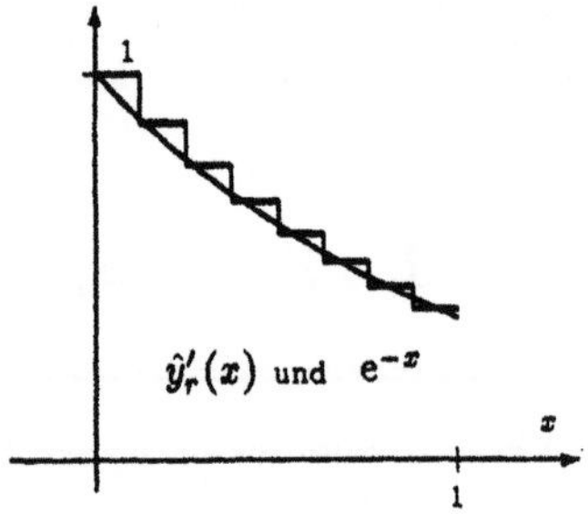

Kapitel 9

Verallgemeinerte WALSH-Funktionen

In diesem Kapitel werden WALSH-Funktionen für *beliebige* reelle Parameter erklärt. Das wird uns gestatten, neben

WALSH-FOURIER-Reihen	für	periodische Funktionen
auch WALSH-FOURIER-Integrale	für	nichtperiodische Funktionen

einzuführen. Wir konstruieren einen Kern

$$\mathrm{Wal}(2s,t) = \mathrm{Cal}(s,t)$$

für WALSH-FOURIER-Integrale, welcher dem Kern $e^{-i2\pi\nu t}$ der FOURIER-Transformation entspricht.

An Beispielen und Aufgaben wird dann gezeigt, wie man damit diese Transformationen im konkreten Falle berechnet.

9.1 Verallgemeinerte WALSH-Funktionen

In den Kapiteln 2 und 3 haben wir WALSH-Funktionen für ganzzahlige, nicht negative Parameter erklärt. Sie dienen als Basis für WF-Reihen periodischer Funktionen. Wollen wir analog zum FOURIER-Integral auch mit WALSH-Funktionen eine Integraltransformation für nichtperiodische Funktionen erklären, so brauchen wir — wie wir das vom FOURIER-Integral gewöhnt sind — Funktionen, die von einem *kontinuierlichen Parameter* abhängen, also ein kontinuierliches Sequenz-Spektrum haben. Diese Voraussetzung wollen wir jetzt schaffen.

Wir führen *verallgemeinerte WALSH-Funktionen* [1] ein, welche diese Eigenschaft haben, und unterscheiden sie von den bisher benutzten durch eine kleine

---

[1] Die ersten Arbeiten darüber stammen von von Fine [F 3] und Pichler [P 5] .

Änderung der Bezeichnungsweise:

> **Verallgemeinerte WALSH-Funktionen** kennzeichnen wir dadurch, daß wir Parameter und Variable durch ein Komma trennen und daß wir sie groß schreiben. Wir schreiben also
>
> $$\mathrm{Wal}(t,x), \quad \mathrm{Cal}(t,x), \quad \mathrm{Sal}(t,x), \quad \mathrm{Pal}(t,x).$$

Diese weniger scharfe Trennung von Parametern und Variablen deutet auch darauf hin, daß diese beiden Größen nunmehr zu gleichwertigen Variablen werden. Wir werden sehen, daß alle Ausdrücke bezüglich dieser Größen symmetrisch sind. Somit dürfen wir sie also vertauschen, und es gilt

$$\begin{aligned} \mathrm{Wal}(t,x) &= \mathrm{Wal}(x,t), & \mathrm{Pal}(t,x) &= \mathrm{Pal}(x,t), \\ \mathrm{Cal}(t,x) &= \mathrm{Cal}(x,t), & \mathrm{Sal}(t,x) &= \mathrm{Sal}(x,t). \end{aligned}$$

Möglicherweise wird hier der Leser fragen, warum wir nicht auch andere Anordnungen der WALSH-Funktionen, z.B. das WALSH-KRONECKER-System (2.33) auf Seite 37, in diese Verallgemeinerung einbeziehen. Deshalb sei daran erinnert, daß die Indizierung der wak-Funktionen in äußerst lästiger Weise von der Dimension der WALSH-Räume abhängt und daß darum kein vernünftiger Grenzübergang $n \longrightarrow \infty$ möglich ist.

9.2 Verallgemeinerung der binären Bilinearformen

Wir wollen die in den Kapiteln 2 und 3 eingeführten Funktionen noch etwas verallgemeinern. x sei eine nicht negative reelle Zahl mit der Binärdarstellung

$$\begin{aligned} x = & \cdots + \xi_{1-n} 2^{n-1} + \xi_{2-n} 2^{n-2} + \cdots + \xi_{-1} 2 + \xi_0 + \xi_1 \frac{1}{2} + \xi_2 \frac{1}{2^2} + \cdots \\ & \cdots + \xi_{n-1} \frac{1}{2^{n-1}} + \xi_n \frac{1}{2^n} + \cdots, \quad n = 0, 1, 2, \ldots, \end{aligned}$$

und t sei eine nicht negative reelle Zahl mit der Binärdarstellung

$$\begin{aligned} t = & \cdots + \tau_{1-n} 2^{n-1} + \tau_{2-n} 2^{n-2} + \cdots + \tau_{-1} 2 + \tau_0 + \tau_1 \frac{1}{2} + \tau_2 \frac{1}{2^2} + \cdots \\ & \cdots + \tau_{n-1} \frac{1}{2^{n-1}} + \tau_n \frac{1}{2^n} + \cdots, \quad n = 0, 1, 2, \ldots. \end{aligned}$$

Der Zahl x ist damit die Binärziffernfolge $(\ldots, \xi_{1-n}, \ldots, \xi_{-1}, \xi_0, \xi_1, \ldots, \xi_n, \ldots)$ und der Zahl t ist die Binärziffernfolge $(\ldots, \tau_{1-n}, \ldots, \tau_{-1}, \tau_0, \tau_1, \ldots, \tau_n, \ldots)$ zugeordnet.

Wir wählen nun n so groß, daß links von ξ_{1-n} und links von τ_{1-n} nur noch die Ziffer 0 auftritt, und greifen sodann die beiden $2n$-dimensionalen Vektoren

$$(\xi_{1-n},\ldots,\xi_{-1},\xi_0,\xi_1,\ldots,\xi_n) \quad \text{und} \quad (\tau_{1-n},\ldots,\tau_{-1},\tau_0,\tau_1,\ldots,\tau_n)$$

heraus. Nun bilden wir mit den symmetrischen (n,n)-Matrizen $\mathbf{X},\mathbf{Y}$ und $\mathbf{0}$ *(Nullmatrix)* die wiederum symmetrische Matrix $\begin{pmatrix}\mathbf{X} & \mathbf{Y}\\ \mathbf{Y} & \mathbf{0}\end{pmatrix}$ und damit die Bilinearform

$$\begin{aligned}
&(\tau_{1-n},\ldots,\tau_{-1},\tau_0,\tau_1,\ldots,\tau_n)\begin{pmatrix}\mathbf{X} & \mathbf{Y}\\ \mathbf{Y} & \mathbf{0}\end{pmatrix}\begin{pmatrix}\xi_{1-n}\\ \vdots\\ \xi_0\\ \xi_1\\ \vdots\\ \xi_n\end{pmatrix}\\
&= (\tau_{1-n},\ldots,\tau_{-1},\tau_0)\mathbf{X}\begin{pmatrix}\xi_{1-n}\\ \vdots\\ \xi_0\end{pmatrix} \oplus (\tau_{1-n},\ldots,\tau_{-1},\tau_0)\mathbf{Y}\begin{pmatrix}\xi_1\\ \vdots\\ \xi_n\end{pmatrix} \qquad (9.1)\\
&\qquad \oplus (\tau_1,\ldots,\tau_n)\mathbf{Y}\begin{pmatrix}\xi_{1-n}\\ \vdots\\ \xi_0\end{pmatrix}.
\end{aligned}$$

Hiervon betrachten wir zwei Spezialfälle, die zur Erweiterung der pal- und der wal-Funktionen führen.

<u>1.</u> Wir wählen $\mathbf{X}=\mathbf{0}$ und $\mathbf{Y}=\tilde{\mathbf{I}}$. Dann hat (9.1) die Form

$$\begin{aligned}
&(\tau_{1-n},\ldots,\tau_{-1},\tau_0)\tilde{\mathbf{I}}\begin{pmatrix}\xi_1\\ \vdots\\ \xi_n\end{pmatrix} \oplus (\tau_1,\ldots,\tau_n)\tilde{\mathbf{I}}\begin{pmatrix}\xi_{1-n}\\ \vdots\\ \xi_0\end{pmatrix}\\
&= \underbrace{(\tau_{1-n},\ldots,\tau_{-1},\tau_0)\tilde{\mathbf{I}}\begin{pmatrix}\xi_1\\ \vdots\\ \xi_n\end{pmatrix}}_{\pi(\nu([t]),\mu(x))} \oplus \underbrace{(\xi_{1-n},\ldots,\xi_{-1},\xi_0)\tilde{\mathbf{I}}\begin{pmatrix}\tau_1\\ \vdots\\ \tau_n\end{pmatrix}}_{\pi(\nu([x]),\mu(t))}
\end{aligned}$$

In Analogie zu (2.30) auf Seite 35 wollen wir diese erweiterte Bilinearform mit Π bezeichnen. Wir haben dann

$$\Pi(\tau,\xi) \;:=\; \pi(\nu([t]),\mu(x)) \oplus \pi(\nu([x]),\mu(t)) \qquad (9.2)$$

2. Hier setzen wir für $\mathbf{Y}$ die Matrix $\tilde{\mathbf{W}}$ aus (2.28) auf Seite 34 ein und wählen $\mathbf{X} = \begin{pmatrix} 0 & \cdots & 0 & 0 \\ \vdots & \ddots & \vdots & \vdots \\ 0 & \cdots & 0 & 0 \\ 0 & \cdots & 0 & 1 \end{pmatrix}$.

Damit erhalten wir die Matrix

$$\begin{pmatrix} \mathbf{X} & \mathbf{Y} \\ \mathbf{Y} & \mathbf{0} \end{pmatrix} = \begin{pmatrix} \mathbf{X} & \tilde{\mathbf{W}} \\ \tilde{\mathbf{W}} & \mathbf{0} \end{pmatrix} = \begin{pmatrix} 0 & 0 & \cdots & 0 & 0 & 0 & 0 & \cdots & 1 & 1 \\ 0 & 0 & \cdots & 0 & 0 & 0 & 0 & \cdots & 1 & 0 \\ \vdots & \vdots & \ddots & \vdots & \vdots & \vdots & \vdots & \ddots & \vdots & \vdots \\ 0 & 0 & \cdots & 0 & 0 & 1 & 1 & \cdots & 0 & 0 \\ 0 & 0 & \cdots & 0 & 1 & 1 & 0 & \cdots & 0 & 0 \\ 0 & 0 & \cdots & 1 & 1 & 0 & 0 & \cdots & 0 & 0 \\ 0 & 0 & \cdots & 1 & 0 & 0 & 0 & \cdots & 0 & 0 \\ \vdots & \vdots & \ddots & \vdots & \vdots & \vdots & \vdots & \ddots & \vdots & \vdots \\ 1 & 1 & \cdots & 0 & 0 & 0 & 0 & \cdots & 0 & 0 \\ 1 & 0 & \cdots & 0 & 0 & 0 & 0 & \cdots & 0 & 0 \end{pmatrix}$$

Das ist eine $(2n, 2n)$-Matrix, die eine zur Matrix $\tilde{\mathbf{W}}$ von Seite 34 analoge Form hat. Die Matrix $\mathbf{X}$ hat dabei die Lücke ausgefüllt, die noch vorhanden ist, wenn man nur $\tilde{\mathbf{W}}$ in die Nebendiagonale setzt. Wir erhalten dann die Bilinearform

$$\begin{aligned}
&(\tau_{1-n}, \ldots, \tau_{-1}, \tau_0, \tau_1, \ldots, \tau_n) \begin{pmatrix} \mathbf{X} & \tilde{\mathbf{W}} \\ \tilde{\mathbf{W}} & \mathbf{0} \end{pmatrix} \begin{pmatrix} \xi_{1-n} \\ \vdots \\ \xi_0 \\ \xi_1 \\ \vdots \\ \xi_n \end{pmatrix} \\
= \quad & \tau_0\xi_0 \oplus (\tau_{1-n}, \; \tau_{2-n}, \; \ldots, \; \tau_{-1}, \; \tau_0)\, \tilde{\mathbf{W}} \begin{pmatrix} \xi_1 \\ \xi_2 \\ \vdots \\ \xi_{n-1} \\ \xi_n \end{pmatrix} \\
& \oplus (\tau_1, \; \tau_2, \; \ldots, \; \tau_{n-1}, \; \tau_n)\, \tilde{\mathbf{W}} \begin{pmatrix} \xi_{1-n} \\ \xi_{2-n} \\ \vdots \\ \xi_{-1} \\ \xi_0 \end{pmatrix} \\
= \quad & \tau_0\xi_0 \oplus \underbrace{(\tau_{1-n}, \; \tau_{2-n}, \; \ldots, \; \tau_{-1}, \; \tau_0)\, \tilde{\mathbf{W}} \begin{pmatrix} \xi_1 \\ \xi_2 \\ \vdots \\ \xi_{n-1} \\ \xi_n \end{pmatrix}}_{\omega(\nu([t]),\mu(x))} \\
& \oplus \underbrace{(\xi_{1-n}, \; \xi_{2-n}, \; \ldots, \; \xi_{-1}, \; \xi_0)\, \tilde{\mathbf{W}} \begin{pmatrix} \tau_1 \\ \tau_2 \\ \vdots \\ \tau_{n-1} \\ \tau_n \end{pmatrix}}_{\omega(\nu([x]),\mu(t))}.
\end{aligned}$$

In Analogie zu (2.31) auf Seite 36 nennen wir diese Bilinearform Ω und haben

$$\Omega(\tau, \xi) \; := \; \tau_0\xi_0 \oplus \omega(\nu([t]), \mu(x)) \oplus \omega(\nu([x]), \mu(t)). \tag{9.3}$$

$\Updownarrow$

Dieser Binärsummand spielt bei der Verallgemeinerung der wal-Funktionen eine zentrale Rolle.

Nun definieren wir für $x \geq 0$ und $t \geq 0$:

$$\begin{array}{|lcl|}\hline \mathrm{Pal}(t,x) := (-1)^{\Pi(\tau,\xi)} &=& \mathrm{pal}([t];x)\,\mathrm{pal}([x];t) \\ \hline \mathrm{Wal}(t,x) := (-1)^{\Omega(\tau,\xi)} &=& (-1)^{\tau_0\xi_0}\,\mathrm{wal}([t];x)\,\mathrm{wal}([x];t) \\ \hline \end{array} \qquad (9.4)$$

9.3 WALSH-Funktionen für beliebige reelle Parameter

In diesem Abschnitt benutzen wir die reellen Zahlen x, s und $t = 2s$. Diese Zahlen sollen für $x \geq 0,\ t \geq 0,\ s \geq 0$ die folgenden Binärziffernfolgen haben:

$$\begin{array}{rl|l} x: & \ldots, \xi_{-n}, \ \xi_{1-n}, \ \ldots, \xi_{-1}, \ \xi_0, & \xi_1, \ \ldots, \xi_{n-1}, \ \xi_n, \quad \ldots \\ t: & \ldots, \tau_{-n}, \ \tau_{1-n}, \ \ldots, \tau_{-1}, \ \tau_0, & \tau_1, \ \ldots, \tau_{n-1}, \ \tau_n, \quad \ldots \\ s: & \ldots, \sigma_{-n}, \ \sigma_{1-n}, \ \ldots, \sigma_{-1}, \ \sigma_0, & \sigma_1, \ \ldots, \sigma_{n-1}, \ \sigma_n, \quad \ldots \\ 2s: & \ldots, \sigma_{1-n}, \sigma_{2-n}, \ldots, \sigma_0, \ \ \sigma_1, & \sigma_2, \ \ldots, \sigma_n, \ \ \sigma_{n+1}, \ldots \end{array}$$

(Der senkrechte Strich trennt jeweils die Ziffern des ganzzahligen von den Ziffern des gebrochenen Teiles.)

Es gelten dann folgende Beziehungen:

$$\begin{aligned} (-1)^{\xi_0\tau_0} &= \left(\mathrm{sir}\,\tfrac{x}{2}\right)^{\tau_0} = \left(\mathrm{sir}\,\tfrac{t}{2}\right)^{\xi_0} \\ (-1)^{\xi_1\sigma_1} &= (\mathrm{sir}\,x)^{\sigma_1} = (\mathrm{sir}\,s)^{\xi_1}, \end{aligned} \qquad (9.5)$$

$$[x] = 2\left[\frac{x}{2}\right] + \xi_0, \qquad [t] = 2\left[\frac{t}{2}\right] + \tau_0 = 2[s] + \sigma_1. \qquad (9.6)$$

Wir gehen nun von (9.4) auf Seite 181 aus und formen den Ausdruck für $\mathrm{Wal}(t,x)$ noch etwas um. Mit (9.6) erhalten wir

$$\begin{aligned} \mathrm{Wal}(t,x) &= (-1)^{\tau_0\xi_0}\,\mathrm{wal}(2\left[\tfrac{t}{2}\right] + \tau_0; x)\,\mathrm{wal}(2\left[\tfrac{x}{2}\right] + \xi_0; t) \\ &= (-1)^{\tau_0\xi_0}(\mathrm{sir}\,x)^{\tau_0}\,\mathrm{cal}(\left[\tfrac{t}{2}\right]; x)(\mathrm{sir}\,t)^{\xi_0}\,\mathrm{cal}(\left[\tfrac{x}{2}\right]; t) \\ &= (-1)^{\sigma_1\xi_0}(-1)^{\xi_1\sigma_1}\,\mathrm{cal}([s]; x)(-1)^{\xi_0\sigma_2}\,\mathrm{cal}(\left[\tfrac{x}{2}\right]; 2s) \\ &= (-1)^{\sigma_1\xi_1}(-1)^{(\sigma_1\oplus\sigma_2)\xi_0}\,\mathrm{cal}([s]; x)\,\mathrm{cal}(2\left[\tfrac{x}{2}\right]; s) \\ &= (-1)^{\sigma_1\xi_1}\,\mathrm{cal}([s]; x)(\mathrm{cor}\,s)^{\xi_0}\,\mathrm{cal}(2\left[\tfrac{x}{2}\right]; s) \\ &= (-1)^{\sigma_1\xi_1}\,\mathrm{cal}([s]; x)\,\mathrm{cal}([x]; s). \end{aligned}$$

Wegen $(-1)^{\sigma_1\xi_1} = (\mathrm{sir}\,s)^{\xi_1} = (\mathrm{sir}\,x)^{\sigma_1}$ gilt also für $x \geq 0,\quad s = 2t \geq 0$

$$\boxed{\begin{aligned} \mathrm{Wal}(t,x) = \mathrm{Wal}(2s,x) &= (\mathrm{sir}\,x)^{\sigma_1}\,\mathrm{cal}([s]; x)\,\mathrm{cal}([x]; s) \\ &= (\mathrm{sir}\,s)^{\xi_1}\,\mathrm{cal}([s]; x)\,\mathrm{cal}([x]; s). \end{aligned}} \qquad (9.7)$$

Die Formeln (9.4) und (9.7) geben uns zwar eine Erweiterung der WALSH-Funktionen, aber sie gelten nicht für $x < 0$. Wir haben schon früher (siehe etwa Beispiel (6.10) auf Seite 137) durch Änderung der unabhängigen Variablen die Länge des Periodenintervalles geändert. Dabei sind wir auf Funktionen der Form $\mathrm{wal}(a; \frac{x}{2N})$ gekommen. Hier ist wenigstens eine Variable, nämlich x, auf der ganzen reellen Achse zugelassen. Es liegt nahe, die Formeln (3.37) auf Seite 59 durch

$$\mathrm{wal}(\tfrac{a}{2N}; x) := \mathrm{wal}(a; \tfrac{x}{2N}) \tag{9.8}$$

auf den Fall auszudehnen, in dem der Sequenzparameter nicht mehr zu $\mathbf{N}_0$ gehört, sondern dyadisch rational ist.

Ist t eine dyadisch rationale Zahl, und wählen wir die endliche Binärdarstellung, so gibt es ein n derart, daß mit $2N = 2^n$ die Zahl $2Nt = 2[Nt]+\tau_n$ ganzzahlig ist. Dann können wir definieren:

$$\begin{aligned}
\mathrm{Wal}(t,x) &:= \mathrm{wal}(t;x) = \mathrm{wal}(2Nt; \tfrac{x}{2N}) = \mathrm{wal}(2[Nt] + \tau_n; \tfrac{x}{2N}) \\
&= \left(\mathrm{sir}\,\tfrac{x}{2N}\right)^{\tau_n} \mathrm{cal}([Nt]; \tfrac{x}{2N}) = \left(\mathrm{sir}\,\tfrac{x}{2N}\right)^{\tau_n} \prod_{j=-\infty}^{n} \left(\mathrm{cor}\, 2^{-j}x\right)^{\tau_{j-1}} \qquad (9.9) \\
&= \left(\mathrm{sir}\,\tfrac{x}{2N}\right)^{\sigma_{n+1}} \prod_{j=-\infty}^{n} \left(\mathrm{cor}\, 2^{-j}x\right)^{\sigma_j} = \left(\mathrm{sir}\,\tfrac{x}{2N}\right)^{\sigma_{n+1}} \prod_{j=-\infty}^{n} \mathrm{cal}(\sigma_j\, 2^{-j}; x).
\end{aligned}$$

Bemerkung: Von einem genügend kleinen Index j an sind σ_j bzw. τ_{j-1} Null. Jedes der obigen Produkte hat also eine endliche Anzahl von Faktoren.

Beispiel 9.1 Mit $t = 5 + \frac{7}{16} = \frac{87}{16} = 4 + 1 + \frac{1}{4} + \frac{1}{8} + \frac{1}{16} = 101.0111$

haben t und s die folgenden Binärstellen:

τ_{-2}	τ_{-1}	τ_0	τ_1	τ_2	τ_3	τ_4
σ_{-1}	σ_0	σ_1	σ_2	σ_3	σ_4	σ_5
1	0	1	0	1	1	1

Damit erhalten wir

$$\begin{aligned}
\mathrm{wal}(\tfrac{87}{16}; x) &= \mathrm{wal}(87; \tfrac{x}{16}) \qquad ([Nt] = [\tfrac{87}{2}] = 43) \\
&= \mathrm{sir}\,\tfrac{x}{16}\,\mathrm{cal}(43; \tfrac{x}{16}) = \mathrm{sir}\,\tfrac{x}{16}\,\mathrm{cor}\,\tfrac{x}{16}\,\mathrm{cor}\,\tfrac{x}{8}\,\mathrm{cor}\,\tfrac{x}{2}\,\mathrm{cor}\,2x \\
&= \mathrm{sir}\,\tfrac{x}{16}\,\mathrm{cal}(2;x)\,\mathrm{cal}(0;x)\,\mathrm{cal}(2^{-1};x)\,\mathrm{cal}(0;x)\,\mathrm{cal}(2^{-3};x)\,\mathrm{cal}(2^{-4};x) \\
&= \mathrm{sal}(44; \tfrac{x}{16}) = \mathrm{sal}(11; \tfrac{x}{4})
\end{aligned}$$

Mit (9.8) bzw. (9.9) können wir im vorliegenden Falle gerade und ungerade Wal-Funktionen erklären:

$$\mathrm{Cal}(s,x) = \prod_{j=-\infty}^{n} \mathrm{cal}(\sigma_j 2^{-j}; x) \quad \text{und} \quad \mathrm{Sal}(s,x) = \mathrm{sir}\,\tfrac{x}{2N}\,\mathrm{Cal}(s,x).$$

Will man nun als Sequenzparameter auch dyadisch irrationale Zahlen zulassen, so würde das für die Definition von $\mathrm{Cal}(t,x)$ keine Schwierigkeiten bereiten, weil man im obigen Produkt nur die obere Grenze durch ∞ ersetzen müßte. Bei den ungeraden Funktionen aber steht der Faktor $\mathrm{sir}\,\frac{x}{2N}$, und dieser ist für $n \to \infty$ nicht mehr definiert. Nun ist

$$\mathrm{sir}\,\tfrac{x}{2N} \;=\; \mathrm{sal}(\tfrac{1}{2N};x) \;=\; \begin{cases} 1 & \text{für } 0 \le x < N, \\ -1 & \text{für } -N \le x < 0, \end{cases} \tag{9.10}$$

und für $n \to \infty$ geht $\begin{cases} N & \to \infty, \\ \frac{1}{2N} & \to 0. \end{cases}$ Es ist also sinnvoll, für diesen Grenzfall die Sal-Funktion folgendermaßen zu definieren: $\mathrm{Sal}(0,x) := \begin{cases} 1 & \text{für } 0 \le x, \\ -1 & \text{für } x < 0. \end{cases}$ Damit können wir alles zu der folgenden Definition zusammenfassen:

Verallgemeinerte WALSH-Funktionen (9.11)

$$\mathrm{Cal}(0,x) :\equiv 1 \text{ für } -\infty < x < \infty \qquad \mathrm{Sal}(0,x) := \begin{cases} 1 & \text{für } 0 \le x, \\ -1 & \text{für } x < 0; \end{cases}$$

$$\begin{aligned} \mathrm{Cal}(1,x) &:= \mathrm{cal}(1;x), & \mathrm{Sal}(1,x) &:= \mathrm{sal}(1;x)\,; \\ \mathrm{Cal}(2^j,x) &:= \mathrm{Cal}(1,2^j x) & \mathrm{Sal}(2^j,x) &:= \mathrm{Sal}(1,2^j x) \end{aligned}$$
$$j = 0, \pm 1, \pm 2, \ldots$$

Ist $s = \sum_{j=-\infty}^{n} \sigma_j 2^{-j} = \frac{a}{2^n}$, also *dyadisch rational,* so sei

$$\begin{aligned} \mathrm{Cal}(s,x) &:= \prod_{j=-\infty}^{n} \mathrm{cal}\left(\sigma_j 2^{-j};x\right) = \mathrm{cal}(a;\tfrac{x}{2^n}) = \mathrm{cal}(\tfrac{a}{2^n};x), \\ \mathrm{Sal}(s,x) &:= \mathrm{sir}\,\tfrac{x}{2^n}\,\mathrm{Cal}(s,x) = \mathrm{sal}(a+1;\tfrac{x}{2^n}) = \mathrm{sal}(\tfrac{a+1}{2^n};x). \end{aligned}$$

Ist $s = \sum_{j=-\infty}^{\infty} \sigma_j 2^{-j}$ *dyadisch irrational,* so sei

$$\mathrm{Cal}(s,x) := \prod_{j=-\infty}^{\infty} \mathrm{cal}\left(\sigma_j 2^{-j};x\right) \quad \text{und} \quad \mathrm{Sal}(s,x) = \mathrm{Sal}(0,x)\,\mathrm{Cal}(s,x).$$

Um eine völlige Symmetrie in den Variablen s und x zu erreichen, müssen wir noch negative Werte für den Sequenzparameter s zulassen. Wir definieren deshalb:

$$\begin{aligned} \mathrm{Cal}(-s,x) &:= \mathrm{Cal}(s,-x) = \mathrm{Cal}(s,x), \\ \mathrm{Sal}(-s,x) &:= \mathrm{Sal}(s,-x) = -\mathrm{Sal}(s,x). \end{aligned} \tag{9.12}$$

Beispiel 9.2 Wir geben mit Hilfe von (9.11) $\mathrm{Cal}(s,x)$ für die folgenden Werte für s an: a) $s=\frac{2}{3}$, b) $s=\sqrt{2}$, c) $s=\pi$.

a): Mit der Binärdarstellung $\frac{2}{3} = 0.\overline{10}$ erhalten wir

$$\mathrm{Cal}(\tfrac{2}{3},x) = \mathrm{cal}(\tfrac{1}{2};x)\,\mathrm{cal}(\tfrac{1}{8};x)\,\mathrm{cal}(\tfrac{1}{32};x)\,\mathrm{cal}(\tfrac{1}{128};x)\,\mathrm{cal}(\tfrac{1}{512};x)\cdots$$

Brechen wir dieses Produkt nach den oben aufgeschriebenen Faktoren ab, so erhalten wir mit $y=\frac{x}{512}$ die Näherung

$$\mathrm{Cal}(\tfrac{2}{3},x) \approx \mathrm{cal}(256;y)\,\mathrm{cal}(64;y)\,\mathrm{cal}(16;y)\,\mathrm{cal}(4;y)\,\mathrm{cal}(1;y) = \mathrm{cal}(341;\tfrac{x}{512}).$$

Man beachte: $\frac{341}{512} \approx 0.6660156 \approx \frac{2}{3}$.

b): Mit $\sqrt{2} = 1.0110101000001001\ldots$ erhalten wir $\mathrm{Cal}(\sqrt{2},x)=$

$$\mathrm{cal}(1;x)\,\mathrm{cal}(\tfrac{1}{4};x)\,\mathrm{cal}(\tfrac{1}{8};x)\,\mathrm{cal}(\tfrac{1}{32};x)\,\mathrm{cal}(\tfrac{1}{128};x)\,\mathrm{cal}(2^{-13};x)\,\mathrm{cal}(2^{-16};x)\cdots$$

Brechen wir dieses Produkt nach den oben aufgeschriebenen Faktoren ab, so erhalten wir mit $y=\frac{x}{2^{16}}$ die Näherung

$$\begin{aligned}&\mathrm{Cal}(\sqrt{2},x)\\ &\approx \mathrm{cal}(65536;y)\,\mathrm{cal}(16384;y)\,\mathrm{cal}(8192;y)\,\mathrm{cal}(2048;y)\,\mathrm{cal}(512;y)\,\mathrm{cal}(8;y)\,\mathrm{cal}(1;y)\\ &= \mathrm{cal}(92681;\tfrac{x}{65536}).\end{aligned}$$

Man beachte: $\frac{92681}{65536} \approx 1.4141998 \approx \sqrt{2}$.

c): Mit $\pi = 11.001001000011111110\ldots$ erhalten wir

$$\begin{aligned}\mathrm{Cal}(\pi,x) &= \mathrm{cal}(3;x)\,\mathrm{cal}(\tfrac{1}{8};x)\,\mathrm{cal}(\tfrac{1}{64};x)\,\mathrm{cal}(2^{-11};x)\,\mathrm{cal}(2^{-12};x)\,\mathrm{cal}(2^{-13};x)\\ &\qquad \mathrm{cal}(2^{-14};x)\,\mathrm{cal}(2^{-15};x)\,\mathrm{cal}(2^{-16};x)\cdots\\ &\approx \mathrm{cal}(205887;\tfrac{x}{65536}).\end{aligned}$$

Es ist $\frac{205887}{65536} \approx 3.14159 \approx \pi$.

Mit (3.5) auf Seite 47 kann man sich vergewissern, daß die Definition (9.11) für positive Variable mit (9.7) übereinstimmt. Man kann also schreiben:

$$\begin{aligned}&\text{Für}\quad s\ge 0,\ x\ge 0\quad \text{gilt}\\ \mathrm{Wal}(2s,x) &= (\mathrm{sir}\,x)^{\sigma_1}\,\mathrm{cal}([s];x)\,\mathrm{cal}([x];s)\\ &= (\mathrm{sir}\,s)^{\xi_1}\,\mathrm{cal}([s];x)\,\mathrm{cal}([x];s)\\ &= \mathrm{Cal}(s,x).\end{aligned} \tag{9.13}$$

Mit Hilfe von (9.13) können wir nun auch Formeln aus Abschnitt 3.5 verallgemeinern. Z.B. erhalten wir mit $r,s,t,v \ge 0$

$$\begin{aligned}
\mathrm{Cal}(s,t)\,\mathrm{Cal}(s,v) &= (\mathrm{sir}\, s)^{r_1}(\mathrm{sir}\, s)^{\nu_1}\,\mathrm{cal}([s];t)\,\mathrm{cal}([t];s)\,\mathrm{cal}([s];v)\,\mathrm{cal}([v];s)\\
&= (\mathrm{sir}\, s)^{r_1 \oplus \nu_1}\,\mathrm{cal}([s];t\oplus v)\,\mathrm{cal}([t]\oplus[v];s)\\
&\quad \boxed{\text{wegen } [t]\oplus[v] \;=\; [t\oplus v]}\\
&= (\mathrm{sir}\, s)^{r_1 \oplus \nu_1}\,\mathrm{cal}([s];t\oplus v)\,\mathrm{cal}([t\oplus v];s) \;=\; \mathrm{Cal}(s,t\oplus v).
\end{aligned}$$

In analoger Weise erhält man $\mathrm{Cal}(s,t)\,\mathrm{Cal}(r,t) = \mathrm{Cal}(s\oplus r,t)$, und entsprechende Beziehungen gelten auch für die Sal-Funktionen. Mit den Vorzeichenregeln

$$(-x)\oplus y \;=\; x\oplus(-y) \;=\; -(x\oplus y) \quad \text{und} \quad (-x)\oplus(-y) \;=\; x\oplus y$$

lassen sich diese Beziehungen auf beliebige reelle Zahlen ausdehnen.
Wir haben also

$$\boxed{\begin{array}{ll}
\text{Für reelle Zahlen } r,s,t,v \text{ gilt} & \\
\mathrm{Cal}(s,t)\,\mathrm{Cal}(s,v) = \mathrm{Cal}(s,t\oplus v), & \mathrm{Cal}(r,t)\,\mathrm{Cal}(s,t) = \mathrm{Cal}(r\oplus s,t)\\
\mathrm{Sal}(s,t)\,\mathrm{Sal}(s,v) = \mathrm{Sal}(s,t\oplus v), & \mathrm{Sal}(r,t)\,\mathrm{Sal}(s,t) = \mathrm{Sal}(r\oplus s,t).
\end{array}} \qquad (9.14)$$

9.3.1 Cal- und Sal-Funktionen mit dyadisch rationalem Sequenzparameter

In der Definition (9.11) wurde für dyadisch rationale Werte des Parameters s die *endliche* Darstellung gewählt. Damit wird der Drang zur Eindeutigkeit befriedigt. Aber eine solche Eindeutigkeit ist gar nicht immer wünschenswert. Z.B. verhindert man dadurch eine Verallgemeinerung der Formel (3.23) auf Seite 54, nämllich

$$\textbf{(3.23)}: \qquad \mathrm{sir}\, 2^j x \;=\; \mathrm{sir}\, x\, \mathrm{cor}\, x\, \mathrm{cor}\, 2x \cdots \mathrm{cor}\, 2^{j-1}x,$$

und der für die Integration so nützlichen Formel (3.40) auf Seite 60. Außerdem kann man einem Bruch der Form $0.0\ldots 0111111111\ldots$ und seinen Problemen sowieso nicht ausweichen. Das zeigt das folgende

Beispiel:

$$\begin{array}{rll}
\frac{1}{3} = 0.0101\ldots & & \mathrm{Cal}(\frac{1}{3},x)\,\mathrm{Cal}(\frac{2}{3},x)\\
\frac{2}{3} = 0.1010\ldots & \text{also ist} & = \mathrm{Cal}(0.0101\ldots,x)\,\mathrm{Cal}(0.1010\ldots,x)\\
\frac{1}{3}\oplus\frac{2}{3} = 0.1111\ldots & & = \mathrm{Cal}(0.1111\ldots,x).
\end{array}$$

Nun könnte jemand — wenn auch mit schlechtem Gewissen — auf den Gedanken kommen, aufzurunden und $\mathrm{Cal}(1,x) \;=\; \mathrm{cal}(1;x)$ zu schreiben. Schon ist er vom rechten Wege abgekommen. Das zeigt ein einfacher Test:

Wir betrachten die Anfangswerte von

$$\mathrm{Cal}(0.1111\ldots,x) \;=\; \prod_{j=1}^{\infty}\mathrm{cal}(\tfrac{1}{2^j};x) \;=\; \mathrm{cal}(\tfrac{1}{2};x)\,\mathrm{cal}(\tfrac{1}{4};x)\,\mathrm{cal}(\tfrac{1}{8};x)\,\ldots.$$

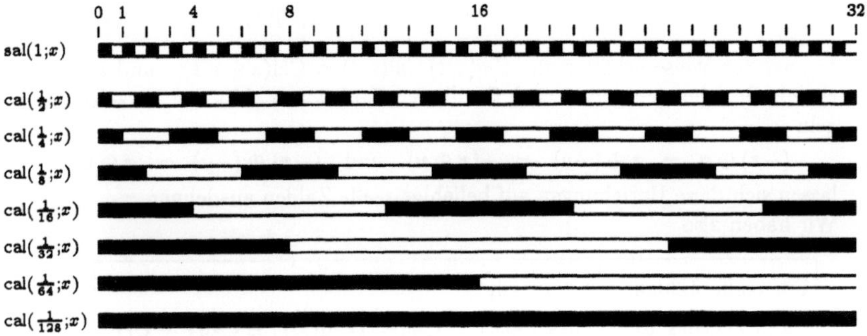

Bei den folgenden Faktoren tritt in dem hier gezeigten Bereich nur noch der Wert $+1$ auf.

Mit der uns schon vertrauten Darstellung $+1 = ■$ und $-1 = □$ erhalten wir das oben gezeigte Schaubild, aus der man sofort sieht, daß die Werte dieses unendlichen Produktes keineswegs der Funktion $\mathrm{cal}(1;x)$, sondern der Funktion $\mathrm{sal}(1;x)$ entsprechen. Es ist also angebracht, sich solche Fälle etwas genauer anzusehen. Aus (3.8) auf Seite 47 bzw. (3.23) auf Seite 54 erhält man die folgende Beziehung:

Es seien m und n ganze Zahlen, für die $m < n$ ist. Dann gilt

$$\begin{aligned}\mathrm{sal}(\tfrac{1}{2^m};x) &= \mathrm{sal}(1;\tfrac{x}{2^m}) \\ &= \mathrm{sal}(1;\tfrac{x}{2^n})\prod_{j=m+1}^{n}\mathrm{cal}(1;\tfrac{x}{2^j}) = \mathrm{sal}(\tfrac{1}{2^n};x)\prod_{j=m+1}^{n}\mathrm{cal}(\tfrac{1}{2^j};x).\end{aligned} \tag{9.15}$$

Daraus wiederum erhält man für $n \to \infty$:

$$\mathrm{sal}(\tfrac{1}{2^m};x) \;=\; \mathrm{Sal}(0,x)\prod_{j=m+1}^{\infty}\mathrm{cal}(\tfrac{1}{2^j};x) \tag{9.16}$$

und

$$\mathrm{sal}(\tfrac{1}{2^m};x)\cdot\mathrm{Sal}(0,x) \;=\; \mathrm{sal}(\tfrac{1}{2^m};|x|) \;=\; \prod_{j=m+1}^{\infty}\mathrm{cal}(\tfrac{1}{2^j};x). \tag{9.17}$$

Beispiel: $m = 3,\; n = 7$

$$\begin{aligned}\mathrm{sal}(\tfrac{1}{8};x) &= \mathrm{sal}(\tfrac{1}{128};x)\cdot\mathrm{cal}(\tfrac{1}{16};x)\cdot\mathrm{cal}(\tfrac{1}{32};x)\cdot\mathrm{cal}(\tfrac{1}{64};x)\cdot\mathrm{cal}(\tfrac{1}{128};x) \\ &= \mathrm{Sal}(0,x)\prod_{j=4}^{\infty}\mathrm{cal}(\tfrac{1}{2^j};x)\end{aligned}$$

$$\boxed{\mathrm{sal}(\tfrac{1}{8};|x|) = \prod_{j=4}^{\infty}\mathrm{cal}(\tfrac{1}{2^j};x).}$$

Beispiel: $m = -4,\ n = 2$

$$\begin{aligned}
\mathrm{sal}(16;x) &= \mathrm{sal}(\tfrac{1}{4};x)\prod_{j=-3}^{2}\mathrm{cal}(\tfrac{1}{2^j};x)\\
&= \mathrm{sal}(\tfrac{1}{4};x)\cdot\mathrm{cal}(8;x)\cdot\mathrm{cal}(4;x)\cdot\mathrm{cal}(2;x)\cdot\mathrm{cal}(1;x)\cdot\mathrm{cal}(\tfrac{1}{2};x)\cdot\mathrm{cal}(\tfrac{1}{4};x)\\
&= \mathrm{Sal}(0,x)\prod_{j=-3}^{\infty}\mathrm{cal}(\tfrac{1}{2^j};x)
\end{aligned}$$

$$\boxed{\mathrm{sal}(16;|x|) = \prod_{j=-3}^{\infty}\mathrm{cal}(\tfrac{1}{2^j};x).}$$

(9.16) bzw. (9.17) kann man auch in der folgenden Form schreiben:

$$1 = \mathrm{Sal}(0,x)\,\mathrm{sal}(\tfrac{1}{2M};x)\prod_{j=m+1}^{\infty}\mathrm{cal}(\tfrac{1}{2^j};x) = \mathrm{Sal}(0,x)\,\mathrm{sir}\,x\prod_{j=1}^{\infty}\mathrm{cal}(\tfrac{1}{2^j};x). \quad (9.18)$$

In (9.16) und (9.17) werden wal-Funktionen mit dyadisch rationalem Sequenzparameter durch ein unendliches Produkt dargestellt. Das ist in der Definition (9.11) ausgeschlossen. Dort wurde nämlich diejenige Produktdarstellung gewählt, welche der *endlichen* Form der Binärzahl s entspricht. Manchmal aber ist es sinnvoll, auch die Darstellung einer dyadisch rationalen Zahl durch ihren *unendlichen* Binärbruch zuzulassen. (In Abschnitt 15.1 z.B. werden wir dadurch sehr schöne, symmetrische Ergebnisse erhalten.)
Wir benutzen in solchem Falle die folgende Bezeichnung:
j sei eine ganze Zahl und

$$\text{für } j \geq 0 \text{ sei } \bar{h}_j = 0.\underbrace{00\ldots00}_{j\ \text{Stellen}}\mathsf{II}\ldots = \frac{1}{2^j},$$

$$\text{für } j < 0 \text{ sei } \bar{h}_j = \underbrace{\mathsf{II}\ldots\mathsf{II}}_{|j|\ \text{Stellen}}.\mathsf{IIII}\ldots = \frac{1}{2^j} = 2^{|j|}.$$

Damit definieren wir $\mathrm{Cal}(\overline{\tfrac{1}{2^m}},x) =: \mathrm{Cal}(\bar{h}_m,x) = \prod_{k=m+1}^{\infty}\mathrm{cal}(\tfrac{1}{2^k};x).$

Für $m = 0$ erhält man $\mathrm{Cal}(\bar{1},x) = \mathrm{Cal}(\bar{h}_0,x) = \prod_{k=1}^{\infty}\mathrm{cal}(\tfrac{1}{2^k};x)$
und aus (9.18) wird

$$\begin{aligned}
1 &= \mathrm{Sal}(0,x)\,\mathrm{sal}(\tfrac{1}{2^m};x)\,\mathrm{Cal}(\bar{h}_m,x) = \mathrm{Sal}(0,x)\,\mathrm{Sal}(\bar{h}_m,x)\\
&= \mathrm{Sal}(0,x)\,\mathrm{Sal}(\bar{h}_0,x) = \mathrm{Sal}(0,x)\,\mathrm{Sal}(\bar{1},x).
\end{aligned}$$

Wir haben jetzt auch den im obigen Beispiel aufgetretenen Zweifel ausgeräumt und erkennen, daß $\prod_{j=1}^{\infty}\mathrm{cal}(\tfrac{1}{2^j};x) = \mathrm{sir}\,|x|$ ist.

9.3.2 Integration verallgemeinerter WALSH-Funktionen

In (8.1) auf Seite 161 bzw. (8.2) auf Seite 162 haben wir

zu $\mathrm{sal}(2N-j;x)$
die Stammfunktion $\frac{1}{2N}\,\mathrm{Z}(2Nx)\,\mathrm{cal}(j;x),\ 0 \le j < N,$ und
zu $\mathrm{cal}(2N-j;x)$
die Stammfunktion $\frac{1}{2N}\,\mathrm{Z}(2Nx)\,\mathrm{sal}(j;x),\ 0 < j \le N,$

gefunden. Dabei war j ganzzahlig. Wir wollen diese Beziehung jetzt auf die verallgemeinerten WALSH-Funktionen Cal und Sal mit beliebigem reellem a, $0 \le a < N$, ausdehnen.
Zunächst stellen wir fest, daß mit $2Nx = t$

$$\frac{1}{2N} D_x\,\mathrm{Z}(2Nx) \;=\; D_t\,\mathrm{Z}(t) \;=\; \mathrm{sir}\,t \;=\; \mathrm{Sal}(\bar{1},t) \;=\; \mathrm{Sal}(0,t)\prod_{k=1}^{\infty}\mathrm{cal}(\tfrac{1}{2^k};t)$$

ist. Nun sei $0 \le a < N$. Mit $a = 2N\alpha$ ist sodann $0 \le \alpha < \frac{1}{2}$. Damit ist $\mathrm{Cal}(\alpha,t)$ eine Funktion, die in den Intervallen $[t] \le t < [t]+1$ den Wert 1 oder -1 annimmt. Multipliziert man $\mathrm{Z}(t)$ mit $\mathrm{Cal}(\alpha,t)$, so wird jede „Zacke" dieser Funktion Z mit 1 oder -1 multipliziert. Wir bilden nun

$$\begin{array}{lllll} \text{einerseits} & \mathrm{Z}(t)\,\mathrm{Cal}(\alpha,t) & & \text{und} & \\ \text{andererseits} & \mathrm{sir}\,t\,\mathrm{Cal}(\alpha,t) & = & \mathrm{Cal}(\bar{1},t)\,\mathrm{Cal}(\alpha,t) & \\ & & = & \mathrm{Cal}(\bar{1}\oplus\alpha,t) & = \;\mathrm{Cal}(1-\alpha,t). \end{array}$$

Durch den Faktor $\mathrm{Cal}(\alpha,t)$ wird in $\mathrm{Z}(t)$ jeweils das Vorzeichen der Steigung in genau den gleichen Intervallen umgekehrt, in denen auch das Vorzeichen der Werte von $\mathrm{sir}\,t$ umgekehrt wird. Daraus folgt

$$\boxed{\begin{array}{lllll} D_t\{\mathrm{Z}(t)\,\mathrm{Cal}(\alpha,t)\} & = & \mathrm{Sal}(\bar{1}\oplus\alpha,t) & = & \mathrm{Sal}(1-\alpha,t), \\ D_t\{\mathrm{Z}(t)\,\mathrm{Sal}(\alpha,t)\} & = & \mathrm{Cal}(\bar{1}\oplus\alpha,t) & = & \mathrm{Cal}(1-\alpha,t). \end{array}} \qquad (9.19)$$

oder

$$\boxed{\begin{array}{lllll} \frac{1}{2N}D_x\{\mathrm{Z}(2Nx)\,\mathrm{Cal}(a,x)\} & = & \mathrm{Sal}(\overline{2N}\oplus a,x) & = & \mathrm{Sal}(2N-a,x), \\ \frac{1}{2N}D_x\{\mathrm{Z}(2Nx)\,\mathrm{Sal}(a,x)\} & = & \mathrm{Cal}(\overline{2N}\oplus a,x) & = & \mathrm{Cal}(2N-a,x). \end{array}} \qquad (9.20)$$

Das ist eine Verallgemeinerung der Formeln (8.1) auf Seite 161 bzw. (8.2) auf Seite 162.

Beispiel: $a \;=\; \sqrt{2},\ 0 \le a < 2 = N,\ 2N = 4,\ \alpha \;=\; \frac{1}{4}\sqrt{2}.$
Mit $\alpha \;=\; \frac{1}{4}\sqrt{2} \;=\; 0.0101101010\ldots$ erhalten wir in $0 \le t$ für

$$\mathrm{Sal}(\alpha,t) \;=\; \mathrm{Cal}(\alpha,t) \;=\; \mathrm{cal}(\tfrac{1}{4};t)\,\mathrm{cal}(\tfrac{1}{16};t)\,\mathrm{cal}(\tfrac{1}{32};t)\cdots$$

die unten skizzierten Anfangswerte.

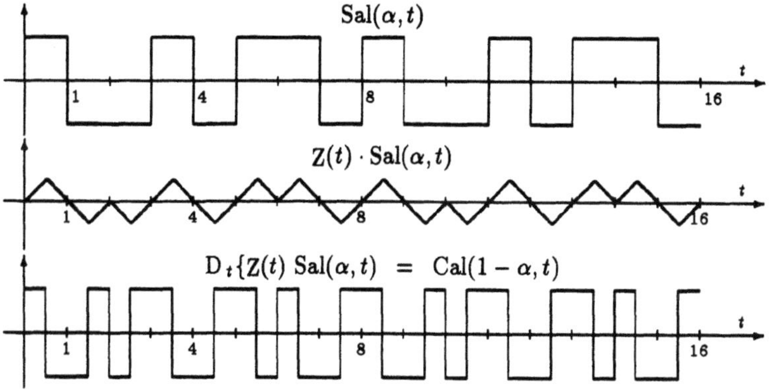

Die zuletzt skizzierte Ableitung ist

$$\begin{aligned}\mathrm{Cal}(\bar{1} \oplus \alpha, t) &= \mathrm{Cal}(1-\alpha, t) = \mathrm{Cal}(0.1010010101\ldots, t) \\ &= \mathrm{cal}(\tfrac{1}{2}; t)\,\mathrm{cal}(\tfrac{1}{8}; t)\,\mathrm{cal}(\tfrac{1}{64}; t) \cdots \;.\end{aligned}$$

9.4 WALSH-Reihen und WALSH-Integrale

Mit den EULER-WALSH-Koeffizieten (4.20) auf Seite 74 erhalten wir die WALSH-Reihe

$$\begin{aligned}WF f_L(x) &= \frac{1}{2L}\int_{-L}^{L} f_L(t)\,dt + \sum_{j=1}^{\infty}\Big\{\mathrm{cal}(j; \tfrac{x}{2L})\frac{1}{2L}\int_{-L}^{L} f_L(v)\,\mathrm{cal}(j; \tfrac{v}{2L})\,dv \\ &\qquad + \mathrm{sal}(j; \tfrac{x}{2L})\frac{1}{2L}\int_{-L}^{L} f_L(v)\,\mathrm{sal}(j; \tfrac{v}{2L})\,dv\Big\} \;.\end{aligned}$$

Setzt man $s_j = \frac{j}{2L}$ und $\Delta s = s_{j+1} - s_j = \frac{1}{2L}$, so wird daraus

$$\begin{aligned}WF f_L(x) &= \frac{1}{2L}\int_{-L}^{L} f_L(t)\,dt + \sum_{j=1}^{\infty}\Big\{\mathrm{Cal}(s_j, x)\int_{-L}^{L} f_L(v)\,\mathrm{Cal}(s_j, v)\,dv \\ &\qquad + \mathrm{Sal}(s_j, x)\int_{-L}^{L} f_L(v)\,\mathrm{Sal}(s_j, v)\,dv\Big\}\Delta s \;.\end{aligned}$$

Man vermutet, daß mit $\lim_{L\to\infty} f_L(x) = f(x)$ und den verallgemeinerten WALSH-Funktionen (9.11) $\mathrm{Cal}(\circ, \circ)$ und $\mathrm{Sal}(\circ, \circ)$ bei geeigneten Integrationsbedingungen gilt:

$$f(x) = \int_{0}^{\infty}\Big(A(s)\,\mathrm{Cal}(s, x) + B(s)\,\mathrm{Sal}(s, x)\Big)\,ds, \tag{9.21}$$

$$\text{mit} \quad A(s) = \int_{-\infty}^{\infty} f(v)\,\mathrm{Cal}(s, v)\,dv, \quad B(s) = \int_{-\infty}^{\infty} f(v)\,\mathrm{Sal}(s, v)\,dv.$$

Die Bestätigung dafür, daß diese Vermutung unter ähnlichen Bedingungen wie bei FOURIER-Integralen richtig ist, findet man z.B. in [F 3] und [P 3] .
Wir wollen hier den rechnerischen Aspekt dieser Transformation betrachten.
$f(t)$ sei eine reelle Funktion der reellen Variablen t. Existieren sodann die Integrale

$$A(s) = \int_{-\infty}^{\infty} f(t)\,\mathrm{Cal}(s,t)\,dt \quad \text{sowie} \quad B(s) = \int_{-\infty}^{\infty} f(t)\,\mathrm{Sal}(s,t)\,dt,$$

so liegt es nahe,

$$A(s) = \int_{-\infty}^{\infty} f(t)\,\mathrm{Cal}(s,t)\,dt \text{ als } \textit{WALSH-Cosinus-Transformation} \text{ und}$$

$$B(s) = \int_{-\infty}^{\infty} f(t)\,\mathrm{Sal}(s,t)\,dt \text{ als } \textit{WALSH-Sinus-Transformation},$$

das Funktionenpaar

$$F(s) = \Big(A(s), B(s)\Big) \quad \text{als } \textit{WALSH-Transformierte} \text{ von } f$$

und die Zuordnung

$$\mathcal{W}\{f(t)\} = F(s) = \Big(A(s), B(s)\Big) \quad \text{als } \textit{WALSH-Transformation} \text{ von } f$$

zu bezeichnen.
Man sieht, daß $A(s)$ eine gerade und $B(s)$ eine ungerade Funktion ist. Die wesentliche Information dieser Funktionen steckt also schon in den Funktionswerten für $s \geq 0$. Diese Funktionswerte genügen somit auch für die Rücktransformation, und man findet, wie oben schon festgestellt, die Formel (9.21).

Es genügt also, Sequenzspektren nur auf der positiven s-Achse darzustellen. Der Sequenzbegriff hat ja — ebenso wie der Begriff „Frequenz“ — nur für positive Werte einen realen Sinn. Manchmal gewinnt man aber durch Ausdehnung des Spektrums auf die gesamte s-Achse eine einprägsame Symmetrie. Wenn wir das WALSH-Spektrum auf der gesamten s-Achse darstellen wollen, benutzen wir die Bezeichnungen:

$$\bar{A}(s) = \begin{cases} \frac{1}{2}A(s) & \text{für } 0 \leq s, \\ \frac{1}{2}A(-s) & \text{für } s < 0, \end{cases} \qquad \bar{B}(s) = \begin{cases} \frac{1}{2}B(s) & \text{für } 0 \leq s, \\ -\frac{1}{2}B(-s) & \text{für } s < 0. \end{cases} \tag{9.22}$$

Ferner sei an die folgende Zerlegung einer reellen Funktion f erinnert:

$$f(t) = \underbrace{\tfrac{1}{2}\{f(t) + f(-t)\}}_{f_g(t)} + \underbrace{\tfrac{1}{2}\{f(t) - f(-t)\}}_{f_u(t)} = f_g(t) + f_u(t). \tag{9.23}$$

Offenbar ist f_g eine *gerade* Funktion und
f_u eine *ungerade* Funktion.

Man nennt f_g den *geraden Anteil* von f und
f_u den *ungeraden Anteil* von f.

9.5 Verallgemeinerte WALSH-Transformation

Nach den Betrachtungen des vorigen Abschnitts kommt man zu der folgenden Form der WALSH-Transformation:

Verallgemeinerte WALSH-Transformation (9.24)

$f(t)$ sei eine reelle (quadratisch integrierbare) Funktion auf $\mathbf{R}$ mit dem geraden Anteil $f_g(t)$ und dem ungeraden Anteil $f_u(t)$.
Ferner sei

$$A(s) = \int_{-\infty}^{\infty} f_g(t)\,\mathrm{Cal}(s,t)\,dt = \int_0^{\infty} \Big(f(t)+f(-t)\Big)\,\mathrm{Cal}(s,t)\,dt,$$

$$B(s) = \int_{-\infty}^{\infty} f_u(t)\,\mathrm{Sal}(s,t)\,dt = \int_0^{\infty} \Big(f(t)-f(-t)\Big)\,\mathrm{Cal}(s,t)\,dt.$$

Dann ist für $0 \le s$

$$\mathcal{W}\{f(t)\} = F(s) = (A(s), B(s))$$

die *WALSH-Transformation* von f. Die ***Rücktransformation*** ist

$$\mathcal{W}^{-1}\{F(s)\} = f(t) = \int_0^{\infty} (A(s)\,\mathrm{Cal}(s,t) + B(s)\,\mathrm{Sal}(s,t))\,ds$$

$$= \begin{cases} \int_0^{\infty} (A(s)+B(s))\,\mathrm{Cal}(s,t)\,ds & \text{für} \quad t \ge 0, \\ \int_0^{\infty} (A(s)-B(s))\,\mathrm{Cal}(s,t)\,ds & \text{für} \quad t < 0. \end{cases}$$

Wir schreiben auch $A(s)$ für $(A(s), 0)$ und $B(s)$ für $(0, B(s))$.
Gilt $\mathcal{W}\{f(t)\} = F(s) = (A(s), B(s))$, so sagen wir wie im diskreten Falle von 5.2.2 auf Seite 91

$f(t)$ liege im **Zeitbereich** oder **Urbildbereich** oder **Objektbereich**	und	$F(t) = (A(s), B(s))$ liege im **Sequenzbereich** oder **Bildbereich** oder **Transformationsbereich**.

Für diese wechselseitige Zuordnung schreiben wir auch

$$f(t) \circ\!\!-\!\!\bullet\; F(s) = (A(s), B(s)). \tag{9.25}$$

Aus der Definition (9.24) sieht man:

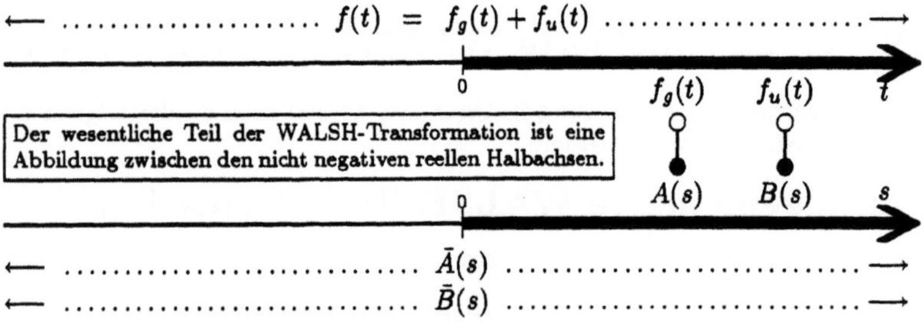

Aus der Symmetrie der WALSH-Transformation folgt unmittelbar der

Dualitätssatz: Aus $F(s) = \mathcal{W}\{f(t)\}$ folgt $f(s) = \mathcal{W}\{F(t)\}$. (9.26)

9.5.1 Berechnung der verallgemeinerten WALSH-Transformation

Bei der konkreten Berechnung der oben erklärten WALSH-Transformation steht stets die Formel

(9.13):
$$\begin{aligned}\mathrm{Cal}(s,t) &= (\mathrm{sir}\, t)^{\sigma_1}\, \mathrm{cal}([s];t)\, \mathrm{cal}([t];s)\\ &= (\mathrm{sir}\, s)^{\tau_1}\, \mathrm{cal}([s];t)\, \mathrm{cal}([t];s), \quad t \geq 0, \quad s \geq 0,\end{aligned}$$

im Mittelpunkt. Mit ihrer Hilfe erhalten wir

$$\begin{aligned}A(s) &= 2\int_0^\infty f_g(t)\, \mathrm{Cal}(s,t)\, dt = \int_0^\infty \Big(f(t) + f(-t)\Big)\, \mathrm{Cal}(s,t)\, dt\\ &\overset{(9.13)}{=} 2\int_0^\infty f_g(t)\, (\mathrm{sir}\, s)^{\tau_1}\, \mathrm{cal}([s];t)\, \mathrm{cal}([t];s)\, dt \qquad \boxed{[\,t\,] = j}\\ &= 2\sum_{j=0}^{\infty} \mathrm{cal}(j;s) \underbrace{\int_j^{j+1} f_g(t) (\mathrm{sir}\, s)^{\tau_1}\, \mathrm{cal}([s];t)\, dt}_{J_j(g;s)}\end{aligned} \tag{9.27}$$

$$\begin{aligned}B(s) &= 2\int_0^\infty f_u(t)\, \mathrm{Cal}(s,t)\, dt = \int_0^\infty \Big(f(t) - f(-t)\Big)\, \mathrm{Cal}(s,t)\, dt\\ &\overset{(9.13)}{=} 2\int_0^\infty f_u(t)\, (\mathrm{sir}\, s)^{\tau_1}\, \mathrm{cal}([s];t)\, \mathrm{cal}([t];s)\, dt \qquad \boxed{[\,t\,] = j}\\ &= 2\sum_{j=0}^{\infty} \mathrm{cal}(j;s) \underbrace{\int_j^{j+1} f_u(t) (\mathrm{sir}\, s)^{\tau_1}\, \mathrm{cal}([s];t)\, dt}_{J_j(u;s)}\end{aligned} \tag{9.28}$$

Man muß dabei beachten, daß (9.13) nur für $t \geq 0, \ s \geq 0$ gilt.
Wir halten also fest: Für $s \geq 0$ ist

$$\begin{aligned} A(s) &= 2\sum_{j=0}^{\infty} J_j(g;s)\,\mathrm{cal}(j;s), \quad & J_j(g;s) &= \int_j^{j+1} f_g(t)\,(\mathrm{sir}\,s)^{\tau_1}\,\mathrm{cal}([s];t)\,dt, \\ B(s) &= 2\sum_{j=0}^{\infty} J_j(u;s)\,\mathrm{cal}(j;s), \quad & J_j(u;s) &= \int_j^{j+1} f_u(t)\,(\mathrm{sir}\,s)^{\tau_1}\,\mathrm{cal}([s];t)\,dt. \end{aligned} \tag{9.29}$$

Beispiel **9.3**

Es sei $f(t) = \begin{cases} t & \text{für} \quad 0 \leq |t| < \frac{1}{2}, \\ 0 & \text{sonst.} \end{cases}$

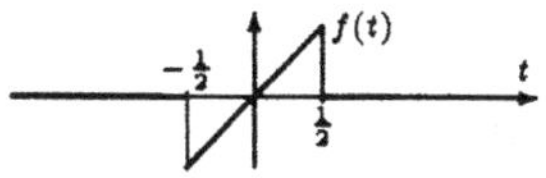

Wir führen die WALSH-Transformation und die zugehörige Rücktransformation für die Funktion f durch. f ist ungerade, also $A(s) \equiv 0$. Somit ist

$$B(s) = 2\int_0^{\infty} f(t)\ \mathrm{Cal}(s,t)\,dt = 2\int_0^{\frac{1}{2}} t\,\underbrace{(\mathrm{sir}\,s)^{\tau_1}}_{=1}\,\mathrm{cal}([s];t)\,\underbrace{\mathrm{cal}([t];s)}_{=1}\,dt = 2\int_0^{\frac{1}{2}} t\ \mathrm{cal}([s];t)\,dt.$$

Mit dem Ergebnis der Aufgabe 8.1 auf Seite 167 erhalten wir:

$$B(s) = \begin{cases} \frac{1}{4} & \text{für} \quad 0 \leq s < 1, \\ -\frac{1}{8N} & \text{für} \quad 2N-1 \leq s < 2N, \\ 0 & \text{sonst.} \end{cases} \tag{9.30}$$

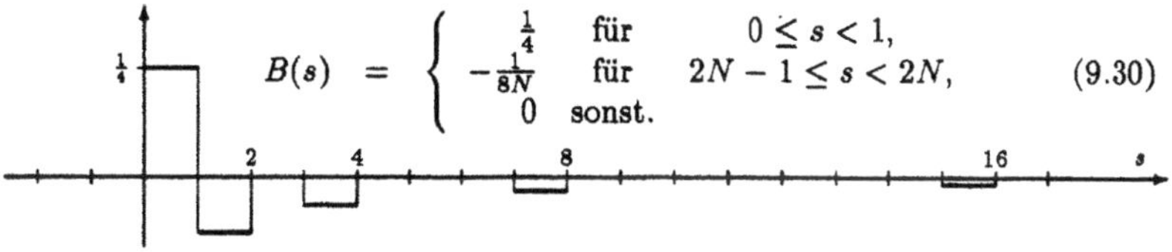

Für die **Rücktransformation** erhalten wir:

$$\begin{aligned} f(t) = \int_0^{\infty} B(s)\ \mathrm{Sal}(s,t)\,ds &= \int_0^{\infty} B(s)\ \mathrm{Cal}(s,t)\,ds \\ &= \underbrace{\tfrac{1}{4}\int_0^1 \mathrm{Cal}(s,t)\,ds}_{J_0(t)} + \sum_{n=1}^{\infty} \underbrace{\left(-\tfrac{1}{8N}\right)\int_{2N-1}^{2N} \mathrm{Cal}(s,t)\,ds}_{J_n(t)}. \end{aligned}$$

$$J_0(t) = \tfrac{1}{4}\int_0^1 (\mathrm{sir}\,t)^{\sigma_1}\,\underbrace{\mathrm{cal}([s];t)}_{=1}\,\mathrm{cal}([t];s)\,ds = \tfrac{1}{4}\Big\{\int_0^{1/2} \mathrm{cal}([t];s)\,ds + \mathrm{sir}\,t\int_{1/2}^{1} \mathrm{cal}([t];s)\,ds\Big\}.$$

Die Integrale der letzten Gleichung sind nur für $0 \leq t < 1$ von Null verschieden, und dann haben sie den Wert $\frac{1}{2}$. Also ist

$$J_0(t) = \tfrac{1}{8}(1 + \mathrm{sir}\,t) \quad \text{für } 0 \leq t < 1.$$

Durch ganz analoge Rechnung erhält man

$$J_n(t) = -\tfrac{1}{16N}(1 + \mathrm{sir}\,t)\,\mathrm{cal}(2N-1;t) \quad \text{für } 0 \leq t < 1.$$

Das führt zu

$$f(t) = \int_0^\infty B(s)\,\mathrm{Cal}(s,t)\,ds = \sum_{n=0}^\infty J_n(t) = \frac{1}{4} - \frac{1}{4}\sum_{n=1}^\infty \frac{1}{2^n}\,\mathrm{cal}(2^n-1;t), \quad 0 \le t < \tfrac{1}{2}.$$

Setzen wir f ungerade auf $t < 0$ fort, so erhalten wir schließlich

$$f(t) = \mathrm{sir}\,t\Big\{\frac{1}{4} - \frac{1}{4}\sum_{n=1}^\infty \frac{1}{2^n}\,\mathrm{cal}(2N-1;t)\Big\} = \tfrac{1}{4}\,\mathrm{sir}\,t - \frac{1}{4}\sum_{n=1}^\infty \frac{1}{2^n}\,\mathrm{sal}(2N;t),$$

für $0 \le |t| < \frac{1}{2}$. Das ist $\quad f(t) \;=\; \begin{cases} \mathrm{ser}\,t & \text{für} \quad 0 \le |t| < \frac{1}{2}, \\ 0 & \text{sonst.} \end{cases}$

$f(t)$ wird hier formal durch die Reihe (3.12) auf Seite 48 für die periodische Sägezahnfunktion dargestellt. Man beachte aber, daß die Einschränkung $0 \le |t| < \frac{1}{2}$ nicht willkürlich hinzugefügt wurde, sondern zwangsläufig aus der Rechnung entspringt. Wir werden sehen, daß das Sequenzspektrum der zugehörigen periodischen Fortsetzung anders aussieht als (9.30).

<u>**Aufgabe**</u> **9.1** $\Longrightarrow$ Lösung auf Seite 265

Man zeige, daß ein wichtiger Satz aus der Theorie der FOURIER-Transformationen auch für WALSH-Transformationen gilt:

RIEMANN-LEBESQUESsches Lemma (9.31)

Ist f in $0 \le t < \infty$ absolut integrierbar, d.h., ist $\int_0^\infty |f(t)|\,dt < \infty$,

$$\text{so gilt} \quad \lim_{s\to\infty} \int_0^\infty f(t)\,\mathrm{Cal}(s,t)\,dt \;=\; 0.$$

9.6 Varianten der WALSH-Transformation

Mit der Maßstabänderung $v = 2s$ kann man die verallgemeinerte WALSH-Transformation in (9.24) auf die folgenden Form bringen:

$$\mathrm{Cal}(s,t) \;=\; \mathrm{Wal}(2s,t) \;=\; \mathrm{Wal}(v,t)$$

$$W(v) \;=\; \mathcal{W}\{f(t)\} \;=\; \int_0^\infty f(t)\,\mathrm{Wal}(v,t)\,dt, \qquad v,t \ge 0. \tag{9.32}$$

Dazu gehört die **Rücktransformation**

$$f(t) \;=\; \mathcal{W}^{-1}\{W(v)\} \;=\; \int_0^\infty W(v)\,\mathrm{Wal}(v,t)\,dv, \quad v,t \ge 0. \tag{9.33}$$

Für manche Rechnung ist die folgende Umformung nützlich:

$$\begin{aligned} \mathcal{W}\{f(t)\} &= W(v) = \int_0^\infty f(t)\,\left(\text{sir}\,\tfrac{v}{2}\right)^{T_0} \text{wal}([v];t)\,\text{wal}([t];v)\,dt, \\ &= \sum_{k=0}^{\infty} \text{cal}(k;\tfrac{v}{2}) \int_{k=[t]}^{k+1} f(t)\,\text{wal}([v];t)\,dt. \end{aligned} \tag{9.34}$$

Für die **Rücktransformation** erhält man in analoger Weise

$$f(t) = \mathcal{W}^{-1}\{W(v)\} = \sum_{k=0}^{\infty} \text{cal}(k;\tfrac{t}{2}) \int_{k=[v]}^{k+1} W(v)\,\text{wal}([t];v)\,dv. \tag{9.35}$$

<u>**Beispiel**</u> **9.4**

$$f(t) = \begin{cases} 2N & \text{für } 0 \le t < \frac{1}{2N}, \\ 0 & \text{sonst.} \end{cases}$$

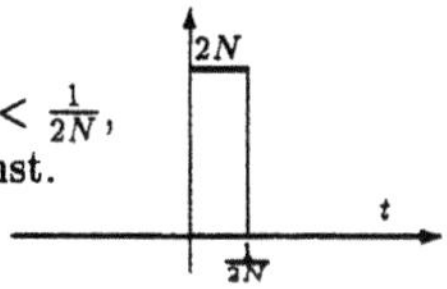

Mit (9.34) auf Seite 195 erhalten wir

$$W(v) = 2N \int_0^{1/2N} \text{Wal}(v,t)\,dt = 2N \int_0^{1/2N} \text{wal}([v];t)\,dt.$$

Benutzen wir (2.25) auf Seite 30, so ergibt das

$$W(v) = \begin{cases} 1 & \text{für } 0 \le v < 2N, \\ 0 & \text{sonst.} \end{cases}$$

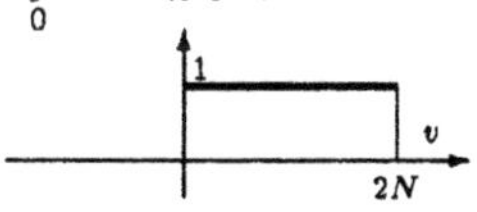

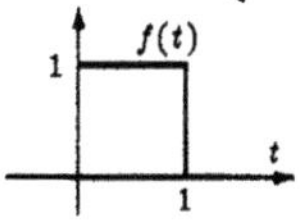

Man sieht sofort den Spezialfall $2N = 1$:

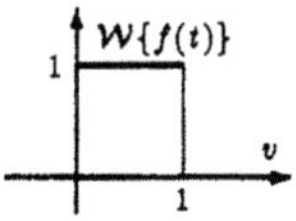

Aus (9.34) auf Seite 195 erhalten wir

$$\int_0^\infty \text{Wal}(v,t)\,dt = \underbrace{\sum_{k=0}^{\infty} \text{cal}(k;\tfrac{v}{2})}_{\text{in } [v]=0} = \tfrac{1}{2}\delta_r(\tfrac{v}{2}) \overset{\text{nach (6.13)}}{=} \delta_r(v),$$

also

$$\boxed{\int_0^\infty \text{Wal}(v,t)\,dt = \delta_r(v), \qquad \int_0^\infty \text{Wal}(v,t)\,dv = \delta_r(t).} \tag{9.36}$$

Darür kann man auch schreiben:

$$\delta_r(t) = \int_0^\infty \Big(\text{Cal}(s,t) + \text{Sal}(s,t)\Big)\,ds \tag{9.37}$$

Beispiel 9.5 Mit (9.36) erhält man

$$\int_0^\infty f(\tau)\,\delta_r(t\oplus\tau)\,d\tau = \int_0^\infty f(\tau)\int_0^\infty \mathrm{Wal}(v,t\oplus\tau)\,dv\,d\tau$$

$$= \int_0^\infty\int_0^\infty f(\tau)\ \mathrm{Wal}(v,t)\ \mathrm{Wal}(v,\tau)\,dv\,d\tau = \int_0^\infty\int_0^\infty f(\tau)\ \mathrm{Wal}(v,t)\ \mathrm{Wal}(v,\tau)\,d\tau\,dv$$

$$= \int_0^\infty \mathrm{Wal}(v,t)\underbrace{\int_0^\infty f(\tau)\ \mathrm{Wal}(v,\tau)\,d\tau}_{F(v)}\,dv = \int_0^\infty F(v)\ \mathrm{Wal}(v,t)\,dv = f(t).$$

Das ist die Beziehung

$$\boxed{\int_0^\infty f(\tau)\,\delta_r(t\oplus\tau)\,d\tau = f(t)} \qquad (9.38)$$

$\delta_r(t)$ ist also **dyadische Faltungseinheit**.

Man beachte die Analogie zu (6.51) auf Seite 130!

Schließlich kann man auch aus (9.4) auf Seite 181 die Pal-Funktion benutzen und man erhält dann

$$\mathcal{W}\{f(t)\} = \int_0^\infty f(t)\ \mathrm{Pal}(v,t)\,dt, \qquad v,t\geq 0. \qquad (9.39)$$

In dieser Form werden die Verhältnisse formal noch einfacher, weil in $\mathrm{Pal}(v,t) = \mathrm{pal}([v];t)\,\mathrm{pal}([t];v)$ der etwas lästige Faktor $(-1)^{\nu_0\tau_0}$ wegfällt. Man bezahlt das aber damit, daß gerade und ungerade Anteile des Spektrums durch eine GRAY-Transformation stark gemischt werden.

Mit (9.36) auf Seite 195 erhält man die

Beziehung von PLANCHEREL (9.40)

Mit $F(s) = \int_0^\infty f(t)\ \mathrm{Wal}(s,t)\,dt$ und $G(s) = \int_0^\infty g(t)\ \mathrm{Wal}(s,t)\,dt$ ist

$$\int_0^\infty f(t)\,g(t)\,dt = \int_0^\infty F(s)\,G(s)\,ds.$$

Für $f=g$ ist das der

Energiesatz: $$\int_0^\infty f^2(t)\,dt = \int_0^\infty F^2(s)\,ds. \qquad (9.41)$$

Kapitel 10

Spezielle WALSH-Transformationen

Das Transformationsverhalten von Rechteck– und DIRAC-Impulsen bei einer WALSH-Transformation ist analog dem Verhalten der DIRAC-Impulse bei einer FOURIER-Transformation. DIRAC-Impulse stellen in beiden Fällen „Spektrallinien" unendlicher Wellen dar. In beiden Fällen verbreitern sich diese Spektrallinien, wenn man zu endlichen Wellenpaketen übergeht. Während aber im goniometrischen Falle die Spektren endlicher Wellenpakete über den gesamten Frequenzbereich „verschmiert" werden, verbreitern sich WALSH-Spektrallinien lediglich zu Rechteckimpulsen.

10.1 Transformation spezieller Impulsfolgen

Im folgenden treten an Integrationsgrenzen DIRAC-Impulse auf. Sie können wie in (6.44) auf Seite 127 symmetrisch sein, aber es treten auch *einseitige* DIRAC-Impulse auf, wie sie in (6.45) und (6.46) auf Seite 128 erklärt wurden. Damit diese Eigenschaft auch in Schaubildern zu erkennen ist, verwenden wir die nebenan gezeigte Darstelllung von

$\delta_\ell(\circ)$ $\Longleftarrow$ **linksseitigen** und **rechtsseitigen** $\Longrightarrow$ $\delta_r(\circ)$

DIRAC-Impulsen

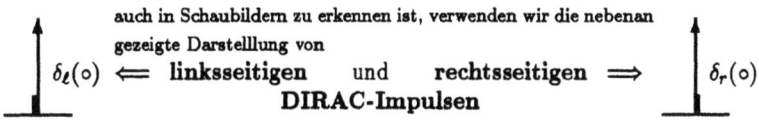

An den Beispielen aus Rechteck- und DIRAC-Impulsen, die wir anschließend behandeln wollen, erkennt man die folgenden Zuordnungen:

Zeitbereich	*Sequenzbereich*
endliches Signal **Recheckimpulse** **unendliches** Signal **DIRAC-Impulse**	**Rechteckimpulse** **endliches** Spektrum **DIRAC-Impulse** **unendliches** Spektrum

endliches Signal aus **Rechteckimpulsen**	⇄	**endliches** Spektrum aus **Rechteckimpulsen**
unendliches Signal aus **Rechteckimpulsen**	⇄	**endliches** Spektrum aus **DIRAC-Impulsen**
endliches Signal aus **DIRAC-Impulsen**	⇄	**unendliches** Spektrum aus **Rechteckimpulsen**
unendliches Signal aus **DIRAC-Impulsen**	⇄	**unendliches** Spektrum aus **DIRAC-Impulsen**

Es sei hier an die Darstellungen der periodischen DIRAC-Impulse auf den Seiten 119, 134 erinnert, die wir für die folgenden Rechnungen brauchen:

$$\textbf{(6.17)}: \quad \tilde{\delta}(x) = \sum_{m=-\infty}^{\infty} \delta(x-m)$$

$$\textbf{(6.62)}: \quad \tilde{\delta}(x) = \sum_{j=0}^{\infty} \operatorname{cal}(j;x)$$

$$\operatorname{sir} x\, \tilde{\delta}(x) = \operatorname{sir} x \sum_{j=0}^{\infty} \operatorname{cal}(j;x) = \sum_{j=0}^{\infty} \operatorname{sal}(j;x)$$

$$\textbf{(6.64)}: \quad \tilde{\delta}_r(x) = (1+\operatorname{sir} x) \sum_{j=0}^{\infty} \operatorname{cal}(j;x) = (1+\operatorname{sir} x)\tilde{\delta}(x)$$

$$= \sum_{k=0}^{\infty} \operatorname{wal}(k;x) = \sum_{k=0}^{\infty} \{\operatorname{cal}(k;x) + \operatorname{sal}(k+1;x)\}$$

$$\textbf{(6.65)}: \quad \tilde{\delta}_l(x) = (1-\operatorname{sir} x) \sum_{j=0}^{\infty} \operatorname{cal}(j;x) = (1-\operatorname{sir} x)\tilde{\delta}(x)$$

$$= \sum_{k=0}^{\infty} (-1)^k \operatorname{wal}(k;x) = \sum_{k=0}^{\infty} \{\operatorname{cal}(k;x) - \operatorname{sal}(k+1;x)\}$$

Wegen (6.44) auf Seite 127, (6.45) auf Seite 128 und
$\text{walsh}(p;\circ) = 1$ für $0 \le \circ < \frac{1}{2N}$ gilt mit $0 < \epsilon < 1$ immer

$$\boxed{\int_0^{\epsilon} \delta(t)\,\text{cal}([x];t)\,dt \;=\; \frac{1}{2}, \quad \int_0^{\epsilon} \delta_r(t)\,\text{cal}([x];t)\,dt \;=\; 1, \quad 0 \le x < \infty.} \tag{10.1}$$

Beispiel 10.1 Gerade Impulsfunktion

Es sei $2^n = 2N$ und $2^k = 2K$. Ferner sei

$$f(t) \;=\; \begin{cases} \text{dir}(n;t) & \text{für } 0 \le |t| < 2K, \\ 0 & \text{sonst.} \end{cases} \tag{10.2}$$

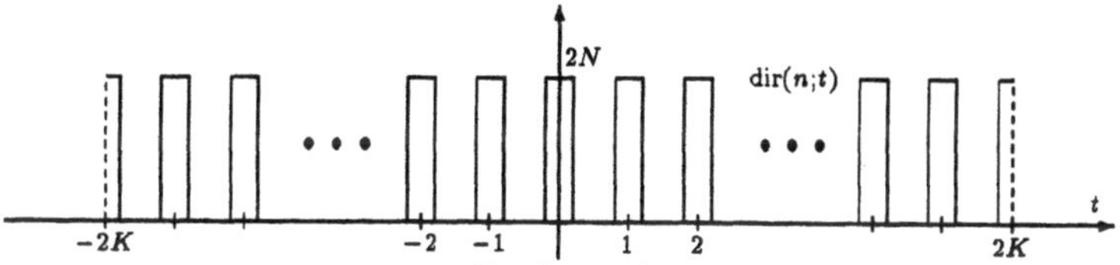

(10.3)

Zeitbereich

Wir berechnen die WALSH-Transformierte von f.
f ist eine gerade Funktion. Deshalb ist $B(s) \equiv 0$.

$$A(s) \;=\; 2\int_0^{2K} \text{dir}(n;t)\underbrace{(\text{sir}\, s)^{\tau_1}\,\text{cal}([s];t)\,\text{cal}([t];s)}_{\text{Cal}(s,t)}\,dt \;=\; 2\sum_{j=0}^{2K-1} \text{cal}(j;s)\; J_j(g;s)$$

$$\text{mit} \qquad J_j(g;s) \;=\; 2N\int_j^{j+\frac{1}{4N}} \text{cal}([s];t)\,dt + 2N\,\text{sir}\, s \int_{j+1-\frac{1}{4N}}^{j+1} \text{cal}([s];t)\,dt$$

$$\;=\; \tfrac{1}{2}(1 + \text{sir}\, s) \quad \text{für } 0 \le s < 2N.$$

Damit erhalten wir

$$A(s) \;=\; (1 + \text{sir}\, s)\sum_{j=0}^{2K-1} \text{cal}(j;s) \;=\; \begin{cases} \mathcal{D}(k,0;s) & \text{für } 0 \le s < 2N, \\ 0 & \text{sonst.} \end{cases}$$

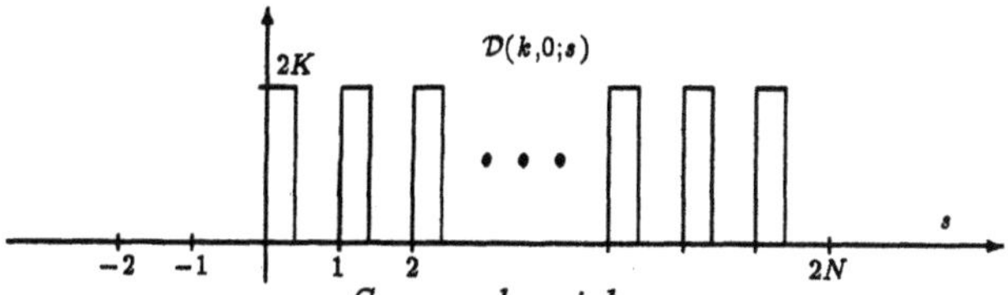

(10.4)

Sequenzbereich

Aus dem Ergebnis des letzten Beispiels folgt:

Für $k \longrightarrow \infty$:

$$\mathcal{W}\{\mathrm{dir}(n;t)\} = A(s) = \begin{cases} \tilde{\delta}_r(s) & \text{für } 0 < s < 2N, \\ 0 & \text{sonst;} \end{cases} \tag{10.5}$$

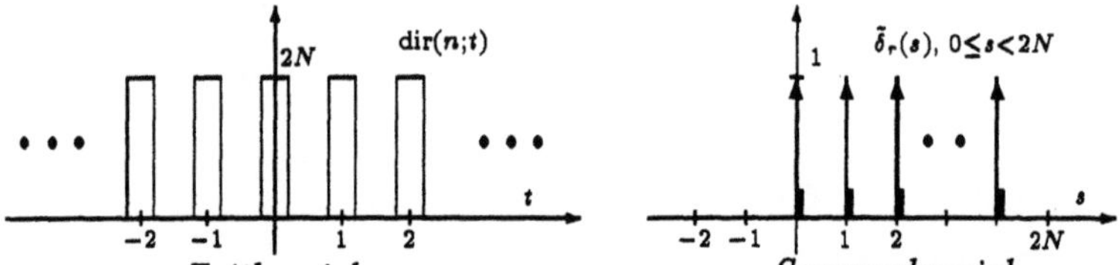

Zeitbereich *Sequenzbereich*

für $n \longrightarrow \infty$:

$$f(t) = \begin{cases} \tilde{\delta}(t) & \text{für } |t| < 2K, \\ 0 & \text{sonst} \end{cases} \tag{10.6}$$

$$\mathcal{W}\{f(t)\} = A(s) = \mathcal{D}(k,0;s) \quad \text{für } 0 \leq s.$$

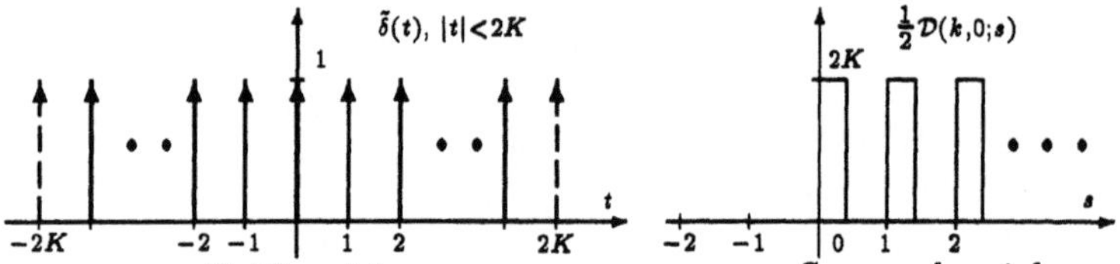

Zeitbereich *Sequenzbereich*

Führt man *beide* Grenzübergänge durch:

$n \longrightarrow \infty, \ k \longrightarrow \infty,$ so erhält man

$$\mathcal{W}\{\tilde{\delta}(t)\} = \tilde{\delta}_r(s) \quad \text{für } 0 \leq s. \tag{10.7}$$

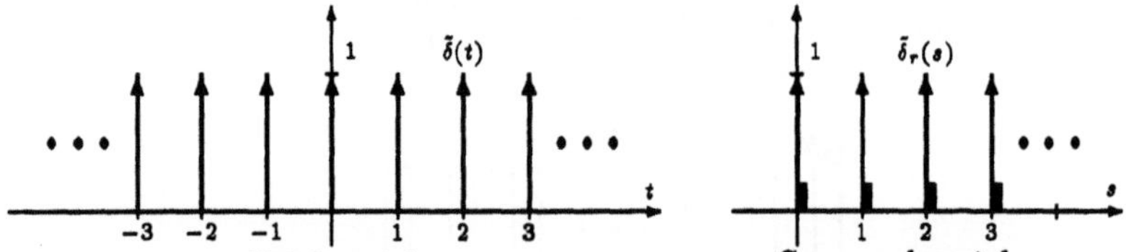

Zeitbereich *Sequenzbereich*

Diese Beziehung wollen wir im nächsten Beispiel noch etwas verallgemeinern.

Beispiel 10.2

Wir betrachten eine Folge von DIRAC-Impulsen der Höhe a und der Periode T, also $a \sum_{m=-\infty}^{\infty} \delta(t-mT) = \frac{a}{T} \sum_{m=-\infty}^{\infty} \delta(\frac{t}{T}-m) = \frac{a}{T}\tilde{\delta}(\frac{t}{T})$.

Zeitbereich

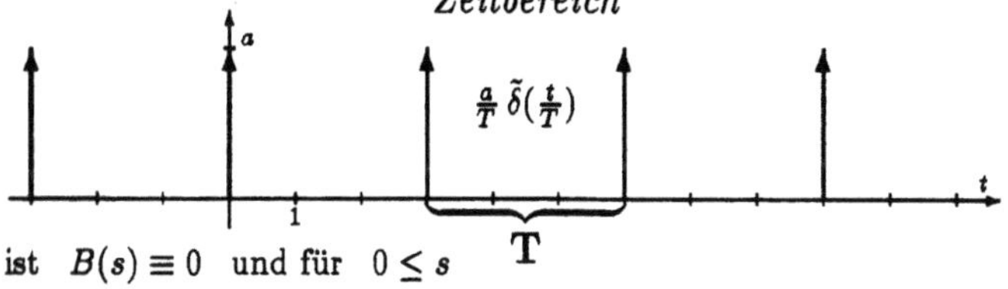

Dann ist $B(s) \equiv 0$ und für $0 \leq s$

$$A(s) = a\,\tilde{\delta}_r(Ts) = \sum_{m=-\infty}^{\infty} \delta_r(Ts-m) = \frac{a}{T} \sum_{m=-\infty}^{\infty} \delta_r(s-\tfrac{m}{T}).$$

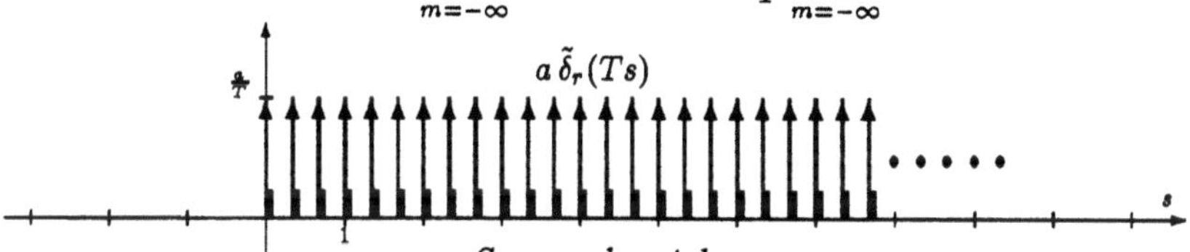

Sequenzbereich

Aufgabe 10.1 $\Longrightarrow$ Lösung auf Seite 266

Man führe die Rechnung für diese Transformation durch!

Wir halten fest:

Mit $T > 0$ gelten die äquivalenten Beziehungen

$$\mathcal{W}\{\tfrac{a}{T}\tilde{\delta}(\tfrac{t}{T})\} = a\,\tilde{\delta}_r(Ts) \quad \text{für } 0 \leq s,$$

$$\mathcal{W}\{a \sum_{m=-\infty}^{\infty} \delta(t-mT)\} = \frac{a}{T} \sum_{m=-\infty}^{\infty} \delta_r(s-\tfrac{m}{T}) \quad \text{für } 0 \leq s, \tag{10.8}$$

$$\tfrac{a}{T}\tilde{\delta}(\tfrac{t}{T}) \circ\!\!-\!\!\bullet\; a\,\tilde{\delta}_r(Ts) \quad \text{für } 0 \leq s,$$

$$a \sum_{m=-\infty}^{\infty} \delta(t-mT) \circ\!\!-\!\!\bullet\; \frac{a}{T} \sum_{m=-\infty}^{\infty} \delta_r(s-\tfrac{m}{T}) \quad \text{für } 0 \leq s.$$

Beispiel 10.3 Ungerade Impulsfunktion

Es sei $2^n = 2N$ und $2^k = 2K$. Ferner sei

$$f(t) = \begin{cases} \operatorname{sir} t \operatorname{dir}(n;t) & \text{für} \quad 0 \le |t| < 2K, \\ 0 & \text{sonst.} \end{cases} \tag{10.9}$$

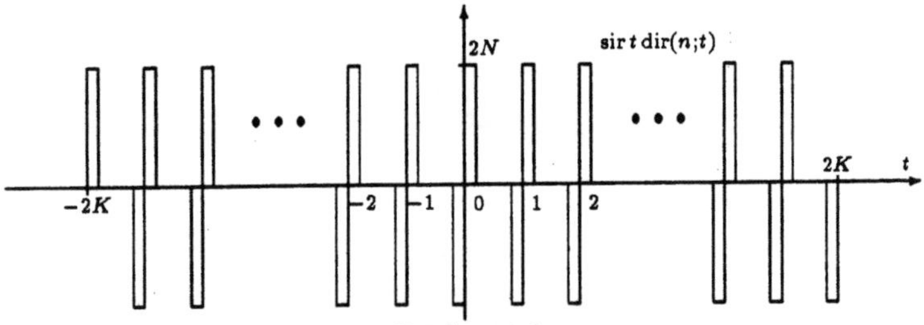

(10.10)

Zeitbereich

Wir berechnen die WALSH-Transformierte von f.
f ist eine ungerade Funktion. Deshalb ist $A(s) \equiv 0$.

$$B(s) = 2\int_0^{2K} \operatorname{sir} t \operatorname{dir}(n;t)(\operatorname{sir} s)^{\tau_1} \operatorname{cal}([s];t)\operatorname{cal}([t];s)\,dt = 2\sum_{j=0}^{2K-1} \operatorname{cal}(j;s)\ J_j(u;s)$$

$$\begin{aligned} \text{mit} \quad J_j(u;s) &= 2N\int_j^{j+\frac{1}{4N}} \operatorname{cal}([s];t)\,dt - 2N \operatorname{sir} s \int_{j+1-\frac{1}{4N}}^{j+1} \operatorname{cal}([s];t)\,dt \\ &= \tfrac{1}{2}(1-\operatorname{sir} s) \quad \text{für } 0 \le s < 2N. \end{aligned}$$

Damit erhalten wir

$$B(s) = (1-\operatorname{sir} s)\sum_{j=0}^{2K-1} \operatorname{cal}(j;s) = \begin{cases} \mathcal{D}(k, 2K-1; s) & \text{für} \quad 0 \le s < 2N, \\ 0 & \text{sonst.} \end{cases}$$

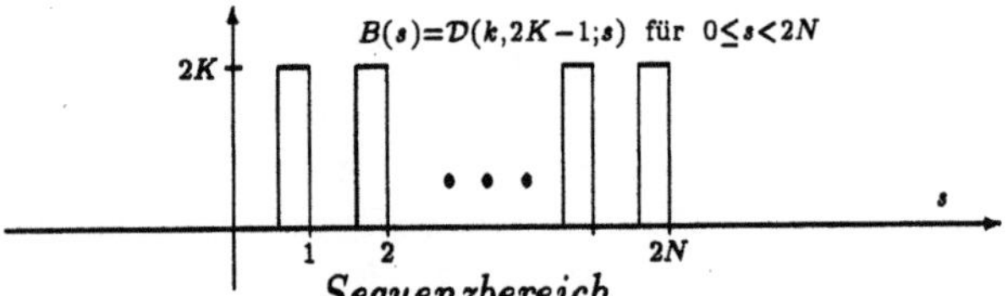

(10.11)

Sequenzbereich

Aus dem Ergebnis des letzten Beispiels folgt:

Für $k \longrightarrow \infty$:

$$\mathcal{W}\{\operatorname{sir} t \operatorname{dir}(n;t)\} = B(s) = \begin{cases} \tilde{\delta}_\ell(s) & \text{für } 0 < s < 2N, \\ 0 & \text{sonst;} \end{cases} \tag{10.12}$$

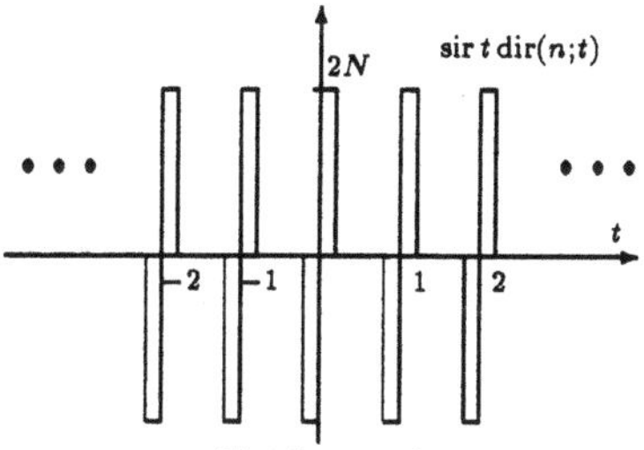

Zeitbereich

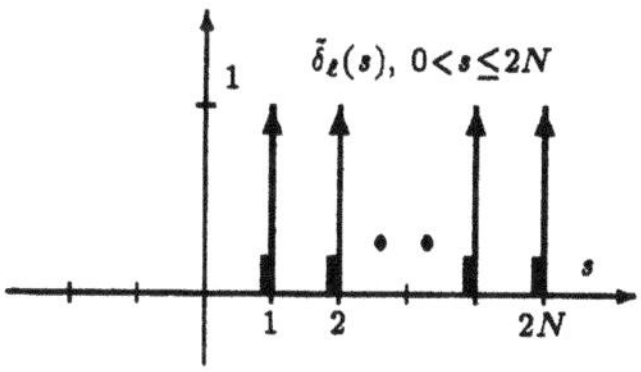

Sequenzbereich

für $n \longrightarrow \infty$:

$$f(t) = \begin{cases} \frac{1}{2}\left(\tilde{\delta}_r(t) - \tilde{\delta}_\ell(t)\right) = \operatorname{sir} t\tilde{\delta}(t) & \text{für } |t| < 2K, \\ 0 & \text{sonst.} \end{cases}$$

$$\mathcal{W}\{f(t)\} = B(s) = \mathcal{D}(k, 2K-1; s) \text{ für } 0 \leq s. \tag{10.13}$$

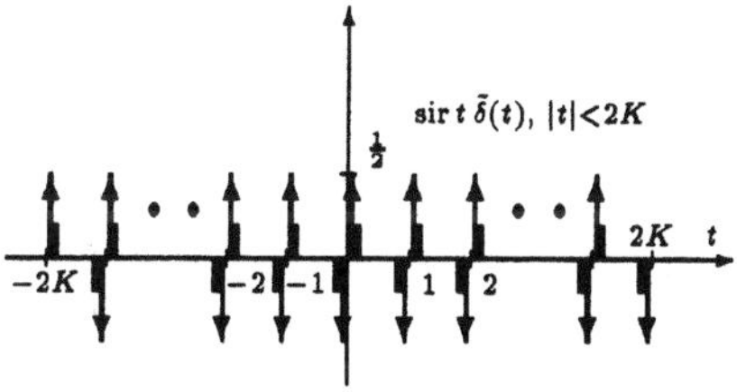

Zeitbereich

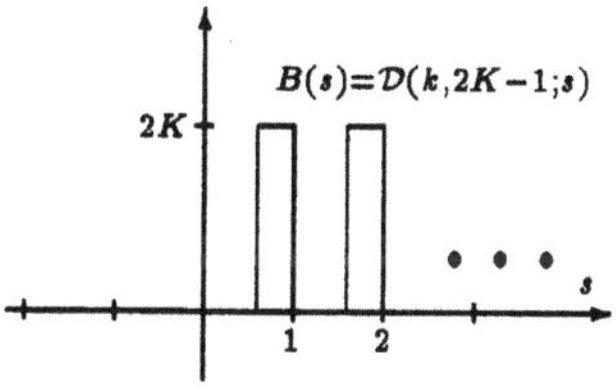

Sequenzbereich

Führt man *beide* Grenzübergänge durch:

$n \longrightarrow \infty$, $k \longrightarrow \infty$, so erhält man

$$\mathcal{W}\{\operatorname{sir} t\, \tilde{\delta}(t)\} = \tilde{\delta}_\ell(s) \text{ für } 0 \leq s. \tag{10.14}$$

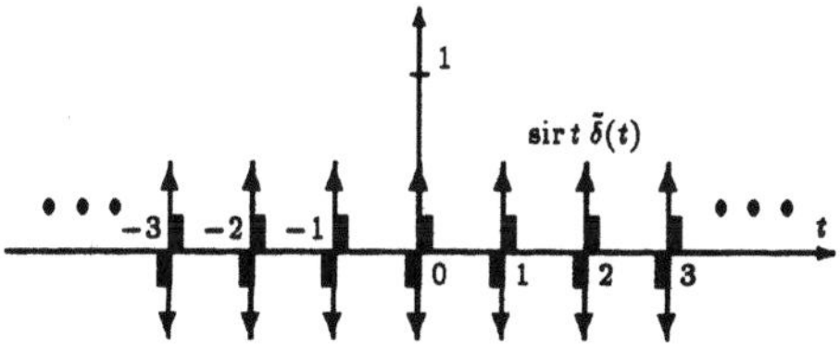

Zeitbereich

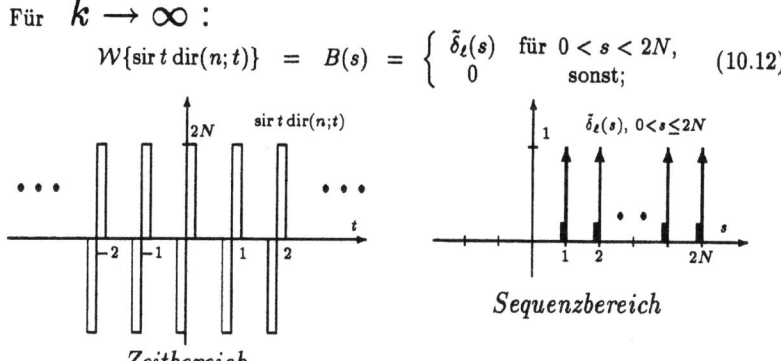

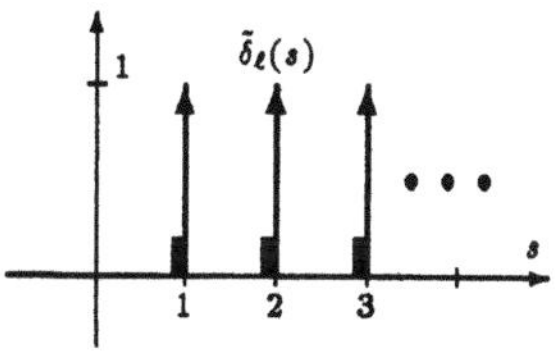

Sequenzbereich

Beispiel 10.4

Wir betrachten jetzt den zu Beispiel 10.2 auf Seite 201 gehörenden ungeraden Fall, also $a \sum_{m=-\infty}^{\infty} \operatorname{sir} t\, \delta(t-mT) \;=\; \frac{a}{T} \sum_{m=-\infty}^{\infty} \operatorname{sir} t\, \delta(\frac{t}{T}-m) \;=\; \frac{a}{T} \operatorname{sir} t\, \tilde{\delta}(\frac{t}{T})$.

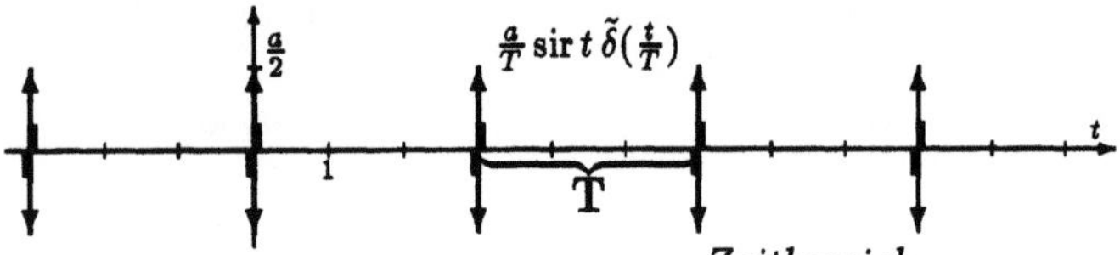

Dann ist $A(s) \equiv 0$ und für $0 \leq s$

$$B(s) \;=\; a\,\tilde{\delta}_\ell(Ts) \;=\; \sum_{m=-\infty}^{\infty} \delta_\ell(Ts-m) \;=\; \frac{a}{T} \sum_{m=-\infty}^{\infty} \delta_\ell(s-\tfrac{m}{T}).$$

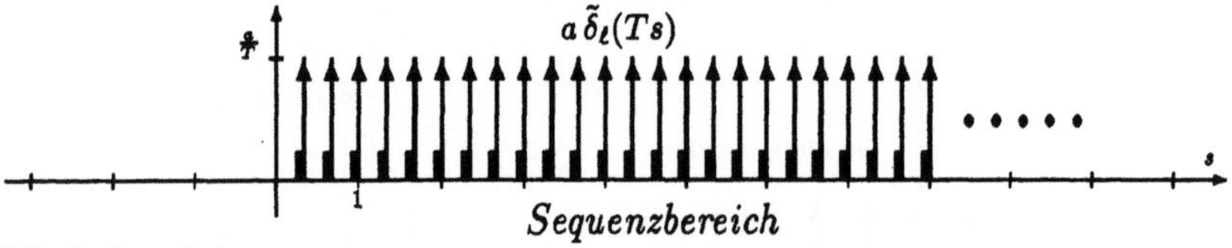

Wir halten fest:

Mit $T > 0$ gelten die äquivalenten Beziehungen

$$\begin{aligned}
\mathcal{W}\{\tfrac{a}{T}\operatorname{sir} t\,\tilde{\delta}(\tfrac{t}{T})\} &= a\,\tilde{\delta}_\ell(Ts) \quad \text{für } 0 \leq s,\\
\mathcal{W}\{a \sum_{m=-\infty}^{\infty} \operatorname{sir} t\,\delta(t-mT)\} &= \frac{a}{T} \sum_{m=-\infty}^{\infty} \delta_\ell(s-\tfrac{m}{T}) \quad \text{für } 0 \leq s,\\
\tfrac{a}{T}\operatorname{sir} t\,\tilde{\delta}(\tfrac{t}{T}) &\circ\!\!-\!\!\bullet\; a\,\tilde{\delta}_\ell(Ts) \quad \text{für } 0 \leq s,\\
a \sum_{m=-\infty}^{\infty} \operatorname{sir} t\,\delta(t-mT) &\circ\!\!-\!\!\bullet\; \frac{a}{T} \sum_{m=-\infty}^{\infty} \delta_\ell(s-\tfrac{m}{T}) \quad \text{für } 0 \leq s.
\end{aligned} \tag{10.15}$$

(10.8) und (10.15) sind Spezialfälle einer allgemeinen Regel, die man durch eine Substitution der Integrationsvariablen in (9.24) auf Seite 191 erhält:

Ähnlichkeitssatz	
Es sei $a \neq 0$ und die Funktion (Distribution) $f(t)$ habe die WALSH-Transformierte $F(s)$. Dann hat die Funktion (Distribution) $f(at)$ die WALSH-Transformierte $\frac{1}{\lvert a\rvert}F(\frac{s}{a})$.	(10.16)

10.2 Symmetrische Sequenzspektren

Man erhält sehr symmetrische Beziehungen zwischen Darstellungen im Zeit- und Sequenzbereich, wenn man die Spektralfunktionen auf der gesamten s-Achse nach der Definition (9.22) auf Seite 190 darstellt. Für die Rechnung ist das, wie wir schon festgestellt haben, unbedeutend. Der in (9.22) auftretende Faktor $\frac{1}{2}$ wurde gewählt, damit bei der Rücktransformation gilt

$$f(t) = \int_{-\infty}^{\infty} \begin{matrix} \bar{A}(s)\,\mathrm{Cal}(s,t) \\ \bar{B}(s)\,\mathrm{Sal}(s,t) \end{matrix}\, ds = \int_{0}^{\infty} \begin{matrix} A(s) \\ B(s) \end{matrix}\ \mathrm{Cal}(s,t)\, ds.$$

<u>**Beispiel**</u> **10.5**

Es gilt

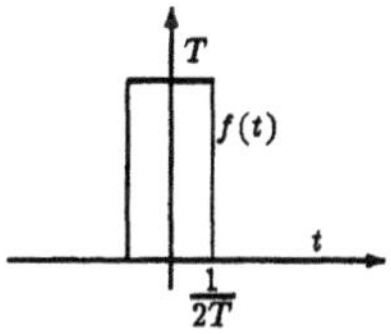

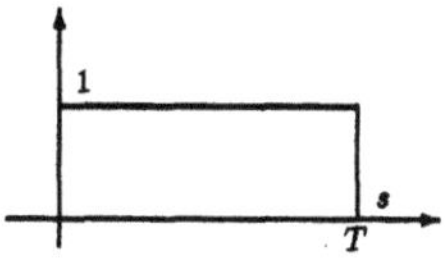

(10.17)

$$f(t) = \begin{cases} T & \text{für } 0 \le \lvert t\rvert < \frac{1}{2T}, \\ 0 & \text{sonst.} \end{cases} \quad \circ\!\!-\!\!\bullet \quad \begin{aligned} A(s) &= \begin{cases} 1 & \text{für } 0 \le s < T, \\ 0 & \text{sonst,} \end{cases} \\ B(s) &= 0. \end{aligned}$$

Das zugehörige symmetrische Spektrum hat die Form

$$\begin{aligned} \bar{A}(s) &= \begin{cases} \frac{1}{2} & \text{für } 0 \le \lvert s\rvert < T, \\ 0 & \text{sonst,} \end{cases} \\ \bar{B}(s) &= 0. \end{aligned}$$

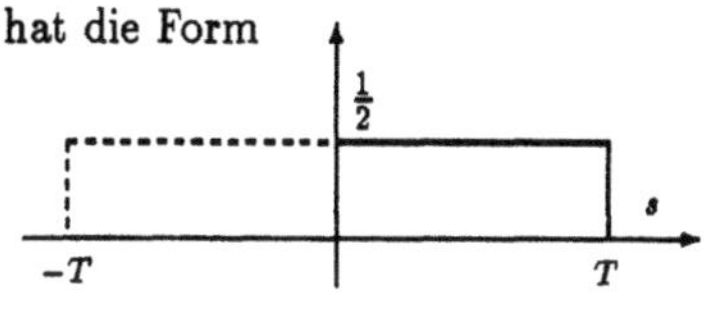

Aus dem Ergebnis des letzten Beispiels folgt für $T \to \infty$:

$$\begin{aligned} \mathcal{W}\{\delta(t)\} &= \begin{cases} A(s) = 1 & \text{für} \quad 0 \le s < \infty, \\ \bar{A}(s) = \frac{1}{2} & \text{für} \quad -\infty < s < \infty. \end{cases} \\ \mathcal{W}^{-1}\{A(s)\} &= \mathcal{W}^{-1}(\bar{A}(s)\} = \int_0^\infty \mathrm{Cal}(s,t)\,ds = \delta(t), \; -\infty < t < \infty. \end{aligned} \qquad (10.18)$$

In der Theorie der FOURIER-Transformationen wird die DIRAC-Distribution durch das singuläre Integral

$$\frac{1}{2\pi}\int_{-\infty}^{\infty} e^{i\omega t}\,d\omega \;=\; \frac{1}{2\pi}\int_{-\infty}^{\infty} \cos\omega t\,d\omega \;=\; \int_{-\infty}^{\infty} \cos 2\pi\nu t\,d\nu \;=\; \delta(t), \quad \omega = 2\pi\nu,$$

dargestellt. Man beachte die Analogie zu (10.18)!

Beispiel 10.6

Für $f(t) \equiv 1, \; -\infty < t < \infty$ gilt wegen $\frac{1}{2}\delta_r(s) + \frac{1}{2}\delta_\ell(s) = \delta(s)$:

$$\begin{aligned} \mathcal{W}\{f(t)\} &= \mathcal{W}\{1\} = \begin{cases} A(s) = \delta_r(s) & \text{in} \quad 0 \le s < \infty, \\ \bar{A}(s) = \delta(s) & \text{in} \quad -\infty < s < \infty. \end{cases} \\ \mathcal{W}^{-1}\{A(s)\} &= \mathcal{W}^{-1}\{\bar{A}(s)\} = 1, \; -\infty < t < \infty. \end{aligned} \qquad (10.19)$$

Aus (10.19) folgt für $f(t) = \mathrm{sign}\, t = \begin{cases} 1 & \text{für} \quad t > 0, \\ -1 & \text{für} \quad t < 0 \end{cases}$

wegen $\frac{1}{2}\delta_r(s) - \frac{1}{2}\delta_\ell(s) = \mathrm{sign}\, s\, \delta(s)$:

$$\begin{aligned} \mathcal{W}\{\mathrm{sign}\, t\} &= \begin{cases} B(s) = \delta_r(s) & \text{in} \quad 0 \le s < \infty, \\ \bar{B}(s) = \mathrm{sign}\, s\, \delta(s) & \text{in} \quad -\infty \le s < \infty. \end{cases} \\ \mathcal{W}^{-1}\{A(s)\} &= \mathcal{W}^{-1}\{\bar{A}(s)\} = \mathrm{sign}\, t, \; -\infty < t < \infty. \end{aligned} \qquad (10.20)$$

In der symmetrischen Form kann man somit (10.19) und (10.20) folgendermaßen zusammenfassen:

$$\textit{Zeitbereich} \quad \begin{array}{|ccc|} 1 & \circ\!\!-\!\!\!-\!\!\bullet & \delta(s) \\ \mathrm{sign}\, t & \circ\!\!-\!\!\!-\!\!\bullet & \mathrm{sign}\, s\, \delta(s) \end{array} \quad \textit{Sequenzbereich} \qquad (10.21)$$

Beispiel 10.7 **a)** Wir berechnen die WALSH-Transformierte von

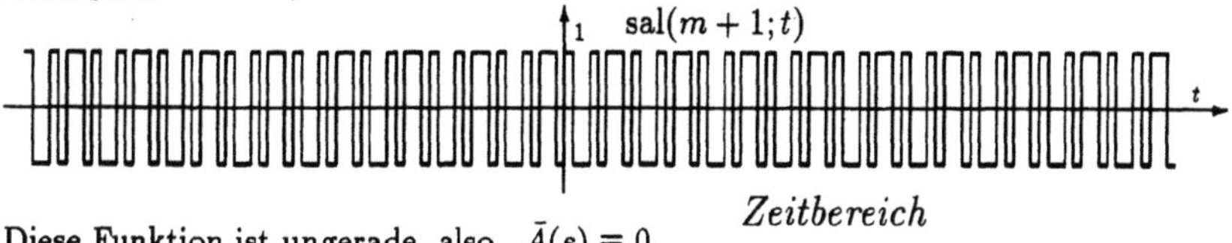

Diese Funktion ist ungerade, also $\bar{A}(s) \equiv 0$.

$$\begin{aligned}
\bar{B}(s) &= \tfrac{1}{2}\int_{-\infty}^{\infty} \mathrm{sal}(m+1;t)\,\mathrm{Sal}(s,t)\,dt \;=\; \int_{0}^{\infty} \mathrm{sal}(m+1;t)\,\mathrm{Cal}(s,t)\,dt \\
&= \int_{0}^{\infty} \mathrm{sal}(m+1;t)(\mathrm{sir}\,s)^{\tau_1}\,\mathrm{cal}([s];t)\,\mathrm{cal}([t];s)\,dt \;=\; \sum_{j=0}^{\infty} \mathrm{cal}(j;s)\,J_j(s) \quad \text{mit} \quad j=[t] \quad \text{und} \\
J_j(s) &= \int_{j}^{j+1} \underbrace{\mathrm{sir}\,t\;\mathrm{cal}(m;t)}_{\mathrm{sal}(m+1;t)}(\mathrm{sir}\,s)^{\tau_1}\,\mathrm{cal}([s];t)\,dt \\
&= \int_{j}^{j+\frac{1}{2}} \underbrace{\mathrm{sir}\,t}_{=1}\,\mathrm{cal}(m;t)\,\mathrm{cal}([s];t)\,dt + \mathrm{sir}\,s \int_{j+\frac{1}{2}}^{j+1} \underbrace{\mathrm{sir}\,t}_{=-1}\,\mathrm{cal}(m;t)\,\mathrm{cal}([s];t)\,dt \\
&= \int_{j}^{j+\frac{1}{2}} \mathrm{cal}(m;t)\,\mathrm{cal}([s];t)\,dt - \mathrm{sir}\,s \int_{j+\frac{1}{2}}^{j+1} \mathrm{cal}(m;t)\,\mathrm{cal}([s];t)\,dt.
\end{aligned}$$

Die beiden letzten Integrale sind nur für $[s] = m$ von Null verschieden, und dann haben sie den Wert $\frac{1}{2}$. Somit erhalten wir

$$J_j(s) = \begin{cases} \frac{1}{2}(1-\mathrm{sir}\,s) & \text{für} \quad m \le s < m+1, \\ 0 & \text{sonst.} \end{cases}$$

Das führt zu dem Ergebnis

$$\begin{aligned}
\bar{B}(s) &= \begin{cases} \frac{1}{2}(1-\mathrm{sir}\,s)\sum_{j=0}^{\infty}\mathrm{cal}(j;s) & \text{für} \quad m+\frac{1}{2} \le s < m+1, \\ -\frac{1}{2}(1+\mathrm{sir}\,s)\sum_{j=0}^{\infty}\mathrm{cal}(j;s) & \text{für} \quad -m-1 < s \le -m-\frac{1}{2}, \\ 0 & \text{sonst.} \end{cases} \\
&= \tfrac{1}{2}\delta_\ell(s-m-1) - \tfrac{1}{2}\delta_r(s+m+1). \qquad (10.22)
\end{aligned}$$

In der auf der nächsten Seite gezeigten Skizze ist $m+1=3$, also haben wir dort speziell

$$\bar{B}(s) = \tfrac{1}{2}\delta_\ell(s-3) - \tfrac{1}{2}\delta_r(s+3). \qquad (10.23)$$

b) Jetzt schränken wir die sal-Schwingung auf das Intervall $-N < t < N$ ein:

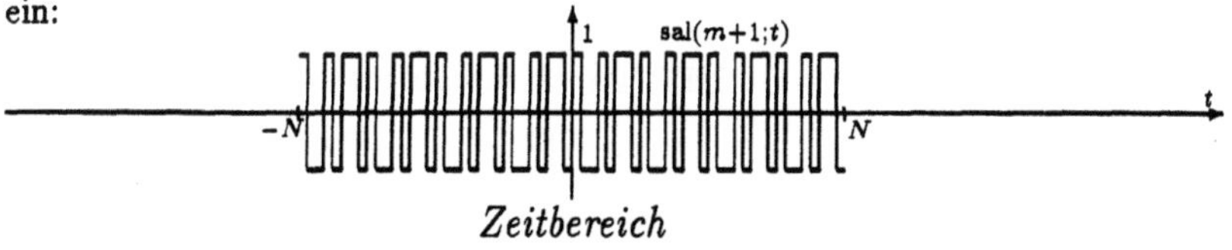

Nach (10.27) erhalten wir

$$
\begin{aligned}
\bar{B}(s) &= \begin{cases} \frac{1}{2}(1-\operatorname{sir} s)\sum_{j=0}^{N-1}\operatorname{cal}(j;s) & \text{für} \quad m+\frac{1}{2} \le s < m+1, \\ -\frac{1}{2}(1+\operatorname{sir} s)\sum_{j=0}^{N-1}\operatorname{cal}(j;s) & \text{für} \quad -m-1 < s \le -m-\frac{1}{2}, \\ 0 & \text{sonst}, \end{cases} \\
&= \begin{cases} \frac{1}{2}\mathcal{D}(n,2N-1;s) & \text{für} \quad m+\frac{1}{2} \le s < m+1, \\ -\frac{1}{2}\mathcal{D}(n,0;s) & \text{für} \quad -m-1 < s \le -m-\frac{1}{2}, \\ 0 & \text{sonst}. \end{cases}
\end{aligned}
$$

In der unten angefügten Skizze ist $m+1=3$, also haben wir speziell

$$
\bar{B}(s) = \begin{cases} \frac{1}{2}\mathcal{D}(n,2N-1;s) & \text{für} \quad \frac{3}{2} \le s < 3, \\ -\frac{1}{2}\mathcal{D}(n,0;s) & \text{für} \quad -3 < s \le -\frac{3}{2}, \\ 0 & \text{sonst}. \end{cases} \tag{10.24}
$$

Für (10.23) bzw. (10.24) sehen die Spektren also folgendermaßen aus:

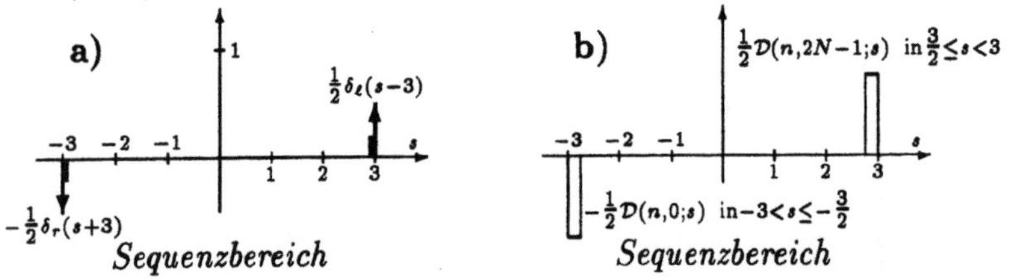

Wir stellen an dem obigen Beispiel fest: Wird eine WALSH-Schwingung auf ein endliches Zeitintervall beschränkt (zeitbegrenztes Signal), so verbreitern sich die Spektrallinien. Diese Phänomen kennt man von den FOURIER-Transformationen harmonischer Schwingungen.

Die FOURIER-Transformierte einer zeitlich begrenzten Sinusschwingung etwa hat die nebenan skizzierte Form.

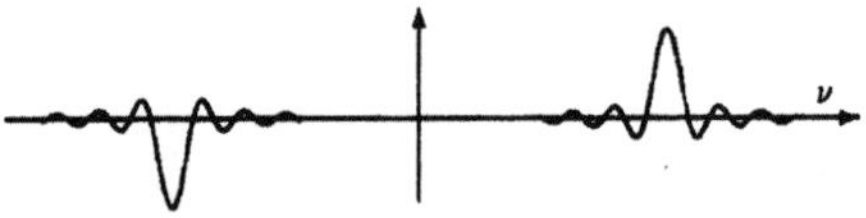

Auch hier werden also die Spektrallinien „verschmiert“. Wir bemerken aber einen ganz wesentlichen Unterschied. Im Falle der WALSH-Transformierten werden zwar die DIRAC-Impulse zu Rechteckimpulsen, aber sie bleiben auf ein endliches Sequenzintervall beschränkt, während im Falle der FOURIER-Transformierten die Spektrallinien auf alle Frequenzen verteilt werden, wenn auch die Amplituden sehr schnell abnehmen. In analoger Weise erhält man

$$
\mathcal{W}\{\operatorname{cal}(m;t)\} = \tfrac{1}{2}\delta_\ell(s-m) + \tfrac{1}{2}\delta_r(s+m). \tag{10.25}
$$

Man vergleiche das mit der FOURIER-Transformation des Cosinus:

$$
F(\omega) = \int_{-\infty}^{\infty} \cos\omega_0 t \; \mathrm{e}^{-i\omega t}\, dt = \pi\{\delta(\omega+\omega_0) + \delta(\omega-\omega_0)\}.
$$

Schränken wir wiederum $\text{cal}(m;t)$ auf $(-N,N)$ ein, so erhalten wir mit

$$f(t) = \begin{cases} \text{cal}(m;t) & \text{für } -N < t < N, \\ 0 & \text{sonst.} \end{cases}$$ die WALSH-Transformierte

$$\mathcal{W}\{f(t)\} = \bar{A}(s) = \begin{cases} \frac{1}{2}\mathcal{D}(n,0;s) & \text{für} \quad m \le s < m+\frac{1}{2}, \\ \frac{1}{2}\mathcal{D}(n,2N-1;s) & \text{für} \quad -m-\frac{1}{2} \le s < -m, \\ 0 & \text{sonst.} \end{cases}$$

Wählen wir $m = 2$, so erhalten wir die folgenden Spektren:

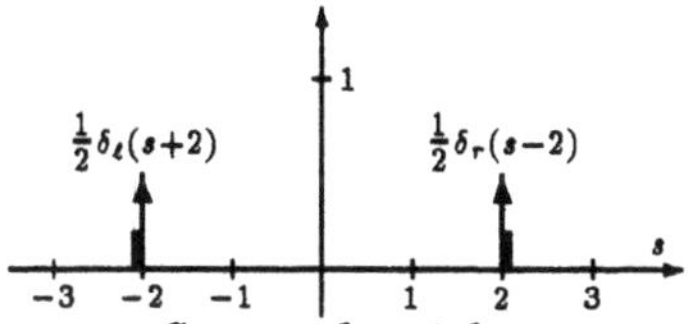

Sequenzbereich

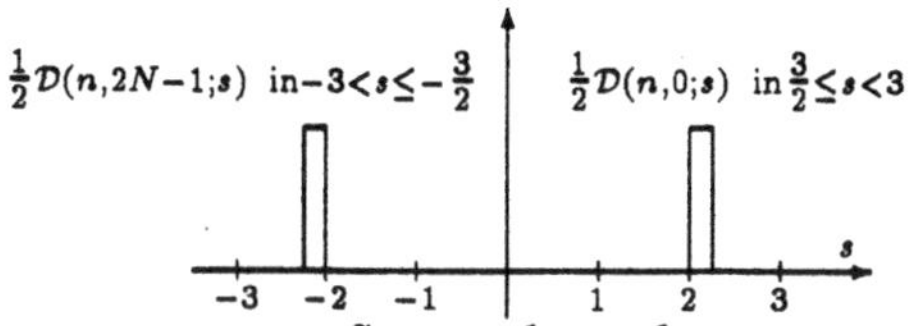

Sequenzbereich

10.3 Transformation periodischer Zeitfunktionen

a_m und b_{m+1} sind im Folgenden die WALSH-FOURIER-Koeffizienten aus (4.13) auf Seite 72.

Beispiel 10.8 $f(t)$ sei 1-periodisch in $-N < t < N$, $N = 2^{n-1}$, und außerhalb dieses Intervalles sei $f(t) = 0$. Dann ist

$$A(s) = 2\int_0^N f_g(t)\,\text{Cal}(s,t)\,dt = 2\sum_{j=0}^{N-1} \text{cal}(j;s)\,J_j(g;s) \qquad \text{mit}$$

$$J_j(g;s) = J_0(g;s) = \int_0^1 f_g(t)(\text{sir}\,s)^{r_1}\,\text{cal}([s];t)\,dt = \tfrac{1}{2}(1+\text{sir}\,s)\,a_m, \quad [s] = m,$$

und das ergibt für $s \ge 0$

$$A(s) = (1+\text{sir}\,s)\sum_{j=0}^{N-1}\text{cal}(j;s)\,a_{[s]} = a_{[s]}\mathcal{D}(n,0;s). \tag{10.26}$$

In analoger Weise findet man

$$B(s) = (1-\text{sir}\,s)\sum_{j=0}^{N-1}\text{cal}(j;s)\,b_{[s]+1} = b_{[s]+1}\mathcal{D}(n,2N-1;s). \tag{10.27}$$

Es gibt hierzu zwei Extremalfälle: Für $n = 1$, $N = 1$, erhalten wir in $s \ge 0$:

$$\begin{aligned} A(s) &= (1+\text{sir}\,s)\sum_{j=0}^{N-1}\text{cal}(j;s)\,a_{[s]} = (1+\text{sir}\,s)\,a_{[s]} = a_m\mathcal{D}(1,0;s), \\ &\qquad\qquad m \le s < m+\tfrac{1}{2}, \\ B(s) &= (1-\text{sir}\,s)\sum_{j=0}^{N-1}\text{cal}(j;s)\,b_{[s]+1} = (1-\text{sir}\,s)\,b_{[s]+1} = b_{m+1}\mathcal{D}(1,1;s), \\ &\qquad\qquad m+\tfrac{1}{2} < s < m+1. \end{aligned} \tag{10.28}$$

Das sind jeweils Rechteckimpulse der Breite $\frac{1}{2}$, und die Impulse von B sind gegen diejenigen von A jeweils um $\frac{1}{2}$ verschoben, sie stehen also gegeneinander „auf Lücke". Man kann sie somit in einem einzigen Koordinatensystem darstellen, und dann haben wir wieder ein Schaubild des Sequenzspektrums, wie wir es von früher kennen.

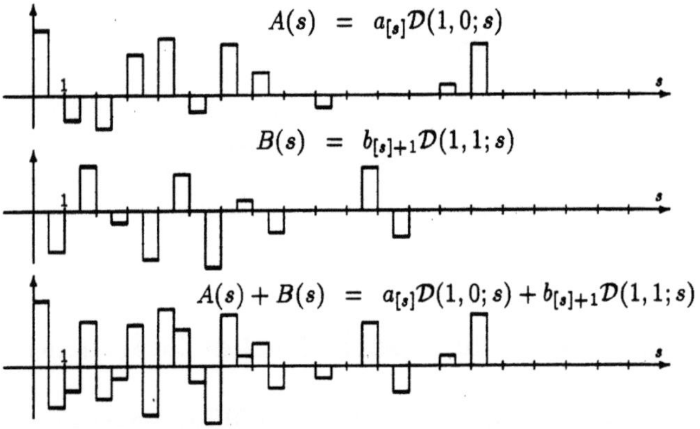

Für $n \to \infty$ erhält man die gesamte periodische Fortsetzung von f.

Dann ist
$$\begin{aligned} A(s) &= a_{[s]}\,\delta_r(s-[s]) = a_m\,\delta_r(s-m), \quad m=[s], \\ B(s) &= b_{[s]+1}\,\delta_\ell(s-[s]-1) = b_{m+1}\,\delta_\ell(s-m-1). \end{aligned} \qquad (10.29)$$

In Beispiel 9.3 auf Seite 193 hatten wir das Spektrum einer einzelnen Zacke der Sägezahnfunktion berechnet. Wir wollen zur Illustration von (10.27) die Veränderung dieses Spektrum ansehen, wenn wir weitere Schwingungen hinzunehmen und schließlich zur gesamten periodischen Funktion ergänzen.

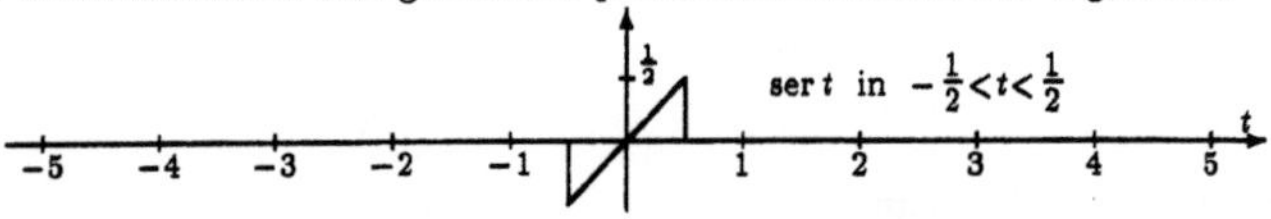

Zum Vergleich sei hier nochmals das Spektrum des Beispiels 9.3 gezeigt, bei dem das Trägerintervall von ser t noch weiter eingeschränkt ist.

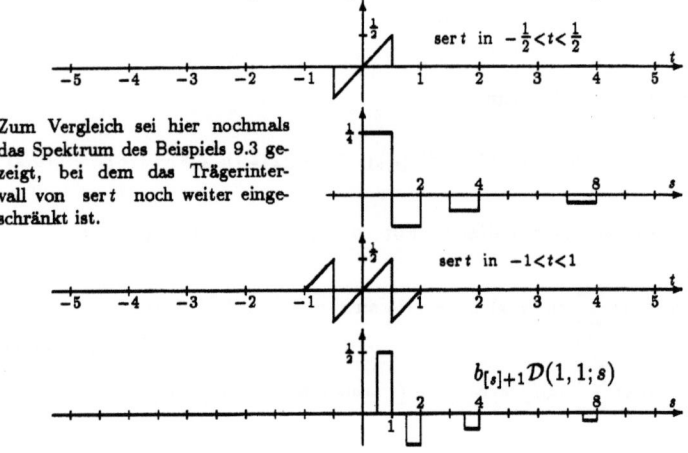

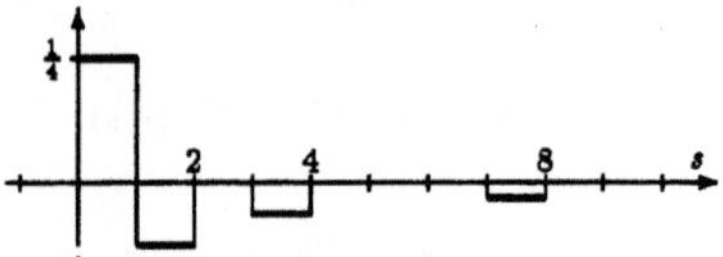

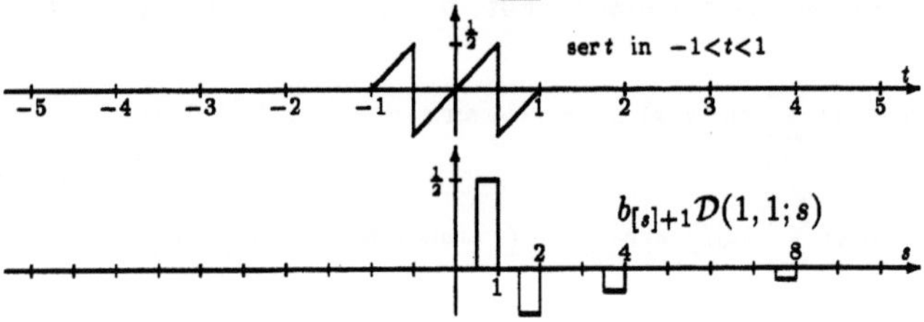

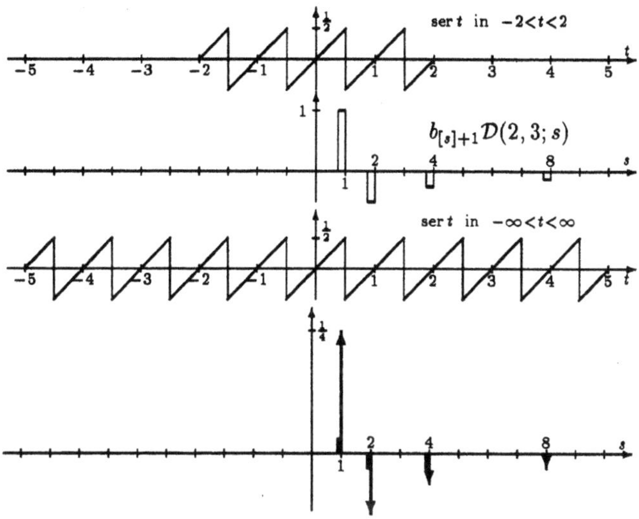

Wir spezialisieren nun die Funktionen des Beispiels 10.8 Es sei jetzt $f \in S_n$, also eine periodische Treppenfunktion im Intervall $-N < t < N$, und außerhalb dieses Intervalles sei wiederum $f(t) = 0$. Dann erhalten wir

$$\begin{aligned} A(s) &= 2\sum_{j=0}^{N-1} \operatorname{cal}(j;s)\, J_j(g;s) \\ \text{mit}\quad J_j(g;s) &= J_0(g;s) = \int_0^{\frac{1}{2}} f_g(t)\, \operatorname{cal}([s];t)\, dt + \operatorname{sir} s \int_{\frac{1}{2}}^{1} f_g(t)\, \operatorname{cal}([s];t)\, dt \\ &= (1+\operatorname{sir} s)\int_0^{\frac{1}{2}} f_g(t)\, \operatorname{cal}([s];t)\, dt. \end{aligned}$$

Weil $f_g \in S_n$ ist, ist es jeweils in I_{nj} konstant. Deshalb ist das letzte Integral nur für $[s] = m < N$ von Null verschieden, und dann hat es den Wert $\frac{1}{2}a_m$. Das ergibt

$$\begin{aligned} A(s) &= \begin{cases} (1+\operatorname{sir} s)\sum_{j=0}^{N-1} \operatorname{cal}(j;s)\, a_{[s]} & \text{für } 0 \le s < N, \\ 0 & \text{sonst,} \end{cases} \\ &= \begin{cases} a_{[s]}\mathcal{D}(n,0;s) & \text{für } 0 \le s < N, \\ 0 & \text{sonst.} \end{cases} \end{aligned} \tag{10.30}$$

In analoger Weise erhalten wir

$$\begin{aligned} B(s) &= \begin{cases} (1-\operatorname{sir} s)\sum_{j=0}^{N-1} \operatorname{cal}(j;s)\, b_{[s]+1} & \text{für } 0 \le s < N, \\ 0 & \text{sonst,} \end{cases} \\ &= \begin{cases} b_{[s]+1}\mathcal{D}(n,2N-1;s) & \text{für } 0 \le s < N, \\ 0 & \text{sonst.} \end{cases} \end{aligned} \tag{10.31}$$

10.4 Transformation kausaler Zeitfunktionen

Eine Funktion $f(t)$ im Zeitbereich nennt man

$$\textit{kausal}, \quad \text{wenn} \quad f(t) = 0 \quad \text{für} \quad t < 0 \quad \text{gilt.} \tag{10.32}$$

In diesem Falle entfällt die symmetriebedingte Zerlegung, und man erhält unmittelbar aus (9.24) auf Seite 191

$$\mathcal{W}\{f(t)\} = F(s) = \Big(A(s), B(s)\Big) = \Big(A(s), A(s)\Big)$$

$$\text{mit} \quad A(s) = B(s) = \int_0^\infty f(t)\,\mathrm{Cal}(s,t)\,dt \quad \text{und}$$

$$\mathcal{W}^{-1}\{F(s)\} = f(t) = \int_0^\infty \big(A(s)\,\mathrm{Cal}(s,t) + B(s)\,\mathrm{Sal}(s,t)\big)\,ds$$

$$= \int_0^\infty \big(A(s) + B(s)\big)\,\mathrm{Cal}(s,t)\,ds = 2\int_0^\infty A(s)\,\mathrm{Cal}(s,t)\,ds.$$

Es bietet sich an, im vorliegenden Falle mit

$$W(s) = A(s) + B(s) = 2A(s) = 2B(s)$$

die WALSH-Transformation folgendermaßen zu formulieren:

Für eine kausale Funktion f ist

$$\mathcal{W}\{f(t)\} = W(s) = 2\int_0^\infty f(t)\,\mathrm{Cal}(s,t)\,dt \quad \text{und}$$

$$\mathcal{W}^{-1}\{W(s)\} = f(t) = \int_0^\infty W(s)\,\mathrm{Cal}(s,t)\,ds, \quad 0 \le t < \infty. \tag{10.33}$$

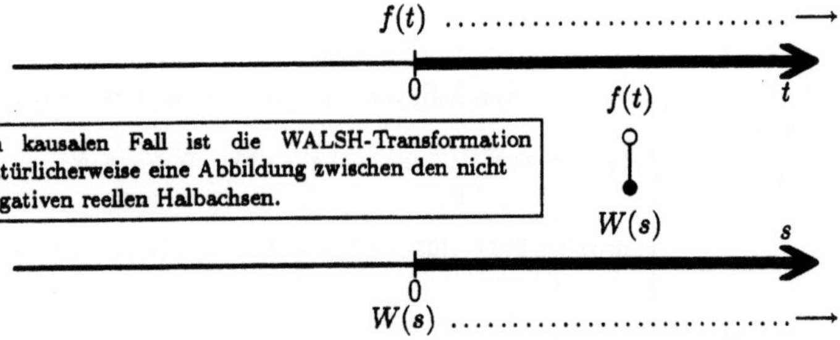

Im kausalen Fall ist die WALSH-Transformation natürlicherweise eine Abbildung zwischen den nicht negativen reellen Halbachsen.

Die einfachste kausale Zeitfunktion ist die **HEAVISIDE-Funktion:**

$$\mathrm{u}(t) = \tfrac{1}{2}(1 + \operatorname{sign} t) = \begin{cases} 0 & \text{für} \quad t < 0, \\ 1 & \text{für} \quad 0 < t. \end{cases}$$

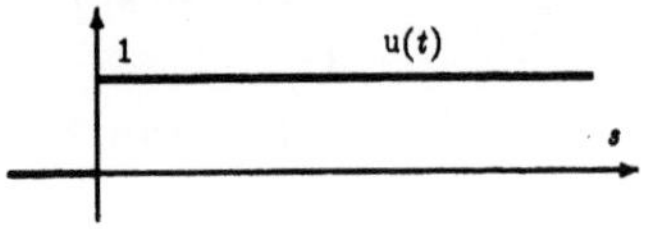

Für die Transformation der HEAVISIDE-Funktion erhalten wir:

$$
\begin{aligned}
W(s) &= 2\int_0^\infty \mathrm{Cal}(s,t)\,dt \;=\; 2\int_0^\infty (\mathrm{sir}\,s)^{\tau_1}\,\mathrm{cal}([s];t)\,\mathrm{cal}([t];s)\,dt\\
&= 2\sum_{j=0}^{\infty}\mathrm{cal}(j;s)\Big\{\int_j^{j+\frac12}\mathrm{cal}([s];t)\,dt + \mathrm{sir}\,s\int_{j+\frac12}^{j+1}\mathrm{cal}([s];t)\,dt\Big\}\\
&\overset{[s]=0}{=} (1+\mathrm{sir}\,s)\sum_{j=0}^{\infty}\mathrm{cal}(j;s) \;=\; \delta_r(s).
\end{aligned}
$$

Wir halten fest: $\boxed{\mathcal{W}\{\mathrm{u}(t)\} = W(s) = \delta_r(s) \quad \text{in } 0 \le s < \infty.}$ (10.34)

Für ein endliches Stück von u, nämlich:

$$f(t) \;=\; \begin{cases} 1 & \text{für } 0 \le t < T, \\ 0 & \text{sonst.} \end{cases}$$

erhalten wir die WALSH-Transformierte

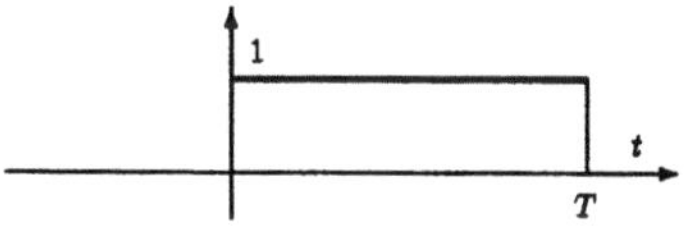

$$\boxed{W(s) \;=\; \mathcal{D}(1,0;Ts), \quad 0 \le Ts < \tfrac{1}{2}.} \tag{10.35}$$

Mit diesem Ergebnis und (10.34) können wir die WALSH-Transformierte der *verschobenen HEAVISIDE-Funktion* angeben:

$$\mathrm{u}(t-T) \;=\; \begin{cases} 1 & \text{für } 0 < T \le t, \\ 0 & \text{sonst.} \end{cases}$$

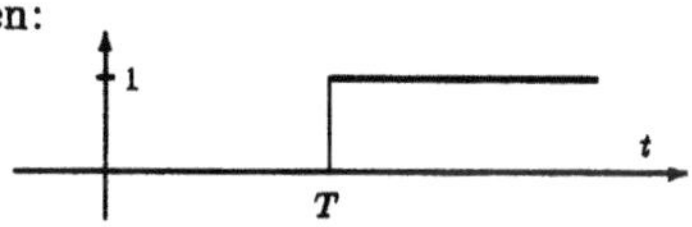

Wir erhalten $\boxed{W(s) \;=\; \delta_r(s) - \mathcal{D}(1,0;Ts), \;\; 0 \le Ts < \tfrac{1}{2}.}$ (10.36)

Beispiel 10.9

a) Wir berechnen wieder die WALSH-Transformierte von $\mathrm{sal}(m+1;t)$, aber diesmal den kausalen Fall, d.h. nur für $0 \le t$.

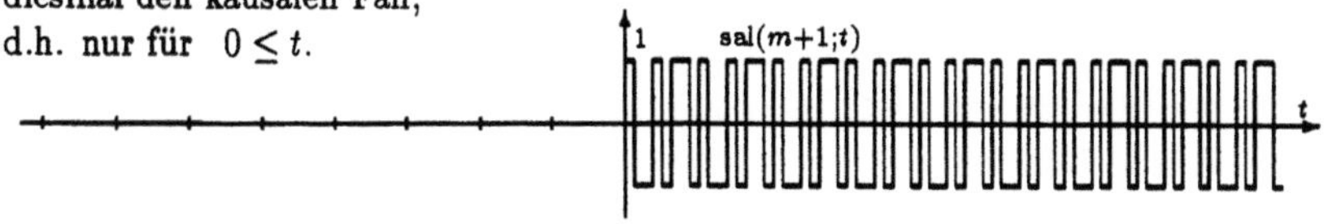

Mit (10.22) auf Seite 207 erhalten wir unmittelbar:
$\mathcal{W}\{f(t)\} \;=\; W(s) \;=\; \delta_\ell(s-m-1).$

Für den speziellen Fall $m+1=3$ ist dies das nebenan gezeigte Spektrum.

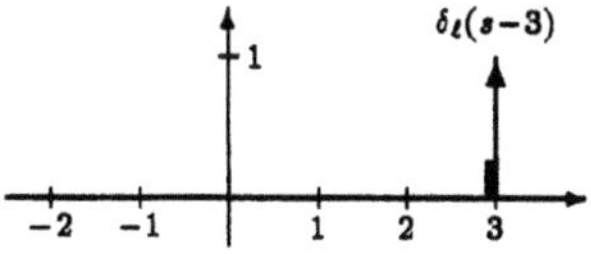

b) Jetzt schränken wir die sal-Schwingung auf das Intervall $0 \le t < N$ ein:

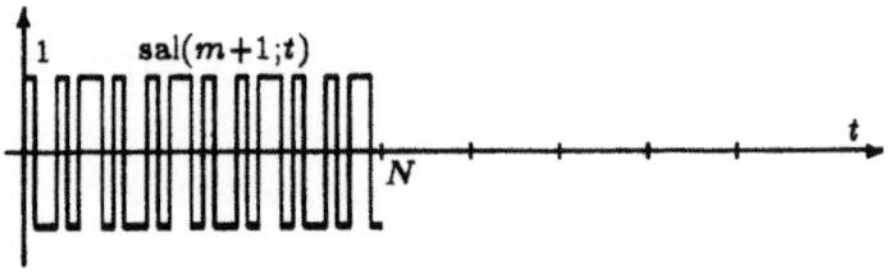

Hier erhalten wir

$$W(s) = \begin{cases} (1-\operatorname{sir} s)\sum_{j=0}^{N-1}\operatorname{cal}(j;s) & \text{für} \quad m+\frac{1}{2} \le s < m+1, \\ 0 & \text{sonst}, \end{cases}$$

$$= \begin{cases} \mathcal{D}(n, 2N-1; s) & \text{für} \quad m+\frac{1}{2} \le s < m+1, \\ 0 & \text{sonst}. \end{cases} = \mathcal{D}_m(n, 2N-1; s),$$

wobei $\mathcal{D}_m$ bedeuten soll, daß $\mathcal{D}$ in $m \le s < m+1$ zu nehmen ist.
Für den speziellen Fall $m+1=3$ ist dies das nebenan gezeigte Spektrum.

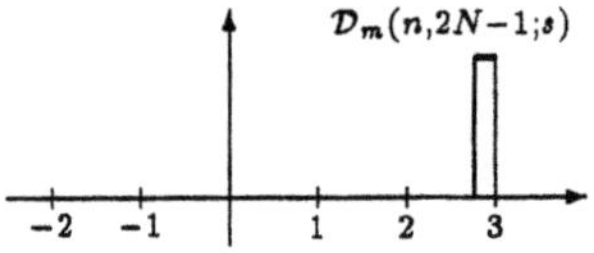

c) Nun sei

$$f(t) = \begin{cases} \operatorname{sal}(m+1;t) & \text{für} \quad 1 \le N \le t, \\ 0 & \text{sonst}. \end{cases}$$

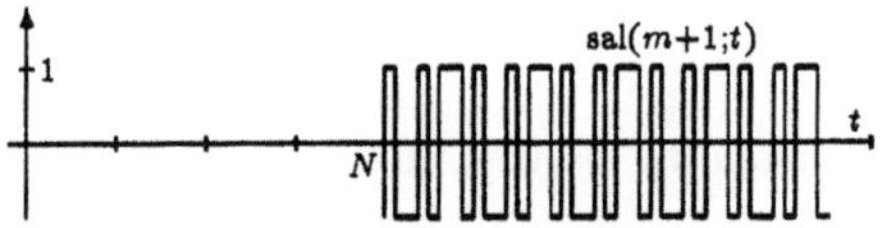

Aus den Transformationen **a)** und **b)** erhalten wir mit $[s]=m$,

$$\mathcal{W}\{f(t)\} = W(s) = \delta_\ell(s-m-1) - \mathcal{D}_m(n, 2N-1; s) = (1-\operatorname{sir} s)\sum_{j=N}^{\infty}\operatorname{cal}(j;s),$$

wobei $\mathcal{D}_m$ bedeuten soll, daß $\mathcal{D}$ in $m \le s < m+1$ zu nehmen ist.
Für den speziellen Fall $m+1=3$ ist dies das nebenan gezeigte Spektrum.
(Man beachte bei dieser Skizze, daß zwei *Distributionen dargestellt werden, die* ***additiv*** *miteinander verknüpft sind!)*

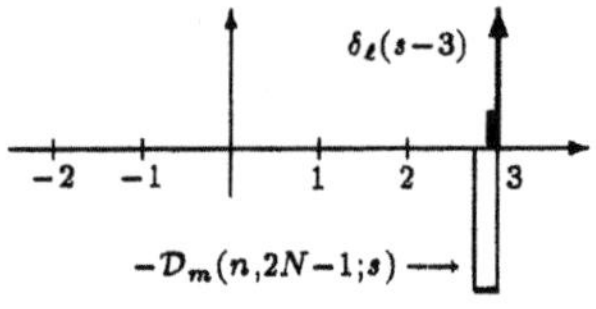

Beispiel 10.10 Der Rechteckimpuls

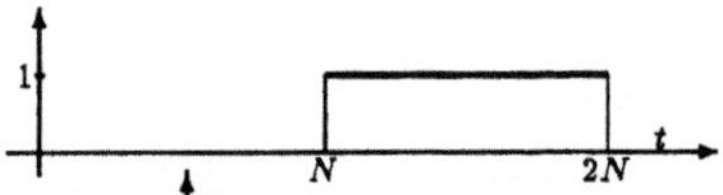

$$f_n(t) = \begin{cases} 1 & \text{in} \quad 1 \le N \le t < 2N, \\ 0 & \text{sonst}. \end{cases}$$
$$= \frac{1}{2}\left(1-\operatorname{sir}\frac{t}{2N}\right), \quad 0 \le t < 2N,$$

hat die Transformierte

$$F_n(s) = \operatorname{sir} 2Ns\,\mathcal{D}_0(n,0;s)$$
$$= \begin{cases} 2N\operatorname{sir} 2Ns & \text{in} \quad 0 \le s < \frac{1}{2N}, \\ 0 & \text{sonst}. \end{cases} \qquad (10.37)$$

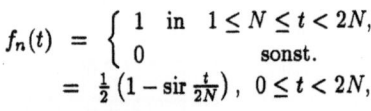

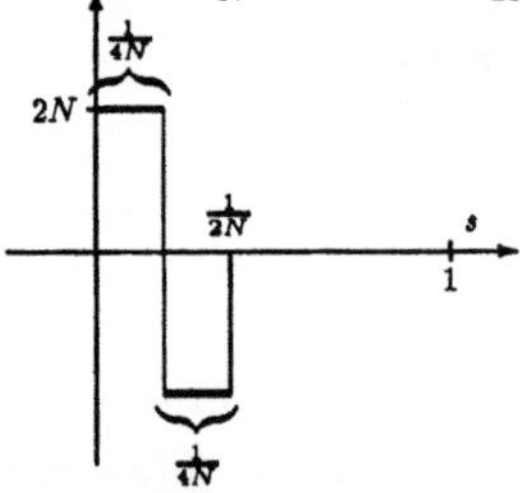

(10.37) folgt aus dem Ähnlichkeitssatz (10.16) auf Seite 205. Weil im kausalen Falle vor dem Transformationsintegral der Faktor 2 steht, hat nämlich der

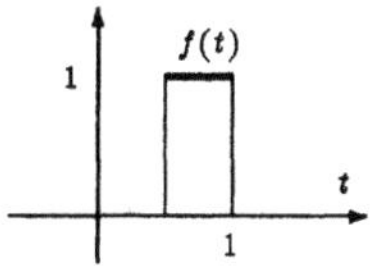

Impuls
$$\Longleftarrow \quad f(t) = \tfrac{1}{2}(1 - \operatorname{sir} t), \quad 0 \le t < 1,$$
das Spektrum
$$F(s) = \operatorname{sir} s, \quad 0 \le s < 1. \quad \Longrightarrow$$

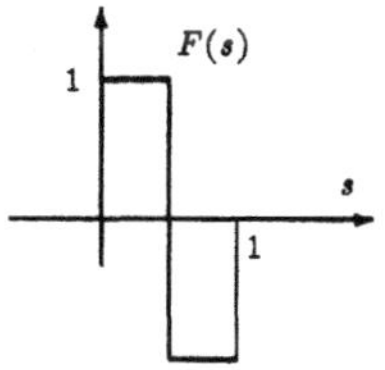

Mit $a = \frac{1}{2N}$ folgt dann aus (10.16):

$$f(at) = f(\tfrac{t}{2N}), \quad 0 \le t < 2N, \quad \circ\!\!-\!\!\!-\!\!\bullet \quad \tfrac{1}{|a|}F(\tfrac{s}{a}) = 2N \operatorname{sir} 2Ns, \quad 0 \le s < \tfrac{1}{2N}.$$

Beispiel **10.11** Multiplizieren wir die Funktion $f_n(t)$ des Beispiels 10.10 mit $g(t) = \operatorname{sir} t$, so erhalten wir in $0 \le t < 2N$

$$h_n(t) = \operatorname{sir} t \, f_n(t)$$
$$= \begin{cases} \operatorname{sir} t & \text{in} \quad 1 \le N \le t < 2N, \\ 0 & \text{sonst.} \end{cases}$$

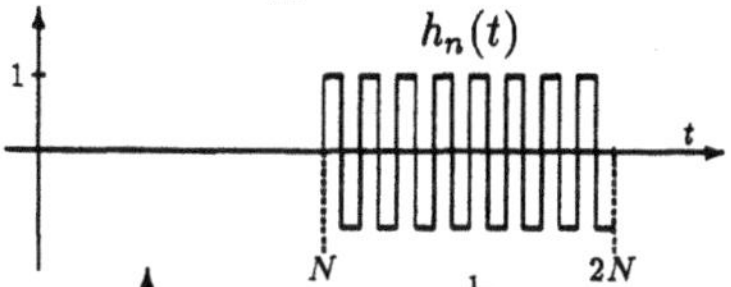

$h_n(t)$ hat die Transformierte

$$H_n(s) = -\operatorname{sir} 2Ns\mathcal{D}_0(n, 2N-1; s)$$
$$= \begin{cases} -2N \operatorname{sir} 2Ns & \text{in } 1 - \frac{1}{2N} \le s < 1, \\ 0 & \text{sonst.} \end{cases}$$

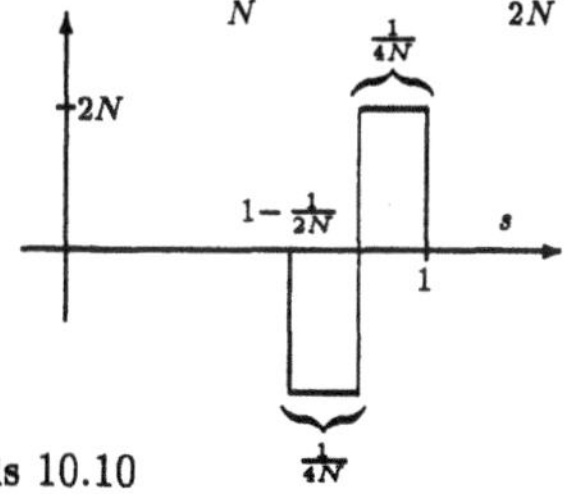

Beispiel **10.12** Mit dem Ergebnis des Beispiels 10.10 findet man für die Funktion

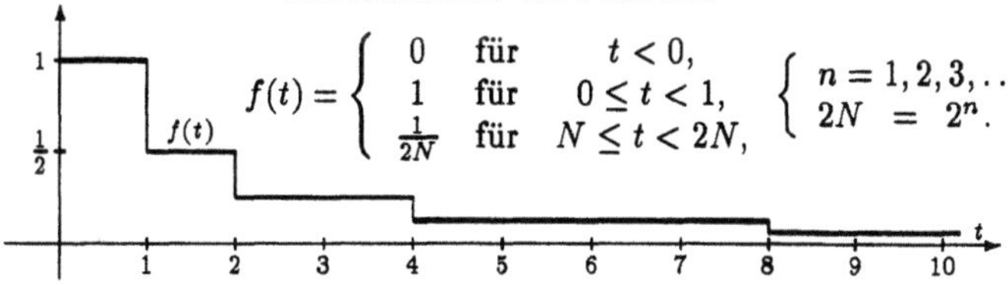

$$f(t) = \begin{cases} 0 & \text{für} \quad t < 0, \\ 1 & \text{für} \quad 0 \le t < 1, \\ \frac{1}{2N} & \text{für} \quad N \le t < 2N, \end{cases} \qquad \begin{cases} n = 1, 2, 3, \dots, \\ 2N = 2^n. \end{cases} \tag{10.38}$$

die Transformierte

$$F(s) = \sum_{n=1}^{\infty} \frac{1}{2N} \mathcal{D}(n, 0; s), \quad 0 \le s < 1. \tag{10.39}$$

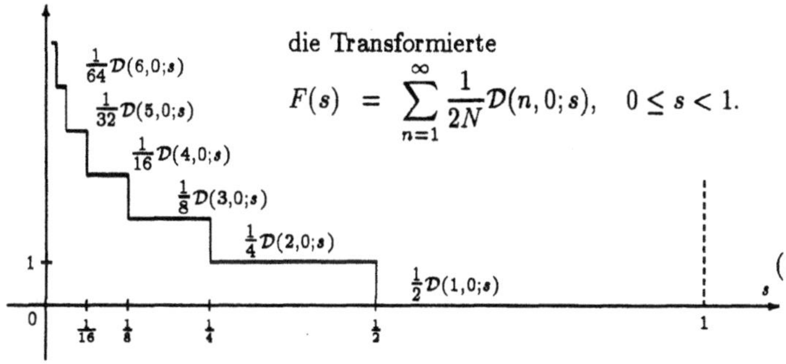

Man erhält nämlich im Intervall $0 \le t < 1$

$$J_0(s) = \int_0^1 \operatorname{sir} t (\operatorname{sir} s)^{T_1} \operatorname{cal}([s];t)\,dt = \begin{cases} \frac{1}{2}(1-\operatorname{sir} s) & \text{für } 0 \le s < 1, \\ 0 & \text{sonst}, \end{cases} = \begin{cases} 2 & \text{für } 0 \le s < \frac{1}{2}, \\ 0 & \text{sonst}. \end{cases}$$

Mit dem Ergebnis des Beispiels 10.10 erhält man

$$\tfrac{1}{2N} F_n(s) = \operatorname{sir} 2Ns \quad \text{in} \quad 0 \le s < \tfrac{1}{2N},$$

und die Summe dieser Teilspektren ergibt:

$$F(s) = J_0(s) + \sum_{n=1}^{\infty} \frac{1}{2N} F_n(s) = \sum_{n=1}^{\infty} \frac{1}{2N} \mathcal{D}(n,0;s), \quad 0 \le s < 1.$$

Beispiel 10.13 Mit dem Ergebnis des Beispiels 10.11 findet man in gleicher Weise wie in Beispiel 10.12 für die Funktion

$$h(t) = \begin{cases} 0 & \text{für } t < 0, \\ \operatorname{sir} t & \text{für } 0 \le t < 1, \\ \frac{1}{2N} \operatorname{sir} t & \text{für } N \le t < 2N. \end{cases} \tag{10.40}$$

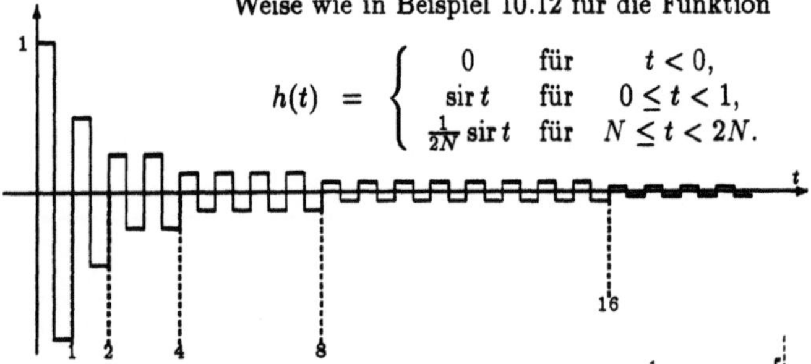

die Transformierte

$$H(s) = \sum_{n=1}^{\infty} \frac{1}{2N} \mathcal{D}(n, 2N-1; s),$$

$0 \le s < 1.$

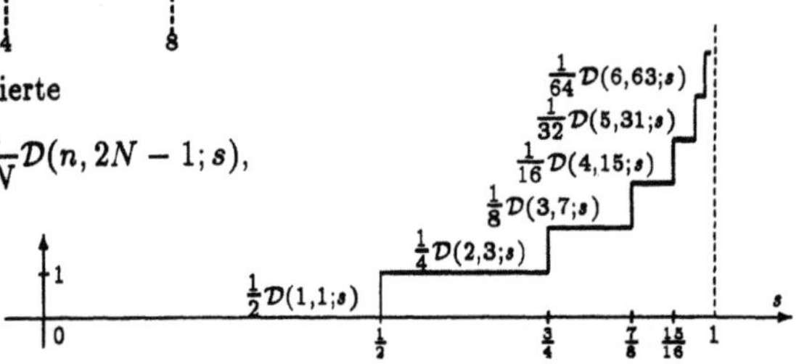

(10.41)

Beispiel 10.14 Wir verallgemeinern nun die Funktion

f des vorigen Beispiels: $$f(t) = \begin{cases} 0 & \text{für } t < 0, \\ \operatorname{sal}(k+1;t) & \text{für } 0 \le t < 1, \\ \frac{1}{2N} \operatorname{sal}(k+1;t) & \text{für } N \le t < 2N. \end{cases}$$

Für diese Funktion erhält man die Transformierte

$$W(s) = \sum_{n=1}^{\infty} \frac{1}{2N} \mathcal{D}_k(n, 2N-1; s) \quad \text{in} \quad k \le s < k+1.$$

Die „Treppe“ des Schaubildes (10.41) wird also lediglich in das Intervall $k \le s < k+1$ verschoben.

Analoges gilt für (10.39), wenn man $\operatorname{sal}(k+1;t)$ durch $\operatorname{cal}(k;t)$ ersetzt.

Kapitel 11

Dyadische Faltung

Naturgemäß gibt es viele Analogien zwischen WALSH- und FOURIER-Transformation. Die wichtigste davon ist der *Faltungssatz*, der hier in der dyadischen Form auftritt.

Der Faltungssatz sagt:

Der **Multiplikation** zweier Funktionen (Distributionen) im Zeitbereich	entspricht	die **dyadische Faltung** ihrer Spektren im Sequenzbereich.
Der **dyadischen Faltung** zweier Funktionen (Distributionen) im Zeitbereich	entspricht	die **Multiplikation** ihrer Spektren im Sequenzbereich.

11.1 Dyadische Verschiebung

Ist $f(\circ)$ eine reelle Funktion und c eine feste reelle Zahl, so sagen wir

$f(\circ \oplus c)$ sei eine *dyadische Verschiebung* von f um c über $\mathbf{R}$.

Vor alllem interessieren uns dyadische Verschiebungen mit *dyadisch rationalem* c. Es ist keine wesentliche Einschränkung, wenn wir annehmen, daß c die endliche Binärdarstellung $c = C.\gamma_1\gamma_2\ldots\gamma_{j-1}\gamma_j$ hat. Wir benutzen auch die Darstellung von c durch einen *unendlichen* Binärbruch und schreiben:

$$c = C.\gamma_1\gamma_2\ldots\gamma_{j-1}\gamma_j, \qquad \bar{c} = c - \frac{1}{2^j} + 0.\underbrace{0\,0\ldots 0}_{j\ \text{Stellen}}\,\mathsf{I}\,\mathsf{I}\,\mathsf{I}\ldots\,.$$

In Anlehnung an (2.9) auf Seite 23 führen wir die folgenden Bezeichnungen ein:

$$\bar{h}_j \quad = \quad 0.\underbrace{0\;\;0\;\;0\;\;\ldots\;\;0\;\;0\;\;0}_{j\text{ Stellen}}\;\;1\;\;1\;\;1\;\;\ldots$$

$$\bar{e}_j \;=\; \mathsf{G}\bar{h}_j \quad = \quad 0.\underbrace{0\;\;0\;\;0\;\;\ldots\;\;0\;\;0\;\;0}_{j\text{ Stellen}}\;\;1\;\;0\;\;0\;\;\ldots$$

$$\begin{aligned}
x &= 0.\;\xi_1\;\;\xi_2\;\;\xi_3\;\;\ldots\;\xi_{j-2}\,\xi_{j-1}\;\;\xi_j\;\;\xi_{j+1}\,\xi_{j+2}\,\xi_{j+3}\;\;\ldots \\
&= \overbrace{0.\;\xi_1\;\;\xi_2\;\;\xi_3\;\;\ldots\;\xi_{j-2}\,\xi_{j-1}\;\;\xi_j}^{x_j} \\
&\quad + \underbrace{0.\;0\;\;0\;\;0\;\;\ldots\;\;0\;\;0\;\;0\;\;\xi_{j+1}\,\xi_{j+2}\,\xi_{j+3}\;\;\ldots}_{\bar{x}_j}
\end{aligned}$$

$$\begin{aligned}
x\oplus\bar{e}_j &= \;\;\;0.\;\xi_1\;\;\xi_2\;\;\xi_3\;\;\ldots\;\xi_{j-2}\,\xi_{j-1}\;\;\xi_j\;\;\xi_{j+1}\,\xi_{j+2}\,\xi_{j+3}\;\;\ldots \\
&\quad\oplus 0.\underbrace{0\;\;0\;\;0\;\;\ldots\;\;0\;\;0\;\;0}_{j\text{ Stellen}}\;\;1\;\;0\;\;0\;\;\ldots \\
&= x+\frac{1}{2^{j+1}}(-1)^{\xi_{j+1}} \\
x\oplus\bar{h}_j &= \;\;\;0.\;\xi_1\;\;\xi_2\;\;\xi_3\;\;\ldots\;\xi_{j-2}\,\xi_{j-1}\;\;\xi_j\;\;\xi_{j+1}\,\xi_{j+2}\,\xi_{j+3}\;\;\ldots \\
&\quad\oplus 0.\underbrace{0\;\;0\;\;0\;\;\ldots\;\;0\;\;0\;\;0}_{j\text{ Stellen}}\;\;1\;\;1\;\;1\;\;\ldots \\
&= x_j+(\bar{h}_j\oplus\bar{x}_j) \;=\; x_j+\frac{1}{2^j}-\bar{x}_j
\end{aligned}$$

Damit ist

$$x\oplus\bar{c} \;=\; \left\{x_j\oplus\left(c-\tfrac{1}{2^j}\right)\right\}+\left\{\bar{x}_j\oplus\bar{h}_j\right\} \;=\; x_j\oplus\left(c-\tfrac{1}{2^j}\right)+\tfrac{1}{2^j}-\bar{x}_j$$

und

$$f(x\oplus\bar{c}) \;=\; f(x_j\oplus(c-\tfrac{1}{2^j})+\tfrac{1}{2^j}-\bar{x}_j).$$

Beispiel 11.1

Wir betrachten wieder die Funktion des Beispiels 4.1 auf Seite 74.

$$f(x)=\begin{cases}|x| & \text{in } -\frac14<x<\frac14 \\ 0 & \text{in } \frac14<x<\frac34\end{cases},$$
$$f(x+n)=f(x).$$

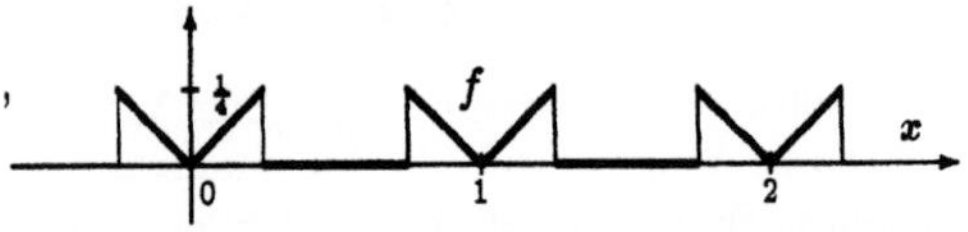

Mit $c = 0.11$ erhalten wir die Funktion $g_1(x)=f(x\oplus 0.11)$ des Beispiels 4.3 auf Seite 77:

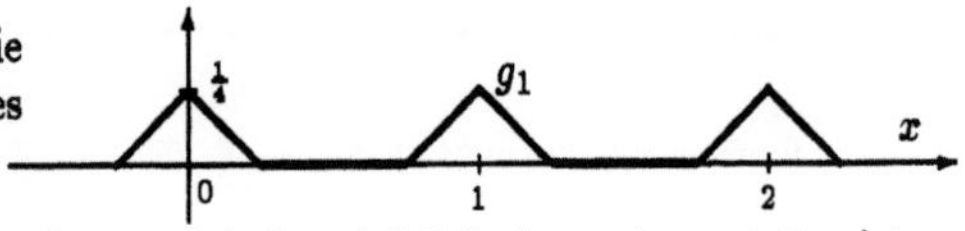

Mit $\bar{c}=0.1011\ldots=0.10+\bar{h}_2$ und $x=0.\xi_1\,\xi_2+0.0\,0\,\xi_3\,\xi_4\,\ldots=x_2+\bar{x}_2$ ist

$$x \oplus \bar{c} = (0.\,\xi_1\,\xi_2 \oplus 0.\,1\,0) + (\bar{x}_2 \oplus \bar{h}_2) = (0.\,\xi_1\,\xi_2 \oplus 0.\,1\,0) + \frac{1}{4} - \bar{x}_2.$$

$g_2(x) = f(x \oplus \bar{c})$
hat damit die folgenden Werte:

$$I_0: \quad g_2(x) = f(0.\,1\,0 + \tfrac{1}{4} - \bar{x}_2 = f(\tfrac{3}{4} - \bar{x}_2),$$
$$I_1: \quad g_2(x) = f(0.\,1\,1 + \tfrac{1}{4} - \bar{x}_2 = f(1 - \bar{x}_2),$$
$$I_2: \quad g_2(x) = f(0.\,0\,0 + \tfrac{1}{4} - \bar{x}_2 = f(\tfrac{1}{4} - \bar{x}_2),$$
$$I_3: \quad g_2(x) = f(0.\,0\,1 + \tfrac{1}{4} - \bar{x}_2 = f(\tfrac{1}{2} - \bar{x}_2).$$

Das ergibt die unten skizzierte Funktion:

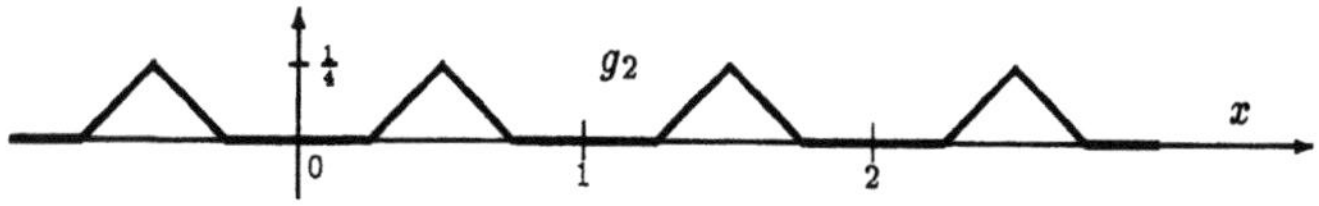

Beispiel 11.2 Es sei $f(t) = \operatorname{frac} t$ und $c = 0.\,1\,0\,1$, $\bar{c} = 0.\,1\,0\,0\,1\,1\,1\,\cdots$.

a) $f(x \oplus c) = \operatorname{frac}(x \oplus 0.101)$:

x	$x \oplus 0.101$
0.000...	0.101...
0.001...	0.100...
0.010...	0.111...
0.011...	0.110...
0.100...	0.001...
0.101...	0.000...
0.110...	0.011...
0.111...	0.010...

Das Argument x ändert sich durch die binäre Addition von 0.101 in der links angegebenen Weise. Dadurch werden die Teilintervalle I_j in der rechts angegebenen Weise permutiert.

$I_0 \Longrightarrow I_5$
$I_1 \Longrightarrow I_4$
$I_2 \Longrightarrow I_7$
$I_3 \Longrightarrow I_6$
$I_4 \Longrightarrow I_1$
$I_5 \Longrightarrow I_0$
$I_6 \Longrightarrow I_3$
$I_7 \Longrightarrow I_2$

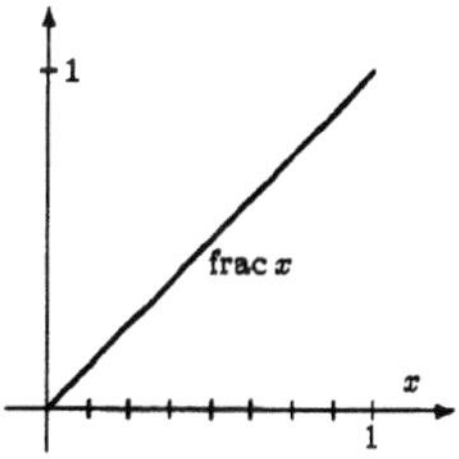

Durch diese Permutation erhalten wir aus
$\longleftarrow$ frac x
die Funktion
frac$(x \oplus 0.101)$ $\longrightarrow$

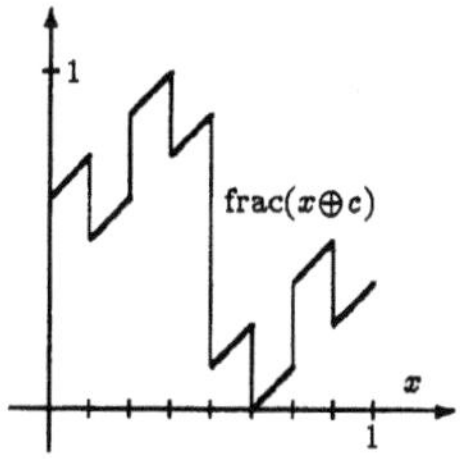

b) Mit $f(x \oplus \bar{c}) = \operatorname{frac}(x_j \oplus 0.\,1\,0\,0 + \frac{1}{8} - \bar{x}_3) = \operatorname{frac}((\frac{\ell}{8} - \bar{x}_3) \oplus 0.\,1\,0\,0)$, $\ell = 1, 2, 3, \ldots, 8$, erhalten wir

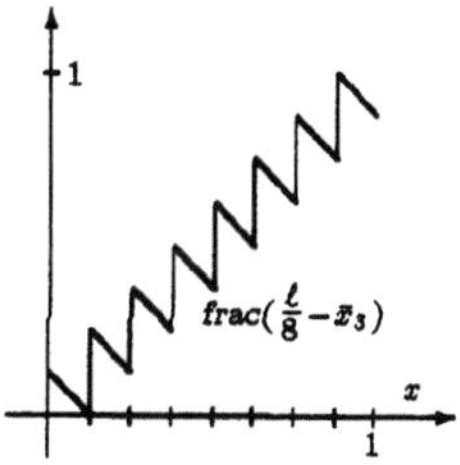

aus
$\longleftarrow$ frac$(\frac{\ell}{8} - \bar{x}_3)$
$\ell = 1, 2, 3, \ldots, 8,$
die Funktion
frac$(x \oplus \bar{c})$ $\longrightarrow$

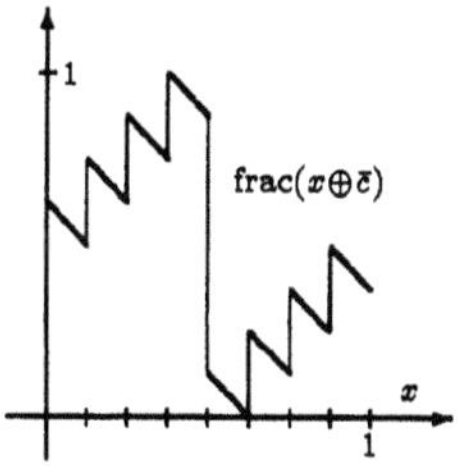

11.2 Dyadische Faltung auf der reellen Achse

Im Abschnitt 5.6 haben wir die dyadische Faltung für Treppenfunktionen aus S_n betrachtet. Wir erweitern nun diesen Begriff.

Dyadische Faltung

zweier Funktionen auf der reellen Achse **R**.

f und g seien quadratisch integrierbar auf $-\infty < x < \infty$.
Dann heißt

$$h(x) = (f \circledast g)(x) = \int_{-\infty}^{\infty} f(y)g(x \oplus y)\,dy = \int_{-\infty}^{\infty} f(x \oplus y)g(y)\,dy \tag{11.1}$$

dyadische Faltung von f und g über $-\infty < x < \infty$.

Für die dyadische Faltung gelten zu (1.29) auf Seite 18 analoge Rechenregeln:

$$\begin{array}{rcll} f,g,h \in V, & & f \circledast g \in V, & a \in \mathbf{R} \\ f \circledast g & = & g \circledast f, & \text{Kommutativgesetz} \\ a(f \circledast g) & = & (af) \circledast g = f \circledast (ag), & \\ (f+g) \circledast h & = & f \circledast h + g \circledast h, & \text{Distributivgesetz} \\ (f \circledast g) \circledast h & = & f \circledast (g \circledast h), & \text{Assoziativgesetz.} \end{array} \tag{11.2}$$

Zur Faltung zweier Funktionen f und g gibt es den verwandten Begriff der **Korrelation** : $h(x) = \int_I f(y)\,g(x+y)\,dy$.

Weil bei der binären Verknüpfung $\oplus$ Addition und Subtraktion nicht zu unterscheiden sind, kann man die dyadische Faltung auch als *Korrelation* betrachten. Wir können insbesondere auch von der „dyadischen Autokorrelation" einer Funktion f sprechen.

---

f_g und g_g seien zwei gerade Funktionen auf **R**,
f_u und g_u seien zwei ungerade Funktionen auf **R**.

Dann ist

$$f_g(x)g_g((-t) \oplus x) = f_g(x)g_g(-(t \oplus x)) = f_g(x)g_g(t \oplus x)$$
eine *gerade* Funktion von t,

$$f_u(x)g_u((-t) \oplus x) = f_u(x)g_u(-(t \oplus x)) = -f_u(x)g_u(t \oplus x)$$
eine *ungerade* Funktion von t,

$$f_g(-x)g_g(t \oplus (-x)) = f_g(x)g_g(-(t \oplus x)) = f_g(x)g_g(t \oplus x)$$
eine *gerade* Funktion von x,

$$f_u(-x)g_u(t \oplus (-x)) = -f_u(x)\{-g_u(t \oplus x))\} = f_u(x)g_u(t \oplus x)$$
eine *gerade* Funktion von x,

$$f_g(-x)g_u(t \oplus (-x)) = f_g(x)\{-g_u(t \oplus x)\} = -f_g(x)g_u(t \oplus x)$$
eine *ungerade* Funktion von x,

$$f_u(-x)g_g(t \oplus (-x)) = -f_u(x)g_g(t \oplus x) = -f_u(x)g_g(t \oplus x)$$
eine *ungerade* Funktion von x.

Daraus folgt:

$$a(t) = (f_g \circledast g_g)(t) \quad \text{ist eine gerade Funktion.} \tag{11.3}$$

$$b(t) = (f_u \circledast g_u)(t) \quad \text{ist eine ungerade Funktion.} \tag{11.4}$$

$$(f_g \circledast g_u)(t) \equiv 0 \quad \text{und} \quad (f_u \circledast g_g)(t) \equiv 0. \tag{11.5}$$

Die dyadische Faltung wirkt auch *„glättend"* auf die eingegebenen Funktionen, aber diese Glättung hat einen anderen Charakter als die der normalen Faltung. Dazu betrachten wir nochmals die Funktionen des Beispiels 1.6 auf Seite 16:

Beispiel 11.3

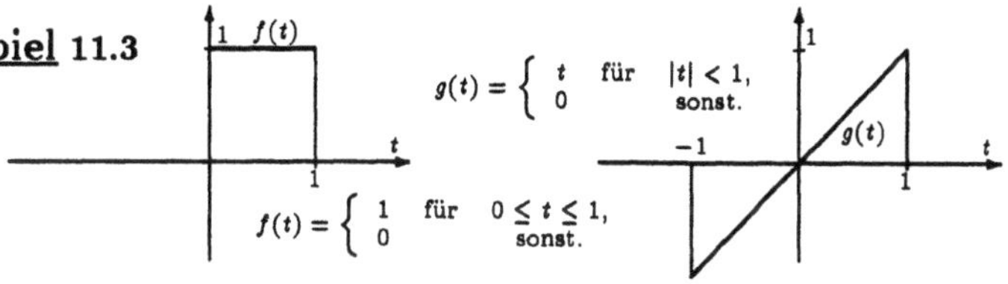

In $-1 \leq t < 1$ ist $f(t) = f_g(t) + f_u(t) = \frac{1}{2} + \frac{1}{2}\,\mathrm{sir}\,\frac{t}{2}$ und $g(t) = g_u(t) = t$. Damit erhält man

$$h(t) = (f \circledast g)(t) = ((f_g + f_u) \circledast g_u)(t) = (f_u \circledast g_u)(t) = \int_{-1}^{1} x \cdot \tfrac{1}{2}\,\mathrm{sir}\,\tfrac{x \oplus t}{2}\,dx$$

$$= \tfrac{1}{2} \cdot 2 \int_0^1 x\,\mathrm{sir}\,\tfrac{x \oplus t}{2}\,dx = \mathrm{sir}\,\tfrac{t}{2} \int_0^1 x\,dx = \begin{cases} \frac{1}{2}\,\mathrm{sir}\,\frac{t}{2} & \text{für } 0 \leq |t| < 1, \\ 0 & \text{sonst.} \end{cases}$$

Man sollte dieses Ergebnis mit dem des Beispiels 1.6 auf Seite 16 vergleichen.

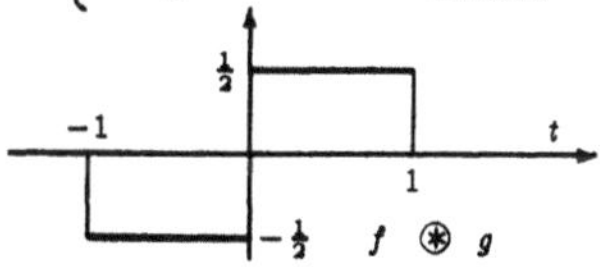

Aufgabe 11.1 ⟹ Lösung auf Seite 266

a) Die Funktion $f(t)$ sei nur in $0 \leq t < 1$ von Null verschieden und habe die *WF*-Koeffizienten a_j, b_{j+1}, $j = 0, 1, 2, \ldots$.
Ferner sei $g(t) = \mathcal{D}(n, j; t) = \mathcal{D}(n; t \oplus t_j)$ in $-\infty < t < \infty$.
Dazu beachte man die Definition (6.52) auf Seite 130!
t_j ist eine feste Zahl im Teilintervall I_j des Intervalles $0 \leq t < 1$.
Man berechne $h(t) = f(t) \circledast \mathcal{D}(n; t \oplus t_j)$!

b) Mit $t_j \in I_{2N-1}$ bilde man $h(t)$ und betrachte sodann den Grenzübergang $n \to \infty$!

Die Faltung bleibt auch für Distributionen sinnvoll, während ja für Distributionen keine Multiplikation erklärt ist.
Bei der Berechnung der dyadischen Faltung darf man sich aber nicht von den Vorstellungen beirren lassen, die uns vom „klassischen" Faltungsbegriff (1.27) auf Seite 17 her im Gedächtnis sind. Das sieht man am folgenden

Beispiel 11.4 Es sei $f(t) = \begin{cases} 2 & \text{in} \quad 0 \le t < \frac{1}{2}, \\ 0 & \text{sonst,} \end{cases}$ und $g(t) = \tilde{\delta}(t)$.

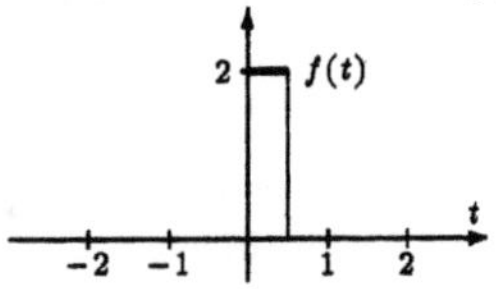

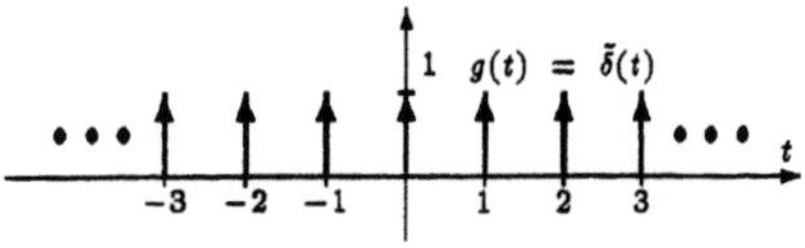

Für die *gewöhnliche* Faltung erhalten wir mit der ganzen Zahl m

$$(f * g)(t) = \int_{-\infty}^{\infty} f(x)\,\tilde{\delta}(t-x)\,dx = \int_{0}^{\frac{1}{2}} \tilde{\delta}(t-x)\,dx = \begin{cases} 2 & \text{für } 0 \le t - m < \frac{1}{2}, \\ 0 & \text{sonst.} \end{cases}$$

Das ist die unten skizzierte periodische Fortsetzung von f auf die reelle Achse.

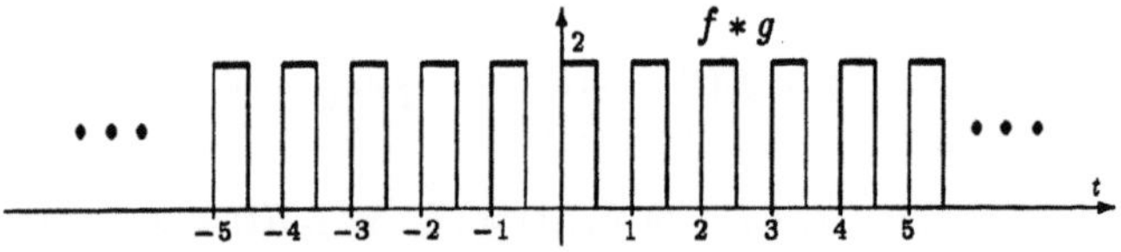

Die *dyadische* Faltung hingegen liefert mit

$$\textbf{(6.62)}: \quad \tilde{\delta}(x) = \sum_{j=0}^{\infty} \text{cal}(j;x)$$

$$(f \circledast \tilde{\delta})(t) = \int_{-\infty}^{\infty} f(x)\,\tilde{\delta}(t \oplus x)\,dx = 2\int_{0}^{\frac{1}{2}} \sum_{k=0}^{\infty} \text{cal}(k; t \oplus x)\,dx$$

$$= 2\sum_{k=0}^{\infty} \text{cal}(k;t) \int_{0}^{\frac{1}{2}} \text{cal}(k;x)\,dx \overset{k=0}{\equiv} \text{cal}(0;t) \equiv 1.$$

Wir sehen uns die *dyadischen Faltungen* für periodische DIRAC-Impulse an:

Beispiel 11.5

a) Die Funktion $f(t)$ sei nur in $0 \le t < 1$ von Null verschieden und $g(t) = \tilde{\delta}_r(t)$. Mit $\textbf{(6.64)}: \quad \tilde{\delta}_r(t) = \sum_{k=0}^{\infty} \{\text{cal}(k;t) + \text{sal}(k+1;t)\}$

erhalten wir $h(t) = (f \circledast \tilde{\delta}_r)(t) = \int_{-\infty}^{\infty} f(x)\,\tilde{\delta}_r(t \oplus x)\,dx$

$$= \int_{0}^{1} f(x) \sum_{k=0}^{\infty} \{\text{cal}(k; t \oplus x) + \text{sal}(k+1; t \oplus x)\}\,dx$$

$$= \int_0^1 f(x) \sum_{k=0}^{\infty} \{\text{cal}(k;t)\,\text{cal}(k;x) + \text{sal}(k+1;t)\,\text{sal}(k+1;x)\}\, dx$$

$$= \sum_{k=0}^{\infty} \{\text{cal}(k;t) \int_0^1 f(x)\,\text{cal}(k;x)\, dx + \text{sal}(k+1;t) \int_0^1 f(x)\,\text{sal}(k+1;x)\, dx\}$$

$$= \sum_{k=0}^{\infty} \{a_k\,\text{cal}(k;t) + b_{k+1}\,\text{sal}(k+1;t)\} \;=\; \tilde{f}_g(t) + \tilde{f}_u(t) \;=\; \tilde{f}(t).$$

Als Faltung haben wir also die 1-periodische Fortsetzung $\tilde{f}$ von f auf die gesamte positive Achse erhalten. Dieser Fall ist in (11.6) auf Seite 224 illustriert.

b) Die Funktion $f(t)$ sei nur in $0 \le t < 1$ von Null verschieden und $g(t) = \tilde{\delta}_\ell(t)$. Mit **(6.65):** $\tilde{\delta}_\ell(t) = \sum_{k=0}^{\infty} \{\text{cal}(k;t) - \text{sal}(k+1;t)\}$

erhalten wir $h(t) = (f \circledast \tilde{\delta}_\ell)(t) = \int_{-\infty}^{\infty} f(x)\,\tilde{\delta}_\ell(t \oplus x)\, dx$

$$= \int_0^1 f(x) \sum_{k=0}^{\infty} \{\text{cal}(k;t \oplus x) - \text{sal}(k+1;t \oplus x)\}\, dx$$

$$= \int_0^1 f(x) \sum_{k=0}^{\infty} \{\text{cal}(k;t)\,\text{cal}(k;x) - \text{sal}(k+1;t)\,\text{sal}(k+1;x)\}\, dx$$

$$= \sum_{k=0}^{\infty} \{\text{cal}(k;t) \int_0^1 f(x)\,\text{cal}(k;x)\, dx - \text{sal}(k+1;t) \int_0^1 f(x)\,\text{sal}(k+1;x)\, dx\}$$

$$= \sum_{k=0}^{\infty} \{a_k\,\text{cal}(k;t) - b_{k+1}\,\text{sal}(k+1;t)\} \;=\; \tilde{f}_g(t) - \tilde{f}_u(t) \;=\; \tilde{f}(-t).$$

Als Faltung haben wir also die 1-periodische, an der Ordinate gespiegelte Fortsetzung von f auf die gesamte positive Achse erhalten.
Dieser Fall ist in (11.7) auf Seite 224 illustriert.

Wegen $\tilde{f}(t) + \tilde{f}(-t) = \tilde{f}_g(t)$ sowie $\tilde{f}(t) - \tilde{f}(-t) = \tilde{f}_u(t)$ und
wegen $\tilde{\delta}_r(t) + \tilde{\delta}_\ell(t) = \tilde{\delta}(t)$ sowie $\tilde{\delta}_r(t) - \tilde{\delta}_\ell(t) = \text{sir}\, t\, \tilde{\delta}(t)$ erhalten wir mit der Funktion f der obigen Beispiele:

c) $f(t) \circledast \tilde{\delta}(t)$
ist der gerade Anteil der periodischen Fortsetzung $\tilde{f}$ von f,

d) $f(t) \circledast \text{sir}\, t\, \tilde{\delta}(t)$
ist der ungerade Anteil der periodischen Fortsetzung $\tilde{f}$ von f.

Die Fälle **c)** und **d)** sind in (11.8) bzw. (11.9) auf Seite 225 illustriert.

Dyadische Faltung einer finiten Funktion mit
rechtsseitigen periodischen **DIRAC-Impulsen** (11.6)

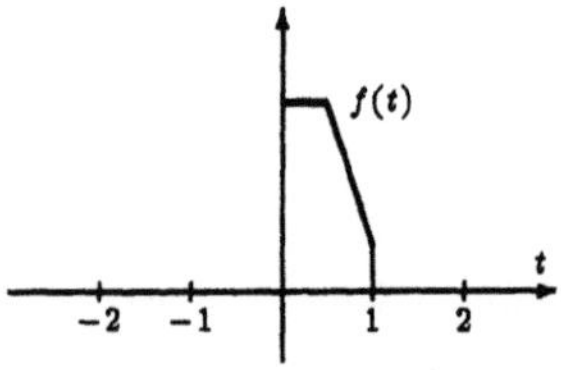

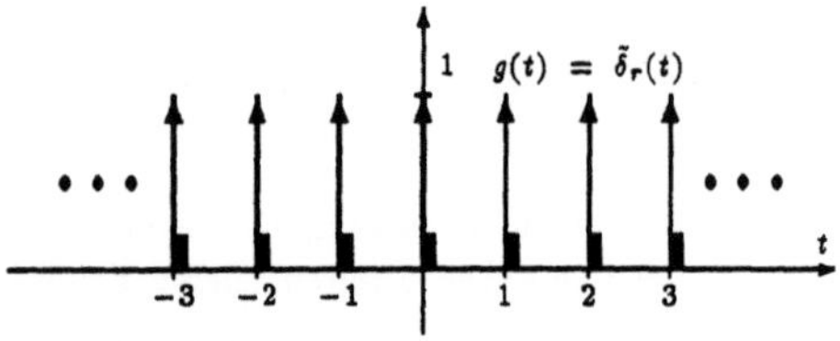

Die dyadische Faltung $f(t) \circledast \tilde{\delta}_r(t)$ ist die
periodische Fortsetzung $\tilde{f}(t)$ von f
auf die gesamte reelle Achse.

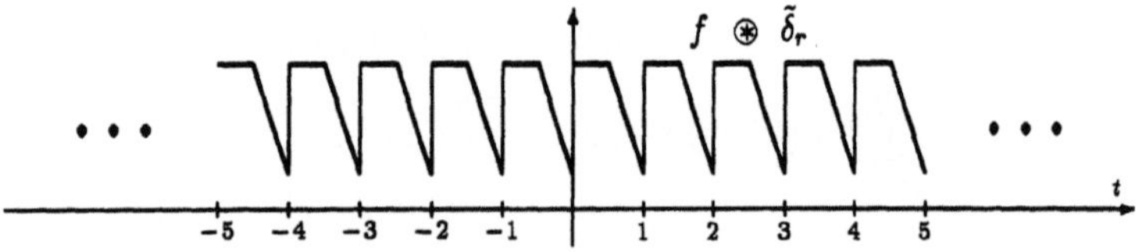

Dyadische Faltung einer finiten Funktion mit
linksseitigen periodischen **DIRAC-Impulsen** (11.7)

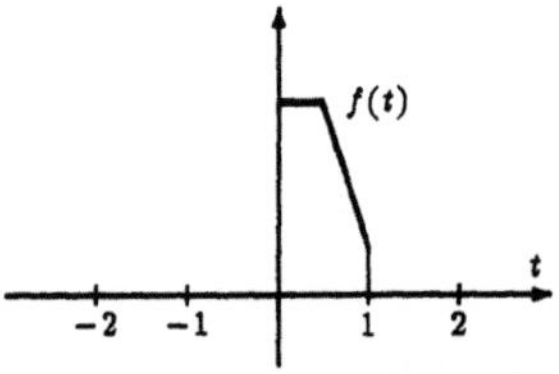

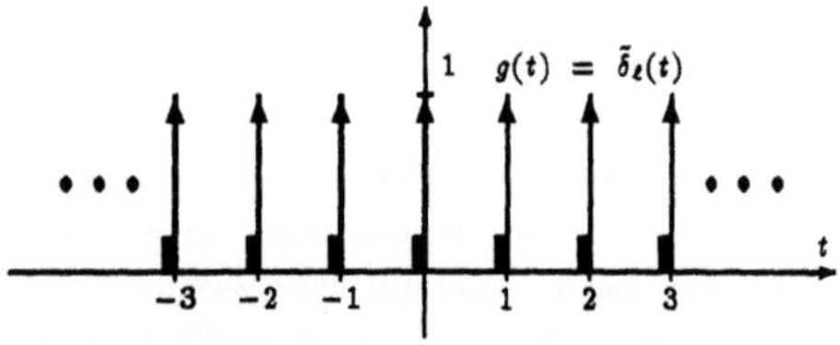

Die dyadische Faltung $f(t) \circledast \tilde{\delta}_\ell(t)$ ist die an der Ordinate
gespiegelte periodische Fortsetzung $\tilde{f}(-t)$ von f
auf die gesamte reelle Achse.

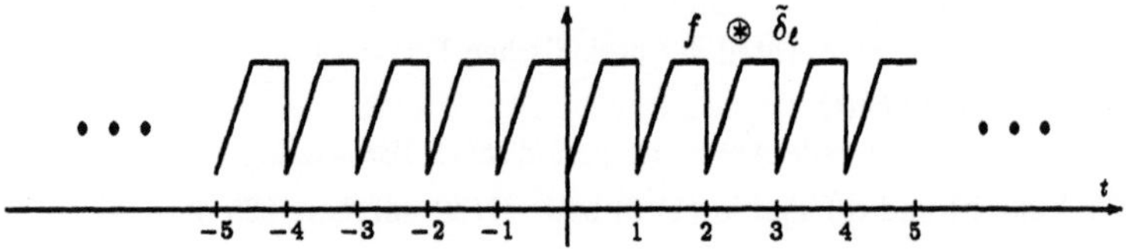

Dyadische Faltung einer finiten Funktion mit
symmetrischen periodischen **DIRAC-Impulsen** (11.8)

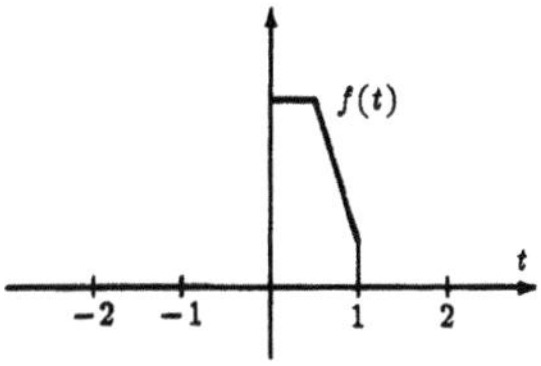

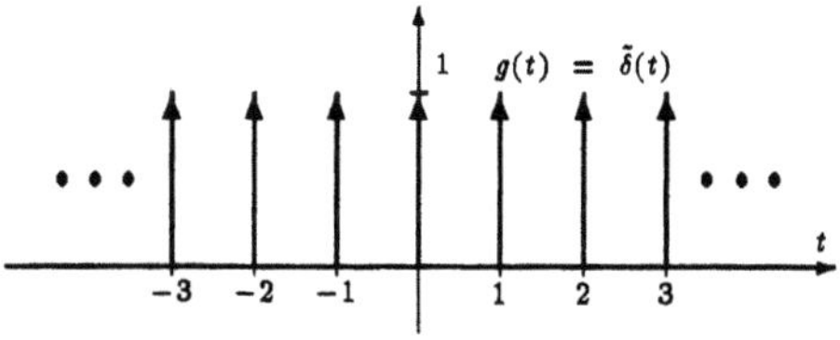

Die dyadische Faltung $f(t) \circledast \tilde{\delta}(t)$ ist der
gerade Anteil der periodischen Fortsetzung $\tilde{f}(t)$ von f
auf die gesamte reelle Achse.

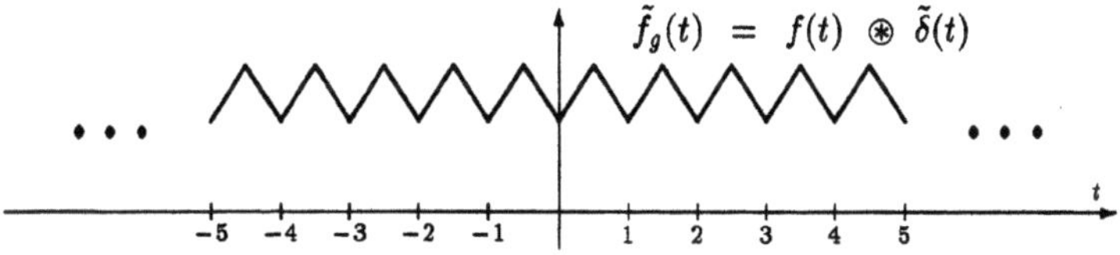

Dyadische Faltung einer finiten Funktion mit
schiefsymmetrischen periodischen **DIRAC-Impulsen** (11.9)

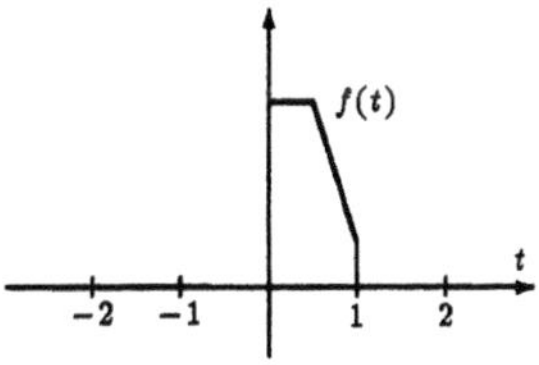

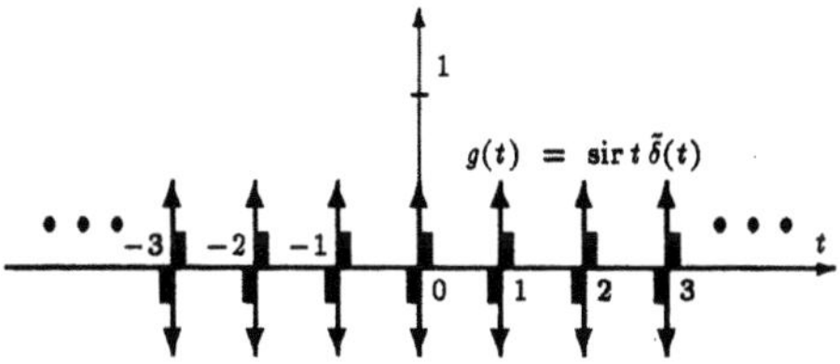

Die dyadische Faltung $f(t) \circledast \operatorname{sir} t\, \tilde{\delta}(t)$ ist der
ungerade Anteil der periodischen Fortsetzung $\tilde{f}(t)$ von f
auf die gesamte reelle Achse.

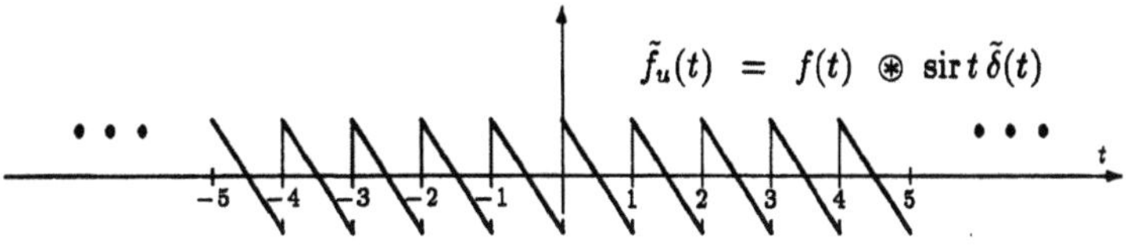

Die folgenden Beispiele zeigen dyadische Faltungen zwischen endlichen DIRAC-Impulsen.

Beispiel **11.6** Es sei $\left.\begin{aligned} F(s) &= 1+\operatorname{sir} s, \\ G(s) &= 1-\operatorname{sir} s, \end{aligned}\right\}$ in $0 \le s < 1$, sonst Null.

Mit $\begin{aligned} (1+\operatorname{sir} x)\,(1-\operatorname{sir}(s\oplus x)) &= (1+\operatorname{sir} x)(1-\operatorname{sir} s), \\ (1+\operatorname{sir}(s\oplus x))\,(1-\operatorname{sir} x) &= (1-\operatorname{sir} x)(1-\operatorname{sir} s), \end{aligned}$ erhalten wir die dyadische Faltung

$$\begin{aligned} (F \circledast G)(s) &= \int_0^1 F(x)\,G(s\oplus x)\,dx = \int_0^1 (1+\operatorname{sir} x)\,(1-\operatorname{sir}(s\oplus x))\,dx \\ &= (1-\operatorname{sir} s)\int_0^1 (1+\operatorname{sir} x)\,dx = 1-\operatorname{sir} s = \begin{cases} 2 & \text{in } \tfrac{1}{2} \le s < 1, \\ 0 & \text{sonst.} \end{cases} \end{aligned}$$

Auf diese Weise findet man:

$$\begin{aligned} (1+\operatorname{sir} s) \circledast (1+\operatorname{sir} s) &= 1+\operatorname{sir} s \\ (1-\operatorname{sir} s) \circledast (1-\operatorname{sir} s) &= 1+\operatorname{sir} s \qquad (11.10) \\ (1+\operatorname{sir} s) \circledast (1-\operatorname{sir} s) &= 1-\operatorname{sir} s \end{aligned}$$

Die Funktionen des vorigen Beispiels sind DIRICHLET-Impulse. Diesen Fall wollen wir noch verallgemeinern.

Beispiel **11.7** Es sei $f(t) = \mathcal{D}_0(n,j;t) = \mathcal{D}(n,j;t)$ in $0 \le t < 1$,
$g(t) = \mathcal{D}(n,k;t)$ in $0 \le t < \infty$.

Als dyadische Faltung dieser Funktionen erhalten wir

$$\begin{aligned} (f \circledast g)(t) = \mathcal{D}_0(n,j;t) \circledast \mathcal{D}(n,k;t) &= \int_0^1 \mathcal{D}(n,j;x)\mathcal{D}(n,k;t\oplus x)\,dx \\ &= \int_{I_j} \mathcal{D}(n,j;x_j)\mathcal{D}(n,k;t\oplus x_j)\,dx. \end{aligned}$$

Dieses Integral ist nur dann von Null verschieden, wenn $t \oplus x_j = x_k \in I_k$ ist, also für $t = x_j \oplus x_k$. Dann hat das Integral den Wert $2N$. Damit haben wir

$$\mathcal{D}_0(n,j;t) \circledast \mathcal{D}(n,k;t) = \mathcal{D}(n,j\oplus k;t). \qquad (11.11)$$

Durch analoge Rechnung erhält man mit $\mathcal{D}_0(n,j;s) = \mathcal{D}(n,j;s)$ in $0 \le s < 1$:

$$\begin{aligned} \mathcal{D}_0(n,0;s) \circledast \delta_\ell(s-1) &= \mathcal{D}_0(n,2N-1;s), \\ \mathcal{D}_0(n,2N-1;s) \circledast \delta_\ell(s-1) &= \mathcal{D}_0(n,0;s), \end{aligned} \qquad (11.12)$$

$$\begin{aligned} \delta_r(s) \circledast \delta_\ell(s-1) &= \delta_\ell(s-1), \\ \delta_\ell(s-1) \circledast \delta_\ell(s-1) &= \delta_r(s). \end{aligned} \qquad (11.13)$$

11.3 Dyadische Faltung periodischer Funktionen

Der Faltung (1.28) auf Seite 18 entspricht im dyadischen Falle die folgende Verknüpfung:

Dyadische Faltung

zweier Funktionen aus $\tilde{L}^2$

f und g seien aus $\tilde{L}^2$. Dann heißt

$$h(x) = (f \circledast g)(x) = \int_0^1 f(y)g(x \oplus y)\,dy = \int_0^1 f(x \oplus y)g(y)\,dy \tag{11.14}$$

dyadische Faltung von f und g

über dem Periodenintervall $0 \leq x < 1$.

Beispiel 11.8

a)

Es sei $f(t) = \operatorname{frac} t$ und $g(t) = \mathcal{D}(3,5;t)$.

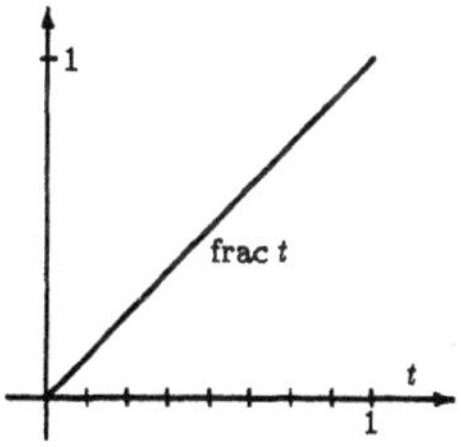

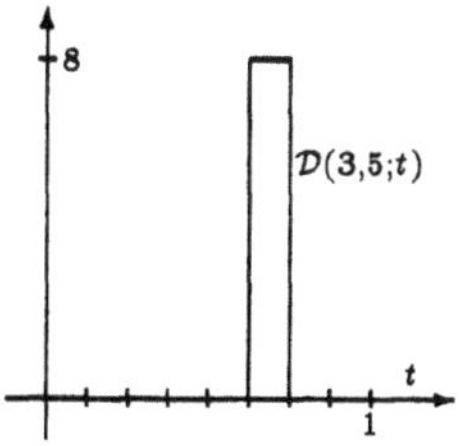

Mit (3.12) auf Seite 48 erhalten wir

$$h(t) = \int_0^1 f(t \oplus \tau)\,g(\tau)\,d\tau = 8 \int_{I_{3,5}} f(t \oplus \tau)\,d\tau$$

$$= 8 \int_{I_{3,5}} \operatorname{frac}(t \oplus \tau)\,d\tau = 8 \int_{I_{3,5}} \left\{ \frac{1}{2} - \frac{1}{4} \sum_{j=0}^{\infty} \frac{1}{2^j} \operatorname{sir} 2^j t \operatorname{sir} 2^j \tau \right\} d\tau.$$

Nun ist $8 \int_{I_{3,5}} \operatorname{sir} 2^j \tau\,d\tau = \begin{cases} -1 & \text{für } j = 0,2, \\ 1 & \text{für } j = 1, \\ 0 & \text{sonst.} \end{cases}$ und somit

$$8 \int_{I_{3,5}} \operatorname{frac}(t \oplus \tau)\,d\tau = \frac{1}{2} + \frac{1}{4}\operatorname{sir} t - \frac{1}{8}\operatorname{sir} 2t + \frac{1}{16}\operatorname{sir} 4t = \begin{cases} \frac{11}{16} & \text{in } I_{3,0} \\ \frac{9}{16} & \text{in } I_{3,1} \\ \frac{15}{16} & \text{in } I_{3,2} \\ \frac{13}{16} & \text{in } I_{3,3} \\ \frac{3}{16} & \text{in } I_{3,4} \\ \frac{1}{16} & \text{in } I_{3,5} \\ \frac{7}{16} & \text{in } I_{3,6} \\ \frac{5}{16} & \text{in } I_{3,7} \end{cases}$$

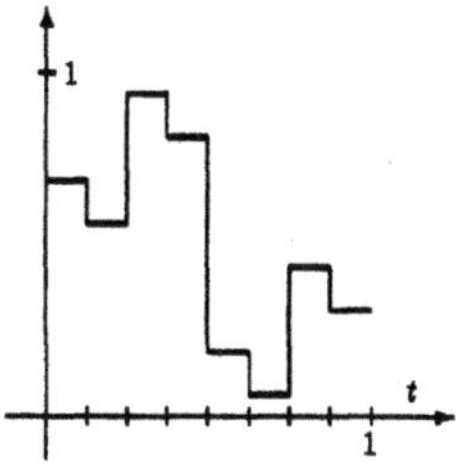

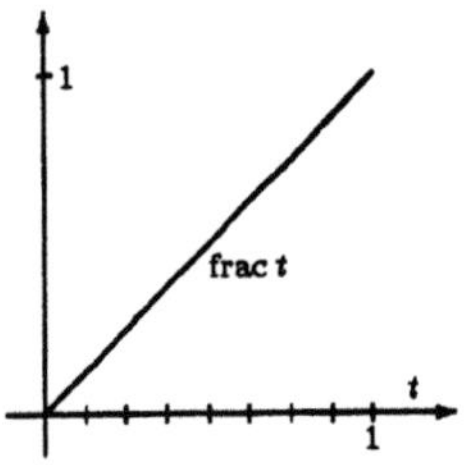

b)

Es sei $f(t) = \operatorname{frac} t$
und $g(t) = \delta_r(t - \frac{3}{8})$.

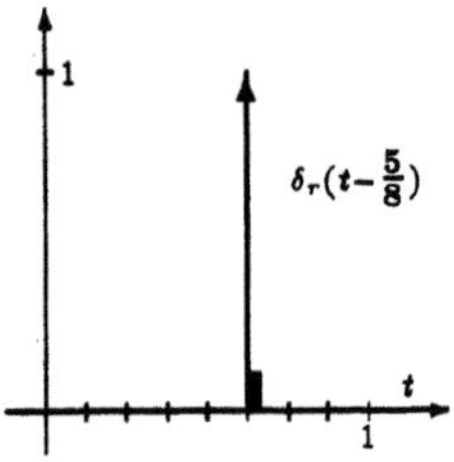

Weil δ_r rechtsseitig wirkt, wählen wir

$$\tfrac{5}{8} = c = 0.\mathsf{1}0\mathsf{1}.$$

Dann ist

$$\begin{aligned} h(t) &= \int_0^1 f(t \oplus \tau)\, \delta_r(\tau - c)\, d\tau \\ &= f(t \oplus c) \;=\; \operatorname{frac}(t \oplus c). \end{aligned}$$

Das ist die nebenan gezeigte Funktion des Beispiels 11.2a

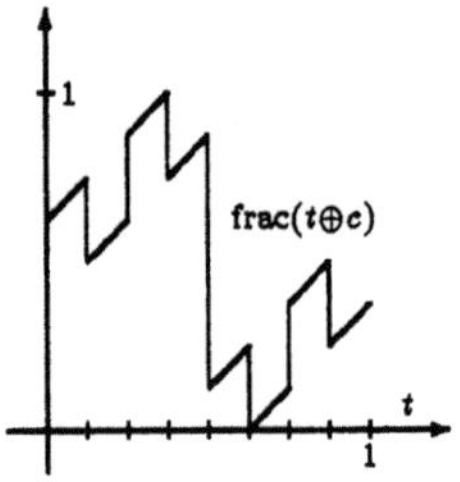

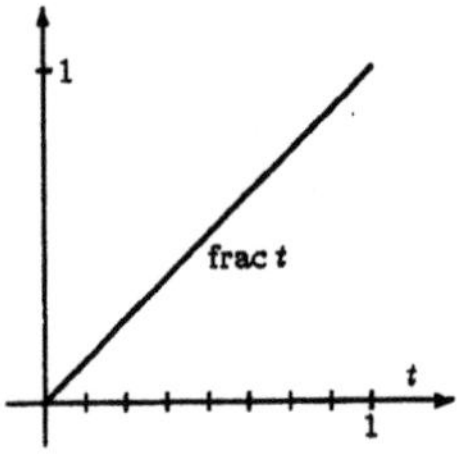

c)

Es sei $f(t) = \operatorname{frac} t$
und $g(t) = \delta_\ell(t - \frac{3}{8})$.

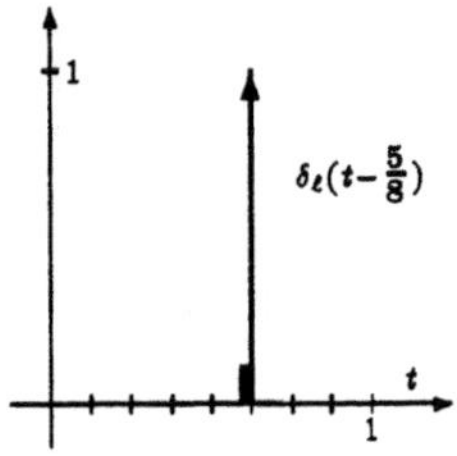

Weil δ_ℓ linksseitig wirkt, wählen wir

$$\tfrac{5}{8} = \bar{c} = 0.\mathsf{1}00 + \bar{h}.$$

Dann ist

$$\begin{aligned} h(t) &= \int_0^1 f(t \oplus \tau)\, \delta_\ell(\tau - \bar{c})\, d\tau \\ &= f(t \oplus \bar{c}) \;=\; \operatorname{frac}(t \oplus \bar{c}). \end{aligned}$$

Das ist die nebenan gezeigte Funktion des Beispiels 11.2b

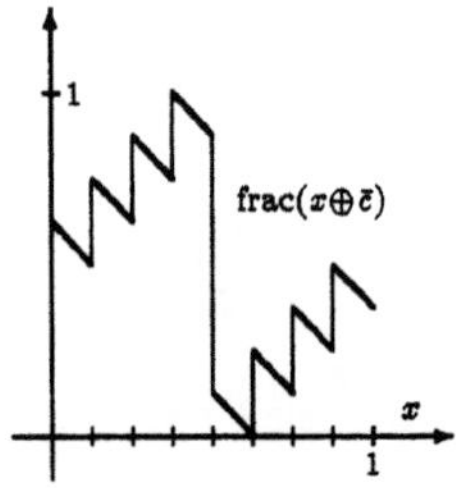

11.4 Dyadische Faltungssätze

Für WALSH-Transformationen gibt es ähnliche Faltungssätze wie in der Theorie der FOURIER-Transformationen. Ihre Formulierung hängt davon ab, welche Form der WALSH-Transformation (9.24 auf Seite 191 bzw. 9.32 auf Seite 194) man verwendet. Zunächst benutzen wir die Transformationsform
(9.24) und (11.1).

f_1 und f_2 seien zwei reelle Funktionen mit
den geraden Anteilen f_{1g} bzw. f_{2g} und
den ungeraden Anteilen f_{1u} bzw. f_{2u}
sowie den WALSH-Transformierten

$$\mathcal{W}\{f_1(t)\} = \big(A_1(s), B_1(s)\big) \text{ und } \mathcal{W}\{f_2(t)\} = \big(A_2(s), B_2(s)\big).$$

Wegen (11.2) auf Seite 220 erhalten wir für die dyadische Faltung

$$\begin{aligned}(f_1 \circledast f_2)(t) &= ((f_{1g} + f_{1u}))(t) \circledast ((f_{2g} + f_{2u}))(t) \\ &= (f_{1g} \circledast f_{2g})(t) + (f_{1u} \circledast f_{2u})(t) + (f_{1g} \circledast f_{2u})(t) + (f_{1u} \circledast f_{2g})(t).\end{aligned}$$

Transformieren wir den ersten dieser Summanden, so erhalten wir mit (11.3) auf Seite 221:

$$\begin{aligned}\mathcal{W}\{(f_{1g} \circledast f_{2g})(t)\} &= 2\int_0^\infty \int_{-\infty}^\infty f_{1g}(x)\, f_{2g}(t \oplus x)\, dx \,\mathrm{Cal}(s,t)\, dt \\ &= 4\int_0^\infty \int_0^\infty f_{1g}(x)\, f_{2g}(t \oplus x)\,\mathrm{Cal}(s,t)\, dt\, dx = 4\int_0^\infty f_{1g}(x) \int_0^\infty f_{2g}(t)\,\mathrm{Cal}(s, t\oplus x)\, dt\, dx \\ &= 2\int_0^\infty f_{1g}(x)\,\mathrm{Cal}(s,x)\, \underbrace{2\int_0^\infty f_{2g}(t)\,\mathrm{Cal}(s,t)\, dt}_{A_2(s)}\, dx = A_1(s)\, A_2(s) \quad \text{für } 0 \le s.\end{aligned}$$

In analoger Weise erhalten wir wegen (11.4) auf Seite 221:

$$\mathcal{W}\{(f_{1u} \circledast f_{2u})(t)\} = B_1(s)\, B_2(s) \quad \text{für } 0 \le s.$$

Wegen (9.23) auf Seite 190 ist

$$\mathcal{W}\{(f_{1g} \circledast f_{2u})(t)\} = \mathcal{W}\{(f_{1u} \circledast f_{2g})(t)\} = 0.$$

Somit haben wir schließlich

$$\begin{aligned}\mathcal{W}\{(f_1 \circledast f_2)(t)\} &= (A(s), B(s)) = (A_1(s)A_2(s), B_1(s)B_2(s)) \\ &= (A_1(s), B_1(s)) \odot (A_2(s), B_2(s)). \end{aligned} \tag{11.15}$$

Man vergleiche das mit (5.49) auf Seite 108!
Nun transformieren wir das Produkt $f_1 \cdot f_2$. Man erhält

$$\begin{aligned}\mathcal{W}\{f_{1g}(t)\, f_{2g}(t)\} &= (A_1 \circledast A_2)(s), & \mathcal{W}\{f_{1u}(t)\, f_{2u}(t)\} &= (B_1 \circledast B_2)(s) \\ \mathcal{W}\{f_{1g}(t)\, f_{2u}(t)\} &= (A_1 \circledast B_2)(s), & \mathcal{W}\{f_{1u}(t)\, f_{2g}(t)\} &= (B_1 \circledast A_2)(s),\end{aligned}$$

und damit

$$\begin{aligned}\mathcal{W}\{f_1(t)\, f_2(t)\} &= \mathcal{W}\{f_{1g}(t)\cdot f_{2g}(t)\} + \mathcal{W}\{f_{1u}(t)\cdot f_{2u}(t)\} \\ &\qquad + \mathcal{W}\{f_{1g}(t)\cdot f_{2u}(t)\} + \mathcal{W}\{f_{1u}(t)\cdot f_{2g}(t)\} \\ &= (A_1 \circledast A_2)(s) + (B_1 \circledast B_2)(s) + (A_1 \circledast B_2)(s) + (B_1 \circledast A_2)(s) \\ &= (A_1(s), 0) \circledast (A_2(s), 0) + (A_1(s), 0) \circledast (0, B_2(s)) \\ &\qquad + (0, B_1(s)) \circledast (0, B_2(s)) + (0, B_1(s)) \circledast (A_2(s), 0) \\ &= (A_1(s), B_1(s)) \circledast (A_2(s), B_2(s)) = (F_1 \circledast F_2)(s).\end{aligned}$$

Damit haben wir den folgenden Satz:

Dyadischer Faltungssatz
für Funktionen auf **R**:

f_1 und f_2 seien quadratisch integrierbar auf $-\infty \le t < \infty$.
Ferner sei $F_1(s) = \mathcal{W}\{f_1(t)\} = (A_1(s), B_1(s))$,
$F_2(s) = \mathcal{W}\{f_2(t)\} = (A_2(s), B_2(s))$.
Dann gilt (11.16)

$$\begin{aligned}
\mathcal{W}\{(f_1 \circledast f_2)(t)\} &= F_1(s)\,F_2(s) = (A(s), B(s)) \\
&= (A_1(s)A_2(s), B_1(s)B_2(s)) \\
&= (A_1(s), B_1(s)) \odot (A_2(s), B_2(s)), \\
\mathcal{W}\{f_1(t)\,f_2(t)\} &= (A_1(s), B_1(s)) \circledast (A_2(s), B_2(s)) \\
&= (F_1 \circledast F_2)(s).
\end{aligned}$$

Wegen (10.33) auf Seite 212 vereinfacht sich dieser Faltungssatz für kausale Funktionen:

Dyadischer Faltungssatz
für kausale Funktionen:

f und g seien quadratisch integrierbar auf $0 \le t < \infty$.
Ferner sei $F(s) = \mathcal{W}\{f(t)\}$, $G(s) = \mathcal{W}\{g(t)\}$. Dann gilt (11.17)

$$\begin{aligned}
\mathcal{W}\{(f \circledast g)(t)\} &= F(s)\,G(s) \quad \text{und} \\
\mathcal{W}\{f(t) \cdot g(t)\} &= (F \circledast G)(s).
\end{aligned}$$

Wenn sichergestellt ist, daß die folgenden Integrale (im Sinne der Distributionentheorie) existieren, und daß die Integrationsreihenfolge vertauscht werden darf, dann läßt sich (11.17) in formal einfacher Weise herleiten. Ist $K(s,t)$ eine der Funktionen $\mathrm{Cal}(s,t), \mathrm{Wal}(s,t)$ oder $\mathrm{Pal}(s,t)$, so erhält man

$$\begin{aligned}
&\mathcal{W}\{(f \circledast g)(t)\} \\
&= \int_0^\infty \int_0^\infty g(x)\,f(t \oplus x)\,dx\,K(s,t)\,dt = \int_0^\infty g(x) \int_0^\infty f(t \oplus x)\,K(s,t)\,dt\,dx \\
&= \int_0^\infty g(x) \int_0^\infty f(t)\,K(s, t \oplus x\,dt\,dx = \int_0^\infty g(x) \int_0^\infty f(t)\,K(s,t)\,K(s,x)\,dt\,dx
\end{aligned}$$

$$= \int_0^\infty g(x)K(s,x)\int_0^\infty f(t)\,K(s,t)\,dt\,dx \;=\; \int_0^\infty g(x)K(s,x)F(s)\,dx$$
$$= F(s)\int_0^\infty g(x)K(s,x)\,dx \;=\; F(s)\,G(s)$$

Beispiel 11.9 **a)** In Beispiel 10.10 auf Seite 214 haben wir gefunden, daß mit

$$f_n(t)=\begin{cases}1 & \text{in } N\le t<2N,\\ 0 & \text{sonst},\end{cases}\quad g(t)=\operatorname{sir}t,\ \ 0\le t<\infty,\ \ \text{und}\ \ K(s,t)=\operatorname{Cal}(s,t)\ \text{gilt}$$

$\mathcal{W}\{f_n(t)\} = F_n(s) = \operatorname{sir}2Ns\,\mathcal{D}_0(n,0;s)$ und $\mathcal{W}\{g(t)\} = G(s) = \delta_\ell(s-1)$.
Im Spektralbereich erhalten wir damit die dyadische Faltung

$$\begin{aligned}
H_n(s) &= (F_n \circledast G)(s) \;=\; \operatorname{sir}2Ns\,\mathcal{D}_0(n,0;s) \circledast \delta_\ell(s-1)\\
&= \int_0^1 \operatorname{sir}2N(s\oplus x)\,\mathcal{D}_0(n,0;s\oplus x)\,\delta_\ell(x-1)\,dx\\
&= \operatorname{sir}2Ns\int_0^1 \operatorname{sir}2Nx(1+\operatorname{sir}s\operatorname{sir}x)\Big\{\sum_{j=0}^{N-1}\operatorname{cal}(j;s)\operatorname{cal}(j;x)\Big\}\delta_\ell(x-1)\,dx\\
&= -\operatorname{sir}2Ns(1-\operatorname{sir}s)\sum_{j=0}^{N-1}\operatorname{cal}(j;s) \;=\; -\operatorname{sir}2Ns\,\mathcal{D}_0(n,2N-1;s).
\end{aligned}$$

Das aber ist nach Beispiel 10.11 auf Seite 215 die Transformierte von $h_n(t)=\operatorname{sir}t\,f_n(t)$.
Es gelten also die auf der nächsten Seite skizzierten Beziehungen (11.18).

b) Nun sei $f(t)$ die Funktion (10.38) auf Seite 215 aus Beispiel 10.13 und $g(t)=\operatorname{sir}t$. Dann erhalten wir mit $H_n(s) = \mathcal{D}(n,0;s)$ und

$$F(s) \;=\; \sum_{n=1}^\infty \frac{1}{2N}\mathcal{D}(n,0;s) \;=\; \sum_{n=1}^\infty \frac{1}{2N}F_n(s),\quad G(s) \;=\; \delta_\ell(s-1)$$

die dyadische Faltung $\quad H(s) \;=\; (F \circledast G)(s) \;=\; \sum_{n=1}^\infty (F_n \circledast G)(s).$

Mit dem Ergebnis aus **a)** ist das

$$H(s) \;=\; (F \circledast G)(s) \;=\; \sum_{n=1}^\infty \frac{1}{2N}\mathcal{D}_n(n,2N-1;s),$$

und das wiederum ist die WALSH-Transformiert von $f\cdot g$, nämlich von (10.40) auf Seite 216. Es gelten also die auf der nächsten Seite skizzierten Beziehungen (11.19).

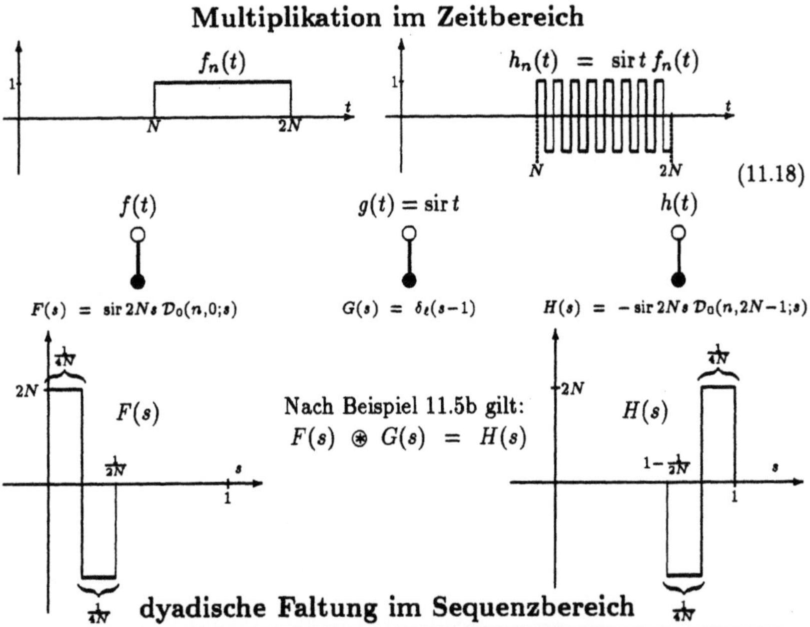
Multiplikation im Zeitbereich
$f_n(t)$
$h_n(t) = \mathrm{sir}\, t\, f_n(t)$
$f(t)$
$g(t) = \mathrm{sir}\, t$
$h(t)$
$F(s) = \mathrm{sir}\, 2Ns\, \mathcal{D}_0(n,0;s)$
$G(s) = \delta_\ell(s-1)$
$H(s) = -\mathrm{sir}\, 2Ns\, \mathcal{D}_0(n,2N-1;s)$
$F(s)$
Nach Beispiel 11.5b gilt:
$F(s) \circledast G(s) = H(s)$
$H(s)$
dyadische Faltung im Sequenzbereich

(11.18)

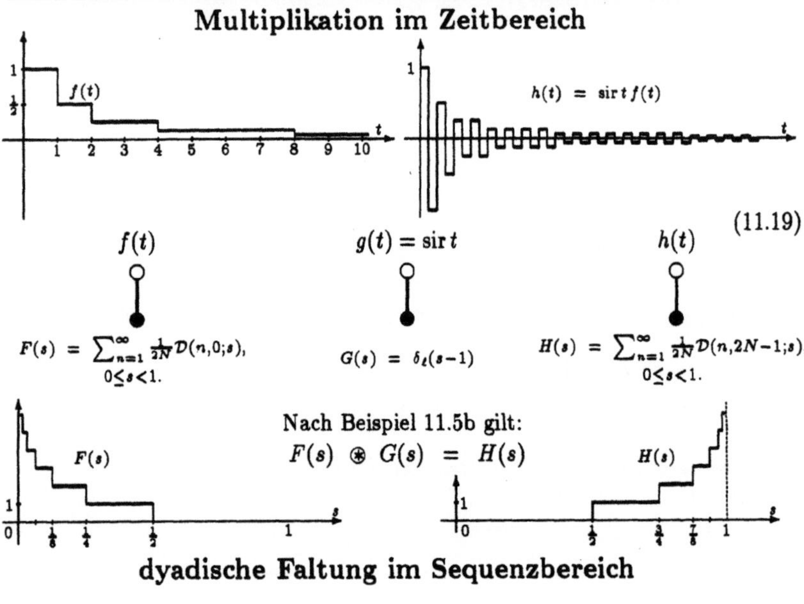
Multiplikation im Zeitbereich
$f(t)$
$h(t) = \mathrm{sir}\, t\, f(t)$
$g(t) = \mathrm{sir}\, t$
$h(t)$
$F(s) = \sum_{n=1}^{\infty} \frac{1}{2N} \mathcal{D}(n,0;s),$
$0 \leq s < 1.$
$G(s) = \delta_\ell(s-1)$
$H(s) = \sum_{n=1}^{\infty} \frac{1}{2N} \mathcal{D}(n,2N-1;s),$
$0 \leq s < 1.$
Nach Beispiel 11.5b gilt:
$F(s) \circledast G(s) = H(s)$
$F(s)$
$H(s)$
dyadische Faltung im Sequenzbereich

(11.19)

Es seien f und g aus $\tilde{L}^2$ mit den *WF*-Reihen

$$f(t) \;=\; \sum_{k=0}^{\infty} A_k \,\mathrm{wal}(k;t) \quad \text{und} \quad g(t) \;=\; \sum_{j=0}^{\infty} B_j \,\mathrm{wal}(j;t).$$

In diesem Falle erhalten wir $\mathcal{W}\{f\cdot g\}$ unmittelbar durch Multiplikation dieser WALSH-Reihen, wie das der Satz (4.29) auf Seite 82 zeigt. Die Variante (4.30) auf Seite 82 dieses Satzes z.B. finden wir in dem folgenden

__Beispiel__ **11.10** Mit $f(t) = \mathrm{cal}(q;t)$ und $g(t) = \mathrm{Z}(t)$ ist $h(t) = (f\cdot g)(t)$ die unten (für $q = 12$) skizzierte Funktion:

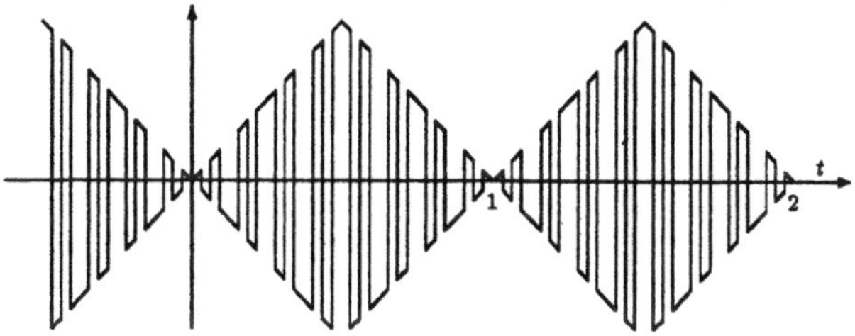

Man erhält $\quad a_\ell = A_{\ell\oplus q} \;=\; \begin{cases} (2^p-1)\oplus q & \text{für } 2^p < q, \\ 2^p - q - 1 & \text{für } q \le 2^p, \end{cases}$ und somit

$$\begin{aligned} h(t) \;&=\; (f\cdot g)(t) \\ &=\; \tfrac{1}{4}\mathrm{cal}(q;t) - \frac{1}{4}\sum_{p=1}^{p_1-1} \frac{1}{2^p}\,\mathrm{cal}((2^p-1)\oplus q;t) + \frac{1}{4}\sum_{p=p_1}^{\infty} \frac{1}{2^p}\,\mathrm{cal}(2^p-q-1;t). \end{aligned}$$

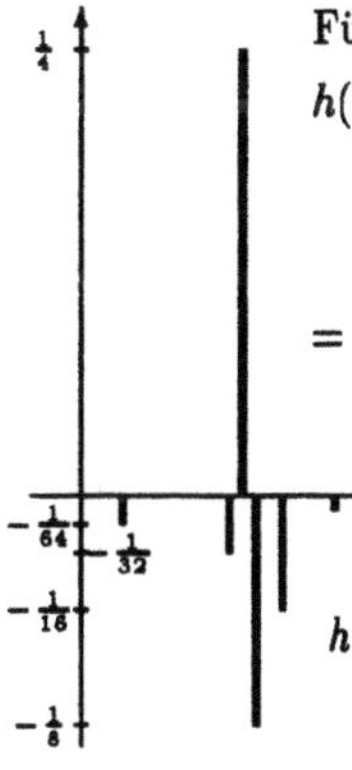

Für $q = 12$ ist das mit $p_1 = 4$

$$\begin{aligned} h(t) &= \tfrac{1}{4}\mathrm{cal}(12;t) - \tfrac{1}{8}\mathrm{cal}(13;t) - \tfrac{1}{16}\mathrm{cal}(15;t) - \tfrac{1}{32}\mathrm{cal}(11;t) \\ &\qquad - \frac{1}{4}\sum_{p=4}^{\infty} \frac{1}{2^p}\,\mathrm{cal}(2^p-13;t) \\ &= -\tfrac{1}{64}\mathrm{cal}(3;t) - \tfrac{1}{32}\mathrm{cal}(11;t) + \tfrac{1}{4}\mathrm{cal}(12;t) - \tfrac{1}{8}\mathrm{cal}(13;t) \\ &\qquad - \tfrac{1}{16}\mathrm{cal}(15;t) - \tfrac{1}{128}\mathrm{cal}(19;t) - \tfrac{1}{256}\mathrm{cal}(51;t) - \cdots \end{aligned}$$

$h(t)$ hat also das nebenan skizzierte Spektrum.

11.5 Lineare dyadisch invariante Systeme

Physikalische Probleme kann man oft auf die Frage reduzieren, in welcher Weise ein System S eine *Eingangsfunktion* f in eine *Ausgangsfunktion* g umwandelt.

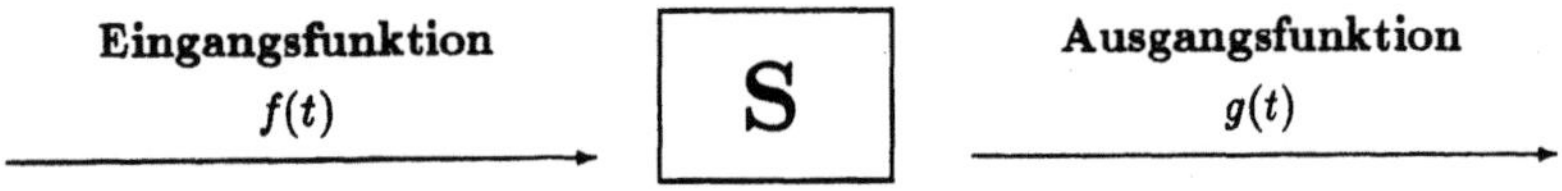

Man kann das durch einen Operator S ausdrücken: $g = S\{f\}$. Besonderes Interesse gilt den *linearen Systemen* L. Für sie gilt

$$L\{a\, f_1(t)\} + b\, f_2(t)\} \quad = \quad a\, L\{f_1(t)\} + b\, L\{f_2(t)\}. \tag{11.20}$$

Diese Systeme lassen sich mit Hilfe der FOURIER- bzw. der LAPLACE-Transformation gut beschreiben. Am einfachsten liegen die Verhältnisse bei sog. ***translationsinvarianten (zeitunabhängigen)*** linearen Systemen. Das sind solche, bei denen

aus $L\{f(t)\} = g(t)$ folgt $L\{f(t - t_0)\} = g(t - t_0)$.

Bei diesen Systemen erhält man die Ausgangsfunktion durch Faltung der Eingangsfunktion mit einer für das System charakteristischen Funktion h:

$$\int_0^\infty f(\tau)\, h(t-\tau)\, d\tau \quad = \quad \int_0^\infty f(t-\tau)\, h(\tau)\, d\tau \quad = \quad g(t). \tag{11.21}$$

Man nennt h die *Impulsantwort.* Führt man einem solchen System nämlich einen DIRAC-Impuls zu, so erhält man

$$L\{\delta(t-\tau)\} \quad = \quad h(t-\tau). \tag{11.22}$$

Aus (6.14) auf Seite 118, nämlich $f(t) = \int_0^\infty f(\tau)\, \delta(t-\tau)\, d\tau$, und (11.20) erhält man sodann für die Transformation einer beliebigen Funktion f:

$$L\{f(t)\} \quad = \quad \int_0^\infty f(\tau)\, L\{\delta(t-\tau)\}\, d\tau = \int_0^\infty f(\tau)\, h(t-\tau)\, d\tau = g(t). \tag{11.23}$$

Bei Verwendung von WALSH-Transformationen spielen lineare Systeme, bei denen die Verschiebung $t - t_0$ durch eine dyadische Verschiebung $t \oplus t_0$ ersetzt wird, eine ähnliche Rolle. Wir definieren deshalb:

Lineare dyadisch invariante Systeme

Ein lineares System L heißt ***dyadisch invariantes System,*** (LDIS), (11.24)

wenn aus $L\{f(t)\} = g(t)$

folgt $L\{f(t \oplus t_0)\} = g(t \oplus t_0)$.

In Analogie zu (11.22) und (11.23) gilt für ein LDIS
$$L\{\delta_r(t \oplus \tau)\} = h(t \oplus \tau). \tag{11.25}$$

Aus (9.37) auf Seite 195, nämlich $f(t) = \int_{-\infty}^{\infty} f(\tau)\,\delta_r(t \oplus \tau)\,d\tau$ und (11.20) erhält man sodann für die Transformation einer beliebigen Funktion f :

$$L\{f(t)\} = \int_{-\infty}^{\infty} f(\tau)\,L\{\delta_r(t \oplus \tau)\}\,d\tau = \int_{-\infty}^{\infty} f(\tau)\,h(t \oplus \tau)\,d\tau = g(t). \tag{11.26}$$

D.h., h ist die Impulsantwort, und man erhält jede andere Ausgangsfunktion g durch dyadische Faltung der Eingangsfunktion f mit h.

<u>Beispiel</u> 11.11

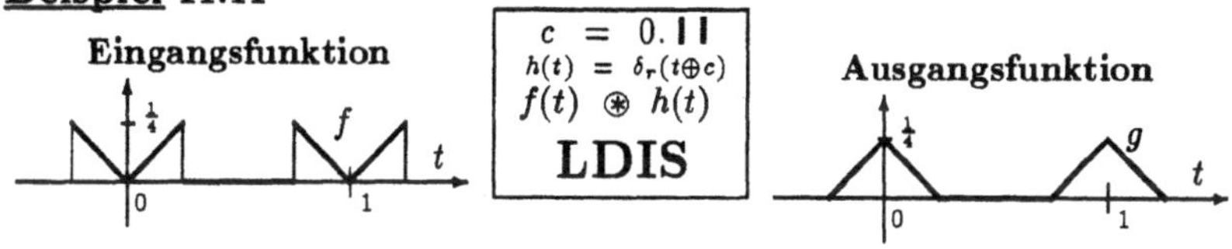

Wir betrachten die Funktion f aus Beispiel 4.3 auf Seite 77 und nehmen als Impulsantwort $h(t) = \delta_r(t \oplus 0.11)$.
Dann erhalten wir mit dem Ergebnis von Beispiel 4.3 die Ausgangsfunktion

$$g(t) = (f \circledast h)(t) = \int_{-\infty}^{\infty} f(t \oplus \tau)\,\delta_r(\tau \oplus 0.11)\,d\tau = f(t \oplus 0.11),$$

und das ist die in Beispiel 4.3 und oben skizzierte Ausgangsfunktion.
Betrachten wir (11.26) mit

$$f(t) \circ\!\!-\!\!\bullet\, F(s), \qquad h(t) \circ\!\!-\!\!\bullet\, H(s), \qquad g(t) \circ\!\!-\!\!\bullet\, G(s)$$

im Sequenzraum, so gilt
$$G(s) = H(s)\,F(s). \tag{11.27}$$

Man nennt $H(s)$ die ***Übertragungsfunktion*** des LDIS.

Beispiel: Mit den Funktionen des Beispiels 11.11 auf Seite 235 haben wir aus den Beispielen 4.1 auf Seite 74 und 4.3 auf Seite 77

$$f(t) = \tfrac{1}{16}(1 + \mathrm{cal}(1;t)) - \frac{1}{8}\sum_{j=2}^{\infty} \frac{1}{2^j}(\mathrm{cal}(2^j - 2;t) + \mathrm{cal}(2^j - 1;t))$$

$$g(t) = \tfrac{1}{16}(1 + \mathrm{cal}(1;t)) + \frac{1}{8}\sum_{j=2}^{\infty} \frac{1}{2^j}(\mathrm{cal}(2^j - 2;t) + \mathrm{cal}(2^j - 1;t))$$

$$h(t) = \delta_r(t \oplus c) = \delta_r(t \oplus 0.11)$$

$$
\begin{aligned}
H(s) &= A(s) = B(s) = \int_0^\infty \delta_r(t \oplus c)\, \mathrm{Cal}(s,t)\, dt = \mathrm{Cal}(s,c) \\
&= \mathrm{Cal}(c,s) = \mathrm{Cal}(0.11, s) = \mathrm{cal}(\tfrac{1}{2}; s)\, \mathrm{cal}(\tfrac{1}{4}; s) = \mathrm{cal}(3; \tfrac{s}{4})
\end{aligned}
$$

Damit haben wir die folgenden Sequenzspektren, an denen man sofort (11.27) abliest:

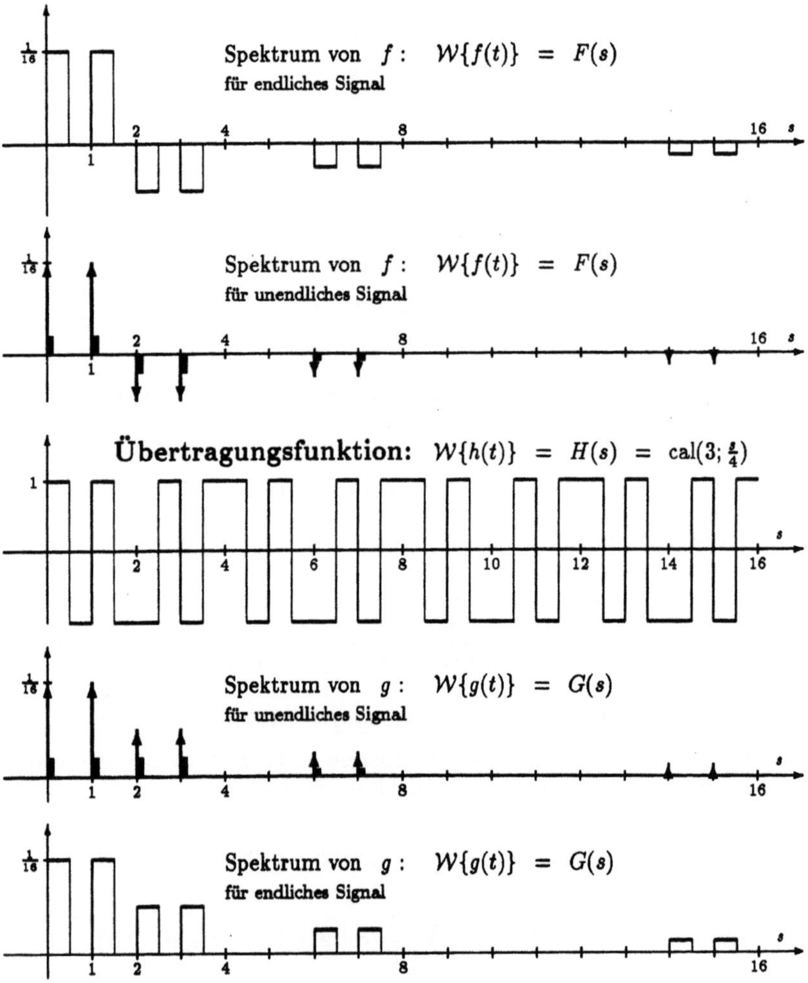

Kapitel 12

Aus dem Umfeld der WALSH-Funktionen

12.1 Das Orthonormalsystem von HAAR

HAAR-Funktionen bilden ebenfalls eine Orthonormalbasis in S_n, aber ihre sonstigen Eigenschaften unterscheiden sich sehr von denen der WALSH-Funktionen. Z.B. ist die Menge der HAAR-Funktionen *nicht gleichmäßig beschränkt*, und bis auf zwei sind diese Funktionen nur in einem Teilintervall von $0 \leq x < 1$ ungleich Null. Sie können an spezielle Probleme gut angepaßt sein. Wir werden das an einem Beispiel zeigen.

In [H 1] hat HAAR ein Orthonormalsystem aus Treppenfunktionen konstruiert, welches wir im folgenden angeben. Das HAARsche System besteht allerdings nicht aus gleichmäßig beschränkten Funktionen und weist keine Analogien zu den goniometrischen Funktionen auf.

Bei HAAR sind diese Funktionen folgendermaßen definiert:

$$\chi_0^{(0)}(x) := 1 \text{ in } I_0, \quad \chi_1^{(0)}(x) := \begin{cases} 1 & \text{in } I_{11} \\ -1 & \text{in } I_{12} \end{cases}, \quad \chi_n^{(k)}(x) := \begin{cases} \sqrt{N} & \text{in } I_{n,2k} \\ -\sqrt{N} & \text{in } I_{n,2k+1} \\ 0 & \text{sonst.} \end{cases}$$

Die ersten dieser Funktionen haben den unten skizzierten Verlauf.

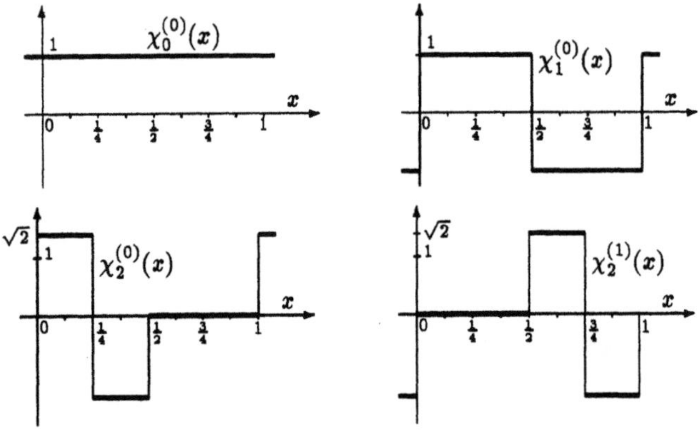

Wie man sieht, erhält man die HAAR-Funktionen, wenn man aus den sir-Funktionen jeweils eine Schwingung „ausfiltert“ und mit einem Normierungsfaktor multipliziert.

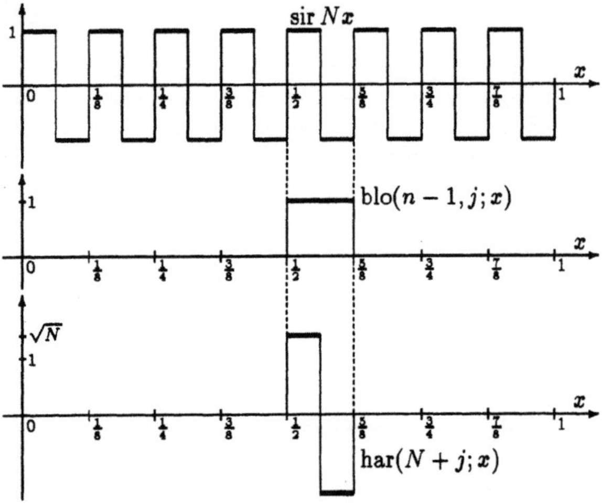

Das „Ausfiltern“ vermitteln die Blockfunktionen. Wir führen eine handlichere Bezeichnung für die HAAR-Funktionen ein und stellen sie durch solche „ausgefilterte sir-Schwingungen“ dar:

$$\chi_0^{(0)}(x) \quad = \quad \mathrm{har}(0;x) \;:\equiv\; 1 \;=\; \mathrm{cal}(0;x)$$

$$\chi_1^{(0)}(x) \quad = \quad \mathrm{har}(1;x) \;:=\; \mathrm{sir}\, x \;=\; \mathrm{sal}(1;x)$$

und rekursiv für $n > 1$ mit $N = 2^{n-1}$: (12.1

$$\chi_n^{(j)}(x) \quad = \quad \mathrm{har}(N+j;x) = \sqrt{N}\,\mathrm{sir}\, Nx\, \mathrm{blo}(n-1, j; x), \quad 0 \le j < N$$

> Die HAAR-Funktionen bilden ein Orthonormalsystem in $\tilde{L}^2$, und die ersten $2N$ Funktionen dieses Systems bilden eine Orthonormalbasis in S_n :
> $$H_n = \{\mathrm{har}(j;x) \mid 0 \le j < 2N-1\}. \tag{12.2}$$

Aus (12.1) läßt sich der Aufbau der Matrix $\mathbf{T}_n$ ablesen, die eine wal-Basis im S_n in eine har-Basis transformiert. Für den S_4 erhalten wir z.B.:

$$\mathbf{T}_4 = \begin{pmatrix} 1 &&&& \\ & 1 &&& \\ && \overbrace{\frac{1}{\sqrt{2}}\begin{pmatrix} + & + \\ - & + \end{pmatrix}}^{\mathbf{W}_1\tilde{\mathbf{I}}} && \\ &&& \overbrace{\frac{1}{2}\begin{pmatrix} + & + & + & + \\ - & - & + & + \\ + & - & - & + \\ - & + & - & + \end{pmatrix}}^{\mathbf{W}_2\tilde{\mathbf{I}}} & \\ &&&& \overbrace{\frac{1}{2\sqrt{2}}\begin{pmatrix} + & + & + & + & + & + & + & + \\ - & - & - & - & + & + & + & + \\ + & + & - & - & - & - & + & + \\ - & - & + & + & - & - & + & + \\ + & - & - & + & + & - & - & + \\ - & + & + & - & + & - & - & + \\ + & - & + & - & - & + & - & + \\ - & + & - & + & - & + & - & + \end{pmatrix}}^{\mathbf{W}_3\tilde{\mathbf{I}}} \end{pmatrix} \tag{12.3}$$

mit $\begin{pmatrix} \mathrm{har}(0;x) \\ \mathrm{har}(1;x) \\ \vdots \\ \mathrm{har}(14;x) \\ \mathrm{har}(15;x) \end{pmatrix} = \mathbf{T}_4 \begin{pmatrix} \mathrm{cal}(0;x) \\ \mathrm{sal}(1;x) \\ \vdots \\ \mathrm{cal}(7;x) \\ \mathrm{sal}(8;x) \end{pmatrix}$. Im S_n haben die Matrix $\mathbf{T}_n$ und ihre Reziproke die folgende Form:

$$\mathbf{T}_n = \begin{pmatrix} 1 &&&&& \\ & 1 &&&& \\ && \frac{1}{\sqrt{2}}\mathbf{W}_1\tilde{\mathbf{I}} &&& \\ &&& \frac{1}{2}\mathbf{W}_2\tilde{\mathbf{I}} && \\ &&&& \ddots & \\ &&&&& \frac{1}{\sqrt{N}}\mathbf{W}_{n-1}\tilde{\mathbf{I}} \end{pmatrix}, \quad \mathbf{T}_n^{-1} = \begin{pmatrix} 1 &&&&& \\ & 1 &&&& \\ && \frac{1}{\sqrt{2}}\tilde{\mathbf{I}}\mathbf{W}_1 &&& \\ &&& \frac{1}{2}\tilde{\mathbf{I}}\mathbf{W}_2 && \\ &&&& \ddots & \\ &&&&& \frac{1}{\sqrt{N}}\tilde{\mathbf{I}}\mathbf{W}_{n-1} \end{pmatrix}. \tag{12.4}$$

Aus (12.1) kann man leicht eine Stammfunktion von $\mathrm{har}(N+j;x)$ berechnen. Man erhält

$$\begin{aligned} \int_0^x \mathrm{har}(N+j;t)\,dt &= \sqrt{N}\int_0^x \mathrm{sir}\,Nt\ \mathrm{blo}(n-1,j;t)\,dt \\ &= \sqrt{N}\tfrac{1}{N}\,\mathrm{Z}(Nx)\,\mathrm{blo}(n-1,j;x) = \tfrac{1}{\sqrt{N}}\,\mathrm{blo}(n-1,j;x)\,\mathrm{Z}(Nx). \end{aligned}$$

Wir dividieren diese Stammfunktionen durch $\sqrt{N}$ und benutzen sie dann mit der folgenden Bezeichnungsweise:

$$\boxed{\begin{array}{c} z_0(x) := z(0,0;x) := x \qquad z_1(x) := z(1,0;x) := \mathrm{Z}(x) \\ z_{N+j}(x) := z(n,j;x) := \frac{1}{N}\,\mathrm{blo}(n-1,j;x)\,\mathrm{Z}(Nx), \\ n > 1,\ \ 0 \leq j < N. \end{array}} \tag{12.5}$$

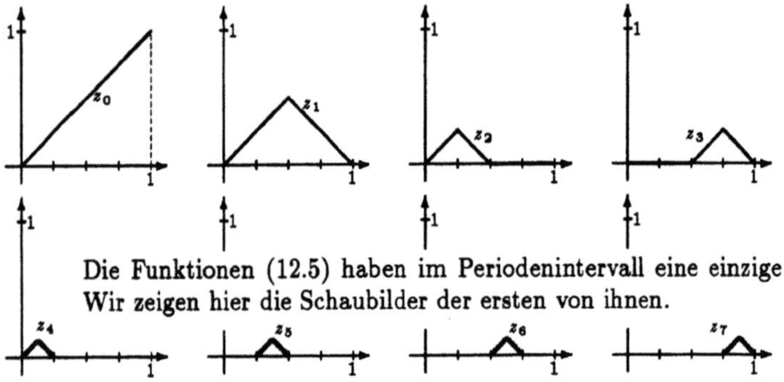

Die Funktionen (12.5) haben im Periodenintervall eine einzige Zacke. Wir zeigen hier die Schaubilder der ersten von ihnen.

Die Funktionen $z_k = z_{N+j}$ bilden kein Orthogonalsystem, aber sie sind linear unabhängig, und es gilt:

$$\frac{dz_{N+j}(x)}{dx} = \frac{1}{\sqrt{N}}\frac{d}{dx}\int_0^x \mathrm{har}(N+j;t)\,dt = \frac{1}{\sqrt{N}}\,\mathrm{har}(N+j;x).$$

Wir schreiben nun mit $k = N + j$

$$\boxed{s_k(x) := s_{N+j}(x) := \frac{dz_{N+j}}{dx} = \frac{1}{\sqrt{N}}\,\mathrm{har}(N+j;x).} \tag{12.6}$$

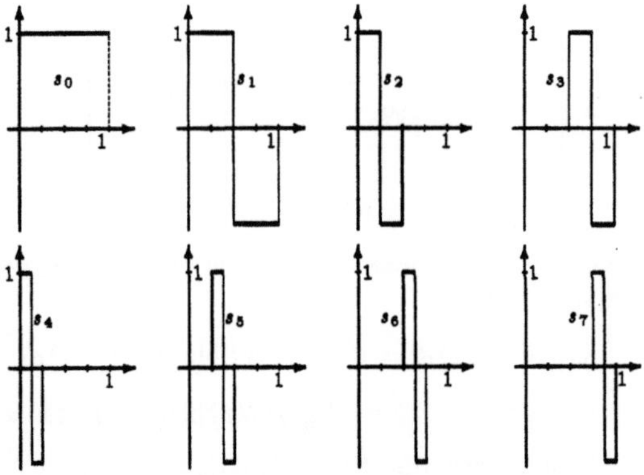

Das sind HAAR-Funktionen, deren Höhe auf 1 normiert wurde. Die nebenstehende Skizze zeigt einige dieser Ableitungen.

Die in (12.5) und (12.6) erklärten Funktionen können bei der numerischen Lösung linearer Differentialgleichungen gute Dienste tun. Man kommt auf ein Gleichungssystem, das sich mit geringem Aufwand lösen läßt.

Beispiel 12.1 Wir betrachten das Anfangswertproblem

$$y' + \alpha y = 0 , \qquad 0 \le x < 1, \qquad y(0) = y_0. \tag{12.7}$$

Für seine Lösung benutzen wir das sog. GALERKIN-Verfahren, worüber Sie sich z.B. in [R 2] gut informieren können. Demzufolge machen wir den Ansatz

$$y(x) = y_0 + a_0 z_0(x) + a_1 z_1(x) + a_2 z_2(x) + \cdots + a_k z_k(x) + \cdots, \tag{12.8}$$

$$y'(x) = a_0 s_0(x) + a_1 s_1(x) + a_2 s_2(x) + \cdots + a_k s_k(x) + \cdots . \tag{12.9}$$

Setzen wir das in (12.7) ein, so erhalten wir

$$a_0 s_0(x) + a_1 s_1(x) + a_2 s_2(x) + \cdots + a_k s_k(x) + \cdots = -\alpha\Big\{y_0 + a_0 z_0(x) + a_1 z_1(x) + a_2 z_2(x) + \cdots + a_k z_k(x) + \cdots\Big\}.$$

Zur Bestimmung der Koeffizienten a_k bilden wir nun sukzessive die Innenprodukte (3.15) der Funktionen dieser Gleichung mit den Funktionen s_ℓ. Dabei erinnern wir uns daran, daß $s_{N+j}(x) = \frac{1}{\sqrt{N}}\,\mathrm{har}(N+j;x)$ ist. Deshalb gilt wegen der Orthonormalität der HAAR-Funktionen auf der linken Gleichungsseite: $\langle s_{N+j}, s_{N+j}\rangle = \frac{1}{N}$, und alle übrigen Innenprodukte von $s_m \ne s_{N+j}$ mit s_{N+j} verschwinden.

Auf der rechten Seite müssen wir die Produkte $\langle z_k, s_\ell\rangle$ bilden. Die hier vorkommenden Funktionen sind zu vielen der Funktionen z_k nicht orthogonal. Es wird also **nicht nur ein einziger** von Null verschiedener Wert auftreten. Im S_3 z.B. erhält man für die Innensprodukte $\langle s_j, z_k\rangle$ die Werte

N		z_0	z_1	z_2	z_3	z_4	z_5	z_6	z_7
	s_0	$\frac{1}{2}$	$\frac{1}{4}$	$\frac{1}{16}$	$\frac{1}{16}$	$\frac{1}{64}$	$\frac{1}{64}$	$\frac{1}{64}$	$\frac{1}{64}$
1	s_1	$-\frac{1}{4}$	0	$\frac{1}{16}$	$-\frac{1}{16}$	$\frac{1}{64}$	$\frac{1}{64}$	$-\frac{1}{64}$	$-\frac{1}{64}$
2	s_2	$-\frac{1}{16}$	$-\frac{1}{16}$	0	0	$\frac{1}{64}$	$-\frac{1}{64}$	0	0
2	s_3	$-\frac{1}{16}$	$\frac{1}{16}$	0	0	0	0	$\frac{1}{64}$	$-\frac{1}{64}$
4	s_4	$-\frac{1}{64}$	$-\frac{1}{64}$	$-\frac{1}{64}$	0	0	0	0	0
4	s_5	$-\frac{1}{64}$	$-\frac{1}{64}$	$\frac{1}{64}$	0	0	0	0	0
4	s_6	$-\frac{1}{64}$	$\frac{1}{64}$	0	$-\frac{1}{64}$	0	0	0	0
4	s_7	$-\frac{1}{64}$	$\frac{1}{64}$	0	$\frac{1}{64}$	0	0	0	0

Erfreulich ist, daß fast die Hälfte der Elemente dieser Matrix verschwindet. Koeffizientenvergleich führt zu dem Gleichungssystem

$$\begin{array}{lcl}
a_0 & = & \alpha\{-y_0 - \frac{1}{2}a_0 - \frac{1}{4}a_1 - \frac{1}{16}(a_2 + a_3) - \frac{1}{64}(a_4 + a_5 + a_6 + a_7) - \cdots\} \\
a_1 & = & \alpha\{\frac{1}{4}a_0 \qquad\qquad - \frac{1}{16}(a_2 - a_3) - \frac{1}{64}(a_4 + a_5 - a_6 - a_7) - \cdots\} \\
a_2 & = & \alpha\{\frac{1}{8}(a_0 + a_1) \qquad\qquad - \frac{1}{32}(a_4 - a_5) \qquad - \cdots\} \\
a_3 & = & \alpha\{\frac{1}{8}(a_0 - a_1) \qquad\qquad\qquad - \frac{1}{32}(a_6 - a_7) - \cdots\} \\
a_4 & = & \alpha\{\frac{1}{16}(a_0 + a_1 + a_2) \qquad\qquad\qquad - \cdots\} \\
a_5 & = & \alpha\{\frac{1}{16}(a_0 + a_1 - a_2) \qquad\qquad\qquad - \cdots\} \\
a_6 & = & \alpha\{\frac{1}{16}(a_0 - a_1 \qquad\qquad\qquad - \cdots\} \\
a_7 & = & \alpha\{\frac{1}{16}(a_0 - a_1 \qquad\qquad\qquad - \cdots\}
\end{array}$$

Aufgabe 12.1 $\Longrightarrow$ Lösung auf Seite 267

Man löse dieses Gleichungssystem für die Werte $\alpha = 2$ und $y_0 = 1$ und vergleiche diese Lösung mit der exakten Lösung!

12.2 Schnelle FOURIER-Transformation

In einem wichtigen Spezialfall besteht ein enger Zusammenhang zwischen schnellen WALSH-Transformationen und schnellen FOURIER-Transformationen. Für die schnelle FOURIER-Transformation erhält man deshalb Flußdiagramme, die aus den Diagrammen für die schnelle WALSH-Transformation hervorgehen.

Will man eine klassische FOURIER-Transformation numerisch durchführen, so muß man ähnlichen vorgehen wie bei der diskreten WALSH-Transformation.

$f \in$ geeigneter Funktionenmenge

⇓

Diskretisierung von f

Auswahl eines endlichen Wertevektors durch Abtasten von f

⇓

lineare Transformation mit einer geeigneten Matrix

$$\hat{\mathbf{f}} = \frac{1}{2N}\mathbf{F}_n\mathbf{f}$$

Spektralvektor = FOURIER-Matrix • Wertevektor

⇓

Approximatives Spektrum von f

Für unsere Betrachtungen genügt es, von einer 1-periodischen Funktion f auszugehen, die sich durch eine FOURIER-Reihe darstellen läßt.
Diese FOURIER-Reihe sei in der komplexen Form

$f(x) = \sum_{k=-\infty}^{\infty} c_k \, e^{i2\pi kx}$ geschrieben, wobei c_k die komplexen Koeffizienten

$$c_k = \int_0^1 f(x)\, e^{-i2\pi kx}\, dx = \int_0^1 f(x) \cos 2k\pi x\, dx - i \int_0^1 f(x) \sin 2k\pi x\, dx \qquad (12.10)$$

sind. Nun müssen wir zur Berechnung der Integrale eine Methode der numerischen Integration wählen. Die einfachste, die sich anbietet, ist die Trapezformel. Um einen Zusammenhang mit den WALSH-Funktionen herzustellen benutzen wir dabei die spezielle Intervallteilung Ω_n, die für WALSH-Funktionen wesentlich ist. Wir zerlegen also das Integrationsintervall durch die Punkte x_ℓ in $2N$ gleichlange Teilintervalle der Länge $h = \frac{1}{2N}$ und erhalten für ein Integral $I = \int_0^1 g(x)\, dx$ den Näherungswert

$$I_n \;=\; h\left\{\frac{g_0}{2} + g_1 + g_2 + \cdots + g_{2N-1} + \frac{g_{2N}}{2}\right\}, \quad \text{mit } g_\ell = g(x_\ell).$$

Bei periodischen Funktionen ist $g_0 = g_{2N}$, und deshalb

$$I_n \;=\; h \sum_{\ell=0}^{2N-1} g_\ell, \qquad h = \frac{1}{2N}.$$

Mit $g(x) = f(x)\, e^{-i2k\pi x}$ kommen wir nun zu (12.10) zurück und erhalten für die Koeffizienten c_k die Näherungswerte

$$c_k \;\approx\; \hat{f}_k \;=\; h \sum_{\ell=0}^{2N-1} f_\ell \, e^{-i2k\pi x_\ell}, \quad f_\ell = f(x_\ell). \qquad (12.11)$$

Damit diskretisieren wir mit (12.11) in ähnlicher Weise wie im WALSH-Fall durch Abtasten von f über den Teilintervallen einer Intervallteilung Ω_n. (12.11) enthält einen Koordinatenvektor $\mathbf{f} = (f_0, f_1, f_2, \ldots, f_{2N-1})^T$, der durch eine lineare Transformation

$$\hat{f}_k = h \sum_{\ell=0}^{2N-1} f_\ell \, e^{-\frac{i\pi k\ell}{N}} \quad \text{oder} \quad \hat{\mathbf{f}} = h\, \mathbf{F}_n \mathbf{f} = \frac{1}{2N} \mathbf{F}_n \mathbf{f}$$

in den approximativen Spektralvektor übergeht. Die zu dieser linearen Transformation gehörende Matrix ist

$$\mathbf{F}_n = \left(e^{\frac{-i\pi k\ell}{N}}\right) = \left(\xi^{k\ell}\right), \quad \xi = e^{-i\frac{\pi}{N}}, \quad k, \ell = 0, 1, 2, \ldots, 2N-1. \qquad (12.12)$$

Die Elemente dieser Matrix sind komplexe Zahlen, die auf dem Einheitskreis der komplexen Ebene liegen.

Für den Fall $n = 3$ erhalten wir z.B. mit $\xi = \xi_2 = e^{-i\frac{\pi}{2^2}} = e^{-i\frac{\pi}{4}}$

$$\mathbf{F}_3 = \begin{pmatrix} 1 & 1 & 1 & 1 & 1 & 1 & 1 & 1 \\ 1 & \xi & \xi^2 & \xi^3 & \xi^4 & \xi^5 & \xi^6 & \xi^7 \\ 1 & \xi^2 & \xi^4 & \xi^6 & \xi^8 & \xi^{10} & \xi^{12} & \xi^{14} \\ 1 & \xi^3 & \xi^6 & \xi^9 & \xi^{12} & \xi^{15} & \xi^{18} & \xi^{21} \\ 1 & \xi^4 & \xi^8 & \xi^{12} & \xi^{16} & \xi^{20} & \xi^{24} & \xi^{28} \\ 1 & \xi^5 & \xi^{10} & \xi^{15} & \xi^{20} & \xi^{25} & \xi^{30} & \xi^{36} \\ 1 & \xi^6 & \xi^{12} & \xi^{18} & \xi^{24} & \xi^{30} & \xi^{36} & \xi^{42} \\ 1 & \xi^7 & \xi^{14} & \xi^{21} & \xi^{28} & \xi^{35} & \xi^{42} & \xi^{49} \end{pmatrix}. \tag{12.13}$$

Diese lineare Transformation des Wertevektors bereitet im Falle der klassischen FOURIER-Transformation noch mehr Sorge als bei der WALSH-Transformation, weil die Transformationsmatrix $\mathbf{F}_n$ komplexe Elemente enthält, und die Multiplikation mit komplexen Zahlen naturgemäß aufwendiger ist als die mit 1 oder -1. Man hat sich deshalb hier besonders um schnelle Rechenverfahren bemüht. Die schnelle FOURIER-Transformation (*Fast Fourier Transformation FFT*) , die von COOLEY und TUCKEY 1965 vorgestellt wurde, ist heute ein „Klassiker“ unter mehreren anderen. Sie stimmt bei geeigneter Anzahl von Abtastwerten in wesentlichen Teilen mit der schnellen WALSH-Transformation (5.24) auf Seite 97 überein, die auch im Beispiel 5.5 vorgeführt wurde. Der Spezialfall, der in direkter Verbindung zur schnellen WALSH-Transformation steht, ist derjenige, bei dem eine Intervallteilung Ω_n (2.3) auf Seite 21 benutzt wird, wie wir sie für WALSH-Funktionen zugrunde legen.

Man erhält die FFT, wenn man in der Produktdarstellung (5.24) auf Seite 97 zwischen die Faktormatrizen jeweils geeignete Diagonalmatrizen $\mathbf{Y}_j$ einschiebt.

$$\begin{aligned} \mathbf{H}_n &= \mathbf{Q}_n \left(\mathbf{I}_{(n-1)} \otimes \mathbf{K}_1\right) \underset{\Downarrow}{\mathbf{Y}_1} \left(\mathbf{I}_{(n-2)} \otimes \mathbf{K}_1 \otimes \mathbf{I}_1\right) \underset{\Downarrow}{\mathbf{Y}_2} \left(\mathbf{I}_{(n-3)} \otimes \mathbf{K}_1 \otimes \mathbf{I}_2\right) \cdots \\ &\quad \cdots \left(\mathbf{I}_{(2)} \otimes \mathbf{K}_1 \otimes \mathbf{I}_{(n-3)}\right) \underset{\Uparrow}{\mathbf{Y}_{n-1}} \left(\mathbf{I}_{(1)} \otimes \mathbf{K}_1 \otimes \mathbf{I}_{(n-2)}\right) \underset{\Uparrow}{\mathbf{Y}_n} \left(\mathbf{K}_1 \otimes \mathbf{I}_{(n)}\right) \end{aligned}$$

$$\mathbf{Y}_j = \begin{pmatrix} a_0 & & & \\ & a_1 & & \\ & & \ddots & \\ & & & a_{2N-1} \end{pmatrix}.$$

Die Elemente a_k dieser Diagonalmatrizen $\mathbf{Y}_j$ sind geeignete Potenzen von komplexen Einheitswurzeln ξ.

$\mathbf{Q}_n$ ist die Permutationsmatrix, welche die Funktionen des WALSH-KRONECKER-Systems in die des WALSH-PALEY-Systems umnumeriert. (Siehe Abschnitte 2.7 und 5.3 !)

Die in (5.24) eingeschobenen Diagonalmatrizen bewirken somit jeweils eine Multiplikation mit komplexen Einheitswurzeln. In einem zugehörigen Signalflußdiagramm sind also jeweils Spalten einzufügen, welche eine solche Multiplikation ausführen. Für das Flußdiagramm (5.33) zeigen wir das am folgenden

Beispiel: (12.14)

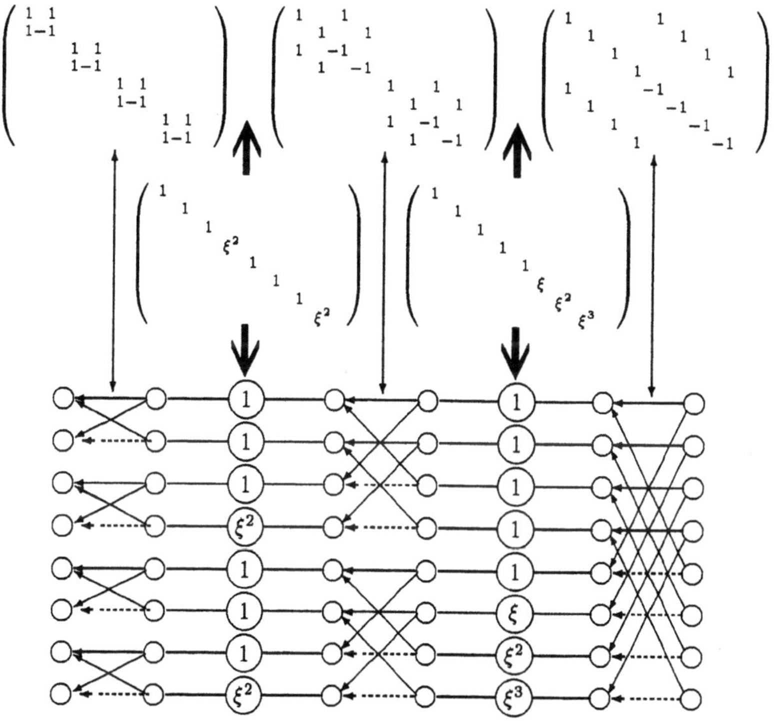

12.3 Translationsinvariante Transformationen

Dieser Abschnitt gibt eine kleine Kostprobe von Methoden, die in der Mustererkennung eine Rolle spielen. Wer Geschmack daran findet, wird in [B 7] und der dort angegebenen Literatur weitergeführt.

Die Flußdiagramme (5.34) und (12.14) haben die gemeinsame Eigenschaft, daß sie aus analog gebauten „Schichten" bestehen, und daß in jeder dieser Schichten an jeweils *zwei* Stellen je *zwei* Elemente auf verschiedene Weise verknüpft werden. Sie unterscheiden sich in der Wahl dieser Verknüpfungen. Das leitet zu dem Gedanken, daß man an den Verknüpfungsstellen auch andere Operatoren einsetzen könnte. Diesem Gedanken folgend wählen wir

zwei kommutative Operatoren, die auf *zwei Variable* wirken:

$$f_1(x,y) \qquad \text{und} \qquad f_2(x,y). \tag{12.15}$$

Damit bauen wir das rechts stehende Flußdiagramm der Form (5.34) auf:
Mit
$f_1(x,y) = x + y$
und
$f_2(x,y) = x - y$
erhalten wir aus (12.16)

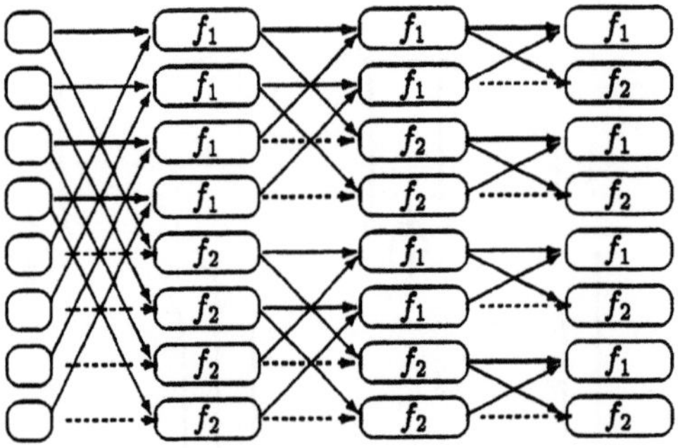

(12.16)

wieder das Flußdiagramm der schnellen WALSH-KRONECKER-Transformation (5.34) auf Seite 102.

Wir wählen nun nicht-negative Variable, also $x, y \in \mathbf{R}_0$, und ändern f_2 ein wenig ab, indem wir die Differenz $x - y$ durch ihren Betrag ersetzen. Die Bezeichnung der so entstehenden Transformation übernehmen wir aus [B 7] .

R-Transformation

$$f_1(x,y) = x + y \quad \text{und} \quad f_2(x,y) = |x - y|. \qquad (12.17)$$

Diese Änderung ist ein kleiner aber harter Eingriff, denn damit ist f_2 kein linearer Operator mehr. Aber gerade auf dieser Nichtlinearität beruht die Wirkung, die wir jetzt an einem Beispiel feststellen werden.

Wir betrachten die folgenden Funktionen im S_3 :

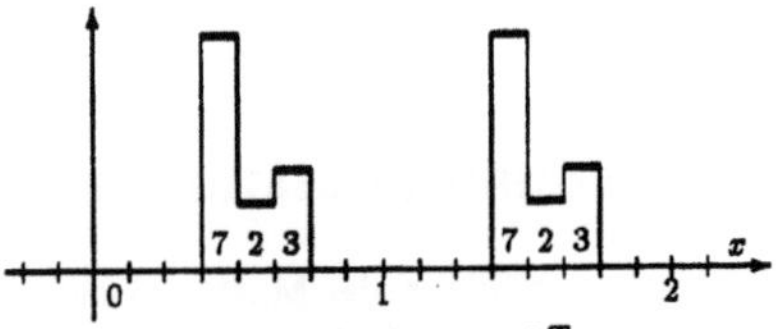

$(0,0,0,7,2,3,0,0)^T$
Wertevektor

$(0,0,7,2,3,0,0,0)^T$
Wertevektor

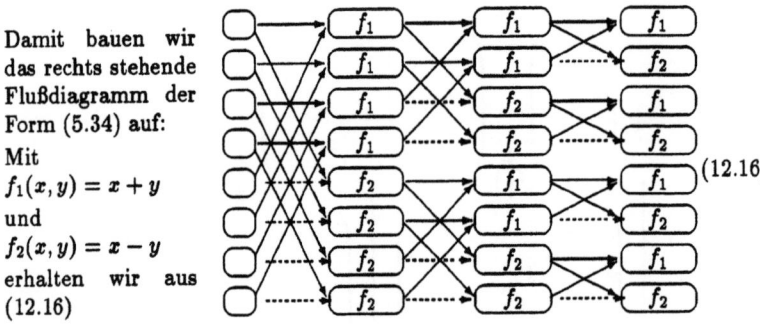

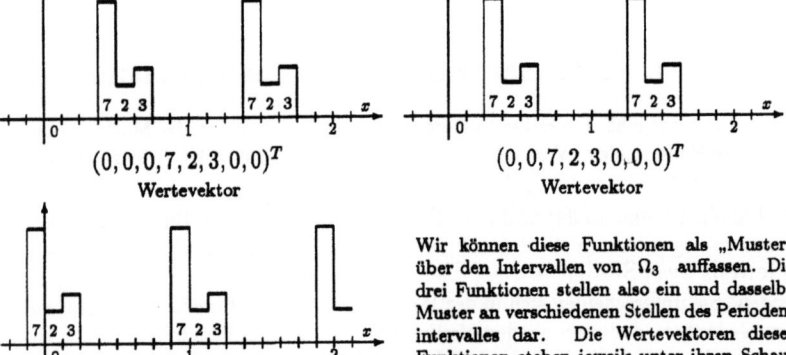

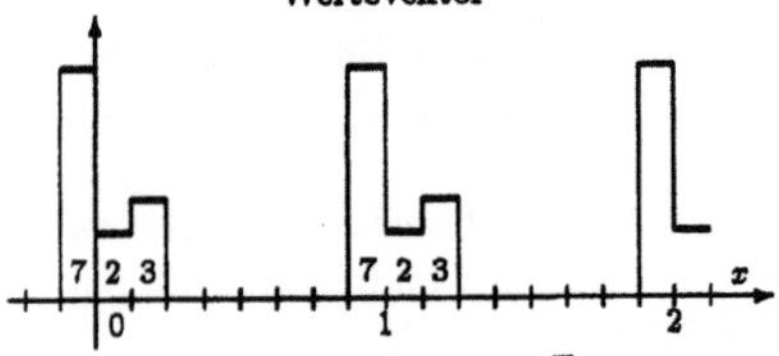

$(2,3,0,0,0,0,0,7)^T$
Wertevektor

Wir können diese Funktionen als „Muster" über den Intervallen von Ω_3 auffassen. Die drei Funktionen stellen also ein und dasselbe Muster an verschiedenen Stellen des Periodenintervalles dar. Die Wertevektoren dieser Funktionen stehen jeweils unter ihren Schaubildern.

Nun nehmen wir den ersten dieser Vektoren und stecken ihn in unseren „Transformator“ (12.16):

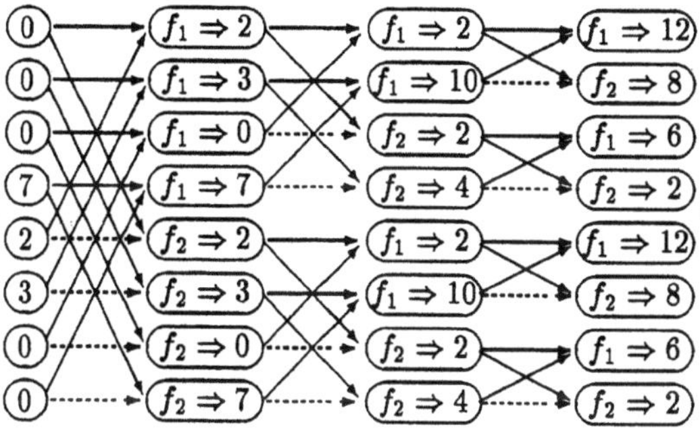

(12.18)

Wir erhalten einen Bildvektor $(12, 8, 6, 2, 12, 8, 6, 2)^T = \mathbf{m}$.

Weil unser Spieltrieb erwacht ist, stecken wir nun auch die beiden anderen Wertevektoren in unseren Apparat, und stellen alsbald fest, daß wir in jedem Falle $\mathbf{m}$ als transformierten Vektor erhalten.

Selbst wenn wir die Werte unseres Musters — wie in der rechten Skizze — „spiegeln“, erhalten wir wieder denselben Vektor $\mathbf{m}$.

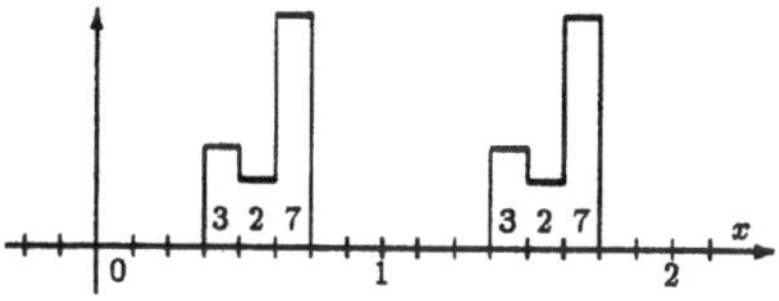

$(0, 0, 0, 3, 2, 7, 0, 0)^T$
Wertevektor

Es geht also bei dieser Transformation Information verloren, nämlich vor allem die Information darüber, wo im Intervall das betrachtete Muster liegt. Darüber wollen wir aber nicht traurig sein, sondern wollen $\mathbf{m}$ als „Merkmalvektor“ für eine ganze Klasse von Funktionen ansehen, die ein bestimmtes Muster in verschiedenen Lagen darstellen. Wenn wir also die Absicht haben, nach speziellen Mustern zu suchen, so brauchen wir nur deren Merkmalvektoren in einer Liste zu speichern. Um die jeweilige Lage dieser Muster brauchen wir uns nicht zu kümmer.

Was hier an einem sehr einfachen Beispiel vorgeführt wurde, ist natürlich erst bei größeren „Merkmalräumen“ interessant, z.B. wenn Bilder aus $2^{10} \times 2^{10}$ Pixeln untersucht werden, wobei jedes Pixel noch Werte einer Grauwert- oder einer Farbskala annehmen kann. Es ist einleuchtend, daß das Suchen eines Musters in allen zugelassenen Lagen einen enormen Rechenaufwand erfordert, ganz abgesehen davon, daß man für einen Vergleich „vor Ort“ das gesuchte Muster auch in allen denkbaren Lagen speichern müßte. Ein Vergleich mit einem lageinvarianten Merkmal, wie wir es oben erhalten haben, ist also sehr segensreich. Noch dazu ist die Transformation, die den Vergleich ermöglicht, sehr einfach. Sie erlaubt erfreulich kurze Rechenzeiten.

Ein einfaches Beispiel soll zeigen, wie ein solches Verfahren im zweidimensionalen Falle funktioniert. Dazu platzieren wir in einer (8×8)-Matrix ein einfaches Zahlenmuster. Sie können sich darunter z.B. Grauwerte eines Bildes vorstellen.

0	0	0	0	0	0	0	0
0							0
0						3	0
0					3	1	0
0				3	1	7	0
0							0
0							0
0	0	0	0	0	0	0	0

(12.19)

0	0	0	0	3	4	11	0
0				3	2	9	0
0				3	4	5	0
0				3	2	3	0
0				3	4	11	0
0				3	2	9	0
0				3	4	5	0
0	0	0	0	3	2	3	0

Nun transformieren wir mit (12.16) und (12.17) zunächst die Spaltenvektoren und erhalten links stehende Matrix.
Sodann transformieren wir in gleicher Weise die Zeilenvektoren dieser zweiten Matrix.
Wir kommen zu einer **Merkmalmatrix:**

18	10	12	4	18	10	12	4
14	10	8	4	14	10	8	4
12	4	6	2	12	4	6	2
8	4	2	2	8	4	2	2
18	10	12	4	18	10	12	4
14	10	8	4	14	10	8	4
12	4	6	2	12	4	6	2
8	4	2	2	8	4	2	2

(12.20)

<u>Aufgabe</u> 12.2 $\Longrightarrow$ Lösung auf Seite 268

Man transformiere in gleicher Weise die folgenden Muster:

a)

0	0	0	0	0	0	0	0
0							0
0							0
0		3					0
0	3	1					0
3	1	7					0
0							0
0	0	0	0	0	0	0	0

b)

0	0	0	0	0	0	0	0
0							0
0							0
0							0
0							0
0							3
0						3	1
0	0	0	0	0	3	1	7

c)

0	0	0	0	0	0	0	0
0							0
0		7	1	3			0
0		1	3				0
0		3					0
0							0
0							0
0	0	0	0	0	0	0	0

d)

0	0	0	0	0	0	0	0
0							0
0							0
0		3	1	7			0
0			3	1			0
0				3			0
0							0
0	0	0	0	0	0	0	0

e)

0	0	1	0	0	0	0	0
0	1	2	1				0
1	2	3	2	1			0
0		2					0
0		1					0
0							0
0							0
0	0	0	0	0	0	0	0

f)

0	0	0	0	0	0	0	0
0				1			0
0			1	2	1		0
0		1	2	3	2	1	0
0				2			0
0				1			0
0							0
0	0	0	0	0	0	0	0

Die beiden letzten Muster stammen von einem Beispiel in [B 7]. *Dort hat sich ein kleiner frecher Druckfehler eingeschlichen. Wir erlauben uns, ihn hiermit zu vertreiben.*

Es gibt noch andere einfache Operatoren, die auf schnellem Wege zu Merkmalmatrizen führen:
Die Variablen x und y seien nichtnegative ganze Zahlen. Wir stellen sie in binärer Form dar und verknüpfen sie stellenweise durch die logischen Operatoren $\wedge$ sowie $\vee$ mit den Verknüpfungstafeln

$\wedge$	0	1
0	0	0
1	0	1

$\vee$	0	1
0	0	1
1	1	1

(12.21)

Beispiel:

a	=	437	=		1	1	0	1	1	0	1	0	1
b	=	790	=	1	1	0	0	0	1	0	1	1	0
$a \vee b$	=	951	=	1	1	1	0	1	1	0	1	1	1
$a \wedge b$	=	276	=		1	0	0	0	1	0	1	0	0

Damit bilden wir die

B-Transformation

$$f_1(x,y) = x \wedge y \quad \text{und} \quad f_2(x,y) = x \vee y. \tag{12.22}$$

Als Beispiel für die Wirkungsweise dieser Transformation betrachten wir wiederum die Matrix (12.19).

0	0	0	0	0	0	0	0
0							0
0							0
0							0
0							0
0						II	0
0					I	I	0
0	0	0	0	II	II	III	0

Nach Durchlauf der Spaltenvektoren durch (12.16) erhält man die links stehende Matrix.

(12.23)

0	0	0	0	0	0	0	0
0							0
0						II	0
0					II	I	0
0				II	I	III	0
0							0
0							0
0	0	0	0	0	0	0	0

Nach dem anschließenden Durchlauf der Zeilenvektoren erhält man man das rechts gezeigte Referenzmuster in der rechten unteren Ecke:

(12.24)

0	0	0	0	0	0	0	0
0							0
0							0
0							0
0							0
0							II
0						I	I
0	0	0	0	0	II	II	III

Zu den einfachsten Mustern der betrachteten Art gehören die sog. *digitalen* Muster. Das sind solche, bei denen jedes Pixel nur die Werte 0 oder I annimmt. Solche Muster entsprechen etwa der Vorstellung, die wir bei der Darstellung von Schriftzeichen haben. Stellen wir, wie wir das schon früher getan haben, die Binäreins durch ein schwarzes, und die Binärnull durch ein weißes Quadrat dar, so erhalten wir eine gute Vorstellung von den dargestellten Zeichen.

Wir behandeln nun zwei einfache Beispiele mit der B-Transformation:

a)

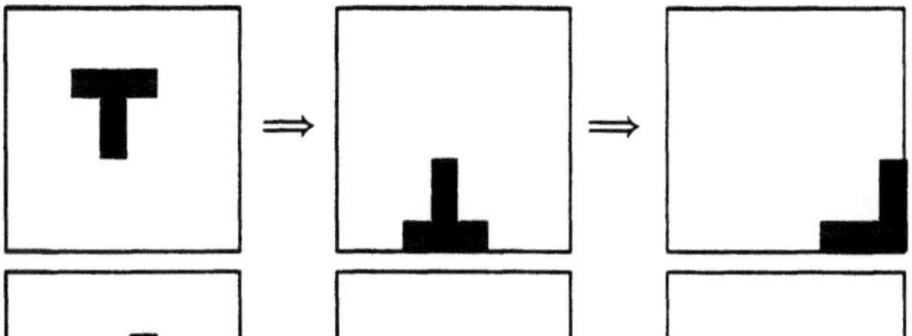

b)

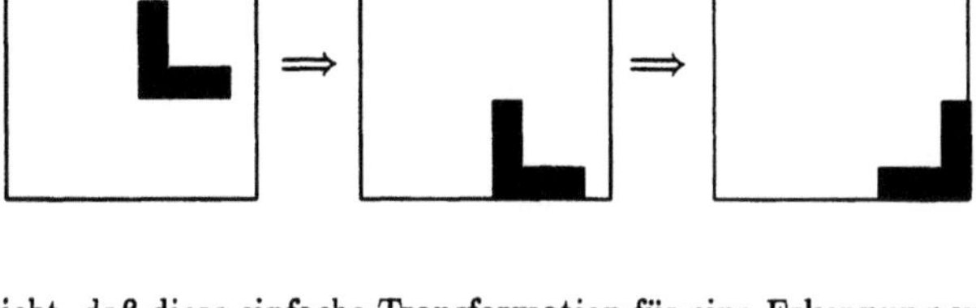

Man sieht, daß diese einfache Transformation für eine Erkennung von Buchstaben nicht geeignet ist, weil die Zeichenklasse, die zu einer Merkmalmatrix gehört, zu groß ist.

Wir transformieren diese Muster noch einmal mit der R-Transformation. Es zeigt sich, daß die dabei entstehenden Merkmalmatrizen unterscheidbar sind.

a)

0	0	0	0	0	0	0	0
0							0
0		1	1	1			0
0			1				0
0			1				0
0							0
0							0
0	0	0	0	0	0	0	0

Die linke Matrix a) hat bei einer R-Transformation die Merkmalmatrix:

5	1	3	3	5	1	3	3
3	1	1	1	3	1	1	1
3	1	1	1	3	1	1	1
3	1	1	1	3	1	1	1
5	1	3	3	5	1	3	3
3	1	1	1	3	1	1	1
3	1	1	1	3	1	1	1
3	1	1	1	3	1	1	1

b)

0	0	0	0	0	0	0	0
0							0
0				1			0
0				1			0
0				1	1	1	0
0							0
0							0
0	0	0	0	0	0	0	0

Die linke Matrix b) hat bei einer R-Transformation die Merkmalmatrix:

5	3	3	1	5	3	3	1
3	1	1	1	3	1	1	1
3	1	1	1	3	1	1	1
3	1	1	1	3	1	1	1
5	3	3	1	5	3	3	1
3	1	1	1	3	1	1	1
3	1	1	1	3	1	1	1
3	1	1	1	3	1	1	1

Diese Beispiele zeigen, daß bei solchen Transformationen zu klären ist, welche Musterklassen jeweils durch eine Merkmalmatrix vertreten werden. Ferner gibt es noch eine Fülle weiterer Probleme bei der Aufbereitung der zu untersuchenden Objekte. Sie können dabei an fotografische Bilder, an Radar-Bilder, an Echolotaufnahmen, an Ultraschallaufnahmen, an Diagramme der menschlichen Sprache, an chinesische Schriftzeichen und vieles andere denken.

Hier beenden wir unseren Ausflug in diese interessante Gegend und verweisen auf die erwähnte Literatur.

12.4 WALSH-Funktionen und Differenzenrechnung

12.4.1 Differenzengleichungen

Bekanntlich findet man für viele Sätze und Regeln über Differentialgleichungen analoge Sätze und Regeln über Differenzengleichungen. Ganz besonders gilt das für die Theorie der *linearen* Differential- und Differenzengleichungen. Wir wollen hier durch einige Beispiele andeuten, welche Rolle dabei WALSH-Funktionen spielen können. In einigen Spezialfällen liefern sie recht elegante Lösungen. Weitere Information über Differenzenrechnung erhält man z.B. aus [B 4] und [J 1] .

Von den in Kapitel 7 eingeführten Differenzoperatoren werden in der Differenzenrechnung meistens

$$\Delta_h \quad (7.7) \text{ auf Seite 144 und } \quad \mathsf{E}_h \quad (7.20) \text{ auf Seite 149}$$

benutzt. Durch eine Variablensubstitution $x = \frac{t}{2N}$ kann man stets erreichen, daß $h = 1$ und somit $\mathsf{E}_h = \mathsf{E}$ ist. Dann gilt

$$\mathsf{E}_h\, f(t) = \mathsf{E}\, f(t) = f(t+1), \text{ und } \Delta_h = \Delta = \mathsf{E} - \mathsf{I}\; \Delta \;=\; \tfrac{1}{2}(\mathsf{E} - \mathsf{E}^{-1}). \quad (12.25)$$

In (12.25) können wir beliebige Funktionen auf $\mathbf{R}$ betrachten. Will man sich auf Treppenfunktionen beschränken, so geht man oft von $f(x)$ zu $f([x])$ über. Eine Gleichung

$$p_0(x)\Delta^n y + p_1(x)\Delta^{n-1} y + \cdots + p_n(x) y \quad = \quad f(x) \qquad (12.26)$$

kann man mit (12.25) auch in die Form

$$q_0(x)\,\mathsf{E}^n\, y + q_1(x)\,\mathsf{E}^{n-1}\, y + \cdots + q_n(x) y \quad = \quad g(x) \qquad (12.27)$$

bringen. Gleichungen der Formen (12.26) oder (12.27) nennen wir *lineare Differenzengleichungen* der Ordnung n. Wie bei Differentialgleichungen nennt man eine solche Differenzengleichung *homogen*, wenn die rechte Seite (*hier also* $f(x)$ *bzw.* $g(x)$) identisch verschwindet. Für eine homogene lineare Differenzengleichung der Ordnung n bilden n linear unabhängige Lösungen $u_1(x), u_2(x), \ldots, u_n(x)$ ein *Fundamentalslystem*, und

$$u_h(x) \quad = \quad c_1 u_1(x) + c_2 u_2(x) + \cdots + c_n u_n(x)$$

ist ihre *allgemeine Lösung.* Die allgemeine Lösung $u(x)$ einer *inhomogenen* linearen Differenzengleichung erhält man wie gewohnt als Summe aus einer Partikulärlösung $u_p(x)$ und der allgemeinen Lösung $u_h(x)$ der zughörigen homogenen Differenzengleichung

$$u(x) \quad = \quad u_h(x) + u_p(x).$$

Für den Test auf lineare Unabhängigkeit gibt es ein Analogon zur WRONSKI-Determinante, die

<u>*CASORATI-Determinante*</u>

$$K(x) \quad = \quad \begin{vmatrix} u_1(x) & u_2(x) & \cdots & u_n(x) \\ \mathsf{E}\, u_1(x) & \mathsf{E}\, u_2(x) & \cdots & \mathsf{E}\, u_n(x) \\ \mathsf{E}^2\, u_1(x) & \mathsf{E}^2\, u_2(x) & \cdots & \mathsf{E}^2\, u_n(x) \\ \vdots\ \vdots & \vdots\ \vdots & \cdots & \vdots\ \vdots \\ \mathsf{E}^{n-2}\, u_1(x) & \mathsf{E}^{n-2}\, u_2(x) & \cdots & \mathsf{E}^{n-2}\, u_n(x) \\ \mathsf{E}^{n-1}\, u_1(x) & \mathsf{E}^{n-1}\, u_2(x) & \cdots & \mathsf{E}^{n-1}\, u_n(x) \end{vmatrix}. \qquad (12.28)$$

Es gilt: Die Funktionen $f_1(x), f_2(x), \ldots, f_n(x)$ seien auf der Menge $A: \alpha, \alpha+1, \alpha+2, \ldots, \alpha+k, \ldots \quad , \alpha \in \mathbf{R},$ definiert.

1. Eine *notwendige* Bedingung dafür, daß diese Funktionen auf A *linear abhängig* sind, ist, daß ihre CASORATI-Determinante *identisch verschwindet.*

2. Eine *hinreichende* Bedingung dafür, daß diese Funktionen auf A *linear unabhängig* sind, ist, daß ihre CASORATI-Determinante *nicht identisch verschwindet.*

Wir betrachten einige Beispiele linearer Differenzengleichungen (mit konstanten Koeffizienten), und zwar solche der Form (12.27).

Beispiel 12.2 Es ist $\mathsf{E}\,\mathrm{sir}\,\frac{x}{4} = \mathrm{sir}\,\frac{x+1}{4} = \mathrm{sir}\left(\frac{x}{4}+\frac{1}{4}\right) = \mathrm{cor}\,\frac{x}{4}$
und $\mathsf{E}\,\mathrm{cor}\,\frac{x}{4} = \mathrm{cor}\,\frac{x+1}{4} = \mathrm{cor}\left(\frac{x}{4}+\frac{1}{4}\right) = -\mathrm{sir}\,\frac{x}{4}$
also $\mathsf{E}^2\,\mathrm{sir}\,\frac{x}{4} = -\mathrm{sir}\,\frac{x}{4}$ und $\mathsf{E}^2\,\mathrm{cor}\,\frac{x}{4} = -\mathrm{cor}\,\frac{x}{4}$.

Somit sind die Linearkombinationen $u(x) = A\,\mathrm{sir}\,\frac{x}{4} + B\,\mathrm{cor}\,\frac{x}{4}$, $A, B \in \mathbf{R}$,
Lösungen der homogenen Differenzengleichung $\left(\mathsf{E}^2 + \mathsf{I}\right)\,y = y(x+2) + y(x) = 0.$

Wegen $\begin{vmatrix} \mathrm{sir}\,\frac{x}{4} & \mathrm{cor}\,\frac{x}{4} \\ \mathsf{E}\,\mathrm{sir}\,\frac{x}{4} & \mathsf{E}\,\mathrm{cor}\,\frac{x}{4} \end{vmatrix} = \begin{vmatrix} \mathrm{sir}\,\frac{x}{4} & \mathrm{cor}\,\frac{x}{4} \\ \mathrm{cor}\,\frac{x}{4} & -\mathrm{sir}\,\frac{x}{4} \end{vmatrix} = -2$ sind diese Funktionen linear unabhängig und bilden somit ein Fundamentalsystem.

Beispiel 12.3

$$\begin{aligned} \mathsf{E}^2\,\mathrm{sal}(3;\tfrac{x}{8}) &= \mathsf{E}^2\,\mathrm{sir}\,\tfrac{x}{8}\,\mathrm{cor}\,\tfrac{x}{4} &&= \mathrm{sir}(\tfrac{x}{8}+\tfrac{1}{4})\,\mathrm{cor}(\tfrac{x}{4}+\tfrac{1}{2}) \\ &= -\mathrm{cor}\,\tfrac{x}{8}\,\mathrm{cor}\,\tfrac{x}{4} &&= -\mathrm{cal}(3;\tfrac{x}{8}) \\ \mathsf{E}^2\,\mathrm{cal}(3;\tfrac{x}{8}) &= \mathsf{E}^2\,\mathrm{cor}\,\tfrac{x}{8}\,\mathrm{cor}\,\tfrac{x}{4} &&= \mathrm{cor}(\tfrac{x}{8}+\tfrac{1}{4})\,\mathrm{cor}(\tfrac{x}{4}+\tfrac{1}{2}) \\ &= \mathrm{sir}\,\tfrac{x}{8}\,\mathrm{cor}\,\tfrac{x}{4} &&= \mathrm{sal}(3;\tfrac{x}{8}) \end{aligned}$$

und

$$\begin{aligned} \mathsf{E}^4\,\mathrm{sal}(3;\tfrac{x}{8}) &= -\mathrm{sal}(3;\tfrac{x}{8}), & \mathsf{E}^4\,\mathrm{cal}(3;\tfrac{x}{8}) &= -\mathrm{cal}(3;\tfrac{x}{8}), \\ \mathsf{E}^4\,\mathrm{sal}(1;\tfrac{x}{8}) &= -\mathrm{sal}(1;\tfrac{x}{8}), & \mathsf{E}^4\,\mathrm{cal}(1;\tfrac{x}{8}) &= -\mathrm{cal}(1;\tfrac{x}{8}). \end{aligned}$$

Somit sind $\mathrm{sal}(1;\frac{x}{8})$, $\mathrm{sal}(3;\frac{x}{8})$, $\mathrm{cal}(1;\frac{x}{8})$, und $\mathrm{cal}(3;\frac{x}{8})$ Lösungen der homogenen Differenzengleichung

$$(\mathsf{E}^4 + \mathsf{I})y = y(x+4) + y(x) = 0. \quad (12.29)$$

In Aufgaabe 3.2 auf Seite 49 haben wir die CASORATI-Determinante dieser Funktionen berechnet und $K(x) = 16$ erhalten. Diese Lösungen bilden also ein Fundamentalsystem für die Differenzengleichung (12.29).

Beispiel 12.4 Die beiden obigen Beispiele zeigen Spezialfälle des folgenden Sachverhaltes: Es sei $w(x) \in \tilde{L}^2$ und $v(x)$ sei eine *rl*-Funktion. Ferner sei $2N = 2^n$ und $f(x) = v(\frac{x}{2N})\,w(x)$. Dann ist

$$\mathsf{E}^N f(x) = f(x+N) = v(\tfrac{x}{2N}+\tfrac{1}{2})\,w(x+N) = -v(\tfrac{x}{2N})\,w(x) = -f(x). \quad (12.30)$$

$f(x)$ ist also Lösung der Differenzengleichung $\left(\mathsf{E}^N + \mathsf{I}\right)y = 0.$ (12.31)

Beispiel 12.5 Spezielle Funktionen der Form (12.30) sind

$$\mathrm{sal}(2j-1;\tfrac{x}{2N}) \quad \text{und} \quad \mathrm{cal}(2j-1;\tfrac{x}{2N}).$$

Sie erfüllen deshalb die Differenzengleichung (12.31).

Bilden wir mit der Funktion $f(x)$ aus (12.30) und mit $A > 0$ $g(x) = A^x f(x)$, so ergibt sich unmittelbar, daß

g Lösung der Differenzengleichung $(\mathsf{E}^N + A^N)\, y = 0$ ist.

Mit den Funktionen des Beispiels 12.5 erhalten wir somit

Die linear unabhängigen Funktionen $A^x \operatorname{sal}(2j-1; \frac{x}{2N})$ und $A^x \operatorname{cal}(2j-1; \frac{x}{2N})$, $1 \le j \le \frac{N}{2}$, bilden ein Fundamentalsystem der Differenzengleichung $\left(\mathsf{E}^N + A^N\right) y = 0.$	(12.32)

Beispiel 12.6 Die Differenzengleichung

$y(x+6) + 9y(x+4) + 4y(x+2) + 36y = 0$ oder $(\mathsf{E}^6 + 9\,\mathsf{E}^4 + 4\,\mathsf{E}^2 + 36)\, y = 0$

kann man auf die Form $(\mathsf{E}^4 + 4)(\mathsf{E}^2 + 9)\, y = 0$ bringen. Sie hat also die Lösungen

$$3^x \operatorname{cal}(1; \tfrac{x}{4}), \qquad 3^x \operatorname{sal}(1; \tfrac{x}{4}),$$

$$(\sqrt{2})^x \operatorname{cal}(1; \tfrac{x}{8}), \quad (\sqrt{2})^x \operatorname{sal}(1; \tfrac{x}{8}), \quad (\sqrt{2})^x \operatorname{cal}(3; \tfrac{x}{8}), \quad (\sqrt{2})^x \operatorname{sal}(3; \tfrac{x}{8}).$$

12.4.2 LAPLACE-Transformation von Treppenfunktionen

Wir bedienen uns der Hilfsmittel aus der Theorie der LAPLACE-Transformationen, wie sie etwa in [B 4] , [D 1] , [D 2], [F 4], [S 5], [Z 2] angeboten werden. Dabei benutzen wir die folgenden Bezeichnungsweisen und Rechenregeln:

Eine Funktion f heiße von *exponentieller Ordnung* auf $0 \le t < \infty$, wenn es eine positive Konstante M und eine reelle Konstante a gibt, so daß für $t > 0$ gilt (12.33)

$$|f(t)| \le M\, e^{at} .$$

s sei ein Parameter, den wir zunächst als reell annehmen wollen. Ferner sei $f(t)$ eine stückweise stetige Funktion von exponentieller Ordnung. Dann existiert für $\alpha < s$, α reell, die

LAPLACE-Transformierte $F(s) = \displaystyle\int_0^\infty e^{-st} f(t)\, dt = \mathcal{L}\{f(t)\}$.	(12.34)

$f(t)$ sei ein Rechtecksimpuls der Höhe A über einem Intervall $[a, b]$ mit $0 \le a < b < \infty$. Dann ist

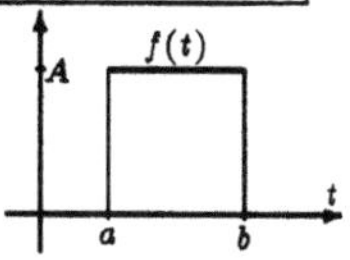

$$\mathcal{L}\{f(t)\} = \int_0^\infty e^{-st} f(t)\, dt = A \int_a^b e^{-st}\, dt = \frac{A}{s}\left\{e^{-as} - e^{-bs}\right\}.$$

Nun betrachten wir eine Treppenfunktion $f(t) = f(k)$, $k = 0, 1, 2, \ldots,$ über $[0, \infty)$, die jeweils in $0 \le k \le t < k+1 < \infty$ den festen Wert $f(k) = f_k$ annimmt.

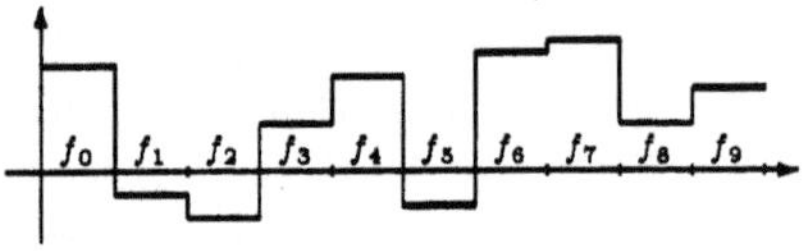

Dann ist
$$\int_k^{k+1} e^{-st} f_k \, dt = f_k \frac{1}{s} \left\{ e^{-ks} - e^{-(k+1)s} \right\} = \frac{1 - e^{-s}}{s} f_k \, e^{-ks} .$$

Damit erhalten wir für die Treppenfunktion $f(t) = f(k)$ die

LAPLACE-Transformierte
$$\mathcal{L}\{f(t)\} = \frac{1 - e^{-s}}{s} \sum_{k=0}^{\infty} f(k) \, e^{-ks} . \quad (12.35)$$

Wenn wir (12.35) betrachten, so sehen wir, daß die LAPLACE-Transformierte einer Treppenfunktion $f(t)$ stets den Faktor $\frac{1-e^{-s}}{s}$ enthält, aber im wesentlichen durch die Reihe $\sum_{k=0}^{\infty} f(k) \, e^{-ks}$ bestimmt ist. Setzen wir in dieser

Reihe $e^{-s} = r$, so erhalten wir
$$\sum_{k=0}^{\infty} f(k) \, e^{-ks} = \sum_{k=0}^{\infty} f(k) \, r^k . \quad (12.36)$$

Bemerkung: Es gibt auch Argumente dafür, daß man $e^s = q$ *setzt. Dann erhält man an Stelle von (12.36) eine Potenzreihe in* $\frac{1}{q}$, *und man kann diese Form natürlich jederzeit aus (12.36) herleiten.*

Durch die LAPLACE-Transformation wird einer Treppenfunktion eine Potenzreihe (12.36) zugeordnet, und man kann nun diese Zuordnung unmittelbar als eigenständige Transformation betrachten.

12.4.3 MACLAURIN-Transformation

Wenn man die Anfangswertprobleme betrachtet, so stellt sich die Frage nach den LAPLACE-Transformierten der WALSH-Funktionen. Dabei wiederum kommt man zwangsläufig auf die sog. *diskreten LAPLACE-Transformationen*, welche auf die Eigenschaften von *Differenzengleichungen* zugeschnitten sind. Es gibt einige Varianten dieser diskreten Transformationen. Wir betrachten eine von ihnen, die *MACLAURIN-Transformation*.

MACLAURIN-Transformation

$f(t) = f([t]) = f(k)$, $k \le t < k+1$, sei eine Treppenfunktion für $0 \le t < \infty$.

Dann heißt
$$\mathcal{M}\{f\} = F(r) = \sum_{k=0}^{\infty} f(k) r^k, \quad |r| < R, \quad (12.37)$$

— R Konvergenzradius der Reihe —

die *MACLAURIN-Transformierte* von f.

Aus $F(r) = \sum_{j=0}^{\infty} \frac{F^{(k)}(0)}{k!} r^k$ erhalten wir die

inverse MACLAURIN-Transformation

$$\mathcal{M}^{-1}\{F(r)\} = \frac{F^{(k)}(0)}{k!} = f(k) = f([t]). \tag{12.38}$$

Man nennt $F(r)$ auch die *erzeugende Funktion* der Folge $\{f(k)\}$. Dem Differentiationssatz für die LAPLACE-Transformation

$$\mathcal{L}\{f^{(m)}\} = s^m \mathcal{L}\{f\} - \sum_{k=0}^{m-1} f^{(k)}(0^+)\, s^{m-k-1}, \quad f^{(k)}(0^+) = \lim_{t\downarrow 0} f^{(k)}(t). \tag{12.39}$$

entspricht für die MACLAURIN-Transformation (siehe [B 4] !)

$$\mathcal{M}\{\mathsf{E}^m f(x)\} = \mathcal{M}\{f(t+m)\} = r^{-m}\Big(\mathcal{M}\{f\} - \sum_{k=0}^{m-1} f(k)\, r^k\Big) \tag{12.40}$$

Dazu müssen die m Anfangswerte $f(k)$, $k=0,1,\dots,m-1$, bekannt sein.

Ist nun f eine m-periodische Funktion, so gilt $\mathcal{M}\{\mathsf{E}^m f\} = \mathcal{M}\{f\}$, und aus (12.40) wird

$$\mathcal{M}\{f\} = \frac{1}{r^m}\Big(\mathcal{M}\{f\} - \sum_{k=0}^{m-1} f(k)\, r^k\Big) \text{ bzw. } \mathcal{M}\{f\} = \frac{1}{1-r^m} \sum_{k=0}^{m-1} f(k)\, r^k.$$

<u>Beispiel</u> 12.7 Wir betrachten die Differenzengleichung $\left(\mathsf{E}^{2N} - 1\right) y = 0$, $2N = 2^n$, wofür wir auch $\left(\mathsf{E}^N + 1\right)\left(\mathsf{E}^{N/2} + 1\right)\cdots\left(\mathsf{E}^2 + 1\right)(\mathsf{E}+1)(\mathsf{E}-1)\, y = 0$ schreiben können. Wendet man auf diese Gleichung die $\mathcal{M}$-Transformation an, und beachtet man dabei (12.40), so erhält man

$$\mathcal{M}\{y\} = \frac{1}{1-r^{2N}} \sum_{k=0}^{2N-1} y(k)\, r^k, \tag{12.41}$$

wobei $y(k)$, $k = 0,1,2,\dots,2N-1$, die Anfangswerte in den ersten $2N$ Intervallen sind. Aus der 1-Periodizität der wal-Funktionen folgt nun sofort, daß $\mathrm{wal}(j; \frac{t}{2N})$, $j = 0,1,\dots,2N-1$, $2N$ linear unabhängige Lösungen der obigen Differenzengleichung sind. Setzten wir also in (12.41) $y(t) = \mathrm{wal}(j; \frac{t}{2N})$ ein, so erhalten wir die $\mathcal{M}$-Transformierten der ersten $2N$ wal-Funktionen.

Mit den *Anfangswerten* $w_{jk} = \mathrm{wal}(j; \frac{t}{2N})$ in $k \le t < k+1$ ist

$$\mathcal{M}\{\mathrm{wal}(j; \tfrac{t}{2N})\} = \frac{1}{1-r^{2N}} \sum_{k=0}^{2N-1} w_{jk}\, r^k . \tag{12.42}$$

Mit $k = \xi_0 + 2\xi_{-1} + 4\xi_{-2} + \cdots + 2^m\xi_{-m} + \cdots + 2^{n-1}\xi_{1-n}$
und $j = \alpha_0 + 2\alpha_{-1} + 4\alpha_{-2} + \cdots + 2^m\alpha_{-m} + \cdots + 2^{n-1}\alpha_{1-n}$
erhalten wir in der Bilinearform (2.31) auf Seite 36 $w_{jk} = (-1)^{\omega(\nu(j),\mu(k))}$.
Damit erhält (12.42) die Form

$$\mathcal{M}\{\mathrm{wal}(j;\tfrac{t}{2N})\} = \frac{1}{1-r^{2N}} \sum_{k=0}^{2N-1} (-1)^{\omega} r^{\xi_0}\, r^{2\xi_{-1}} \cdots r^{N\xi_{1-n}} \ . \quad (12.43)$$

Bei der Summation tritt jede Binärstelle ξ_{-m} einmal mit dem Werte 0 und einmal mit dem Werte I auf. Die Summe ist einem Produkt äquivalent, welches n Faktoren der Form $(1 \pm r^{2M})$, $2M = 2^m$, enthält, wobei das Minuszeichen dann auftritt, wenn ξ_{-m} den Wert I hat. Wir wollen das an einem Beispiel ansehen:

Beispiel 12.8 Wir berechnen $\mathcal{M}\{\mathrm{wal}(6;\frac{t}{8})\} = \mathcal{M}\{\mathrm{cal}(3;\frac{t}{8})\}$.
Es ist $j = 6 = \mathsf{I}\mathsf{I}0$, also $\alpha_0 = 0$, $\alpha_{-1} = \alpha_{-2} = \mathsf{I}$. Damit erhalten wir

$$\omega = \alpha_{-1}(\xi_{-2} \oplus \xi_{-1}) \oplus \alpha_{-2}(\xi_{-1} \oplus \xi_0) = \xi_{-2} \oplus \xi_{-1} \oplus \xi_{-1} \oplus \xi_0 = \xi_{-2} \oplus \xi_0$$

und

$$\sum_{k=0}^{7}(-1)^{\xi_{-2}\oplus\xi_0}\, r^{\xi_0}\, r^{2\xi_{-1}}\, r^{4\xi_{-2}} = \sum_{k=0}^{7}(-r)^{\xi_0}\,(r^2)^{\xi_{-1}}\,(-r^4)^{\xi_{-2}} = (1-r)(1+r^2)(1-r^4) \ .$$

Somit ist

$$\mathcal{M}\{\mathrm{wal}(6;\tfrac{t}{8})\} = \mathcal{M}\{\mathrm{cal}(3;\tfrac{t}{8})\} = \tfrac{1}{1-r^8}(1-r)(1+r^2)(1-r^4) = \tfrac{1}{1+r^4}(1-r)(1+r^2) \ .$$

Nützlich ist es, die folgenden Spezialfälle hervorzuheben:

$$\boxed{\mathcal{M}\{\mathrm{cal}(1;\tfrac{t}{2N})\} = \tfrac{(1-r^{N/2})^2}{(1-r)(1+r^N)}, \quad \mathcal{M}\{\mathrm{sal}(1;\tfrac{t}{2N})\} = \tfrac{1-r^N}{(1-r)(1+r^N)}.} \quad (12.44)$$

In der Tabelle 12.1 auf Seite 258 sind die $\mathcal{M}$-Transformierten von cal und sal im S_4 angegeben. Wir sind nun in der Lage, in ganz analoger Weise, wie wir es vom Gebrauch der LAPLACE-Transformation gewöhnt sind, mit Hilfe der MACLAURIN-Transformation Anfangswertprobleme für Differenzengleichungen zu lösen.

Beispiel 12.9 $(\mathsf{E}^2+1)y = \mathrm{sal}(1;\frac{t}{2})$, $y(0) = 1$, $y(1) = 1$.
Mit (12.40) und der Tabelle 12.1 auf Seite 258 erhalten wir

$$\mathcal{M}\{y\} = \tfrac{1}{1+r^2}\left(1 + r + r^2\mathcal{M}\{\mathrm{sal}(1;\tfrac{t}{2})\}\right) = \tfrac{1}{1+r^2}\left(1 + r + \tfrac{r^2}{1+r}\right)$$
$$= \tfrac{1+2r+2r^2}{(1+r)(1+r^2)} = \tfrac{1}{2}\,\tfrac{1}{1+r} + \tfrac{1+r}{1+r^2} - \tfrac{1}{2}\,\tfrac{1-r}{1+r^2} \ .$$

Durch Rücktransformation mit Hilfe der Tabelle 12.1 erhalten wir

$$y(t) = \tfrac{1}{2}\,\mathrm{sal}(1;\tfrac{t}{2}) + \mathrm{sal}(1;\tfrac{t}{4}) - \tfrac{1}{2}\,\mathrm{cal}(1;\tfrac{t}{4})$$

Diese Lösung hat den folgenden Verlauf:

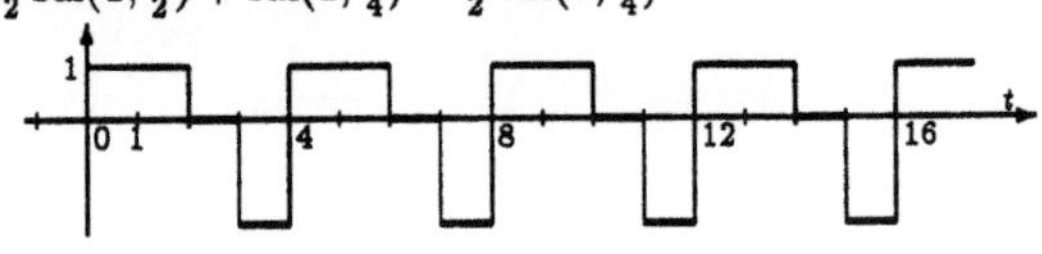

Für die MACLAURIN-Transformation gibt es eine Fülle ähnlicher Beziehungen, wie wir sie von der LAPLACE-Transformation kennen. Gilt z.B.

$$\mathcal{M}\{f(k)\} \;=\; F(r) \;=\; \sum_{k=0}^{\infty} f(k)\, r^k \text{ für } |r| < R, \tag{12.45}$$

so haben die Ableitungen von F ebenfalls den Konvergenzradius R, und wir erhalten

$$r\tfrac{d}{dr}F(r) \;=\; \mathcal{M}\{kf(k)\}. \tag{12.46}$$

Beispiel **12.10** Für die Funktion $f([t]) \;=\; \frac{1}{2}\left(\text{cal}(1;\tfrac{t}{4}) + \text{sal}(1;\tfrac{t}{4})\right)$

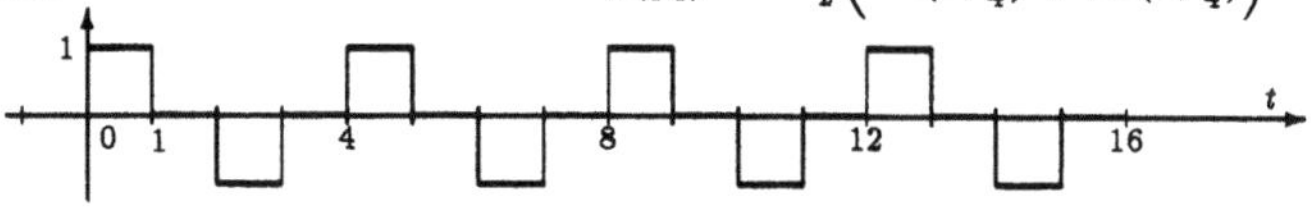

lösen wir das Anfangswertproblem $(\mathsf{E}^2+1)y \;=\; f([t]),\; y(0) = 1, y(1) = 0.$
Mit Hilfe der Tabelle 12.1 erhalten wir

$$\mathcal{M}\{f\} = \tfrac{1}{2}\,\mathcal{M}\{\text{cal}(1;\tfrac{t}{4})\} + \tfrac{1}{2}\,\mathcal{M}\{\text{sal}(1;\tfrac{t}{4})\} = \tfrac{1}{2}\,\tfrac{1-r}{1+r^2} + \tfrac{1}{2}\,\tfrac{1+r}{1+r^2} = \tfrac{1}{1+r^2}$$

und mit (12.40) $\mathcal{M}\{y\} = \frac{1}{1+r^2}\left(1 + \frac{r^2}{1+r^2}\right) = \frac{1}{1+r^2} + \frac{r^2}{(1+r^2)^2} = \frac{1}{1+r^2} - \frac{r}{2}\,\frac{d}{dr}\,\frac{1}{1+r^2}$

Beachtet man $k = [t]$,
so erhält man aus (12.46)

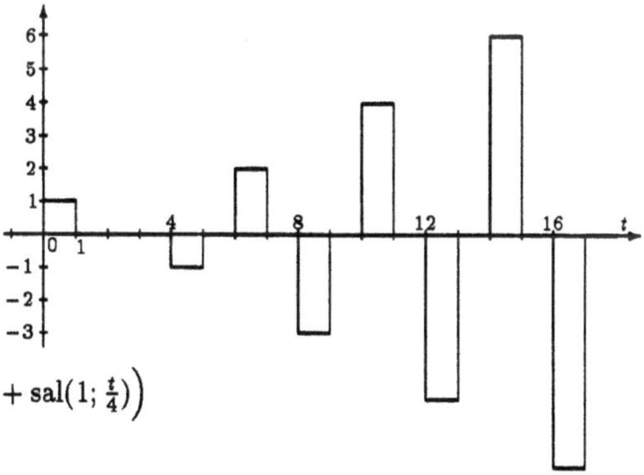

$$y(t) = f([t]) - \frac{[t]}{2} f([t])$$
$$= \frac{1}{2}\left(1 - \frac{[t]}{2}\right)\left(\text{cal}(1;\tfrac{t}{4}) + \text{sal}(1;\tfrac{t}{4})\right)$$

12.4.4 LAPLACE-Transformation der wal-Funktionen

Von einer MACLAURIN-Transformierten können wir, wie wir im ersten Abschnitt gesehen haben, zur LAPLACE-Transformierten übergehen, indem wir mit $\frac{1-e^{-s}}{s}$ multiplizieren, und r durch die Potenz e^{-s} ersetzen.
Wir erhalten dann z.B. aus (12.44)

$$\boxed{\mathcal{L}\{\text{cal}(1;\tfrac{t}{2N})\} = \frac{\left(1 - e^{-Ns/2}\right)^2}{s(1 + e^{-Ns})}, \quad \mathcal{L}\{\text{sal}(1;\tfrac{t}{2N})\} = \frac{1 - e^{-Ns}}{s(1 + e^{-Ns})}.} \tag{12.47}$$

Beispiel 12.11 Der Tabelle 12.1 entnehmen wir

$$\mathcal{M}\{\mathrm{cal}(3;\tfrac{t}{8}) = \frac{(1-r)(1+r^2)}{1+r^4} \quad \text{und} \quad \mathcal{M}\{\mathrm{sal}(3;\tfrac{t}{8}) = \frac{(1-r)(1-r^2)}{1+r^4} \, .$$

Daraus erhalten wir die zugehörigen LAPLACE-Transformierten

$$\mathcal{L}\{\mathrm{cal}(3;\tfrac{t}{8}) = \frac{(1-\mathrm{e}^{-s})^2(1+\mathrm{e}^{-2s})}{s(1+\mathrm{e}^{-4s})} \quad \text{und} \quad \mathcal{L}\{\mathrm{sal}(3;\tfrac{t}{8}) = \frac{(1-\mathrm{e}^{-s})^2(1-\mathrm{e}^{-2s})}{s(1+\mathrm{e}^{-4s})} \, .$$

$$
\begin{aligned}
\mathcal{M}\{\mathrm{cal}(0;\tfrac{t}{16})\} &= C(1+r)(1+r^2)(1+r^4)(1+r^8) &&= \tfrac{1}{1-r}\\
\mathcal{M}\{\mathrm{sal}(1;\tfrac{t}{16})\} &= C(1+r)(1+r^2)(1+r^4)(1-r^8) &&= \tfrac{(1+r)(1+r^2)(1+r^4)}{1+r^8}\\
\mathcal{M}\{\mathrm{cal}(1;\tfrac{t}{16})\} &= C(1+r)(1+r^2)(1-r^4)(1-r^8) &&= \tfrac{(1+r)(1+r^2)(1-r^4)}{1+r^8}\\
\mathcal{M}\{\mathrm{sal}(2;\tfrac{t}{16})\} &= C(1+r)(1+r^2)(1-r^4)(1+r^8) &&= \tfrac{(1+r)(1+r^2)}{1+r^4}\\
\mathcal{M}\{\mathrm{cal}(2;\tfrac{t}{16})\} &= C(1+r)(1-r^2)(1-r^4)(1+r^8) &&= \tfrac{(1+r)(1-r^2)}{1+r^4}\\
\mathcal{M}\{\mathrm{sal}(3;\tfrac{t}{16})\} &= C(1+r)(1-r^2)(1-r^4)(1-r^8) &&= \tfrac{(1+r)(1-r^2)(1-r^4)}{1+r^8}\\
\mathcal{M}\{\mathrm{cal}(3;\tfrac{t}{16})\} &= C(1+r)(1-r^2)(1+r^4)(1-r^8) &&= \tfrac{(1+r)(1-r^2)(1+r^4)}{1+r^8}\\
\mathcal{M}\{\mathrm{sal}(4;\tfrac{t}{16})\} &= C(1+r)(1-r^2)(1+r^4)(1+r^8) &&= \tfrac{1+r}{1+r^2}\\
\mathcal{M}\{\mathrm{cal}(4;\tfrac{t}{16})\} &= C(1-r)(1-r^2)(1+r^4)(1+r^8) &&= \tfrac{1-r}{1+r^2}\\
\mathcal{M}\{\mathrm{sal}(5;\tfrac{t}{16})\} &= C(1-r)(1-r^2)(1+r^4)(1-r^8) &&= \tfrac{(1-r)(1-r^2)(1+r^4)}{1+r^8}\\
\mathcal{M}\{\mathrm{cal}(5;\tfrac{t}{16})\} &= C(1-r)(1-r^2)(1-r^4)(1-r^8) &&= \tfrac{(1-r)(1-r^2)(1-r^4)}{1+r^8}\\
\mathcal{M}\{\mathrm{sal}(6;\tfrac{t}{16})\} &= C(1-r)(1-r^2)(1-r^4)(1+r^8) &&= \tfrac{(1-r)(1-r^2)}{1+r^4}\\
\mathcal{M}\{\mathrm{cal}(6;\tfrac{t}{16})\} &= C(1-r)(1+r^2)(1-r^4)(1+r^8) &&= \tfrac{(1-r)(1+r^2)}{1+r^4}\\
\mathcal{M}\{\mathrm{sal}(7;\tfrac{t}{16})\} &= C(1-r)(1+r^2)(1-r^4)(1-r^8) &&= \tfrac{(1-r)(1+r^2)(1-r^4)}{1+r^8}\\
\mathcal{M}\{\mathrm{cal}(7;\tfrac{t}{16})\} &= C(1-r)(1+r^2)(1+r^4)(1-r^8) &&= \tfrac{(1-r)(1+r^2)(1+r^4)}{1+r^8}\\
\mathcal{M}\{\mathrm{sal}(8;\tfrac{t}{16})\} &= C(1-r)(1+r^2)(1+r^4)(1+r^8) &&= \tfrac{1}{1+r}
\end{aligned}
$$

$$C = \frac{1}{1-r^{16}}$$

Tabelle 12.1: $\mathcal{M}$-Transformierte der sal- und cal-Funktionen des S_4.

Weitere Information zu diesem Thema beziehe man aus der auf Seite 253 angegebenen Literatur. Man beachte insbesondere [B 4] *und* [Z 2] *!*

Lösungen der Aufgaben

Lösung der Aufgabe 1.1 von Seite 7

Weil $\mathbf{Z}_2$ ein Körper ist, können wir mit den Matrizen genau so arbeiten, als seien ihre Elemente aus $\mathbf{R}$. Damit eine Matrix $\mathbf{M}$ invertierbar ist, muß ihre Determinante $\det \mathbf{M} \neq 0$, also $\det \mathbf{M} = \mathbf{I}$ sein.

Bei den Matrizen $\mathbf{A}$ bis $\mathbf{D}$ sieht man, daß ihre Determinante den Wert $\mathbf{I}$ hat, denn es sind „Dreiecksmatrizen", und das Produkt der Elemente in der Hauptdiagonalen ist $\mathbf{I}$. Ferner ist

$$\det \mathbf{E} = \begin{vmatrix} \mathbf{I} & 0 & \mathbf{I} & 0 \\ 0 & \mathbf{I} & 0 & \mathbf{I} \\ \mathbf{I} & 0 & 0 & \mathbf{I} \\ \mathbf{I} & 0 & \mathbf{I} & \mathbf{I} \end{vmatrix} = \begin{vmatrix} \mathbf{I} & \mathbf{I} & 0 \\ \mathbf{I} & 0 & \mathbf{I} \\ \mathbf{I} & \mathbf{I} & \mathbf{I} \end{vmatrix} = \begin{vmatrix} \mathbf{I} & \mathbf{I} & 0 \\ \mathbf{I} & 0 & \mathbf{I} \\ 0 & 0 & \mathbf{I} \end{vmatrix} = \begin{vmatrix} \mathbf{I} & \mathbf{I} \\ 0 & \mathbf{I} \end{vmatrix} = \mathbf{I}$$

und

$$\det \mathbf{F} = \begin{vmatrix} \mathbf{I} & 0 & \mathbf{I} & \mathbf{I} \\ 0 & \mathbf{I} & 0 & \mathbf{I} \\ \mathbf{I} & 0 & 0 & \mathbf{I} \\ \mathbf{I} & \mathbf{I} & 0 & 0 \end{vmatrix} = \begin{vmatrix} \mathbf{I} & 0 & \mathbf{I} & \mathbf{I} \\ 0 & \mathbf{I} & 0 & \mathbf{I} \\ \mathbf{I} & 0 & 0 & \mathbf{I} \\ \mathbf{I} & 0 & 0 & \mathbf{I} \end{vmatrix} = 0.$$

Wir haben hier die 2. Zeile zur 4. addiert und eine Determinante mit zwei gleichen Zeilen erhalten, woraus der Wert 0 folgt. Die Matrix $\mathbf{F}$ ist also nicht invertierbar. Für die übrigen Matrizen erhalten wir

$$\mathbf{A}^{-1} = \mathbf{A} \qquad \mathbf{B}^{-1} = \begin{pmatrix} \mathbf{I} & 0 & 0 & 0 \\ \mathbf{I} & \mathbf{I} & 0 & 0 \\ 0 & \mathbf{I} & \mathbf{I} & 0 \\ 0 & 0 & \mathbf{I} & \mathbf{I} \end{pmatrix} \qquad \mathbf{C}^{-1} = \begin{pmatrix} 0 & 0 & \mathbf{I} & \mathbf{I} \\ 0 & \mathbf{I} & \mathbf{I} & 0 \\ \mathbf{I} & \mathbf{I} & 0 & 0 \\ \mathbf{I} & 0 & 0 & 0 \end{pmatrix}$$

$$\mathbf{D}^{-1} = \begin{pmatrix} \mathbf{I} & \mathbf{I} & \mathbf{I} & \mathbf{I} \\ 0 & \mathbf{I} & \mathbf{I} & \mathbf{I} \\ 0 & 0 & \mathbf{I} & \mathbf{I} \\ 0 & 0 & 0 & \mathbf{I} \end{pmatrix} \qquad \mathbf{E}^{-1} = \begin{pmatrix} \mathbf{I} & 0 & \mathbf{I} & \mathbf{I} \\ \mathbf{I} & \mathbf{I} & 0 & \mathbf{I} \\ 0 & 0 & \mathbf{I} & \mathbf{I} \\ \mathbf{I} & 0 & 0 & \mathbf{I} \end{pmatrix}$$

Lösung der Aufgabe 2.1 von Seite 44

Die Funktionswerte der Treppenfunktion $g(x) \in S_n$ hängen nur von den ersten n Binärziffern des Argumentes ab. Mit der Bezeichnungsweise von (2.10) ist also $g(x) = g(\mu(x)) = g(\xi)$, $\xi \in V_n$, und $\int_0^1 g(x)\,dx = \dfrac{1}{2N} \sum_{\xi \in V_n} g(\xi)$.

Mit dem festen Vektor $\eta = \mu(y) \in V_n$ ist $g(x \oplus y) = g(\mu(x) \oplus \mu(y)) = g(\xi \oplus \eta)$. $\{\xi \oplus \eta\}$ ist aber lediglich eine Permutation der Vektoren $\{\xi\}$, also

$$\sum_{\xi \in V_n} g(\xi) = \sum_{\xi \in V_n} g(\xi \oplus \eta), \quad \text{und somit} \quad \int_0^1 g(x \oplus y)\,dx = \int_0^1 g(x)\,dx.$$

Lösung der Aufgabe 2.2 von Seite 44

Aus Beispiel (2.5 auf Seite 38) erhalten wir die Werte

$$\mathrm{wal}(0;\tfrac{3}{4}) = 1,\ \ \mathrm{wal}(2;\tfrac{3}{4}) = 1,\ \ \mathrm{wal}(4;\tfrac{3}{4}) = -1,\ \ \mathrm{wal}(6;\tfrac{3}{4}) = -1.$$

Damit haben wir die Werte von a) für $j = 0,1,2$ und von b) für $j = 1,2$. Nun ist $\mu(\tfrac{3}{4}) = (\mathsf{110}\ldots 0000)^T$. Es gilt also $\xi_1 = \xi_2 = \mathsf{1}$, und alle anderen Binärstellen verschwinden. Damit lesen wir aus (2.31 auf Seite 36) ab:

$$\omega(\alpha, \mu(\tfrac{3}{4})) = \alpha_0 \oplus \alpha_{-2}.$$

Ferner ist für $j > 2$: $2^{j+1}-2 = \underbrace{\mathsf{111}\ldots\mathsf{1110}}_{j+1 \text{ Stellen}}$ und $2^{j+1}-4 = \underbrace{\mathsf{111}\ldots\mathsf{1100}}_{j+1 \text{ Stellen}}$,

d.h., für beide Zahlen ist $\alpha_0 = 0$ und $\alpha_{-2} = \mathsf{1}$.

Damit erhalten wir für $j \geq 3$ in beiden Fällen $\omega(\alpha,\xi) = \alpha_{-2} = \mathsf{1}$.

Für $j > 2$ ist also $\mathrm{wal}(2^{j+1}-2;\tfrac{3}{4}) = \mathrm{wal}(2^{j+1}-4;\tfrac{3}{4}) = -1.$

Lösung der Aufgabe 3.1 von Seite 49

$$K = \begin{vmatrix} \mathrm{sir}\,\frac{x}{4} & \mathrm{cor}\,\frac{x}{4} \\ \mathrm{sir}\,(\frac{x}{4}+\frac{1}{4}) & \mathrm{cor}\,(\frac{x}{4}+\frac{1}{4}) \end{vmatrix} = \begin{vmatrix} \mathrm{sir}\,\frac{x}{4} & \mathrm{cor}\,\frac{x}{4} \\ \mathrm{cor}\,\frac{x}{4} & -\mathrm{sir}\,\frac{x}{4} \end{vmatrix} = -\,\mathrm{sir}^2\,\tfrac{x}{4} - \mathrm{cor}^2\,\tfrac{x}{4} = -2.$$

Lösung der Aufgabe 3.2 von Seite 49

Wir benutzen bei der folgenden Rechnung die Gleichungen von Beispiel (3.1 auf Seite 49). Es ist

$$K(x) = \begin{vmatrix} \mathrm{sir}\,\frac{x}{8} & \mathrm{cor}\,\frac{x}{8} & \mathrm{sir}\,\frac{x}{8}\,\mathrm{cor}\,\frac{x}{4} & \mathrm{cor}\,\frac{x}{8}\,\mathrm{cor}\,\frac{x}{4} \\ \mathrm{sir}(\frac{x}{8}+\frac{1}{8}) & \mathrm{cor}(\frac{x}{8}+\frac{1}{8}) & \mathrm{sir}(\frac{x}{8}+\frac{1}{8})\,\mathrm{cor}(\frac{x}{4}+\frac{1}{4}) & \mathrm{cor}(\frac{x}{8}+\frac{1}{8})\,\mathrm{cor}(\frac{x}{4}+\frac{1}{4}) \\ \mathrm{sir}(\frac{x}{8}+\frac{1}{4}) & \mathrm{cor}(\frac{x}{8}+\frac{1}{4}) & \mathrm{sir}(\frac{x}{8}+\frac{1}{4})\,\mathrm{cor}(\frac{x}{4}+\frac{1}{2}) & \mathrm{cor}(\frac{x}{8}+\frac{1}{4})\,\mathrm{cor}(\frac{x}{4}+\frac{1}{2}) \\ \mathrm{sir}(\frac{x}{8}+\frac{3}{8}) & \mathrm{cor}(\frac{x}{8}+\frac{3}{8}) & \mathrm{sir}(\frac{x}{8}+\frac{3}{8})\,\mathrm{cor}(\frac{x}{4}+\frac{3}{4}) & \mathrm{cor}(\frac{x}{8}+\frac{3}{8})\,\mathrm{cor}(\frac{x}{4}+\frac{3}{4}) \end{vmatrix}$$

$$= \begin{vmatrix} \mathrm{sir}\,\frac{x}{8} & \mathrm{cor}\,\frac{x}{8} & \mathrm{sir}\,\frac{x}{8}\,\mathrm{cor}\,\frac{x}{4} & \mathrm{cor}\,\frac{x}{8}\,\mathrm{cor}\,\frac{x}{4} \\ \mathrm{sir}(\frac{x}{8}+\frac{1}{8}) & \mathrm{cor}(\frac{x}{8}+\frac{1}{8}) & -\mathrm{sir}(\frac{x}{8}+\frac{1}{8})\,\mathrm{sir}\,\frac{x}{4} & -\mathrm{cor}(\frac{x}{8}+\frac{1}{8})\,\mathrm{sir}\,\frac{x}{4} \\ \mathrm{cor}\,\frac{x}{8} & -\mathrm{sir}\,\frac{x}{8} & -\mathrm{cor}\,\frac{x}{8}\,\mathrm{cor}\,\frac{x}{4} & \mathrm{sir}\,\frac{x}{8}\,\mathrm{cor}\,\frac{x}{4} \\ \mathrm{sir}(\frac{x}{8}+\frac{3}{8}) & \mathrm{cor}(\frac{x}{8}+\frac{3}{8}) & \mathrm{sir}(\frac{x}{8}+\frac{3}{8})\,\mathrm{sir}\,\frac{x}{4} & \mathrm{cor}(\frac{x}{8}+\frac{3}{8})\,\mathrm{sir}\,\frac{x}{4} \end{vmatrix}$$

Wir multiplizieren mit $1 = \mathrm{cor}^2(\frac{x}{8}+\frac{1}{8})\,\mathrm{cor}^2(\frac{x}{8}+\frac{3}{8})$ und ziehen
einen Faktor $\mathrm{cor}(\frac{x}{8}+\frac{1}{8})$ in die zweite Zeile sowie
einen Faktor $\mathrm{cor}(\frac{x}{8}+\frac{3}{8})$ in die vierte Zeile.

$$K(x) = \overbrace{\mathrm{cor}\,(\tfrac{x}{8}+\tfrac{1}{8})\,\mathrm{cor}\,(\tfrac{x}{8}+\tfrac{3}{8})}^{-\,\mathrm{cor}\,\frac{x}{4}} \cdot \begin{vmatrix} \mathrm{sir}\,\frac{x}{8} & \mathrm{cor}\,\frac{x}{8} & \mathrm{sir}\,\frac{x}{8}\,\mathrm{cor}\,\frac{x}{4} & \mathrm{cor}\,\frac{x}{8}\,\mathrm{cor}\,\frac{x}{4} \\ \mathrm{cor}\,\frac{x}{4} & 1 & -\,\mathrm{sir}\,\frac{x}{2} & -\,\mathrm{sir}\,\frac{x}{4} \\ \mathrm{cor}\,\frac{x}{8} & -\,\mathrm{sir}\,\frac{x}{8} & -\,\mathrm{cor}\,\frac{x}{8}\,\mathrm{cor}\,\frac{x}{4} & \mathrm{sir}\,\frac{x}{8}\,\mathrm{cor}\,\frac{x}{4} \\ -\,\mathrm{cor}\,\frac{x}{4} & 1 & -\,\mathrm{sir}\,\frac{x}{2} & \mathrm{sir}\,\frac{x}{4} \end{vmatrix}$$

Wir multiplizieren mit $1 = \mathrm{sir}^2\,\frac{x}{4} = \mathrm{sir}\,\frac{x}{4}\,\mathrm{sir}\,\frac{x}{8}\,\mathrm{cor}\,\frac{x}{8}$ und ziehen
den Faktor $\mathrm{cor}\,\frac{x}{8}$ in die erste Zeile sowie
den Faktor $\mathrm{sir}\,\frac{x}{8}$ in die dritte Zeile.

$$K(x) = \overbrace{-\operatorname{sir}\frac{x}{4}\operatorname{cor}\frac{1}{4}}^{-\operatorname{sir}\frac{x}{2}} \begin{vmatrix} \operatorname{sir}\frac{x}{4} & 1 & \operatorname{sir}\frac{x}{2} & \operatorname{cor}\frac{x}{4} \\ \operatorname{cor}\frac{x}{4} & 1 & -\operatorname{sir}\frac{x}{2} & -\operatorname{sir}\frac{x}{4} \\ \operatorname{sir}\frac{x}{4} & -1 & -\operatorname{sir}\frac{x}{2} & \operatorname{cor}\frac{x}{4} \\ -\operatorname{cor}\frac{x}{4} & 1 & -\operatorname{sir}\frac{x}{2} & \operatorname{sir}\frac{x}{4} \end{vmatrix} = \begin{vmatrix} \operatorname{sir}\frac{x}{4} & 1 & -1 & \operatorname{cor}\frac{x}{4} \\ \operatorname{cor}\frac{x}{4} & 1 & 1 & -\operatorname{sir}\frac{x}{4} \\ \operatorname{sir}\frac{x}{4} & -1 & 1 & \operatorname{cor}\frac{x}{4} \\ -\operatorname{cor}\frac{x}{4} & 1 & 1 & \operatorname{sir}\frac{x}{4} \end{vmatrix}.$$

Wir subtrahieren die erste Zeile von der dritten und addieren die zweite Zeile zur vierten:

$$K(x) = \begin{vmatrix} \operatorname{sir}\frac{x}{4} & 1 & -1 & \operatorname{cor}\frac{x}{4} \\ \operatorname{cor}\frac{x}{4} & 1 & 1 & -\operatorname{sir}\frac{x}{4} \\ 0 & -2 & 2 & 0 \\ 0 & 2 & 2 & 0 \end{vmatrix} = \begin{vmatrix} -2 & 2 \\ 2 & 2 \end{vmatrix} \begin{vmatrix} \operatorname{sir}\frac{x}{4} & \operatorname{cor}\frac{x}{4} \\ \operatorname{cor}\frac{x}{4} & -\operatorname{sir}\frac{x}{4} \end{vmatrix} = 16.$$

Lösung der Aufgabe 3.3 von Seite 49

Aus (3.7 auf Seite 47) folgt

$$\begin{aligned} (1+\operatorname{cor} x)^2 &= 1 + 2\operatorname{cor} x + 1 &= 2(1+\operatorname{cor} x) \\ (1+\operatorname{cor} x)^n &= 2^{n-1}(1+\operatorname{cor} x) &= N(1+\operatorname{cor} x). \end{aligned}$$

In gleicher Weise erhält man $(1+\operatorname{sir} x)^n = N(1+\operatorname{sir} x)$.

Lösung der Aufgabe 3.4 von Seite 62

$$\begin{aligned} J_2 &= \int_0^1 \sin \pi t \operatorname{cor} 2t\, dt \overset{\substack{\text{Substitution:} \\ t = v + \frac{1}{2}}}{=} \int_{-\frac{1}{2}}^{\frac{1}{2}} \sin\left(\pi v + \tfrac{\pi}{2}\right) \operatorname{cor}(2v+1)\, dv \\ &= \int_{-\frac{1}{2}}^{\frac{1}{2}} \cos \pi v \operatorname{cor} 2v\, dv = 2\int_0^{\frac{1}{2}} \cos \pi v \operatorname{cor} 2v\, dv \end{aligned}$$

Das letzte Integral ist das des Beispiels 3.9 auf Seite 61.

$$\begin{aligned} J_3 &= \int_0^{\frac{1}{2}} \cos \pi t \operatorname{cor} t \operatorname{cor} 2t\, dt \overset{\substack{\text{Substitution:} \\ t = v + \frac{1}{4}}}{=} \int_{-\frac{1}{4}}^{\frac{1}{4}} \cos(\pi v + \tfrac{\pi}{4}) \operatorname{cor}(v + \tfrac{1}{4}) \operatorname{cor}(2v + \tfrac{1}{2})\, dv \\ &= \int_{-\frac{1}{4}}^{\frac{1}{4}} \left\{\cdots - \sin \pi v \sin \tfrac{\pi}{4}\right\} \operatorname{sir} v \operatorname{cor} 2v\, dv = -2 \cdot \sin\tfrac{\pi}{4} \int_0^{\frac{1}{4}} \sin \pi v \operatorname{cor} 2v\, dv \\ &\overset{\substack{\text{Substitution:} \\ 2v = w}}{=} -\frac{1}{\sqrt{2}} \int_0^{\frac{1}{2}} \sin \tfrac{\pi}{2} w \operatorname{cor} w\, dv \overset{\substack{\text{Substitution:} \\ w = t + \frac{1}{4}}}{=} -\frac{1}{\sqrt{2}} \int_{-\frac{1}{4}}^{\frac{1}{4}} \sin\left(\tfrac{\pi}{2} t\right) \operatorname{cor}(t + \tfrac{1}{4})\, dt \\ &= \frac{1}{\sqrt{2}} \int_{-\frac{1}{4}}^{\frac{1}{4}} \left\{\sin \tfrac{\pi}{2} t \cos \tfrac{\pi}{8} + \cdots\right\} \operatorname{sir} t\, dt = \frac{1}{\sqrt{2}} \cos\tfrac{\pi}{8} \int_0^{\frac{1}{4}} \sin \tfrac{\pi}{2} t\, dt \\ &= -\tfrac{2\sqrt{2}}{\pi} \cos\tfrac{\pi}{8} \left[\cos \tfrac{\pi}{2} t\right]_0^{1/4} = \tfrac{2\sqrt{2}}{\pi} \cos\tfrac{\pi}{8}\left(1 - \cos\tfrac{\pi}{8}\right). \end{aligned}$$

Lösung der Aufgabe 4.1 von Seite 81

Mit der Beziehung (3.13 auf Seite 48) erhalten wir

$$f(\tfrac{t}{2}) - f(\tfrac{t}{2}+\tfrac{1}{2}) = Z^2(\tfrac{t}{2}) - Z^2(\tfrac{t}{2}+\tfrac{1}{2})$$
$$= \{Z(\tfrac{t}{2}) + Z(\tfrac{t}{2}+\tfrac{1}{2})\}\{Z(\tfrac{t}{2}) - Z(\tfrac{t}{2}+\tfrac{1}{2})\} = \tfrac{1}{2}\{2\,Z(\tfrac{t}{2}) - \tfrac{1}{2}\} = Z(\tfrac{t}{2}) - \tfrac{1}{4}.$$

Wenn man nun beachtet, daß in $-\frac{1}{2} \le t \le \frac{1}{2}$ die Beziehung $Z(\frac{t}{2}) = \frac{1}{2}|t| = \frac{1}{2}Z(t)$ gilt, so erhält man aus (4.26 auf Seite 79)

$$a_{2m+1} = \tfrac{1}{2}\int_{-\frac{1}{2}}^{\frac{1}{2}} \left(f(\tfrac{t}{2}) - f(\tfrac{t+1}{2})\right)\mathrm{cal}(m;t)\,dt = \tfrac{1}{2}\int_{-\frac{1}{2}}^{\frac{1}{2}} \{\tfrac{1}{2}Z(t) - \tfrac{1}{4}\}\,\mathrm{cal}(m;t)\,dt$$
$$= \underbrace{\tfrac{1}{4}\int_{-\frac{1}{2}}^{\frac{1}{2}} Z(t)\,\mathrm{cal}(m;t)\,dt}_{a_m^{(1)}} - \tfrac{1}{8}\int_{-\frac{1}{2}}^{\frac{1}{2}} \mathrm{cal}(m;t)\,dt = \frac{1}{4}a_m^{(1)} - \begin{cases} \frac{1}{8} & \text{für } m=0 \\ 0 & \text{sonst} \end{cases}$$

Dabei sind $a_m^{(1)}$ die *WF*-Koeffizienten der Reihe für $Z(x)$, die wir im Beispiel 4.5 auf Seite 80 berechnet haben. Wir erhielten dort

$$a_0^{(1)} = \tfrac{1}{4}, \qquad a_{2N-1}^{(1)} = -\tfrac{1}{8N} = -\tfrac{1}{4\cdot 2^n}, \qquad n = 1,2,3,\dots\ .$$

Daraus erhalten wir nun $a_1 = \frac{1}{4}\cdot\frac{1}{4} - \frac{1}{8} = -\frac{1}{16}$

$$a_{2m+1} = a_{4N-1} = \tfrac{1}{4}a_{2N-1}^{(1)} = \tfrac{1}{4}\left(-\tfrac{1}{4\cdot 2^n}\right) = -\tfrac{1}{16\cdot 2^n}, \qquad n = 1,2,3,\dots\ .$$

Das läßt sich zusammenfassen zu

$$a_{2m+1} = \begin{cases} -\frac{1}{16N} & \text{für } m = 2N-1 = 2^n-1, \quad n = 0,1,2,\dots, \\ 0 & \text{sonst.} \end{cases}$$

In $-\frac{1}{2} \le t \le \frac{1}{2}$ gilt $Z^2(\frac{t}{2}+\frac{1}{4}) = \frac{1}{4}(t+\frac{1}{2})^2 = \frac{1}{4}(t^2+t+\frac{1}{4})$

und $Z^2(\frac{t}{2}-\frac{1}{4}) = \frac{1}{4}(t-\frac{1}{2})^2 = \frac{1}{4}(t^2-t+\frac{1}{4})$.

Damit erhält man $Z^2(\frac{t}{2}+\frac{1}{4}) + Z^2(\frac{t}{2}-\frac{1}{4}) = \frac{1}{2}(t^2+\frac{1}{4}) = \frac{1}{2}\left(Z^2(t)+\frac{1}{4}\right)$ und

$$a_{2m} = \frac{1}{2}\int_0^1 \left(f(\tfrac{t}{2}) + f(\tfrac{t+1}{2})\right)\mathrm{cal}(m;t)\,dt = \frac{1}{4}(-1)^m \int_{-\frac{1}{2}}^{\frac{1}{2}} \{Z^2(t) + \tfrac{1}{4}\}\,\mathrm{cal}(m;t)\,dt$$
$$= \frac{1}{4}(-1)^m a_m + \frac{1}{16}(-1)^m \int_{-\frac{1}{2}}^{\frac{1}{2}} \mathrm{cal}(m;v)\,dv = \frac{1}{4}(-1)^m a_m + \begin{cases} \frac{1}{16} & \text{für } m=0 \\ 0 & \text{sonst.} \end{cases}$$

Wir haben nun

$$a_{2m+1} = \begin{cases} -\frac{1}{16N} & \text{für } m = 2N-1 = 2^n-1, \ n = 0,1,2,\dots \\ 0 & \text{sonst.} \end{cases}$$
$$a_{2m} = \frac{1}{4}(-1)^m a_m + \begin{cases} \frac{1}{16} & \text{für } m=0 \\ 0 & \text{sonst.} \end{cases}$$

In den Räumen S_n kommen jeweils die folgenden Koeffizienten hinzu:

$S_2 : a_0 = \frac{1}{12},\ a_1 = -\frac{1}{2^4}$ $\qquad$ $S_3 : a_2 = \frac{1}{2^6},\ a_3 = -\frac{1}{2^5}$

$S_4 : a_4 = \frac{1}{2^8}, a_6 = \frac{1}{2^7}, a_7 = -\frac{1}{2^6}, \qquad S_5 : a_8 = \frac{1}{2^{10}}, a_{12} = \frac{1}{2^9}, a_{14} = \frac{1}{2^8}, a_{15} = -\frac{1}{2^7}$
$S_6 : a_{16} = \frac{1}{2^{12}}, a_{24} = \frac{1}{2^{11}}, a_{28} = \frac{1}{2^{10}}, a_{30} = \frac{1}{2^9}, a_{31} = -\frac{1}{2^8}$

....

$S_n : a_{N/2} = \frac{1}{2^{2n}}, \; a_{N/2+N/4} = \frac{1}{2^{2n-1}}, \; \dots \; a_{N-8} = \frac{1}{2^{n+5}}, \; a_{N-4} = \frac{1}{2^{n+4}},$
$a_{N-2} = \frac{1}{2^{n+3}}, \; a_{N-1} = -\frac{1}{2^{n+2}}$ und $a_j = 0$ für alle anderen Indizes.
Damit haben wir die *WF*-Reihe von (4.28 auf Seite 81).

Lösung der Aufgabe 5.1 von Seite 90

Multipliziert man die angegebenen Wertevektoren mit $\mathbf{W}_3$, so erhält man

$$
\begin{aligned}
\mathrm{sla}(0;x) &= \mathrm{cal}(0;x)\\
\mathrm{sla}(1;x) &= \tfrac{1}{\sqrt{21}}\,(32\,\mathrm{sal}(1;x) + 16\,\mathrm{sal}(2;x) + 0\,\mathrm{sal}(3;x) + 8\,\mathrm{sal}(4;x))\\
\mathrm{sla}(2;x) &= \tfrac{2}{\sqrt{5}}\Big((3-\sqrt{5})\,\mathrm{cal}(0;x) + (5+\sqrt{5})\,\mathrm{cal}(1;x)\\
&\qquad +(3-\sqrt{5})\,\mathrm{cal}(2;x) + (1+\sqrt{5})\,\mathrm{cal}(3;x)\Big)\\
\mathrm{sla}(3;x) &= \tfrac{8}{\sqrt{105}}\,(-5\,\mathrm{sal}(1;x) + 8\,\mathrm{sal}(2;x) + 4\,\mathrm{sal}(4;x))\\
\mathrm{sla}(4;x) &= \mathrm{cal}(2;x)\\
\mathrm{sla}(5;x) &= \mathrm{sal}(3;x)\\
\mathrm{sla}(6;x) &= \tfrac{1}{\sqrt{5}}\,(-8\,\mathrm{cal}(1;x) + 16\,\mathrm{cal}(3;x))\\
\mathrm{sla}(7;x) &= \tfrac{1}{\sqrt{5}}\,(-8\,\mathrm{sal}(2;x) + 16\,\mathrm{sal}(4;x))
\end{aligned}
$$

Lösung der Aufgabe 6.1 von Seite 135

1. Mit (6.61 auf Seite 134) erhalten wir
$\tilde\delta(2^j x) - \mathrm{cor}\, 2^j x\, \tilde\delta(2^{j+1}x) = (1 + \mathrm{cor}\, 2^j x)\tilde\delta(2^{j+1}x) - \mathrm{cor}\, 2^j x\, \tilde\delta(2^{j+1}x) = \tilde\delta(2^{j+1}x).$
2. Wendet man auf
$$g_k(x) = \tilde\delta(x) - \mathrm{cor}\, x\, \tilde\delta(2x) - \mathrm{cor}\, 2x\, \tilde\delta(4x) - \mathrm{cor}\, 4x\, \tilde\delta(8x) - \dots$$
$$\dots - \mathrm{cor}\, 2^{k-2}x\, \tilde\delta(2^{k-1}x) - \mathrm{cor}\, 2^{k-1}x\, \tilde\delta(2^k x)$$
k-mal den in **1.** gezeigten Schritt an, so erhält man $g_k(x) = \tilde\delta(2^k x)$.
3.
$$f_k(x) = \tilde\delta(x) - \Big\{\tilde\delta(x) - \sum_{j=0}^{k-1} \mathrm{cor}\, 2^j x\, \tilde\delta(2^{j+1}x)\Big\} = \tilde\delta(x) - g_k(x) \;=\; \tilde\delta(x) - \tilde\delta(2^k x).$$
4. $f(x) = \tilde\delta(x) - \lim_{k\to\infty} f_k(x) = \tilde\delta(x) - \lim_{k\to\infty} \tilde\delta(2^k x).$
Mit (6.23 auf Seite 120) ist das $f(x) = \tilde\delta(x) - 1$.

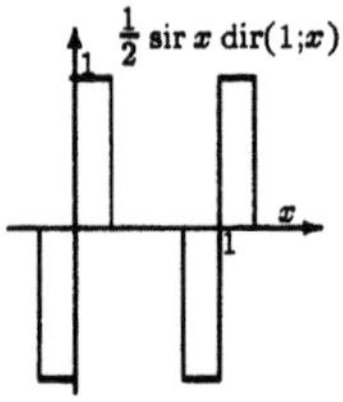

Lösung der Aufgabe 6.2 von Seite 138

Aus den geometrischen Verhältnissen des Schaubildes liest man folgendes ab:

Der stetige Teil der Funktion hat die Ableitung $\frac{1}{2}\,\mathrm{sir}\,x\,\mathrm{dir}(1;x)$.

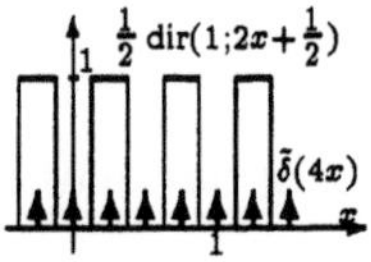

Um die DIRAC-Impulse an den Sprungstellen zu bekommen, filtern wir aus den Impulsen von $\tilde{\delta}(4x)$, welche die Höhe $\frac{1}{4}$ haben, durch $\frac{1}{2}\,\mathrm{dir}(1; 2x+\frac{1}{2})$ diejenigen aus, die an den Sprungstellen der vorgegebenen Funktion liegen, und geben ihnen die richtige Richtung durch Multiplikation mit $-\,\mathrm{sir}\,x$.

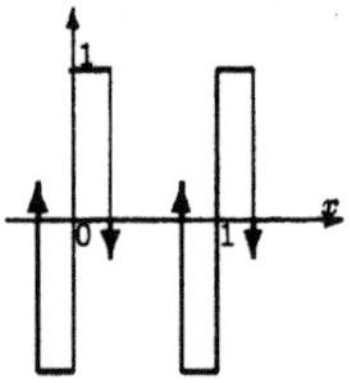

Damit haben wir:

$$\begin{aligned} f'(x) &= \tfrac{1}{2}\,\mathrm{sir}\,x\,\mathrm{dir}(1;x) - \tfrac{1}{2}\,\mathrm{sir}\,x\,\mathrm{dir}(1;2x+\tfrac{1}{2})\tilde{\delta}(4x) \\ &= \tfrac{1}{2}\,\mathrm{sir}\,x\Big\{\mathrm{dir}(1;x) - \mathrm{dir}(1;2x+\tfrac{1}{2})\tilde{\delta}(4x)\Big\} \\ &= \tfrac{1}{2}\,\mathrm{sir}\,x\Big\{\mathrm{dir}(1;x) - \tilde{\delta}(2x+\tfrac{1}{2})\Big\}. \end{aligned}$$

Lösung der Aufgabe 7.1 von Seite 141

Durch gliedweise Differentiation der Reihe erhalten wir mit (7.1 auf Seite 140) und dem Ergebnis der Aufgabe 6.1

$$\mathrm{D}(1-\mathrm{frac}\,x) = \sum_{j=0}^{\infty} \mathrm{cor}\,2^j x\,\tilde{\delta}(2^{j+1}x) = \tilde{\delta}(x) - 1.$$

Lösung der Aufgabe 7.2 von Seite 141

Die einfachste Darstellung von $\mathrm{cal}(2^j-1;x)$ durch RADEMACHER-Funktionen ist für $j \geq 1$: $\mathrm{cal}(2^j-1;x) = \mathrm{sir}\,x\,\mathrm{sir}\,2^j x$. Damit erhalten wir

$$\begin{aligned} \mathrm{D}\,\mathrm{cal}(2^j-1;x) &= \mathrm{sir}\,2^j x\;\mathrm{D}\,\mathrm{sir}\,x + \mathrm{sir}\,x\;\mathrm{D}\,\mathrm{sir}\,2^j x \\ &= \mathrm{sir}\,2^j x\cdot 4\cdot \mathrm{cor}\,x\,\tilde{\delta}(2x) + \mathrm{sir}\,x\,4\cdot 2^j\cdot \mathrm{cor}\,2^j x\,\tilde{\delta}(2^{j+1}x) \\ &= 4\cdot \mathrm{sir}\,x\big\{\mathrm{cal}(2^j-2;x)\,\tilde{\delta}(2x) + 2^j\cdot \mathrm{cor}\,2^j x\,\tilde{\delta}(2^{j+1}x)\big\} \\ &= 4\cdot \mathrm{sir}\,x\big\{\tilde{\delta}(2x) + 2^j\cdot \mathrm{cor}\,2^j x\,\tilde{\delta}(2^{j+1}x)\big\}. \end{aligned}$$

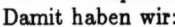

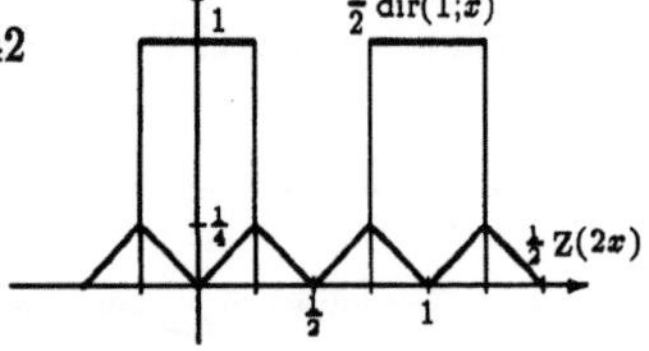

Lösung der Aufgabe 7.3 von Seite 142

Man sieht unmittelbar

$f(x) = \frac{1}{4}\,\mathrm{dir}(1;x)\,\mathrm{Z}(2x) = \frac{1}{4}(1+\mathrm{cor}\,x)\,\mathrm{Z}(2x)$

Nach (7.4) ist

$\mathrm{D}\,\mathrm{dir}(1;x) \;=\; -4\,\mathrm{sir}\,x\,\tilde{\delta}(2x+\frac{1}{2})$.

Außerdem gilt $\mathrm{D}\,\mathrm{Z}(2x) \;=\; 2\,\mathrm{sir}\,2x$ und $\mathrm{Z}(2x)\tilde{\delta}(2x+\frac{1}{2}) \;=\; \frac{1}{2}\tilde{\delta}(2x+\frac{1}{2})$.
Schließlich beachten wir noch, daß nach der Absorbtionsregel (6.67 auf Seite 137) gilt: $\mathrm{dir}(1;x)\,\mathrm{sir}\,2x \;=\; (1+\mathrm{cor}\,x)\,\mathrm{sir}\,x\,\mathrm{cor}\,x \;=\; \mathrm{sir}\,x\,\mathrm{dir}(1;x)$.
Damit erhalten wir wie in Aufgabe 6.2

$$\mathrm{D}\, f(x) = \tfrac{1}{4}\, \mathrm{Z}(2x)\, \mathrm{D}\, \mathrm{dir}(1;x) + \tfrac{1}{4}(1+\mathrm{cor}\, x)\, \mathrm{D}\, \mathrm{Z}(2x)$$

$$\overset{7.4}{=} \tfrac{1}{4}(-4\,\mathrm{sir}\, x)\tilde{\delta}(2x+\tfrac{1}{2})\, \mathrm{Z}(2x) + \tfrac{1}{4}\, \mathrm{dir}(1;x) 2\, \mathrm{sir}\, 2x = \tfrac{1}{2}\, \mathrm{sir}\, x \left\{ \mathrm{dir}(1;x) - \tilde{\delta}(2x+\tfrac{1}{2}) \right\}$$

Lösung der Aufgabe 8.1 von Seite 167

1. $k=1$: $\quad J_1 = \int_0^{\frac{1}{2}} x\, \mathrm{sal}(1;x)\, dx = \int_0^{\frac{1}{2}} x\, dx = \frac{1}{8}.$

2. $k>1$: Es sei $2N = 2^n$, $N < k \le 2N$, $N \ge 1$, $j = 2N-k$, $k = 2N-j$, $0 \le j < N$. Damit erhalten wir

$$J_k = \int_0^{\frac{1}{2}} x\, \mathrm{sal}(k;x)\, dx = \int_0^{\frac{1}{2}} x\, \mathrm{sal}(2N-j;x)\, dx = \tfrac{1}{2N}\int_0^{\frac{1}{2}} x\, \mathrm{D}\left(\mathrm{Z}(2Nx)\, \mathrm{cal}(j;x)\right) dx$$

$$= \tfrac{1}{2N}\, x\, \mathrm{Z}(2Nx)\, \mathrm{cal}(j;x)\Big|_0^{1/2} - \tfrac{1}{2N}\int_0^{\frac{1}{2}} \mathrm{Z}(2Nx)\, \mathrm{cal}(j;x)\, dx$$

Der ausintegrierte Teil verschwindet. Ebenso verschwindet das Integral für $j \neq 0$. Für $j=0$ erhält man $\int_0^{\frac{1}{2}} \mathrm{Z}(2Nx)\, dx = \frac{1}{8}$. Damit ist

$$J_1 = \tfrac{1}{8}, \quad J_k = \begin{cases} -\frac{1}{16N} & \text{für} \quad k = 2N = 2^n, \\ 0 & \text{sonst.} \end{cases}$$

Für das zweite Integral erhalten wir in analoger Weise

$$J_0 = \tfrac{1}{8}, \quad J_k = \begin{cases} -\frac{1}{16N} & \text{für} \quad k = 2N-1 = 2^n - 1 > 0, \\ 0 & \text{sonst.} \end{cases}$$

Lösung der Aufgabe 9.1 von Seite 194

$$J(s) = \int_0^\infty f(t)\, \mathrm{Cal}(s,t)\, dt = \underbrace{\int_0^{2N} f(t)\, \mathrm{Cal}(s,t)\, dt}_{J_1(s)} + \underbrace{\int_{2N}^\infty f(t)\, \mathrm{Cal}(s,t)\, dt}_{J_2(s)}.$$

$$\text{Nun ist} \qquad J_1(s) = \sum_{k=0}^{2N-1} \underbrace{\mathrm{cal}(j;s)}_{|\circ|=1} \int_k^{k+1} f(t)\, \underbrace{(\mathrm{sir}\, s)^{r_1}}_{|\circ|=1}\, \mathrm{cal}([s];t)\, dt$$

$$\text{und} \qquad |J_1(s)| \le \sum_{k=0}^{2N-1} \underbrace{\left| \int_k^{k+1} f(t)\, \mathrm{cal}([s];t)\, dt \right|}_{J(k,s)}. \tag{12.48}$$

Ein Integral $J(k,s)$ können wir als EULER-WALSH-Integral einer 1-periodischen Funktion $f_k(t)$ auffassen, die in $k \le t < k+1$ mit f übereinstimmt. Dann können wir nach (4.21 auf Seite 74) den Betrag des *WF*-Koeffizienten $a_{[s]} = \int_k^{k+1} f(t)\, \mathrm{cal}([s];t)\, dt$ beliebig klein machen, wenn wir nur s groß genug wählen. In (12.48) kommen $2N$ solche Integrale vor. Deshalb wählen wir $s > s_0$ so, daß stets $|a_{[s]}| < \frac{\epsilon}{4N}$ ist. Dann gilt $|J_1(s)| < \frac{\epsilon}{2}$.

Für $J_2(s)$ gilt:
$$|J_2(s)| \le \int_{2N}^{\infty} |f(t)|\, dt,$$
und für genügend großes $2N$ können wir dies ebenfalls kleiner als $\frac{\epsilon}{2}$ machen.
Damit ist
$$|J(s)| \le |J_1(s)| + |J_2(s)| < \epsilon, \qquad \text{für } s > s_0,$$
und somit gilt (9.31 auf Seite 194).

Lösung der Aufgabe 10.1 von Seite 201

$$A(s) = \frac{2a}{T}\int_0^{\infty} \tilde{\delta}(\tfrac{t}{T})\, \mathrm{Cal}(s,t)\, dt$$

Substitution: $t = Tv$, $dt = T\,dv$
ν_1 ist die erste Binärziffer nach dem Komma von v.

$$= 2a\int_0^{\infty} \tilde{\delta}(v)(\mathrm{sir}\, Ts)^{\nu_1}\, \mathrm{cal}([Ts]; v)\, \mathrm{cal}([v]; Ts)\, dv \qquad \boxed{[\,v\,] = j}$$

$$= 2a\sum_{j=0}^{\infty} \mathrm{cal}(j; Ts)\, J_j(g; s)$$

mit
$$J_j(g;s) = \int_j^{j+\frac{1}{2}} \tilde{\delta}(v)\, \mathrm{cal}([Ts]; v)\, dv + \mathrm{sir}\, Ts \int_{j+\frac{1}{2}}^{j+1} \tilde{\delta}(v)\, \mathrm{cal}([Ts]; v)\, dv.$$

Wegen
$$\int_j^{j+\frac{1}{2}} \tilde{\delta}(v)\, \mathrm{cal}([Ts]; v)\, dv = \int_{j+\frac{1}{2}}^{j+1} \tilde{\delta}(v)\, \mathrm{cal}([Ts]; v)\, dv = \frac{1}{2}$$
ist $J_j = \frac{1}{2}(1 + \mathrm{sir}\, Ts)$, und damit haben wir

$$A(s) = a(1 + \mathrm{sir}\, Ts)\sum_{j=0}^{\infty} \mathrm{cal}(j; Ts) = a\,\tilde{\delta}_r(Ts)$$
$$= a\sum_{m=-\infty}^{\infty} \delta_r(Ts - m) = \frac{a}{T}\sum_{m=-\infty}^{\infty} \delta_r(s - \tfrac{m}{T}) \quad \text{für } 0 \le s.$$

Lösung der Aufgabe 11.1 von Seite 221

$$a)\ h(t) = f(t) \circledast \mathcal{D}(n; t \oplus t_j) = \int_0^1 f(x)\,\mathcal{D}(n; t \oplus x \oplus t_j)\, dx$$
$$= \int_0^1 f(x)\big(1 + \mathrm{sir}(t \oplus t_j)\, \mathrm{sir}\, x\big) \textstyle\sum_{\ell=0}^{N-1} \mathrm{cal}(\ell; t \oplus t_j)\, \mathrm{cal}(\ell; x)\, dx$$
$$= \int_0^1 f(x) \textstyle\sum_{\ell=0}^{N-1} \{\mathrm{cal}(\ell; t \oplus t_j)\, \mathrm{cal}(\ell; x) + \mathrm{sal}(\ell+1; t \oplus t_j)\, \mathrm{sal}(\ell+1; x)\}\, dx$$
$$= \sum_{\ell=0}^{N-1} \{a_\ell\, \mathrm{cal}(\ell; t \oplus t_j) + b_{\ell+1}\, \mathrm{sal}(\ell+1; t \oplus t_j)\}$$
$$= \sum_{\ell=0}^{N-1} \{a_\ell\, \mathrm{cal}(\ell; t_j)\, \mathrm{cal}(\ell; t) + b_{\ell+1}\, \mathrm{sal}(\ell+1; t_j)\, \mathrm{sal}(\ell+1; t)\}.$$

b) Für $t_j \in I_{2N-1}$ gilt: $h(t) = \sum_{\ell=0}^{N-1} a_\ell \operatorname{cal}(\ell;t) - \sum_{\ell=0}^{N-1} \operatorname{sal}(\ell+1;t)$

und für $n \to \infty$ wir daraus

$$h(t) = \underbrace{\sum_{\ell=0}^{\infty} a_\ell \operatorname{cal}(\ell;t)}_{\tilde f_g(t)} - \underbrace{\sum_{\ell=0}^{\infty} b_{\ell+1} \operatorname{sal}(\ell+1;t)}_{\tilde f_u(t)} = \tilde f_g(t) - \tilde f_u(t) = \tilde f(-t)$$

Wir erhalten also

$$\lim_{n\to\infty} \{f(t) \circledast \mathcal{D}(n;t \oplus t_{2N-1})\} = \lim_{n\to\infty} \{f(t) \circledast \mathcal{D}(n, 2N-1;t)\} = \tilde f(-t),$$

und das ist die gespiegelte periodische Fortsetzung von f auf $\mathbf{R}$.

Lösung der Aufgabe 12.1 von Seite 242

$$\begin{aligned}
a_0 &= -1 - \tfrac{1}{4}a_1 - \tfrac{1}{16}(a_2+a_3) - \tfrac{1}{64}(a_4+a_5+a_6+a_7) - \cdots \\
a_1 &= \tfrac{1}{2}a_0 \qquad - \tfrac{1}{8}(a_2-a_3) - \tfrac{1}{32}(a_4+a_5-a_6-a_7) - \cdots \\
a_2 &= \tfrac{1}{4}(a_0+a_1) \qquad - \tfrac{1}{16}(a_4-a_5) \qquad - \cdots \\
a_3 &= \tfrac{1}{4}(a_0-a_1) \qquad - \tfrac{1}{16}(a_6-a_7) - \cdots \\
a_4 &= \tfrac{1}{8}(a_0+a_1+a_2) \qquad - \cdots \\
a_5 &= \tfrac{1}{8}(a_0+a_1-a_2) \qquad - \cdots \\
a_6 &= \tfrac{1}{8}(a_0-a_1 \quad +a_3) \qquad - \cdots \\
a_7 &= \tfrac{1}{8}(a_0-a_1 \quad -a_3) \qquad - \cdots
\end{aligned}$$

a_0	−0.86608
a_1	−0.40202
a_2	−0.31215
a_3	−0.11423
a_4	−0.19753
a_5	−0.11949
a_6	−0.07229
a_7	−0.04373

			$-2\,e^{-2x}$
I_0	$a_0+a_1+a_2 \quad +a_4$	−1.77777	−1.76499
I_1	$a_0+a_1+a_2 \quad -a_4$	−1.38271	−1.37458
I_2	$a_0+a_1-a_2 \quad +a_5$	−1.07544	−1.07052
I_3	$a_0+a_1-a_2 \quad -a_5$	−0.83646	−0.83372
I_4	$a_0-a_1 \quad +a_3 \quad +a_6$	−0.65058	−0.64930
I_5	$a_0-a_1 \quad +a_3 \quad -a_6$	−0.50600	−0.50568
I_6	$a_0-a_1 \quad -a_3 \quad +a_7$	−0.39356	−0.39382
I_7	$a_0-a_1 \quad -a_3 \quad -a_7$	−0.30610	−0.30671

Iterativ erhält man die oben links angegebenen Werte.

Mit diesen Koeffizienten erhält man für die Werte von y' in den Teilintervallen I_j: die oben rechts angegebenen Werte, und durch Integration erhält man die Näherungswerte $\hat y$ für die Werte von y, die wir für die Teilpunkte x_j angeben. *(Die Werte von* $-2\,e^{-2x}$ *sind jeweils für die Intervallmitte von* I_{3j} *berechnet worden.)*

		$\hat{y}$	e^{-2x}	$\hat{y}-e^{-2x}$
$x_0 = 0$	1	1	1	
$x_1 = \frac{1}{8}$	$1 + \frac{1}{8}(a_0 + a_1 + a_2 + a_4)$	0.77778	0.77880	−0.00102
$x_2 = \frac{1}{4}$	$1 + \frac{1}{4}(a_0 + a_1 + a_2)$	0.60494	0.60653	−0.00159
$x_3 = \frac{3}{8}$	$1 + \frac{1}{8}(3a_0 + 3a_1 + a_2 + a_5)$	0.47051	0.47237	−0.00186
$x_4 = \frac{1}{2}$	$1 + \frac{1}{2}(a_0 + a_1)$	0.36595	0.36788	−0.00193
$x_5 = \frac{5}{8}$	$1 + \frac{1}{8}(5a_0 + 3a_1 + a_3 + a_6)$	0.28463	0.28650	−0.00187
$x_6 = \frac{3}{4}$	$1 + \frac{1}{4}(3a_0 + a_1 + a_3)$	0.22138	0.22313	−0.00175
$x_7 = \frac{7}{8}$	$1 + \frac{1}{8}(7a_0 + a_1 + a_3 + a_7)$	0.17218	0.17377	−0.00159
$x_8 = 1$	$1 + a_0$	0.13392	0.13534	−0.00142

Man beachte, daß y' eine Treppenfunktion und y eine stückweise lineare Funktion ist. Nebenan sind diese beiden Funktionen skizziert.
Man beachte den Maßstab auf den Koordinatenachsen!

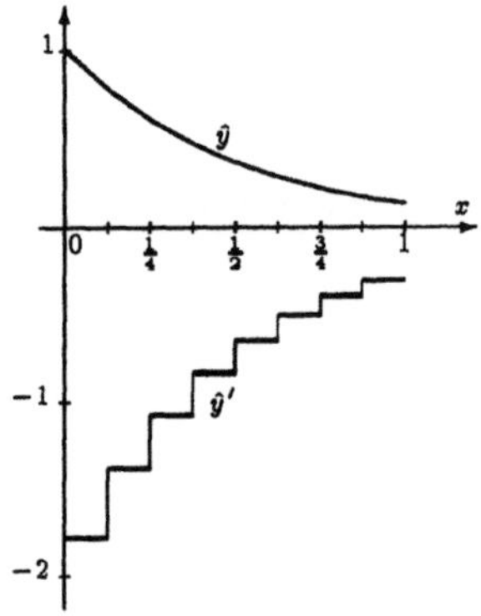

Lösung der Aufgabe 12.2 von Seite 248

Die Matrizen a) bis d) haben bei einer **R-Transformation** alle die Merkmalmatrix (12.20 auf Seite 248), also:

18	10	12	4	18	10	12	4
14	10	8	4	14	10	8	4
12	4	6	2	12	4	6	2
8	4	2	2	8	4	2	2
18	10	12	4	18	10	12	4
14	10	8	4	14	10	8	4
12	4	6	2	12	4	6	2
8	4	2	2	8	4	2	2

17	5	7	7	15	3	9	9
5	1	1	1	3	1	1	1
9	3	1	1	7	5	1	1
5	1	1	1	3	1	1	1
15	3	5	5	13	1	7	7
5	1	1	1	3	1	1	1
11	1	1	1	9	3	3	3
7	3	1	1	5	1	3	3

Die Matrizen e) und f) haben bei einer **R-Transformation** beide die links stehende Merkmalmatrix.

Literaturverzeichnis

[A 1] **Achilles, D.** *Die Fourier-Transformation in der Signalverarbeitung* Springer-Verlag, Berlin

[B 1] **Babovsky u.a.** *Mathematische Methoden in der Systemtheorie: Fourieranalysis* • B.G. Teubner Stuttgart (1987)

[B 2] **Beals, R.** *Adcanced Mathematical Analysis* Springer-Verlag, New York–Heidelberg–Berlin (1973)

[B 3] **Beauchamp, K.G.** *Walsh Functions and their Applications* Academic Press, London–New York–San Francisco (1975)

[B 4] **Brand, L.** *Differential and Difference Equations* John Wiley & Sons, New York–London–Sidney (1975)

[B 5] **Brigham, E.O.** *FFT, Schnelle Fourier-Transformation* R. Oldenbourg Verlag, München

[B 6] **Burkhardt, H.** *Ein Beitrag zur Lösung optimaler Steuerungs- und Regelungsprobleme mit Hilfe der Walsh-Transformation* Dissertation Universität Karlsruhe 1974

[B 7] **Burkhardt, H.** *Transformationen zur lageinvarianten Merkmalgewinnung* • VDI-Verlag, Düsseldorf

[B 8] **Butson, A.T.** *Generalised Hadamard Matrices* Proceeedings of the American Mathematical Society Vol. **13** (1962) 894–898

[B 9] **Butzer, P.L. / Nesser, R.J.** *Fourier-Analysis and Approximation* Birkhäuser Verlag, Basel u. Stuttgart

[B 10] **Butzer, P.L. / Wagner, H.J.** *Walsh-Fourier Series and the Concept of a Derivative* • Applicable Analysis, vol. **3** (1973) 29–46

[B 11] **Butzer, P.L. / Wagner, H.J.** *On dyadic analysis based on the pointwise dyadic derivative* • Analysis Mathematica, **1** (1975) 171–196

[C 1] **Collatz, L.** *Numerische Behandlung von Differentialgleichungen* Springer-Verlag Berlin-Göttingen-Heidelberg (1955)

[C 2] **Collatz, L.** *Funktionalanalysis und numerische Mathematik* Springer-Verlag Berlin-Göttingen-Heidelberg (1964)

[C 3] **Cooley, W. and Tukey, W.** *An Algorithm for the Machine Calculation of Complex Fourier Series* • Math. Comp. **19** (1965) 297–301

[D 1] **Doetsch, G.** *Handbuch der Laplace-Transformation*
Verlag Birkhäuser, Basel

[D 2] **Doetsch, G.** *Anleitung zum praktischen Gebrauch der Laplace-Transformation* • R. Oldenbourg, München

[F 1] **Ficken, F.A.** *The Search for Hadamard Matrices*
The American Mathematical Monthly, vol. **70** (1963) 12–17

[F 2] **Fine, J.N.** *On the Walsh Functions*
Transactions of the American Mathem. Soc., vol. **65** (1949) 372–414

[F 3] **Fine, J.N.** *The Generalised Walsh-Functions*
Transactions of the American Mathem. Soc., vol. **69** (1950) 66–77

[F 4] **Föllinger, O.** *Laplace- und Fourier-Transformation*
Elitera-Verlag, Berlin (1970)

[G 1] **Gelfand, I.M. und Schilow, G.E.** *Verallgemeinerte Funktionen*
Deutscher Verlag der Wissenschaften, Berlin (1960)

[G 2] **Gibbs, J.E. / Millard, M.J.** *Walsh Functions as Solutions of a Logical Differential Equation* • NPL Report DES **1**, 1969

[G 3] **Gibbs, J.E. Millard, M.J.** *Some Methods of Solution of Linear Ordinary Logical Differential Equations* • NPL Report DES **2**, 1969

[G 4] **Gibbs, J.E.** *Sine Waves and Walsh Waves in Physics* • NPL 1970

[G 5] **Gibbs, J.E.** *Discrete Complex Walsh Functions* • NPL 1970

[G 6] **Gibbs, J.E. Ireland, B.** *Walsh Functions and Differentiation*
Applications of Walsh Functions, Washington, D.C. 1974

[G 7] **Gibbs, J.E.** *Differentiation on Finite Abelian Groups*
NPL Report DES **14**, 1974

[G 8] **Gibbs, J.E.** *Differentiation and Frequency on the Diadic Group*
NPL Report DES **18**, 1975

[G 9] **Gibbs, J.E.** *Harmonic Analysis in the Dyadic Field regarded as a Function Space* • Seminar Royal Signals and Radar Establishment (1976)

[G 10] **Golubov / Efimov / Skvortsov** *Walsh series and transforms*
Kluwer Acadimic Publishers, Dortrecht, The Netherlands 1991

[H 1] **Haar, A.** *Zur Theorie der orthogonalen Funktionensysteme*
Mathematische Analen, Bd. **69** (1910) 331–371

[H 2] **Harmuth, H.F.** *Sequency Theory* • Academic Press, New York (1970)

[H 3] **Heuser, H.** *Lehrbuch der Analysis* • B.G.Teubner, Stuttgart 1981

[H 4] **Heuser, H.** *Funktionalanalysis* • B.G.Teubner, Stuttgart 1986

[H 5] **Heuser, H. / Wolf, W.** *Algebra, Funktionalanalysis und Codierung* B.G.Teubner, Stuttgart 1986

[H 6] **Hörmander, L.** *The Analysis of Linear Partial Differential Operators I* Grundlehren der mathematischen Wissenschaften **256** Springer-Verlag 1983

[H 7] **Hoskins, R.F.** *Generalised Functions* • Ellis Horwood Limited (1979)

[H 8] **Hübner, H.** *Multiplexübertragung analoger und digitaler Signale mit Walsh-Funktionen* • NTZ, Heft 8 (1978)

[J 1] **Jordan, Ch.** *Calculus of Finite Differences* Chelsea Publishing Company, New York (1960)

[K 1] **Kaczmarz und Steinhaus** *Theorie der Orthogonalreihen* Chelsea Publishing Company, New York (1951) (1. Auflage Warschau 1935)

[K 2] **Kochendörfer, H.** *Einführung in die Algebra* Deutscher Verlag der Wissenschaften, Berlin

[K 3] **Kremer, H.** *On the Representation of Walsh Functions and Fast Walsh Transformation Algorithems* • Angewandte Informatik **1/73**

[K 4] **Kreider, D.L. / Kuller, R.G. / Ostberg, D.F. / Perkins, F.W.** *An Introduction to Linear Analysis* Addison-Wesley Publ. Comp., Reading (1966)

[K 5] **Kreyszig, E.** *Advanced Engineering Mathematics* Wiley & Sons, 1972

[K 6] **Kunz, H.O. and Ramm-Arnet, J.** *Walsh Matrices* A.E.Ü., Band **32** (1978), Heft 2

[L 1] **Lancaster, P.** *Theory of Matrices* • Academic Press, New York

[L 2] **Lang, S.** *Analysis I* • Addison-Wesley Publishing Company (1968)

[L 3] **Lighthill, M.J.** *Introduction to Fourier Analysis and Generalised Functions* • Cambridge University Press, London (1958)

[M 1] **Mac Williams** *Orthogonal matrices over finite fields* Amer. Math. Monthly **76** (1969) 152–164

[M 2] **v. Mangoldt-Knopp** *Einführung in die Höhere Mathematik* Hirzel, Leipzig (1942)

[M 3] **Maqusi, M.** *Applied Walsh Analysis* • Heyden & Son, London (1981)

[M 4] **Meschkowski, M.** *Hilbertsche Räume mit Kernfunktion*
Springer-Verlag, New York–Heidelberg–Berlin (1962)

[M 5] **Mitchell, A.R. and Griffiths, D.F.** *The Finite Difference Method in Partial Differential Equations* • John Wiley & Sons, New York (1980)

[M 6] **Mitchell, A.R. and Wait, R.** *The Finite Element Method in Partial Differential Equations* • John Wiley, New York (1977)

[M 7] **Mikusinski, J.** *Operatorenrechnung*
Deutscher Verlag der Wissenschaften, Berlin

[M 8] **Morgenthaler,G.W.** *On Walsh-Fourier Series*
Trans. Amer. Math. Soc., vol. **84** (1957) 472–507

[N 1] **Niederdrenk, K.** *Die endliche Fourier- und Walshtransformation mit einer Einführung in die Bildverarbeitung*
Vieweg & Sohn, Braunschweig/Wiesbaden 1982

[O 1] **Oden, J.T. and Reddy, J.N.** *Mathematical Theory of Finite Elements*
Wiley & Sons, 1976

[P 1] **Paley, R.E.A.** *On Orthogonal Matrices*
Journal of Mathematics and Phlysics, vol. **XII** (1932–1933) 311–320

[P 2] **Papoulis, A.** *The Fourier Integral and its Applications*
McGraw-Hill Publishing Company (1962)

[P 3] **Pichler, F.** *Das System der sal- und cal-Funktionen als Erweiterung des Systems der Walsh-Funktionen und die Theorie der sal- und cal-Transformation* • Dissertation der Universität Innsbruck, 1967

[P 4] **Pichler, F.** *Synthese linearer periodischer zeitvariabler Filter mit vorgeschriebenem Sequenzverhalten* • A.E.Ü. Band **22** (1968), Heft 3

[P 5] **Pichler, F.** *Walsh-Fourier-Synthese optimaler Filter*
A.E.Ü. Band **24** (1970), Heft 7/8

[P 6] **Plancherel, M.** *Sätze über Systeme beschränkter Orthogonalfunktionen*
Mathematische Annalen, Bd. **22** (1910) 270–278

[R 1] **Rademacher, H.** *Einige Sätze über Reihen von allgemeinen Orthogonalfunktionen* • Mathematische Annalen, Bd. **87** 112–138

[R 2] **Rektorys, K.** *Variational Methods in Mathematics, Science and Engineering* • Reidel Publishing Company Dordrecht-Boston-London (1980)

[R 3] **Rektorys, K.** *The Method of Discretization in Time*
Reidel Publishing Company Dordrecht-Boston-London (1980)

[R 4] **Rudin, W.** *Functional Analysis*
McGraw-Hill Publishing Company (1974)

[R 5] **Rushforth, C.K.** *Fast Fourier-Hadamard Decoding of Orthogonal Codes* • Information and control, **87** (1969) 33–37

[S 1] **Schaal, H.** *Lineare Algebra und Analytische Geometrie*
Vieweg, Braunschweig (1977)

[S 2] **Schwartz, L.** *Théorie des Distributions* • Hermann, Paris (1957)

[S 3] **Skvorcov, V.A.** *On Fourier series with respect to the Walsh-Kaczmarz system* • Analysis Mathematica, **7** (1981) 141–150

[S 4] **Sneddon, I.N.** *Fourier Transforms* • McGraw-Hill, London (1951)

[S 5] **Spiegel, M.R.** *LAPLACE-Transformationen*
Schaum's Outlines, McGraw-Hill Book Company

[T 1] **Tricomi, F. G.** *Vorlesungen über Orthogonalreihen*
Springer-Verlag, Berlin-Göttingen-Heidelberg (1955)

[T 2] **Tolstow, G.P.** *Fourierreihen*
Deutscher Verlag der Wissenschaften, Berlin (1955)

[W 1] **van der Waerden, B.L.** *Algebra* • Springer Verlag

[W 2] **Wagner, H.J.** *Ein Differential- und Integralkalkül in der Walsh-Fourier-Analysis mit Anwendungen* • Westdeutscher Verlag, Opladen

[W 3] **Walsh, W.** *A close Set of Normal Orthogonal Functions*
American Journal of Mathematics, Vol. **XIV** (1923) 5–24

[W 4] **Walter, W.** *Einführung in die Theorie der Distributionen*
Bibliographisches Institut, Mannheim/Wien/Zürich (1974)

[W 5] **Wolf, W.** *Lineare Systeme und Netzwerke*
Springer-Verlag, Berlin–Heidelberg–New York (1971)

[W 6] **Wylie, C.R. Jr.** *Advanced Engineering Mathematics*
McGraw-Hill Book Company (1966)

[Z 1] **Zurmühl, R.** *Praktische Mathematik* • Springer-Verlag (1957)

[Z 2] **Zypkin, J.S.** *Differenzengleichungen der Impuls- und Regeltechnik und ihre Lösung mit Hilfe der LAPLACE-Transformation*
Verlag Technik, Berlin (1956)

Index

MIX
Papier aus verantwortungsvollen Quellen
Paper from responsible sources
FSC® C105338

If you have any concerns about our products,
you can contact us on
ProductSafety@springernature.com

In case Publisher is established outside the EU,
the EU authorized representative is:
Springer Nature Customer Service Center GmbH
Europaplatz 3, 69115 Heidelberg, Germany

Printed by Libri Plureos GmbH
in Hamburg, Germany